U0498935

环境政治学名著译丛

主编／曹荣湘

全球环境抵制运动

〔英〕安德鲁·罗威尔　著

史 军 译

商务印书馆
The Commercial Press
创于1897

Andrew Rowell

Green backlash: global subversion of the environmental movement

ⓒ 1996 Andrew Rowell

All right reserved

（中文版经授权，根据劳得里奇出版公司 1996 年版译出）

环境政治学名著译丛编委会

顾　问：俞可平　潘家华

主　编：曹荣湘

编　委：郇庆治　严　耕　叶齐茂　侯佳儒

　　　　史　军　彭殊祎　李　健　谢来辉

　　　　刘海霞　刘　辉　陈　俊　蔺雪春

　　　　吕连宏　孟　锴

献给肯·萨洛维瓦（Ken Saro-Wiwa）

前　言

　　1995 年 11 月发生了一件令世人震惊的事情：尼日利亚的一个非法军事独裁政权处决了环保活动家（environmental campaigner）肯·萨洛维瓦（Ken Saro-Wiwa）和其他 8 名奥戈尼人（Ogoni），并使用石油黑金将此事件与国际舆论隔绝。本书将形象地再现那些导致他们被处决的事件。

　　我第一次见到肯·萨洛维瓦是在 1992 年，当时他正试图为他的人民——奥戈尼人争取国际支援，而那时国际社会几乎没有听说过奥戈尼人。如果不是因为萨洛维瓦的血气之勇和坚持不懈，奥戈尼仍将是一片不为人知的遥远土地。他的斗争最终使自己命丧黄泉。具有讽刺意味的是，正是他的死亡迫使全世界开始倾听尼日尔三角洲的悲剧。然而，媒体报道的喜新厌旧使这一悲剧很快便被人们淡忘。

　　许多人认为萨洛维瓦并不是一位环保主义者，而是一位人权斗士，因为他所参与的是一场政治斗争——生态只不过是他用来赢得国际关注的斗争武器罢了。但是，没有什么比获得清洁的水、清洁的土地和清洁的空气更重要的人权了，而石油工业却剥夺了尼日尔三角洲居民的这些基本权利；它们摧毁了三角洲，使人们穷困潦倒，活得不像人样。奥戈尼人的斗争是一场生态之战，但又不仅仅是生态斗争，它与全球的许多生态冲突一样，还涉及社会正义、平等与自治问题。

毋庸置疑，全球环保主义者（environmentalist）的涵盖范围十分广泛，并且有些人不会被直接认定为"环保主义者"。在这本书中，当我谈及环保运动或环保主义者时，我指的是那些为生态保护而抗争的人。他可能是美国的一位职业环保主义者（professional environmentalist），也可能是一位试图保护当地生态系统的亚马逊居民。例如，奇科·门德斯（Chico Mendes）就是一位因保护亚马逊的斗争而遭遇不测的环保主义者。他曾为争取橡胶工人的权利斗争了多年，在晚年则致力于保护亚马逊。

在美国，情况可能会有所不同。当我谈到主流的环保运动时，我通常指的是家喻户晓的"G10"（十家组织集团）。尽管这些主流环保组织可能在全国各地都拥有众多的支持者，但他们的议程主要集中在改变华盛顿的立法上。虽然"G10"的成员发生了变化，但人们普遍认为是以下组织：野生动物保护协会（Defenders of Wildlife）、美国环保协会（Environmental Defense Fund）、国家奥杜邦协会（National Audubon Society）、全国野生动物联盟（National Wildlife Federation）、自然资源保护委员会（Natural Resources Defense Council）、地球之友（Friends of the Earth）、艾萨克·沃尔顿联盟（Izaak Walton League）、塞拉俱乐部（Sierra Club）、荒野协会（Wilderness Society）以及世界自然基金会（World Wide Fund for Nature）。绿色和平组织（Greenpeace）一直被认为处于主流环保组织的边缘，并且历来都与危险废物公民信息交流中心（Citizens' Clearinghouse for Hazardous Waste）等草根组织（grassroots groups）进行合作。主流环保组织与草根环保组织之间的摩擦越来越多，我将在第一章对此做出简要概述。

　　要对一个反环境主义者（anti-environmentalist）进行界定是一项非常困难并且十分危险的事情，因为他们常常把自己当成，或者至少将自己描绘成真正的环保主义者。因此，我对他们的简单界定是：他们是那些积极地反对生态保护工作者的人。在很多情况下，例如在美国，反环境主义者正在努力废除那些能促进生态保护的立法。工业部门（industry）在许多情况下都是反环境主义者。我第一次遇到萨洛维瓦是在我研究和撰写有关石油行业的文章时。与任何主要行业一样，石油工业追求放松管制，并试图先发制人，以避免承担其经营活动所产生的国际责任。也是在这个时候，我才见识到了工业企业的强大公关能力，它们歪曲事实的强大能力使我瞠目结舌。它们的花言巧语与真实情况之间的巨大鸿沟，就像它们钻探的油井一样深不见底。虽然许多这类企业会资助环保组织或生态项目，但它们又会花上两倍的资金进行暗中破坏。

　　当绿色和平组织找到我，邀请我研究反环境运动（anti-environmental movement）时，正是石油工业所留下的创痛使我毅然决定接受这一邀请。批评者会争辩说，绿色和平组织是为了自身的既得利益才去揭露这些势力——因为这些势力试图破坏绿色和平组织，而且“他们无论如何都会这么说”。也许还有人会认为这本书是用于筹款的愤世嫉俗之作，从而对其嗤之以鼻。但我要一再申明的是，绿色和平组织没有对本书的编写施加任何控制。正如读者很可能会看到的那样，确实存在一些极其严重的原因需要引发人们的担忧。《环境抵制运动》一书要讲述的是一个个令人惶恐不安的故事：与绿色和平组织共事的一些环保活动家被杀害了，绿色和平组织的一名活动分子的房子被烧毁了，还有其他无数人受到了恐吓并成了暴行的牺牲品，世界各地的其他数百名生态活动分子也有类似的遭遇。

如果你看到自己的一位同事被谋杀，你自己也遭到毒打，或者有人烧毁了你的房子，你一定希望有人对这些事情展开调查。这本书就是我调查的结果，我希望它至少能有助于引起人们的关注并阻止暴行。

然而，可悲的是，成为替罪羊、被妖魔化并受到攻击的不仅仅是环保主义者。每一次社会变革运动都会产生自己的抵制运动，而且这些抵制运动往往缺乏报道。本书希望这些抵制活动至少能在某种程度上得到记录，以使其他勇于挑战现状的环保活动家可以从中吸取教训。

任何写过这种性质的书的人都知道，长达两年半的写作所考验的是你的耐力。就在我开始进行研究的仅仅几个月之后，肯·萨洛维瓦就被陷害并被监禁。我会定期收到关于他遭受酷刑和令人震惊的监禁条件的报告。我长时间坐在电脑前，在这本书中描述那些滔天罪行与人间惨剧。最让我感到义愤填膺的是，那些有能力出面干预和提供帮助的当权者们却对萨洛维瓦的处境无动于衷。萨洛维瓦的死更使我怒火中烧。

对萨洛维瓦来说，媒体的报道来得太迟了。不过有一首诗仍在我的心头萦绕。下面这首诗是本·奥克瑞（Ben Okri）在萨洛维瓦被判处死刑之前所作：

献给肯·萨洛维瓦

他竟然被监禁，

并受尽折磨。

因为他热爱那片土地，

热爱那片泥土，

并因大地受到污染而

呐喊。

这极其荒谬！

我们生活在不自然的时代，

因此，我们必须用我们的哀号，

使其重返自然。

由于不自然的时代，

也习惯成自然。

还由于沉默，

使得大地上如今回响着不公正、

谎言、

和偏见。

这些变成了自然而然。

大地值得我们去爱。

但如此不自然的东西，

何以这样坦然地存在？

当他们毒害大地时，

为利润而破坏她时，

为石油而割裂她时，

甚至不打算，
治愈创伤。

只有不自然的东西，
才会囚禁勇敢去爱的人。
他们为大地的痛苦而哭泣，
他们是为大地静静复仇的女仆，
他们是使大地在未来发怒的女巫。

只有不自然的东西，
才会在当今统治我们的大地。
他们听不见我们天空的哀号，
看不见饥饿，
看不见陌生的新疾病，
也看不见垂死的大地。
流血与受伤，
仅仅孕育荒漠。
一旦有了非洲的
骄傲之树，
就可以在天国的明亮微风中，
清洁它们丰富的毛发。

他竟然被监禁，
因为热爱那片土地，
并受尽折磨。

因为保护他的人民，

并像古时的街头公告员一样，

呼喊，

大地的污秽。

这极其荒谬。

我们生活在不自然的时代。

我们必须

用我们的歌声

和头脑中的愤怒

使其重返自然。

致　谢

　　要完成任何一项如此规模宏大的研究，都必定会感谢无数人提供的帮助、建议与支持。但令人遗憾的是，一些环保活动家只能匿名接受本书的采访，因为公开表达观点可能会使他们受到严重的迫害。一些曾经公开发表言论的人可能已经因其观点而受到了越来越严重的人身安全威胁。不言而喻，对于他们的勇气，我深表感激。

　　完成这项研究耗费了我两年的时间。我很难记住每一位以不同方式为本书的写作提供过帮助的人的名字。如果你认为自己也应当被提及，并期望在重印时加上你的名字，恐怕那些反环境的公关公司不会让你如愿以偿。

　　要感谢绿色和平组织为本项目研究提供了经济支持与后勤保障——本书的批评者们一定会不断地利用这句话。但绿色和平组织没有对本书内容的编写施加任何控制。如果没有绿色和平组织以及本书的出版商劳特里奇出版社的大力支持，这本书就不会问世，许多环保活动家就将继续默默地忍受痛苦。

　　以下这些仍在绿色和平组织工作或曾经在绿色和平组织工作过的人，都向我提供了大量的帮助：帕特里克·安德森（Patrick Anderson）、马丁·贝克（Martin Baker）、辛迪·巴克斯特（Cindy Baxter）、阿利德·戴维斯（Aled Davies）、布莱尔·帕雷瑟（Blair Palese）、邓肯·科瑞（Duncan Currie）、阿尼·芬森（Arni Finnsson）、乔纳森·霍尔（Jonathan Hall）、艾利斯·加拉赫尔（Eilis Gallagher）、安德里亚·杜德尔（Andrea Doodall）、戴斯利·马特赫（Desley Matther）、戈尔仁·奥兰伯格（Goeren Olenburg）、迈克尔·尼尔森（Michael Nielsen）、德芙拉·瑞潘（Dephra Rephan）、阿里·罗斯（Ali Ross）以及理查德·蒂钦（Richard Titchen）。吉姆·斯威特（Jim Sweet）的泡茶技术十分精湛，让人回味无穷。需要特别提及的是约瑟琳·詹森（Josselien Janssens），她长期向我提供帮助，我对此感激不尽。

还有许多其他人也向我提供了帮助。在美国，研究反环境运动和政治右翼（political Right）的一些主要研究者做了大量的基础性工作。当外国人试图理解美国国内政治和现代美国的构成时，会提出许多粗浅的问题，而这些基础性工作恰好可以解答这些问题。需要特别感谢希拉·奥唐奈尔（Sheila O'Donnell）。她是加州的注册私人调查员。她研究了许多针对环保主义者的暴力事件。希拉也为本书做了一些工作，她采访了一些重要的环保活动家。我经常从英国打电话给她，打破她早晨享受咖啡的闲暇时光。我会跟她探讨我的最新思路。我要感谢希拉的地方实在太多了。英国电信公司或许要因其创纪录的利润而感谢我们。

来自华盛顿环境宣传与研究信息交流中心（CLEAR）的丹·巴莉（Dan Barry）、来自波士顿政治研究协会（Political Research Associates）的契普·伯利特（Chip Berlet）和来自俄勒冈州西部州中心（Western States Center）的塔尔索·拉莫斯（Tarso Ramos）都向我提供了宝贵的建议、信息与帮助。一些著名的政治分析家也十分慷慨地贡献出了他们的时间，包括萨拉·戴尔蒙德（Sara Diamond）、丹·尤纳斯（Dan Junas）、拉斯·贝兰特（Russ Bellant）和保罗·德·阿蒙德（Paul de Armond）。戴夫·海尔瓦格（Dave Helvarg）允许我对他的重要著作《反环境战争》（The War Against the Greens）先睹为快。该书是研究美国明智利用运动和反环境暴行的权威著作。

《公共关系观察》（PR Watch）杂志的编辑及《有毒淤泥对你有好处》（Toxic Sludge is Good for You）一书的合著者约翰·施陶贝尔（John Stauber）还对本书的公关行业部分提出了宝贵的见解。全球响应组织（Global Response）的员工也向我提供了一些在美国之外发生的滔天罪行的关键信息。要特别感谢两位环保主义者的帮助——尽管本书记录了他们个人的不幸遭遇：朱蒂·巴莉（Judi Bari）提供了她的汽车被炸毁的重要信息；帕特·科斯特纳（Pat Costner）仍在调查烧毁她的房屋的嫌疑企业。

在加拿大，新闻记者乔伊斯·尼尔森（Joyce Nelson）、金姆·戈尔伯格（Kim Golberg）、科琳·麦克罗里（Colleen McCrory）、瓦尔哈拉协会（Valhalla Society）的工作人员，以及曾经研究共享运动（Share Movement）的北伦敦大学的麦克·梅森（Mike Mason）都向我提供了宝贵的信息。鲍勃·莱恩斯（Bob Lyons）以及绿色和平组织在温哥华的工作人员也向我提供了大量信息。来自加拿大绿色和平组织的塔玛拉·斯塔克（Tamara Stark）也提供了她的个人经历。我要感谢英国广播公司世界新闻频道（BBC World Service）的苏·布兰德福特（Sue Brandford）、里约玛丽亚委员会（Rio Maria Committee）的玛德琳·阿德里安斯（Madeleine Adriance）、盖娅基金会（Gaia

Foundation）的朱迪·凯默琳（Judy Kimerling）和海伦娜·保罗（Helena Paul），他们向我提供了有关拉丁美洲和中美洲的信息。

澳大利亚和新西兰章节的相关研究（除了彩虹勇士号爆炸的内容之外）资料是由荒野协会的鲍勃·伯顿（Bob Burton）提供的。我要特别感谢鲍勃——尤其当我得知他还有更为紧迫的事情要处理时，因为他总是精力充沛地回应我提出的没完没了的问题。目前，鲍勃正对澳大利亚和新西兰的"环境抵制运动"进行更详尽的分析。

同时，我要特别感谢谢莉·布雷斯韦特（Shelley Braith-waite）、格兰·艾丽丝（Glen Ellis）、凯·毕夏普（Kay Bishop）、史蒂夫·克雷茨曼（Steve Kretzmann）和辛迪·巴克斯特（Cindy Baxter），他们在我报道尼日利亚的肯·萨洛维瓦被悲惨谋杀事件的那段黑暗时期，向我提供了道义声援。我还要感谢一些匿名的奥戈尼人，还有克劳德·艾凯教授（Professor Claude Ake）、马耶拉·麦卡伦修女（Sister Majella McCarron）、尼克·阿什顿-琼斯（Nick Ashton-Jones）和奥伦多·道格拉斯（Oronto Douglas），他们都向我提供了宝贵信息。凡达纳·希瓦（Vandana Shiva）、布干维尔抵抗运动（Bougainville Resistance Movement）的马丁·米瑞欧丽（Martin Miriori）、《生态学家》（*Ecologist*）杂志的亚历克斯·威尔克斯（Alex Wilkes）、地球之友的西蒙·康塞尔（Simon Counsell）和其他一些匿名的环保活动家，都对我撰写有关亚洲和太平洋的章节提供了帮助。

来自宾德曼投资公司（Bindman and Partners）的麦克·斯沃茨（Mike Swarts）、瑞贝卡·勒什（Rebecca Lush）和道路警

示运动（Road Alert!）的环保活动家杰森·托伦斯（Jason Tor-rance）、保罗·莫罗特欧（Paul Morotzo）、托马斯·哈丁（Thomas Harding）、小世界制片公司（Samll World Produc-tions）、芭芭拉·迪纳姆（Barbara Dinham）以及农药信托公司（the Pesticides Trust）的工作人员都对我撰写有关英国的章节提供了帮助。在欧洲或英国，向我提供过帮助的还有苏珊·乔治（Susan George）、克劳蒂亚·彼得（Claudia Peter）、国际第十九条组织（Article 19）的员工，以及英国国民公积金公司（Na-tional Provident Institution）的马克·坎帕纳莱（Mark Campa-nale）。

海伦娜·保罗、谢莉·布雷斯韦特、鲁思·麦科伊（Ruth McCoy）、鲍勃·伯顿和科琳·麦克罗里都阅读了相关章节的初稿。感谢奈杰尔·达德利（Nigel Dudley）和希拉·奥唐奈尔阅读了庞杂的书稿。还要感谢奈杰尔向我提供了全面的帮助与指导。感谢环境照片库（Environmental Picture Library）的达芙妮·克里斯蒂丽丝（Daphne Christelis）、绿色和平组织通讯（Greenpeace Communications）的莉兹·萨默维尔（Liz Som-merville）、绿色和平组织美国摄影台（Greenpeace USA Photo Desk）的杰伊·汤森德（Jay Townsend）、环境宣传与研究信息交流中心的丹·巴莉和保罗·德·阿蒙德所提供的照片。还要感谢其他一些向我提供照片的人，他们是：迪伦·加西亚（Dylan Garcia）、朱莉亚·盖斯特（Julia Guest）、罗德·哈宾森（Rod Harbinson）、阿洛伊斯·印德里奇（Alois Indrich）、史蒂夫·约翰森（Steve Johnson）、乌尔里希·尤根斯（Ulrich Jurgens）、蒂姆·拉姆森（Tim Lamson）、杰夫·里博曼（Jeff Libman）、迈克尔·麦金农（Michael McKinnon）、《水银报》（*The Mercury*）、霍巴特（Hobart）、米勒（Miller）、史蒂夫·摩根（Steve Morgan）、希拉·奥唐奈尔、罗斯·瑞夫（Ros Reeve）、安德鲁·泰斯特（Andrew Testa）以及沃拉沃拉酋长（Walawala Chieftan）。使用照片的灵感来自约翰尼·诺维斯（Johnie Novis）。我还要感谢本·奥克瑞允许我复述他写给肯·萨洛维瓦的诗。

最后，再次感谢乔斯和希拉。如果没有他们的帮助，我是不可能完成这本书的写作的。

目　录

图 目 录

缩写词列表

ACSH	美国科学与健康委员会
ACTU	澳大利亚工会理事会
AECO	哥斯达黎加生态协会
AEWC	阿拉斯加爱斯基摩人捕鲸委员会
AFA	美国联盟
AFC	美国自由联盟
AIAM	国际汽车制造商协会
ALC	液体纸盒制造商协会
ANWR	北极国家野生动物保护区
AONB	杰出自然风景区
APPM	联合纸浆造纸厂
ARE	亚洲稀土
ASI	亚当·斯密研究所
B-M	博雅公关公司
BCSD	可持续发展工商理事会
BCSEF	可持续能源未来工商理事会
BCTV	不列颠哥伦比亚电视台
BGH	牛生长素
BLM	土地管理局
BNFL	英国核燃料有限公司

CAP	槟城消费者协会
CAUSA	美国社会统一联邦协会
CCRKBA	公民拥有和携带武器权利委员会
CDFE	自由企业保卫中心
CEC	公民选举委员会
CEI	竞争企业协会
CIR	调查报道中心
CIS	独立研究中心
CISPES	萨尔瓦多人民团结委员会
CITES	濒危物种国际贸易公约
CJA	《1994 年刑事审判与公共秩序法》
CLEAR	环境宣传与研究信息交流中心
CNP	国家政策委员会
COFI	森林工业委员会
COINTELPRO	反谍计划
CONAP	国家保护区委员会
CORE	保护我们的居住环境（澳大利亚）
CORE	土地利用与环境委员会（加拿大）
CPPA	加拿大纸浆和造纸协会
CSE	科学与环境中心
CVC	车辆选择联盟
CWIT	加拿大妇女木材协会
DGSE	法国对外安全总局
DOT	交通部
ECDC	欧洲氯衍生物委员会

ECO	生态保护组织
ECSA	欧洲氯化溶剂协会
EDA	地球日替代方案组织
EDF	环保基金会
EEEG	极端环保主义精英组织
EF!	地球优先组织
EIA	环境影响评估
EIR	《全球策略信息》
ELP	欧洲工党
EPA	环保局
EPSM	马来西亚环境保护协会
EPZ	出口加工区
ESA	濒危物种法案
FAFPIC	森林和森林产品行业协会
FAIR	公正与准确报道
FAO	粮农组织
FCF	自由国会基金会
FDA	化肥和农药管理局
FIAT	塔斯马尼亚森林工业协会
FICA	森林工业运动协会
FPS	森林保护协会
FTZ	自由贸易区
GATT	全球关税与贸易协定
GBN	绿色商业网络
GCC	全球气候联盟

GGT	全球监护信托基金
GMO	转基因生物
GOP	美国共和党
H and K	伟达公关
HNA	高北联盟
HOPE	帮助我们被污染的环境
IBAMA	巴西环境与可再生资源研究所
ICE	环境信息委员会
ICLC	国际劳动委员会核心会议
ICPP	气候变化国际合作
IEA	经济事务研究所
ILMA	内部木材制造商协会
IPA	公共事务研究所
IPCC	政府间气候变化专门委员会
ISA	内安法令
ISO	国际标准化组织
ITTO	国际热带木材组织
IWA	美国国际木工工会
IWC	国际捕鲸委员会
IWMC	国际野生动物管理联盟
JBS	约翰·伯奇协会
L-P	刘易斯安那-太平洋公司
LWD	废液处理
MBD	Mongoven, Biscoe and Duchin
MICC	莫尔兹比岛公民关怀组织

MOM	蒙大拿民兵组织
MOP	反污染母亲组织
MOSIEND	尼日尔三角洲伊棕（伊贾）族生存运动
MOSOP	奥戈尼人民生存运动
MPF	机动警察部队
MSLF	山地州法律基金会
MTIDC	马来西亚木材工业发展委员会
MVMA	美国机动车制造商协会
NAFI	全国森林工业协会
NAMMCO	北大西洋海洋哺乳动物委员会
NASA	美国航空航天局
NBA	拯救讷尔默达运动
NCLC	全国劳工委员会核心会议
NDES	尼日尔三角洲环境调查
NEFA	东北森林联盟
NFLC	国家联邦土地会议
NHTSA	国家公路交通安全管理局
NIREX	核工业放射性废物管理局
NNPC	尼日利亚国家石油公司
NPCIS	国家毒物控制和信息服务
NPI	英国国民公积金公司
NRA	全国步枪协会
NRDC	国家资源保护委员会
NVDA	非暴力直接行动
NWC	全国湿地联盟

NYCOP	奥戈尼人民全国青年委员会
NZFIA	新西兰渔业协会
O and M	奥美集团
OED	业务评估部门
OLC	俄勒冈土地联盟
OPEC	石油输出国组织
Opic	海外私人投资公司
PACs	整治行动委员会
PAN	农药行动网络
PAN-AP	亚太地区农药行动网络
PARC	霹雳州反辐射委员会
PERC	政治经济研究中心
PFW!	西部人民组织
PILF	公共利益律师事务所
PLF	太平洋法律基金会
PNG	新几内亚岛
PPF	以人为本
PR	公共关系
QCC	昆士兰环保委员会
RECAP	关心人的罗慕路斯环保主义者
SACTRA	主干道评估常务咨询委员会
SAF	第二修正案基金会
SAM	马来西亚自然之友
SEAC	学生环境行动委员会
SEPP	科学与环境政策工程

SLAPP	反公共参与战略诉讼
SNOCO PRA	斯诺霍米什县产权联盟
SPDC	壳牌石油开发公司
SSD	萨达尔萨罗瓦大坝
SSSI	具特殊科学价值地点
STOP	反污染支持者
TFM	林场许可证
TFP	捍卫传统、家庭与财产协会
TIC	跨国信息中心
TNC	跨国公司
TTRLUF	塔斯马尼亚传统休闲地使用者联合会
TWS	荒野协会
UARS	高层大气研究卫星
UDR	农村民主联盟
UN	联合国
UNCTC	联合国跨国公司中心
UNEP	联合国环境规划署
WACL	世界反共产主义联盟
WBCSD	世界可持续发展工商理事会
WCWC	西加拿大荒野委员会
WHO	世界卫生组织
WICE	世界工业环境委员会
WIRF	荒野的影响研究基金会
ZOG	犹太复国主义者占领政府

导论

　　1995年11月10日，奥戈尼人民生存运动（MOSOP）领袖肯·萨洛维瓦和其他8名奥戈尼人被尼日利亚的非法军政府处以绞刑。英国政府谴责这场审判是一场"司法谋杀"。萨洛维瓦的真正"罪行"是向全世界揭露了跨国石油公司壳牌所制造的生态破坏，并组织了为奥戈尼人争取更大石油财富份额的运动——因为这些石油来自奥戈尼人的土地之下。奥戈尼人为争取环境和社会正义付出了巨大的代价：超过1800人被杀害，30000人无家可归，还有无数人被监禁、强奸、折磨和殴打。

　　全世界正有越来越多的环保活动家因公开发表言论而被杀害、折磨和骚扰，奥戈尼人只是其中的一部分而已。当前，世界各地的环保活动都遭遇到了越来越强大的抵制力量。这些抵制旨在恐吓环保活动家，让他们停止行动并保持沉默。这些抵制只有一个简单的目的：压制环保主义者，并废止环保主义。

　　印度的一位著名环保活动家兼政府顾问，科学与生态研究中心（Research Centre for Science and Ecology）的凡达纳·希瓦说："我想人们应当明白，如果你们的行动产生了效果，就一定会遭到抵制。""实际上，所出现的抵制正是对环保运动的褒奖，它表明环保运动正在发挥作用。如果一个人的行动没有带来改变，就不会遭遇抵制。"[1]

　　例如，在印度，希瓦的环保活动伙伴们组织了反对修建大坝，以及拒绝跨国公司搬迁到他们家乡的环保运动。他们因此遭到了殴打、诽谤和枪杀。在其他亚洲和太平洋地区——该地区对异议的不容忍程度众所周知，环保活动家也因敢于挑战现状而遭受了严重的苦难。在数千英里之外的拉丁美洲，反对石油公司在厄瓜多尔的亚马逊流域进行石油开采的环保主义者也在他们的工作中受到了威胁。在巴西，那些试图拯救森林的人们也遭到了血腥残酷的暴力镇压。

对于生活在北美和欧洲的许多人来说，环境抵制运动并不是在遥远的土地上发生的现象，因为它也同样存在于北美和欧洲。在美国，反环境的情绪实际上已经形成了一场旨在摧毁环保主义本身的运动。美国的反环境运动还帮助选举了公开反环境、亲工业和支持自由企业议程的共和党政客。环保运动的成功促进了环保主义的发展，但是环保主义也有失败的地方。有人谴责主流的环保主义忽视社会问题，过分关注在华盛顿的游说，而缺乏草根激进主义。

美国的反环境运动不仅与政治右翼存在联系，还与极右翼（far Right）和民兵组织（the militia）有联系。民兵组织是美国增长最为迅猛的反政府情绪运动组织。右翼评论员总是抹黑环保运动，并将环境争论两极分化，从而引发了直接冲突，而不是寻求解决办法。这种尖酸刻薄的言辞的逻辑会导致暴力事件不断增加。

企业也在资助那些极力抨击环境立法的反环境组织和右翼智库。这意味着美国的一些具有里程碑意义的环境法规将被摧毁。工业企业在花钱推动放松监管议程的同时，还斥巨资开展公关活动，这一方面是为了将环保运动妖魔化，另一方面是为了在环境争论中笼络人心。

在美国的林业等富有争议的资源问题上也出现了环境抵制运动。同样，在加拿大和澳大利亚的林业争论上也产生了环境抵制运动。与此同时，在欧洲，许多主要的反环境主义者已经开始在海洋资源问题上与美国的反环境主义者建立联系。同样是在欧洲，发展最迅猛的草根环保运动——英国的反道路运动——也遭到了强烈抵制。

因为环境抵制运动在美国最为严重，所以本书将从美国开始讲述。本书的前半部分主要引用美国的例子，但会在有关联之处给出其他地方的例子。本书的后半部分记录了世界其他国家和地区的环境抵制运动。因此，故事从美国开始。第一章详细描述了反环境运动的发展。第二章记录了反环境分子是如何与右翼建立起联系的。第三章探讨了企业是如何实现放松监管的议程的。第四章记录了公关公司及其在环境抵制运动中所发挥的重要作用。

第五章指出，各种反环境势力通力合作迫使环保运动发生范式转换，以试图将环保运动边缘化，从而其失去民众的支持。这主要是通过运用语言文字和揭露环境科学的错误之处来实现的。第六章揭示出，这种范式转换会演化成骚扰和暴力。第七章详尽讲述了加拿大林业争论中的环境抵制运动，尤其是对行业掩护机构的运用。第八章着眼于中美洲和拉丁美洲的环境抵制运动，主要集中在厄瓜多尔和巴西。

第九章探讨了澳大利亚的环境抵制运动，同时记录了澳大利亚主要的反环境活动家与其北美"同行"之间的联系。第十章考查的是亚太地区的环境抵制运动，集中在印度、菲律宾、马来西亚、印度尼西亚和布干维尔岛。第十一章详细介绍了尼日利亚奥

3

戈尼人所遭受的骇人听闻的环境抵制。

第十二章转向了欧洲，以英国反道路运动所遭遇的环境抵制为主题，同时也探讨了壳牌石油公司沉埋布兰特斯帕尔平台决策所引发的争议。第十三章考查了绿色和平组织和其他环保组织所遭遇的环境抵制——重点围绕海洋资源问题展开。最后的结语章为环保主义者战胜环境抵制运动提出了一些建议。

第一章　新千年的倒退：美国带头

"他们拥有所有的财富和有薪水的员工，他们没有的是科学和真理，并且不关心人类利益和环境。这就是他们知道为什么我们要对他们穷追猛打的原因。"[1]

——罗恩·阿诺德（Ron Arnold）

在我写这本书的时候，离 2000 年还有 4 年时间。我们很快就要开始筹划有史以来最为盛大的派对，以庆祝新千年的到来。这些庆祝活动不仅要回顾过去，还要展望未来。展望的核心问题是我们希望我们如何在与地球的关系和人与人之间的相互关系中生存繁衍。人们会讨论这样的问题：我们希望在下一个千年生活在什么样的社会中？或者，我们是否相信地球会存在那么久？美国作为世界上经济最发达的国家之一，将成为这次对全球进行重新评估的风向标。

2000 年的地球日将是美国千禧年庆祝活动的一部分。这个节日将是一次由企业资助的盛大环保表演。出资企业希望借此表明，他们才是驶向新世纪的真正舵手。美国的环保运动是否能够挑战这些新的企业环保主义者？美国是否还相信环保主义？或者环保主义不过是 20 世纪昙花一现的潮流？环保主义是否已取得成功？未来是否还有新的挑战？

还有一些真正值得庆祝的理由。自 1970 年第一个地球日以来的 25 年间，环保运动所取得的成就就是值得庆祝的一大理由。在监管和立法领域，美国国会通过了 28 部重要的环境法，《清洁空气法案》和《清洁水法案》就是其中的两部。[2] 从总体上来看，空气、水和土地都变得更清洁了。美国不再将污水排入大海。数千万英亩的土地成为国家荒野保护区。一些物种被从濒临灭绝的险恶境地挽救了回来。环保主义已经从一种非主流观念变成了根植于大多数美国人内心的信念。媒体也开始报道环境问题。而在 1970 年时，大多数媒体仅指派他们的建筑记者报道地球日，因为当时人们对环保问题并不感兴趣。

然而，当前也存在一些足以引起我们恐惧和担忧的理由：大量的紧迫问题尚未得到解决。环保运动的未来危机重重：信使可能在消息传播出去之前就已经被杀害了。环保运动内外受敌。在明智利用运动的保护伞下，不断发展的环境抵制运动已经动员了数千人加入反环境的阵营。在一些情况中，他们在动员草根的时候，以绝对优势打败了环保主义者，而这本应该是环保主义者的优势。

同时，草根环保活动家也抱怨大型环保组织与他们之间缺乏联系。他们批评主流环保组织，认为它们已经屈服于当局和那些急于为其污染行为披上绿色遮羞布的企业。草根环保活动家宣称，大型环保组织已经被笼络收编、妥协退让、腐化堕落了。此外，大型环保组织已与草根组织失去了联系，忘记了如何与草根环保活动家合作。而草根环保活动家受到了越来越多的陷害、恐吓和暴力——这些都是环境抵制运动的标志。

多年来，许多主流环保组织都力图在华盛顿扩大政治影响力。而克林顿和"绿色的"阿尔·戈尔（Al Gore）当选总统后，主流环保组织认为获得政治影响力的时机终于到来了。彼得·蒙塔古（Peter Montague）在《雷切尔的环境与健康周报》（*Rachel's Environment & Health Weekly*）中写道："在被冷落了 12 年之后，当这位总统一打响指，大型环保组织就像迷路的小狗随机找到一个家那样高兴得摇尾乞怜。"[3] 然而，蜜月期结束之后，这些组织意识到，当权者与那些传统上反对人民掌权的人之间的联姻绝非易事。实际上，这种联姻从来都是不可能的事情。国家野生动物协会的杰伊·海尔（Jay Hair）说："这事儿一开始就像一场恋爱，结果却变成了约会强奸。"[4] 许多最有效率的环保组织人员被选入克林顿政府后，很快意识到他们已经成为了官僚机器的一部分。

他们认识到的另外一个残酷现实是，克林顿和戈尔并没有为他们工作。到第 103 届国会结束时，克林顿政府的环境记录比布什政府和里根政府都要糟糕。[5] 自然保护选民联合会（League of Conservation Voters）的一项民意调查显示，在其 25 年的环境评级中，1994 年的国会会议等级最低。这一年的国会会议几乎驳回了所有主要的环境立法提案。[6] 在 11 月的中期选举之后，国会两院都被共和党所控制，形势每况愈下。

主流环保组织发现自己在政治上毫无影响力。与此同时，共和党的权力不断增强，它们利用"美利坚契约"（Contract With America）作为政治武器，企图废除许多里程碑式的环境法规，而这些环境法规促成了上一代人所达成的环境共识。由于共和党的反环境立场，《清洁空气法案》、《濒危物种法案》（Endangered Species Act）、《超级基金法案》（Superfund）都要重新得到授权。

6

与那些曾经成功的环境立法一样，环保主义也处于被摧毁的危险境地——他们的时代已经过去了，因为政府的环境法规已经失去了大量的支持者。当前，美国被新右翼和亲工业革命派所主导，环境法规被视为是来自政府的压迫而非保护，因此环保主义者被视为压迫者而非守护者。

《财富杂志》的一条新闻标题是"逃亡的环保主义者"，[7]并且在全国的报纸杂志上都反复能见到这样的标题。一位颇有影响力的作家马克·道伊（Mark Dowie）甚至谴责环保运动是在"危险地追求无关紧要的事情"。[8]到 20 世纪 90 年代中叶，就已经有批评家开始为环保运动撰写讣告了。政治右翼和新的反环境运动的政治力量和草根力量与日俱增。环保领袖们受到了一连串的批评，例如，批评他们无力抵抗来自共和党的攻击、[9]没有听从来自草根的警告、低估了横扫美国的环境抵制运动的严重性，等等。如果美国今年选举出一位共和党总统，那么环保运动的影响和成效将消失殆尽。

自然保护选民联盟前主席，现任内政部长布鲁斯·巴比特（Bruce Babbitt）在被克林顿政府收编之前曾说过："唯一的选择是回到人民群众中去并与他们交谈，试图找到这些问题不能引起共鸣的原因。""要试图找到余烬并将它们再次点燃。"[10]要了解美国正在发生的事情，我们必须回溯一下点燃环境抵制运动的星星之火。

危机的预兆

环保运动遇到危机的第一个预兆可以追溯到 25 年前，即

1971 年。这个预兆就是刘易斯·鲍威尔（Lewis Powell）在美国商会发表的一次演讲。鲍威尔在 20 世纪 70 年代末成为了美国最高法院的一名大法官。他在 1971 年时还是一名企业律师。他在那次演讲中提醒企业：包括环境议程在内的公共政策将成为 70 年代美国法庭辩论的重点。[11] 早在 20 世纪 60 年代，一些有关生态问题的具有里程碑意义的立法就已获通过，例如 1964 年通过的《荒野法案》（Wilderness Act）、1968 年通过的《联邦野生与风景河流法案》（Federal Wild and Scenic Rivers Act）以及 1969 年通过的《国家环境政策法案》（National Environmental Policy Act）。决策者还考虑就环境问题进行更基本的法律改革，这才有了 1973 年通过的《濒危物种法案》。

鲍威尔认为工业界还没有准备好进入这个新的立法竞技场。他指出，办法很简单，就是向对手学习，以对手为榜样。他告诉工业界：成立你们自己的独立律师事务所，给这些亲工业的事务所贴上维护公共利益的标签，并称之为"公共利益律师事务所（PILF）"。[12]

在鲍威尔发表演讲的前一年，即 1970 年 4 月 22 日，数十万人参加了庆祝第一个地球日的活动。这次活动促使环保主义在美国人的意识中生根发芽。在地球日庆祝活动的前一年，即 1969 年，80 多名众议院议员宣布，20 世纪 70 年代将是环境十年。鲍威尔的演讲则播下了企业反击环保运动的种子。

在两年之内，加利福尼亚商会就在萨克拉门托（Sacramento）成立了太平洋法律基金会。马克·麦加利（Mark Megalli）和安迪·弗里德曼（Andy Friedman）在 1991 年出版的《欺骗的面具：美国的行业掩护机构》（*Masks of Deception*：

Corporate Front Groups in America）一书中写道："近 20 年来，太平洋法律基金会一直在为化工厂、石油生产商、采矿公司、木材公司、房地产开发商、核电企业、电力公司等进行辩护。"[13]太平洋法律基金会成立之后，又有许多其他"公共利益律师事务所"迅速效仿成立，并于 1975 年在华盛顿成立了一个协调机构——公共利益国家法律中心（National Legal Center for the Public Interest）。[14]国家法律中心的创会主席伦纳德·塞伯格（Leonard Theberge）说："我们所不能接受的，是那些会使美国人民牺牲在大自然祭坛之上的愚蠢提议。"[15]塞伯格利用这种具有宗教色彩的言论，一次又一次地抨击环保运动：环保主义者正在进行一场圣战，他们认为自然比人类更重要。

乔·库尔斯（Joe Coors）是国家法律中心的第一届董事会成员。[16]极端保守的库尔斯家族是啤酒大亨，他们一直在资助美国新右翼的发展。对于反主流文化的"第一破碎机"这个称号，他们引以为傲。记者拉斯·贝兰特（Russ Bellant）研究了库尔斯家族的活动，他认为库尔斯家族是"美国最右翼的企业"。[17]库尔斯家庭一直在资助一些反对环保运动的主要活跃分子。甚至保守的《读者文摘》（*Readers Digest*）杂志也给乔·库尔斯贴上了"美国最主要的反环境主义者之一"的标签。[18]

国家法律中心反过来又协助创建了七个区域性公共利益律师事务所，其中一个对于席卷美国的环境抵制运动有着特殊的历史和当下关联——即设在丹佛的山地州法律基金会（MSLF）。山地州法律基金会是一个非营利组织，它"致力于维护个人自由、私人财产权以及私营企业制度的价值和观念"。[19]国家法律中心出资 50000 美元，库尔斯家族出资 25000 美元，共同成立了山地州法律基金会。该基金会的早期资金还来自几家大型石油公司——美国石油公司（Amoco）、雪佛龙石油公司（Chevron）、马拉松石油公司（Marathon）、菲利普斯石油公司（Phillips）和壳牌石油公司。[20]乔·库尔斯担任山地州法律基金会董事会成员长达3年，并任命他的朋友詹姆斯·沃特（James Watt）担任该基金会的第一任主席。在沃特任职期间，山地州法律基金会"打击了一些西部企业利益集团的敌人，如美国环保局、塞拉俱乐部、环保基金会，以及美国内政部。在此过程中，该组织因反消费者、反女性主义、反政府，尤其是反环境主义者而声名鹊起"。[21]

沃特：一场抗议风暴

作为一名激进的反环境主义者，詹姆斯·沃特的大名至今仍让大多数环保主义者不寒而栗。在里根担任总统的前几年，沃特是内政部长。在他任职期间，环保主义者寄出了1亿多封投诉信。[22]塞拉俱乐部在此期间将沃特描述为"头号公敌"。[23]沃特提倡"所有人免费"在美国的公共土地上进行采矿、放牧和钻探的政策，希望借此对广阔的保护区进行开发，并开放近海大陆架用于石油勘探。沃特还希望减少国家公园的数量，并取消阻止对保护区进行工业开发的限制。从某种意义上说，沃特是里根时代公开敌视环保团体的典型代表，并公开提倡不受限制地开采自然资源的右翼议程。

纽约的《乡村之声》（Village Voice）杂志曾深恶痛绝地怒斥："詹姆斯·沃特：掠夺的鼓吹者"。[24]塞拉俱乐部向"沃特主

9

义"和"整个里根式反环境攻击"宣战。1981 年的参议院国会记录显示了塞拉俱乐部所说的"沃特主义"的含义:"沃特主义认为我们的公共土地、森林和其他资源不是留给后代的遗产,而是在当前发展和快速致富的名义下,尽快提取的银行余额。"[25]

沃特也回击了他的批评者,称环保主义者为"极端分子"和"保护主义者",是"企图推翻我所信仰的政府的一种左翼邪教"。[26]由于他的强硬政策,沃特备受争议。他不受欢迎的一个原因在于他信仰统治神学。统治神学的拥护者利用《圣经》中的《创世记》部分,声称上帝给了"人类"统治地球的权力。[27]他们指出,如果上帝确实给了人类统治权,那么"人类"就可以在上帝的明确许可下,对地球上的动物、植物和资源为所欲为。这实际上意味着人类可以无限制地开发地球。

研究政治右翼的著名专家契普·伯利特在解释统治神学背后的思想时说:"你不可能真正伤害到地球,因为上帝不会让这种事情发生。如果上帝不认为链锯是好东西,他就不会把它赐予人类。"美国的许多基督教右翼人士、企业界人士和反环境运动人士都持有这种信念,他们还认为,由于上帝赋予了"人类"统治权,因此,"人类"的工业活动是否会使物种灭绝就是无关紧要的事情。

沃特还是山艾树反叛运动(Sagebrush Rebellion)的主要倡导者之一。该运动由美国西部各州掀起,旨在将美国联邦政府控制下的土地转让给各州或私人。在整个 20 世纪,各州多次企图控制联邦土地,但都没有成功。然而,在 1979 年,内华达州立法机关要求将 5000 万英亩的联邦土地转让给本州控制,其他各州也纷纷效仿。[28]山艾树反叛运动被形容为"幼稚且混乱的",并最终在 20 世纪 80 年代初以失败告终。[29]该运动失败的部分原因在于人们意识到，如果土地由各州控制，那么大部分土地将会被私有化，并被卖给出价最高的人。对于那些一开始支持反叛运动的普通农场主而言，这并不符合他们的愿望。[30]对联邦土地所有权以及监管控制问题的不满促成了山艾树反叛运动，这些不满在80 年代后期再次发酵。[31]

沃特越来越不受欢迎。自由国会基金会（FCF）在 1982 年委派一名不见经传的作家罗恩·阿诺德为沃特写传记。自由国会基金会的领导人是新右翼领袖保罗·韦里奇（Paul Weyrich）。他是主要的极端保守主义者，还是乔·库尔斯的思想同盟和生意伙伴。韦里奇提出，要为这名备受争议的内政部长写一部光彩照人的传记。[32]这本传记不仅免除了詹姆斯·沃特的罪过，还把他描述成接近圣徒的人。同时，阿诺德还像沃特一样，对环保运动发起了猛烈的攻击。阿诺德在他的著作《风暴之眼》（*Eye of the Storm*）一书中写道："环保主义不可告人的目的是彻底削弱或瓦解工业文明，并从根本上推行一种强制式的美国政府。但是这些目的往往隐藏在环保运动的复杂结构之中。"[33]

阿诺德自称以前曾是一位环保主义者，还曾是塞拉俱乐部成员。阿诺德"头头是道地批判"环保运动，断言环保主义代表了一种反人类、反文明、反技术，并支持危言耸听和恐怖主义的新宗教。[34]《风暴之眼》一书使阿诺德实现了他一直在寻求的政治突破。然而，他后来承认，该书更多的是意识形态而不够客观，是站在保守的立场上撰写的。[35]荒野协会主席盖洛德·尼尔森（Gaylord Nelson）对此则不以为然，他指出："除非给万物标上美元符号，否则像沃特和阿诺德那样的人看不到任何事物的价值。""他们会否认这一点，并说自己期望的是'平衡'。但是如果你研究一下他们所说的'平衡'，你就会发现那意味着支持无限制地开采自然资源。"[36]

利用宗教论调的远不止阿诺德和沃特。国家公园私有土地拥有者协会（National Inholders Association）的查尔斯·库什曼（Charles Cushman）怒不可遏地说："这是完全不同的宗教之间的圣战。"[37]库什曼的名言是："环保主义是一种新型异教。它崇拜树木，舍弃人类。"[38]查尔斯·"查克"·库什曼自称是环境抵制运动的"坦克指挥官"。在过去15年间，他花费了大量时间提醒乡村居民警惕美国国家公园管理局和环保运动，即他所说的保护主义者。库什曼最初组建国家公园私有土地拥有者协会是为了代表"国家公园私有土地拥有者"或生活在国家公园里的居民的利益。当他被吉姆·沃特任命，进入国家公园系统咨询委员会后，他的恶名就传遍了全国。库什曼是罗恩·阿诺德的朋友，也是一位极具争议的人物。他热情地为詹姆斯·沃特辩护，还为这名穷途末路的内政部长争取支持："部长在做一项异常艰苦的工作。"[39]

阿诺德的著作和库什曼的支持都没能阻止沃特的提前下台。沃特以在公众场合失言而闻名，他这样描述新一届委员会成员："我们拥有你能拥有的各种混合体。我们有一个黑人、一个女人、两个犹太人和一个瘸子。"沃特经常在公共场合失言，最终在1983年秋天辞去了内政部长一职。[40]

然而，如今用于反对环保运动的大部分言论其实都源于里根时代的沃特、阿诺德和库什曼等人。例如，他们给环保活动家贴上了"极端分子""保护主义者""宗教狂热分子"和"共产主义者"的标签。而他们似乎从政治极端分子和常年的总统候选人林登·拉鲁什（Lyndon LaRouche）那里汲取了大部分术语。环保运动被边缘化的进程已经开始了。

统一教的枪战

就在沃特辞职并返回西部的同一年，另一位极端保守主义者正在南下，飞往牙买加参加一场公费会议。他就是美国最著名的右翼筹款人之一艾伦·戈特利布（Alan Gottlieb）。戈特利布称自己是"最重要的反共产主义者、自由企业家、自由放任主义资本家"。[41]他参加的会议是由美国社会统一联邦协会（CAUSA）组织的。这个名字冗长拗口的组织是文鲜明牧师（the Reverend Sun Myung Moon）的掩护机构。文鲜明的公众形象是一名宗教领袖，但他实际上操纵着业务遍布全球的庞大政治与商业帝国。他仅在美国就拥有 280 家公司。文鲜明声称他的目标是建立全球自主的神权政治。他视自己为上帝之子。他说："我将占领和征服全世界。"[42]

牙买加会议的组织方——美国社会统一联邦协会——成立于1980 年，是文鲜明的跨国政治掩护机构。据统一教（Moon）的主要研究者丹·尤纳斯（Dan Junas）回忆，"美国社会统一联邦协会的首要任务，是支持里根的外交政策学说"，[43]进而"试图推翻苏维埃帝国，并支持尼加拉瓜反政府组织和争取安哥拉彻底独立全国联盟（UNITA）等反共产主义的'自由斗士'"。[44]除了参加美国社会统一联邦协会的会议之外，戈特利布与文鲜明的掩

12

护机构还有其他交易。

戈特利布和文鲜明还有一个共同点：他们都是被定罪的税务重犯。戈特利布和许多政治右翼人士一样，认为自己的逃税罪名是"荣誉勋章"，并把自己当成抗税英雄。[45] 还有其他人也认为戈特利布是一位英雄，例如著名的反环境主义者、山地州法律基金会现任主席威廉·佩里·潘德利（William Perry Pendley）。他写道："热爱自由的人都应该感谢他。"[46] 潘德利从 1975 年起就成了詹姆斯·沃特的密友，并在沃特任职期间，被其任命为内政部能源和矿产部长的副助理。[47] 从那时起，潘德利也成了阿诺德、库什曼和戈特利布的密友。[48]

艾伦·戈特利布是自由企业保卫中心（CDFE）的创始人和负责人。该中心是一个右翼智库，位于美国西海岸西雅图市绿树成荫的郊区的名副其实的"自由公园"内。戈特利布还是公民拥有和携带武器权利委员会以及第二修正案基金会的主席——与全国步枪协会一样，它们是两个最有影响力的支持枪支的组织。戈特利布的妻子则是《妇女与枪支》（*Woman and Guns*）杂志的编辑。戈特利布还是一位非常成功的筹款人，他为包括罗纳德·里根（Ronald Reagan）在内的各种支持枪支和右翼事业的右翼政治家筹集了数千万美元。此外，他还拥有一家出版社和一家广播电台。他的电台总是粗制滥造地炮制右翼言论。一家当地报纸刊登了一幅戴着眼镜、秃顶的戈特利布的图片，并写道："这是美国最危险的人吗？"[49]

戈特利布去牙买加仅几个月后，就因逃税罪被关押了一段时间。但监狱的看守非常松散。在被关押之前，他会见了沃特的传记作者罗恩·阿诺德。阿诺德当时正在寻求经济赞助与合作伙伴。[50]在此前几年，阿诺德一直反复锤炼他的反环境观点，使之条理更清晰。而他发现戈特利布正是他祈求的最佳对象。此后几年，惠好公司（Weyerhaeuser）等各类木材和化学利益集团雇佣他制作培训视频。他还帮助抵制了红杉树国家公园（Redwoods National Park）的扩张。[51]

同样是在 1984 年，查克·库什曼向那些被他蛊惑的听众发出警告：一旦本地区被指定为"野生和风景优美之地"，国家公园管理局"就会进驻并扼杀你们"。在他发表演讲后的几周内，当地就爆发了暴力事件，国家公园管理局的车辆被涂上了纳粹的"卐"字符号。[52]

右翼的三巨头——"筹款人"艾伦·戈特利布、"坦克指挥官"查克·库什曼和"哲学家"罗恩·阿诺德——联合起来，将成为环境抵制运动中，最强大且最能赚钱的驱动力量。他们企图利用人们对环保运动的些许不满，并将这些不满演变成众人的仇视和大把的美钞。

一场抵制运动的运动

1970 年，路德·格拉克（Luther Gerlach）和维吉尼亚·海因（Virginia Hine）出版了《人民、权力、变革》（*People，Power，Change*）一书，对社会运动进行了理论分析。他们认为："对一场运动最有效的回应是（发起）另一场运动。"[53]书中对五旬节运动（Pentecostal Movement）和黑人权力运动（Black Power Movement）进行了案例研究。这本书虽然没有多少人知道，但是非常权威，是瓦解北美环保运动的基础。罗恩·阿诺德在 1984 年的一场演讲中说："需要用一场运动来反击另一场运动。"[54]在过去的 15 年间，他一直在重复这一言论。

罗恩·阿诺德在他巧妙命名的著作《生态战争》（*Ecology Wars*）一书中写道："在一个激进主义社会中，美国的工业界无法自救。一场激进运动只能被另一场激进运动打败。"[55]阿诺德承认，单纯靠公关的推动，工业界无法取得成功，因此，它们需要发起一场亲工业的激进运动，以赢得公众的信任和支持，还要与环保运动作斗争。最终结果是人们为工业而战，但带有为自己而战的所有特征。阿诺德主张："我们需要的是支持工业、支持自由企业的公民行动。"[56]

1988 年，阿诺德对安大略森林工业协会（Ontario Forest Industries Association）说道：

"当你作为一个行业代表发言时，公众会深信你只是出于自身利益而发言。公众永远都不会喜欢大型企业。解决办法就是成立亲工业的公民激进组织。这种组织能以热心公益者的身份发言，他们支持受当地问题影响的社区和家庭。还可以作为生活在大自然而且比城市人拥有更多自然智慧的人的身份发言……它可以组建联盟以塑造真正的政治影响力。这种组织可以成为您所在行业的有效且令人信服的倡导者。这种组织还可以是唤起家庭的神圣性、紧密社区的美德、农村居民的自然智慧之类事物的有效典范。……这种组织还能参加战斗，利用足智多谋的战略攻击环保主义者……这种组织还可以让公众也反对你的敌人。"[57]

这确实是一场战斗。阿诺德说："这是一个交战地带。"他在 1991 年告诉《多伦多星报》（*Toronto Star*）："我们的目标是摧毁、根除环保运动。""我们非常疯狂。我们不会再忍受了。我们是非常认真的——我们将摧毁他们。"[58]打败环保运动的最有效方式就是用另一场运动"夺走他们的资金和成员"。[59]

明智利用

作为自由企业保卫中心的共同执行主任，罗恩·阿诺德与艾伦·戈特利布两人如今是美国反环境运动的主要傀儡的控制者。这些傀儡包括不断增多的农场主、矿工、伐木工、农民、渔民、设阱捕兽者、狩猎者、越野车主、私有产权拥护者、行业协会、行业掩护机构以及右翼激进分子。这些遍及全国的傀儡都在奋起反对环保运动。他们是土地多重利用的倡导者，并称自己的行为是明智利用运动（Wise Use Movement）。

为了集合和团结各种不同的环境抵制团体，阿诺德想找到一把统一的保护伞——它既要足够具体以吸引人们加入，又要足够模糊以使人们不知道自己到底在为了什么而斗争。最终他找到了"明智利用"。"明智利用"一词为美国森林管理局首任局长吉福德·平肖（Gifford Pinchot）首创。他将环境保护界定为对资源的明智与高效利用。[60]"明智利用"这一简单的乌托邦术语恰好符合罗恩·阿诺德的要求，因此他借用这个术语描述他所萌生的想法。阿诺德告诉《户外杂志》（*Outside Magazine*）说："'明智利用'一词朗朗上口，在新闻标题中只占 4 个字，几乎和'生态'一词一样短。""这个词又非常模棱两可。当词的含义表达不是非常清楚的时候，才能在潜意识中留下最深的印象。"[61]他还说："在生产上，明智利用运动的代表人与自然是和谐相处的"，[62]这进而引起人们虚构一个象征"明智利用"的荒谬世界。阿诺德也承认："在明智利用这个笼络的术语之下，隐藏着大量的罪恶与废话。"[63]"我们甚至不在乎人们相信哪种形式的明智利用，只要它能保护私有财产、自由市场并限制政府就足够了。"[64]

明智利用运动将抵制环保演化成了一场运动。这场运动由几名主要的右翼激进分子操纵，如阿诺德、戈特利布和库什曼。阿诺德承认："我们负责控制。"[65]明智利用领导人表示，环保主义者是反家庭、反基督教、反美国、反人民、反人类的，他们只对自己的权力和金钱以及他们的最终议程感兴趣。他们声称，环保主义者的最终议程就是摧毁你的工作并最终毁掉你的生活。抵制的目标是将环保运动边缘化，并最终将其铲除。

但是，"明智利用"的概念会奏效吗？工业界是否会对阿诺德的这个概念感兴趣？一位在西雅图与阿诺德住得很近的研究者保罗·德·阿蒙德花了大量时间研究明智利用，他指出："我认为人们有必要知道，明智利用并不是什么突然自发出现的事物。"他还说：

"在 20 世纪 70 年代中后期，阿诺德开始思考并致力于利用公民组织来代表工业界的立场……他苦思冥想多年之后，在 1984 年与戈特利布建立了合作，然后又做了 4 年的准备工作，并于 1988 年发起了明智利用运动。从那时起，他就一直在努力地开展这项运动。"[66]

到 1982 年，阿诺德声称他已经发现近 800 个组织在以某种形式捍卫工业。[67]不过阿诺德和戈特利布还需要 6 年时间才能召集到人参加明智利用会议。这次会议正式宣告了明智利用运动的诞生。那么，为什么要花这么长时间才能把事情搞定呢？

西部的不满情绪日益增长

　　直到 20 世纪 80 年代后期，不同经济、社会与政治力量的积聚才促成了明智利用运动。拉尔夫·莫恩（Ralph Maughan）与道格拉斯·尼尔森（Douglas Nilson）是研究明智利用的两位政治学家。他们认为，美国西部经济意想不到的持续衰退，使西部陷入了贫困状态，从而使怨恨政治和另一场反动社会运动的时机成熟。此外，环保运动开始导致俄勒冈州和华盛顿州的原始木材采伐量大幅下降，从而使西部人民感到威胁越来越严重。环保运动看似在不断壮大，这也加剧了人们的恐惧。莫恩和尼尔森总结道："到 20 世纪 80 年代后期，开展明智利用运动的所有条件都已成熟。只要领导人一就位，就可以启动了。"[68]

　　在 20 世纪 80 年代末之前，工业界并没有准备好加入明智利用运动。来自俄勒冈州波特兰市西部州中心的塔尔索·拉莫斯跟踪调查了 9 个西部州的环境抵制运动。他认为，这种情况的最重要原因是，在 20 世纪 80 年代早期和中期没有必要发起环境抵制运动，尤其因为里根还在当总统。工业界，尤其是自然资源企业已经有了一位当权的朋友。[69]

　　布什当选总统之后，工业界的不满与日俱增，因为他们发现这位新总统对他们没那么有同情心。拉莫斯认为，资源行业当时还面临着许多迫在眉睫的危机，这促使他们采取其他策略来实现对工业的放松管制。这些危机包括，西北部地区即将发生木材供

16

应危机，即将对某些与工业相关的法律进行修订，包括 1872 年通过的《矿业法》（Mining Act）的修订——这部《矿业法》为美国和国际矿业公司提供了极其优厚的条件。[70] 其他一些法律也是修订的目标，主要有《濒危物种法》《清洁水法》和《超级基金法》。工业界希望找到方法来削弱这些法规或使这些管制无法实施。此外，环保运动的成功，使得工业界越来越感到有必要开展更多的公关活动，[71] 还需要组织秘密行动，并给自己披上绿色外衣。反对环保主义者的暴力活动随之开始出现。

明智利用的正式"诞生"

1988 年 8 月，由戈特利布的自由企业保卫中心赞助的首届"多重利用战略会议"在内华达州的里诺市举行。这次会议被认为是明智利用运动诞生的标志——尽管荒野的影响研究基金会（WIRF）在 3 个月前举办了一场类似的会议。首届多重利用战略会议的成果是《明智利用议程》的出台。该议程囊括了 25 个目标，而许多目标听起来就像是工业界的愿望清单。此次会议的参加者只有不到 300 人。阿诺德在《明智利用议程》一书中写道：

17

"工业界首次有了核心的公民支持者。他们对工业问题有着清晰的批判性理解。十多年来，这股社会力量虽然并未意识到自己的存在，但却在不断壮大。他们是明智利用运动的奠基者。"[72]

那么，这些人是谁？有哪些人去参加了这次会议？参会的木材巨头有麦克米兰布隆德尔公司（Macmillan Bloedel）、佐治亚太平洋公司（Georgia Pacific）、刘易斯安那-太平洋公司（Louisiana-Pacific）以及太平洋木材公司（Pacific Lumber Company）等；阿拉斯加妇女木材协会（Alaska Women in Timber）、凯里布木材生产商协会（Cariboo Lumber Manufacturers Association）以及加州妇女木材协会（California Women in Timber）等亲木材协会倾巢而出。大型石油企业的参会代表是埃克森石油公司（Exxon）。化工巨头杜邦公司（Du Pont）和矿业协会也出席了。牧场主、农场主、狩猎与钓鱼爱好者都有代表参会。还有很多机动雪橇、越野车和机动船的支持者参会。右翼的老朋友们都到会了，如太平洋法律基金会、山地州法律基金会、全国步枪协会、诸多的农业局协会（Farm Bureau Associations），以及竞争企业协会（Competitive Enterprise Institute）和学术精确性组织（Accuracy in Academia）等重要组织。[73]除了自由企业保卫中心的赞助之外，还有一些组织也为此次大会提供了资金和实物赞助，例如查克·库什曼的国家公园私有土地拥有者协会和美国自由联盟（American Freedom Coalition）。参会的国家公园私有土地拥有者协会、农业局和公民平等权利联盟（Citizens Equal Rights Alliance）还是知名的三家反印第安人机构。[74]

《明智利用议程》成了人们所说的明智利用者的战斗檄文。该议程企图让致力于放松管制的右翼激进分子和资源企业联合起来。资源企业利用一切政治机会破坏环境法规。《明智利用议程》一书的封底是一张笑容满面的戈特利布与乔治·布什握手的照片。虽然这张照片是在图书出版 3 年前拍摄的，但放在这里会让人们认为，明智利用运动得到了时任总统的祝福。艾伦·戈特利布在议程开篇的《行动倡议》（Call to Action）中写道："明智利用将成为 21 世纪的环保主义。"[75] 这种新型环保主义的最主要目标包括：[76]

• 立即开发北极国家野生动物保护区（Arctic National Wildlife Refuge）的石油资源；［目前遭到国会的否决，但正在接受共和党人的审查］。

• 《预防全球变暖法案》（The Global Warming Prevention Act）。将"将国家森林中所有腐朽、耗氧的林木换成制氧、吸收二氧化碳的幼林，以减缓全球变暖的速度，并防止温室效应［授权清除原生森林］"。

• 允许砍伐 300 万英亩的阿拉斯加汤加斯国家森林（Tongass National Forest）。

• 创建国家采矿系统（National Mining System），"应当开放包括荒野与国家公园在内的所有公共土地，用于矿物和能源生产"。

• 修订《国家公园改革法案》（National Parks Reform Act）（主张在所有 48 个国家公园内开展一项为期 20 年的建设计划）。

• 改变害虫防治与化工产品的专利权。

• 修改《濒危物种法案》，"将濒危物种明确界定为人类出现前的残遗物种……以及缺乏生物传播活力的特有物种"。旨在保护物种的方案必须经过成本效益分析程序的严格审查。

• 《全球资源明智利用法案》（Global Resources Wise Use Act）：

"国会应当制订一项政策措施，明确承认世界经济中商品部门的相对规模在萎缩，并采取行动以确保全球的工业能永久性地获得原材料供应。应当包含自由贸易措施，以及激励发展中国家支持自由企业的措施。"

- 完善《荒野保护法案》，改变对荒野的界定。

- 坚持为工业进行诉讼辩护："亲工业律师应当为受到环保主义者威胁或伤害的工业企业赢得诉讼。"

- 联邦汽油税应当用于修建多用途机动车越野道路。

与"统一教"的关联

美国自由联盟是多重利用战略会议的赞助者之一，该联盟向《明智利用议程》提交提案，建议开放北极国家野生动物保护区进行钻探。美国自由联盟自称是捍卫美国传统价值的保守组织，推崇用道德与伦理方案解决威胁美国未来的政治、经济与社会斗争。[77] 但它实际上是文鲜明的掩护机构。[78] 1989 年，美国自由联盟首任主席罗伯特·格兰特（Robert Grant）在《华盛顿邮报》（*Washington Post*）（受文鲜明的财力支持）上撰文承认，美国自由联盟自创始以来的两年间，共收到来自统一教的 525 万美元的资助。[79] 美国自由联盟的环境特别工作组——其措辞与阿诺德和戈特利布十分相似——也开始对环保运动不屑一顾。他们宣称："最初这是一场保护野生动物、清洁空气与清洁水的有益健康的运动，但现在却不再有益。'新环境'运动和'新一代环保主义者'即将出现。"[80] 事实上，当时阿诺德和戈特利布都在与美国自由联盟合作。1989 年至 1991 年间，阿诺德担任美国自由联盟的华盛顿州分会（Washington State Chapter）主席。1989 年

19

25

至 1990 年间，戈特利布担任董事会成员。[81] 此外，阿诺德还是美国社会统一联邦协会的发言人。美国社会统一联邦协会是牙买加会议的组织方，戈特利布也出席了那次会议。[82]

统一教的观察者丹·尤纳斯指出：

"如果你研究一下美国自由联盟的出版物《美国自由杂志》（*American Freedom Journal*），你就会发现，在明智利用运动的早期，统一教就在赞助各地召开的明智利用会议，尤其是在太平洋西北部的俄勒冈州、华盛顿州和爱达荷州。可见，在美国，有个大规模的外资机构在推动明智利用运动的发展中发挥了重要作用。"[83]

塔尔索·拉莫斯与尤纳斯持相同的看法："不管美国自由联盟参与《明智利用议程》制定的最终动机是什么，有一点是毋庸置疑的：他们的行动积极地促成了阿诺德和戈特利布等人的参与。"[84]

《温哥华太阳报》（*The Vancouver Sun*）在 1990 年刊文指出："资源利用会议与文鲜明的统一教存在联系。"[85] 此后，该报又刊登了许多文章揭露阿诺德和戈特利布与统一教的联系，并对这种联合和主要右翼激进分子的追随进行质疑。这些言论给阿诺德和戈特利布造成了巨大损失，因为工业界人士拒绝与他们建立联系。虽然这两人早先与统一教有合作，但最近的联系变少了，而与另一个右翼组织的联系较多——该右翼组织以保罗·韦里奇为中心人物（参见下一章）。从历史上看，他们与统一教的交往和与韦里奇组织的交往在性质上都是一样的。[86]

一开始在媒体上发表的许多文章都认为明智利用只不过是一场企业骗局，因而都在重复与行业掩护机构有关的陈词滥调。虽然有些明智利用组织确实收到了企业的赠款，但还是有许多组织并未受到资助。由于阿诺德与统一教附属组织存在联系，因此企业在与这个有潜在政治危害性的人建立联系时持谨慎态度。但这并不意味着它们不会采纳阿诺德的策略。如塔尔索·拉莫斯所说：

"在某种程度上，比起做掮客或控制自己策略的实施，阿诺德在推销自己的策略上更为成功。例如，有些自然资源贸易协会虽然没有与他合作，但却采用了他的一些策略。"[87]

第一场明智利用运动："俄勒冈计划"

木材行业发起了第一场正式的明智利用运动。他们采用阿诺德的策略，成立了公民掩护机构。1988 年末，共和党参议员马克·哈特菲尔德（Mark Hatfield）与俄勒冈州的木材利益集团共同发起了"俄勒冈计划"。来自西部各州公共土地联盟（Western States Public Lands Coalition）（后更名为全国公共土地与自然资源联盟，National Coalition for Public Lands and Natural Resources）的比尔·格兰诺（Bill Grannell）和妻子受邀领导这项运动。其目标是组建一个基础广泛的联盟，以支持无限制地获取公共土地上的木材和其他资源。[88]在他们的亲木材立场之后，格兰诺夫妇又筹建了一个亲矿业的明智利用组织——西部人民组织（People for the West!），这又是一个工业掩护机构（参见下一章）。

在过去的十年中，木材行业追求短期利润，而忽视了长期的稳定发展。木材企业尽可能地削减投资、减少劳动力并降低工资。荒野协会的沃特金斯（T. H. Watkins）指出："开采、浪费与掠夺的短期经济一直是美国人利用土地的特征。这对人们生活的破坏远比环保主义者宣扬的要严重得多。"[89] 例如，1989 年，当斑点猫头鹰被列为濒危物种时，格兰诺夫妇对此发起了一场宣传攻势。拉莫斯说：这"在很大程度上，为不负责任的工业活动——如过度砍伐、自动化与木材出口——【所引发的林业问题】提供了替罪羊。"[90] 这意味着自大萧条时期以来一直处于严重衰退中的木材工业要归咎于其他人。十年来木材需求与价格的持续低迷、裁员与倒闭，都被完完全全地归咎于环保主义者。这也暗示了明智利用运动可以谴责环保主义者更关心猫头鹰而不是人类。格兰诺夫妇等许多明智利用活动分子，像木材行业的许多人一样，很快将辩论两极分化为"工作还是猫头鹰"。[91]

自此以后，明智利用运动便经常利用人们对工作保障或私有财产权的自然而然的真实恐惧心理。例如，查克·库什曼常常在其疯狂的演讲中谈到"文化种族灭绝"。阿诺德警告人们，环保运动的目的是"摧毁工业文明"。[92] 简单地将问题两极分化为工作与环境、工作与猫头鹰、善与恶，忽视了重要而复杂的问题，并使它们之间的和解变得困难重重。正如 1992 年夏天，大卫·赫普（David Hupp）在《西部州中心通讯》（*Western States Center Newsletter*）中所写的那样：

"明智利用运动的基础是普通公民，并且还有一个冠冕堂皇的目标：努力保住人们的就业机会。但是，这一联盟的领导人却是右翼战略家以及企业赞助商。这些企业赞助商认为赚取巨额利润才是正经事，他们还与白宫有着直接联系。【明智利用运动的】

领导层利用了工薪阶层家庭、农村居民和自然资源企业雇员的广泛愤怒与恐惧。"[93]

俄勒冈土地联盟是从俄勒冈计划演变而来的明智利用组织，该联盟为未来的资源利用斗争指明了方向。塔尔索·拉莫斯认为，该联盟对辩论的主要影响是使其两极分化。[94]这种两极分化与对抗的过程并非巧合。人们被告知，环保运动是为了关闭他们的工厂，夺走他们的财产权，破坏他们的生计和生命。极化过程有两件重要的事情。首先，它在工人与环保主义者之间制造了隔阂；其次，它向人们灌输了恐惧，这意味着工人越来越容易受到企业和右翼的操纵。1992 年，蒙大拿进步政策联盟（Montana Alliance for Progressive Policy）的罗伯特·巴莉（Robert Barry）写道："明智利用运动唯一的新颖之处在于，其领导人更擅于利用草根群众的恐惧和不确定性，来赢得人们对其亲工业议程的支持。"[95]

20 世纪 90 年代初，美国西北部农村地区遭遇了经济衰退，宣扬反环境的时机到了。各地的公民组织开始动员起来，出现了越来越多的黄丝带。黄丝带象征亲工业者的团结一致，甚至有个组织就叫黄丝带联盟（Yellow Ribbon Coalition）。1990 年 4 月，1 万名木材工业的支持者在俄勒冈州波特兰市参加了一场由黄丝带联盟组织的集会。可能会有人感到疑惑：木材工业怎么突然凭空获得了那么多的支持？答案就是，有 300 多家公司给雇员放了一天假，有的公司甚至为雇员提供了前往集会地的免费接送服务。[96]工业界终于有了缺席已久的草根支持者。

此外，反环境运动似乎开始成为一种热潮。1989 年，《纽约时报》和哥伦比亚广播公司（CBS）发起的一项民意调查显示，

80％的调查对象认为"保护环境非常重要，因此环境标准再高也不为过，我们必须不计成本地持续改善环境"。[97]然而3年之后，《时代杂志》和美国有线电视新闻网（CNN）发起的一项类似的民意调查结果却与此前大相径庭：51％的美国人认为环保主义者"做得太过火了"，而前一年只有17％的人持这样的观点。这类调查结果对环境抵制运动起着推波助澜的作用。[98]这使环境抵制运动赢得越来越多的支持，越来越成为与【环保运动这一】强敌相抗衡的力量。

环保运动在环境抵制运动中的作用

1992年，俄勒冈州的一位伐木工告诉《时代杂志》："无论何时，只要某人随着环保运动的发展而变得强大，他就会遭到抵制。"[99]简言之，环保运动的成功和失败都会导致环境抵制运动在未来几年内不断增加。芝加哥洛约拉大学（Loyolo University）的安东尼·莱德（Antony Ladd）教授指出："应当承认，环保运动在许多方面日益职业化，这也促进了环境抵制运动的发展。"[100]

来自一家追踪美国右翼和反环境运动的著名智库——政治研究协会——的契普·伯利特说："众所周知，一场社会变革运动越成功，它所遭到的抵制运动就会越强烈。这是可以预见到的。"[101]伯利特和其他环保活动家还研究了政治右翼所发动的针对其他社会变革运动的抵制运动（参见下一章）。塔尔索·拉莫斯与伯利特意见一致：

"当然，我认为与发生在本国的其他反对进步社会运动的抵制运动一样，环保运动在某种程度上已经成为其自身成功的受害者。它产生了足够的影响，也给本国的某些当权势力制造了足够多的问题，从而促使他们采取协调策略，以瓦解或降低环保运动的影响。"[102]

但是，环境抵制运动的兴起也要归咎于华盛顿的主流团体。惠特曼大学（Whitman University）政治学助理教授菲利普·布里克（Philip Brick）指出："明智利用的兴起只能怪环保团体自身。"布里克认为，"对于生活在环保运动所希望保护的地区附近的人们的困境，环保运动表现出了异乎寻常的麻木"。[103]危险废物公民信息交流中心执行董事洛伊斯·吉布斯（Lois Gibbs）说："主流环保主义者历来忽视工人们的处境，他们关注的焦点是森林保护，集中于自然保护问题。"[104]毫无疑问，如果环保运动能更多地倾听和回应工人和农村地区居民的诉求，那么它们如今所遭受的抵制就不会如此强烈，这些抵制也会失去合理性。

塔尔索·拉莫斯还认为，由于环保运动未能解决社会与经济问题，也未将环境问题建构成基于社会正义的社会问题，因而很容易遭遇这类抵制运动。拉莫斯指出："实际上，1992 年克林顿当选总统之后，环保组织试图在国家层面将自己塑造成为政府的核心成员，成为政治内幕人士，而这对环保运动造成了多方面的伤害。"拉莫斯认为，首先，权力并未发挥作用；"其次，这强化了明智利用运动对环保运动的这样一种特征的描述：一个强大的、以华盛顿为中心的、富有的、精英主义的运动，并且缺乏人民群众的支持。"[105]

这种立足于华盛顿的诉讼策略受到了严重的批评。莱德教授指出："由于环保运动坚持其立法议程和诉讼策略而放弃了更具主动性和进取性的策略,从而日益被工业游说团体及其政治行动团体的资源优势所打败。"而且,对大型环保组织来说,最为致命的可能是其激发出的草根的仇恨。莱德补充道:

24

"与此同时,这种转变还使全国性【环保】组织受到了激进草根分子的攻击。指责它们傲慢自大、种族主义、漠视地方性问题(尤其是少数民族社区的有毒物质问题),并且更关心野生动物问题而不是人类生命。因此我们可以得出这样的结论,即今天的环保运动正在经历来自外部和内部的强烈抵制。"[106]

《公共关系观察》杂志的编辑约翰·施陶贝尔也同意,环保运动自身的策略也要为环境抵制运动的兴起承担部分责任。施陶贝尔说:"有两点是显而易见的:我们的环保组织本身十分脆弱,且无法开展斗争。所谓的第三波环保主义给了工业及其公关策略以可乘之机——它们企图分裂、制服和拉拢环保主义者。"[107]在第三波环保主义中,环保运动与工业之间的冲突被妥协与拉拢所取代。马克·道伊在批评当代美国环保运动时,也对这种第三波环保主义提出了质疑,称其"本质上是反民主的"和"妥协的制度化"。[108]

道伊还认为,主流的环保组织"还犯了另外两个近乎致命的错误:一个是疏远他们自己运动的草根;二是误读和低估了对手的愤怒"。[109]他还对许多环保组织的这样一项策略提出了异议,即"以诉讼为后盾的立法"。有人认为这项策略能保护"国家的环境健康",道伊则认为这一想法十分愚蠢。[110]而且,正是因为主流的环保组织专注于华盛顿的立法而牺牲了草根组织,才导致环保主义付出了沉重的代价。

明智利用运动的成功

环保团体——或者更准确地说是主要的环保组织，对明智利用运动的威胁反应迟钝。而当他们做出反应时，又缺乏洞察力和应变能力，因此当明智利用者很快就实现了他们的一些目标时，我们并不觉得奇怪。

1992 年的明智利用领导者年度会议在里诺召开，这次会议还是由自由企业保卫中心组织的，受到了媒体和环保主义者的极大关注。环保主义者们开始意识到了威胁。在阿诺德的老牌口号"人与自然在生产上和谐相处"的召集下，许多明智利用运动的拥护者都成了该会议的协办单位，诸如山地州法律基金会、库什曼的国家公园私有土地拥有者协会、受企业支持的蓝丝带联盟（Blue Ribbon Coalition）、西部人民组织，还有一些新组织，例如反对动物权利的人类优先组织（Putting People First）。[111]

来自巨型木材公司刘易斯安那-太平洋公司的哈里·默洛（Harry Merlo）因与环保活动家的斗争而获得了"终生工业成就奖"。来自爱达荷州的明智利用支持者，共和党议员史蒂夫·席姆斯（Steve Symms）也获得了"终生政策成就奖"，原因是他推动了明智利用运动首次在立法领域取得胜利，即《国家休闲步道基金法》（National Recreation Trails Fund Act）在国会获得通过。该法案要求从联邦石油税收中转移 3000 万美元用于在联邦土地上建设越野自行车道、越野汽车道和机动雪橇车道。来自越野车道建设倡导者蓝丝带联盟的克拉克·柯林斯（Clark Collins）也因其对该法案获得通过所做的切实努力而获得了一项终生成就奖。《明智利用议程》的第24条——推动"国家休闲步道信托基金"的创建——取得了成功。[112] 阿诺德认为，众所周知的"史蒂夫·席姆斯法案"的通过是胜利的明确标志，并且成功地"反击了环保运动对我们的所有攻击"。1992年，他向《Z杂志》（*Z Magazine*）吹嘘道："我们知道如何比他们更好地游说，而且我们有可以压倒他们的联盟。他们之前从未遇到过这样的挑战。这使他们大惊失色。"[113]

美国联盟

在"席姆斯法案"成为法律一个月后，为进一步证明有越来越多的草根支持环境抵制运动，美国联盟（Alliance for America）成立了。该联盟拥有125个组织，宣称要"把人重新放入环境方程式中"。[114] 美国联盟由俄勒冈土地联盟组建，而俄勒冈土地联盟这一明智利用组织又来自格兰诺最早提出的"俄勒冈计划"。在第一届"为自由而飞来（Fly-in for Freedom）"活动中，《联盟新闻》（*Alliance News*）发言支持"农场主、农民、伐木工、私有财产所有者、公共财产使用者和矿工等作为在国会游说的信使"。《联盟新闻》宣称："美国联盟让许多辛劳的美国人梦想成真。该联盟肇始于1992年9月21日至26日在华盛顿特区进行的一场全国性游说活动。"[115] 从创建伊始，联盟就在华盛顿召开了"为自由而飞来"会议，会议代表为维护各种企业利益，乘飞机来进行游说。

26

明智利用运动早期表露出的一个特征，是抄袭环保运动过去取得成功时所使用过的一些成功计策。俄勒冈土地联盟的立法主管杰基·朗（Jackie Lang）说，俄勒冈土地联盟已经学会了环保主义者的一些伎俩，并开始"在问题中加入人的元素"。他们在汽车保险杠上贴着儿童的图片，图下写着"俄勒冈真正的濒危物种"的字样。[116]

美国联盟还抄袭了环保运动的其他一些计策，例如利用传真以及有观众来电的直播节目。对地方和联邦政府进行游说已经变得非常普遍。媒体充斥着大量的评论文章、信函、诉求和抗议。如果人们认为媒体在报道某一问题时不具有代表性，他们就会在媒体机构外组织抗议示威。例如1993年，人们在哥伦比亚广播公司外示威，原因是该广播公司在报道伐木问题时带有偏见。亲工业、反环境的示威活动四处蔓延。例如，1992年12月，一座西德州中级原油（WTI）焚化炉的支持者就在绿色和平组织的美国办事处外进行抗议。

这些飞行和示威活动给媒体、华盛顿和全世界的印象是，处于灭绝危险之中的并不是什么其他物种，而是普通工人。参加者被告知："讲述你的亲身经历。给记者做生动逼真的口头描述，从而留下令人信服且有感染力的印象。传达这样一种观念：像你们这样辛勤工作的美国家庭正受到环境极端主义的严重伤害。"[117]这些"飞入"者——许多人平生第一次来到华盛顿——被要求打扮得逼真一点。他们被告知："穿着工作服去参加集会，特别注意要穿戴手套、靴子、安全帽、头巾、听力保护设备、护眼罩和其他与工作相关的装备。"[118]

然而，美国联盟的目标本质上可以归结为《明智利用议

程》：[119]

- 平衡人类与环境的需求。
- 提倡多重利用公共土地和自然资源。
- 恢复和保护宪法规定的私有财产权。

许多曾参加里诺会议的组织也正宣誓效忠于这个新联盟，这些组织包括美国自由联盟、国家公园私有土地拥有者协会、阿拉斯加妇女木材协会、阿拉斯加矿工协会、蓝丝带联盟、加州农业局联盟（California Farm Bureau Federation）、加州妇女木材协会、大西北联盟（Communities for a Great Northwest）、国家联邦土地会议（National Federal Lands Conference）、全国步枪协会、多重利用协会（Multiple Use Association）、太平洋法律基金会，以及西部森林工业协会等。[120]最初，总共有 125 个组织报名参加"明智的环境政策"运动。[121]虽然他们说他们比阿诺德式的反环境主义更为温和，但是他们的大部分言辞都是一样的。美国联盟的哈里·麦金托什（Harry McIntosh）警告说，环保活动家"正在努力将他们的社会主义旗帜带到美国政治的前线"。[122]

这些组织的许多目标也如出一辙，例如推翻湿地政策、修改或废除《濒危物种法案》、立法保护私有财产和"征收"。明智利用和多重利用所拥护的基本立场，就是至高无上的私有财产权和无限制、无管制的资源开采。还有一点很重要，就是在人数上给人造成强烈的印象，这样人们就会认为这是一场有着广泛群众基础的温和的反环境运动。

"美国联盟的形成是草根革命的开始。"[123]这才是问题的关键。1994 年，威廉·佩里·潘德利在《需要一位英雄：草根反抗环境压迫的战争》（*It Takes A Hero*：*The Grassroots Battle*

图1.1　西德州中级原油焚化炉的支持者在绿色和平组织办事处外进行抗议
资料来源：杰伊·汤森德/ 绿色和平组织

Against Environmental Oppression）一书中写道："我们是真正的环保主义者。我们是地球的管理员 。"他还写道：

　　"我们是农场主和牧场主、猎人和设阱捕兽者、渔夫和水手，我们世代关心土地与江河湖海。我们是让全国乃至全世界的人有衣服穿、有东西吃的男人和女人。我们是矿工、伐木工和能源生产者，我们为这个国家的现代文明提供了基石。我们是工人、建设者和实干家。总之，是我们这些辛勤工作的美国人一起建设了这个国家，使它变得强大和繁荣。我们为一代又一代人带来了更美好、更富裕的生活，也带来了延续这种生活的希望。"[124]

　　这本书是山地州法律基金会发起的一个项目，由艾伦·戈特

28

利布的自由企业出版社（Free Enterprise Press）制作，并由他的美林出版社（Merril Press）发行。[125]这明确证明潘德利、戈特利布和获得此书特别称赞的罗恩·阿诺德进行了密切合作。书中讲述了 53 名"不畏艰险捍卫真理"的人。此外，这本书还提到了"1000 名反抗环境压迫的主要草根斗士，即英雄网络（The Hero Network）"。[126]这本极富感染力的巨著沾沾自喜地表扬了许多环境抵制运动中的重要人物，其中包括许多环保运动的老敌手——这些人认为"环境极端分子和他们在美国政府中的盟友都不利于人民和环境"。[127]显然，明智利用领导人相信明智利用运动正在变成一股强大的力量。

明智利用运动有多重要？

明智利用是否是一场真正的运动，是否是一股得到广泛支持的，能够促成根本性社会变革的具有凝聚力的力量？它是否会像其领导人所宣称的那样，将成为一种新的环保主义？它是否是一场自我维持的恶性运动？是否正肆虐全美，旨在扼杀它的克星——环保运动？还是一群天真善良的人被企业和右翼所操纵？如果没有系统性的组织，该运动是否会分崩离析，迷失方向，丧失资源？我们需要回答这些问题，以弄清楚明智利用是否有未来。

威廉·佩里·潘德利在他的书中列出了"英雄网络"的名单，其中列出了全美 1000 个主要的激进分子和组织。目前，美国联盟的成员包括来自 50 个州的约 500 个组织。毋庸置疑的是，无论环境抵制运动是倡导明智利用、财产权还是多重利用，确实在社会某些阶层中得到了相当大的草根支持。这些草根来自社会中某些特定的领域，主要是全国各地关心自己财产权的人、越野爱好者、受雇于或依附于采掘行业的人，以及右翼活动分子。但反环境领袖常常表示，他们的成员多达数百万人之众。例如，阿诺德在《明智利用议程》中评论说，参加第一届明智利用会议的组织"代表了超过 1000 万人的成员"。在那时，这样庞大的力量足以支持一场新兴运动。但是，在明智利用反叛（Wise Use Rebellion）进行 6 年之后，在 1994 年的里诺会议上，有重要迹象表明阿诺德和戈特利布已经很难再找到忠实的激进分子来参加他们所预谋的反抗活动了。里诺会议的参加者还不到 100 人。[128]

1994 年里诺会议的主题是"走向主流"，但是其言辞和议程却似乎比以往任何时候都更加极端，因为阿诺德、戈特利布和库什曼试图寻找更多的社会阶层与他们结盟。与会的私人调查员希拉·奥唐奈尔写道："联盟的伙伴除了工业掩护机构以外，还包括右翼反犹太主义者（拉鲁什）、反税收倡导者以及右翼宗教人士。"[129]即便是更为温和的 1994 年美国联盟的"为自由而飞来"活动，也只吸引了大约 200 人参加。话虽如此，但毋庸置疑的是，明智利用可以在关键时刻动员相当多的人来反对某项立法。

然而，《纽约时报》驻西雅图记者蒂姆·伊根（Tim Egan）对他的同事，记者戴夫·海尔瓦格讲道：

"就媒体链而言，我们已经将明智利用提升为一个大型的非主流运动，但是我却并没有亲眼看到这一运动……我可能比任何其他国内记者去过的西部地区都要多，我大概每年要在小城镇和农村地区行驶 6 万到 7 万英里，但我却没有看到任何真正的环境抵制运动的迹象……这场声势浩大的对抗运动在那些地方并不存在。"[130]

塔尔索·拉莫斯也与伊根持相同的观点：

"明智利用运动并不像一些人所说的那样，仅仅是行业掩护机构的汇集——尽管它确实包含了一些行业掩护机构。它也并没有真实表达公民对公共利益（尤其在环境监管方面）的不满、失望和反对——尽管现在确实存在这些因素。毫无疑问，企业右翼资助和发起的明智利用运动在一定程度上引发了草根对环境监管的抵触。然而在很大程度上，这些活动并不受这些企业和右翼赞助商的支配。也就是说，它有自己的生命。"

30

话虽如此，但拉莫斯得出的结论是，"如果企业不再提供赞助，或右翼激进分子不再支持的话，那么作为一项运动而言，它也无法持续下去。"[131]

著名的政治学专家萨拉·戴尔蒙德说："人们不是用运动反对运动，而是用企业部门来反对环保运动。我认为这一点非常重要。"[132]政治分析家丹·尤纳斯补充道：

"就某些方面而言，我认为它是一种人为创造出来的事物。然而，与此同时，参与明智利用运动的草根民众的担忧也是合理的——尽管我不一定同意他们的观点。原因不仅在于他们被操纵了，还在于我确实认为该运动是一种人为的创造物。"[133]

明智利用运动在政治上取得了重大的成功，国会中的共和党人将利用其他的反环境措施严重破坏过去 20 年取得的许多环境成果。这可能是明智利用运动留下的最大一笔遗产，即通过组织草根，帮助美国政治史上最为激进的、反环境的共和党政府掌权。

废除《生物多样性公约》

迄今为止，明智利用运动参与者（Wise User）所取得的最大胜利可能发生在 1994 年。在第 103 届国会期间，美国参议院没有批准《联合国生物多样性框架公约》（the United Nations Framework Convention on Biological Diversity）。该公约最早于 1992 年 6 月在里约热内卢召开的地球峰会上达成，目的是保护地球上的动植物。人们预计该公约将会获得美国批准，但却在共和党峰会上受阻。在明智利用运动激进分子发起了一场活动之后，参议院的反对立场才突然出现。而这些激进分子又是受到了政治极端分子林登·拉鲁什的一位同僚的误导。[134]

《21 世纪科学与技术》杂志（*21st Century Science and Technology*）（该杂志与拉鲁什有关）的副主编罗杰·马杜罗（Roger Maduro）（又称罗格里奥（Rogelio））写了一篇文章，利用阴谋论无情地抨击《生物多样性公约》，以保护美国羊业协会（American Sheep Industry Association）的利益。后来，这篇文章被广泛传阅，并被用作废除《公约》的依据。从 20 世纪 70 年代末起，马杜罗就活跃于拉鲁什的政治运动中。他曾在 1994 年的里诺会议上煽动明智利用活动分子反对《生物多样性公约》。他说："如果该《公约》获得通过，人们就会被联合国统治。"[135]参加了里诺会议和美国联盟的美国激进分子们相信了马杜罗的阴谋论言辞。7 月，他们以传真、电话和信件等方式对国会进行"狂轰滥炸"，要求废除该《公约》。牧畜者协会

31

(Cattleman's Association）和美国农业局也很快效仿。[136]

反对《生物多样性公约》的美国农业局的政府关系主管约翰·道吉特（John Doggett）承认："不幸的是，我们看到某些组织试图制造一场不存在的危机。"[137]并且，道吉特也承认，马杜罗的活动是"引发混乱的关键所在"。参议院农业委员会的一位前首席顾问也认为该运动产生了严重影响，"放缓了公约的通过进程，并最终使进程停滞了下来"。[138]

与明智利用运动和当前国会中的共和党政府发起的其他一些环境抵制活动相比，阻止批准《生物多样性公约》就是小巫见大巫。希拉·奥唐奈尔在谈及 1994 年的里诺会议时说："在所有演讲中，最普遍的主题就是反对联邦政府，紧随其后的是私有财产权。成本收益分析、风险评估以及无资金支持的托管等问题也得到了讨论。"[139]

"美利坚契约"

财产权/征收问题、成本收益分析/风险评估问题，以及托管问题已成为环境争论中三个最致命的问题，它们使得环保运动步履维艰。环保主义者将此称为"邪恶的三位一体"（unholy trinity），因而不难看出为什么这三个至关重要的问题是明智利用运动的拥护者。更让人担忧的是，"邪恶的三位一体"也是金里奇（Gingrich）的"美利坚契约"以及新共和党革命的核心。

1994 年 11 月的选举胜利，使共和党在缺席 40 年后强势回归，重新控制了参众两院，这标志着明智利用运动的政治命运迎来了一个转折点。从里根和沃特时代以来，环境抵制运动的拥护者从未在国会拥有过这么多朋友。毫无疑问，一些共和党人在明智利用、草根支持，以及反环境、反管制、反克林顿和反联邦政府的浪潮中重新掌权。共和党正是借助"美利坚契约"实现了这种改变。新任众议院议长纽特·金里奇（Newt Gingrich）只要一有机会就会宣读"美利坚契约"。金里奇的计划虽然听起来不错，但实际上，他的计划不仅对环境不利，对美国的儿童和妇女也不利。[140]

"美利坚契约"实际上并没有提到任何与环境保护明确相关的内容，但是其附属条款却讲述了一个不同的故事。虽然11月份的民意调查显示，有83%的选民认为自己是环保主义者，但是他们却投票选出了强烈反对环保的金里奇。"美利坚契约"完全就是一个允许无限制、无管制地采矿、伐木、放牧、钻探与开采的契约。环境保护将被废除、倒退，或者干脆被淘汰。1994年秋天，威胁趋于明显，美国15个主要的环保组织发出警告说："目前，我国环境法的命运在国会中岌岌可危。"[141]

1995年2月，环保组织国家资源保护委员会在一份题为《背信弃义》（Breach of Faith）的报告中发出警告："共和党的'美利坚契约'实际上会破坏所有成文的联邦环境法规，这意味着空气将更肮脏、水会更污浊，以及会有更多的物种濒临灭绝。"两位前任参议员和两位现任民主党议员也与国家资源保护委员会一道谴责该契约。《清洁空气和清洁水法案》初稿的主要起草者，前任参议员埃德蒙·马斯基（Edmund Muskie）说，国会的提案"将终止25年来所取得的成就，使我们退回到特殊利益集团主宰一切、人民群众承担风险的时代"。[142]民主党议员乔治·米勒

（George Miller）和亨利·韦克斯曼（Henry Waxman）指出，"在政治上流行的限制大政府这一承诺的掩护下"，这些提案"实际上是在攻击那些会使大型企业和工业受到干扰或威胁的主要环境与卫生法律"。[143]

"美利坚契约"的许多条款直接影响了美国的生态辩论，并对环保运动造成了深远的影响。其中影响最严重的条款要属"创造就业机会和提高工资法案"（Job Creation and Wage Enhancement Act）。记者安东尼·刘易斯（Antony Lewis）在《纽约时报》中讽刺性地评论了该法案的隐含意义。他写道："契约中这一不足以引人注意的条款实际上会让所有政府机构——无论是联邦政府还是州政府——的环境保护成为不可能。""金里奇条款被称为'创造就业机会与提高工资法案'。乔治·奥威尔（George Orwell）应该会赞赏这个好名字，但其实这项提案应该叫'死亡与荒漠化法案'（Death and Desertification Act）。"[144]还有一些人也对此法案持怀疑态度。外交关系委员会的杰西卡·马修斯（Jessica Mathews）写道："创造就业机会与提高工资法案将把我们带回到 19 世纪的环境保护状态，也就是说，没有任何环境保护。"[145] 1995 年 3 月，众议院通过了该法案。[146]

邪恶的三位一体

"邪恶的三位一体"也是《创造就业机会与提高工资法案》的核心，因此有必要解释一下财产权/征收问题、成本收益分析/风险评估问题，以及托管问题。《美国宪法第五修正案》申明：

"在没有公正补偿的情况下，私有财产不得充作公用。"明智利用活动分子以及现在的共和党人正在以一种促进他们自己利益的方式对修正案进行解读，以至于国家奥杜邦协会将财产权运动视为"对环境保护持续进步的最大威胁"。[147]财产权运动的支持者巧妙地推销自己的战略，称这是爱国主义的表现，有利于维护个人财产所有者的利益。但实际上，这只是又一个要求放松管制的企业议程。

除了政客之外，征收问题的主要支持者还包括右翼的太平洋法律基金会、国家农业局（National Farm Bureau）、财产权捍卫者组织（Defenders of Property Rights），以及一个不断扩大的草根网络，包括财产权联盟（Property Rithts Alliance）、独立土地所有者协会（Independent Landowners Association）以及许多明智利用组织。[148]德雷克大学（Drake University）的一位法学教授尼尔·汉密尔顿（Neil Hamilton）指出："我们必须认识到，参加财产权运动的个人和组织有着更大的目标，即推动保守议程以限制政府权力。"汉密尔顿认为，扩大征收法会导致"环境混乱，因为个人可以自由地行动而不用顾及公共健康与公共福利"。[149]

财产权激进分子最初争论的是实物的"征收"，例如，联邦政府为了发展基础设施，如修建公路，而购买某人的房产，那么政府就应该因"征收"房主的财产而给予应有的补偿。然而，现在"征收"倡导者主张，由于任何法规而导致的任何财产价格下降都构成了"征收"，因而必须得到补偿。但是他们的主张越来越夸张。如果由于一块湿地因受到保护而使某人无法进行开发，那么这也是一种对私有财产的"征收"。如果一家石油公司无法扩大生产，原因是产量增加后，炼油厂造成的空气污染将使空气质量无法达到标准，那么这也变成了一种"征收"。

对此的逻辑扩展是，几乎所有政府法规都会以某种形式影响私有财产和企业。这种论证有可能会使新立法在收录到法令全书之前就成为历史。现行的立法也变得难以运转，因此更容易被废除。这还可能会致使整个系统陷入停顿，陷入一场官僚主义的噩梦，或者干脆破产。这不奇怪，马克·道伊将"征收"称为"自由市场环保主义者的'口头禅'，以及大大小小的土地所有者的战斗口号"。[150]不仅环境法岌岌可危，保护工人安全、公共健康和其他公共福利的法律也面临风险。[151]

与大部分反环境议程一样，"征收"也起源于里根政府。很容易理解为什么金里奇的新共和党人要回归传统的反环境法律。他们试图编写新的"征收"法，同时共和党任命的法官也在解释现有的征收法。里根和布什任命的许多最高法院法官仍在任职，他们有权决定如何贯彻他们对《第五修正案》的司法解释。实际上，最高法院里 9 名现任大法官中，有 7 名是由共和党总统任命的。[152]

来看一个最著名的"征收"案例。开发商大卫·卢卡斯（David Lucas）投资将近 100 万美元购买了两块土地，但却被禁止开发，因为《南卡罗来纳州海滨地区管理法案》（South Carolina Beachfront Management Act）禁止开发临近海岸的生态脆弱地区。卢卡斯对这一决议提出了异议，认为这"征收"了他的财产。南卡罗来纳州最高法院的裁决支持法案而反对卢卡斯，但南卡罗来纳州却必须证明卢卡斯的建筑会妨害公共利益。这一对法律解释的改变被认为是环境抵制运动取得的一场重要胜利，[153]取得其他胜利也只是时间问题。州一级和联邦一级正在通过新的"征收"立法。有十个州已经通过了这样一项裁决：如果土地的价值因新规定损失了 50%，土地所有者就可以要求赔偿。[154]

"征收"的倡导者们在打倒环保运动中发挥了重要作用。塔尔索·拉莫斯说："征收是一项异常高明的组织策略。它自然而然地将环保主义者置于捍卫联邦政府的位置，并唤起所有曾与联邦政府有过不愉快经历的人——这些人为数众多。"[155]但是，"征收"的支持者们没有解决的是，在许多情况下，可能是由于缺乏公共保护，人们的财产才会贬值，但反之则不然。例如，有人居住在一家不受监管的工厂的下风口，他的财产会因污染的增加而贬值。此外，"征收"的支持者们也没有考虑现有法规为其财产带来的任何好处。

没有资金支持的托管是"邪恶的三位一体"的第二把利器，也是对整个美国立法机构产生深远影响的另一大问题。地方和州的权力机关，以及美国国内的反监管运动（包括许多参与环境抵制运动的各领域人士），都希望联邦政府停止对他们实施没有联邦资金资助的监管。这被称为"没有资金支持的托管"。《第十修正案》规定："没有被宪法赋予联邦政府的权利，或者并未由宪法禁止授予各州的权利，由各州或其人民自主保留。"越来越多的州试图利用该修正案减少联邦政府的权利。有些州还想摆脱联邦政府的任何控制。为此，一些州作出决议，要求政府"停止和终止没有资金支持的托管"。[156]

这些"没有资金支持的托管"中有许多都是基本的环境法规，例如《清洁空气法》和《清洁水法》，因此很容易理解为什么反环境主义者希望严格限制这些法规。美国财产权基金会

(Property Rights Foundation of America）在 1994 年 3 月和 4 月间写道：“未受到质疑的联邦政府和州政府的虚假环境托管日益成为一种无法承受的重负。”[157] 受到宪法巨大变化影响的不仅仅是环境保护立法。1994 年，美国州、郡、市员工联合会（American Federation of State，County and Municipal Employees）在国会作证时警告说：“要求减少‘无资金支持的托管’的呼声越来越高，听起来可能是一种吸引人且有价值的想法，但其背后隐藏的是对惠及所有美国人的基本联邦保护的彻底攻击。”[158]

许多基准法也会受到影响，例如《公民权利法案》《美国残疾人法案》《家庭和医疗休假法案》（Family and Medical Leave Act）《国家儿童保护法案》《养老院改革法案》（Nursing Home Reform Act）《公平劳动标准法案》（Fair Labor Standards Act）以及《安全饮用水法案》等。实际上，全国州议会联合会（National Conference of State Legislatures）列出了他们认为的 200 多项包含“无资金支持的托管”的联邦法律。所有这些法律都会被严重削弱，或变得毫无无用。[159] 1995 年年底，“美利坚契约”中的无资金支持的托管条款获得通过，成为法律。[160]

邪恶的三位一体的第三把也是最后一把利器，是成本收益分析和风险评估。这把利器也对立法机构造成了深远的影响。简单来说，成本收益分析是指一项行动的成本不能超过该行动所产生的收益。至少在这种情况下，风险评估的支持者主张必须评估环保局（Environmental Protection Agency）等机构实施管制的风险程度，并与人们面临的其他风险进行比较。事实上，反环境主义者试图通过一项议案，以迫使环保局对所有新提议的法规进行风险评估，并将其与六个不受监管的风险进行比较。这些措施的目的仍是削弱环境与健康法规，并使联邦政府立刻陷入瘫痪。环保主义者认为，风险评估与成本收益分析通过"分析性瘫痪"（paralysis by analysis）来实现对环境法规的限制。[161]

目前，环境抵制运动利用这三把利器，试图废除所有主要的标志性环境法规。第一步是要暂缓目前的立法改革。下一步的目标是将《濒危物种保护法案》修正案、有关水污染的法律和国家公园改革全都卷入"邪恶的三位一体"的争论中。[162]

《濒危物种法案》

一段时间以来，明智利用运动一直在对《濒危物种法案》进行全面攻击，将其作为另一个替罪羊，指责环保主义者和政府对动物的关注比对人类的关注更多。美国联盟称《濒危物种法案》是一部"失控的法律"。[163]事实并非如此：美国人在电影院里花在爆米花上的钱是联邦政府为保护濒危物种所支出费用的 40 倍。[164]

虽然在个别案例中，个人财产所有者确实因《濒危物种法案》而遭受了损失，但是全国的整体情况并不像明智利用运动所描绘的那样：数以千计的农民、牧民、伐木工和财产所有者因老鼠、猫头鹰、蝾螈和蟾蜍而破产——他们的这些描绘根本经不起推敲。正如我们所看到的，斑点猫头鹰成为木材行业的替罪羊，该行业为追求短期的经济收益，而牺牲了长期的可持续林业。《濒危物种法案》成了新的替罪羊，尽管事实上《濒危物种法案》对发展的阻碍程度非常小。

1988 年至 1992 年间，联邦政府官员审查了 34600 项与《濒 　37

危物种法案》相关的开发提案，而只有 23 个提案被否决。大自
然保护协会（Nature Conservancy）指出，在同一时期，共有 29
架轻型飞机撞击了建筑物，因此，开发商的建筑被飞机撞击的概
率要大于其开发项目被《濒危物种法案》阻止的概率。[165] 尽管如
此，1995 年 3 月，共和党人提交了一份濒危物种议案，该议案
将会有效地废除《濒危物种法案》，使得保护濒危物种失去必要
性。[166] 许多明智利用组织和右翼组织希望从本质上改变《濒危物
种法案》，甚至成立了一些组织来实现这一目的，例如工业掩护
机构濒危物种法案改革联盟（Endangered Species Act Reform
Coalition）、查克·库什曼的草根濒危物种法案联盟（Grassroots
ESA Coalition）以及加利福尼亚人明智环境改革协会（Califor-
nians for Sensible Environmental Reform）等。[167] 金里奇曾说，
个别动植物没有必要受到保护。[168]

尽管《濒危物种法案》受到了广泛的批判，但由国会两党领
导人任命的专家科学小组在 1995 年 5 月得出结论说，《濒危物种
法案》"至关重要"，而且是保护生物多样性的有效手段。从
1776 年美国签署《独立宣言》以来，总共有大约 500 个物种灭
绝。科学小组建议加强该法案的实施力度。该科学小组的委员会
指出："总的来说，我们的委员会发现，《濒危物种法案》完全符
合科学。"[169] 1995 年 6 月，最高法院维持了普遍推行的 1971 年
《濒危物种法案》，并推翻下级法院的裁决。这是环保主义者在
1995 年取得的一场难得的胜利。[170]

共和党卷土重来

在国会中，反环境、亲工业情绪的力量变得非常明显。他们起草了冗长的反环境措施，其中一些成功了，而另一些则因政客们意识到可能不受选民欢迎而失败了。在平衡预算这一抚慰人心的保护伞下，共和党仍然希望抵消环保运动在过去 30 年取得的大部分成果。

众议员唐·永（Don Young）和来自阿拉斯加州的参议员弗兰克·穆尔科斯基（Frank Murkowski）是两位重要的委员会主席。他们都提倡在保护区开采石油和砍伐树木，并开放北极国家野生动物保护区——穆尔科斯基称之为北极石油保护区（Arctic Oil Reserve）。该保护区长期以来一直是环保主义者和工业界之间争论的焦点。

众所周知，众议院资源委员会主席唐·永希望破坏《濒危物种法案》。金里奇本人将环境环保局视为美国的两大"就业杀手"之一——另一个是美国食品和药品管理局。共和党人阻止了克林顿将环保局提升为内阁级别的计划。事实上，克林顿不得不否决了一项企图削减环保局三分之一财政资金的提案。[171]

共和党人如愿以偿，湿地正在开放，受保护的伐木区也是如此，回收利用受到攻击，空气污染防治措施正在被废弃。用于保护和维护国家公园的资金正在被废弃或削减。汽车燃油经济性标准也是如此。众议院的预算提案将冻结新的濒危物种清单，直到国会开始采取行动"平衡土地所有者和物种的权利"。预算提案

38

51

还将取消联邦政府用于加强海岸湿地和农业湿地保护的资金。共和党的提案不再要求工业界向公众提供有毒污染的信息。共和党还减少了在节约能源效率和可再生能源上的开支。[172]

到 1995 年 2 月，众议院已经着手削弱过去 25 年的一些具有里程碑意义的环境立法，包括影响清洁空气、濒危物种和森林保护的立法。众议院就一项提案的环境条款采取行动，取消了先前批准的 171 亿美元的联邦基金，这预示着那些法律即将遭到非议。[173]美国传统基金会（Heritage Foundation）这一保守智库提出了一项提案，要求出售联邦牧场、部分荒野、保护区和公园以帮助平衡预算。一个研究赤字的众议院特别工作组对这项提案表示支持。传统基金会的分析家估算，仅通过出售这些土地，政府就可节省高达 36 亿美元的管理成本。[174]

环保局可能无法再对纸浆和造纸工业实施新的二　英法规，也无法再管制炼油厂的排放。环保局将无法限制水泥窑排放的污染，也无法限制河流中的污水排放。一项要求对五大湖实行统一的联邦水质标准的提议将被废弃，对氢和砷元素增加新限制的提议也会被搁置。旨在降低空气烟尘的汽车排放检测也会被废除。农药法规也会被削弱。具有引领性的环保组织自然资源保护协会的律师大卫·德里森（David Driesen）说："这份黑名单与平衡预算毫无关系。它读上去像是一份反对环境保护的特殊利益清单。"[175]

美国土地管理局（Bureau of Land Management）局长吉姆·巴卡（Jim Baca）因试图改革联邦土地的放牧方式而被免职。[176]1995 年 3 月，共和党推出了一项收集垂死树木的法案，认为这样可以有效地使联邦土地上收获的木材增加一倍。塞拉俱乐部法律辩护基金会（Sierra Club Legal Defense Fund）的律师凯文·P. 柯什内尔（Kevin P. Kirchner）指出，如果这项法案被国会通过，就将成为"我到这里13年来所遇到的对国家森林影响最为深远的一次攻击"。克林顿总统曾承诺否决这项法案，但却在7月签署了该法案。[177]

同样在3月，共和党起草了一项法案，旨在改革过时的采矿法。内政部长布鲁斯·巴比特（Bruce Babbitt）表示，采矿法"买椟还珠，为了花生而放弃金、银和铂等珍贵的公有硬岩矿产"。[178]

7月，克林顿不情愿地签署了一项法案，暂缓通过《濒危物种法案》和其他法律，以加快木材采伐，降低全国范围内联邦所拥有的森林的火灾威胁。该法案还指示林业局在不受常规环境限制的情况下采伐西北地区一些最古老的森林，这些森林是受到威胁的北方斑点猫头鹰和斑海雀的栖息地。[179]同样在7月，共和党政客提出了一项开放汤加斯国家森林（Tongass National Forest）的法案，该法案受到了印第安人、渔民和当地环保主义者的谴责。[180]然而，还是在7月，一些支持环保的共和党人拒绝支持遏制环保局执行清洁空气与清洁水标准的措施。投票以212比206落败，这被认为是反环境议程的一次"重大挫折"。[181]

同样在7月，欧盟环境专员里特·皮耶列卡（Ritt Bjerre-gaard）猛烈批评了美国共和党对环境法的攻击。他说："美国有责任在全球领导力中发挥作用。但美国国会现在正在发生的事情非常令人沮丧。"他补充道："我们越来越多地听到有人声称环境法规对不利于企业或对不利于竞争。我不同意该主张背后的理由，并且我认为美国和欧洲的公众也不同意这些理由。"[182]当年秋天，战线再次拉开。环保局的预算又一次面临被削减 35％的危险。环保局局长卡罗尔·布劳纳（Carol Browner）说："我们会因此关闭，因此我们不能有任何闪失。这是很多人一起合作搞的鬼。这将意味着我们的空气、食物、饮用水，以及我们垂钓和游泳的河水都不再安全。"[183]除非环保局能从其他来源募集到 13 亿美元的财政收入，否则北极国家野生动物保护区就将开放石油和天然气开发。[184]

到 1996 年 2 月，卡罗尔·布劳纳宣布，由于国会在前一年通过了削减开支的提案，因此从 1995 年 10 月至今，环保局的检查工作减少了 40％。之后他再次发出严重警告："我们无法保证美国人民的空气是干净的，不能保证他们的饮水是安全的，也无法保证他们孩子的健康是受到保护的。"还有些克林顿政府官员指责国会的共和党人正在通过削减预算，以图实现他们未能在 1995 年通过的对环境法的修改。[185]

如果不出意外，共和党向国会提交的提案迫使主要的环保组织重新评估他们的观点，并离开华盛顿，宣扬环境保护即将面临的危险。他们开展了一场耗资 130 万美元的电视广告宣传运动。[186]1995 年 10 月，环保活动家递交了一份由 100 万人签名的请愿书，敦促共和党领导人继续保护空气、水和野生动物。[187]从各个环保组织的成员数量就可以看出人们对金里奇改革的强烈反对，许多环保组织的人数四年来首次出现增长。[188]然而，要重新获得被明智利用运动成功夺走的势头，主要的环保组织还有很长的路要走。

共和党所追求的不仅是一个重要的右翼议程，而且在很大程度上也是一个企业议程。共和党人承诺"让政府不再纠缠我们"，但事实上不过是让企业控制政客。例如，支持在阿拉斯加北部的北极国家野生动物保护区进行石油与天然气钻探的参议员平均从石油和天然气利益中获得的钱要比反对者多得多。[189] 众所周知，在新共和党攻击环境的背后有着资金支持。资金支持来自救济项目（Project Relief），这是一个由 115 家企业和工业游说团体组成的联盟，它为共和党的国会竞选运动捐赠了 1030 万美元。救济项目已经锁定了几位重要的国会议员作为资助目标，例如众议院监管委员会（House Regulatory Committee）主席大卫·麦金托什（David Machintosh）、委员会主席代表唐·永，以及来自阿拉斯加州的参议员弗兰克·穆尔科斯基。[190]

负责起草新共和党法律的不是来自政府内部的专家，而是来自救济项目的律师。因此，水务公司的专家们一直在起草影响自己行业的立法，汽车公司的说客起草了阻止法院对排放实施新的清洁空气要求的立法。化学工业也是如此，化学工业协会（Chemical Industries Association）起草了削弱污染法律推行力度的立法。石油化工行业的说客甚至起草了一部法律，要求不再有任何形式的联邦法规。[191]

基本上，虽然共和党的变革自称是为了使普通美国人受益，但实际上只是一种放松管制的企业议程，它既不利于国家的健康，也不利于环境状况的改善。从这个意义上说，共和党的溃败极大地强化了明智利用运动和《明智利用议程》。现在同时存在两股重要的平行力量在推动反环境议程：明智利用与共和党。

如果今年美国投票选出了一名共和党总统，那么环保事业将遭到更严重的破坏。他（肯定会是一位男性）很可能会加强右翼

41

与企业之间的紧张关系。即使克林顿总统继续掌权，环保运动所遭受的抵制和共和党的攻击还是会更加严重。不过，这并不是一场孤立的攻击，而是正在肆虐美国的更强大、更广泛的运动的一部分。新千年即将到来，环境法规却将大幅倒退。

第二章　文化战争和阴谋故事

我找到的只有一根婴儿的手指和一面美国国旗。

——俄克拉荷马市的一名消防员，1995 年 4 月 19 日[1]

文化战争：欢迎来到战区

欢迎来到战区。但是，这里既没有坦克、军舰或重型武器，也没有英勇的战地记者将可怕的故事带给家乡的热心观众。大多数人直到 1995 年 4 月 19 日才知道战争已经开始。那天，人们被巨大的声响惊醒。俄克拉荷马市的阿尔弗雷德·P. 默里（Alfred P. Murrah）联邦政府大楼被炸毁，造成 168 人丧生，其中许多是儿童。

明智利用运动和在华盛顿发起的反环境攻击只是这场肆虐全国的更广泛的全面战争中的另一场战斗。这是一场文化战争，它是政治右翼反对政府和社会较为进步人士的战争。右翼甚至称这是一场文化战争，是为美国的灵魂而战。环境抵制运动是席卷美国的一场更大的右翼抵制运动的一部分，其范围从华盛顿的共和党一直延伸到西北部地区民兵组织的滋生地。

时隔 30 年后，共和党于 1994 年 11 月再次控制国会。此后，

43

一群进步派（progressive）研究人员、学者和活动分子就开始开会讨论右翼的崛起。环保活动家以他们开会的地点将自己命名为"蓝山工作组"（Blue Mountain Working Group），并发出了以下警告："我们认为当前全面的右翼抵制运动是十年来最为重要的政治变化之一，它们将资金雄厚的国家机构与非常积极的草根激进分子联合在了一起。"他们还指出：

> "虽然美国的政治右翼因其复杂性而令人感到困惑，他们的身份和效忠度方面也在不断变化，但是，右翼分子的核心原则与议程历来都来自同一套信念，包括有意和无意地支持白人特权、男性至上、妇女和有色人种是卑微的、等级的宗教和家庭结构、保护财产权对保护人权的优先性、保护个人财富、一种贪婪的不受管制的自由市场资本主义、侵略性和单边性军事与外交政策，以及独裁式和惩罚性的社会控制手段。它们还包括反对女权运动和堕胎权，反对民主多元化和文化多样性，反对同性恋权利，反对有关健康、安全和环境的政府法规，以及反对最低工资法和工会权利。"[2]

因此，环保运动和环境监管并不是右翼唯一的攻击目标。但这并不意味着所有的右翼团体都反对环保主义者或反对环境问题。事实上，和许多参加明智利用运动的人一样，许多右翼人士认为自己是"真正的环保主义者"。他们还认为自己重视家庭和传统美德，同时把环保主义者描绘成邪恶的、极权主义者、社会主义者、共产主义者，说他们反对普通人的自主与自由。[3]

抵制型政治

　　研究右翼 20 年的政治分析家契普·伯利特表示，所有右翼运动"在本质上都是反民主的，它们以各种形式、在不同程度上促进了威权主义、仇外情绪、阴谋论、本土主义、种族主义、性别歧视，恐同、煽动性言论和寻找替罪羊。"[4] 蓝山工作组的研究人员认为：

　　"反民主右翼的主要目标是巧妙地发起一场反动的抵制运动，以窃取和颠覆 20 世纪 60 年代至 70 年代的进步社会运动所取得的成果。这些进步的社会运动引发了持续的公民权利运动、学生权利运动、反战运动、女权运动、生态运动以及同性恋权利运动。"[5]

　　人们普遍认为，现代环保运动肇始于 20 世纪 60 年代的社会变革运动。因此，至少在社会学背景下，环保运动与蓝山工作组所提到的其他运动一样，都被看成是一种社会变革运动。所有这些运动都要求公众和社会重新评估不同群体或个体之间的某些关系与态度。环保运动所质疑的恰恰是人类社会与地球之间的关系，要求人们重新审视许多日常行为对自然界的影响。环保运动的核心信念是必须有所改变，包括态度的改变、工业的改变、政府的改变，以及社会自身的改变。

　　政治右翼抵制这种对现状的改变。此外，任何一场争取平等、正义、基本人权的社会变革运动，都会在其发展过程中因公开表达观点而遭到严重的抵制。[6] 右翼不仅仅反对环保运动，而且

44

还在积极地制造抵制运动。环境抵制运动的发展方式与其他社会变革运动——如公民权利运动、反战运动、印第安人权利运动、女权运动以及同性恋权利运动——所曾遭遇并仍将继续遭遇的抵制运动的发展方式一样。右翼中的一些关键人物曾积极地帮助攻击社会其他领域的替罪羊，现在他们又成了日益严重的环境抵制运动的一部分。

右翼一方面为这些社会变革激进分子的"恶行"摇旗呐喊，另一方面又中饱私囊，通过筹集反对这些激进分子的资金而捞大钱。他们将这些激进分子描绘成对社会、传统和工作的威胁。这些新的替罪羊被描绘成是威胁保守价值观根基的邪恶堡垒（bastions of evil）。新右翼利用人们反对堕胎和妇女权利的仇恨政治赚了数百万美元。[7]如今他们又利用环保活动家赚钱。为实现这一目的，就必须让环保活动家成为美国社会的新替罪羊。

20 世纪 90 年代初，当共产主义的国际威胁退出历史舞台后，美国右翼需要寻找新的替罪羊。尽管新右翼多年来一直在传统道德问题上进行竞选，但是，在共产主义的威胁面前，这些问题都变成次要的了。随着共产主义的消亡，传统道德变成了团结新右翼和基督教右翼的新粘合剂。[8]对许多右翼人士来说，环保活动家变成了需要谴责和攻击的新替罪羊和新邪恶势力。

共和党人威廉·丹内迈耶（William Dannemeyer）在 1990年写道：

"美国最大的敌人一直都是来自内部的敌人，就是那些为了追求全球相互依存而牺牲美国独立性的人。没有哪个外国敌人比我们自己的所作所为对我们国家安全的威胁更大——我们总是非常依赖国外的能源资源。我在此所说的敌人，就是一个被我称为

45

环保政党的强大特殊利益集团……环保政党就是来自内部的敌人。"[9]

同年，右翼智库学术精确性组织警告说："随着马克思主义政权在东欧和中美洲的消亡，那些试图控制经济和政治议程的组织失去了哲学思想的指引。许多人便把不断发展的环保主义运动看成是左翼政治的救星。"[10] 1990 年 4 月，当数百万人在庆祝地球日时，《人类事件：全国保守周刊》（*Human Events：The National Conservative Weekly*）警告说："地球日是左翼的发明，是一个致力于塑造社会主义/马克思主义世界的异教节日——尽管马克思正在全球范围内名誉扫地。"[11]

除了不断重申共产主义的威胁之外，右翼还经常使用宗教式论点。小卢埃林·H. 罗克韦尔（Llewellyn H. Rockwell Jr）在《右翼的布坎南》（*Buchanan from the Right*）一书中的"反环境主义者宣言"中写道："我们现在面对着一种与马克思主义一样冷酷无情的救世主式意识形态。"他继续写道：

"与 100 年前的社会主义一样，它占据着道德制高点。它不像是人类的兄弟（因为我们生活在后基督教时代），而像是臭虫的兄弟。与社会主义一样，环保主义结合了乌托邦主义、国家主义和无神论宗教。"[12]

1992 年，保守党明天委员会（Committee for a Conservative Tomorrow）的克雷格·洛克（Craig Rucker）将环保主义者称为"西瓜马克思主义者"（watermelon marxists），并将与环保主义者的对抗称为"保卫美国的战斗"。[13]

46 # 前线

在过去的三年里，右翼和明智利用活动分子经常重复环保主义者是西瓜的笑话，即环保主义者在外面是绿色的，但里面是红色的。但是，他们抵制环保主义的手段远不止言辞嘲讽和辱骂。一段时间以来，地方和联邦政府中的右翼人士一直在公开地推动当前的共和党议程，即让法规不断倒退。不同的右翼团体都直接或间接在席卷美国的环境抵制运动中发挥了作用，包括基督教联盟、新右翼和右翼智库。

基督教联盟

基督教联盟是美国当前发展速度最快的草根运动，该联盟宣称自己的既定目标是"建成美国政治上最强大的政治力量"。[14] 自克林顿当选总统以来，基督教联盟以每周新增 10000 名会员的速度增长，其成员数量和预算规模很快就会超过共和党。[15] 他们已经代表了共和党中最大的单一否决权。正是在基督教右翼的支持下，共和党才能在 1994 年 11 月的大选中获得如此大的政治成就。三个月后，基督教联盟派出了 50 个州的主席到华盛顿进行游说，支持金里奇反环境的"美利坚契约"。[16] 虽然他们并未直接针对环境问题，但他们却有针对环境问题的趋向。1994 年初，基督教联盟领导人拉尔夫·里德（Ralph Reed）参加了公共事务委员会（Public Affairs Council）组织的公共关系年度大会，并发表演讲。在讨论"草根"组织时，里德"建议基督教联盟可以就'环境问题'联合工商界，'尤其是当一家企业陷入诸多困扰时'"。[17]

新右翼

保罗·韦里奇被认为是新右翼的领袖和关键战略家。他在1978 年告诉《国家期刊》（National Journal）杂志："我们与前几代保守派不同……我们不再努力维持现状。我们是激进分子，致力于颠覆这个国家目前的权力结构。"[18]从那时起，韦里奇就一直在朝着这个目标努力。作为他战略的一部分，他承认："我相信倒退。"[19]纽特·金里奇提出的"美利坚契约"恰恰是韦里奇在20 世纪 70 年代发动的意识形态斗争的最终结果。

韦里奇还通过自由国会基金会直接插手生态问题。在 1992年地球峰会期间，自由国会基金会与捍卫传统、家庭与财产协会联合主办了一场"地球峰会替代方案会议"。其中一位代表重申了一个热门的主题：环保运动由共产主义者领导，他们利用环保运动来宣传马克思主义。[20]

艾伦·戈特利布和罗恩·阿诺德与韦里奇的联系也越来越密切。塔尔索·拉莫斯指出："包括自由企业保卫中心在内的一系列右翼组织都进行了重新调整。他们从统一教网络转向保罗·韦里奇的新右翼轨道。"韦里奇是有线卫星频道——国家授权电视台（National Empowerment Televison）——的总裁。据塔尔索·

47

拉莫斯所说，"该电视台的明确任务就是团结本国的各种反动运动，以及各种不同类型的反动行为"。[21]该电视台制作了一系列倡导私有财产权的电视节目，栏目编辑在节目中谈论到："过度狂热的官僚体制和极端环保主义精英组织把规章制度强加给所谓的不可分割的基本公民权利。人们需要传播警报，并提醒美国警惕这些规章制度带来的日益增长的压迫"。[22]明智利用活动分子对该系列节目的制作提供了帮助，例如来自山地州法律基金会的威廉·佩里·潘德利、来自美国联盟的大卫·霍华德（David Howard）以及来自土地权利通讯（Land Rights Newsletter）的安·科克兰（Ann Corcoran）都对该节目提供了帮助。[23]

艾伦·戈特利布的自由企业出版社出版了威廉·佩里·潘德利的著作《需要一位英雄》。韦里奇在这本书的封底写道：

"在一个没有英雄的时代，本书为我们提供了许多与暴政作斗争的国内自由战士的杰出例子。从这个意义上说，尽管社会背景令人深感不安，但同时也非常鼓舞人心，因为存在着这些真实的美国人，他们愿为自己的国家而战。"[24]

48
智库

韦里奇和库尔斯于 1973 年创立了美国传统基金会。该基金会现在被认为是美国首屈一指的右翼智库。[25]随后，全国涌现出了大量效仿美国传统基金会的小型右翼智库。现在，仅华盛顿特区一个地方就有 100 多个这样的智库。美国传统基金会的一位前副总裁把这些智库称为"保守主义革命的突击队"。[26]拉里·哈特菲尔德（Larry Hatfield）和德克斯特·沃（Dexter Waugh）在《旧金山观察家报》（*San Francisco Examiner*）上写道："大量的智库立场文件（position paper）纷至沓来，这可被认为是【环境抵制】运动的智能炸弹。而收到这些立场文件的那些缺乏人手的州立法者们则是炸弹的随机轰炸目标。"[27]

这些智库的议程是激进的自由市场保守主义。哈特菲尔德和沃继续写道：

"法规被越来越频繁地提出和颁布，这可直接追溯到智库对一些保守议程事项的立场文件，诸如削减福利、公共服务私有化、学校中的选择和父母选择私有化、放松对工作场所安全的管制、限制税收和其他削减政府权力的提议，甚至包括出售国家公园。"[28]

美国的一个保守组织——经济美国组织（Economics America）——出版了《右翼指南：保守与中间偏右组织指南》（*The Right Guide：A Guide to Conservative and Right-of-Center Organisations*）。该《指南》罗列了全球 8000 多个组织和期刊，但主要关注美国。[29]《指南》划分出了 33 个主题范围，环境问题便是其中之一，有 24 个组织被归在这一类别下。不同的主题之间会存在大量交叉，并且很少有机构从事纯粹的单一问题研究。还有一些智库正在研究"自由市场环保主义"——保守主义解决世界问题的灵丹妙药。

萨拉·戴尔蒙德说："大约有 10 个或 12 个非常重要的智库正积极地反对环境事业，它们发布立场文件，试图影响政客等等。""真正开展行动的有政治经济研究中心、竞争企业协会，以及一大批资金充足的智库。他们做的事情是发布立场文件，试图影响公共舆论和国会议员。"[30]这些"资金充足"的智库中的许多都接受了企业和保守基金会的资助,下一章将深入探讨这一主题。政治经济研究中心发表文章谴责环保主义制造了危机,还发表了诸如"《濒危物种法案》:保护生物多样性的不正当方式"之类的评论文章。[31]

49　　　1995 年 12 月,竞争企业协会启动了一个新项目:私人保护中心(Center for Private Conservation)。竞争企业协会会长弗雷德·史密斯(Fred Smith)发表评论说:"我们必须制定出新的环境政策,以补充而非取代目前对联邦政府保护环境的依赖。"[32]此外,在国会共和党成员的协调下,竞争企业协会还与基督教联盟、关怀美国妇女协会(Concerned Women for America)、保守主义核心组织(The Conservative Caucus)以及其他 20 个保守组织一道,努力促成"从左翼撤资"的右翼立法。它们的目标是削减联邦政府对非营利性倡导组织的资助。因接受政府资助而受到攻击的环保组织包括:美国农田信托基金(American Farmland Trust)、海洋保护中心(Center for Marine Conservation)、自然保护基金会(Conservation Fund)、保护国际基金会(Conservation International)、野生动物保护者、环境保护基金会、国家奥杜邦协会、全国野生动物联合会、自然资源保护协会、大自然保护协会、雨林联盟(Rainforest Alliance)、潮汐基金会(Tides Foundation)、艾萨克·沃尔顿联盟以及世界野生动物基金会(World Wildlife Fund)。[33]

地球日替代方案组织

政治经济研究中心和竞争企业协会都是地球日替代方案组织（Earth Day Alternatives）的成员。地球日替代方案组织是一个专门针对各类环境问题开展工作的智库联盟。他们提出了自己应对环境问题的解决方案，即自由市场环保主义。这一方案与环保运动的解决方案背道而驰。该方案符合企业的右翼原则，即私有化、自由企业经济学以及有限政府。就像它的明智利用同行一样，竞争企业协会给环保主义者贴上了"反人类"的标签。[34]

竞争企业协会是地球日替代方案组织的协调机构。尽管大多数智库的总部都设在美国，但是在澳大利亚、加拿大、法国和英国也都有智库。[35]地球日替代方案组织成立于1990年，其成立清楚地表明了全球主要的右翼机构之间存在着非正式的联系。这些右翼机构持有共同的政治意识形态，最终想要诋毁全球环保运动，并用自由市场环保主义的倡导者取而代之。竞争企业协会会长弗雷德·史密斯概述了他所说的自由市场环保主义的含义。他说自由市场环保主义是"解决环境问题的另一种方法。自由市场环保主义承认，世界上最自由的地区在保护环境方面也最成功。"他认为："世界上监管最严格、最受政府控制的地区，也遭遇到了最严重的环境灾难。""这种奇怪的失败恰恰证明，以市场为导向的社会在环境领域做得更好。"[36]

虽然史密斯正确指出了共产主义国家遗留的骇人听闻的环境问题，但是他忘了市场经济也可能会招致灾难。史密斯也没有考

50

虑到，企业每时每刻都在制造合法与不合法的污染，这些污染每一分钟、每一天都在发生，并带来长期的环境和健康后果。简而言之，自由市场环保主义可能意味着一个不受监管的自由市场世界里的完全私有化和完全利用。地球日替代方案组织的自由市场宣言还提倡以下内容：[37]

"促进人们获得那些当前由政府机构控制的资源的产权。在确定可行的系统后，将这些归还给私人管理。

修订污染法，以便在可能的情况下，让污染者为环境破坏买单……

鼓励负责任地使用我们丰富的科学与技术资源，以探索可能的环境威胁的性质。用最强烈的措辞谴责那些利用歪曲的欺骗性科学制造惊慌和恐惧的人。"

地球日替代方案组织的首要目标是力争实现彻底的资源私有化。所有财产，包括国家公园和保护区，都将归私人所有，所有者可以自由地开发土地。陆地上和海洋里的所有生物也可以被私有化。地球日替代方案组织的第二个目标，是主张建立一个不受监管的市场，以污染额度取代监管，这样污染就可以像商品一样在企业之间进行交易。保罗·霍肯（Paul Hawken）在他的畅销书《商业生态学》（*The Ecology of Commerce*）中写道："污染许可证的问题在于，它们仅是在允许污染。"[38]而且，污染许可证制度，就像加州正在运行的那样，被空气质量拥护者批评说是在偏袒工商企业。[39]

此外，弗雷德·史密斯指出，在这个不受监管的经济中，"我们应该找到让人们通过扮演积极的所有权角色来解决污染问题的方法"。[40]这就等于说，公众对保护环境免受污染的要求比政府监管更能保护环境。对此，契普·伯利特表示：

　　"回顾所有重大历史事件，你就会发现无监管所造成的影₅₁响。工业社会之所以会产生监管，就是因为它不仅剥削工人，不管工人的死活，还会污染地球，监管才会因此产生。右翼所期望的，是让公众在对这些问题的社会辩论上倾向于他们，并使公众丧失权力。而政府监管是公众用于对抗企业所犯错误的法宝。"[41]

　　地球日替代方案组织的第三个目标，是希望诋毁环境科学。因为他们认为环境科学会威胁他们的政治议程。这些智库试图让人们接受环境抵制运动，尤其是环境科学和反科学领域的环境抵制运动。地球日替代方案组织对环境科学的诋毁将在后文中进行更多的论述。

　　另一个著名的右翼智库也利用了地球日。在 1996 年地球日，伊利诺伊州的哈兰学会（The Heartland Institute）发布了《地球日拯救地球指南》（*Earth Day Guide to Saving the Planet*）。该《指南》解释了环保主义者是如何成为反人类、反科学、反贸易和反自由企业的左翼极端分子的，同时驳斥全球变暖、臭氧枯竭以及与氯、汽车和二　英有关的环境问题。《指南》的作者之一帕特里克·穆尔（Patrick Moore）是绿色和平组织的创始人，但现在却在加拿大的森林工业企业工作。该《指南》还罗列了许多地球日替代方案组织的智库作为信息来源，包括阿诺德和戈特利布的自由企业保卫中心。[42]

美国传统基金会

　　地球日替代方案组织的成员之一，美国传统基金会提出了解决环境问题的放任主义和自由市场路径。基金会的环境事务政策分析师约翰·沙纳汉（John Shanahan）对记者大卫·海尔瓦格（David Helvarg）说："私有化是解决环境问题最优先的手段。""如果我们现在放弃物质财富，减缓积累财富的速度，我们就会伤害我们的子孙。如果你现在不使用资源，那就是在拒绝未来。"[43]这些肯定会在传统基金会和共和党的企业捐助者耳中引起共鸣。

　　美国传统基金会自身在为里根政府提供政策平台方面发挥了重要作用。事实上，据估计，美国传统基金会向里根政府提供的政策建议中有三分之二被即将上任的共和党采纳。[44]其中的许多建议涉及了环保主义。马克·道伊写道：

　　"在罗纳德·里根当选总统之后，由约瑟夫·库尔斯（Joseph Coors）和里查德·梅隆·斯凯菲（Richard Mellon Scaife）等保守企业领导人所资助的基金会向环保主义发起了思想对战。它由美国传统基金会领导。美国传统基金会几乎可以把所有困扰美国的社会问题都怪罪到环保主义者身上。"[45]

　　1990 年，美国传统基金会在《政策评论》（*Policy Review*）上概述了保守派对 20 世纪 90 年代的愿景。他们的优先事项之一就是"扼杀环保运动。环保运动是对美国经济的最大单一威胁。它不仅仅包括一些极端分子。它本身就是极端主义的。甚至主流的环保组织也是极端主义的。我们必须对这些上流社会的卢德分子（Luddites）（译者注：卢德分子指 19 世纪初英国手工业工人中参加捣毁机器的人，强烈反对机械化或自动化的人）发动一场思想战争并赢得胜利。"[46]

支持枪支的游说组织

艾伦·戈特利布是两个支持枪支组织的主席，这两个组织分别是第二修正案基金会（Second Amendment Foundation）和公民持有和携带武器权利委员会。公民持有和携带武器权利委员会的全国顾问委员会成员包括前副总统丹·奎尔（Dan Quayle）和前国防部长迪克·切尼（Dick Cheney）。[47]世界原住民研究中心（Center for World Indigenous Studies）的鲁道夫·瑞瑟（Rudolph Rÿser）指出，公民拥有和携带武器权利委员会原先是一个参与反对印第安人运动的组织，后来被纳入了更大规模的反环境/反政府和支持枪支运动。[48]此外，民兵组织经常利用戈特利布的著作《你可以做些什么来捍卫你的枪支权利》（*Things You Can Do to Defend Your Gun Rights*）。[49]下一章将详述民兵组织与反环境运动之间的联系。

戈特利布自 1985 年以来就一直是国家政策委员会（Council for National Policy）的理事会成员。国家政策委员会是主要的右翼激进分子和资助者的秘密交流中心，它将美国右翼的所有人汇集在一起。[50]其他重要的右翼激进分子，如韦里奇和基督教联盟的创始人帕特·罗伯特逊（Pat Robertson），也加入了国家政策委员会。多年来，希拉·奥唐奈尔一直在记录针对美国公民的暴力事件。她指出："民兵组织与明智利用运动、艾伦·戈特利布、霍华德·K. 菲利普斯（Howard K. Phillips）（全国纳税人联盟，National Taxpayers Union）、罗伯特·K·布朗（Robert K. Brown）（命运战士，*Soldier of Fortune*）和海伦·切诺韦斯（Helen Chenoweth）在国家政策委员会汇集一堂。"[51]

戈特利布是一名支持枪支的拥护者，那么他为什么要提倡反环境主义呢？这既有政治上的原因，也有经济上的原因。从某种意义上说，戈特利布参与环境抵制运动是文化战争的一个缩影。塔尔索·拉莫斯说："我个人的印象，以及人们普遍持有的印象，戈特利布对环境问题本身没有特别的兴趣。"拉莫斯认为，环境问题吸引戈特利布的原因在于，环境问题能够整合经济利益与政治意图。戈特利布想取消环境法规，同时创造一种亲工业、反环境的反叛文化。[52]另外，戈特利布和阿诺德都积极地试图将明智利用和反对枪支管制结合起来。[53]戈特利布声称，支持枪支管制的人是在抨击自由。同时，阿诺德和戈特利布也这样说环保主义者，从而给了枪支所有者反对环保主义者一个理由。然而，阿诺德将"拥护'动物权利'的反狩猎和反枪支运动"视为环保运动的一部分。[54]阿诺德不仅仅致力于反环境主义，他还是第二修正案基金会《新枪周刊》（*New Gun Week*）的一名特约编辑。[55]

毫无疑问，艾伦·戈特利布是最出色的右翼筹款人之一，他曾为罗纳德·里根筹集了一笔巨款。[56]自阿诺德加入自由企业保卫中心后，戈特利布就开始将筹款之手伸向反环境主义。他只有一个简单的目的：赚钱。他通过散播恐惧来做到这一点。就像他的枪支文学一样，恐惧发挥了作用。第二修正案基金会打了一个广告:"昨晚我被强奸了……可警察在哪儿呢?""我们都认识一些朋友或家人被暴徒强奸、殴打、抢劫或偷盗。这些暴徒会毫不犹豫地伤害他人。你可能就是下一个受害者。"[57]就像戈特利布吓唬妇女去购买枪支一样,他也试图说服人们相信,环保主义者也是敌人。戈特利布告诉《纽约时报》:这能"促成一个邪恶帝国:潜在的出资人担心敌人的出现,他们越来越害怕,然后就会打开他们的钱包……对我们来说,环境成了完美的恶魔"。[58]1991年,阿诺德对《户外杂志》的乔恩·克拉考尔(Jon Krakauer)说:"恐惧、憎恨与复仇是宣传册里最完美的伎俩。"[59]

戈特利布对记者戴夫·海尔瓦格说:

"我从未见过任何像整个明智利用这样能迅速地让人们拿钱的事情。明智利用的真正的好处在于触发了与枪支问题一样的愤怒:不仅产生了更大的回报率,还创造了更高的平均捐款额。一份枪支问题的宣传册可以收到18美元的捐款,一份明智利用问题的宣传册则突破了40美元。"[60]

明智利用作为一个筹款理念,确实十分有效。只要它能发挥作用,戈特利布和阿诺德就可以通过推动反环境主义来赚钱。保罗·德·阿蒙德和吉姆·哈尔平(Jim Halpin)对戈特利布进行了深入访谈。保罗·德·阿蒙德评论道:"对于控制各类组织的人来说,明智利用是一项营利性事业。"他还说:

"他每年寄出2500万封直接回应信(direct-response letter)。收件人每年寄回2400万美元。他的成本,以每封信27美分计算,是675万美元。这意味着邮寄让他净赚了1725万美元。也就是说,他在直接回应信上每投入一美元就能赚回2.25美元。"[62]

54

在这些钱中，大约有 200 万美元会落到各个反环境委托人的手中。[63]戈特利布还定期在明智利用会议上举行筹款会议，并为重要的激进分子查克·库什曼、威廉·佩里·潘德利和克拉克·柯林斯召开筹款研讨会，以帮助他们筹款来抵制绿色威胁。[64]

美国政治的边缘还存在其他的剥削性力量，例如阴谋的散布。最让人感到害怕的是，阴谋在不断增加。

林登·拉鲁什：阴谋拉开序幕

1989 年 4 月的《全球策略信息》杂志头条是"绿色和平组织：新黑暗时代的冲锋队"。该文章暗指"绿色和平组织实际上是生态版本的纳粹冲锋队，如今或许可以称之为'生态特种突击队'"。文章还做出了许多其他惊人的指控。[65]《全球策略信息》杂志与极端的政治变色龙林登·拉鲁什有关。该杂志以其反犹太主义和种族主义观点以及疯狂的阴谋论而闻名，例如，说英国王室是全球毒品贸易和环境运动的幕后支持者。

拉鲁什曾是一名马克思主义者，然而在 20 世纪 70 年代初来了个政治后空翻，转向了右翼，此后他一直是右翼。丹尼斯·金（Dennis King）曾撰文揭发拉鲁什，概述了后来发生的事情：

"他（拉鲁什）的全国劳工委员会核心会议的组织者开始联系他们自己以及他们的反越战运动激进分子同伴所憎恨的对象，包括美国中央情报局、联邦调查局、五角大楼、地方警察警厅情报处（local police red squads）、富有的保守派、共和党战略家，甚至是三 K 党。他们宣称自己的目标是建立一个大联盟，以消除美国政治内部的敌人，即邪恶的左翼分子、自由主义者、环保主义者和犹太复国主义者。"[66]

他要求支持者申请巨额个人贷款（这些贷款从未被偿还过）和信用卡诈骗，并借助私人政治情报收集机构，来获得部分的活动经费。[67]有时候拉鲁什的做法太过头，甚至是违法的。1988年12月，拉鲁什和他的6位高级助手被控欺诈罪和阴谋罪，并被送进监狱。[68]最终于1994年1月26日获释。在入狱期间，他的妻子海尔格·泽普·拉鲁什（Helga Zepp LaRouche）负责运作他的全球帝国。

拉鲁什机构的总部设在美国，主要作为全国劳工委员会核心会议运作，但它通过国际劳工委员会核心会议、欧洲劳工党（European Labor Party）、席勒研究所（Schiller Institute）和拉鲁什的出版物，扩张到了世界大部分地区。[69]拉鲁什的出版物销往世界各地。这些出版物除了推销拉鲁什的阴谋论之外，还关注两件事情。首先，他们倡导"新的世界经济秩序"，因为世界正在走向经济崩溃。拉鲁什说："我们必须掌握知识和方法来教育新精英们必要的历史知识、科学知识，尤其是维持世界生存所需的经济知识。"[70]其次，拉鲁什的追随者大力宣传核能和高科技产业，向人们兜售这样一种理论，即核聚变和核裂变是解决世界问题的灵丹妙药。同时，他们还严厉谴责反核人士。1980年，拉鲁什在总统竞选中告诉选民："投票给我，我将建造2500座核电站。"[71]

拉鲁什的文章多半都混杂着谎言和阴谋论。《全球策略信息》杂志中的文章声称，绿色和平组织蓄意破坏，意图制造一场重大的环境灾难，并"运行全球'危机管理体制'。这将成为'绿色法西斯主义' 新世界秩序的事实上的临时政府"。[72] 文章还夸大了1989 年《高北地区的生存》(*Survival in the High North*) 电影中提出的指控。这部电影由冰岛的电影制作人、批评绿色和平组织的主要人物马格纳斯·古德蒙松(Magnus Gudmundsson) 制作。[73] 林登·拉鲁什以及相关的出版物在全球宣扬古德蒙松的作品。古德蒙松与拉鲁什派的关系将在第 13 章进行更详细的考查。

《全球策略信息》中的文章还宣称,英国王室和苏联是绿色和平组织的支持者。[74] 这与拉鲁什的信念完全一致。同时,拉鲁什的另一本出版物《21 世纪科学与技术》刊载了一篇社论。该社论宣称:"在德意志联邦共和国,苏联还利用绿党作为秘密军事行动的掩护,包括苏联特种部队从事的破坏活动,有时甚至进行暗杀。"[75]

《全球策略信息》中的文章继续其阴谋论论调,声称绿色和平组织是一个接受"路西弗基金会(the Lucis Trust) 正式资助的团体。路西弗基金会是新时代运动(New Age movement) 的伞形组织。"[76] 据拉鲁什所说,路西弗基金会"是主要的、公认的受人尊敬的英国撒旦邪教组织(该教派崇拜路西弗)"。[77] 此外,该基金会反对"唯物主义科学和各种形式的教条神学,尤其是基督教……并传播一种异教式的通神宗教"。除了绿色和平组织之外,路西弗基金会的掩护机构还包括:联合国协会(United Nations Association)、英国世界野生动物基金会(World Wildlife Fund UK)、芬霍恩基金会(Findhorn Foundation)、大赦国际(Amnesty International)、鲁道夫斯坦纳学校(Rudolf Steiner School)、联合国教科文组织和联合国儿童基金会。[78] 这是否让人感到困惑? 绿色和平组织、苏联、异教和猎獭的阴谋论之间有什么关系？

曾花时间研究拉鲁什在德国的活动的记者杰里·索默（Jerry Sommer）写道："不管世界上发生了什么事情，拉鲁什都会谴责背后的'黑暗力量'。"他继续写道：

"阴谋者并不总是相同，阴谋论也并不总是合乎逻辑，但阴谋者却总是在起作用。阴谋论往往深奥玄妙，因此难以置信人们怎么会相信这样一种理论。但是阴谋论常常巧妙地与事实和半真半假的说法，或是合理的政治立场结合在一起，形成一种难以解决的混乱状态。"[79]

根据拉鲁什的说法，一切都可以追溯到巴比伦时代。柏拉图代表秩序的力量，而亚里士多德和邪恶的寡头代表混乱的力量。丹尼斯·金说："拉鲁什声称，他的追随者代表了一个有着3000年历史的'新柏拉图人文主义者'派系。他们与同样古老的'寡头政治'进行着永恒的斗争。"[80] 政治分析家契普·伯利特补充道：

"对拉鲁什派来说，你需要接受这样一种观点：自巴比伦神庙倒塌以来，就一直存在一个支持亚里士多德思想的秘密阴谋集团。如果你真的相信这一观点，那么你必然会在环保运动中发现这个阴谋。"[81]

除了环保主义者和洛克菲勒家族外，拉鲁什还经常指责犹太人——尤其是犹太银行家——是全球阴谋的幕后黑手。拉鲁什尤其喜欢宣称亨利·基辛格（Henry Kissinge）是"苏联探员"。他也这样说英国银行家和英国王室。在拉鲁什看来，任何事情都可以归咎于英国。拉鲁什甚至说希特勒也是英国的探员。[82] 根据拉鲁什的说法，英国王室还是国际毒品贸易的幕后推手，正如他

57

在 1978 年出版的《毒品公司：英国对美国的鸦片战争》（*Dope Inc: Britain's Opium War Against the US*）一书中所概述的那样。[83]

如果我们更深入地探究拉鲁什的世界，就会发现，他认为许多重要的阴谋者都在筹划着马尔萨斯式的阴谋，目的是掌管全世界。1994 年开罗联合国人口大会在召开之前，遭到了拉鲁什组织的强烈反对。4 月 29 日版《全球策略信息》的头条标题是"头戴蓝盔的希特勒：阻止开罗 1994"。这篇文章称，开罗人口大会"直接继承了制定出纳粹政策的 1932 年纽约优生学大会"。拉鲁什的另一本出版物《新联邦党人》（*New Federalist*）援引了拉鲁什的一句话："那些召集和支持此次人口大会的联合国工作人员与阿道夫·希特勒（Adolf Hitler）没什么两样。"文章声称，联合国秘书长布特罗斯·加利（Boutros-Ghali）是一名"棕色肤色的英国版希特勒"。英国人于 1992 年正式任命了这名"希特勒"，因为英国人认为，在这位"棕皮肤探员"的指挥下——而不是以他们自己的名义，可以更容易地杀死数亿非洲人和亚洲人。[84]

根据拉鲁什的说法，联合国试图通过一个警察国家（police state）或联合国控制的"新世界秩序"来征服世界。《全球策略信息》将 1992 年的地球峰会称为"地球母亲教派在里约热内卢的节庆。其目的是以拯救环境的名义，散播大范围的心理恐慌，使全球警察国家制度化"。根据《全球策略信息》的说法："法西斯主义是人类遭遇的规模最大、最邪恶的威胁，它在里约热内卢得到了宣扬。为此，我们需要付出巨大的努力，来教育人们抵制环保主义宣传的洗脑。"[85]

当被问及拉鲁什在全球反环境宣扬中发挥了多大的作用时，契普·伯利特回答说：

"（无论是在国家层面还是在国际层面）他都发挥了十分重要的作用，因为他就像一只疯狂的蜜蜂，会向所有花朵传授花粉。他的追随者不停地建立关系网。即使参与反环境运动的人也会直接咒骂说他是个疯子，他们信誓旦旦地说不与拉鲁什合作，但实际上他们的许多员工都在与拉鲁什合作。"[86]

罗杰·马杜罗就是这样一只忙碌的小蜜蜂。他是《21 世纪科学与技术》杂志的副主编，也是一位声誉不断提高的反环境主义者。他是一座连接拉鲁什组织与明智利用运动之间可见的桥梁。拉鲁什的《21 世纪科学与技术》杂志也日益成为反环境分子的代言人。环境工作组（Environmental Working Group）的丹·巴莉和肯·库克（Ken Cook）在 1994 年写道："只要稍微回顾一下与拉鲁什有关的出版物，就能清楚地发现，他的组织在'明智利用'和'财产权'问题上找到了肥沃的土壤。"[87]

马杜罗还是一位著名的反环境科学家，他与人合著了《臭氧恐慌的漏洞》（*The Holes in the Ozone Scare*）一书。在《21 世纪科学与技术》杂志中，充斥着大量声称环境科学具有欺骗性的文章。该杂志还大力宣扬另一位著名的科学怀疑论者迪克西·李·蕾（Dixy Lee Ray）——直到她于 1994 年去世——的观点。他们驳斥环境科学的过程将在第 5 章进行探讨。明智利用运动与《21 世纪科学与技术》杂志之间还存在一些其他联系。休·艾尔塞瑟（Hugh Elsaesser）既是环境保护组织（ECO）（一个拥有400 多个组织的明智利用组织网络）的董事会成员，又是《21 世纪科学与技术》杂志的科学咨询委员会的董事会成员。另一位环

58

境保护组织（ECO）董事会成员威廉·黑泽汀（William Hazel-tine）博士的文章出现在 1994 年夏季版的《21 世纪科学与技术》上。[88]其他著名的明智利用活动分子也在《21 世纪科学与技术》上发表过文章，例如威廉·佩里·潘德利、凯瑟琳·马奎特（Kathleen Marquardt）和迈克尔·科夫曼（Michael Coffman）。[89]强硬派的反环境组织撒哈拉俱乐部（the Sahara Club）在 1994 年的夏季版上发表了一篇文章。[90]来自渔民联合会（Fishermen's Coalition）的"明智利用英雄"特蕾沙·普莱特（Teresa Platt）也曾接受过《全球策略信息》的采访。曾潜入地球优先组织的私人调查员巴莉·克劳森（Barry Clausen）也在 1994 年春季版的《21 世纪科学与技术》上发表了一篇文章，还刊登了他的图书广告。他还与罗杰·马杜罗合作撰写了《生态恐怖主义观察》（Eco-Terrorism Watch）一书（参见第 5 章）。

拉鲁什的可怕之处在于，他的组织能够在全球范围内收集和交易情报信息。在 20 世纪 80 年代初，拉鲁什和海尔格会见了时任中央情报局副局长，讨论德国的环境与和平运动。[91]据说，海军上将博比·雷·英曼（Admiral Booby Ray Inman）从拉鲁什那里获得了有关德国绿党的"诱人情报"。英曼说："当时所有情报机关都没有关于它们的资料。"[92]德国的环保运动还遭遇了其他拉鲁什式的攻击。同样是在 20 世纪 80 年代初，欧洲劳工党对重要的环保活动家佩特拉·凯利（Petra Kelly）发起了攻击——她在去世前一直是德国绿党的领袖。由于受到了骚扰，凯利以诽谤提起诉讼。凯利的律师说："拉鲁什派发动了一场'恶毒的宣传攻势，使她难以在公众场合露面'。"[93]

欧洲劳工党声称绿党既是法西斯主义者，又受到了共产主义者的控制，但是这两种说法之间存在矛盾。例如，欧洲劳工党一方面分发传单反对"绿色环境法西斯主义者"，[94]另一方面，在20世纪80年代，海尔格·泽普·拉鲁什要求取缔德国绿党，原因在于它是由苏联国家安全委员会（KGB）管理的。[95]其他与拉鲁什有关的杂志也把绿色和平组织当作攻击的对象。德国的《核聚变》（*Fusion*）杂志评论道："绿色和平组织建议利用有机肥料拯救我们濒临死亡的森林。那么问题来了，我们需要多少'绿党分子'给一棵树施肥呢？答案是5个。实际上1个就足够了，但是需要4个人去说服这1个人钻进骨头粉碎机。"[96]

由于拉鲁什的亲核立场，他也与核工业，尤其是核电站建立了联系。他们肯定知道拉鲁什是一位极端分子，但他们还是会因为其亲核观点而支持他。丹尼斯·金指出，拉鲁什的"1980年总统竞选委员会曾向核电公司和航空航天公司的高管们征集捐款。"[97]数十名科学家和工程师在《核聚变》杂志的整页广告上签名，支持拉鲁什竞选总统。

关于拉鲁什，有一点是确定无疑的，即他的阴谋论言辞受到许多美国人的青睐，不仅包括核工业，还包括极端右翼。

民兵组织：阴谋失控

文化战争最激烈的表现是美国民兵组织运动的迅猛发展，这也反映了当前许多右翼的普遍绝望、不信任和愤怒情绪。民兵组织的迅速壮大，以及反政府情绪的日益强烈，让许多人和政客措手不及。

契普·伯利特认为，如果事先不存在一大群人因非常真实的不满而愿意接受组织安排，像民兵组织这么大规模的群众运动就不可能发展得如此之快。他指出：

60 　　"我认为，人们不理解的是，有很大一部分人只是失去了对政府的任何信心。他们是偏执疯狂的运动吗？绝对是，但即使是偏执疯狂的运动也必须建立在真实的不满之上。"[98]

到 1995 年中期，积极参与民兵组织的人数估计在 1 万人到 4 万人之间。至少有四十个州成立了民兵组织，但据信至少有五十个州正在进行民兵组织活动。[99] 尽管民兵组织发展迅速，但要不是 1995 年 4 月 19 日俄克拉荷马市的阿尔弗雷德·P. 默里政府大楼发生爆炸，民兵组织可能仍将只是一些研究右翼的主要研究者、学者和记者所关注的对象。看一下爆炸发生的日期就知道，这绝非偶然事件。

此次爆炸造成 168 人死亡，其中包括许多儿童。这是美国本土遭遇的最为严重的恐怖主义事件之一。在爆炸事件发生后不久，当记者们还在混乱中疯狂地寻找线索时，许多人已经开始谴责是中东制造了这次暴行，但他们根本就拿不出一丝证据。当人们慢慢地发现这枚炸弹是美国国产的这一悲痛现实时，他们不得不收回之前轻率得出的结论——这就是地道的美国人的做法。俄克拉荷马市的爆炸受到了反政府的暴力言论和阴谋论的疯狂推动，它以怨恨和复仇的欲望为导火索，是一场一触即发的灾难。保守派广播访谈节目的主持人也在火上浇油。例如，戈登·利迪（G. Gordon Liddy）教导他的听众：开枪把烟酒枪械管理局（Bureau of Alcohol, Tobacco and Firearms）的成员"打暴头！打暴头！"俄克拉荷马市爆炸事件发生后，他做了些修改，教导人们"向腹股沟部位射击"。[100]

丹·尤纳斯在爆炸事件发生前几周写道:"政府与民兵组织成员之间发生武装冲突的可能性越来越大。"[101]美国犹太人委员会(American Jewish Committee)的肯尼思·斯特恩(Kenneth Stern)也在爆炸发生前几周写道:"与这场运动有关的一些人主张杀害政府官员,他们可能会尝试这样的行为。"[102]所以说,并还是没有警告,只是人们没有注意到警告。

对一些人来说,俄克拉荷马市的爆炸事件是一次正当的行动。爆炸事件发生的第二天,鹰宪法民兵组织(Eagle Constitutional Militia)的罗杰·哈萨维(Roger Hathaway)写道:"当我看到新闻时,我所想到的是所有因联邦的管制而失业的工人和无家可归的家庭……"他继续写道:

"我想到了希望的精神和年轻人的梦想,但他们却发现这些梦想被环保主义者和政治法规扼杀了。在我脑海中浮现出这样的景象:一支望不到边的上帝子民队伍在一条没有尽头的路上缓慢前行。这些成千上万的人秉持正直、诚实、职业伦理和道德,但他们要去哪里?他们再也没有地方可去了……以毁灭为乐的自由主义暴政镇压了他们。为什么心灰意冷的美国人花了这么长时间才鼓起勇气制造俄克拉荷马市的爆炸事件?"[103]

《特纳日记》(*Turner Diaries*)一书是极右翼的虚构圣经,书中描写了一个炸毁联邦大楼的复仇行动的故事。该书的作者威廉·皮尔斯(William Pierce)在回应俄克拉荷马市的爆炸事件时评论道:

"如果一个政府对自己的公民实施恐怖主义行径,那么当一些公民进行反击并从事恐怖主义时,他们也不应当感到惊讶……

你们才是真正的恐怖分子……要对爆炸事件和儿童死亡负责的正是你们。"[104]

与民兵组织有联系的著名基督教爱国者组织（Christian Patriot）成员薄·克里茨（Bo Critz）称此次爆炸事件是"一幅伦勃朗（Rembrandt）画作，是科学与艺术完美结合的杰作。"[105]互联网上纳粹公告板（Nazi Bulletin Board）上的一篇帖子宣称，尽管爆炸嫌犯提摩西·麦克维（Timothy McVeigh）"今天受到广泛的谴责""但未来人们会把他当成为自己的人民而斗争的英雄"。[106]

人们加入民兵组织的原因各不相同。民兵组织得以发展的最重要因素包括人们对政府的极度不信任与恐惧、对失去枪支的恐惧以及他们的种族信仰或政治信仰。在这场运动中，美国社会的某些领域被近期的社会趋势所激怒，从而不断重申他们的权利和信仰。马克·库珀（Marc Cooper）在《民族报》（The Nation）上指出："民兵组织是一场蓄势待发的运动，它肇始于对公民权利运动、环保主义运动、同性恋权利运动、支持堕胎运动以及对枪支管制的抵制运动。"[107]契普·伯利特和马修·里昂（Matthew Lyons）也表达了类似的观点。他们认为："民兵组织是对20世纪60年代和70年代社会解放运动的最激烈的抵制。"[108]

伯利特和里昂写道：

"在民兵组织中，右翼社会运动与激进派系是相互重叠和联合的。包括：

· 激进的右翼枪支权利拥护者、反税抗议者、生存主义者、极右翼自由主义者；

· 原本就存在的种族主义、反犹太主义和新纳粹运动，如地方民团（Posse Comitatus）、基督徒认同组织（Christian Identity）和基督教爱国者组织（Christian Patriots）；

· '主权'公民身份和'自由人'身份的倡导者，以及支持通过歪曲分析第十四条修正案和第十五条修正案而得出的其他论点的人。在这些群体中，有一些人认为非裔美国人是二等公民；

· 反堕胎运动的对抗派；

· 世界末日论的千禧年主义者，包括一些相信我们正处于世界末日的基督徒；

· 基督教福音派右翼的统治神学教派，尤其是最狂热的教条主义分支，基督教重建主义者（Christian Reconstructionists）；

· 反环境主义明智利用运动中最激进的派别；

· 县治运动（County movement）、第十修正案运动、州权利运动和国家主权中最激进的派别。"[109]

要了解民兵组织，有必要了解俄克拉荷马市爆炸事件发生的4月19日的重要意义：4月19日被认为是"民兵日"，在这一天"所有身体健全的公民都会带上武器参加集会，以庆祝他们持有和携带武器的权利"。[110]4月19日是1775年列克星敦和康科德战役（Battle of Lexington and Concord）爆发的日子，这场北美民兵与英国人之间的战役帮助引发了美国革命。不过民兵组织选择在这个特殊的日子发起行动还有两个时间上更近的理由。1992年4月，白人至上主义者兰迪·韦弗（Randy Weaver）因非法携带武器被通缉。他和家人躲在爱达荷州红宝石山脊（Ruby Ridge）的一间小屋里。在一次失败的逮捕行动中，韦弗的妻子和儿子被联邦调查局杀害。该事件就发生在4月19日。民兵组织把他们看作最早的殉道者。其次，在 1993 年 4 月 19 日，烟酒枪械管理局对德克萨斯州韦科市（Waco）的邪教大卫教派（Branch Davidian Cult）发起猛攻，杀死了那里的大部分居民。许多人认为，单单这次行动就表明政府已经在通往暴政的道路上越走越远。契普·伯利特评论道："政府拒绝对这些错误的事件承担责任，这是导致美国社会中大部分人认为政府已经失去了所有公信力的一个主要因素。"[111]

还有一些原因也引发了民兵组织与政府之间的直接冲突。布雷迪法案（Brady Bill）要求在购买手枪之前强制实行等待时间。蒙大拿人权网（Montana Human Rights Network）的肯·图尔（Ken Toole）则认为，该法案"就像是有人给民兵运动火上浇油"。[112]1994 年 9 月通过的《犯罪法案》（Crime Bill）认定持有 19 种半自动武器和配件是违法的，这又是一次火上浇油。[113]许多人认为，政府离剥夺人们"持有和携带武器"的神圣权利仅有一步之遥。丹·尤纳斯写道："对于爱国者运动的一些成员来说，这些法律是联邦政府解除公民武装的第一步，接下来就是令人恐惧的联合国入侵和强制推行新世界秩序。"[114]

民兵组织中的许多人相信某种扭曲混杂的阴谋论，混杂的形式多种多样。但大多数人都认为，政府参与了一个更大的阴谋，想要剥夺他们的自由和枪支。政府要么是被一群世界精英，要么是被犹太银行家，要么是被联合国所控制，他们是一个想要建立新世界秩序的阴谋集团。不同形式的阴谋论提醒人们注意犹太复国主义占领政府组织（Zionist Occupation Government）、共济会（Freemasons）、三边委员会（Trilateral Commission）和英国王室。这些阴谋论十分猖獗。神秘出现的黑色直升机，以及俄国战斗机出现在各条国道上的模糊照片，都起到了推波助澜的作用。《焦点》（*Spotlight*）等杂志一直在报道这样的说法。[115]

民兵组织中的许多人认为，环保运动与政府串通一气，而环境法规只不过又一次证明政府已经严重失控。还有人则将环保主义者视为更大阴谋的一部分。环保主义者长期以来一直被一些右翼派系描述为"新世界秩序"的一部分，并且越来越多的人相信诸如此类的阴谋论。据说在俄亥俄州和弗吉尼亚州的一些郡县，民兵组织储备了大量武器，以抵抗即将到来的联合国入侵。[116]蒙大拿州民兵组织是主要的民兵组织之一。该组织公开谈论战争，其联合创始人约翰·特罗赫曼（John Trochmann）公开指责美国政府叛国。在兰迪·韦弗的家人被射杀之后，蒙大拿州民兵组织很快成立了。[117]契普·伯利特指出："我们看到，有些国家的人民受到压力，他们出于无奈，只能借助这些理论解释当前发生的事情。我们需要注意这一动态。""如果大部分人没有嘲笑拉鲁什的阴谋论，那么我们仅仅对着拉鲁什那近乎疯狂的阴谋论放声大笑是远远不够的。"[118]

民兵组织与明智利用相得益彰

如今，政府里已经有人公开支持民兵组织，他们也公开反对环境。海伦·切诺韦斯就是这样一个人。在有些地区，她的选票超过了现任民主党人。她告诉选民：唯一的濒危物种是"白种盎格鲁撒克逊男性"。[119]切诺韦斯是国家政策委员会成员，是明智利用的支持者，还是一位反环境主义者。她在 1993 年的明智利用会议上谈到阿诺德和戈特利布时说："这两个人是英雄。我们必须做他们的坚强后盾。"[120] 她谈到了敬畏上帝的美国人与环保主义者之间的精神战争："如今我们身处的战争更为隐蔽，也更为危险。因为它企图征服我们的人民、征服人民的灵魂以及征服这个伟大的国家。"蒙大拿民兵组织四处散布切诺韦斯的演讲。她在录音中公然谴责环保主义者是共产主义者，还说保护斑点猫头鹰栖息地的决议"破坏了国家主权，还有可能走向世界政府"。[121]

反环境运动和民兵组织之间在反政府言论和诬陷言论上存在着联系。有些人既参与了反环境运动，也参加了民兵组织。希拉·奥唐奈尔说："我认为最可怕的地方在于，他们的言论和理论一模一样。""我们看到的并不是个体的人，而是该理论不断扩散，越来越被拥护财产权的人以及普通民众所接受。"[122] 许多人认为，明智利用所借助的那些尖刻言论会鼓动人们拿起武器反对政府和环保主义者。丹·尤纳斯说道：

"我认为，一旦播下了不满情绪的种子，人们就有可能走向暴力。你还会发现，人们会为了实现自己的政治目标而互相残杀，这将导致武装右翼的持续发展。"[123]

还有研究者考查了民兵组织和明智利用之间的协同作用。来自西部州中心的塔尔索·拉莫斯说："毋庸置疑，至少在我们开展活动的一些西部地区，明智利用这一社会力量为民兵组织所宣称的目标提供了支持。""证据就是，我们发现民兵组织非常明确地拥护明智利用运动的某些原则。"[124] 保罗·德·阿蒙德发现，华盛顿州地区的一个地方财产权组织——斯诺霍米什县产权联盟——和蒙大拿民兵组织之间存在着独特的联系。[125] 1994 年，这两个组织举行了一次联合会议。阿蒙德补充说："这里的明智利用财产权组织中不断出现蒙大拿民兵组织的宣传册。"[126]

然而，斯诺霍米什县产权联盟的一些成员已经远远不满足于依赖民兵组织。斯诺霍米什县产权联盟的两位成员向当地法院提交文件，要求把斯诺霍米什县变成具有独立主权的白人州。[127] 来自卡特伦县（Catron County）的县治运动拥护者迪克·卡弗（Dick Carver）也在斯诺霍米什县产权联盟发表了演讲。来自反对恶意骚扰西北联盟（Northwest Coalition Against Malicious Harassment）的艾瑞克·沃德（Eric Ward）和德文·伯格哈特（Devon Burghart）也记录了财产权激进分子和基督教爱国者组织之间的联系。[128]

民兵组织的领导人公开地谈论环境问题。蒙大拿民兵组织的约翰·特奇曼与种族主义的雅利安民族组织（Aryan Nations）有联系，他四处宣扬有关世界政府的阴谋论，说联合国只希望世界上有 20 亿人。他认为民兵组织和明智利用组织的发展方向是一样的。特奇曼说："所有这些都只与一件事有关：这是我们的家园。联合国夺走我们所有的土地后，留下的将是城市和集中营。"特奇曼已经开始警告人们注意生物圈的危险，人类将会因为动物而被逐出生物圈。同时，他还大力宣扬主要明智利用活动分子迈克尔·科夫曼的观点和书籍。[129]

此外，来自密歇根北部地区民兵组织（Northern Michigan Regional Militia）的诺姆·奥尔森（Norm Olson）认为，环保局和林业局等政府部门正在践踏人民的主权。[130] 美国民兵组织协会（United States Militia Association）的领导人萨缪尔·舍伍德（Samuel Sherwood）在爱达荷州查利斯（Challis）参加了一次集会。在谈及实施《濒危物种法案》时，他对人们说："这部疯狂的法案……将会毁灭所有的森林，造成流血冲突。"据说舍伍德敦促在场的人"买一把半自动突击步枪、左轮手枪和制服"。[131]

事实上，民兵组织与俄克拉荷马市暴行的嫌犯存在着联系。詹姆斯（James）和特里·尼古拉斯（Terry Nichols）显然都曾一度是蒙大拿民兵组织的成员。提摩太·麦克维可能也参加了他们的会议。[132]据说，麦克维曾担任最臭名昭著的民兵组织发言人之一马克·科尔尼科（Mark Koernke）的保镖，后者通常被称为密歇根州的马克。[133]特里·尼古拉斯曾是密歇根州财产所有者协会（Michigan Property Owners Association）的成员。该协会的创始人是著名的明智利用活动分子芝诺·巴德（Zeno Budd）——他也在民兵组织的集会上做过发言。[134]

县治运动

此外，"郡县"运动或"郡县至上"运动可被视为明智利用运动的一个分支，该运动同样融合了反环境、反联邦政府和反监管的立场。第一个试图推翻联邦政府的郡县是卡特伦县。该县裁定，基于"习俗与文化"，他们历来都拥有推翻联邦法规并像以往那样耕作土地的"公民权利"。任何侵犯当地公民权利的联邦雇员都可能遭到逮捕。[135]这本质上是一次郡县对联邦控制的土地的掠夺。而在联邦控制下，不允许开发任何荒野。

"习俗与文化"的文字游戏很重要。希拉·奥唐奈尔说道："习俗与文化得到了大量讨论。在我们的建国纲领《宪法》

《权利法案》和《独立宣言》中，这个词都非常关键。这些建国纲领的基础就是我们假定的习俗和文化——多年来的民权诉讼一直基于文化和习俗。现在，这一用语变了味，成为阻挠环保主义者的理由和论据。"[136]

支持县治运动的人则持有不同的看法。卡特伦县的县委委员主张："联邦机构日益壮大，却越来越脱离正轨，甚至远远违反了开国元勋们制定的《宪法》条款。县治运动则是草根对此的回应。"[137]保罗·德·阿蒙德与吉姆·哈尔平指出："实际上，卡特伦县人宣称他们有权过度放牧、过度砍伐和污染，就像 20 世纪 70 年代联邦政府尚未制定环境保护法时那样。"[138]这一新条例将削弱《濒危物种法案》《清洁水法案》《自然与风景河流法案》《荒野保护法案》以及《国家森林管理法案》（National Forest Management Act）。[139]而且，卡特伦县还通过了一项措施，要求一家之主拥有枪支以"保护公民权利"。该县还通过了一项决议：如果政府坚持其"傲慢的"放牧改革，将会发生"大规模的肢体暴力冲突"。[140]

县治运动的发起者和协调者是一个明智利用组织，即犹他州的全国联邦土地会议。鲁思·凯撒（Ruth Kaiser）是该组织的执行董事，被威廉·佩里·潘德利视为"明智利用英雄"之一。[141]另外，一些明智利用的忠实拥护者，如罗恩·阿诺德、韦恩·哈格（Wayne Hage）和凯伦·巴德（Karen Budd），都是该组织的咨询委员会成员。阿诺德后来辞职了，但并非因为这两个组织之间存在理念差异，而是因为他自己分身乏术。卡特伦县的反管制条例由凯伦·巴德起草——他是怀俄明州的一位律师，也是詹姆斯·沃特的前任助理。[142]县治运动还得到了其他明智利用组织的支持，例如西部人民组织和自由企业保卫中心。[143]

全国联邦土地会议声称，大约有 200 个县加入了县治运动。但是县治运动也遇到了重重困难。1995 年，司法部以侵犯国家所有权为由起诉卡特伦县。[144] 1996 年最终定案，这对全国联邦土地会议以及 35 个颁布了反联邦条例的县来说，是一次沉重的打击。1996 年 3 月，一名联邦法官裁决卡特伦县的条例实际上是违法的。[145] 还有的县也废除了联邦环境法，并对国际法表现出了完全的蔑视。1995 年 4 月初，亚利桑那州投票决定将破坏臭氧的氟利昂的制造和使用合法化。该措施既违反了美国法律，也违反了《蒙特利尔议定书》（Montreal Protocol）。该法案的支持者、亚利桑那州众议员唐·奥尔德里奇（Don Aldridge）说："我们憎恨那些坐在华盛顿特区的人们，他们从未造访过亚利桑那州，但却制订法律规定我们应该做什么。"[146]

全国联邦土地会议还在 1994 年 10 月的通讯中发表了一篇文章，题为《为什么美国需要民兵组织》。[147] 之所以有必要，是因为"我们不相信联邦政府会保护我们的个人自由"，美国环保局等政府部门正使国家陷入"绝对独裁、戒严的镇压模式"。这篇文章总结道：

"在我们的历史上从来没有这样一个时期……我们的国家需要一个遍布美国的激进民兵组织网络来保护我们免受怪兽的伤害——我们让联邦政府变成了这个怪兽。民兵组织万岁！自由万岁！敬畏人民的政府万岁！"[148]

在关于《生物多样性公约》的辩论中，鲁思·凯撒警告说："《生物多样性公约》将收缴美国人的武器！生态法西斯主义者在为关闭美国各地的射击场付出了巨大努力。"她还将比尔·克林顿的法案比作阿道夫·希特勒的法案。[149]这类言辞将会煽动枪支游说团体里的大量偏执力量进一步地反对环保运动和政府。凯撒还不断地重复民兵组织所钟爱的恐怖论调，说有人看到了黑色直升机以及大量的俄罗斯军用车辆。[150]

支持县治运动的人准备强制施行他们的信念。在卡特伦县，一名支持县治运动的地方官员在受保护的联邦森林土地上非法开辟道路。他在一支地方武装团队的支援下，将两名国家林业局的雇员赶走了。当一位联邦生物学家造访该地区时，一位牧场主粗暴地告诉他："如果你再次来到卡特伦县，我们会打爆你的头。"[151]同月，该地区的林业局办公室墙上被粉刷了锤子和镰刀的图案。[152]

奈县委员迪克·卡弗同时参加了明智利用运动和基督教认同运动（Christian Identity）的集会，并都发表了讲话。[153]来自人类尊严联盟（Coalition for Human Dignity）的乔纳森·莫佐奇（Jonathan Mozzochi）指出："白人至上主义元素为与联邦政府的冲突增添了一定的战斗力和战斗经验，这是明智利用者和民兵组织所欣赏的。"[154]事实上，根据人类尊严联盟的说法雅利安国民组织的成员在1991年就已经开始在西北部的资源依赖型地区开展了招募活动，目标是那些受经济衰退和看似不利的环境立法威胁的人。《木材卡车司机》（*Log Trucker*）杂志主编收到的一封信上说："即将到来的战争将是一场生存之战，不仅仅关乎伐木业的生存和一种生活方式，更关乎白种人的生存。"[155]

与林登·拉鲁什有关的杂志《21世纪科学与技术》提供了本文所列举的最后一个编造的阴谋故事。该杂志上的一篇文章中说：卡弗等奈县官员实际上都受到了环保运动支持者的资助。按照文章作者马乔里·赫克特（Marjorie Hecht）的说法，威廉·里斯-莫格勋爵（Lord William Rees-Mogg）和英国的情报机构试图煽动"地方民兵组织的暴动"。[156]赫克特还声称，英国王室及"其富有的朋友和探员（包括英国情报机构的头号人物里斯-莫格），也在操纵反环境主义者"。[157]因此，英国王室既是环保运动的幕后支持者，也是反环境运动的幕后支持者，甚至是民兵组织的幕后支持者。根据赫克特的说法，其目的在于"要毁灭所谓的美国体系，这样美国这个工业化巨头就再也不会威胁到英国的殖民体系了"。[158]

《21世纪科学与技术》上的另一篇文章还宣称："策划'明智利用'运动的英国政党分裂政府和工会，以比绿党更快的速度摧毁美国。"[159]在阴谋论中，万事皆有可能。要获取更多信息，可以访问网址：talk. politics. guns; alt. conspiracy以及misc. activism. militia，但要提防黑色直升机。

第三章　民主之死

　　"二十世纪的特点是三个具有重大政治意义的发展：民主的增长、企业权力的增长，以及作为保护企业权力免受民主侵犯的企业宣传的增长。"[1]

　　企业猛烈反击迅速发展的环境权利和消费者权利。即便做最乐观的估计，这种反击也使美国等国家的民主偏离了轨道，而最糟糕的情况则是民主被彻底摧毁。如果民主意味着代表所有人的代议制政府，在这种政府中，每个人都能平等地发表意见或影响当地的政客，那么民主就已经死了。杀死民主的凶手是现代的庞然大物——跨国公司。

　　大型企业明里暗里地展开行动，通过收买和贿赂政客、资助"独立"智库、组建"行业掩护机构"、欺凌民众、游说和欺骗等手段妨碍民主进程，其目的都是为了利润。同时，企业还告诉人们，它们是多么地关心民主。下一章将考查企业是如何操纵环境信息和控制环境争论的。

企业与政治

监管政治

　　对企业行为的关注焦点大多围绕着企业对监管的反对。随着

70 企业向海外扩张，这种反监管的教条也在增多，包括采取措施预先推卸国际责任。减少监管的要求是出于经济上的考量。尽管大多数企业都希望在一个自由、不受监管的市场上开展业务，但是它们需要一定的监管来界定市场的边界并赢得公众的信心。然而，总的来说，一旦这些边界被设定，企业又力求在一个自由市场中进行经营。它们希望摆脱环境控制、摆脱保护工人的法规、摆脱整个社会保障。他们想自由地获取最大利润。

企业领导者认为，应当让企业进行自我监管。但是这种主张的问题在于，我们无法信任企业能在追求利润的同时关心工人和环境。绿色商人保罗·霍肯问道："监管和催生监管的违反社会准则的行为，哪个先出现？""导致政府出台监管细则的正是企业的反民主本性。"[2]

记者马克·道伊记叙了企业应对环境管制的"三口咬苹果（three bites of the apple）"策略：

"第一步是通过游说反对所有限制生产的法规；第二步是削弱无法废除的法规；第三步是迂回规避或暗中破坏环境法规的实施，这也是最常用的策略。"[3]

"俘获管制（regulatory capture）"变成了一种策略，即颠覆而不是服从监管。[4]纯粹追求利润和反监管的内驱力可能导致企业转移到监管最少、工资标准最低的地方——通常是贫穷的第三世界国家，这些国家不顾一切地以牺牲劳动力和环境为代价，吸引外来投资。

但是，这种反监管的态度和对自由市场的崇拜也将企业界和政治右翼的许多人团结在了一起。许多右翼激进分子之所以争取自由市场，不仅是出于经济上的考量，而且还有意识形态上的因素。政治研究协会的契普·伯利特说道："当你谈论监管时，极端保守主义者会很轻易地争辩说，所有监管都是对自由的剥夺。"他还说道：

"他们没有考虑到个人需要与社会需要之间的平衡。现在人们争论的正是这种平衡。环保主义者的要求是，在个人自由与社会需要之间的辩论中，必须将环境问题考虑在内。而右翼的主张是，所有监管都是盗窃，所有监管都是对自由的剥夺。这是一种极端无政府主义的社会观。这是一种被称为资本主义的经济无政府主义状态。这是不受限制、不受监管的资本主义，是一种无政府主义。"5

企业领导者每天都在努力争取实现这种企业无政府主义的古老信念。跨国公司领导着这一运动，以摆脱国家或国际监管，摆脱责任和义务。全球化的、不受限制的、不受监管的、不负责任的资本主义正是企业的最终计划，也是企业为之奋斗的目标。

企业的反击

企业发起的反击可以追溯到 20 世纪 70 年代，当时企业刚刚开始遭遇新兴的环保运动和消费者权益保护运动。企业界必须采取行动——新出台的法规迫使企业改变其运营方式，越来越老道的对手也促使企业界改善其形象。企业界要攻击的目标有很多，环境法规只是一长串目标中的最后一个。理查德·卡吉斯（Richard Kazis）和理查德·格罗斯曼（Richard Grossman）在他们的著作《工作恐惧》（*Fear at Work*）中评论道："企业和公共目标之间的冲突一直是监管政治中的一个永恒要素。"他们

71

写道：

"在20世纪40年代和50年代，企业界致力于消除20世纪30年代工人们所获得的权益。在过去的十年中，也出现了类似的推动力，试图推翻环境保护、工人和消费者权益……20世纪70年代，当第一批环境、健康与工作场所保护法获得通过时，这种运动就开始形成了。"[6]

企业不得不面对环境运动。记者戴夫·海尔瓦格在他的经典著作《反对环保的战争》（*The War Against the Greens*）一书中写道："美国企业的领导人意识到，环保主义现在能使大型工业陷入瘫痪，因此他们开始认真反思。"海尔瓦格继续写道，虽然一些公司致力于污染预防或公共关系，但另一些公司，"主要是资源开采企业，如石油企业、煤炭企业、木材企业和牛肉企业，则认为是时候反击环保主义者了"。[7]资深的石油与天然气顾问鲍勃·威廉姆斯（Bob Williams）在他的著作《环保十年的美国石油战略》（*US Petroleum Strategies in the Decade of the Environment*）中问道："在环境十年中，石油工业应当力争实现什么样的目标？""要想让环保游说团体出局……这是当务之急……如果石油工业要生存下去，就必须把环保游说团体变成多余的、不合时宜的事物。"[8]

企业领导人必须介入政治，并学习如何在政治领域中变得和他们在商界一样冷酷无情。这并不是说企业界仅仅因为环保主义就开始参与政治进程，环保主义只是众多促成因素之一。企业领导人必须向对手学习，知道如何变成激进分子。就像一位企业家所说的那样：

"我们需要一场企业家解放运动，一个企业家解放日，并在华盛顿纪念碑前举行一次企业家解放集会——成千上万的企业家高喊口号并举着标语。我们需要一些企业家把自己绑在白宫的栅栏上。"[9]

虽然企业领导人可能不愿意如此招摇地进行回击，但企业将从他们对手开展的运动中学到很多东西。他们还必须以一种更有凝聚力和更统一的方式行动。巧合的是，这一过程已经开始了。在 20 世纪 80 年代，帕特里克·尤西姆（Patrick Useem）详细研究了英美最大型企业的政治活动。他发现，这两个国家的经济都越来越多地被少数几家大型企业所控制，这些大型企业在"包容性和分散性的组织网络"中相互联系着。

尤西姆发现了一个重要趋势，即"连锁所有权"：越来越多的企业被大型金融机构所拥有。其次，董事会会议室是第二个越来越有凝聚力的地方，越来越多的董事成为其他公司的董事会成员，同时其他公司或金融机构的人也成为他们的董事会成员。尤西姆说，这个网络产生的结果是，现在有一个"非正式的组织媒介，以聚合所有企业的政治关切"。企业领导人不再代表单个企业行动，他们作出的决策越来越多地有利于整个企业界。[10]

尤西姆的著作距今已经出版了 11 年之久，但当被问及这本书的研究结论是否经受住了时间的考验时，尤西姆回答道，所有证据都表明，相互关联的网络仍然非常活跃。如果有什么区别的话，那就是它们已经变得更加强大、更为国际化了，这反映了过去十年中所发生的商业全球化。[11] 1995 年披露的一项数据显示，超过三分之一的英国最大型企业的董事会通过董事职位联系在一起，这进一步证明了尤西姆的假设。

在政治上变得活跃使企业陷入了一个严重的困境。因为就企

73

业的运营方式而言，最有利于企业经济利润最大化的做法往往与承担社会责任的做法或对环境负责的做法完全相反。加拿大获奖记者乔伊斯·尼尔森（Joyce Nelson）认为："企业或政府的可接受的公共形象与其私下隐蔽形象之间的差异产生了一条脆弱的裂缝。"尼尔森将其称为"合理的裂缝"。[13]

这条"合理的裂缝"会迫使企业改变公众和政治期望，以使它们能够反映企业议程，或者迫使企业自身做出改变以迎合社会对企业的期望。事实上，这两方面的事情企业都在做。政治分析家萨拉·戴尔蒙德概述了企业是如何通过资助政客和政治行动委员会介入选举政治，以及如何通过资助智库和其他组织介入意识形态的。[14]

金钱本色

企业可以通过对金钱的随意支配来影响选举政治和意识形态政治舞台。威廉·格雷德（William Greider）揭露了美国民主是如何被企业精英所颠覆的，他写道："只有那些积累了大量金钱的人才能自由地参与这种民主。"[15]绿色商人保罗·霍肯补充道："现在，金钱创造了一个发起争论、表达意见与制定决策的环境。"他还说：

"企业创造了一个价值数十亿美元的产业，其中包括游说者、公关公司、保守派智库的学术论文撰写、人为制造的'群众'运动、公众听证会上的'专家'证人——他们为企业利益工作或由企业支付报酬，以及驻华盛顿特区的律师——他们的唯一目的就是在办公室和四星级餐厅，以奢侈的款待和海外公费旅游来影响立法者和监管机构。"[16]

威廉·格雷德写道:"对许多人来说,金钱几乎是民主陷入困境的唯一原因。"他总结道:"然而,现在可以毫不夸张地说,民主本身已经被'俘获了'。"[17]民主被数量越来越少的企业所俘获,而这些企业根本不关心公共利益。

在过去30年里,全球市场已经被越来越多的大型企业所主导,这些大企业赚到了令人难以置信的巨额资金,也因此拥有了不可估量的权力。例如,1990年,世界上最大的500家企业财富占到了全球国民生产总值(GNP)的42%。[18]这些企业控制着世界贸易的三分之二。[19]事实上,超过40%的世界贸易是由跨国公司进行的。世界500强的制造企业加上顶级银行和保险公司所拥有的财富总共超过10万亿美元,这相当于美国国内生产总值(GDP)的两倍。[20]

这些庞然大物在经济上比许多国家都更为强大。以六家最大的私营石油公司——英荷皇家壳牌石油公司(Royal Dutch/Shell)、英国石油公司(British Petroleum)以及美国的埃克森石油公司、美孚石油公司(Mobil)、德士古石油公司(Texaco)和雪佛龙石油公司——为例。例如,在1991年,壳牌石油公司和埃克森石油公司的销售额比除27个最富有的国家之外,其他所有国家的国民生产总值都要高。第二大的英国石油公司和美孚石油公司的销售额也比除30个最富有的国家以外,其他所有国家的国民生产总值高。德士古和雪佛龙石油公司的销售额则比最富有的50个国家以外的其他所有国家的国民生产总值高。[21]

跨国公司实际上是不受控制、难以控制的组织。美国技术评估办公室(US Office of Technology Assessment)1993年发布的一份报告显示，跨国公司的权力和权威增长速度如此之快，以至于超过了民族国家控制它们的能力。[22]在企业运营中，与企业存在经济利益的个人股东除了卖掉股份之外，几乎没有什么话语权。此外，一项对1000家美国企业的调查发现，大多数企业都破坏或否定了"一股一票"的原则和其他形式的股东权利。[23]

在英国，情况也好不到哪里去。在1995年的英国石油公司股东年会上，个人股东的无能为力暴露无遗。股东们齐心协力发起了一次活动，要求降低高管的年薪，包括首席执行官的年薪——他给自己涨薪75%，达到47.5万英镑。4000名愤怒的股东参加了此次股东年会。股东们发现，尽管股东大会上一致投票决定不再选举该董事会，但是大型城市机构的集团投票却推翻了这一决定。[24]《英国卫报》（*The Guardian*）的一篇社论写道："昨天的肮脏操纵可能已经表明世界是如何运转的。""如果确实如此，那么这也表明了世界现在必须进行彻底的改变。"[25]

目前，个人股东的处境变得越来越糟糕。在1995年英国天然气公司（British Gas）和里奥廷托锌公共有限公司（RTZ）召开股东大会之后，许多公司都重新审查了它们的股票期权，以防未来发生骚乱。当年，壳牌石油公司、巴克莱银行（Barclays）、温佩公司（Wimpey）和英国航空航天公司（British Aerospace）都成为了伦理、环境与人权活动人士的攻击对象。里奥廷托锌公共有限公司正在考虑采纳一条这样的提议：将100股股票合并成一份，然后在股票市场上交易部分股份。这意味着只有购买了100股的人才能参加年度股东大会，小投资者则不能参加。[26]

大型金融机构持有企业的大多数股份并行使权力。英国公司超过半数的股权掌握在诸如保诚集团（Prudential）、标准人寿保险公司（Standard Life）和施罗德集团（Scroedes）等大投资者手中。[27] 然而，来自博帕尔国际和公共事务委员会（Council on International and Public Affairs）和国际正义联盟（International Coalition for Justice）的沃德·莫尔豪斯（Ward Morehouse）得出结论是，即使是大股东的问责制在很大程度上也是一种幻想，因为金融家为了追求利润会不断地转变投资方向。据估计，国际市场上每天约有 1 万亿美元被交易，但其中只有 10％左右是用于投资，其余的都是纯粹的投机。这是一场巨大的、不负责任的全球赌博，只有少数人能从中受益。[28]

莫尔豪斯宣称，"如果对消费者和股东的责任在很大程度上是虚幻的，那么跨国企业对社区、工人、环境甚至对业务经营所在国家的责任实际上都是不存在的，或正在迅速减少。"他还概述了这种不负责任的经济力量带来的不可避免的后果。[29] "当阿克顿（Lord Acton）勋爵观察到权力腐败和绝对权力导致的绝对腐败时，他预言了这种情况不可避免的后果。不受民主控制的权力的大肆积累导致了权力的滥用，有时滥用的规模非常庞大。"[30]

权力滥用在政治领域体现的最为明显。

企业对政治体制的腐化

在 20 世纪 70 年代初期的环境、劳工与消费者权利运动取得成功之后，企业就开始资助政客了。在英美两国都是如此。迈克尔·尤西姆（Michael Useem）教授在 1984 年写道："在英美两国，企业的资金越来越多地流入政治领域。""事实上，在 20 世纪 70 年代，这种资金流动已经从涓涓细流变成了滔滔洪流。增长的规模如此之大，以至于企业资金现在已经成为英国和美国政治的基本力量。"[31]

尤西姆认为，这是一个企业激进主义不断加剧的时期。在20世纪70年代初，很少有大型英国公司向保守党捐献资金，但是到70年代末，大多数大型企业都在这样做了。尤西姆说："到70年代末，保守的、亲企业的政府已经牢牢掌权，这绝非偶然。""大幅削减社会项目的开支，并大力支持自由企业是里根政府和撒切尔政府的两面大旗。"[32]

美国企业实现这一目标的机制之一是诉诸于政治行动委员会（Political Action Committees），简称PACs。企业可以通过该委员会捐钱支持特定的政治候选人或政治运动。通过政治行动委员会提供资金，捐款者就能影响接受资助的政客。虽然政治行动委员会的概念肇始于20世纪30年代的工会，但它目前已经变成了企业对美国政治体制施加极大影响力的工具之一，因为它比其他任何部门都有更多的资金去腐化政治。相比之下，普通的个体选民实际上没有能力影响他们的政客。经济优先委员会（Council on Economics Priorities）指出："政治行动委员会引发了金钱如何操纵政治体系的重要问题。"[33]

在20世纪70年代初期环保运动取得成功后不久，政治行动委员会的资金来源就发生了变化。例如，在1974年，美国劳工运动为政治行动委员会提供了一半的资金，到1980年，它们的贡献比例已不足四分之一。[34]从那以后，企业的贡献比例不断增加。1972年运行的企业政治行动委员会数量还不足100个，但是到1980年已经超过了1100个。[35]此外，政治行动委员会的活动集中在美国最大的企业中。到20世纪80年代初，一些行业已经开始发挥其企业实力了。

石油工业是帮助反环境的里根政府掌权的主要资助者之一。《波士顿环球报》（*The Boston Globe*）的大卫·罗杰斯（David Rogers）在1981年开展的一项调查显示：

"在1978年和1980年的选举中，由石油利益集团资助的政治委员会的捐款增加了一倍多，而且捐款数额比其他行业要多得多。石油行业利用其财富支持的不是现任者而是挑战者。这些挑战者的胜利改变了今年国会的面貌。"

《波士顿环球报》对联邦选举委员会（Federal Election Commission）的记录进行研究发现，在上次选举中，石油公司的捐款至少增加了238万美元，"增长率为111%，是普通竞选经费增长率的四倍多"。[36]政治行动委员会捐款的增加要归功于石油行业发起的相关活动。罗杰斯引用了一位效力于独立石油生产者协会（Independent Petroleum Producers Association）的华盛顿说客哈罗德·斯克罗金斯（Harold Scroggins）的话说，"我们前段时间做出了一个决定，我们可以改变石油行业政治命运的唯一方法就是改变国会。"[37]

除了任命反环境的詹姆斯·沃特为内政部长和安妮·戈萨奇（Anne Gorsush）为环保局局长外，布什副总统的减少监管特别工作组（Regulatory Relief Task Force）还对近60项现行的主要环境、健康、安全和其他法规进行了抨击。这些法规涉及汽车污染与安全控制、食品与药品检测、有害废弃物处理、噪声降低以及石棉、铬和镉的卫生标准等。[38]卡吉斯和格罗斯曼得出的结论是，"里根政府故意削弱了政府保护健康、环境与工人权利的机制。"[39]这本质是在当前纽特·金里奇的"美利坚契约"指导下的共和党改革的意图。如果企业界希望减少对这些关键问题的监管，那么他们支持里根的投资就确实得到了回报。当前的情况依然如此，如果今年选出一位共和党总统，这种情况将会继续。在1987年至1988年的总统大选中，企业界再次玩起了它们的伎俩，向总统竞选捐赠了180多万美元，占到政治行动委员会340万美元赠款的一半以上。[40]到1990年，主要的政治党派获得的捐款中大约有70％来自企业。[41]

尽管如此，传统的主流环保组织仍然全神贯注于参与这种理论上的民主。就政治行动委员会的捐款以及游说者人数而言，企业都以10比1的优势胜过环保主义者。马克·道伊写道："无论华盛顿的环保运动变得多么庞大、巧妙和复杂，它仍然只是工业大象后腿上的蚊子而已。"[42]

1995年，《商业周刊》（*Business Week*）的一项调查还发现，政客们会投资那些他们能在政治上进行控制的企业。尽管伦理准则可能会禁止政客投票支持或推动有利于他们自己的立法，但是这并不包括投资。据称，1994年，来自阿拉斯加州的共和党参议员弗兰克·穆尔科斯基持有15001至50000美元的刘易斯安那-太平洋公司的股票。7月，穆尔科斯基提出了一项推动在汤加斯国家森林进行伐木的立法建议，而刘易斯安那-太平洋公司的子公司就是其中最大的经营者。穆尔科斯基的发言人声称，穆尔科斯基在做出决定之前就已经出售了他的股票。[43]

正如第1章提到的那样，人们发现，共和党的"美利坚契约"以及其他反环境立法是由115家企业和工业游说组织的联盟提供资助的，这些组织向共和党的国会竞选捐赠了1030万美元——这被称为救济工程（Project Relief）。[44]工业界的投资当然带来了回报，因为其专家和律师实际上都参与了新立法的起草，而这些新立法将会使环境、健康与工人安全方面取得的进展化为乌有。

欧洲：同样的故事

　　企业对政治体制的腐化并非仅仅发生在美国。企业与政府之间的旋转门也在全球其他地方转来转去。以英国为例。1995 年 4 月，皇家国际事务研究所（Royal Institute of International Affairs）国际经济项目（International Economics Programme）负责人文森特·凯布尔（Vincent Cable）指出："英国的商界和政界之间似乎永不中断地发生着丑闻。"[45]但是腐败似乎已经渗透到了英国政治的核心。自由民主党议员大卫·奥尔顿（David Alton）写道，"我们的政治腐败有多种形式，但最为隐匿的腐败形式是那种不违反任何法律的腐败——这种腐败是系统的一部分。"[46]

　　奥尔顿所说的这种"隐匿"的腐败就是大企业与政府之间的错综复杂的联系。奥尔顿解释了"大企业利益与党派利益的融合是如何渗透到议会之中的"。[47]他说道：

　　"前任部长们很快就在政府之外的董事职位和顾问工作中找到了慰藉。普通议员也是如此。135 名保守党议员拥有 287 个董事职位和 146 个顾问职位，其他党派也不能幸免。29 名工党成员拥有 60 个董事职位和 43 个顾问职位；而自由民主党一共拥有 15 个【这样的职位】。"[48]

　　总的来说，根据 1995 年的议员个人利益登记册（Register of Members' Interests），566 名议员中约有 389 人与外部机构有财务关系——这与他们成为议员有着直接的关联，有 30 人因其职务而担任顾问。[49]议员利益册中列出的大型英国企业包括：西夫韦连锁超市（Safeway）、英国天然气公司、英国工业化学品公司（ICL）、英国大东电报局（Cable and Wireless）、英国航空公司（British Airways）、日产英国公司（Nissan UK）、菲亚特英国公司（Fiat UK）、英国宇航公司、奥尔布赖特-威尔逊公司（Albright and Wilson）、英国石油公司、英国核工业放射性废物处置有限公司（Nirex）、庄信万丰公司（Johnson Matthey）、国家电力公司（National Power）、雷卡公司（Racal）、劳斯莱斯汽车公司（Rolls-Royce）、维珍大西洋航空公司（Virgin Atlantic）、吉尼斯啤酒公司（Guinness）、英美烟草集团（BAT Industries）以及桑斯博里超市（Sainsburys）等。此外还列出了一些跨国公司，诸如：波音公司（Boeing）、巴斯夫公司（BASF）、美国运通公司（American Express）、埃尔夫公司（Elf）、乐富门公司（Rothmans）、洛克希德公司（Lockheed）、罗纳普朗克公司（Rhone-Poulenc）、美国安利公司（Amway Corporation）以及美国大西洋里奇菲尔德公司（ARCO）等。[50]

1995 年 9 月，帕特里克·霍斯金（Patrick Hosking）在《星期日独立报》（*The Independent on Sunday*）上写道："英国大型企业的董事会充斥着政客，既有现任政客，也有退休政客。大多数都是保守党人。"霍斯金引用了《劳工研究》（*Labour Research*）的一项研究。该研究表明，自撒切尔夫人 1979 年上台以来，离任的 60 位前任保守党部长获得了 407 个有薪职位。前任部长们总共赚取了 715 万英镑，人均 119200 英镑。霍斯金写道："大多数大型企业都有至少一位董事会来自威斯敏斯特（——译者注：英国议会所在地，喻指英国议院或英国政府）或白厅的成员。通常是前任部长。"[51]这个旋转门一直以双方都受益的协作关系旋转着，但民主付出了怎样的代价？霍斯金还说："不管吸引企业的是什么，吸引前任部长们的通常都是金钱。"[52]

议员们被选出来代表宪法，但是他们又代表企业的利益，因此肯定会面临利益冲突。许多议员和前任部长面临的困境是，正如已经指出的那样，通常对企业有利的事情很少直接有利于公众。人们选出政治家是为了代表人民说话，如果这一过程被企业利益严重破坏，那么这个系统肯定会以某种方式改变。

因此，与美国一样，英国的政治体制也受到了企业利益的影响，并由企业资本提供资金。保守党几乎得到了所有这些企业资金——尽管近年来企业已经大幅减少了向该党提供资金。独立杂志《劳工研究》发现，在截至 1994 年 3 月的财政年度，168 家企业资助了 250 万英镑，相比 1991 年的 376.2 万英镑有所下降。[53]相比之下，在 1993 年和 1994 年，只有四分之一的保守党收入来自英国的有限责任公司，而 1989 年为 52％，1990 年为 55％，1991 年为 36％。另外，海外捐赠无需申报。[54]

到目前为止，企业已经向撒切尔政权和梅杰（Major）政权捐献了大量资金。许多家喻户晓的英国企业都曾帮助和唆使过保守党的改革，例如联合利昂（Allied Lyons）、阿盖尔集团（西夫韦连锁超市）（Argyll Group）、雷卡公司、联合饼干公司（United Biscuits）、英美烟草集团、百得集团（Black and Decker）、福特集团公司（Forte）、葛兰素公司（Glaxo）、汉森公司（Hanson）、英之杰集团（Inchape）、约翰孟席斯公司（John Menzies）、翠丰集团（Kingfisher）、克莱沃特本森公司（Kleinwort Benson）、法律通用保险公司（Legal and General）以及玛

80

莎百货公司（Marks and Spencer）等都捐献过资金。[55]很难找到具体的例子来说明捐款多的人获得了政治回报。或许有这样一个获得回报的例子：联合饼干公司和另外两家公司向保守党捐献了大量资金，并成功地说服政府废除了一项受欢迎的卡车禁令，该禁令限制重型卡车在伦敦行驶。另外，贸易与工业部长蒂姆·塞恩斯伯里（Tim Sainsbury）还持有要求解除该禁令的超市公司的大量股份。[56]

此外，根据国会议员大卫·奥尔顿的说法："最近的一项研究表明，如果企业董事向托利党（保守党）捐款超过50万英镑，就有50％的机会获得一项荣誉。"[57]如果这种荣誉是骑士勋章，那么企业董事就会因公司的赞助而进入贵族院（英国两级议会体制的上议院）。在上议院，只要他们愿意，他们就能阻止那些会对他们有既得利益的企业产生负面影响的立法。[58]

英国政治中的腐败问题或所谓的"下流行为"，企业与前政府部长之间备受争议的"旋转门"，以及一些国会议员因接受金钱而在议院中被质询，这些都迫使约翰·梅杰（John Major）在1994年成立了一个调查组。调查行动由德高望重的诺兰勋爵（Lord Nolan）领导。调查委员会在1995年5月公布调查结果时提出了7条公共生活准则。这些准则包括"无私"："公职人员应当完全出于公共利益做出决定。他们不应为自己、家人和朋友谋取经济或其他物质利益"；"正直"："公职人员不应对外部个人或组织的经济义务或其他义务所支配，以免影响他们履行公职"；以及"诚实"："公职人员有责任申报与其公职相关的任何私人利益，并采取措施解决因保护公共利益而产生的任何冲突"。[59]

70％的议员诚实地公开了他们的私人利益，但如果他们继续保持这些外部利益，就会最终引发利益冲突，从而很难做到"正直"或"无私"。1995 年 11 月取得了前所未有的进展：下议院不顾首相和保守党政府的意愿，投票决定公开外部利益的所有细节。

但是，企业的实际操纵是否真的会影响政客的投票方式？美国公共诚信中心（American Center for Public Integrity）1991 年的一份报告发现，这种影响确实存在。该中心主席兼执行董事查尔斯·刘易斯（Charles Lewis）说：

"我们发现，在影响我们日常生活的关键问题上，对美国国会来说，金钱至上，公共利益则靠边站。在某些情况下，我们发现，参众两院的一些议员从特殊利益集团那里收取了数千美元后，就转而给他们投支持票。"[60]

该研究举证的例子是联邦糖价支持计划。该计划意味着消费者要为上涨的糖价额外支付 430 亿美元。每位从食糖利益集团拿到 15000 美元的众议院议员都投票反对减少价格支持机制。此外，从糖业利益集团获得 15000 美元或更多钱的参议员中，有 85% 的人也投票反对任何减少价格支持机制。[61]

还有一个例子。在是否应当提高汽车行业的燃油效率标准的争论中，参议员们从政治行动委员会收到了汽车行业的资金，然后就改投支持汽车行业。[62] 提高燃油效率标准可以为消费者省钱，减少污染和温室气体排放，并减少在环境敏感地区（如北极国家野生动物保护区）进行钻探的需求。多年来工业界一直迫切要求在北极国家野生动物保护区进行石油钻探，这也是《明智利用议程》的要点之一。此外，工业界利用说客、"行业掩护机构"和智库，在有关燃油效率的争论中误导政府和美国人民。他们使用的论点是，提高燃油效率会危及安全，但这一说法遭到了独立研究的断然驳斥。[63]

歪曲民主

威廉·格雷德在他的著作《谁会告诉人民》（*Who Will Tell the People?*）一书中解释了企业如何通过宣传和媒体操纵真相，从而使参议员受到看似"独立的"或"白帽（white-hat）"组织的轰炸，使参议员相信工业界关注安全问题，并在游说者的敦促下支持工业界的立场。下一章将解释，利用所谓的独立草根支持者是一种有利的公关策略。所有这些都是由位于华盛顿特区白宫前街的邦纳和联营公司（Bonner & Associates）等公关公司协调完成。

格雷德说明了邦纳和联营公司等是如何捏造事实以编造支持工业的游说主张，以及该公司是如何委托智库提供评论文章的——公司的客户恰好也同意负担相关费用。公司还会雇佣民调公司提供有利的调查统计数据，也可以找到支持该行业立场的人。邦纳和联营公司告诉格雷德：

"在清洁空气法案问题上，我们把一个没有经济利益的第三方推上了台面，即白帽群体。""现在在力图保护其经济利益的还是汽车行业。而是担心不能乘坐小型车的老人……是担心小型卡车的农场集团，是需要用旅行车送孩子参加少年棒球联合会的比赛的人。"[64]

格雷德因此得出结论：

"在教科书版的民主中，这种活动与其他任何形式的民主表表达没有区别。实际上，真诚的公民正被强大的利益集团巧妙地操纵，其目的是服务于狭隘的企业游说策略，而不是自由辩论。"[65]

真相是可以被操纵的。1990 年，当美国许多州考虑禁止使用一次性尿布时，美国最大的一次性纸尿裤制造商宝洁公司（Proctor and Gamble）委托环境顾问亚瑟·D. 利特尔（Arthur D. Little）对这个问题进行研究。环保组织共同发起了一场活动，揭露一次性尿布的生态影响。此后各州开始考虑采取行动。然而，这位顾问的报告结论却与其他所有报告完全矛盾，认为一次性尿布不会造成更大的环境破坏。这些结论有效破坏了环保运动。更有钱的大企业才能负担得起这种"战术"研究。[66]

近年来，美国的企业遭遇了迅猛发展的草根环境运动：环境正义运动。环境正义运动主要由有色人种组成，他们强调了许多企业行为造成的种族不平等问题。近年来，超过 60 项调查表明，美国的环境法律与实践中存在种族不平等。这类研究推动了环境正义运动的发展，并呼吁通过改革以制止环境种族主义。然而，1994 年发布的一份报告断然驳斥了早期研究的结果，得出的结论是，在有毒废弃物垃圾场选址问题上，并未发现存在种族不平等的情况。该报告指出，实际情况恰恰相反，这些垃圾场更可能建在白人工人阶级生活的地区。[67]环保活动家想知道为什么这一调查结果与自己的调查结果相差如此之大。他们很快发现，虽然这份报告是由马萨诸塞大学（University of Massachusetts）撰写的，但实际上却受到了一个工业贸易协会的资助，即化学废弃物管理研究所（Institute of Chemical Waste Management）。此外，世界最大的废物处理公司 WMX 为这项研究捐赠了 25 万美元。[68]

罗恩·尼克松（Ron Nixon）在他的文章《待售的科学》（*Science for sale*）中写道："以企业为导向的研究存在内在的利益冲突，对公共健康和安全造成了明显的威胁。""企业可以用它来破坏试图对企业行为施加任何限制的运动。"[69]美国的企业研究实际上有助于促成某些重要的监管指南，例如职业安全与健康管理局（Occupational Safety and Health Administration）的指南。[70]

企业对科学研究的控制也越来越多。例如，在英国不断发展的生物技术领域，大约 74％的生物技术公司与大学的研究有联系。对于三分之一的大学研究来说，这些联系是研究工作的核心。[71]1985 年至 1990 年间，从事地质研究的英国毕业生中，有47％的人加入了石油公司或承包公司，这一事实表明了石油工业与大学的研究之间存在密切关系。[72]

1995 年 7 月，政府的科学机构——英国科学技术办公室（Britain's Office of Science and Technology）——从内阁办公室转移到工业部的控制之下。当时，人们对英国科学独立性的未来问题，产生了严重的分歧。这一举动理所当然地激怒了英国的科学界。《新科学家》（*New Scientist*）杂志的社论作者们写道，"不管你怎么努力，都不可能为上周的决策找到一个合乎逻辑的理由……那么，经常让工业界感到头痛的对环境的研究怎么办？"[73]《自然》杂志称这一决定"可能是灾难性的"。[74]

美国的情况也让环保活动家感到担忧。罗恩·尼克松写道，"如今企业对科学研究的影响程度令人惊愕。"他继续写道，"虽然大学长期以来一直与企业研究资助者保持着良好的关系，但越

来越多的私人利益正开始引起学术界的关注。"尼克松指出，在
美国 200 多所大学里设立了 1000 多个大学与产业的合作中心。 84
在某些研究领域，工业赞助超过了政府拨款。[75]

辛西娅·克罗森（Cynthia Crossen）在她的著作《被污染的
真相：美国对事实的操纵》（*Tainted Truth：The Manipulation
of Fact in America*）一书中总结道，"真理掌握在委托人
手中。"[76]

"行业掩护机构"

然而，企业会进一步操纵真理。企业界正在玩弄企业草根政
治，这是一种模仿借鉴了公益组织和环保运动的策略。公关公司
建议企业成立"掩护机构"，用和缓的、听上去很生态的名称，
消除人们疑虑的宣传小册子以及商标设计，来欺骗公众。

马克·麦加利和安迪·弗里德曼在《欺骗的面具：美国的行
业掩护机构》一书中写道，越来越多地利用"行业掩护机构"是
"对迅速发展的消费者、公民与环保运动的直接回应"。他们还
写道：

"在这些运动于 20 世纪 60 年代后期站稳脚跟之前，大企业
通过它们在华盛顿的传统游说者传递信息。从一些老式企业游说
团体的名称就可以让我们了解当时的情况：啤酒协会（Beer In-
stitute）、全国煤炭协会（National Coal Association）、美国商会
（Chamber of Commerce）、美国石油协会（American Petroleum
Institute）……但是随着公益组织开始赢得广泛的公众支持之
后，很明显需要新的机制来传递企业信息。"[77]

　　以美国有关清洁空气和燃油效率标准的辩论为例。由于不满足于独立的游说活动，福特汽车公司、通用汽车公司和克莱斯勒汽车公司，以及美国汽车制造商协会（Motor Vehicle Manufacturers of America，MVMA）、全国汽车经销商协会（National Automobile Dealers Association）和国际汽车制造商协会（Association of International Automobile Manufacturers，AIAM）共同创建了车辆选择联盟（Coalition for Vehicle Choice，CVC）。这个"企业掩护"机构实际上是由公关公司布鲁斯哈里森公司（E. Bruce Harrison）创建的。[78]该公司的副总裁兼联盟的公关总监罗恩·迪福尔（Ron DeFore）承认，是布鲁斯哈里森公司成立了该组织，但却否认这是汽车制造商的掩护机构。他说，"车辆选择联盟有着广泛的基础，包括近 1200 个汽车组织、保险组织、安全组织、农场组织和消费者组织"，代表了各行各业的数百万美国人。[79]

　　车辆选择联盟的基本任务就是让公众相信，如果提高燃油效率，就会损害安全性，尽管科学证据并不支持这一说法。这变成了一场激烈的口水战。美国国家公路交通安全管理局（National Highway Traffic Safety Administration，NHTSA）的一名前任局长琼·克莱布鲁克（Joan Claybrook）离任后继续指导消费者组织公共市民组织（Public Citizen）。他对车辆选择联盟的负责人黛安·斯蒂德（Diane Steed）提出了批评："在整个 20 世纪 80 年代，黛安·斯蒂德亲自领导斗争，反对安全气囊、后排安全带、皮卡车和小型货车的安全措施，以及对翻车和侧面撞击的保护措施。"克莱布鲁克还说：

　　"现在，在汽车行业的车辆选择联盟的雇佣下，她一本正经地试图让我们相信，提高燃油效率会危及安全。她在撒谎。所有毕生致力于提高汽车安全性能的人都知道，可以把汽车设计得更安全的同时，又更省油。"[80]

车辆选择联盟的广告宣称：小车没有大车安全。环境、消费者和公共健康组织都认为这是 1991 年最具误导性的广告之一。[81]

车辆选择联盟的行为并没有什么新意，因为早在 1988 年第一次明智利用会议召开前，企业公民行动就已经进行了一段时间。合理控制酸雨公民组织（Citizens for Sensible Control of Acid Rain）自 1983 年成立以来，花费了超过 750 万美元用于破坏酸雨立法。在该组织里看不到明智的公民，只看到了大型电力公司。[82]包括许多核能公司在内的公用事业公司也每年向美国能源意识委员会（United States Council for Energy Awareness）提供多达 2 千万美元的资金。在过去的 16 年里，美国能源意识委员会一直试图以能源安全的名义推广核电。该委员会的董事包括来自通用电气公司（General Electric）、柏克德工程公司（Bechtel）和西屋公司（Westinghouse）的代表。[83]因此，尽管名义上是要合理控制酸雨，但酸雨制造者实际上正在推动制造更多酸雨的政策，核能公司在宣扬有利于核能的政策。这同样适用于其他行业。以负责任的氟利昂政策联盟（Alliance for Responsible CFC Policy）为例，其 400 名成员由制造氟利昂并希望一直这样经营下去的公司和贸易协会组成。[84]再如，全球气候联盟（Global Climate Coalition，GCC）的成员就包括希望持续生产石油与天然气生产企业——他们是气候变化的生产商。

随着全球工业与全球环境问题作斗争，工业掩护机构将在全球范围内越来越多地被运用。目前，跨国公司正与一些政府合作，组成国际联盟，打击试图解决这些全球性问题的洲际条约。跨国公司不仅想破坏国内调控和监管，而且还想取消所有的国际监管与国际责任。这一严酷的现实被包装在"科学共识""健全的科学"和"需要进一步研究"之类的话语中。第4章和第5章将更详细地考查环境辩论中话语的变化方式。国际掩护机构发展最快的领域是有关气候变化的争论。然而，木材、化学与纸箱行业也出现了国际掩护机构，这些将在后面的章节展开论述。

全球气候联盟是由最大的石油、天然气、煤炭、公用事业、汽车与化工企业以及商业贸易协会组成的联盟。根据全球气候联盟的说法，它的成立是为了"协调企业参与有关全球气候变化问题的科学和政策辩论"。国会议员乔治·米勒对此表示异议，他认为全球气候联盟的唯一目的就是"不受限制地生产石油、天然气和煤炭"。[85]全球气候联盟的成员包括一些企业巨头，诸如美国石油公司（Amoco）、美国大西洋里奇菲尔德公司、英国石油公司（BP）、雪佛龙石油公司、陶氏化学公司（Dow Chemical）、杜邦公司、埃克森石油公司、壳牌石油公司、德士古石油公司和联合碳化物公司（Union Carbide）等；还包括一些极具影响力的协会和机构，诸如美国机动车制造商协会、美国采矿协会（American Mining Congress）、美国钢铁协会（American Iron & Steel Institute）、美国石油协会（American Petroleum Institute）、化工制造商协会（Chemical Manufacturers Association）以及美国商会等。[86]所有这些公司与机构都是能源密集型的二氧化碳排放大户，因此，他们都能通过削弱国际减排条约而获得既得利益。全球气候联盟聘请顶尖的反环境公关公司布鲁斯哈里森公司协助其实现这一进程，这绝非巧合。[87]

尽管现在的科学界已经达成共识，即全球变暖确实正在发生并且是由人为排放引起的，但全球气候联盟仍试图阻挠这一严肃的环境辩论。在过去 3 年中，全球气候联盟越来越敌视政府间气候变化专门委员会（IPCC）的结论。IPCC 由大约 300 名世界顶尖的气候科学家组成，是气候变化科学的主要权威机构。而 IPCC 的科学家又利用了另外 1500 名科学家的研究成果。IPCC 由联合国大会于 1988 年成立，其职责是评估地球是否正在因人为的温室气体排放而变暖。1990 年，他们发布了第一份报告，传达了一个简单的信息：温室效应是真实存在的，需要采取紧急行动来控制二氧化碳这种最主要的温室气体的排放。到 1995 年，IPCC 首次确定，工业温室气体排放导致地球在过去一个世纪升温 1 华氏度。IPCC 得出的结论是，除非排放量大幅减少，否则预计下个世纪还会出现 2 至 8 华氏度的额外升温。[88]

虽然在预测像世界气候及其将如何变化这样复杂的事物时还存在固有的不确定性，但是科学家们一致认为需要尽快采取行动。全球气候联盟为了维护其成员的利益，全力阻止这些行动的发生。为了达到这一目的，全球气候联盟通过游说美国政府，积极阻止在 1992 年的里约热内卢设定减排目标。[89] 从那时起，它们就一直努力反对强制性的减排目标。3 年后，在联合国环境与发展大会（UNCED）召开以来最大的气候会议——1995 年 3 月于柏林召开的联合国气候变化框架公约大会——开始之前，全球气候联盟秘密潜入了气候谈判筹备会。总部位于新德里的科学与环境中心（Centre for Science and Environment，CSE）副主任拉维·沙玛（Ravi Sharma）哀叹说："这个世界的污染者拥有控制谈判的筹码。"人们普遍认为，全球气候联盟说服了美国政府不作为，并削弱了减少温室气体排放行动的科学基础。[90]

全球气候联盟还开始把气候变化的责任推给发展中国家，并利用失业的威胁反对排放控制。柏林会议结束后，全球气候联盟的执行董事约翰·什莱斯（John Shlaes）表示："很明显，联合国谈判代表在柏林达成的协议让中国、印度和墨西哥这样的发展中国家获得了搭便车的机会。"[91]温室气体减排将"以牺牲美国的就业机会为代价为我们的国际贸易伙伴创造竞争优势"。[92]此外，全球气候联盟的结论与 IPCC 的结论直接冲突，该联盟的结论是，"人为温室气体排放是否已经导致了或将会导致'温室效应加剧'，这是一个尚无定论的问题。"[93]

柏林峰会上出现了两个新的全球工业游说团体，它们的名字听上去很环保：气候理事会（Climate Council）和国际气候变化伙伴（International Climate Change Partnership）或 ICCP。气候理事会是由来自巴顿伯格斯和布洛律师事务所（Patton, Boggs and Blow）的唐·皮尔曼（Don Pearlman）成立的。该律师事务所的客户包括海地独裁者杜瓦利埃（Duvalier）、危地马拉军事政权和声名狼藉的国际商业信贷银行（BCCI）。仅在柏林会议中，皮尔曼的客户就有杜邦公司、埃克森石油公司、德士古石油公司和壳牌石油公司等。皮尔曼与中东国家也存在错综复杂的联系，这些国家希望开发它们大量的石油储量，而不受任何具有约束力的气候变化协议的限制。国际绿色和平组织（Greenpeace International）的杰里米·莱格特（Jeremy Leggett）称皮尔曼是"碳俱乐部的主教"。皮尔曼利用来自石油储量丰富的海湾国家的科学家来败坏 IPCC 的名誉。一位受人尊敬的荷兰气候学家谴责他"无休止地吹毛求疵"。皮尔曼还指示参加柏林会议的阿拉伯代表团实施精确的战术策略，以拖延任何既定的减排时间表。[94]

ICCP 无疑是 IPCC 的一种诙谐的双关语，但是，如果这些组织的游说活动在一定程度上导致了全球变暖，那么，全球人民就不会觉得化石燃料行业的笑话好笑了。具有讽刺意味的是，正如国际气候变化伙伴的名字所暗示的那样，它是改变气候的伙伴。但是他们的宣传刊物上有不同的说法，用他们自己的话说，它是"一个致力于负责任地参与气候变化政策过程的企业和协会的联盟"。[95]

尽管国际气候变化伙伴的执行主任凯文·费伊（Kevin Fay）称赞了柏林会议上的决定，但他仍然"担心未来谈判的时机可能会太快到来，各方会同意一个基于科学、技术和经济评估的进程"。这实际上意味着不应当设定减排目标。此外，国际气候变化伙伴还特别指出，发展中国家的"现实作用"更大，[96]这意味着，用直白的术语来说就是，发展中国家应当承认自己是罪魁祸首。由于化石燃料游说团体的不断努力，导致美国政府在柏林会议上只支持自愿减排目标。

具有讽刺意味的是，还有一个商业组织在柏林浮出水面，即可持续能源未来工商理事会（the Business Council for a Sustainable Energy Future，BCSEF）。它的名字本身就敲响了警钟，它只是另一个有既得利益的"工业掩护机构"。该理事会的成员是一些能够从减排措施受益的企业（太阳能电池板制造商、节能设备制造商以及天然气公司），因此该理事会与全球气候联盟针锋相对。[97]

还有一个所谓的草根掩护机构是仅在美国活动的全国湿地联

88

盟，它代表了大型石油企业的利益。人们不禁会问，这样一些企业怎么会保护湿地：美国石油公司、美国大西洋里奇菲尔德公司、英国石油公司、雪佛龙石油公司、康诺克石油公司（Conoco）、安然公司（Enron）、埃克森石油公司、马拉松石油公司（Marathon Oil）、美孚石油公司、壳牌石油公司、德士古石油公司以及优尼科石油公司（Unocal）？答案十分简单，它们确实不会保护湿地。全国湿地联盟的存在是为了削弱保护湿地的立法，并促进在湿地上钻探石油和天然气。总部位于华盛顿的范内斯费尔德曼和柯蒂斯律师事务所（Van Ness Feldman and Curtis）为全国湿地联盟提供了办公场所和工作人员。[98]全国湿地联盟从英国石油公司、佐治亚太平洋公司、科尔-麦吉公司（Kerr McGee）和西方石油公司（Occidental）筹集了大约780万美元。全国湿地联盟的主席雷顿·斯图尔德（Leighton Steward）是美国最大的沿海湿地所有者刘易斯安那州土地与勘探公司（Louisiana Land and Exploration）的首席执行官。[99]

范内斯费尔德曼和柯蒂斯律师事务所也在努力破坏与《濒危物种法案》有关的其他立法。他们告诉西南地区的一些公用事业公司说："成立一个基础广泛的联盟，取一个简单的名字，定位为草根，把它打造成非营利组织，向国会和新闻媒体提供易于阅读的资讯包，并吸引社会各行各业的成员。"这些公司随后成立了国家濒危物种法案改革联盟（National Endangered Species Act Reform Coalition）。[100]范内斯费尔德曼和柯蒂斯律师事务所的客户正在取得成功：全国湿地联盟与丹·奎尔的竞争力委员会（Council on Competitiveness）合作，成功地开放了美国一半的湿地进行开发。[101]这是一个律师事务所为其客户定制反环境公关活动的典型案例。

企业资助

企业对明智利用组织和环保团体的资助

虽然以上提到的大部分组织都是由公关公司等运作的纯粹行业掩护机构，但是一些明智利用组织也得到了企业的支持与帮助。不过大多数明智利用组织并没有获得企业的资助。环境宣传与研究信息交流中心的主任丹·巴莉说："在美国，大约有1500个组织声称是明智利用组织的一员，但只有其中很少一部分真正获得过企业界的直接资助。"[102]

当明智利用组织开始受到媒体的关注时，许多环保组织认为其只是工业掩护机构，因为据说这些组织收到了大量的企业资金。但事实并非如此。同样具有讽刺意味的是，美国的大多数大型主流环保组织也获得了企业和/或基金会的资助。当然，明智利用组织也经常指出这一点。明智利用者认为他们在对抗受到企业资助的环保巨人时，是处于劣势的。

向环保组织捐款是公关公司为改善客户的环境形象而青睐的一种策略。公关行业杂志《奥德怀尔的公关服务》（*O'Dwyer's PR Services*）报道说，"公关人员认为，资金雄厚的企业要资助经费拮据的环保团体。它们认为，得到环保活动家的赞许能大大帮助改善企业在有环保意识的消费者中的声誉。"[103]但是，有些环保组织却积极地从污染大户那里招揽工业资金。例如，1993年，

90

伊士曼柯达公司（Eastman Kodak）向美国自然野生动物基金会（Wildlife Fund for Nature USA）捐助了 250 万美元，这是该公司有史以来最大的一笔捐款。该公司执行总裁凯·怀特摩尔（Kay Whitemore）现在是世界野生动物基金会的董事会成员。奥杜邦协会从通用电气公司、废物管理公司（Waste Management Inc.）和宝洁公司获得了捐款；国家野生动物协会从杜邦公司、陶氏化学公司、孟山都公司（Monsanto）、3M 公司和壳牌石油公司获得了捐款。[104]下一章将更详细地考查笼络环保组织的问题。

虽然有些企业最初参加了在里诺召开的第一届明智利用会议，例如杜邦公司、埃克森石油公司、佐治亚太平洋公司、刘易斯安那-太平洋公司和麦克米兰布隆德尔公司等，但个体企业对明智利用的广泛直接支持却似乎变少了。毫无疑问，这要归因于右翼极端分子和统一教的负面宣传，以及越来越多的反环境暴力事件的发生。所有这些都给工业界造成了潜在的重大公共关系问题。因此，在大多数情况下，如果要提供资助，就必须通过更为隐秘的渠道，比如通过行业协会。例如，在 1994 年，美国森林与造纸协会（American Forest and Paper Association）、美国森林委员会（American Forest Council）、美国矿业协会、加州矿业协会（California Mining Association）、加州森林工业协会（California Forestry Association）和西北矿业协会（Northwest Mining Association）都资助了美国联盟。[105]这些行业协会能代表前述参加里诺会议的所有企业，但是这些企业之间并不存在明显的联系。

然而，仍然有些企业公开地支持明智利用组织。这种支持通常来自于资源利用企业和越野车生产商。环境抵制运动积极争取企业资金以开展活动。例如，在 1992 年的美国联盟会议上，专业筹款人汤姆·森霍斯特（Tom Synhorst）告诉听众，美国联盟活动的重点应当是"获得高额的企业捐款"。[106]一个月后，1992里诺明智利用会议的一大主题就是赢得各行各业主要首席执行官的信任，以便从他们那里募集资金。[107]有些明智利用组织从一开始就获得了企业的资助，例如西部人民组织和蓝丝带联盟，它们与工业企业之间存在密切的联系。

西部人民组织的成立目的是反对《1872 年矿业法》的修正案。《1872 年矿业法》仍然允许人们在联邦土地上攫取有价值的矿产，允许他们以每英亩最高 5 美元的价格购买那些土地。这部法律对矿业公司来说是无价之宝，但是却掠夺了纳税人的财产并破坏了环境。西部人民组织是西部各州公共土地联盟（后来更名为全国公共土地与自然资源联盟）的衍生物。西部各州公共土地联盟由格兰诺夫妇管理，他们为木材工业开展了第一场重大的明智利用运动（参见第一章），后来又转而利用西部人民组织帮助采矿业。[108]

西部人民组织有一名全职员工，该组织的年度预算中有 75％是由矿业、牧场和木材公司提供的资金。其董事会成员主要是矿业高管，占到了 13 个席位中的 12 席，包括来自珀加索斯黄金公司（Pegasus Gold）和霍姆斯塔克矿业公司（Homestake Mining）的高管。[109]还有一些企业资金来自雪佛龙石油公司，它向西部人民组织和国家荒野协会（National Wilderness Institute）等明智利用组织捐献了 92000 美元。[110]很容易看出雪佛龙石油公司为什么会资助西部人民组织。按照《1872 年矿业法》，该公司以 10180 美元购买了 2000 英亩的公共土地，折合每亩 5 美元。该公司无需为开采的矿物支付特许权使用费——这笔费用估计有几十亿美元。[111]

1994 年，大约有 500 人参加了西部人民组织的第一届年会。会议讨论的主题是如何表现得更加主流，以及如何成为重要的国家政治力量。会上还讨论了如何与世界各地的其他"明智利用"组织建立联系。西部人民组织目前正在和森林保护协会（Forest Protection Society）建立密切的工作联系，而森林保护协会是澳大利亚木材行业的掩护机构（参见第九章）。

1996 年 1 月，西部人民组织宣布将与西部州联盟（Western States Coalition，WSC）合并。西部州联盟的成员包括民选及任命的州政府和地方政府官员、工业代表以及其他"对影响美国西部州的社会、文化与共同体稳定问题等相关公共政策和管理感兴趣的"个人。

自 1994 年成立以来，西部州联盟已经举行了 6 次峰会。许多明智利用领导人都出席了这些峰会，包括来自美国联盟的代表海伦·切诺韦斯、查克·库什曼、迪克·卡弗、布鲁斯·文森特（Bruce Vincent）、来自山地州法律基金会的威廉·佩里·潘德利、来自国家联邦土地会议的鲁思·凯撒，以及来自《21 世纪科学与技术》杂志的罗杰·马杜罗。[112]

另一个接受了大量企业资助的明智利用组织是蓝丝带联盟。蓝丝带联盟的财政捐助来自本田汽车美国公司（American Honda Motor Company）、铃木汽车美国公司（American Suzuki Motor Company）、摩托车产业协会（Motorcycle Industry Council）、雅马哈发动机美国公司（Yamaha Motor

Corporation)、川崎重工业株式会社（Kawasaki Motor Corporation）以及美国石油协会等。[113] 来自川崎、雅马哈和本田的代表是顾问委员会委员，[114] 而另一位明智利用活动分子，来自荒野的影响研究基金会的格兰特·戈伯（Grant Gerber）也是顾问委员会委员。[115] 蓝丝带联盟对于捐助表现得十分坦率，刊登出了支持者与捐助者的名单。蓝丝带联盟还试图将自己描绘成草根组织。为了实现这一目的，蓝丝带联盟将所有表达了支持的协会的所有成员都算了进来，因而夸大了联盟的实际成员数量。[116]

蓝丝带联盟也会适度地宣扬主流观点。其执行董事克拉克·柯林斯写道："'明智利用'的反对者认为蓝丝带联盟反对环保主义者。这荒谬透顶。"[117] 柯林斯与许多参与明智利用运动的人一样，认为自己才是真正的环保主义者，同时将环保主义者称为"极端分子""仇恨组织"和"自然纳粹"，还说绿色和平组织的人"只不过是骗子和奸诈之徒"。[118] 蓝丝带联盟还与来自撒哈拉俱乐部的强硬派越野轻骑摩托车手建立了关系网。[119] 与西部人民组织一样，他们也在建立国际关系网，与英格兰的摩托车行动组织（Motorcycle Action Group）建立了联系。[120]

企业对智库的资助

绝大多数的右翼智库、法律基金会和掩护机构也从企业和保守基金会获得资金。原因很简单，就是要推进一个有利于企业经济的意识形态政策议程。相比企业自己出版研究成果而言，资助中间组织出版对企业有利的研究成果可信度更高。从本质上讲，智库充当了企业向公共领域传递信息的中介组织。[121]

　　智库的大部分资金来自企业或保守基金会，而保守基金会的资金通常又来自企业族群的财富。库尔斯基金会的资金来自啤酒企业，莎拉·斯凯夫基金会（Sarah Scaife）的资金来自出版企业，约翰·M. 奥林基金会（John M. Olin）的资金来自化工企业，礼来基金会（Lilly Endowment）的资金来自礼来（Eli Lilly）制药企业，史密斯·里查德森基金会（Smith Richardson）的资金来自制药企业，布拉德利基金会（Bradley）的资金来自电子企业。[122] 例如，库尔斯家族和库尔斯基金会资助了以下组织：美国科学与健康委员会（American Council on Science and Health）、自由企业保卫中心、全国公益法律中心（National Legal Center for the Public Interest）、太平洋法律基金会、山地州法律基金会、传统基金会、自由国会基金会、美国立法交流委员会（American Legislative Exchange Council）以及国家政策委员会。这些组织都被认为是环境抵制运动的核心组织。[123]

　　企业还资助了两个最活跃的反环境右翼智库，即竞争企业协会和政治经济研究中心。向竞争企业协会提供资助的企业包括：美国石油公司、美国大西洋里奇菲尔德公司、CSX 运输公司（CSX）、陶氏化学公司、福特汽车公司、通用汽车公司、国际商业机器公司（IBM），还有美国石油协会，以及斯凯夫、JM（JM）和科瑞博（Kreible）等保守基金会。[124]资助政治经济研究中心的包括美国石油公司，以及迦太基（Carthage）、JM、约翰·M. 奥林、布拉德利、埃尔哈特（Earhart）和莎拉·斯凯夫等保守基金会。政治经济研究中心的理事会成员有很多是来自石油、化工和金融企业的高管。[125]地球日替代方案组织的其他成员也获得了企业资助。

右翼的先锋智库——传统基金会——已获得以下企业和基金会的资助：安利公司、库尔斯基金会、韩国工业联合会（Federation of Korean Industries）、《读者文摘》、台湾水泥基金会（Taiwan Cement Foundation）、联合石化公司（Union Petrochemical Corporation）、美铝基金会（Alcoa Foundatoin）、美国石油公司基金会（Amoco Foundation）、阿什兰石油公司（Ashland Oil）、雪佛龙石油公司、陶氏化学公司、埃克森石油公司、福特汽车公司、通用汽车公司、国际商用机器公司、礼来制药公司、洛克希德基金会（Lockheed Foundation）、美孚石油公司、雀巢公司（Nestlé）、菲利普莫里斯公司（Philip Morris）、宝洁公司、药品制造商协会（Pharmaceutical Manufacturers Association）、雷诺烟草公司（RJ Reynolds Tobacco）、壳牌石油公司基金会（Shell Companies Foundation）、史克必成制药公司（SmithKline Beecham）、德士古石油公司和联合太平洋公司（Union Pacific）等。[126]

最低标准

越来越多的企业在进行区域化转移，它们从一个地区转移到另一个地区、从一个国家转移到另一个国家，试图逃避利益相关者的责任或监管，寻找环境保护、工人安全、权利与工资标准最低的地区。这些地区通常恰好位于美国的贫困有色人种社区，以及亚洲、拉丁美洲和/或非洲的贫困地区。讽刺的是，环保运动在欧美成功地实现了监管，但这却造成或鼓励了这种逃避监管的企业转移行为。

企业在这些地区的经营与在更富裕地区或国家的运营采取了一套不同的标准，这相当于实行双重标准。一套标准是针对穷人的，另一套标准是针对富人的；一套标准是针对南方的有色人种的，另一套标准是针对北方的。正如已经提到的，这种趋势被称为环境种族主义。[127]跨国公司转移到南方，生产在北方已被禁止的产品，经营在北方已被禁止的业务。它们在南方所雇佣的工人的工作条件在总部所在地也是非法的，所执行的环境标准也是在自己国家已经过时的。如果放到自己国家，他们将成为罪犯。

留下的是满目疮痍的社区和企业激起的怨恨。企业将搬离的原因归咎于环保主义者和环境监管。例如，当美国木材公司刘易斯安那-太平洋公司将部分业务转移到墨西哥以剥削廉价劳动力时，它告诉员工，是环保主义者造成了他们的失业。[128]

第三世界各国政府被资本涓滴效应的幻觉所吸引，并被技术转让的美梦所诱惑，鼓励这些企业和资本逃往放松监管的地区，在自己国家投资设厂。保罗·霍肯指出，这样做的影响是，"世界变成了一个巨大的、没有工会的招聘大厅，较贫穷的国家排队等待诱人的投资，心甘情愿地捐赠土地、资源、环境质量与廉价劳动力，以这些为代价实现经济'发展'"。[129]

然而现实并非如此。印度科学与生态研究中心的凡达纳·希瓦写道："转移的技术通常是落后的，而且往往是危险的。""此外，这些技术还会威胁到工人的工作。"[130]但这种诱惑通常太强大了。许多国家都设立了自由贸易区（FTZ）或出口加工区（EPZ）。这些地方的环境法规和税制很宽松或者根本就不存在。没有加入工会的工人酬劳很低，因此工资成本极低。基本上就是小型的商业乌托邦。

现在已经在全球设立了 120 多个出口加工区，分布在以下国家和地区：孟加拉国、孟买、巴西、喀麦隆、中国、哥伦比亚、塞浦路斯、多米尼加共和国、埃及、加纳、危地马拉、海地、中国香港、匈牙利、印度尼西亚、牙买加、肯尼亚、吉隆坡、马来西亚、马耳他、毛里求斯、墨西哥、菲律宾、波多黎各、罗马尼亚、塞拉利昂、新加坡、韩国、斯里兰卡、苏丹、中国台湾、泰国、突尼斯、委内瑞拉、南斯拉夫和赞比亚。[131]伊巴（M. Iba）在《第三世界指南》（*Third World Guide*）一书中概述了出口加工区存在的一些有害活动：

"其中包括：不公平的劳工行为，例如支付低工资或拒绝承认工会；强加恶劣和不人道的工作条件；倾倒危险废弃物；破坏自然资源和生态循环；控制接受国的国家商业周期，实施不公平的贸易做法；不遵守国际和国内的环境保护、安全与劳工实践标准等。"[132]

以斯里兰卡出口加工区的一家针织工厂为例，该工厂拥有 2000 名员工。《工人健康国际通讯》（*Workers' Health International Newsletter*）杂志对该工厂的环境进行了调查：

"约有 200 人长期暴露在工厂印染区的液体化学品和烟雾中……尽管工人们抱怨患上了皮肤病和肺病，但管理层却置之不理。由于缺乏有效的机制来执行与职业健康相关的法律，因此管理层可以侵害工人获得赔偿和其他福利措施的权利而不受惩罚。"[133]

情况令人震惊。一周的工作时间可以超过 110 小时。大约工作 4 年之后，工人的健康水平就会恶化到不适合继续工作的程度。记者乔伊斯·尼尔森写道："大约有 600 万 30 岁以下的第三世界国家妇女已被这些地区的跨国客户草率地'用完'和抛弃。"尼尔森指出，在跨国客户中名列前茅的是电子行业，这是"我们这个时代污染最严重的行业之一"。[134]

尼尔森声称，为了规避北美的昂贵劳动力成本和更为严格的环境法规，电子行业已经：

"从一个国家转移到另一个国家，出口其劳动力最密集型和污染最严重的工艺，而加利福尼亚州硅谷的总部则规定生产指标。日本的电子工厂也是如此。事实上，出口加工区和自由贸易区的发展历来都与工业的自由迁移同时发生。"[135]

其他三个利用监管标准差异的行业是生物技术行业、农药行业和石油行业。以生物技术行业为例，该行业由数量不断减少的大型企业所主导，它们致力于在全球范围内控制基因工程的研发、应用与监管。[136]关于转基因生物的安全处理与使用，大多数工业化国家从 20 世纪 80 年代起就实施了监管控制，然而，大多数发展中国家却对此没有监管。因此，跨国公司通常在东道国的许可下，在几乎没有公共健康或环境控制的情况下，在南方国家试验推广转基因作物。[137]例如，在 1989 年至 1992 年间，跨国公司孟山都公司在阿根廷推广转基因大豆，在伯利兹和哥斯达黎加推广转基因大豆、转基因棉花和转基因玉米，在多米尼加共和国和波多黎各推广转基因大豆。汽巴-嘉基公司（Ciba-Geigy）在阿根廷推广转基因玉米、转基因油菜和转基因甜菜；卡尔基公司（Calgene）在墨西哥和智利推广转基因土豆，在玻利维亚和阿根廷推广转基因棉花。坎贝尔/锡那罗亚公司（Campbell/Sinaloa）在墨西哥推广转基因土豆，而帝国化学工业公司/石油种子公司

(ICI/PetroSeed) 在智利推广转基因土豆。所有这些推广行为都是不受监管的。[138]

跨国农用化学品公司会要么在法规不严格的发展中国家扩大现有的工厂规模，要么建设新工厂，包括赫斯特公司（Hoechst）、壳牌石油公司、拜耳公司（Bayer）、陶氏化学公司、杜邦公司、汽巴-嘉基公司、罗纳普朗克公司、山德士公司（Sandoz）、Sostra 公司（Sostra）、尤尼罗伊公司（Uniroyal）、捷利康公司（Zeneca）等。[139]上述的这些公司中，有许多仍在生产被一些国家禁止或限制使用的某些杀虫剂。例如，美国氰胺公司（American Cyanamid）仍在生产的 5 种产品、巴斯夫公司仍在生产的 18 种产品、策拉默尔克公司（Clamerck Gmbh and Co）仍在生产的 19 种产品、汽巴-嘉基公司仍在生产的 24 种产品、陶氏化学公司仍在生产的 6 种产品、杜邦公司仍在生产的 17 种产品、赫斯特公司仍在生产的 7 种产品、北兴化学公司（Hokko Chemical）仍在生产的 8 种产品、帝国化学工业集团仍在生产的 36 种产品、孟山都公司仍在生产的 9 种产品、罗纳普朗克公司仍在生产的 23 种产品、壳牌石油公司仍在生产的 17 种产品、山德士公司仍在生产的 34 种产品以及先灵公司（Schering）仍在生产的 25 种产品都属于这类产品。[140]第三世界国家积累了大量的废弃农药，对环境和公共健康构成了严重的风险。[141]

农药行业实行双重标准的后果是十分严重的。世界上最严重的化学事故博帕尔（Bhopal）灾难就是双重标准的典型例子。如果工厂设在北方国家，或遵循北方国家的标准运行，就不会发生这样的事故。1984 年 12 月 2 日那个灾难性的夜晚，联合碳化物公司设在博帕尔的工厂发生含有异氰酸甲酯、氰化氢和氰化物的有毒气体泄漏。

据认为，有 16000 人因吸入有毒气体而丧生。直至今日，还有人死亡，每周死亡好几个人。自然流产和死胎率在毒气泄漏事故发生后增加了两倍。还有 25 万到 50 万人的健康受到了损害，其中至少有 3 万人患上了无法治愈的疾病。估计有 60 万人提出诉讼，要求赔偿总额为 100 亿美元。1991 年，联合碳化物公司支付了 4.7 亿美元，然后迅速逃离了印度。该公司没有任何人因这起世纪企业犯罪而被起诉，以后也不大可能被起诉。[142] 这场灾难与联合碳化物公司在 20 世纪 60 年代的广告中向印度做出的承诺相去甚远。那些广告承诺："联合碳化物公司希望利用他们的知识和技能，与众多伟大国家的公民合作。"[143]

97　　联合碳化物公司前雇员托塔·拉姆·乔汗（Tota Ram Chouhan）至今仍患有呼吸疾病。他说自己是一个"单人抗议组织"。他说：

"这场灾难是由工厂的严重疏忽造成的。所有事情都促成了那一天的到来。在灾难发生之前就已经存在很多问题：设备发生故障、关键设备停止运行、管道而腐蚀而破裂，人们还经常被调换岗位。"

保护工人的安全系统存在重大缺陷，以至于在事故发生时，安全系统竟然是关闭的。托塔·拉姆·乔汗，也就是人们熟知的 TR，公开发表观点反对联合碳化物公司，因而他在工作中受到侵扰。他两次前往美国讲述这场灾难。当局试图阻止他，后来印度政府一直没有更新他的护照。[144]

虽然联合碳化物公司为了避免承担任何进一步的责任而离开了印度，但其他公司则采取行动逃避监管。例如，1995 年春季，一位来自东耶路撒冷法律与水务局（Law and Water Establish-ment）的律师邵基·伊萨（Shawqi Issa）在俄勒冈州召开的公共利益环境法年会（Annual Public Interest Environmental Law Conference）上提供了证据，证明一家以色列公司因在以色列违反了环境法规而停业，之后又迁移到了一个监管较不严格的地区。[145]公司还会以搬迁相威胁：当荷兰考虑征收单边碳税时，壳牌石油公司威胁说要撤离荷兰，该计划因此而被取消了。

公司不仅在逃避监管，而且还试图避免任何责任。例如，杜邦公司在与印度果阿邦（Goa）的谈判中起草了一份合同。据绿色和平组织的肯尼·布鲁诺（Kenny Bruno）和杰德·格里尔（Jed Greer）的说法，这份合同"明确免除了公司在环境和工人健康受到损害的情况下的所有责任"。[146]

关税及贸易总协定

在 1994 年 12 月博帕尔灾难发生 10 周年之际，灾难后成立的常设人民法庭（Permanent Peoples' Tribunal）最后一次开庭。六位知名法官听取了跨国公司如何仍不对自己的行为负责，他们试图推出一套行为准则，但却失败了。[147]这些企业受到了《关税及贸易总协定》（Global Agreement on Tariffs and Trade, GATT）所推动的自由贸易和贸易自由化的帮助。此外，公共市民组织的一项研究发现，与美国贸易官员有密切联系的贸易咨询委员会中挤满了"臭名昭著的环境污染者和反对更严格环境保护的公司"。[148]

98

凡达纳·希瓦指出：

"自由贸易基本上就是要放松对商业的管制。当商业被解除管制，国家贸易壁垒被消除时，资本就会流动到人民贫困、工资低下、监管制度最宽松的地方。关税及贸易总协定是放松对经济活动管制的主要工具。虽然关税及贸易总协定为资本创造了一个公平竞争的环境，但它却会为人们创造环境种族隔离。"

希瓦称，关税及贸易总协定"导致地方社区的民主决策能力受到侵蚀。在它创造的全球框架里，第三世界国家受到的危害越来越多，公司的权利在全球范围内增长，而它们的责任却在各地减少"。[149]

除凡达纳·希瓦以外，还有很多评论者也持这种观点。沃德·莫尔豪斯说，由于关税及贸易总协定，"实现和保护全世界数百万人的人权的前景变得更加黯淡"，因为跨国公司"通过一个进一步削弱民族国家主权的超级国家协定，巩固和加强了自己的权力"。[150]科林·海恩斯（Colin Hines）和蒂姆·朗（Tim Lang）就自由贸易的影响写了一本名为《新贸易保护主义》（*The New Protectionism*）的书。他们得出结论是，"总之，关税及贸易总协定的主要受益者将是跨国公司，而主要的输家则是环境与全世界的穷人。"[151]蒂姆·朗说："在书中，我们认为，关税及贸易总协定代表着对公民和民主的侵蚀：法语的公民一词——'citoyen'——现在已经过时了。"[152]朗认为，因为决定世界经济未来形态的世界贸易组织是完全不负责任的，我们目睹"争取民主的斗争正在遭到破坏"。[153]

在关税及贸易总协定的推波助澜下，全球民主正在慢慢消亡，因为不负责任的组织在协助不负责任的企业寻找工资、健康与环境保护标准最低的国家。地方社区、劳动力和环境都为企业的财富而被牺牲了。基准环境咨询公司（Benchmark Environmental Consulting）的哈里斯·格莱克曼（Harris Gleckman）和莉娃·克鲁特（Riva Krut）总结说："新的关税及贸易总协定降低了国际环境、健康和安全标准的底线。"[154]联合国跨国公司中心（Centre for Transnational Corporations，UNCTC）被关闭前，由格莱克曼担任负责人。

随着贸易的国际化和自由化以及日益下降的劳动力流动性，环境与工人得到保护的希望日益渺茫。以工作机会进行要挟将是企业在全球市场上一次又一次地使用的王牌。这张王牌将被用来淡化环境、社会和工人安全监管。这些监管本来可以改善工人的生活质量与所有人的环境质量，而不是为企业精英创造利润。各国被迫降低标准以吸引企业并参与国际竞争，这很可能会使环境保护与工人权利呈螺旋式下降。[155]

跨国公司已经破坏了许多西方国家的政治进程，现在它们又开始隐藏在关税及贸易总协定的特洛伊木马中，剥削发展中国家的资源和劳动力。哈里斯·格莱克曼曾评论说，"一个民主社会至少要保证一方的自由不会以牺牲另一方的自由为代价。一个群体无限制的自由会破坏另一个群体的民主。"[156]

99

第四章 踏上全球绿化之路

> "企业宣传工具的全部效果永远不得而知。当公关专业人员在成功的宣传活动中不留下蛛丝马迹时，才是最成功的。"[1]

企业也开始让公众相信企业的存在目的已经发生了变化，同时还会支持环境辩论。企业已不再是不惜任何代价，只关心利润的阴险狡诈、不露面的企业，它们现在是有爱心的企业，它们关心社区、消费者和儿童。它们致力于防止污染，保护人类和地球。这种策略只有一个问题：总而言之就是它们在撒谎。

加拿大记者乔伊斯·尼尔森解释了企业的这种笼络战略：

"环境关切已不再是一个'狂热分子'问题，它已经变成了一个试金石，可以检测出个人、组织以及政治家和企业在维持现状方面的利害关系程度。显然，广泛地、彻底地改变我们日常生活方式是对权力结构和经济的威胁，这需要我们成为勤奋的消费者。因此，企业和政府角色的'绿化'可能正成为标准的公关策略，以兑现'改革'的承诺并防止发生根本性的变化。"[2]

20世纪80年代后期，美国人的环境意识不断增强，越来越多的消费者施压要求进行生态变革，工业界不得不做出回应。史蒂夫·斯特里德（Steve Strid）和尼克·卡特（Nick Carter）在《明天杂志》（*Tomorrow Magazine*）上写道："在1990年地球日前后，美国所有的大公司都在一夜之间都变得关心环境了。那一年的环保广告数量增加了两倍多。""有些广告提出了负责任的声明，并表现出真正的环境关切，另一些广告则给'漂绿'这个词增光添彩。"现在，漂绿已经成为环境辩论中的一个术语。

漂绿

　　那么人们所说的"漂绿"究竟是什么意思？肯尼·布鲁诺在《绿色和平组织漂绿指南》（*Greenpeace Guide to Greenwash*）中写道："臭氧破坏的领导者竟然因成为臭氧保护的领导者而受到赞誉。"他继续写道：

　　"一家大型石油公司声称采取'预防措施'应对全球变暖。一家大型农用化学品制造商在经营遭到许多国家禁止的危险杀虫剂，同时暗示该公司正在帮助饥饿的人……这就是漂绿，即跨国公司通过伪装成环境之友和为消除贫困而斗争的领导者来保护和扩大市场。"[3]

　　例如，汽车是地球上增长最快的污染源，但它却突然变得对环境友好了。无铅汽油成了"绿色"燃料，但是广告中却对汽车仍在排放的其他各类污染物避而不谈，例如一氧化碳、碳氢化合物或二氧化碳。广告中也没有提及无铅汽油实际上比含铅燃料含有更多的苯——一种一旦暴露就有危害的致癌物质。一些制造商标榜，装有催化转化器的汽车实际上可以净化空气。全球最大的跨国公司通用汽车公司是最大的汽车制造商，也是一家重要的国防承包商。该公司突然发布了"环保进展 20 年"。

然而，事实却并非如此。多年来，汽车公司一直在游说反对引入无铅汽油、催化转化器或任何提高燃油效率的措施，而这些都对环境有利。汽车公司还曾游说反对引入安全气囊，而这也有利于安全。汽车制造商被迫做出改变的原因是通过立法而不是通过自愿行动。但是，当它们被迫做出改变时，它们又会在第一时间吹嘘这种改变带来的环境与社会效益。

气溶胶的制造者们也不甘示弱，气溶胶突然变成了对臭氧层无害的；洗衣粉突然变成了无磷产品；易拉罐和纸袋子不仅突然变成了可反复使用的，还变成了可回收利用的。绿色谎言迎来了黄金时期，在欺骗与迷惑消费者上也取得了巨大成功。

102 石油公司也在忙着耍花招。雪佛龙石油公司的"人民行动"（People Do）广告宣传活动是美国持续时间最长的漂绿策略之一。"人民行动"广告启动于 1985 年，每年花费 500 万至 600 万美元，大概占到雪佛龙石油公司年度广告预算的 10%。环保主义者和公益组织批评"人民行动"广告具有误导性。旧金山公共媒体中心（San Francisco's Public Media Center）的执行董事赫伯特·巩特尔（Herbert Gunther）指出："这些广告选择性地呈现事实，却缺乏语境。"作为一场公关活动，该广告宣扬雪佛龙石油公司为保护某些动物而做了很多事情，其中包括保护蒙大拿州的灰熊和加利福尼亚州东南部的敏狐。言下之意就是，雪佛龙石油公司关心消费者和环境，并且该公司是一个良好的企业邻居。[4]

当雪佛龙石油公司开始在蒙大拿的落基山脉北部（Northern Rocky Mountains of Montana）开始钻探时，它投放了一系列的"人民行动"广告。这片国家森林地区毗邻冰川国家公园（Glacier National Park），这也是最后一块未遭破坏的棕熊栖息地。广告的标题是"安然入睡的熊"，标语底下是一幅熟睡着的棕熊的照片。广告强调该公司在熊活动时停止了钻探。但雪佛龙公司忽略了一件事，这些程序是美国鱼类及野生动物管理局（US Fish and Wildlife Service）和印第安事务局（Bureau of Indian Affairs）所规定的强制要求。[5]

另一家石油公司美孚石油公司则分别遭到了美国 7 个州的起诉，原因是美孚石油公司虚假地宣称它们的"大袋子"（Hefty Bag）系列塑料袋是可降解的。之所以会指控它们做虚假广告是基于这样一个事实，即因为它们的袋子是可光降解的（即需要阳光才能分解），但却作为生物降解产品进行销售，还说它们"即使被掩埋在垃圾填埋场里……也能继续分解"。[6]垃圾填埋场缺少阳光和氧气，即使是纸张也可能需要几十年才会分解，光降解是极不可能发生的。即使袋子会被分解，但它们是否会被环境重新吸收也是存在疑问的。[7]

环保企业家保罗·霍肯认为："环保广告宣传体现了目前企业愿意接受多大程度和限度的生态事实"。他说：

"企业并不认为目前的生产方式会剥夺未来世代的权益……企业认为，真正的环保主义对未来人的福利造成了巨大威胁。如果你把福利界定为企业像过去那样不断增长的能力，那么它们就是正确的。"[8]

企业使用的另一些漂绿策略是为了消除环保主义的威胁。曾经被环保活动家使用的一些词汇和术语突然变成了企业行话。企业甚至决定举办它们自己的地球日，并将其称为地球科技日（Earth Tech）。在 1990 年的地球科技博览会上，100 多家公司争相向公众展示"世界可以如何为了人类的进步而继续发展，又

103

无需继续破坏我们生活的环境"。许多环保组织将这场活动斥为企业的"时装秀"。[9]

但是，到了20世纪90年代初，绿色时尚的闸门被打开了。在1991年第7届哈伦·佩奇·哈伯德年度美国最差广告奖（Annual Harlan Page Hubbard Lemon Awards）选出的美国10大最糟糕广告中，有2个是欺骗性环保广告。通用电气的获奖原因是夸大其能源之星节能灯泡的环境效益；车辆选择联盟的获奖原因则是谎称大型汽车比小型汽车更安全。[10]一年后，美国能源意识委员会也获得了该奖项，原因是歪曲了核能的环境收益——这也是十多年来，该行业一直在做的事情。[11]

此外，美国核工业在1991年利用公关努力试图消除公众对低放射性场址的反对意见。《雷切尔的危险废弃物新闻》（*Rachel's Hazardous Waste News*）上写道："在寻找放射性废弃物问题的可靠解决方案上，核工业已经完全绝望了。它们已经放弃了科学。""它们已经放弃了民主程序和理性决策。如今，它们诉诸于贿赂、说服和欺骗的隐秘活动，以使美国人相信黑是白、邪恶是善良、危险是安全。"[12]

英国的漂绿活动始于20世纪80年代后期。地球之友非常关注绿色消费者是如何被欺骗的，因此在1989年设计了它们自己的"绿色欺骗奖"（Green Con Awards），专门颁发给那些在生态问题上误导公众的公司。1989年的获奖者是英国核燃料有限公司（British Nuclear Fuels Ltd，BNFL），该公司试图将核能宣扬为环境友好型能源。英国核燃料有限公司坚称核能并不会产生任何二氧化碳，以证明核能的环境友好性。但是，该公司却没有提及放射性废弃物与辐射问题。

次年，即 1990 年，当绿色浪潮席卷美国时。东方电力公司（Eastern Electricity）赢得了梦寐以求的"绿色欺骗【一等】奖"，因为该公司宣称它们的消费者应当"使用更多而不是更少的电力"来应对全球变暖。获得二等奖的是斯科特纸业公司（Scott Paper），因为它谎称其伐木作业有助于对抗温室效应。英国铁路公司（British Rail）获奖的原因是其宣称它们的纸袋是"可回收利用的"，但却没有提供任何回收设备。壳牌石油公司和帝国化学工业集团也获奖了。[13]

1991 年，帝国化学工业集团的获奖是因为它实行双重标准。该集团宣称它"坚定地致力于保护环境并完全支持《蒙特利尔公约》"，但同时却在印度生产会消耗臭氧层的化学产品。但获得一等奖的并非帝国化学工业集团，而是一家领先的泥炭切取公司费森斯（Fisons），原因是该公司宣称"购买英国泥炭混合肥料不会对现有的具有保护价值的湿地造成任何危害"，但实际上，该公司 90％的泥炭切取活动都是在具特殊科学价值地点（Sites of Special Scientific Interest，SSSIs）的保护区里进行的。[14]

帝国化学工业集团还在其他国家发布了具有欺骗性的绿色广告。1993 年 4 月，该集团在《马来邮报》（*Malay Mail*）上刊登了一则农药广告，标题为"百草枯与自然完美和谐"。这则广告描绘了田园牧歌中棕榈树、鸟类和开花植物的景象。广告上还写道："事实上，百草枯是环保的。30 多年来，百草枯一直与自然和谐相处。"[15]来自消费者教育和研究协会（Education and Research Association for Consumers）的乔茜·再尼（Josie Zaini）称这则广告"骇人听闻"。该广告违反了联合国粮农组织（UN Food and Agricultural Organisaiton，FAO）的《国际农药供销

和使用行为守则》（International Code of Conduct on the Distri-
bution and Use of Pesticides）——该守则禁止误导性广告，并
要求制造商针对产品的有害影响标上健康警告。

百草枯绝非一种与自然和谐的农药，它是农药行动网络
（Pesticides Action Network，PAN）认定的"十二大黑名单"
（Dirty Dozen）中的农药之一。农药行动网络正力图取缔这些化
学物品，因为他们含有剧毒。百草枯会对人类和野生动物的健康
造成严重的伤害。奥地利、保加利亚、布基纳法索、芬兰、新西
兰和瑞典都已禁止使用百草枯。在马来西亚，1978 年至 1985 年
间，有 450 人因百草枯中毒而死亡。据乔茜·再尼所言，帝国化
学工业集团的广告只是该跨国公司在马来西亚提出的众多"环境
友好"声明之一。[16]

这只是跨国公司违反联合国粮农组织《国际农药供销和使用
行为守则》的事例之一，跨国公司还在哥伦比亚、哥斯达黎加、
厄瓜多尔、印度尼西亚、墨西哥、巴拉圭和菲律宾等国投放农药
广告。像拜耳公司、汽巴-嘉基公司、陶氏化学公司、赫斯特公
司、孟山都公司、罗纳普朗克公司和壳牌石油公司等都违反了该
守则。在广告里推销这些致命产品的通常是衣着暴露的女性。[17]
除了化学工业外，还有许多全球化的工业也在进行着漂绿行动。

105　　　日本动力反应堆与核发展公司（Japanese Power Reactor
and Nuclear Development Corporation）制作了一部名为"布鲁
托先生（Mr Pluto）"的环保动画片，目的是让孩子们明白核能
是安全的。这个长得像蓝精灵的卡通人物说："如果每个人都以
一颗和平而热情的心对待我，我就永远不会变得恐怖或危险。"[18]
欧洲核能协会（European Nuclear Society）采用了另一种方法。

在 1994 年的大会上，该协会做了一场报告，标题是"如何鼓励和培训女性科研人员成为核能大使"。[19]

雨林行动网络（Rainforest Action Network）声称，三菱公司花费了数百万美元为其在全球雨林的经营活动漂绿。[20] 罗纳普朗克公司在以"欢迎来到一个更干净的世界"的标语宣扬其环保形象的同时，巴西法院下令关闭其在库巴坦的一个生产设施，原因是它们造成了严重的环境污染。[21] 在联合国环境与发展大会预备会议上，绿色和平组织就指出了罗纳普朗克公司和三菱公司存在漂绿行为。其他存在漂绿行为的公司还包括阿拉克鲁斯公司（Aracruz）、杜邦公司、壳牌石油公司、苏威公司（Solvay）、山德士公司、通用汽车公司和西屋电器公司等。[22]

绿色商业网络

20 世纪 90 年代初涌现出了很多绿色商业网络。壳牌石油公司、杜邦公司与阿拉克鲁斯公司的高管们都加入了其中的一个绿色商业网络，即可持续发展工商理事会（Business Council for Sustainable Development）。现在有许多绿色商业网络与工业协会，如化学工业的责任关怀计划（Responsible Care）、可持续发展国际宪章（International Charter for Sustainable Development）、商业与环境咨询委员会（Advisory Committee on Business and the Environment）、全球环境管理倡议（Global Environmental Management Initiative）以及世界环境工业理事会（World Industry Council for the Environment，WICE）。事实上，1994 年 12 月，环境顾问可持续性组织（Sustainability）

与《明天杂志》对绿色商业网络进行的一项调查发现，当时大约有 40 个绿色商业网络，有一些是全球性的，有一些是地方性的。沃德·莫尔豪斯认为，像美国化工制造商协会的责任关怀活动和国际商会（ICC）采用的《可持续发展商业宪章》等，不过是"公关活动，不会对企业行为产生多大影响"。[23]

企业的自愿行为守则充斥着"可持续发展"等含糊性话语，这是企业规避强制性监管的一种策略。企业提倡自我监管，利用自愿监管体系，以预先防止【外部】监管。在伪生态商业网络的保护伞下，工业界的游说实际上是在漂绿，以阻止监管企业行为的国际协议。最重要的绿色商业网络是可持续发展工商理事会。该组织由全球最大的公共关系公司博雅公关公司（Burson-Marsteller，B-M）组建，并在地球峰会上发挥了破坏性影响（后文将会对此进行讨论）。博雅公关公司和其他全球公关公司对环境辩论上产生了深远的影响。

公关人员

在企业的支持下，公关行业对美国的民主进程产生了极大的影响。传统的公关组织、政治游说组织与企业草根组织的组建，加上企业的广告宣传以及企业资助的联盟的协作战术，造成了公关行业所说的整合传播。这使我们看到，美国民主是建立在公关基础之上的。也就是说，公关代表的是企业的公共关系，而不是人民的比例代表制。

独立杂志《公共关系观察》的编辑约翰·施陶贝尔保守地估

计，美国的公关行业每年的产值有 10 亿美元。[24]这一产值很可能被低估了，但确实很难获得准确的数字。据估计，1990 年，企业的反环境公关投入达到 5 亿美元。[25]在过去 5 年中，这一数据很可能在缓慢增加。正如人们所说的那样，没有数据可以显示企业在全球范围内的所谓绿色公关或环境公关上花费了多少钱。

全球知名的消费者权益倡导者拉尔夫·纳德（Ralph Nader）称环境公共关系从业者是制造"捏造的、虚假的、片面的说法"的高手。[26]公关公司涉猎环境问题已有 30 多年了，然而，顶尖的公关权威期刊《奥德怀尔的公关服务》却将环保主义称为"20世纪 90 年代生与死的公关之战"。[27]施陶贝尔说："我认为，公关公司在策划环境抵制运动中起着关键性的作用。""在很大程度上，发起、界定和实施反环境主义的正是公关公司以及工业界雇佣的公关专家。"[28]

施陶贝尔还说：

"他们所采用的公共关系战略与策略具有两张面孔。他们使用的是'好警察与坏警察'或'胡萝卜加大棒'的方法：一方面，企业及其公关代理人试图拉拢环保主义者，占用他们的时间，转移他们的注意力，和他们套近乎；另一方面，他们又将环保活动家定义为恐怖分子。他们正在与游说者携手，限制所有的生态改革。许多行业还聘请它们废除所有的环境改革立法，他们还促进和鼓励明智利用式的右翼反环境极端主义，并与它们并肩战斗。如果你问我谁是反环境主义的幕后黑手，答案就是企业；但如果你问我是谁发起了宣传活动，谁在选择战术，谁在协调战斗，谁是战地将军，答案就是公关从业者。"[29]

那么，发起这些反环境战争的神秘谋士是谁？前文提到过，

107

邦纳和联营公司的客户包括美国保险公司联盟（Alliance of American Insurers）、美国银行家协会（American Bankers Association）、大通曼哈顿银行（Chase Manhattan Bank）、克莱斯勒（Chrysler）、陶氏化学、福特汽车、通用汽车、孟山都公司、美国机动车制造商协会、菲利普莫里斯公司、保诚集团和西屋电器公司等，但邦纳和联营公司只是全球公关战中的一个小公司而已。[30]前文提过的布鲁斯哈里森公司也同样如此。

全球最大的公关公司是博雅公关公司，它本身就是美国广告业巨头扬罗必凯广告公司（Young and Rubicam）的子公司。第二大公关公司是伟达公关公司（Hill and knowlton，H&K），它是另一个广告业巨头 WPP 集团的子公司。据报道，WPP 集团的首席执行官的年收入为 800 万英镑。[31]在财富 500 强企业中，有大概 350 家都是博雅公关公司的客户，许多政府和行业协会也是博雅公关公司的客户。[32]博雅公关公司在全球 29 个国家设立了62 个办事处。在所有公关公司中，博雅公关公司从环境领域获得的收入最多。1993 年，博雅公关公司从环境领域获得的全球收益为 1800 万美元；凯旋公关公司（Ketchum PR）其次，为1530 万美元；伟达公关公司第三，为 1000 万美元；福莱公关公司（Fleishman-Hillard）第四，为 900 万美元；宣伟公关公司（Shandwick）第五，为 670 万美元；布鲁斯哈里森公司第六，为 650 万美元。[33]

前几家公关公司从事全面的公关业务，但布鲁斯哈里森公司却可被视为环境专家。[34]布鲁斯哈里森公关公司实际上是以布鲁斯·哈里森的名字命名的，他被称为公关"教父"。该公司有 50多名职员，全球 80 家最大的企业和协会都是该公司的客户，包括美国医学协会（American Medical Association）、美国电话电报公司（AT&T）、商业圆桌会议（Business Roundtable）、化工制造商协会、高乐氏公司（Clorox）、库尔斯集团、福特汽车公司、通用汽车公司、孟山都公司、汽车制造商协会、罗纳普朗克公司、纳贝斯克公司（RJR Nabisco）、雷诺烟草、尤尼罗伊公司、维斯塔化工（Vista Chemicals）和废物管理公司等。最近哈里森在欧洲开设了一个办事处，以帮助"其跨国公司客户克服复杂的"欧共体环境法规。[35] 它们主要是要规避欧洲的环境法规。

　　布鲁斯哈里森公司与化工行业协同反击蕾切尔·卡逊（Rachel Carson）的《寂静的春天》（*Silent Spring*）一书。这本书唤起了人们的生态意识，因而促成了当前的环保运动。然而，人们刚刚开始觉醒，就遭到企业公关的反击。在美国化学理事会的艾伦·塞特尔（Allan Settle of the Manufacturing Chemists Association）的主持下，哈里森与来自杜邦公司、陶氏化学公司、孟山都公司和壳牌石油公司的公关人员合作，提出了一个"理性的响应计划"以对抗卡逊。[36]

　　约翰·施陶贝尔写道：

　　"他们通过长期的地毯式轰炸的公关活动进行反击。他们不遗余力地捍卫新兴的农药工业及其每年3亿美元的DDT和其他有毒农药的销售额。全国农业化学协会（National Agricultral Chemical Association）将公关预算进行了翻番，并散播了上千篇诋毁《寂静的春天》的书评。"

　　卡逊遭到了人身攻击，被说成是"老处女"。尽管最终她死于癌症。[37]

公关策略

施陶贝尔详细阐述了一些公关策略："他们利用情感诉求、错误的科学信息、'掩护机构'、向媒体和意见领袖寄送大量邮件，以及聘请医生和科学家作为农用化学品的第三方'客观'捍卫者。"[38]不同的公关公司一再利用这些策略，在不同的情况下，为不同的顾客解决不同的环境问题。如今，各国，甚至世界各洲都在运用这些策略。这些策略将会被永远使用下去。除了杰克邦纳公司、布鲁斯哈里森公司、博雅公司、伟达公司和凯旋公司等之外，其他公关公司也在不断完善这些策略，包括笼络战略、诋毁环保活动家和科学家的策略（称他们是恐怖分子）。施陶贝尔指出：

"这些策略、方法和言语虽然很少，但却非常有效。它们被用来击败环保主义，创造反环境浪潮日益增长的表象——而在许多情况下这也是事实。"[39]

此外，公关专家们也在建立相互联系，交流如何最好地展开活动，或实现他们所说的"走向绿色"。布鲁斯·哈里森在《走向绿色：如何传达公司的环保承诺》（*Going Green: How to Communicate Your Company's Environmental Commitment*）一书中详细阐述了其他一些对抗环保运动的方法。哈里森在书中指出："美国式环保主义——运行于美国机构之外的激进运动发展逐渐停滞。在某种意义上，这种形式的环保主义已经消亡；它被过去 15 年间取得的成功所击垮。"哈里森还认为，环保运动已经被一种理念所取代，那就是可持续发展。他认为商业领袖是目前真正的生态先锋。他说："企业环保主义现在比外部的激进环保主义更加活跃，并且这种趋势将继续增长。"[40]虽然对企业而言，"走上绿色之路并不是轻而易举的事情"，但现在可以通过"环境沟通"来建立与消费者之间的"可持续关系"，或建立与利益相关者或消费者公众的"公共关系"。[41]欢迎来到绿色谎言的领地，这里的传统环保运动已经被"环境沟通"所取代。

哈里森认为，环保组织是旨在吸纳成员和金钱的商业企业——仅此而已。这意味着那些在乎声誉的人将和工业聚在一起，例如环保基金会与麦当劳的合作项目。这家快餐业巨头与环保基金会开展了生态合作，因而在业内一直备受赞誉。但是麦当劳还在英国起诉了 2 名环保活动家，原因是他们质疑麦当劳的健康和环境记录（参见第十二章）。麦当劳威胁说要就生态记录问题起诉众多组织，这一策略的目的就是通过法律威胁恐吓人们保持沉默。

哈里森继续说道：

"随着一些激进分子走向舞台中心，对这些成员的争夺将愈发激烈。而极端分子坚持使用营销策略，反对企业拉拢环保主义……绿色和平组织就是证明，最近绿色和平组织通过反对二噁英运动抨击加拿大的纸浆生产商，还反对杜邦公司生产氟利昂——尽管杜邦公司正在逐步停止生产氟利昂。"[42]

要想击败绿色和平组织这样的组织，应对之策应当是拉拢而不是对抗。如果企业想要抵消反对派的竞争力，尤其应当如此。1994 年 2 月，《奥德怀尔的公关服务》报道说："环境活动分子和企业之间的冷战已经结束了。双方都愿意与对方合作，共同开展项目改善环境，换言之，公关人员渴望扮演媒人的角色。"[43]据

151

石油公司美国大西洋里奇菲尔德公司的一位董事会成员所言，企业拉拢行动的"好处之一"是，"当我们与他们进行合作时，他们就没有时间起诉我们了"。[44]另外，伟达公关的环境事务主管戴尔·迪迪翁（Dale Didion）指出，与环保组织的联系有助于企业建立或改善其"环境资质"。[45]在公众眼中，来自环保组织的认可比企业对自己的任何评价都有分量。[46]

迪迪翁和伟达公关公司"积极地在环保组织的主要代表、商会和联邦政府之间建立对话小组"。建立关系的方法是，让工业界帮助环保组织筹集资金，并成为其董事会成员。迪迪翁说："这样就可以建立一种良性的共生关系。"[47]博雅公关公司认为环保主义者与工业企业之间要建立更亲密的联盟，并支持它们的客户和环保主义者进行更好的对话。布鲁斯·哈里森也建议"与'积极的反对派'建立联系"。史蒂文·班尼特（Steven Bennett）、里查德·弗里德曼（Richard Friedman）和斯蒂芬·乔治（Stephan Geoge）在他们的著作《企业现实与环境事实》（*Corporate Realities and Environmental Truths*）一书中用了一章的篇幅来讨论"战略伙伴关系"，以使读者了解"如何与环保组织建立伙伴关系"。[48]

公关公司也在享受当前华盛顿的政治气候。《奥德怀尔的公关服务》杂志建议，所谓的环境公关公司应当"尽可能地利用共和党推动的环境抵制浪潮"。博雅公关的全球环境事务主管迈克尔·凯斯（Michael Kehs）说，"商界占了上风。现在出现了一份新契约。虽然契约中并未提及'环境'一词，但许多观察家认为这个契约与其说是美利坚契约，不如说是一个'与爱管闲事的环保活动家达成的契约'……现在是伸出橄榄枝的最佳时机。"[49]

归根结底，当人们看到绿色话语的真面目时就会发现，公关公司只是在就一个历史悠久的主题提出建议，这个主题就是分而治之。1991 年召开的一次会议可以为我们了解这一战略提供线索。1991 年，来自公关公司 MBD（Mongoven，Biscoe and Duchin）的罗纳德·杜钦（Ronald Duchin）在明智利用运动支持者——全国畜牧者协会（National Cattlemen's Association）——的大会上发表演讲。杜钦就"企业如何击败公共利益激进分子"的问题，概述了分而治之战略。《公共关系观察》报道说：

"据杜钦所说，激进分子可以分为四类：'激进主义者''机会主义者''理想主义者'和'现实主义者'。杜钦说，要打败激进主义者，企业必须采用三步走的分而治之战略。目的是孤立激进分子，'培养'理想主义者并把他们'教育'成为现实主义者，然后再拉拢现实主义者与企业站在同一阵线。"[50]

2 年后，杜钦在美国激进团体与公共政策制定组织（Activist Groups and Public Policy Making）的年度会议上发表了讲话。来自右翼反环境组织竞争企业协会的弗雷德·史密斯和来自基督教联盟的拉尔夫·里德也发表了讲话。杜钦谈论了企业如何与精心挑选的激进分子建立合作关系，以便在"监管和立法领域以及在公众舆论的塑造方面"实现互惠互利。[51]

MBD 公司提倡这些策略一点都不奇怪。MBD 是一家神秘的小型公关公司，其专长不仅是拉拢激进分子，还包括帮助企业客户追踪他们的动向——企业客户每月为这些服务预付 3500 美元至 9000 美元的费用。[52]罗纳德·杜钦说："我们调查问题，尤其是环保问题、生物技术问题和其他领域的问题……固体废弃物与有害废弃物。我们追踪问题，追踪行业里的个体与组织参与者。"[53] MBD 公司的客户包括壳牌石油公司、菲利普莫里斯公司、孟山都公司和其他《财富》100 强公司，但 MBD 公司并不愿意公开这些信息。据《公共关系观察》的约翰·施陶贝尔所言，孟山都公司和菲利普莫里斯公司目前正在利用 MBD 公司调查和"破坏抵制孟山都公司有争议的新兽药牛生长激素（BGH）的消费者激进分子和家族奶农"。[54]

1990 年，MBD 公司渗透到学生环境行动委员会（Student Environment Action Committee，SEAC）。MBD 公司参加了在伊利诺伊大学召开的"催化剂"（Catalyst）会议。这是伊利诺伊大学有史以来规模最大的环境问题学生会议。文件显示，MBD 公司"无法确定会议组织者的职位和所在地区"。[55]

MBD 公司正式成立于 1991 年，但其根源在于另一家公关公司异教国际（Pagan International），该公司也从事秘密行动和信息收集活动。早在 1985 年，异教国际就已经准备了一份有关绿色和平组织的简要文件，"让企业、政府和其他意见领袖了解绿色和平组织的目标与行动"[56]。20 世纪 80 年代后期，壳牌石油公司一直与南非的种族隔离政权纠缠在一起，因而受到了批评。壳牌石油公司便聘请异教国际发动一场反抵制运动。这场运动的代号是"海王星战略"（Neptune Strategy）。异教国际聘请了著名的公共人物来提升壳牌的地位，调查主要抵制支持者的"个人特征"，并潜入抵制会议，同时还成立了一个名为南部非洲联盟（Coalition on Sounthern Africa）的掩护机构。

异教国际还曾为雀巢公司开展运动——雀巢公司因在第三世界国家推广奶粉而遭到了抵制。博帕尔事件后，异教国际也为联合碳化物公司发起过运动。[57] 1988 年，当雀巢公司重新开始在第三世界国家销售婴儿配方奶粉时，再次遭到消费者的强烈抵制。这次雀巢公司聘请了另一家公关公司奥美（Ogilvy & Mather, O&M）公关公司提供帮助。奥美公关公司的报告建议雀巢公司"与主要的利益集团合作，以消除或缓和问题"，还要"监视草根"。[58]

与 WPP 集团的子公司伟达公关公司一样，奥美公关公司也建议雀巢公司"代表康乃馨公司（Carnation）（雀巢的子公司），'积极开展公益活动，以展示企业的社会责任'"，这将对雀巢公司大有裨益。[59]这并非奥美公关公司首次向客户推荐这一策略，壳牌石油公司的"更好的英国运动"（Better Britain Campaign）也是由奥美公关公司策划的。[60]但是这一计划遭到了批评。1991年，英国地球之友运动的负责人安德鲁·利斯（Andrew Lees）批评说，这个例子只表明企业试图用钱去购买绿色形象，而不是真正努力地去塑造绿色形象。利斯说："在该运动开展的 20 年间，英国的乡村已经变得破败不堪，而壳牌石油公司却一直在出售极具破坏性影响的有机氯杀虫剂。"[61] 1995 年，壳牌石油公司不得不推迟第 25 届"更好的英国奖"，因为它陷入了一场争议：是把布兰特斯帕尔钻井平台丢弃在陆地上，还是丢弃在大海里。

公关公司用以抵制环保运动的另一种重要策略，就是让人们了解环境监管和环境关切的代价。多年来企业一直在利用这一策略。这一策略可以与右翼/明智利用所主张的对监管进行成本收益分析相提并论。《奥德怀尔的公关服务》杂志指出："公关公司的工作任务是确保联邦政府、州政府、地方政府以及当地社区理解遵守环境要求所涉及的经济权衡问题。"公关公司还要将污染的责任从企业客户身上推到普通大众身上。污染应当归咎于不负责任的个人和整个社会，而不是企业。[62]

牛生长激素

但最为重要的是，环境公关公司的存在是为了破坏和有效地废除环境运动组织。例如，除了 MBD 公司外，还有许多其他公关公司也被雇佣以使牛生长激素的使用合法化。牛生长激素可以将奶牛的产奶量提高 25%。许多奶农、公民行动组织和环保主义者都对这种药物提出了批评，声称该药物对奶牛和人类都不安全，容易引起牲畜感染，还会使已经饱和的市场充斥更多的牛奶产品。伊利诺伊大学公共卫生学院的萨缪尔·埃普斯坦（Samuel Epstein）教授指出，牛生长激素的使用会引发许多"重要的伦理、社会和经济问题"，[63]但预计牛生长激素第一年的全球销售额将至少达到 1 亿美元，因此牛生长激素的商业利益巨大。

由于存在争议，礼来公司和孟山都公司的一家子公司都聘请了博雅公关公司来应对任何批评，尤其是来自"纯牛奶运动（Pure Milk Campaign）"的批评。[64]孟山都公司还聘请伟达公关公司领导一场支持生长激素的运动。威斯康星州、明尼苏达州、加利福尼亚州和佛蒙特州的立法者为了消费者的选择权益，试图给含有生长激素的牛奶产品贴上标签。伟达公关公司和博雅公关公司在阻挠这一行动中发挥了重要的作用。[65]

博雅公关公司还成立了"草根"联盟，以争取推广牛生长激素。博雅公关公司的内部文件表明，要用"草根动员"击败明尼苏达州、威斯康星州和华盛顿州限制牛生长激素的提案，这揭示了为什么草根支持的出现十分重要。草根的支持能"说明存在广泛的支持，代表公共利益的立场，与游说活动相得益彰，反击对手的活动并吸引人们关注这一问题"。博雅公关公司要求这些所谓的"草根"活动分子给立法者和其他决策者写信；作证；给编辑写社论文章和信件；参加社区会议，或与公务人员、民选官员一起参加会议；散发请愿书；给立法者发电报；给电台打电话，或参加电视访谈节目；接受报纸和广播公司的采访；发表演讲；给决策者打电话或发传真等。

简而言之，就是要做普通社区组织者都会做的一切事情，区别就在于这是由跨国公关公司为其跨国公司客户操办的。这些草根网络包括："企业高管和说客、生物技术公司的高管、农民、兽医、大学教授、高中教师、各类商会以及民选和任命的官员"。114《哈德逊明星观察者》（*Hudson Star Observer*）杂志主编收到的一封支持牛生长激素的信件中呼吁说："生物技术将成为 21 世纪的电灯。请不要把它们关掉"。[66]

牛生长激素已获准在美国使用，但在欧洲仍是被禁用的——尽管博雅公关公司也在欧洲进行了游说努力。英国政府坚称牛生长激素是安全的，而对牛生长激素进行现场试验的科学家们害怕受到《官方保密法》（Official Secrets Act）和《药品法》（Medicines Act）的起诉，因而不敢挑战政府的立场。政府顾问里查德·莱西（Richard Lacey）教授也称，政府有关牛生长激素的安全声明是在与药品公司本身而不是与政府自己的科学家会面后起草的。[67]

生物技术行业刚刚在北美取得了牛生长激素的胜利，因此希望好好利用这一胜利。约翰·施陶贝尔写道："紧随其后的是孟山都公司、普强公司（Upjohn）、卡尔基公司和其他公司的转基因水果和蔬菜；百时美施贵宝公司（Bristol-Myers Squibb）用转基因奶牛生产的含母乳蛋白质的婴儿配方奶粉；格雷斯公司（W. R. Grace）生产的克隆牛牛肉。"[68]要让转基因食物更受人欢迎，肯定离不开博雅公关公司。1994 年，希拉·拉维夫（Sheila Raviv）在华盛顿被任命为博雅公关公司的新任首席执行官。他曾领导了博雅公司的牛生长激素支持运动，他擅长发展行业联盟以击败社会变革活动分子。[69]

博雅公关公司

在全球环境抵制运动领域，博雅公关公司是独树一帜的。该公司的宣传资料上写道："当您在环境问题上需要帮助时，您需要专业的环境人士。""他们日复一日地处理这类问题。他们驾轻就熟。博雅公关公司为您提供一支全球性环境团队，包括问题专家、游说者、社区关系协调者、技术顾问以及媒体专家。博雅公关公司提供洞见、理念，并付诸实施。博雅公关公司提供了良好的环境。"

博雅公关公司为其客户提供良好的环境。博雅公司的客户包括强大的企业、污染企业和强大的污染企业，其中包括：美国大西洋里奇菲尔德公司、英国天然气公司、博姿公司（Boots）、英国石油公司、英国核燃料公司（British Nuclear Fuels）、吉百利史威士公司（Cadbury Schweppes）、雪佛龙公司、汽巴-嘉基公司、花旗公司（Citicorp）、可口可乐公司、陶氏化学公司、德国电信（Deutsche Telecom）、礼来公司、费森斯公司、福特汽车公司、加拉赫集团（Gallaghers）、通用电气、葛兰素公司（Glaxo）、大都会公司（Grand Metropolitan）、赫斯特公司、魁北克电力公司（Hydro-Quebec）、国际商业机器公司、帝国化学工业集团、强生公司（Johnson and Johnson）、庄信万丰公司、麦当劳、麦克唐纳·道格拉斯公司（McDonnell-Douglas）、纽特公司（Nutra Sweet）、安大略水电公司（Ontario Hydro）、毕雷矿泉水公司（Perrier）、菲利普莫里斯公司、先锋公司（Pioneer）、宝洁公司、桂格燕麦公司（Quaker Oats）、雷普索尔公司（Repsol）、罗纳普朗克乐安公司（Rhone-Poulenc-Rorer）、桑斯博里超市、山德士公司、斯科特纸业公司、壳牌石油公司、史克必成公司、利乐包装公司（Tetra Pak）、联合利华公司（Unilever）、维萨公司（VISA）、华纳兰伯特公司（Warner Lambert）和捷利康公司等。[70]

博雅公关公司的许多客户也是明智利用运动的赞助商，并积极地参与环境抵制运动。博雅公关公司还领导了动物权利抵制运动。它代表美国皮草信息委员会（Fur Information Council of America）发起了一场耗资数百万美元的宣传活动，以打击"动物极端分子"。[71]明智利用运动和博雅公关公司之间的联系极为复杂。乔伊斯·尼尔森解释说："在20世纪80年代中后期，当工业界首次开始向美国的'明智利用运动'投入资金时，36家明智利用运动的知名企业赞助商都是博雅公关公司的客户。该运动巧妙地让工人与环保主义者对立起来。"[72]

尼尔森继续说：

"例如，截至1987年，美国木材巨头刘易斯安那-太平洋公司成为博雅公关公司的客户已有十年之久。在此期间，刘易斯安那-太平洋公司破坏了公司的工会，开始开除员工，作为反对太平洋西北地区环保主义者的游说力量，将失业归咎于环保主义者。公司在安排忠诚的工人参加反环境集会的同时，又在墨西哥建设大型纸浆厂，在那里它可以付给工人每小时不到 2 美元的报酬。到 1990 年，公司就开始将原始木材运送到其在墨西哥最先进的工厂。"

将员工作为忠诚的"草根"公民来推动行业事业的策略是企业和公关公司正在完善的一项策略。在澳大利亚、欧洲、加拿大以及美国，工人已成为宣传行业的前线部队。企业常常给工人放带薪休假，并提供免费接送，让他们代表公司的利益去参加示威游行。博雅公关公司的全球公共事务主管詹姆斯·林德海姆（James Lindheim）说："不要忘记，化工行业有许多可以动员起来的朋友和盟友，包括员工、股东和退休人员。把歌谱给他们，由企业当指挥。"[73]

博雅公关公司认为自己是反环境乐团的全球总指挥。该公司的宣传册上宣称："博雅公关公司重新定义了'全球公共关系'。我们会就组织应当做什么、应当持什么立场提出建议和忠告，并全面实施针对特定目标的宣传计划。"这些简单的目标之一就是取消环保运动。博雅公关公司为其客户组建了"掩护机构"、动员了"草根反对力量"、开展了秘密活动、游说政客并参与了环境辩论。博雅公关公司还在联合国环境与发展大会上成功地实施了十年来最大的生态伎俩，转移了人们对其客户的批评，而 20 世纪最骇人听闻的环境和人权侵犯在一定程度上要归咎于这些客户。博雅公关公司说："在过去几十年间，本公司指导身陷困境的客户克服了一些最严重的危机。"[74]那么，最能说明问题的危机有哪些呢？

1976 年，在豪尔赫·拉斐尔·魏地拉（Jorge Rafael Videla）将军领导的军政府发动政变夺取阿根廷政权之后不久，就聘请了博雅公关公司改善阿根廷的"国际形象，特别是促进外来投资"。[75]在魏地拉的恐怖统治期间，35000 人"人间蒸发"，还有数千名政治犯经常遭受酷刑。阿根廷主办了 1980 年世界反共联盟拉丁美洲附属组织（Latin American Affiliate of the World Anti Communist League）会议。魏地拉和其他敢死队领导人都在大会上做了发言，包括臭名昭著的罗伯托·道布伊松（Roberto D'Aubuisson）。[76]乔伊斯·尼尔森描述了这一时期在阿根廷使用的一些酷刑：

"'水刑（el submarino）'——把人的头按到水里或粪池里，直到接近淹死；'电刑（la picana）'——用电锥刺人体最敏感的部位；强奸——有时是用警犬强奸；撕碎脚趾甲；让活老鼠啃食新鲜伤口。"[77]

与此同时，从博雅公关公司泄漏出的文件显示，这家公关公司希望"为国家、政府及其经济发展营造一种稳定的氛围……从而在阿根廷制造一种信任感"。[78]但即使是公关公司也不能永远隐藏真相。豪尔赫·拉斐尔·魏地拉曾在博雅公司的帮助下将其统治合法化，但他现在正因谋杀罪被判无期徒刑。[79]

上一章提到过，1984 年 12 月 3 日，在印度博帕尔发生了世界上最严重的工业事故，但没有人因此被判入狱。该事故导致数千人死亡和遭受痛苦。博雅公关公司和异教国际在那里为它们的客户联合碳化物公司进行了损失控制工作。[80]联合碳化物公司急于将责任从自己公司身上移开，声称这场灾难是蓄意破坏的结果。直到今天，他们仍然坚持这一立场。[81] 这种说法是否是博雅公关公司所推荐的，尚不得而知，但把自己的责任怪罪到别人头上是工业界回应灾难或批评的一贯作风。

117　　在博帕尔事故发生的 5 年前，即 1979 年 3 月，巴布科克威尔考克斯公司（Babcock and Wilcox）在三里岛（Three Mile Island）的核反应堆发生故障，造成了美国最严重的核灾难。博雅公关公司在那里协助巴布科克威尔考克斯公司。20 世纪 90 年代初，仍有 2000 多件与此灾难有关的诉讼案件悬而未决。[82]

目前，博雅公关公司正在指导其客户印度尼西亚政府脱离国际谴责的泥潭。印度尼西亚政府因侵犯人权，导致东帝汶种族灭绝以及生态破坏而备受批评。[83] 超过三分之一的东帝汶人口，也就是大约 20 万人，被印度尼西亚政府屠杀。联合国并不承认印度尼西亚"吞并"东帝汶。仅有澳大利亚承认东帝汶是印度尼西亚的领土，因为澳大利亚可以从帝汶海沟的巨大石油储量中获利。博雅公关公司还为雨林破坏者辩护，因为它受到了马来西亚木材工业发展委员会（Malaysian Timber Industry Development Council）的雇用。据称马来西亚乱砍滥伐，因此近几年来受到西方环保组织的强烈谴责（参见第十章）。[84] 博雅公关公司的一家子公司凯利公司（Black，Manafort，Stone and Kelley），直到最近还在与尼日利亚军政府合作。第 11 章将讲述该军政府对奥戈尼人民犯下的暴行。[85]

博雅公关公司还成立或参与了其他与可持续发展和林业有关的"工业掩护机构"：一个是可持续发展工商理事会，另一个是不列颠哥伦比亚省森林联盟（BC Forest Alliance）（参见第七章），第三个是澳大利亚森林保护协会。可持续发展工商理事会为企业拉拢环境争论者做出了最重要的努力，同时也使那些曾经试图认真承担企业责任的企业停止了努力。在联合国环境与发展大会召开一年多前，博雅公关公司发布了一篇有关可持续发展工商理事会的新闻稿，这是博雅公司与可持续发展工商理事会少有的公开关联之一。新闻稿中写道：

"这是未来发展与世界自然资源使用上的一项重大创新性举措。全球 40 多位顶级的商业领袖合力组建了这个国际组织，以便提出地球环境可持续发展的新政策与行动。"[86]

博雅公关公司要确保人们相信企业的说法，而任何让跨国公司承担责任或义务的措施，都会被悄无声息地扔进用于装饰现代企业办公室之"先进性"的众多废纸回收箱里。可持续发展工商理事会的成员包括来自以下企业的高管们：挪威海德鲁公司（Norsk Hydro）、艾波比股份有限公司（ABB Asea Brown Boveri）、巴西淡水河谷国际公司（Rio Doce International）、埃尼集团（ENI）、雪佛龙石油公司、大众汽车公司（Volkswagen）、京瓷公司（Kyocera Corp）、3M 公司、庄臣父子公司（S. C. Johnson & Son）、汽巴－嘉基公司、新日铁公司（Nippon Steel）、三菱公司、美国铝业公司（ALCOA）、陶氏化学公司、杜邦公司和壳牌石油公司等。[87]可持续发展工商理事会的主席是斯蒂芬·斯密德亨尼（Stephen Schmidheiny），他来自瑞士，是一名亿万富豪实业家，也是联合国环境与发展大会秘书长的密友。在联合国环境与发展大会的预备会议中，可持续发展工商理事会史无前例地影响了为大会起草的政策议程。乔伊斯·尼尔森写道，在博雅公关公司的帮助下，"一群由商业人士组成的精英

118

集团似乎能为地球峰会设计议程，而不受非政府组织或政府领导人的干预"。[88]可持续发展工商理事会不仅设法拉拢争论者，还试图控制争论，甚至按自己的方式制造争论。

例如在 1992 年联合国发展与环境大会中，企业利益集团有效地阻止了对跨国公司环境影响的讨论。《生态学家》杂志写道："联合国跨国公司中心（UNCTC）拟定的建议被束之高阁，因为该建议会对跨国公司的活动实施严格的全球环境标准。""相反，由可持续发展工商理事会这一企业游说团体起草的一套自愿行为准则，却被秘书处采纳为联合国环境与发展大会的《21 世纪议程》，而联合国跨国公司中心的提议甚至都没有被分发给与会代表。"[89]

取而代之的是一套自愿行为准则。一位巴西代表在闭幕日哀叹道，"我们遗漏了两个问题：跨国公司和军队。"[90]大约有 3 万人在里约热内卢参加了此次会议，包括来自世界各地的环保主义者、原住民与社区领袖，以及来自教会、学术机构、发展机构、妇女团体和无数其他组织的代表。他们基本上都不支持可持续发展工商理事会的提案。世界上大多数人的关切再次被少数人的既得利益所摧毁。对于联合国环境与发展大会的彻底失败，保罗·霍肯写道："正是因为这些赤裸裸的拒绝承认民主进程，企业才能达成协议。"[91]

与此同时，漂绿行动还在继续，因为既得利益集团宣布他们所信仰的是一个一切照旧的过程。可持续发展工商理事会在其宣言《改变之道》（*Changing Course*）的介绍中如此宣称："作为商业领袖，我们致力于可持续发展，在满足当代人需要的同时，不危及未来世代的福利。"这一宏大的全球商业宣言已被翻译成

11 种语言出版。[92] 其宣传资料显示，可持续发展工商理事会并不认为自己是一个代表其企业利益的游说团体。[93]

另外，由于来自工业化国家的压力，唯一能够监管国际企业活动的联合国跨国公司中心悄无声息地关门了，国际社会对跨国公司进行任何监管监督的最后机会实际上消失了。这一有权监管跨国公司活动的机构，是被全心全意支持可持续发展的企业和国家关闭的。1991 年，在联合国跨国公司中心被关闭前，中心主任彼得·汉森（Peter Hansen）在一次大会上说："对于跨国公司而言，不存在全球公认的对错判断标准，也没有与全球扩张相匹配的全球责任感。"[94] 1993 年，联合国跨国公司中心的残存部分被转移到日内瓦，在那里它成为联合国贸易和发展会议（UN Conference on Trade and Development）的一部分，但它并没有权力。《联合国跨国公司行动守则》（UN Code of Conduct on Transnationals）被正式宣告死亡。跨国公司希望一直保持这种状态，而在一位瑞士亿万富翁、一位加拿大百万富翁和全球最大的公关公司的帮助下，它们很有可能取得成功。

1994 年底，可持续发展工商理事会与另一个绿色商业网络——世界工业环境委员会——合并成为世界可持续发展工商理事会（World Business Council for Sustainable Development，WBCSD），总部仍设在日内瓦。[95] 因此，可持续发展工商理事会变成了世界可持续发展工商理事会，其新任主席来自全球第三大石油公司英国石油公司。

博雅公关公司还为工业界成立了其他的国际"掩护机构"。欧洲饮料纸盒与环境联盟（Alliance for Beverage Cartons and the Environment）的成立是为了"捍卫饮料纸盒，抵制环境与

119

监管压力"。1990 年 5 月，在挪威召开的共同的未来行动会议（Action for a Common Future Conference）上发起了这一联盟。该联盟代表 12 家纸板与饮料纸盒制造商：艾罗派克公司（Elopak）、宝华特公司（Bowater）、利乐包装公司、比勒吕德公司（Billerud）、埃森古察公司（Enso-Guzeit）、弗洛维公司（Frovi）、瑞典考斯拉斯（Korsnas）、冠军集团（Champion）、国际纸业公司（International Paper）、波特莱克公司（Potlach）、维实伟克公司（Westvaco）以及惠好公司。[96]博雅公关公司的内部文件显示，博雅公关公司在欧洲的各办事处负责协调此次活动。他们利用布鲁塞尔的一家游说公司罗宾逊-林顿（Robinson-Linton），并让"白帽子"——即第三方利益集团——代表他们进行游说。他们还提议举办一次午餐会，以及"由一个公认的环境权威在重要刊物上发表一篇文章"。公关公司经常花钱聘请知名学者为媒体撰写论文，但公众并不知道他们在辩论中代表既得利益。例如，最近在美国发生的一个例子是，爱德曼国际公关公司（Edelman PR Worldwide）向哈佛大学公共卫生学院的一位教授支付了 2500 美元的费用，请他在一篇代笔的社论上签名，但这位教授拒绝了，并将此事公之于众。[97]

  博雅公关公司的内部文件还透露了"第三方"科学家的存在："他们的投入非常有价值，因此我们必须尽可能地确保他们把时间都花在了客户身上。"欧洲饮料纸盒与环境联盟的议程还包括，邀请媒体参观饮料盒回收厂，并出版时事通讯，目的是为饮料纸盒营造一种"绿色光环"。有文件记录，在一次主题为"我们希望他们怎么想"的头脑风暴会议上，传达出来的信息就是"不要担心，你做出了正确的投资。饮料纸盒包装对环境无害"。[98]

到 1991 年，饮料纸盒与环境联盟已经取得了一些成功，在 50 多家主要的国际出版物上都发表了文章。在丹麦，联盟与部长们举行会谈，最终结果就是"在即将开展的有关纸箱收集与回收的研究中，成功地把聚碳酸酯瓶排除在外"。媒体的关注在丹麦、法国、德国、荷兰与英国都十分成功。联盟的内部文件谈到"环保主义走向了极端"，并且"环保狂热分子关注废弃物，认为废弃物是如今抛弃型社会的象征，而饮料纸盒则成为必须被清除的罪恶的象征"。[99]其他公关公司也试图将环保主义者边缘化为极端主义者（参见下一章）。

纸盒制造商利乐公司也与澳大利亚的一场纸盒生产公关活动（参见第九章），以及听起来环保的"掩护机构"废弃物观察者（Waste Watchers）有联系。首先，废弃物观察者似乎是一个环保组织，它们反对使用玻璃瓶，支持焚烧纸板包装。但实际上，废弃物观察者与利乐公司之间存在重要的私下联系。[100]在废弃物观察者批评德国环境部开展的减少废弃物的公共宣传活动之后，英国环境参议员弗里茨·法伦霍尔特（Dr Fritz Vahrenholt）回应道：

"我并不是要反对包装生产行业的批评，也不是要反对有关不可回收的游说团体。然而，如果它们将自己伪装成一个独立的环保组织，那么它们就是在混淆视听。我要为它们的愚蠢批评而感谢它们，正是因为它们的这些批评，废弃物观察者才暴露出它们所支持的阵营以及它们隐藏的议程是什么。它们将自己暴露无遗：它们并不是一个真正的环保组织。"[101]

还有其他的例子能够说明博雅公关公司笼络或雇用了研究环

境问题的环境专家。在英国，博雅公关公司聘请了西蒙·布莱森（Simon Bryceson）担任公共事务高级顾问。西蒙·布莱森是地球之友的前任董事会成员，也是绿色和平组织的顾问，现在还是环境媒体慈善机构媒体自然（Media Natura）的董事会主席。[102] 媒体自然由绿色和平组织英国的现任项目总监克里斯·罗斯（Chris Rose）创立。克里斯·罗斯与布莱森一样，现在仍是绿色和平组织的董事会成员。博雅公关公司还曾短期聘请德斯·威尔逊（Des Wilson）。曾有人形容威尔逊是"大型企业的祸害"，在 20 世纪 80 年代，英国独立电视台新闻节目（Independent Television News）称他是十年最佳环保主义者。威尔逊领导了住房压力集团避难所（Shelter），开展了英国的无铅汽油活动，指导了信息自由运动（Campaign for Freedom of Information），并在那十年担任地球之友的主席。在 20 世纪 90 年代，威尔逊成为博雅公关公司的公共事务与危机管理总监，他的薪水超过 10 万英镑。[103] 后来威尔逊离开博雅公关公司，加入了英国机场管理局（British Airports Authority）。他努力宣扬伦敦希思罗机场 5 号航站楼的"环境效益"，这让政府官员有机会抨击环保主义者，说他们是谋求个人经济利益的机会主义者。[104]

博雅公关公司还在加拿大成立了一个"掩护机构"——清洁与可再生能源联盟（Coalition for Clean and Renewable Energy），以对抗反对魁北克电力公司在魁北克建造大型大坝的计划。批评者认为，魁北克电力公司提出的计划将淹没 4000 平方英里的土地，释放出大量的汞，还要重新安置当地的克里人。约翰·狄龙（John Dillon）在《秘密行动》（Covert Action）中提到了公关公司的行为造成的后果：

121

"博雅公关等公司变成了操纵大师。如果一个支持公用事业的组织给自己取一个吸引人的、听起来很环保的名字，如果人们并未发现公共论坛上的演讲者的名字出现在魁北克电力公司的工资单上，如果所谓的环保分子其实是反对者的间谍，那么假象就会获胜，而真相则成了牺牲品。"[105]

伟达公关公司

另一家全球反环境公关公司伟达公关公司也在扭曲真相。伟达公关公司的客户包括：美国钢铁协会、美国纸业协会（American Paper Institute）、美国石油协会、阿什兰石油公司、波音公司、化学废弃物公司（Chem Waste）、汽巴-嘉基公司、杜邦公司、赫斯特公司、国际商业机器公司、强生公司、刘易斯安那-太平洋公司、马拉松石油公司、孟山都公司、核电公司（Nuclear Electric）、奥林公司（Olin Corporation）、百事可乐公司、菲利普莫里斯公司、宝洁公司、山德士公司、史克必成制药公司、优尼科石油公司、惠康公司（Wellcome）、惠好公司以及沃尔沃斯公司（Woolworths）等。[106]

《多伦多星报》（*The Toronto Star*）的朱迪·斯蒂德（Judy Steed）指出，伟达公关公司的策略"引起了人们对游说者控制世界各地民主进程的严重担忧"。[107]伟达公关公司的一位前雇员甚至说伟达公关公司是"一家没有道德准则的公司"。[108]伟达公关公司还协助了阿拉斯加州埃克森·瓦尔迪兹号（Exxon Valdez）漏油事故和三里岛事故的善后工作。苏珊·特伦托（Susan Trento）在她的著作《发电厂》（*The Power House*）一书中讲

122

述了伟达公关公司是如何反击环保运动的：

"在越南战争最激烈的时期，伟达公关公司招募学生在大学校园里参加宣讲会和示威游行，并提交报告，说明自己学到了什么。伟达公关公司的目的是告诉客户，它有能力发现激进运动的新趋势，尤其是与环境有关的问题。毕竟伟达公关公司的客户代表了该国最大的一些污染企业，包括大型化工、钢铁与制造企业。它的许多企业客户都在新兴且日益强大的环保组织的'肮脏名单'上。"[109]

例如，特伦托称："伟达公关公司与宝洁公司合作，将磷酸盐保留在洗衣粉中——尽管这种化学物质的环境问题是不可生物降解，并且对更清洁的衣物也没有显著贡献。"[110]伟达公关公司的弗兰克·曼凯维奇（Frank Mankiewicz）说："我们的大企业客户被环保运动感到胆战心惊。""他们感觉，大多数人都反对他们，人们的情绪都偏向另一方——如果能够听到人们的情绪的话。他们认为政治家将屈服于这种情绪。我认为企业的这种看法是错误的。我认为企业太强大了，他们才是当权派。"[111]

乔恩·恩泰（Jon Entine）在《商业伦理》（*Business Ethics*）杂志上写了一篇文章批评美体小铺公司（Body Shop）。之后，美体小铺公司就聘请了曼凯维奇和伟达公关公司。[112]

内部文件表明，伟达公关公司还告诉企业，绿色和平组织将以它们为攻击对象，以此给自己创造有关环境问题的工作机会。1989年，伟达公关公司寄了一封信给富达轮胎公司（Fidelity Tire Company），信中说该轮胎公司"可能遭遇绿色和平组织这一'激进组织'制造的非同寻常的困难和危机"。伟达公关公司可以向富达轮胎公司提供一个机会，"以可靠有效的方式传达信息，先发制人"。[113]

与博雅公关公司一样，伟达公关公司也试图让全世界相信，那些人权纪录令人震惊的国家是很好的商业伙伴，例如埃及、海地、印度尼西亚、科威特、摩洛哥和土耳其。[114]伟达公关公司的负责人罗伯特·格雷（Robert Gray）是文鲜明和奥利弗·诺斯（Oliver North）的朋友。格雷成立了一些"掩护机构"为统一教进行游说，也为美国青年争取自由组织（Young Americans for Freedom）工作。[115]

图 4.1 海湾战争造成重大的人员伤亡和环境代价
资料来源：环境照片库/迈克尔·麦金农。

伟达公关公司还领导了说服全世界开战的活动，这非常不可思议。与此相比，所有其他活动都不值一提。1990 年，萨达姆·侯赛因（Saddam Hussein）入侵科威特之后，伟达公关公

123

司成立的自由科威特公民组织（Citizens for a Free Kuwait）花了科威特人 800 万美元，说服全世界解放这个国家。[116]《哈珀斯》（*Harper's*）杂志的出版商约翰·麦克阿瑟（John MacArthur）指出，伟达公关公司的活动相当于"大规模地颠覆民主"。[117]伟达公关公司安排科威特大使的女儿以一位普通科威特少女的身份出现在美国，说她亲眼目睹了伊拉克士兵把婴儿从保育箱中取出并杀害。这一证词促使美国参战。但这一证词完全是虚构的。[118]

可持续发展

随着公关公司采用全球战略来应对全球生态问题，真相正在成为牺牲品。随着跨国公司进入世界各地的发展中国家，公关大师布鲁斯·哈里森认为，公关公司的作用变成在全球范围内传达其客户的"绿色"政策。[119]未来十年，公关公司的主要任务是推动客户实施可持续发展的承诺。

可持续发展已经成了 20 世纪 90 年代的发展口号。[120]自从布伦特兰委员会（Brundtland Commission）于 1987 年提出可持续发展概念以来，它似乎已经变成了解决所有生态问题和全球污染的灵丹妙药。"可持续发展是指既满足当代人的需求，又不损害后代人满足自身需求的能力的发展。"人们团结在这一旗帜下，每个人都致力于实现这个社会、文化与环境的乌托邦。《世界发展杂志》（*World Development Magazine*）上的一篇文章写道："可持续发展是一种'元解决方法'，它能将所有人团结起来，包括只顾赚钱的企业家、追求风险最小化以糊口的农民、追求平等的社会工作者、关心污染问题或热爱野生动物的第一世界公民、追求增长最大化的决策者、目标导向的官僚，以及选举出的政治家。"[121]

公关人员喜欢这个概念。布鲁斯·哈里森说："对于要走向绿色的企业来说，可持续发展是指导商业决策的一个关键概念。"[122]可持续发展工商理事会也喜欢这个概念。但对它们来说，"自由贸易对可持续发展至关重要"。[123]工业界也喜欢这一概念，壳牌石油公司说："能源需求的增长几乎是实现可持续发展的先决条件。"[124]无限的增长和自由贸易肯定意味着一切照旧。并用技术修改的幻象，让公众吞下由此产生的生态破坏的苦果。

以农业为例。每年全球农药市场的价值是 200 亿美元。据估计，到 2000 年，种子市场的价值将达到 280 亿美元，其中转基因品种将占到 120 亿美元。未来的全球种子市场将由一小部分巨型企业操纵和垄断，这对全世界的农民和消费者而言并不是一个可持续的未来。但生物技术被视为可持续的未来国际社会的一个增长领域，在这个未来世界里不会再有人挨饿。

可持续发展的普适性及其解释的多样性，正是可持续发展的问题所在。[125]乔伊斯·尼尔森说："难怪'可持续发展'正迅速成为全球企业董事会决策的流行词。""它实际上意味着持久地发展，不断改变生态系统以迎合人类的贪婪。"[126]甚至布鲁斯·哈里森也承认："经过多年的辩论，可持续发展仍然只是一个理论概念。它是永远不可能实现的绿色目标。它意味着增长加绿色，或绿色加增长。如何定义它，取决于你生活在哪里。"[127]可持续发展的定义在很大程度上还取决于你为谁工作，因此可持续发展的定义实际上是没有意义的。马克·道伊巧妙地对分歧进行了总结："对企业经济学家来说，可持续发展意味着企业可以永远经营下去。而对环保主义者来说，可持续发展能让地球永远运行下去。"[128]但两者未必兼容。

环保企业家保罗·霍肯补充道：

"企业希望推广的'绿色'环保主义证明，增长和资源的扩张性使用是正当的。这与真正解决承载能力、水位下降、生物贫乏和物种灭绝等关键问题的那种环保主义之间仍存在巨大的鸿沟。尽管企业新近发现了对环境的良好意图，但企业根本没有改变。"[129]

事实是，当前几乎所有的企业活动都是不可持续的，一些企业已经认识到这一事实。沃尔沃公司（Volvo）承认，"我们的产品会产生污染、噪音和浪费。"被许多人认为是一家进步企业的美体小铺公司，也对"任何企业都能是'环境友好型'的"观点提出了质疑。美体小铺公司认为："这是不可能的，所有企业都会造成破坏。"[130]

当前的企业活动已经对未来造成了破坏，人们很难相信可持续发展，因为可持续发展的定义已经没有意义了。科学家估计，每年约有 5 万种生物从地球上消失，大约每天是 140 种。[131]可持续发展这一错误百出的矛盾词汇，最终可能成为一个漂绿的谎言，意思是"一切照旧"。可持续发展被理解成"多重利用""明智利用""可靠的科学""市场解决方案""自由市场环保主义""解除管制""自由贸易"和"增长"。这些词汇还将企业描绘成了绿色全球化中最环保的伙伴，从而实现了一次范式转换。

第五章　范式转换

"事物的进展总比我想象的要快一些……做一个持相反意见者是件很酷的事情，做一个持相反意见的自由主义者也不错。"

——《被围攻的科学》(*Science Under Siege*) 一书的作者

迈克尔·福门托 (Michael Fumento)[1]

策略

蕾切尔·卡逊是一位共产主义者，你难道不知道吗？她可能引发了当代的生态运动，但她与其导师——共产主义者——一样，具有颠覆性，非常腐败。这样的说法不绝于耳……

DDT 的制造商美国维尔斯科尔化学公司 (Velsicol) 谴责卡逊"与邪恶势力勾结"，说她攻击化学工业的目的是制造"所有企业都是贪婪、不道德的这一错误印象"，以"减少在美国和西欧的化学品使用，从而使粮食供应量降低到与东欧铁幕国家相当的水平"。[2]孟山都公司还出版了一本名为《荒芜之年》(*The Desolate Year*) 的书来回应《寂静的春天》，这部作品滑稽地模仿《寂静的春天》，描绘了在不使用 DDT 的美国，蝗虫泛滥成灾。他们把这本书寄给了 5000 多家媒体。维尔斯科尔化学公司还起诉了《寂静的春天》的出版商霍顿·米夫林出版公司（Houghton Mifflin）。[3]

工业界和政治右翼对卡逊著作的回应恰恰印证了前两章所涉及的问题，本章将对这些问题进行进一步的探讨。首先，工业界试图给卡逊贴上颠覆势力、共产主义势力和邪恶势力的标签，说她会使我们的生活水平暴跌并将社会拉回到黑暗时代，从而使企业给人留下这样一种印象：工业界代表的是温和理性的声音，工业界要对抗不合理的反对力量。其次，企业试图用于抨击卡逊的那些科学论点是毫无事实根据的和极端的。它们声称工业界才是真相的来源，工业界要反对不合逻辑和不准确的对手。

布莱恩·格里克（Brian Glick）记录了政府对社会变革活动分子进行的骚扰。他认为，如果像卡逊这样的环境活动分子有能力威胁到企业的利润空间，那么他们就可能遭到打击报复。格里克宣称，长期以来，"当持异议的团体开始对现状造成严重威胁时，就会遭受攻击"。[4]全球环保主义者所遭受的攻击越来越多，因为环保活动家被描绘成科学、媒体、政治家以及最终真相的操纵者。如果环保主义者所开展的任何运动取得了成功，或者得到了关注，从而破坏了政府、行业或企业媒体（corporate media）的现状，那么他们就会遭到直接和强烈的反击。绿色和平组织在欧洲开展布兰特-斯帕尔运动时，就遭到了强烈的反击；它们1995年在新西兰反对法国核试验时也遭到了强烈的抵制。这些都预示了环保运动者的未来处境。

反环境右翼对卡逊著作的回应既表明了他们所运用的策略，也表明了这些论点流传的持续时间之久。在《寂静的春天》出版约30年后，竞争企业协会的副政策分析师帕特里克·考克斯

(Patrick Cox) 在评论卡逊和反有毒物质运动时，还说他们是"歇斯底里的空想家"。政治研究协会的契普·伯利特分析了考克斯的论述，以及支持和反对 DDT 的言论。

伯利特写道：

"那些反对农药，认为 DDT 不安全的人是在排斥科学。他们患上了'环境臆想症'。他们传播'世界末日般的小道消息'，却'没有证据'证明他们'歇斯底里式的预言'。他们通过'误导老百姓'来愚弄媒体。他们是'不择手段的勒德派筹款人'。他们'下意识地恐惧化学品，排斥农药'。他们给消费者造成了'大量不必要的开支'。"[5]

另一方面，伯利特说，那些支持 DDT 的人，"支持科学和逻辑；得到了'真正科学共同体的支持——他们进行对照研究、双盲实验与同行评议'；还帮助美国的消费者和农民省了钱。"[6]

契普·伯利特认为，可以把这种口头压制所有运动的方式称为"范式转换"。伯利特说："范式转换意味着公众对政治运动的看法发生了重大的负面变化，最终使政治运动受到损害。"[7] 在这种情况下，范式转换不仅意味着给环保运动强加罪名，还意味着漂绿工业。其策略很简单：使反对者去合法化、将其妖魔化，同时将自己合法化甚至神化。

通过重构公共辩论中的言辞，重塑公众眼中的参与者的形象，重新定义词汇的含义，就有可能修复第 3 章中解释的"合法的裂缝"。工业蜀漂绿的过程，就是将在生态或社会上不合法的过程合法化。漂绿创造了范式转换，使工业企业看上去是合情合理、有爱心的、致力于公共利益的。正如我们所看到的，工业界正越来越多地使用"可持续发展"这一术语来推进"一切照旧"

128

的方案。"常识""可靠科学""明智的经济学""可持续利用"和"环境平衡"等词汇都已经悄悄地进入了企业的词汇表。许多行业掩护机构或所谓的"公民联盟"不断地提到这些词汇，以"明智"地这样做，"合理"地那样做或"负责任"地那样做。

范式转换的另一种方法是让你的反对者看上去像是善于操纵的、极端主义的暴力颠覆运动参与者，说他们一心想破坏就业和我们熟悉的生活方式。他们正齐心协力地将和平的环保运动描绘成暴力运动。当然，这样做会使环保运动失去公众的支持和同情，同时增加公众对自己的支持。"操纵""虚假信息"和"宣传"似乎是 20 世纪 90 年代全世界新闻界的流行词汇，因为他们试图为现状辩护。

将范式转换的两种策略结合起来，是环境抵制运动极为擅长的事情。就像漂绿使得工业界合法化一样，用温和而模棱两可的话语也将反环境主义者描绘成了主流。就像工业界使用"漂绿"一样，明智利用运动也在使用"漂白"。将环境抵制运动命名为"明智利用"，提倡土地的"多重利用"，并主张"将人放回环境等式中"。这是范式转换的第一步，明智利用运动成为"主流"，而环保运动则变得"极端"。

明智利用运动的主要观点是，明智利用运动能平衡自然与人类的需求，而激进的环境极端主义者却不追求这种平衡。罗恩·阿诺德说："明智利用运动代表着人与自然在生产上的和谐共处。"[8]反环境主义者借助这种关切性的言辞，开始诋毁他们的反对派。明智利用的策略中毫无关切或和解，只有对抗，他们没有采取任何措施来解决造成的任何问题，他们只会使问题恶化。他们在单一问题上找替罪羊的策略切断了影响社区的复杂经济和社

129

会因素，导致了两极分化和疏远。例如，虽然环境监管在某些情况下会给人们造成一些困难，但监管并非是造成这种情况的唯一因素。受影响社区中社会问题的真实原因在于，企业没能使某些地区的劳动力或工作机会多样化。追求短期利润的政策是以牺牲长期生存能力为代价的。

这种范式过程的最终结果，是使美国的环保主义运动边缘化。这种边缘化过程虽然还没有在其他国家发生，但那也只是时间问题。随着全球工业将其活动国际化，政府会在竞争激烈的全球市场中吸引这些工业进入他们的国家。因此，那些站出来质疑与工业有关的生态、社会或文化问题的人将会经历"范式转换"。

实际上，这是我们第一次看到环境抵制运动的"蓝图"或"模板"。我们发现不同国家所采用的手段相差无几。例如在北美、澳大利亚和欧洲等地区，这些国家的反环境组织与其在美国的"明智利用"同行之间有直接的联系。在其他地区，虽然没有已知的联系，但本质上明智利用运动偷偷参与了反环境游戏。

全球公关公司和全球性的产业也是这些使用手段的主角。公关公司已经为他们的跨国客户制定了策略，用于攻击全球任何地方的环保活动家。环保主义者现在必须意识到，任何成功的运动都可能给他们带来严重的危险，因为这些公司会试图将他们妖魔化和边缘化，并提倡企业环保主义。在一个国家针对一组环保活动家的手段，现在被用来对付全球其他地方的环保活动家。人们必须意识到，尽管实际上可能并不存在一个协调一致的反环境阴谋，但针对环保主义者的有效手段正越来越多地联系在一起。这些手段的唯一目的就是，使公众对环保运动的看法发生范式转换，从而先将环保运动边缘化，最终被有效地摧毁。

以下是美国反环境主义者在范式转换过程中所使用的主要策略。

给自己起一个环保的名字

如前所述，许多行业掩护机构和明智利用组织都有一个环保的名字。这样做的目的只有一个，就是混淆视听，让公众相信它们真的在为积极的环境变化而努力。例如：环境资源联盟（Alliance for Environmental Resources）、美国环保基金会（American Environmental Foundation）、关心湿地委员会（Committee on Wetlands Awareness）、负责任的环保主义者联盟（Coalition of Responsible Environmentalists）、保护联盟（Conservation Coalition）、环境保护组织（Environmental Conservation Organization）、永恒森林（Forests Forever）、河流之友（Friends of the River）、环境平衡全国委员会（National Council for Environmental Balance）、全国湿地联盟（National Wetlands Coalition）、我们的土地协会（Our Land Society）、负责任的环保主义基金会（Responsible Environmentalism Foundation）、拯救我们的大地（Save Our Lands）、水土保持协会（Soil & Water Conservation Society）、树木（TREES）和野生河流保护联合会（Wild Rivers Conservancy Federation）等。[9]

现在，世界各地的公关公司都在使用这种策略。在澳大利亚、欧洲和加拿大都有一些听上去很环保的行业掩护机构。正如第3章所讨论的那样，目前化石燃料行业有3个听上去很环保的联盟正在促进气候变化问题上的不作为，它们分别是全球气候联盟、气候理事会和国际气候变化伙伴。

自称为"真正的"环保主义者，称环保主义者为"保护主义者"

因为环保主义者和环保主义现在在美国拥有广泛的支持基础，所以反环保主义者有必要尝试利用这种支持，同时疏远他们的传统支持者。实现这种企图的一种方法，就是说自己才是真正的环保主义者，而环保主义者是"保护主义者"。下面给出几个例子。

威廉·佩里·潘德利说："我们是真正的环保主义者。我们是地球的管家。"[10]艾伦·戈特利布说："明智利用将是 21 世纪的环保主义。"[11]蓝丝带联盟的克拉克·柯林斯说："我把所有这些都看成是一种新的环保运动。把我们描述成强奸犯和掠夺者是不对的。我们要保护环境。"[12]罗恩·阿诺德说："我们并不是要破坏环境。我们比他们更热爱环境。"[13]竞争企业协会的弗雷德·史密斯坚称："我们都是环保主义者。"[14]

称环保主义者为宗教狂热分子

例如，罗恩·阿诺德说："他们是异教徒，愿意牺牲人类来拯救树木。"[15]查克·库什曼说："环保主义是一种新异教。它崇拜树木，牺牲人类。"[16]海伦·切诺韦斯在 1993 年的里诺大会上说："我们陷入了一场精神战争，其规模史无前例……参战的一方认为上帝把我们放到这个地球上，另一方则认为上帝就是大自然。"[17]

给环保主义者贴上共产主义者的标签

威廉·佩里·潘德利在 1993 年的明智利用会议上说："环保主义者就像西瓜一样，里面是红色的，外面是绿色的。"[18]凯瑟琳·马奎特在 1994 年的明智利用会议上提到"西瓜人"。[19]卡特伦县的詹姆斯·卡特伦（James Catron）在环保组织大会上说："我们不是与环保主义者作斗争，而是与暴政作斗争。地球优先组织与斯大林之间没有道德上的区别。如果激进的环保主义者掌握了下桥，你们就无法生存下去，你们都不能幸免。"[20]加州妇女木材协会的琼·史密斯（Joan Smith）将环保运动比作共产党。[21]丰富的野生动物协会（Abundant Wildlife Society）说："内部敌人就是环保主义者。我们必须注意到，环保主义的意识形态与马克思主义非常相似。"[22]俄勒冈公民联盟（Oregon Citizens Alliance）的比尔·班尼特（Bill Bennet）说："这股绿色浪潮实际上是席卷美国的新红色浪潮，即新社会主义。"[23]

称环保主义者为纳粹

查克·库什曼在 1994 年的里诺大会上提及"生态纳粹"。[24]库什曼说，国家公园是"风景优美的古拉格集中营"。[25]明智利用活动分子迈克尔·科夫曼谈到"绿色盖世太保（译者注：德国纳粹秘密警察）"。[26]美国联盟的派特·布拉德伯恩（Pat Bradburn）也提及"绿色盖世太保"。来自大西北联盟的布鲁斯·文森特与威廉·佩里·潘德利一样，把环保组织地球优先组织比作纳粹，威廉·佩里·潘德利说"他们比希特勒的法西斯分子好不了多少"。[27]还有的"明智利用"文献也提到了"野生动物盖世太保"。

视环保主义者为精英主义者

阿诺德说："环保主义者是富裕的、受过良好教育的人，他们的需求层次如此之高，以至于他们极力嘲笑和蔑视像食物和住房这样的较低层次需求。"[28]西部人民组织说："环保主义者身上散发出精英主义和傲慢自大的气味。"[29]

使人们产生一种印象：环保运动另有企图

1994 年，美国联盟的迈克尔·科夫曼说联合国在操纵环保运动，联合国的目标是彻底改变我们的文化与社会体系。[30]还说"老古董"比尔·克雷默（Bill Kramer）是"愤怒的环保主义者"，他谈及"生态极权主义"和"由对人类的敌意驱动的独裁的环境官僚主义"。"这些资金雄厚，所谓'非营利'组织的领导人迫使野心勃勃的政府官僚控制生活的方方面面，即那些让我们的存在变得有意义的事情：娱乐、体育、就业、私人财产，甚至我们的卧室"。[31]迪克西·李·蕾说："如果你不与盲目的环保规定和非理性作斗争，你就会发现自己生活在一个法西斯主义的警察国家。"[32]

将环保主义者妖魔化为极端分子或反美分子

这也不是一个新现象。长期以来，任何为社会变革而运动的

133　人都会被认为是反美分子。1992 年，理查德·卡吉斯和理查德·格罗斯曼写道："根据一位经济学家的说法，环境激进主义的'带有强烈的反美主义色彩'。"[33]他们还写道："那些争取八小时工作日、最低工资、社会保障和加入工会的权利的人，不管他们的分析和需求是什么，都会被称为无政府主义者、社会主义者、共产主义者和反美的麻烦制造者，从而使他们的公信力遭到破坏。""如今，商业领袖、政府官员、民选代表、学者，甚至一些劳工领袖，都使用类似的词汇来描绘环保主义者。"[34]

美国联盟的大卫·霍华德提及"环境极端主义者"。[35]冰岛电影制作人马格纳斯·古德蒙松在 1994 年的联盟大会上谈及"极端主义团体"。比尔·韦沃（Bill Wewer）在 1994 年的明智利用会议上说到"环境极端分子"。[36]西部人民组织的比尔·格兰诺提到"环境极端主义"。[37]来自阿拉斯加州安克拉治的保拉·伊斯丽（Paula Easly）在 1994 年的明智利用会议上建议把环保主义者称为"封口布"，因为他们"堵住了自由的嘴"。[38]克拉克·柯林斯在 1993 年的明智利用会议上说："我们的对手是仇恨团体。"[39]

环保主义者要扼杀你的工作机会和经济并摧毁文明或资本主义

罗恩·阿诺德说："环保主义者是邪恶的化身。环保主义者捏造环境威胁，目的是为了招募会员和赚钱。环保主义者'正在摧毁工业文明'。"[40]美国联盟的大卫·霍华德说："我们在为我们的生命而战，为我们的生存而战，为我们的国家而战。"[41]明智利用是"为了生存而进行的战斗和战争"。[42]黄丝带联盟说："如果我们不团结起来，我们就会灭亡，成为激进的保护主义运动的受害者。"[43]俄勒冈公民联盟的比尔·班尼特说：

"环境极端主义者把动物看得比人重要，他们宣称地球正在变得人口过剩（让人们接受堕胎是环境的必须），他们反对任何与核能有关的事情，他们认为每周都会出现新的环境威胁，这些人都在暗中寻求资本主义的灭亡。"[44]

驳斥科学家以淡化环境遭到的威胁

格兰特·戈伯说："环保主义者是'反科学的'。"[45]美国联盟说："弗雷德·辛格（Fred Singer）努力驳斥不切实际的科学理论。"[46]罗恩·阿诺德在谈及臭氧层空洞时说："根本没有这样的事情。"阿诺德认为，如果氯氟烃会损耗臭氧，那为什么在生产氯氟烃的工厂上空没有出现臭氧空洞？酸雨也被夸大了。[47]阿诺德说，全球变暖、艾拉（译者注：一种调节水果生长的化学品，后被发现为致癌物，于 1989 年禁用）和物种枯竭都是纯粹的恐吓战术，目的是"制造危机的假象"。[48]消费者警报组织（Consumer Alert）的芭芭拉·基廷-艾丝（Barbara Keating-Edh）在 1994 年的明智利用会议上说环保主义者是"恐慌的贩卖者"。[49] 1994 年，迈克尔·科夫曼在美国联盟大会上说："酸雨、全球变暖都是环保主义者'极端幻想'出来的问题。"明智利用活动分子巴德·休斯顿（Bud Houston）说："人类并没有造成臭氧消耗或全球变暖或酸性湖泊。它们都是自然状态。"[50]

环保主义者是暴力恐怖分子

林登·拉鲁什是最早给参与任何进步抗议活动的人贴上"恐怖分子"标签的人之一。[51]社会各界纷纷效仿他，把环保主义者称为"恐怖分子"。威廉·佩里·潘德利称绿色恐怖分子。山地州法律基金会举行了有关生态恐怖主义的会议，并把地球优先组织说成是一个恐怖组织。[52]1990年，山地州法律基金会起诉美国林业局（US Forest Service），试图阻止它们给"环境恐怖组织"发放许可证。[53]格兰特·戈伯还为佐治亚太平洋公司和埃克森公司等举办过有关生态恐怖主义的研讨会。[54]1990年，传统基金会为庆祝地球日出版了一份简报，标题为"生态恐怖主义：环境运动的危险边缘"。

以上最后两个问题，即驳斥环境科学和把环保主义者妖魔化为暴力分子，是范式过程的关键部分，值得进一步分析。

135 反科学

范式转换来自有理由反对环保主义者的社会各领域，包括工业、公关公司、明智利用运动、政府、右翼以及越来越多的媒体。长期以来，林登·拉鲁什以及与他有关的出版物一直在诽谤环保主义者，并攻击环境科学。大多数范式转换过程都可以直接追溯到他。明智利用活动分子也正在利用拉鲁什的反科学言论和不切实际的阴谋论。民兵组织也是如此。更重要的是，通过明智利用活动分子、右翼组织和电台节目主持人，这些激烈的言辞正在进入主流媒体。

拉鲁什的言论与明智利用运动十分相似。他说臭氧消耗是一场骗局，并且像绿色和平组织和塞拉俱乐部这样的团体是"疯子团体，他们决心……摧毁工业社会，以建构一个它们所认为的后工业化的、人口稀少的星球"。[55]拉鲁什派四处散播他们的思想，不仅借助《21世纪科学与技术》和《全球策略信息》进行传播，现在已经深入到了华盛顿的中心地带。1994年，《生物多样性公约》之所以没有被签署，就是因为拉鲁什的同伙和明智利用活动分子开展了一场抵制运动。在那一年的两场主要的反环境会议上，人们不断地重复着离奇的阴谋论，说环保运动的终极议程是毁灭人类。拉鲁什的同党罗杰·马杜罗警告说："人口是环保主义者的敌人……其真实的议程是消灭人类。"[56]由于这种所谓的反人类偏见，马杜罗建议参加里诺会议的人应当与反堕胎运动联合起来。[57]

拉鲁什的出版物为许多反环境理论提供了一个平台，这些出版物还积极支持杀虫剂与核能的使用。许多反环境科学家都在《21世纪科学与技术》上发表文章，宣扬各种阴谋论和反科学理论。对读者而言，唯一的问题在于区分出哪些是真的，哪些是假的。1992年，《全球策略信息》的一条头条标题是"拯救地球上的人类：解除DDT禁令！"[58]《21世纪科学与技术》杂志的总编辑马乔里·梅泽尔·赫克特（Marjorie Mazel Hecht）指出："DDT是所有环保骗局'之母'，从拯救鼠尾草到臭氧空洞。"[59]赫克特说："环保主义者在禁用DDT上所取得的胜利导致数百万人死亡……DDT并没有那些危言耸听者所声称的有害影

136 响。"[60]《21 世纪科学与技术》上发表的文章还把蕾切尔·卡逊比作约瑟夫·戈培尔（Joseph Goebbels）【译者注：约瑟夫·戈培尔是纳粹德国时期的国民教育与宣传部部长，擅长讲演，被称为"宣传的天才""纳粹喉舌"，以铁腕捍卫希特勒政权和维持第三帝国的体制，被认为是"创造希特勒的人"】。[61]

长期以来，与拉鲁什有关的出版物一直声称，增长是没有极限的，因为它可以通过核能来实现。例如，《21 世纪科学与技术》杂志上的一篇题为"世界需要核能"的社论宣称："具有讽刺意味的是，核能的承诺——促进经济繁荣和人口增长——正是招致其主要反对意见的原因。当今的新马尔萨斯主义者对核裂变感到深恶痛绝，因为这意味着增长没有了极限。"这篇文章宣称："1965 年到 1980 年期间，由于核能的发展在全球受到阻碍，至少有 1.15 亿人不必要地死亡。"[62]

罗杰·马杜罗也是主要的臭氧怀疑论者之一，他认为"不存在长期的臭氧消耗……臭氧空洞是一种自然的、季节性的现象"，而且"氯氟烃会落到地面消散；不会进入平流层"。[63]马杜罗还认为温室效应是一场骗局。[64]拉鲁什的其他杂志也坚持这种观点，认为全球变暖是世界联邦主义者的阴谋："克里姆林宫的领导人及其三边委员会朋友正在利用'生态紧急情况'作为借口，破坏国家主权并建立单一世界秩序"。[65]

除了马杜罗这样的拉鲁什派科学家之外，反科学论的主要拥护者还包括十几位极其著名的"独立"反环境科学家。他们的论著常常被工业界、政府、右翼和明智利用活动分子用来诋毁环保科学家。因此，正如工业界利用"第三方"草根团体来争取人们对其事业的支持一样，同样，"第三方科学家"的存在也是用来证明企业的产品在本质上是无害的。许多科学家获得了工业界的巨额资助或支持，进而鼓吹一些有利于这些企业的科学论点。

他们的大部分研究都掺杂着科学、怀疑论、冷嘲热讽与栽赃。正如明智利用运动试图将所有生态辩论两极分化为"环境与就业""我们与他们"一样，怀疑论者将科学辩论集中在预测许多生态问题的后果所固有的不确定性上，从而将科学争论两极分化为"我们是对的，他们是错的"，不管怎么说他们都是"极端主义者"。正如明智利用活动分子夸大工作保障的不确定性一样，怀疑论者夸大了辩论中的科学不确定性。健全的科学研究需要论证充分的辩论，而不需要纯粹为了制造冲突和混乱的政治极化。

事实上，来自西北大气保护联盟（Northwest Atmosphere Protection Coalition）的里斯·罗斯（Rhys Roth）说这些科学家是"大气混淆论者"，他们"混淆美国人对温室效应的科学认知，以分散我们的集体关注和愤怒，使我们在政治上保持沉默"。[66]

这些气候怀疑论者、持相反意见者，又被称为反科学家，他们不仅制造混乱，而且还在传播公众对环境问题的偏执狂以及对反环境议程的同情。环保基金会的迈克尔·奥本海默（Michael Oppenheimer）说，"如果他们能让公众相信臭氧问题不值得采取行动，那么公众就没理由相信任何环境问题。"[67]

现在有无数书籍质疑环境科学。其中大部分书籍似乎都得到了右翼出版商或右翼智库的支持。有一些书籍的名称十分吸引人：伊迪丝·埃弗龙（Edith Efron）所著《世界末日》（*The Apocalyptics*）、罗纳德·贝利（Ronald Bailey）所著《生态骗局：生态末日的虚假预言》（*Eco-Scam：The False Prophets of the*

Ecological Apocalypse)、自由主义智库卡托研究所（Cato Insti-
tute）的专题研究《并非末日来临：科学、经济学与环境保护
论》（*Apocalypse Not：Science，Economics and Environmental-
ism*）、右翼分子、美国科学与健康委员会的伊丽莎白·惠兰
（Elizabeth Whelan）所著《毒物恐惧：癌症恐慌背后的真相》
（*Toxic Terror：The Truth Behind the Cancer Scares*）等。另
外，与竞争企业协会有联系的迈克尔·福门托撰写了《被围攻的
科学》、右翼资本研究中心（Capital Research Center）的乔·
邝·埃恰尔德（Jo Kwong Echard）撰写了《保护环境：陈词滥
调，新的要务》（*Protecting the Environment：Old Rhetoric，
New Imperatives*）。英国最近也出版了其他反科学书籍，这些
书籍在第 12 章中进行了分析。

迪克西·李·蕾

　　迪克西·李·蕾是两部著名的环境抵制著作的合著者，这两
本著作分别是《环境矫枉过正：常识到底怎么了?》（*Environ-
mental Overkill：Whatever Happened to Common Sense*?）以及
《毁灭地球》（*Trashing the Planet*）。迪克西·李·蕾是美国最
著名的反科学工作者之一，直到 1994 年去世。她被地球行动网
络（Earth Action Network）称为"抨击绿色的女蜂王"。[68]斯蒂
芬·雷珀（Stephen Leiper）在《宣传评论》（*Propaganda Re-
view*）中写道，她是"一个只能被称为伪科学的传播者，为全
球掠夺服务"，并且是"关于自然、环保运动和污染现状的虚假

信息的主要来源"。[69]迪克西·李·蕾得到了明智利用组织的支
持，她还是山地州法律基金会的董事会成员。[70]实际上，迪克
西·李·蕾去世后，山地州法律基金会主席威廉·佩里在其著作
《需要一位英雄》中特别向她致敬。[71]

138

　　迪克西·李·蕾坚决支持核电，并担任了多年的美国原子能
委员会（US Atomic Energy Commission）主席。《环境矫枉过
正》一书题献给的科学家之一是"氢弹之父"爱德华·泰勒
（Edward Teller）。[72]该书题献给的另一位科学家是核能的积极支
持者彼得·贝克曼（Peter Beckmann），他是《不使用核电的健
康危害》（*The Health Hazards of Not Going Nuclear*）一书的
作者。[73]迪克西·李·蕾认为：

　　"核能取得了无与伦比的成功。核能发电很安全。在美国和
西方世界超过四分之一世纪的商业运作中，没有发生过死亡事
故，也没有向环境释放过大量的放射性物质。"[74]

　　但迪克西·李·蕾却省略了这样的证据：由于塞拉菲尔德公
司（Sellafield）的排放，爱尔兰海现在是全球辐射性最高的地
方。历来，核电站职工就比普通人群的癌症患病率要高。核扩散
是全球大多数政府都担心的一个恐怖主义问题。蕾的著作中包括
"西方世界"这样的措词，却遗忘了那些因切尔诺贝利灾难（参
见下文）而丧命和仍在遭受辐射之苦的人们。[75]按照蕾的说法，
太阳能发电比核电更加危险，因为人们在安装太阳能电池板时有
可能从屋顶上坠落。

　　同时，蕾的言论类似于拉鲁什对"环境极端主义者、危言耸
听的环保主义者、末日论者、恐慌散布者"的警告，他们只想要
"世界政府"。[76]这种范式过程贯穿于蕾的书中，例如"冷静的理

性与危言耸听的环保主义无法共存"。[77]《纽约时报》评论蕾的第一本著作时写道："乍一看,《毁灭地球》一书似乎是在揭露环境问题,但实际上却是在呼吁核能与核技术。"评论还说:

"从最好的方面看,作者呼吁客观地分析环境问题,根据可接受与不可接受的风险来看待环境问题……但是,这些积极的方面却在情感主义、花言巧语和对事实的不公平挑选中消失了。简而言之,《毁灭地球》一书正是它所谴责的那种趋势的牺牲品。"[78]

蕾也经常在《21世纪科学与技术》杂志上发表文章。她说该杂志是"当今美国出版的最好的科学杂志之一"。[79]事实上,该杂志称她为"本世纪最伟大的女性之一"。[80]蕾有关臭氧消耗的信息主要来自罗杰·马杜罗的《臭氧惊恐的黑洞》一书。1995年诺贝尔化学奖得主、被许多人誉为臭氧研究之父的舍伍德·罗兰(Sherwood Rowland)说,马杜罗的书"很好地在一本书中收集了(该领域)所有的坏论文"。[81]加里·陶布斯(Garry Taubes)在《科学》杂志上指出,实际上"这是标准的坏科学技术"。"你只选取对你有利的证据,对其进行过度解释,并说其他与之相矛盾的证据都是阴谋的一部分。"[82]

蕾还引用了其他著名怀疑论者的论述,这些人反过来也引用了她的论述。实际上,这形成了一个自我延续的循环,每位研究者都引用另一位同伙的话,而这位同伙可能又反过来引用他们的话作为信息来源。这并不是说蕾这样做不对,而是说这些怀疑论者并没有引用那些占有压倒性多数的,与之意见相反的独立科学家的研究结论。周密独立的同行评议过程是可靠科学所需的正常安全网络。如果同行评议过程只是在封闭的互相支持的科学家们之间进行的，那么同行评议就失去了意义。联合国政府间气候变化专门委员会的主席伯特·博林（Bert Bolin）指出，怀疑论者的大多数研究结果都出现于通俗文章或半通俗文章里，而不是在同行评议的期刊上。[83]

《理性文选》

许多怀疑论者的成果还出现在另一本书中，而这本书也是它自己谴责的那种趋势的牺牲品。这部冗长的巨著就是《关于环境问题的理性文选》（*Rational Readings on Environmental Concerns*），它是有史以来最全面的反科学著作之一，其真实意图在于范式转换。这本书自称是"准确和详尽的环境科学数据的最佳来源"。除了迪克西·李·蕾的观点之外，还有许多最著名的反科学家的观点也被囊括其中，包括杰伊·H. 莱尔（Jay H. Lehr）、爱德华·克鲁格（Edward Krug）、戈登·爱德华（J. Gordon Edwards）、伊丽莎白·惠兰、彼得·贝克曼、乔·安·邝（Jo Ann Kwong）、休·艾尔塞瑟以及弗雷德·辛格等的反科学观点。

在这本关于科学的"理性"书籍中，环保主义者被称贴上了"极端主义者""世界末日论者""危言耸听者""狂热分子""冲动的极端分子""无知者""化学恐惧症者""削弱美国实力的虚假环保主义者""绝对的精英主义者""职业谣言散布者""潜在的大肆杀戮者"等标签；指责环保主义者"攻击理性"，充满了"环境偏执狂""过分狂热的环保主义者的花言巧语""环境暴政""毒性"与"虚无主义"；说环保主义者"开展意识形态斗争反对

140

经济增长"，威胁"民主"，以使美国陷入困境。[84]

这本书不仅诋毁了环保主义者，还"纠正"人们的许多生态关切。酸雨是有益的："湖泊的酸性通常会使它们更加美丽，一点酸性会让水如水晶般晶莹透亮。游泳者不必担心黏糊糊的绿藻或水蛭等滋扰物。"[85]污染也不是问题："没有令人信服的流行病学或毒理学证据表明污染是导致出生缺陷或癌症的重要原因。"[86]"科学研究也没有找到证据证明在鱼类中发现的多氯联苯（PCBs）对人类有害。"[87]"二英……也从未被证实会引发死亡或对人类造成严重伤害。"[88]"经过半个世纪的尝试，没有发现任何毒素或空气污染物的浓度是对健康有害的。"[89]

全球变暖对你也有好处：

"如果全球变暖发展到全球变暖的世界末日模型所预测的那种程度，那么，它将对世界大有裨益……科学表明，全球变暖情景中所固有的温度、湿度与二氧化碳储量的增加将把地球变成伊甸园，而不是我们所认为的那样是死亡的深渊。"[90]

核能是安全的："被提出来反对核能的问题，例如核废料处理问题，大多是政治和意识形态问题，而不是技术问题。"[91]事实上，辐射对你有好处：

"如果我们比现在更多地暴露在辐射中——比现在多出十倍以上，我们会变得更好，例如，更健康、更长寿、遗传缺陷更少……暴露在切尔诺贝利的放射性尘埃中实际上将被证明是净健康收益。"[92]

气候怀疑论者

华盛顿科学与环境政策项目（SEPP）的弗雷德·辛格、劳伦斯利弗摩尔国家实验室（Lawrence Livermore National Laboratory）和明智利用组织生态保护保组织（ECO）的休·艾尔塞瑟，以及美国农业部的研究物理学家舍伍德·伊得梭（Sherwood Idso）都是《关于环境问题的理性文选》的作者。他们与另外 3 人并称为最杰出的 6 位全球变暖怀疑论者，那三人分别是亚利桑那州立大学（Arizona State University）气候学办公室主任罗伯特·巴林（Robert Balling）、麻省理工学院斯隆气象学教授里查德·林德森（Richard Lindzen）以及弗吉尼亚大学环境科学副教授帕特里克·迈克尔斯（Patrick Michaels）。

　　除了全球变暖之外，辛格还扩大了他的攻击范围，包括其他生态问题，诸如臭氧、酸雨、汽车排放，甚至捕鲸。[93]辛格在1992 年写道：“氯氟烃臭氧理论没有什么价值，根本不足以预测氯值或臭氧消耗。”[94]辛格还为地球日替代方案组织的成员——建设性的明天委员会（Committee for a Constructive Tomorrow）——“揭穿”酸雨的真相。[95]建设性的明天委员会的环境项目主任爱德华·克鲁格是著名的酸雨怀疑论者，他的名字也出现在《关于环境问题的理性文选》一书中。克鲁格认为，“酸雨只是几场捏造的危机之一，其他危机包括有毒废物、食物的化学毒害以及全球变暖”。[96]全球变暖可能是“另一个议程的烟幕弹”，因为“许多科学家确信，有越来越多的证据表明温室效应理论只是大量的热空气”。[97]建设性的明天委员会的主任是美国核能委员会（American Nuclear Energy Council）的财务主管，也是通用原子能公司（General Atomics）的一名说客。[98]

　　除了辛格的科学与环境政策项目之外，第 2 章提到的地球日替代方案组织成员在驳斥环境科学中也起到了重要作用。乔治·

141

C. 马歇尔研究所（George C. Marshall Institute）也是如此。该研究所专门研究"科学的政治化"，并正打算在伦敦设立办事处，以便在全球范围内反击这种威胁，并揭穿全球变暖的神话。正是该研究所 1989 年关于温室效应的报告，被布什政府用来为更为宽松的二氧化碳排放政策辩护。该报告的作者之一罗伯特·查斯特罗（Robert Jastrow）博士认为，全球变暖的倡导者是"受反增长、反商业意识形态的驱动"。[99] 6 年后，该研究所的另一份报告认为，发生重大全球变暖的可能性"几乎为零"。这一说法被科学怀疑论者的新主角——记者格雷格·伊斯特布鲁克（Gregg Easterbrook）所利用。[100]

然而对于反科学人士而言，他们却借助全球变暖表明自己的专业立场，赌上自己的职业声望，利用反科学过上了舒适的生活。他们的观点基本上可以归结为：全球变暖并未发生，只是环保活动家捏造的骗局；或是说，即使全球变暖正在发生，该问题也被过分地夸大了，因为观测到的变暖并未印证气候模型中的预测结果。但是，他们补充说，即使全球变暖真的发生了，那么它对植物也是有益的，因为植物会在富含二氧化碳的环境中茁壮成长。

142　　　例如，里查德·林德森认为全球变暖与其他"环境'危机'类似，包括臭氧消耗、酸雨、物种多样性减少，以及多氯联苯、二英、石棉与铅造成的污染"。它们基本上都是被捏造出来的问题，目的是为了给环保运动带来更多的资金。[101] 帕特里克·迈克尔斯也自相矛盾：他认为温室效应并未发生，但又认为如果温室效应发生了，对植物来说是好事。[102] 休·艾尔塞瑟和舍伍德·伊得梭也持后一种观点，他说："二氧化碳将给生物圈带来非常有益的影响。"舍伍德·伊得梭也认为"富含二氧化碳的大气层将使地球的生物承载能力呈数量级增长"。[103]

这些科学家的观点使他们与工业（尤其是二氧化碳排放大户）、右翼和明智利用运动关系密切。蕾、辛格、林德森、迈克尔斯和艾尔塞瑟都曾在明智利用组织——消费者警报组织——的新闻发布会上驳斥过全球变暖。辛格、艾尔塞瑟和巴林都曾在明智利用会议上做过发言。[104]工业界是支持与推广这些怀疑论者的中坚力量，许多怀疑论者都接受了工业界的资助，或代表工业界开展工作。例如，巴林、迈克尔斯和辛格都是化石燃料游说团体全球气候联盟的代表。[105]巴林、迈克尔斯和伊得梭也都当过环境信息委员会（ICE）的发言人。环境信息委员会最早名为环境公民（Citizens for the Environment），成立于1991年，并从全国煤炭协会那里获得了7.5万美元的资助。一些泄露的备忘录详述了该协会是如何计划尝试推广这一想法："将全球变暖重新定位成理论（而非事实）"。[106]环境信息委员会的赞助名单看上去就像是美国煤炭行业的"名人录"。[107]

巴林后来退出了环境信息委员会，他说："人们不喜欢有名望的科学家充当私人团体的'喉舌'。"随后，巴林同时代表全球气候联盟和竞争企业协会，而后者也是全球变暖怀疑论的领导者。当美国石油协会、美国石油公司、美国大西洋里奇菲尔德公司、陶氏化学公司、福特汽车公司和通用汽车公司等都给竞争企业协会捐款时，就不令人惊讶了。[108]林德森应石油输出国组织（OPEC）的邀请于1992年在维也纳举行的"环境大会"上发表演讲，并在1995年柏林气候大会前夕访问了新西兰。辛格曾到访澳大利亚和新西兰（参见澳大利亚和新西兰一章）。

迈克尔斯和伊得梭也从化石燃料游说团体那里获得资金。由伊得梭制作的关于二氧化碳"好处"的视频《地球的绿化》（*The Greening of Planet Earth*）耗资 25 万美元，由煤炭行业资助，并被石油输出国组织和煤炭公司广泛传播。西部燃料联合会（Western Fuels）购买并分发了 1000 本伊得梭的著作《二氧化碳与全球变化：转型中的地球》（*Carbon Dioxide and Global Change：Earth in Transition*）。[109] 据报道，迈克尔斯的研究经费中有四分之一来自美国最大的公用事业行业协会爱迪生电气协会（Edison Electric Institute）等协会与公司。迈克尔斯的杂志《世界气候评论》（*World Climate Review*）也受到了西部燃料联合会的资助。他制作的一部视频得到了煤炭公司的资助，并由丹佛煤炭俱乐部（Denver Coal Club）进行推广。当被问及他的资金恶臭于在气候变化问题上有如此既得利益的公司时，迈克尔斯则回应道："每个人都有一个议程，让我们面对现实吧。"[110]

有人批评弗雷德·辛格接受了工业界的资助，他回应道："如果这没有败坏他们的科学，也就不会败坏我的科学。"他还说："我所知道的每一个组织都从埃克森石油公司、壳牌石油公司、美国大西洋里奇菲尔德公司和陶氏化学公司获得资金。"弗雷德·辛格曾为埃克森石油公司、壳牌石油公司、美国大西洋里奇菲尔德公司、优尼科石油公司和统一教等工作过。他的组织——科学与环境政策项目——是作为华盛顿公共政策价值观念研究所（Washington Institute for Values in Public Policy）的附属机构成立的。辛格承认从该研究所获得了一年免费办公室空间。他还是统一教资助的杂志《世界与我》（*The World and I*）的执行顾问委员会成员。[111]科学与环境政策项目的执行副总裁坎迪斯·

克兰德尔（Candace Crandall）曾是沙特阿拉伯大使馆的公关人员，[112]而沙特阿拉伯拥有全球最多的化石燃料储量。克兰德尔不断重复由来已久的明智利用话语，即环保主义者"忘记了本来的目标，即平衡人类的需求与自然的需求"。[113]

美国科学与健康委员会

另一位因接受工业界的资助，然后试图伪装成独立科学家而备受批评的人是伊丽莎白·惠兰。她常常谈及"有毒的恐怖分子""自封的环保主义者"和"巫术统计学"。[114]惠兰创建了美国科学与健康委员会。威廉·佩里·潘德利把惠兰称作反对"环境压迫"的"英雄"之一，说美国科学与健康委员会的成立是为了"在关于食物、营养、化工产品、药物、生活方式、环境与健康的公共辩论中加入理性、平衡与常识"。[115]

美国科学与健康委员会大约有一半的资金来自企业和基金会的资助。[116]1990年，霍华德·库尔茨（Howard Kurtz）在《哥伦比亚新闻评论》（*Colombia Journalism Review*）中写道："她的捐助者的利益不可避免地会引起了疑问。"

"惠兰对糖精的辩护是否与可口可乐公司、百事可乐基金会、纽特公司和美国软饮料协会（National Soft Drink Association）的资助存在什么关联？她对快餐的称赞与汉堡王公司的资助是否有关？她对高脂饮食的保证与奥斯卡梅耶尔食品公司（Oscar Mayer Foods）、好时食品基金（Hershey Foods Fund）、菲多利公司（Frito-Lay）和美国蓝多湖公司（Land O'Lakes）的支持是否有关？她对奶牛荷尔蒙激素的辩护与美国乳业委员会（Na-

144

199

tional Dairy Council）和美国肉类协会（Amrican Meat Institute）的支持是否有关?"[117]

惠兰说："我为我与企业之间的关系感到自豪。"她被《滚石》（Rolling Stone）杂志评为"耻辱榜：谁最无耻?!! 奖"获得者。[118]

惠兰是 20 世纪 80 年代末震撼美国的艾拉（Alar）恐慌的主要批评者之一，但她的资金中有约 10％来自艾拉的制造商。[119]国家资源保护委员会最早出版了关于艾拉的争议性报告，但惠兰斥责该委员会的"攻击对象是美国的企业系统、自由企业"。[120]

伊丽莎白·惠兰还运用标准的明智利用策略攻击大卫·斯坦曼（David Steinman）的著作《适合有毒星球的饮食》（Diet for a Poisoned Planet）。这本书揭露了某些食物中的农药污染，并让消费者有机会做出更明智和更安全的食品选择。在这本书出版之前，惠兰写信给时任白宫办公厅主任说，斯坦曼以及像斯坦曼那样的人"正在威胁美国的生活标准，这实际上会对未来的国家安全造成威胁"。这封信被抄送给了所有主要的政府机构。惠兰还向美国环保局的资深科学顾问威廉·马库斯（William Marcus）博士施压，要求他撤销为该书写的序言。马库斯拒绝了这一要求，他后来被美国环保局解雇了。[121]

美国科学与健康委员会还是凯彻姆沟通咨询公司（Ketchum Communications）的客户。凯彻姆沟通咨询公司也受到了加州葡萄干咨询委员局（California Raisin Advisory Board）的聘请，任务是驳斥斯坦曼著作中的批评意见（斯坦曼在 16 个葡萄干样本中发现了 110 种工业化学物质和农药残留）。据凯彻姆沟通咨询公司内部的一位告密者说，当凯彻姆沟通咨询公司发现斯坦曼要参加某个访谈节目后，便试图将他描述成一个"没有可信度的古怪的极端分子"。[122]这不是凯彻姆沟通咨询公司第一次使用这种策略质疑和诋毁环保主义者（参见后文）。

惠兰坚称："我并不受政治因素的驱动。"[123]但毫无疑问的是，许多组织和智库都受到了极端保守主义理念的驱动，他们向媒体发送材料，因为他们知道很少（如果有的话）信息来源会被检查。这意味着，尽管范式过程肇始于像拉鲁什这样的著名极端分子，但却因所谓的值得尊敬的智库或科学家的使用而变得合法化。契普·伯利特说，"我认为起到了至关重要的作用，可以把一开始是右翼的言论披上理智主义的外衣"，并且"只要言论是来自某位不穿商务套装的人士，它就会被置之不理"。[124]

拉什·林博

很容易理解将拙劣的科学纳入公共领域的合法化过程。拉什·林博（Rush Limbaugh）是美国首屈一指的右翼电台主持人之一，估计每天有 2000 万美国人收听他的节目。他是向全美宣扬强势右翼观点的著名节目主持人之一。林博在他的第一本书《事情应该的方式》（*The Way Things Ought To Be*）中写道："当心：有很多人会阻止你阅读这本书——他们是共产主义者、社会主义者、环保主义者、女权主义者、自由民主党人、激进的素食主义者、动物权利极端分子、自由精英主义者。"[125]

人们应该阅读林博的书，看看阴谋和错误的科学是如何被合法化的，以及是如何被灌输到不知情的美国人的意识中的。环保主义和环境科学是林博最乐于严厉谴责的两个主题。林博大量引

145

用迪克西·李·蕾的著作，否认存在臭氧消耗和全球变暖的威胁。林博写道："事实是，即便我们想要摧毁地球，我们也无能为力。"[126] 他说："武装自己对抗垃圾科学家的最佳途径是读一本迪克西·李·蕾写的书。"林博引用迪克西·李·蕾的观点，迪克西·李·蕾又引用罗杰·马杜罗的观点，因此，林博不过是在重申林登·拉鲁什的极端主义观点而已。

林博说，将臭氧层破坏归咎于人为因素是"一派胡言"和"痴人说梦"。他说，火山喷发了 40 亿年，如果来自火山的氯都没有摧毁臭氧层，那么人造氯氟烃也不会摧毁臭氧层。[127] 林博这一论证的唯一问题在于，来自火山的自然产生的氯化氢会转化成盐酸，因此会被冲走，不会到达平流层，但是人造氯氟烃是惰性的，会进入平流层。[128] 在谈到斑点猫头鹰未来可能灭绝的问题时，林博说："如果它们消失了，不再在附近杀死老鼠了，那又如何？我们只需要设置更多的捕鼠器就够了，或饲养更多的狗。"[129]

146　　林博还将环保运动本身妖魔化，说环保主义者是"环保疯子"。他写道：

"现代环保运动是共产主义崩溃后，社会主义残余分子的主要藏身之地。环保主义者是边缘的怪人，我们不能把他们与严肃的、有负责感的生态学人士混为一谈……环保主义者是愚蠢的危言耸听者，他们是留着长发，充满幻想的宗教狂热分子。"[130]

林博在他的第二本书《我说过会这样》（*See I Told You So*）中写道：

"尽管少数伪科学家歇斯底里，但我们没有理由相信全球变暖……激进的环保领袖的真正敌人是资本主义和美国式生活方式。如今美国的森林面积比我们在 1492 年发现这片大陆时还要多。"[131]

环保基金会的利奥妮·海姆森（Leonie Haimson）、迈克尔·奥本海默和大卫·威尔加夫（David Wilcove）写道："拉什·林博的畅销书中充满了对环境的误导、歪曲和与事实不符的陈述。"[132]美国媒体监督机构——公正与准确报道（Fairness and Accuracy in Reporting，FAIR）——发现林博对许多问题的描述都不准确，并感到很担忧，因此在它们的杂志《号外》（EXTRA!）上刊登了一期名为"拉什·林博的错误统治"的专刊，用了超过 6 页的篇幅将林博的言辞与实际情况进行对比。唐·特伦特·雅各布斯（Don Trent Jacobs）专门写了一本书《流浪汉拉什》（*The Bum's Rush*）来驳斥林博的环境言论。[133]然而，问题在于，林博的数百万听众既不会读到也不会听到不同的观点，对他们来说，环保主义者就是企图用虚假的科学摧毁资本主义的社会主义者。

拉什式的范式转换，在美国各地的电波中继续有增无减。林博为数百万美国人实现了拉鲁什式言论的合法化，而这一点是林登·拉鲁什自己做梦都没有想到的。另外，戴夫·海尔瓦格在《反对绿色的战争》中写道：

"可以说，拉什·林博在传播反环境信息上所做的贡献，比美国联盟、自由企业保卫中心、西部人民组织、国家情报局（NIA）、俄勒冈土地联盟、AER、生态保护组织以及所有明智利用/财产权组织加起来还要大。"[134]

也可以说，在帮助纽特·金里奇和共和党于 1994 年底成功地重掌大权的过程中，林博比大多数人做出的贡献都要大。这一壮举是否会在 1996 年再次上演，还有待观察。

怀疑论者成为主流

　　20 世纪 90 年代初，通过像马杜罗、迪克西·李·蕾和林博这样的人对臭氧消耗问题的讨论，以及像弗雷德·辛格、里查德·林德森、帕特里克·迈克尔斯和罗伯特·巴林这样的人对气候变化问题的讨论，反科学已经成为一种重要的全球性现象。他们获得了化石燃料公司以及石油输出国组织的大力支持，并得到了右翼智库网络的推动——右翼智库也在推进自己的政治议程。反科学一夜之间成为时尚，而追求反叛的媒体也试图打倒"灾难预言者们"。唯一的问题在于，许多记者并未探寻反科学的来源。像反科学人士一样，质疑臭氧消耗和全球变暖的文章突然开始在全球范围内涌现。

　　《奥姆尼》（*Omni*）杂志把臭氧研究称为"受政治驱动的骗局"，这显示了怀疑论者的巨大影响力。另外，《华盛顿邮报》在报道《蒙特利尔议定书》时说："问题似乎在于，在（研究人员）尚未找到确凿证据证明曾经或正在造成伤害之前，就开始寻找解决方案"；而事实是，到下个世纪的某个时候，臭氧破坏才会达到高峰。[135] 1993 年夏季，《科学》杂志上有一篇题为"臭氧抵制运动"的文章，这篇文章提到了林博、蕾和辛格。[136] 辛格说："1993 年是抵制环境炒作和骗局的一年。""一些严肃性报纸，也就是《纽约时报》和《华盛顿邮报》，最终也刊载了一些文章，质疑某些环境灾难的设想。"[137]

　　在报刊媒体中，反环境的旗手无疑是《纽约时报》的记者基斯·施耐德（Keith Schneider）。罗恩·阿诺德说："记者们来了。""基斯只是第一位加入'让我们痛击环保主义潮流'的人。"[138]在《纽约时报》中一篇"合法化"反环境主义的文章中，记者戴夫·海尔瓦格说施耐德把明智利用运动"主流化"了。[139]《新闻周刊》的记者格雷格·伊斯特布鲁克效仿施耐德，开始质疑"绿色灾害预言家"。[140]他声称，虽然"环保主义者顺应了历史，但却违背了现实"。[141]他说："如果有人依靠夸大现实来获取政治地位，那么他就有被揭穿的风险。"[142]伊斯特布鲁克写了一本书——《地球上的一刻》（*A Moment on the Earth*）。该书对地球上的生态问题持乐观态度。该书在1995年成为畅销书，但被环境研究基金会（Environment Research Foundation）批评为盲目的乐观主义。[143]

环保主义者在媒体上被抨击得体无完肤，但媒体并没有审查其信息来源的真实性，也没有审查这些信息的政治议程和企业议程。《财富》杂志报道说，"环保主义者正在逃亡"，[144]并说，"问题的一个重要部分是，美国的环境政策越来越多地受到媒体炒作和党派政治的驱动，而不是依靠合理的科学"。《财富》杂志是利用哪个例子来支持这一说法的呢？答案是由伊丽莎白·惠兰成立的，得到工业界赞助的美国科学与健康委员会，以及她所谓的"独立"科学家。[145]1995年春天，《生态学家》杂志发表了一篇文章，抱怨"臭氧抵制"，而《新科学家》杂志则报道说，"温室效应抵制"正在如火如荼地进行。[146]美国国会实际上在1995年9月就是否存在臭氧空洞进行了辩论，这表明反臭氧消耗的言论已经成为主流。

7个月前，政府间气候变化专门委员会的主席伯特·博林警告说：

148

"公共媒体极力想利用科学争议，这无可厚非，但很少准确说明科学界/专家群体中的各种不同观点是如何建立的。在一些国家，公共辩论越来越两极化，但是该问题领域的**专家们**却并未出现类似的变化。【黑体字是原文中标注的】"[147]

极化过程以及随之而来的范式转换正在发挥作用。气候怀疑论者的名声比他们的人数和科学公信力要大得多。媒体对此负有一定的责任，因为记者们想方设法地找到这一小部分人，寻找能够代表冲突而非共识的标题，这才是报纸的卖点。

1994 年 2 月 24 日，当弗雷德·辛格、帕特里克·迈克尔斯和舍伍德·伊得梭在泰德·科佩尔（Ted Koppel）的《夜线》（*Nightline*）节目中亮相时，科佩尔表达了对企业和统一教资助的愤怒，然后在节目最后说道："衡量科学好坏的标准不是科学家的政见，也不是与科学家有交往的人。而是看假说是否与事实相容。但这是很难做到的。"[148]主要的科学家通常认为事实就是臭氧消耗、切尔诺贝利灾难的后遗症和全球变暖，那么除了这三个例子以外，事实到底是什么呢？

1994 年，联合国环境规划署的一份报告得出结论：

"经过 20 多年的研究，国际研究界得出的科学证据表明，人类制造的化学物质是观测到的南极臭氧层消耗的原因，并可能在全球臭氧消耗中发挥重要作用。"[149]

同样在 1994 年底，美国航空航天局（NASA）也得出结论："美国航空航天局的高层大气研究卫星（UARS）的三年数据提供了确凿的证据，表明平流层中的人造氯是南极臭氧空洞的原因。研究高层大气卫星的仪器在平流层中发现了氯氟烃。"[150]根据世界气象组织（World Meteorological Organisation）的数据，

1994 年 9 月，南极上空臭氧层的破坏程度创下历史新高。[151]

1995 年，国际研究显示，北极上空和南极上空一样，也存在臭氧层空洞。英国环境部发布的研究表明，这些结果说明了"国际社会非常有必要达成一致，逐渐淘汰消耗臭氧的物质"。[152] 同年 8 月，英国南极考察队的科学家宣布，"春季"臭氧空洞正在加深，并且有新证据表明，南半球的夏季也出现了臭氧层变薄的现象。[153]科学家们还发现，欧洲上空的臭氧层也变薄了。[154] 1996 年 3 月，世界气象组织宣布，在从格陵兰到斯堪的纳维亚半岛和西西伯利亚的北部地区，臭氧层在前一个冬天时已消耗了 45%，创下了纪录。[155]

1995 年，联合国还报道了切尔诺贝利灾难的社会和环境影响。被迫离开家园的最低人数估计为 40 万人，而所有受不同程度影响的人预计为 900 万人。根据世界卫生组织的数据，约有 80 万人参与了事故清理工作。而医疗监测显示，这一群体的发病率（生病、疾病和伤残）和死亡率还在不断上升。主要的疾病包括心血管疾病和心脏病、肺癌、胃肠道炎症、肿瘤和白血病。自事故发生以来，约有 7000 名俄罗斯清理人因各种原因死亡，包括自杀。仅在白俄罗斯，失去发展价值的土地面积就与整个荷兰的面积一样大。[156]

1988 年，联合国大会召开政府间气候变化专门委员会，以调查气候变化问题。委员会于 1990 年和 1995 年发布了评估报告。1990 年，他们不太确定人类活动正在导致全球变暖，但到了 1995 年 12 月，他们得出结论，"证据清楚地表明人类对全球气候有可辨识的影响。"对全球平均气温增长的"最佳估计"是，到 2100 年，气温将比 1990 年上升 2 摄氏度左右，这比 1990 年

150

的"最佳估计"低了三分之一。1995 年的 IPCC 报告遭到了行业掩护机构——全球气候联盟和气候理事会,以及科威特、沙特阿拉伯等国家的强烈反对。[157]

将环保主义者描绘成恐怖分子

"范式过程"最重要的方面或许就是企图将和平的环保运动抹黑成暴力恐怖分子。毫无疑问,现在许多人正齐心协力地这样做,以削弱环保主义者的力量。契普·伯利特说:"这种贴标签的行为削弱了公众对环保运动的支持,这让政府机构或私人保安公司能够采取富有攻击性的监视和骚扰措施。""贴标签的行为还存在一种自我应验的预言:如果警察接受培训把和平的抗议者当成是暴力恐怖分子,那么他们就有可能使用不正当的武力来应对抗议者。"[158]

这一信息并不仅仅局限于明智利用运动。早在 1988 年,私人保安公司就开始给环保主义者贴上恐怖分子的标签。[159]公关公司也在宣扬环保主义者是恐怖分子的说法。例如,1991 年,有一份备忘录被泄露给绿色和平组织。该备忘录是公关巨头凯旋公司为了客户高乐氏化学公司的利益而制定的一项危机管理计划。推进这项计划的原因在于,绿色和平组织正在开展一项针对纸浆和造纸行业的氯淘汰运动,他们担心该运动也会针对家用漂白剂并呼吁淘汰漂白剂。

该计划建议给环境批评者贴上"恐怖分子"的标签,并称绿色和平组织是一个制造虚假研究结果的暴力组织。该计划还呼吁利用一个独立的行业协会开展"制止环境恐怖主义"的活动，呼吁绿色和平组织和媒体"更加负责任，减少非理性的做法"。[160]整个计划的目的是促进公众认知的范式转换，让公众认为绿色和平组织的策略并不是和平的，而是公开的暴力。

前一年，为林业效力的公关公司散布了一份出自地球优先组织的假备忘录，内容是地球优先组织主张采取暴力行动。即使公关公司知道这份备忘录是捏造的，他们还是散布了出去。这份假备忘录中写道："我们要用长钉戳树，故意搞破坏，甚至要诉诸暴力。"这份备忘录还被寄给了《旧金山观察家报》。[161]那年夏天，地球优先组织正在筹备一系列非暴力直接抗议行动，反对在加州北部砍伐原始森林。该行动名为"红杉树之夏"，这是模仿了20世纪60年代名为"密西西比之夏"的非暴力公民权利示威游行活动。一家遭到环保活动家抨击的著名公司，也在忙着颁发虚假的新闻稿，声称这篇来自地球优先组织的稿件内容是呼吁环保活动人士"破坏大型机器的工作"。

刘易斯安那-太平洋公司还采用了胁迫策略，敦促员工"卷起袖子、穿着工作靴，戴着安全帽"参加环保主义者的会议，然后过去坐在环保主义者的旁边。因为"如果他们知道纸浆厂的工人坐在他们旁边，他们就不会那么直言不讳了"。工会对于这种策略的倡导感到非常愤慨，因而投诉了该公司。[162]这些策略似乎在整个伐木行业都很常见。前伐木工吉恩·劳松（Gene Lawthorn）回忆了他所在工厂召开的一次强制性反环境研讨会。劳松回忆说："整整一个小时，他们让你坐在那儿，听他们把环保主义者描述为保护主义者，说他们是试图推翻基督教的抱树异教徒。他们说保护主义者将会夺走你的工作。这太吓人了。"[163]

151

　　但举行反环境研讨会的不仅仅是工业界。撒哈拉俱乐部也是如此，这是一个激进的明智利用组织，它们是塞拉俱乐部的谐音，但塞拉俱乐部被撒哈拉俱乐部称作"精英主义的势利小人"。撒哈拉俱乐部取这个名字就是为了尽可能地制造混淆。他们积极推广用于对付环保活动家的"卑鄙手段"，他们是制造虚假消息的专家。他们的标识是一只手掐住地球优先组织成员的脖子。他们毫不掩饰自己对环保主义者的敌意，称环保主义者是"罪孽深重的生态骗子""烂泥""生蛆的嬉皮士""生态血吸虫""生态疯子""生态怪胎""生态猪""哭哭啼啼、悲观的骗子"，还有"势利的败类"，说他们传播"恐慌和歇斯底里"以及"生态福音"。[164]

　　撒哈拉俱乐部在 11 月 24 日的内部通讯上，倡导说"尽己所能地败坏这些混蛋的名声吧"：

　　"如果你参加某种与生态疯子的公共辩论，那就带上一队人马和你一起去，做好闹翻的准备……长篇大论，骂他们是'骗子！土地掠夺者！自然界的纳粹分子！'……当事情发展到这个地步时，找到对方的头目，站到他们面前。朝他们的脸上吐口水。把椅子踢翻……让那些生态疯子不敢参加会议。设计骗局。制造分歧。以一个生态组织的名义把假备忘录或信件寄给其他生态组织。把他们逼疯……在小塑料挤压瓶中装满红辣椒粉，如果喷在他们脸上，那么哪怕是最令人厌恶和暴力的生态疯子也会被击退。"[165]

152　　撒哈拉俱乐部在 1990 年的"红杉树之夏"中采取了卑鄙的手段，他们对地球优先组织和朱蒂·巴莉使用了暴力。撒哈拉俱乐部还定期公布地球优先组织环保活动家的车牌号、电话号码和地址，以恐吓他们。恐吓的决定权掌握在撒哈拉俱乐部成员的手上，他们向地球优先组织传达的信息很简单："我们撒哈拉俱乐部的特殊部门只是要……实现当局实现不了的正义。"[166]

撒哈拉俱乐部有关环保运动的信息来自约翰·伯奇协会（John Birch Society）和与林登·拉鲁什有关的杂志。[167]撒哈拉俱乐部报道说："信息的绝佳来源就是《21世纪科学与技术》杂志。由于我们一直在与这些人进行信息和新闻交易，他们为撒哈拉俱乐部成员提供了特别优惠。"[168]他们还重复指责环保主义者是恐怖分子。[169]

有意破坏和用长钉戳树

将环保主义者称为恐怖分子的理由，是他们倡导有意破坏和用长钉戳树。"有意破坏"的概念，即通过蓄意破坏或"生态性有意破坏"财产来阻止生态破坏，最初来源于爱德华·艾比（Edward Abbey）出版于1975年的一本小说《有意破坏帮》（*The Monkey Wrench Gang*）。小说描写了四个人在西部秘密开展生态性有意破坏行动，这本书成了邪教书籍。戴夫·福尔曼（Dave Forman）曾是荒野协会的一名说客，也是地球优先组织的创始人。他写了一本书《生态防卫：有意破坏的实践指南》（*Ecodefense：A Field Guide to Monkeywrenching*），介绍了有意破坏的各种方法，想借此让艾比的著作名垂千古。有人认为这些策略是蓄意破坏，有人则称之为恐怖主义。爱德华·艾比认为："蓄意破坏是针对无生命事物的暴力，例如机器和财产。而恐怖主义是针对人类的暴力。"[170]虽然地球优先组织提倡蓄意破坏财产，但是该组织一直坚持非暴力待人的政策。但不管是在直接行动运动的内部还是外部，都会存在一些具有争议的策略。

地球优先组织最具争议的策略就是提倡用长钉戳树。当前，一些更进步的组织已经停止了这种做法，并谴责这种行为。如果地球优先组织想向对手发起公关政变，用长钉戳树就是它们的手段。用长钉戳树的原理很简单。如果你想保护原始森林免于砍伐，你就要把大长钉或钉子敲进树里，这样一来，当砍伐树木或在工厂里锯木时，刀刃或锯子就有可能受到损害。由于机械设备和人员有可能遇到危险，因此人们认为，只要林业局或木材公司被告知某一地区的树木已经被钉入钉子了，他们就不会砍伐这些树木。当然，他们并没有因此而停止砍伐，他们还在继续砍伐。

实际上，用长钉戳树只造成了一次受伤事件，但新闻报道与此相反。受伤者是居住在加利福尼亚州埃尔克（Elk）附近的伐木工乔治·亚历山大（George Alexander）。1987 年，因木材里嵌入的钉子导致大型锯片断裂，使得亚历山大的面部严重受伤。[171]此次事故导致亚历山大的下颌有五处断裂，大量失血。幸运的是他还活着。尽管是钉子导致锯片断裂，但安全问题似乎成了这家工厂的头等大事。由于新的锯片还没有到货，而亚历山大自己的锯子又坏得很厉害，以至于那天他几乎没有去上班。[172]

很快，媒体就开始谴责这次事件是"用长钉戳树的恐怖主义"，而这家木材公司说他们是"以环境目标为名的恐怖主义"。在亚历山大还未痊愈之前，一个亲工业组织就邀请他出游，并四处谴责地球优先组织和用长钉戳树的行为。他拒绝了这一要求，并回到了工作岗位。公司拿出 2 万美元的奖金，搜集相关肇事者的信息，而亚历山大也不得不提起私人诉讼，要求人身伤害损失

索赔。他只得到了 9000 美元，还被调换成夜班。当刘易斯安那-
太平洋公司关闭这家工厂时，亚历山大也被解雇了。[173] 从来没有
证据可以证明，地球优先组织的成员对此次事件负有责任。但地
球优先组织的一些成员对亚历山大的伤势无动于衷，这激怒了朱
蒂·巴莉和其他活动。为此，进步的地球优先组织对用长钉戳树
的行为表示了谴责，并签署了一份非暴力宣言。

《生态恐怖主义观察》

尽管如此，地球优先组织和绿色和平组织等执行非暴力政策
的组织还是被称贴上了"恐怖分子"的标签。在一个标志着明智
利用活动分子和拉鲁什网络进一步合并的行动中，明智利用活动
分子兼私人调查员巴莉·克劳森与罗杰·马杜罗协作，发行了一
份名为《生态恐怖主义观察》的期刊。这是典型的拉鲁什策略。
《生态恐怖主义观察》成了拉鲁什大放厥词的另一个阵地。该刊
物中的文章大量引用《全球策略信息》和《21 世纪科学与技术》
杂志，以及罗恩·阿诺德和艾伦·戈特利布的文章，还有克劳森
自己的著作《走在边缘：我是如何潜入地球优先组织的》
(*Walking on the Edge：How I Infiltrated Earth First!*)。克劳
森的著作在撒哈拉俱乐部的公告栏上进行宣传，《21 世纪科学与
技术》和查克·库什曼的美国土地权利协会（American Land
Rights Association）也对此书进行了推广。华盛顿合同伐木工
协会（Washington Contract Loggers Association）出版了此书，
艾伦·戈特利布的美林出版社发行了此书。该书的封面是由罗
恩·阿诺德设计的。[174]

154

巴莉·克劳森之所以与罗杰·马杜罗合作，因为他是"当今最著名的环境作家之一。马杜罗在揭穿臭氧消耗和全球变暖等重大环境骗局方面做得非常出色。"[175]克劳森称自己在地球优先组织里从事卧底工作，木材、采矿和牧业利益集团出资帮助他潜入该组织。[176]他积极地在西部的木材界传播恐怖气氛，还与前军官、保安公司一同参加会议。他警告人们注意地球优先组织的"恐怖威胁"。据参加会议的人说，在爱达荷州波特拉奇（Potlatch）举行的这样一场会议，旨在诱发人们对地球优先组织的恐惧和仇恨。[177]泰勒也曾与罗恩·阿诺德合作，与他一同出现在木材行业的"反恐"研讨会上。

当有一次被问及他自己对恐怖主义的定义进行分类时，克劳森回答说："我就不回答这个问题了。"在记者的穷追不舍下，他回答道："我敢打赌，如果你查字典，恐怖主义的解释就是地球优先组织。"克劳森也承认，根据自己的经验，地球优先组织中只有很少一部分人从事了这些"恐怖"活动。[178]他还承认，他从未见过地球优先组织正在进行的任何非法活动。[179]但克劳森仍然试图给整个环保界贴上恐怖分子的标签。

克劳森试图将环保运动抹黑成能大规模杀人的恐怖分子。在俄克拉荷马市爆炸事件发生后，当他出现在温哥华的电视上时，他的企图就浮出了水面。不列颠哥伦比亚电视台的林恩·科利尔（Lynn Colliar）警告说："前温哥华居民巴莉·克劳森警告说，俄克拉荷马市的悲剧可能会在我们身边上演，他还说这也许不是激进的右翼分子所为，而是激进的生态恐怖分子的杰作。"克劳森危言耸听地说："这些人中有许多人都主张消灭人类。他们想把整个地球留给树木和动物。他们想让我们消失。"[180]

尽管没有证据，这位私人调查员还是试图将臭名昭著的炸弹杀手（Unabomber）与环保运动联系起来。在 18 年时间里，这名炸弹杀手定期发动爆炸行动，造成 3 人死亡，23 人受伤。直到 1996 年 4 月，一名伯克利大学的前数学教师，53 岁的西奥多·卡钦斯基（Theodore Kaczynski）才因被怀疑是这位炸弹杀手而被逮捕。

在卡钦斯基被捕之前的 1995 年夏天，克劳森曾试图借助一份名为《野蛮生存还是死亡》（*Live Wild or Die*）的出版物和生态混蛋的黑名单（*Eco-fucker Hit List*），将地球优先组织和这位炸弹杀手联系起来，尽管地球优先组织根本没有发行过这份出版物。克劳森特别指出了名单上的两个人，分别来自加州森林协会（California Forest Association）和埃克森石油公司，然后说："我认为，炸弹杀手就是从这份名单上选择受害者的。"[181]埃克森公司并没有人遭到炸弹杀手的攻击，但是美国广播公司新闻频道（ABC News）却使用了克劳森提供的信息，报道说"炸弹杀手声称，是自己杀死了来自新泽西的埃克森公司的广告经理"。这一报道将炸弹杀手与地球优先组织联系了起来。[182]

在卡钦斯基被逮捕之后不久，美国广播公司又在他们的《今夜世界新闻》（*World News Tonight*）节目中重述了他们的故事，再次采访了克劳森。[183]右翼媒体还将炸弹杀手与环保运动以及绿色和平组织联系起来。[184]

显然，克劳森和明智利用活动分子正在通力协作，试图给整个环保运动贴上大型恐怖组织的标签，说环保运动会犯下俄克拉荷马市的暴行。从本质上讲，该运动希望操纵的是公众对不断增多的涉及资源问题的政治暴力的看法。如今，由公共关系管理有限公司（Public Relations Management Ltd）制作的通讯《环境纵览》（*Enviroscan*）也采纳了克劳森的观点。公共关系管理有限公司是加拿大的一家公关公司，与明智利用运动有着密切联系。《环境纵览》警告说："这（暴力）是环保运动的阴暗面。这从不是什么秘密。所有批评者或反对者都会受到影响。"[185]阿诺德和戈特利布的自由企业保卫中心还建立了"生态恐怖应对网络"（Ecoterror Response Network）来"第一次汇编明智利用人士遭到的所有攻击——并揭露环保主义者对受害者的污名化行动"。[186]

虽然没有人可以宽恕暴力，但让人无法接受的是，真正建议采用暴力的人竟然控诉暴力的受害者是恐怖分子。例如遭到汽车炸弹攻击的朱蒂·巴莉和达瑞尔·切尔尼（Darryl Cherney）就遇到了这样的情况（参见下一章）。此外，拉鲁什和罗恩·阿诺德一直声称，1985 年，法国对外安全总局（French Secret Service）在奥克兰海港炸毁彩虹勇士号时，牺牲的绿色和平组织环保活动家费尔南多·佩雷拉（Fernando Pereira），是暴力恐怖组织"六月二日运动"（2nd June Movement）的成员。[187]这些指控在主流媒体上反复出现，如 1991 年 11 月 11 日《福布斯》杂志就刊登了一篇类似的文章。

范式过程的结果

最终的范式转换就是，被贴上暴力标签的非暴力人士遭到了暴力袭击。暴力并非范式转换的副产品，而是旨在泯灭人性的范式过程的最终结果。如果人们继续诬陷环保主义者是恐怖分子，那么唯一的结果就是环保主义者遭受暴力。

将环保运动重新描述为犯罪颠覆活动和恐怖活动还产生了一些其他影响，例如让人们把环保主义者和在俄克拉荷马市安置炸弹、导致 168 人死亡的极端分子看成是一丘之貉。俄克拉荷马市的暴行让美国有了界定"恐怖主义"的基准。爆炸事件发生后，克林顿总统在右翼电台谈论说，正在滋生"暴力的气氛"。他说："他们留下的印象，用他们的原话说就是，暴力是可接受的。"[188]

话虽如此，明智利用的领导人却否定了煽动性言论有可能引发暴力的说法。阿诺德坚称："我们不认为那样的言论就是暴力。"[189]其他人对此并不赞同。契普·伯利特总结说："最终，一些被替罪羊论调说服的人得出结论，最迅速的解决办法就是消灭这些替罪羊。"[190]俄克拉荷马市的悲剧发生后，美国精神治疗医师学会（American Academy of Psychotherapists）的前任主席霍华德·哈尔彭（Howard Halpern）这样论述语言和暴力：[191]

"社会心理学家和煽动者早就知道，如果要激起普通公民对个人或同胞群体采取暴力行动，就必须要把攻击对象刻画成与自己不同的，卑鄙的人，以切断普通公民和他们之间的明显联系。

我们不大可能因为自己一个友好的邻居对妇女争取平等权利有着强烈的看法，就去伤害她。但是，如果我们把她称作'女纳粹'，那么她就变成了'另一种人'——邪恶、危险、可恨的人。我们不大可能因为街区里的夫妇积极地保护濒危物种就去伤害他们。但是，如果我们称他们为'环保疯子'，那么他们就变成了'另一种人'——我们必须诋毁和压制这些怪人，因为他们是'普通'美国人的敌人。如果我们与持有不同意见的人不再具有相同的人性，那么炸死他们就变得可以接受了。"[192]

这正是当前正在发生的事情。

第六章　沉默的代价：监视、压制、反公共参与战略诉讼和暴力

> 我曾经热爱沉默。但如今它却困扰着我。

——纵火案受害者帕特·科斯特纳[1]

巴莉被炸事件

朱蒂·巴莉是新一代"地球优先"组织活动分子的领导人之一，也是"红杉树之夏"的主要组织者。"红杉树之夏"事件发生于 1990 年，目的是揭露加州北部的红杉树被破坏的情况。巴莉曾是一名工会活动分子，她提出了一些对木材公司和联邦政府都构成严重威胁的问题。

这位有魅力的两个孩子的母亲是一位动员者，可以激励人们采取引人注目的、非暴力的直接行动——这与用长钉戳树这种不引人注目、具有潜在暴力性的行动不同。1990 年 4 月，巴莉带头宣布放弃用长钉戳树的行为，她说："真正的冲突不在我们和伐木工之间，而是在木材公司和整个社会之间。"[2]通过谴责用长钉戳树的行为，并宣布他们对非暴力承诺，地球优先组织的活动分子就可能会破坏任何有效的反公关运动。现在，要给这些环保

活动家贴上"没头脑的生态恐怖分子"的标签就更难了。

巴莉非常关注工人权利和安全问题。她联合工会成员以及地球优先组织，组建了一个伐木工人联盟。曾有五名佐治亚太平洋公司的员工在工作时受到了多氯联苯的污染，而该公司和工会串通一气进行掩盖。此后巴莉就帮助维护了工人们的利益。[3]在巴莉的要求下，地球优先组织不再提倡用长钉戳树，因为害怕用长钉戳树的行为会伤害伐木工和工厂工人。[4]木材公司和明智利用组织将失业与暴力归咎于环保运动，使环保运动成了替罪羊，而地球优先组织正在破坏这一范式过程。

该地区迅速恶化的就业形势主要归咎于木材公司。多年来，他们一起在过度砍伐，并计划加速这种做法。[5]"红杉树之夏"计划就是要揭露公司的这些不可持续的做法。巴莉传达的信息很简单：环保主义者和伐木工人有着共同的目标，即为后代保护森林，而跨国公司当前的林业活动却是不可持续的。

越来越多的恐吓信被寄给地球优先组织的成员。有些女性收到这样一封信件：

"我们注意到，你是地球优先组织里的一名女同性恋者……我们不仅一直在关注你，还将把你的电话号码分发给所有有可能对你有敌意的有组织的仇恨团体……我们将专门追捕每一个成员，就像你们真正的女同性恋者一样。"[6]

同时，地球优先组织的男性成员也收到了信件。在信中，他们被称为"在厕所给别人口交的专家"。[7]但恐吓信真正针对的还是巴莉，她收到了越来越多的死亡威胁。她说："收了30封信之后，我就不再数了。"[8]

有一封邮戳日期为1990年4月10日的信上写道："朱蒂·

巴莉：滚出去，从哪来回哪去。我们知道一切。你不会有第二次机会了。"[9]这封威胁信写在普通的白纸上，后来经过对比发现，这封信与 18 个月之前，乌基亚警方收到的一封匿名信是用同一台打字机打出来的，语言风格也一样。在警方收到的那封匿名信中，一位警方的线人试图用毒品罪陷害巴莉。巴莉当时对此事并不知情，而且在爆炸事件发生之后还引起了更多的质疑。[10]

后来，达瑞尔·切尔尼、格雷格·金（Greg King）和朱蒂·巴莉收到了一封署名为"践踏者"的信。信中写道："我们是洪堡县林业企业的员工……我们知道你是谁，你住在哪里。如果你想当烈士，我们乐意效劳。"

1990 年 5 月初，门多西诺环境中心（Mendocino Environment Center）的门上出现了用黄丝带（伐木业团结的象征）固定的一张图画。在图画中，巴莉正拉着小提琴，而有把枪瞄准了她的脑袋。为了增加效果，环境中心的门前还被留了粪便。[11]巴莉非常担忧，她到门多西诺县警长办公室寻求帮助。但她却被告知："我们没有人手调查此事。除非你死了，我们才会开展调查。"[12]巴莉有理由对此感到担忧。一年前，在斐罗镇中心，一辆伐木工程车在光天化日之下从巴莉的车后面撞了上去。车内的四名儿童和三名成年人奇迹般地没有受到永久性伤害，但是饱受惊吓。而工程车的司机正好是在前一天的伐木抗议活动中，被巴莉挡住去路的人。地球优先组织的两名成员受了伤，但是警方没有做出任何回应。梅姆·希尔（Mem Hill）在一次伐木示威中被打断了鼻子，格雷格·金在刘易斯安那-太平洋公司工厂的抗议活动中被打倒在地。[13]

木材公司的负责人似乎在公开支持这种暴力。太平洋木材公司的公共事务经理戴夫・格里茨（Dave Galitz）在给公司总裁的信中说："只要我们找到那个打了格雷格・金的人，我就会邀请他来我家吃饭。"[14]在爆炸事件发生前不到一个月，格里茨把撒哈拉俱乐部的那些语言刻薄的简报的副本邮寄给了加州木材协会（Timber Association of California）。这些简报错误地把地球优先组织说成是一个死亡陷阱。简报还谈到了撒哈拉俱乐部的成员。格里茨写道："这份简报非常棒，我们不得不共享它。仅仅因为欣赏这种写作风格，我就想加入这个俱乐部了。"[15]

在收到最后一封死亡威胁信的三周后，朱蒂・巴莉成为一次残酷暗杀企图的受害者，当时她与另一位环保活动家达瑞尔・切尔尼开车经过奥克兰。在过去几个月里不断积累的暴力言论和恐吓气氛终于猛烈地爆发了。1990 年 5 月 24 日，在一次旨在为"红杉树之夏"争取支持的巡演中，一枚炸弹在巴莉的座位下爆炸，严重伤害了她和达里尔・切尔尼。巴莉的骨盆和尾骨在爆炸中被炸碎，她脊椎也脱臼了。尽管她非常幸运地活了下来，但是她的精神受到了创伤，身体也终生残废了。目前，巴莉正遭受着极大的痛苦，使她感到生不如死。[16]

11 天前，也就是 5 月 13 日，红杉树之夏的组织者与巴莉一起起草了"红杉树之夏非暴力准则"，所有参与红杉树之夏的人都要签署。准则中写道："我们不会对任何人使用暴力，无论是口头上的还是身体上的；我们不会损坏任何财产；我们不会将枪支或其他武器带到任何行动或营地。"[17]

爆炸案发生后，接下来的几分钟、几小时、几天、几周和几年所发生的事情将使民主美国的脸上刮起一阵寒风。美国联邦调查局（FBI）试图作伪证陷害朱蒂・巴莉和达瑞尔・切尔尼。受害者将被塑造成恶棍。在爆炸案发生后，媒体非但没有表示同情，反而在当局提供的错误信息的刺激下，开始了疯狂的猜测和耸人听闻的报道，目的就是要陷害巴莉和切尔尼。此外，联邦调查局还利用这一史无前例的爆炸事件来收集有关环保主义者的信息和情报。

联邦调查局的虚假信息在几分钟内就开始了。最早到达现场的有"职业拆弹专家"弗兰克·道尔（Frank Doyle）探员，随后是联邦调查局反恐小组的 15 名探员。巴莉说，联邦调查局到达的速度之快是"不可思议的"。[18] 她的律师则评论说，"联邦调查局探员似乎就在附近用手指堵着耳朵。"

根据法院的管辖权交出的文件显示了更多的不寻常之处，其中包括一份爆炸案当天的联邦调查局备忘录。它描述了联邦调查局在刘易斯安那-太平洋公司的土地上进行的爆炸训练，该训练由弗兰克-多伊尔在爆炸发生前不到一个月的时间内教授。不仅用管状炸弹炸毁了汽车，而且三个炸弹中的两个被放在座位下面，这是一个不寻常的地方。炸弹学校的教官弗兰克·道尔说，炸弹通常是放在车辆下面或发动机里。巴莉的律师丹尼斯·坎宁安（Dennis Cunningham）说："这件事足以证明一切。"汽车爆炸现场的录像带显示，道尔探员当时在大笑，还跟他的学徒们说："就是这样，不是吗？这就是最后的考试。"[19]

道尔探员是在联邦调查局国际/国内反恐部队有着 20 年工作经验的老手，他处理过 150 多起爆炸案件。他所得出的结论是，炸弹的位置是"紧贴在驾驶座的后面"。[20] 他的专业知识得到了当地警察局和媒体的信赖。[21] 合乎逻辑的结论是，巴莉和切尔尼一定是能看到炸弹的，他们一定知道炸弹在那里，因此炸弹一定是他们自己放的。正是这个单一的声明，使当局有理由和管辖权来关押巴莉和切尔尼。此外，警方记录显示，在炸弹爆炸后半小时内，这两人就被误导地与企图摧毁核电站的联邦案件联系了起来，[22]以进一步将两人定性为"恐怖分子"。[23]

联邦调查局的约翰·莱克斯（John Raikes）探员告诉奥克兰警方，这两个人"可被定性为恐怖分子"——尽管切尔尼曾经只因为悬挂抗议横幅而被逮捕，而巴莉只因为在 1985 年的一次反战抗议中运用了非暴力的公民不服从手段而被逮捕。[24]尽管巴莉几乎没有知觉，她的骨盆处有十处粉碎，她的腿还在接受牵引治疗，但他们还是因为"对社会构成威胁""有潜逃的风险"而被逮捕，保释金高达 10 万美元。他们被指控"非法持有爆炸物"。此外，当局还召开了一次新闻发布会，告诉世人他们"不再考虑其他的嫌疑人"。[25]

不管出于什么原因，道尔的分析都是错误的。警方在炸弹爆炸后即刻拍到的照片显示，爆炸的中心并不在巴莉座位的后方，而是在座位的正下方。[26]此外，联邦调查局的实验室分析表明，该炸弹是一枚杀伤性炸弹，发现其中有一个装置，如果放置炸弹的车辆被移动，就会引发爆炸。炸弹被一条蓝色毛巾包裹着，不让人看见，而这只有放置炸弹的人和后来的联邦调查局知道。[27]

由此产生的媒体狂欢和联邦政府针对环保主义者的大规模政治迫害，为我们提供了一些线索，以了解为什么联邦调查局要歪曲炸弹的放置位置。随后风靡国内外的媒体信息也很简单："地球优先组织的恐怖分子被自己的炸弹炸死了。"[28]这对红杉树之夏的反伐木运动、地球优先组织以及整个环保运动都造成了无法估量的损害。巴莉在 1994 年写道，"甚至在今天，尤其是在地球优

图 6.1　照片清楚显示爆炸中心位于巴莉座位的下面

资料来源：奥克兰警察局。这张照片是已经被披露的

先组织没有积极开展活动的地方，许多人对我们的了解就只有炸弹和用长钉戳树。"[29]

162　　　在造成伤害之后的 7 月 17 日，也就是爆炸事件发生近两个月后，由于完全缺乏任何犯罪证据，指控被撤销。[30]朱蒂·巴莉和达瑞尔·切尔尼认为他们别无选择，只能起诉所遭到的错误逮捕，因为他们认为联邦调查局是故意地恶意犯错。爆炸案发生后不到一年，1991 年 5 月 24 日，巴莉和切尔尼对联邦调查局和奥克兰警察局提起了 200 万美元的诉讼，指控其错误逮捕和严重侵犯了他们的公民权利。联邦调查局曾三次试图让法院停止受理该案件，但都没有成功。此案仍在继续审理，第一次全面听证会定于 1996 年夏天举行。

巴莉首先想到的是——并且她现在也是这样认为的，并非效力于警方或联邦调查局的某个人真的想杀了她，而是执法机构或多或少地知道可能是哪一方政治力量犯了罪，并在意识形态上同情那些人。因此，他们拒绝调查到底是谁在她的车里安放了炸弹的问题，是在为真正的爆炸犯打掩护。[31]

在审查了 5000 多页与该案有关的联邦调查局先前的机密文件后，巴莉得出结论：

"联邦调查局关于爆炸案的档案显示，联邦调查局从未对爆炸者进行过合法的搜查。相反，他们假定我们有罪，他们歪曲或伪造证据以支持这种假定。他们也不调查与爆炸有关的关键线索，因为这些线索似乎牵涉到那些实施了威胁和骚扰行为的警方和木材业利益集团……这些档案提出的问题比它们回答的问题多得多，并表明联邦调查局的不当行为比我们以前怀疑的规模要大得多。"[32]

联邦调查局的记录显示，当局知晓死亡威胁和人身骚扰，也知道这是暗杀行动，但他们选择忽视这些证据。[33]当局掌握着第一手资料，但他们并没有对其展开调查。他们甚至都没有将其送到实验室进行指纹检查。联邦调查局不仅忙着把他们仅有的两名嫌疑人与此次爆炸案联系起来，而且还与一个月前在克罗尔代尔的刘易斯安那-太平洋公司锯木厂外被拆除的另一枚炸弹联系起来。它们的部件是如此相似，以至于人们认为这两枚炸弹是由同一个人制造的。[34]搜查巴莉住处的搜查证将巴莉和切尔尼列为"参与制造和放置爆炸装置的暴力恐怖组织成员"。[35]在查获的 111件物品中，没有一样与炸弹的成分相似——除了在巴莉家里找到的两颗钉子，这两颗钉子被确定来自同一个制造商。这些钉子在加州北海岸十分常见，有 200 多个销售点都在出售这样的钉子。[36]

许多本应移交给巴莉的联邦调查局文件都不见了。有道尔探员收集证据的报告，但是却没有描述爆炸现场或物理损害的报告。尽管有两份威廉姆斯探员的详尽实验报告，但却没有关于他到奥克兰确定炸弹位置的报告。[37]这些文件还显示，1990 年夏天，巴莉和切尔尼受到监视，联邦调查局的情报人员发现了巴莉的"藏身之处"。事实上，那里是巴莉的家。丢失的文件中还有一份针对巴莉的死亡威胁，里面谈到了巴莉的"藏身之处"（更像是联邦调查局的"藏身之处"），是由当地警方报告给他们的。[38]

另一个可疑的事件是一封信，该信因其署名为"耶和华的复仇者"而闻名。这封信最初是寄给媒体的，信中以浓重宗教色彩声称对爆炸事件负责。这封信没有被认为这是一个骗局，因为写信人详细描述了克罗弗代尔和奥克兰炸弹的复杂细节，这使得当局得出结论，写信的人以某种方式参与了爆炸事件。这封信以及未公开的联邦调查局文件都正确地描述了炸弹的构成。"复仇者"的信件还列出了炸弹的成分。然而，巴莉得出的结论是：可能是因为联邦调查局在没能成功陷害自己和切尔尼后，杜撰了这封信，通过"创造出一个与木材业或联邦调查局无关的貌似合理的独行杀手"，来转移人们的视线。[39]

联邦调查局不去调查木材业人员或与极右翼有联系的众多嫌疑人，而是利用"耶和华的复仇者"这封信来针对北海岸的环保主义者。他们联系了 15 家当地报社，要求他们将已知的环保主义者写给报社的信寄给调查局，看这些信中的字体是否与那封信一致。但是他们没有获得任何发现。联邦调查局随后又从明智利用组织和工业企业那里搜集环保主义者的信息。最终，调查局的文件显示，调查局收集了 14 名地球优先组织联络人与外州的通话记录。总共有 634 通与外州的通话记录，然后联邦调查局对每个号码逐一进行研究，汇编了包括姓名、地址、工作地点、外貌特征、犯罪记录等信息。在某些情况下，还会调查接到地球优先组织电话的人的政治伙伴。

1992 年 10 月，负责联邦调查局案件的里查德·赫尔德（Richard Held）悄悄放弃了这个案子，但在之后五个月都没有通知地方检察官办公室这个案子已经结束。赫尔德是联邦调查局反谍计划（COINTELPRO）的核心人物。反谍计划的目的是"揭露、破坏、误导、诋毁、消灭不同政见者或以其他方式使持不同政见者丧失信心"。巧合的是，当根据法院命令公布的照片显示炸弹在巴莉的座位下面，而不是后面时，赫尔德辞职了。[40]

164

反谍计划和其他联邦调查局行动

一直以来，联邦调查局都在与右翼组织进行合作，抨击社会正义运动与和平运动，[41]还陷害诋毁这些运动的参与者，给他们贴上恐怖分子的标签。作为联邦调查局局长埃德加·胡佛（Edgar Hoover）的心血结晶，反谍计划始于 20 世纪 50 年代末。该计划利用典型的虚假信息、监视、心理战、法律骚扰、卑鄙伎俩和渗透技术等对付政治和社会变革活动分子。它的大部分行动都是非法的，但这并不能阻碍它的发展。

在 20 世纪 60 年代，反谍计划被用于陷害黑豹组织领导人，在 70 年代被用于陷害印第安人领导人，在 80 年代被用于陷害声援萨尔瓦多人民委员会（CISPES）成员。马丁·路德·金是胡佛最喜欢攻击的目标，这种情况甚至在金被暗杀后仍在继续。沃德·丘吉尔（Ward Churchill）写道："虽然该计划据称在 1971 年就已终止，但一些前特工指控说这只是名义上的终止。"[42] 巴莉的案件引起了人们的严重关切，反谍计划是否真的延续至今？

实际上，从 1970 年的第一个地球日开始，反谍计划就一直在积极地反对环保运动。[43] 爱德华·艾比是一名环保活动家，也是小说《有意破坏帮》的作者。联邦调查局认为他对国家安全造成了威胁，因此监视他长达 20 年之久。[44] 和平运动也遭到数十年的监视。[45] 因此将监视对象扩展到地球优先组织是顺理成章的事。自地球优先组织于 1980 年成立以来，联邦调查局就一直在监视该组织。1986 年，核电站电线的搭建过程遇到了阻挠，当时联邦调查局就企图消灭地球优先组织。他们特别想捞到地球优先组织的"大鱼"，即其创建者戴夫·福尔曼。调查局的特工迈克·费恩（Mike Fain）化名为迈克·泰特（Mike Tate）进入了地球优先组织做卧底。他潜入地球优先组织，还和主要的环保活动家交朋友。后来，他与其他三名活动分子一起破坏一家核电站的输电线路。按照原计划行动时，三名毫无戒备的环保活动家在一场突击行动中被逮捕。大约有 50 名联邦调查局探员守候在那里等待着他们。[46] 被指控的一名活动分子说，费恩"不仅鼓励这项计划，而且为该计划的实施提供了便利。他租用了乙炔罐，在自己的卡车上装满了汽油，还开车把所有人带到特警队埋伏的沙漠里"。[47]

联邦调查局没能直接把福尔曼牵扯进来，但是因为福尔曼给了一位环保活动家钱而以阴谋罪被捕。那时，费恩在不知情的情况下被录了音，录音内容解释了为什么联邦调查局那么想逮捕福尔曼。"他（戴夫·福尔曼）并不是我们真正想要的人——我是说就真正的罪犯而言。我们只是需要他来传递一个讯息。"[48]联邦调查局花了 200 万美元来传达信息，这个信息旨在败坏环保运动的声誉。发言人戴尔·特纳（Dale Turner）说："他们把地球优先组织运动的领导人作为攻击目标，意图很明显，就是要消灭环保领域的主谋，使整个环保运动失去信誉。"[49]

联邦调查局还利用了另一件炸弹事件来诋毁环保主义者——尽管根本没有证据能证明两者之间存在联系。1995 年 4 月，在位于萨克拉门托的一个工业游说团体——加州森林协会——的办事处，一颗小型炸弹发生了爆炸。警方和联邦调查局将此次事件与炸弹杀手联系了起来，尽管森林协会的一名发言人说，"在我个人看来，这是极端环保主义者的杰作。"[50]巴莉·克劳森是一名私人调查员，也是明智利用活动分子。他曾试图将地球优先组织牵扯进俄克拉荷马市式的爆炸案件中——具体参见上一章。[51]位于温哥华和伦敦的麦克米兰布隆德尔公司的办事处曾遭遇爆炸事件，环保主义者就被牵连进去了。该公司伦敦办事处的约翰·佩恩（John Paine）把那次伦敦爆炸事件与绿色和平组织的反清除式砍伐运动联系在一起。所有致力于此类问题的主要环保组织都有非暴力的历史，并谴责了爆炸事件以及麦克米兰布隆德尔公司随后的策略。[52]在澳大利亚，环保主义者也常因炸弹或炸弹恐吓事件备受诋毁（参见第 9 章）。

暴力开始蔓延

1990 年夏天，针对美国环保主义者的暴力和恐吓仍在继续。1990 年 6 月 14 日，绿色和平组织的吉姆·布鲁门萨尔（Jim Blumenthal）接到了一个恐吓电话，询问绿色和平组织是否与地球优先组织结成了联盟。布鲁门萨尔回答说他们并没有与地球优先组织结盟，但是正在帮助朱蒂·巴莉筹集诉讼费用。然后他电话里被告知："好吧，那你就是下一个。"联邦调查局的档案显示，事件发生后"不会采取进一步行动"。[53]那年夏末，撒哈拉俱乐部——其恶意言论从未被调查过——与来自明智利用组织"我们在乎"（We Care）和"母亲观察"（Mothers Watch）的坎蒂·伯克（Candy Boak）共同举办了一场"卑鄙手段"研讨会。与撒哈拉俱乐部的做法很相似，伯克一直在散布有关地球优先组织的谣言，他还公开地监视地球优先组织的会议。到了 8 月，撒哈拉俱乐部的一名成员因在地球优先组织的活动场所中心放置假炸弹被抓现行，并被逮捕。[54]奥克兰爆炸事件发生后，撒哈拉俱乐部加强了对朱蒂·巴莉和达瑞尔·切尔尼的人身攻击。他们批评这两个人没有"正确处理好他们所钟爱的炸弹"，并说这两个人是"长满虱子的蛆""达瑞尔·'零花钱?'·切尔尼和朱蒂·'鼻涕虫'·巴莉或瘾君子朱蒂"。[55]

很快就可以看出，奥克兰爆炸案只是暴力事件的冰山一角。截止 1991 年，宪法权利中心的运动支持网络（Movement Support Network at the Center for Constitutional Rights）就已经记录了 300 多起针对社会运动组织的可疑事件，还有 150 起不明原因的闯入事件。[56]调查报道中心的伊芙·佩尔（Eve Pell）在1991年写道，"现在，有些环保主义者担心，针对他们的斗争愈演愈烈，包括暴力、纵火和派卧底。"[57]1992年，乔纳森·富兰克林（Jonathan Franklin）为调查报道中心进行了为期四个月的研究，调查环保主义者所遭受的暴力。他"发现了一个针对全国'绿色'活跃分子的死亡威胁、火灾爆炸、枪击和袭击的模式"。调查报道中心"记录了自1988年以来发生的100多起袭击和骚扰事件"。[58]到1994年，他们已经记录了124起袭击和骚扰事件，而且还在不断增加。[59]希拉·奥唐奈尔是一位私人调查员，也是研究针对环保活动家的暴力的最有经验和最受尊敬的人。他认为有成千上万起的个人遭受骚扰事件。[60]

同年，戴夫·海尔瓦格在《反对绿色的战争》一书中，用了整整两章的篇幅来讨论针对环保主义者的暴力和骚扰。到目前为止，海尔瓦格对美国环保活动家所遭受的暴力的分析仍是最详尽的。[61]我们不可能量化美国环保活动家所遭受的暴力的具体程度，因为暴力的目的是让人们沉默。未来还会有成百上千起不被报道的恐吓事件，因为他们达到了目的——就是恐吓相关人员，让他们感到"害怕"。

我们可以看出，恐吓来自企业、工人、右翼、明智利用运动，以及越来越多地使用恐吓手段的民兵组织。明智利用运动与民兵组织运动的联系也越来越紧密。此外，政府也受到牵连。私人调查员希拉·奥唐奈尔说："就我们所知，联邦情报机构肯定或多或少地参与了。"她还说：

"我认为，受到威胁的利益集团是企业，而我看到联邦政府支持这些利益集团。我很难想象这其中没有勾结。政府和企业肯

167

定是勾结在一起的，它们一直都是如此，所以现在没有理由会发生改变。"[62]

我们还知道，受害最深的主要是远离安全的大城市的草根环保活动家。这些环保活动家大多数都是参与当地环境问题的妇女。那些住在偏远地区或是经济萧条地区的环保活动家，也会被挑选出来，成为攻击的对象。此外，主流环保运动对这些"一线"环保活动家的支持也越来越少。希拉·奥唐奈尔说："我认为，如果我们不公然反对暴力，我们就会把人们孤立起来，使他们受到攻击的风险变小。这就是我所想到的，为什么环保运动没有发声讨论明智利用和暴力的原因。"[63]

当被问及为什么她会这样想的时候，奥唐奈尔回答说：

"我认为，否认在其中起着非常大的作用。如果帕特·科斯特纳是一个白人（参见下文），在伦敦、纽约、芝加哥或华盛顿有一个办公室，那么如果她的图书馆被烧毁，我想肯定会有人抗议。如果位于城市的一个环保组织的办公室被炸毁，大家也会马上跳出来抗议。我想这很明显是一个大问题。问题是，如果森林里的一棵树倒了，也没有人在那儿，那么还会有人吭声吗？"[64]

奥唐奈尔称，这种否认的过程和农村/城市的分裂是"问题不能被解决的重要原因"：

"我认为这绝不是心术不正或缺乏兴趣的问题。因为如果你向任何一个主要环保组织的领导人询问他们对此有什么想法，他们都会感到震惊。问题在于，这没有立即威胁到他们自身的利益，可以这么说，他们并不关注。我不得不说，我认为这在很大程度上也与无知有关。我不确定，如果你真的去问大多数环保组织的负责人，他们是否知道这些，我不确定你能得到怎样的回答。我不确定他们是否能够举出正在发生的那种情况。"[65]

谁该受到指责？

使环保运动边缘化，使环保运动成为替罪羊的那些人必须为暴力承担责任，因为暴力是这种行为的逻辑结论。范式转换的最终结果就是暴力。契普·伯利特说："有人将环保运动边缘化，说环保活动家是绿色恐怖分子，说他们会导致失业，造成饥荒。我认为，说这些话的人最终要对环保运动所遭受的暴力负责任。"[66]

其他人也验证了伯利特的担忧。塔尔索·拉莫斯对环保活动家在西部诸州所遭受暴力的情况进行了研究。他说："明智利用活动分子利用各种策略，试图将环保主义者边缘化，错误地将自然资源型社会遇到的所有经济问题都归咎于环保主义者。毫无疑问，他们要对恐吓、骚扰和暴力负部分责任。"[67]保罗·德·阿蒙德说："这些人能够挑起的恐惧程度是相当强烈的。"[68]希拉·奥唐奈尔说："听到暴力语言并不常见，但媒体上却并非如此。"她还说：

"我认为，在环境问题上，明智利用运动的好战心态是非常独特的。我们只在自治委员会运动和民兵中看到了它，我们在种族主义者中看到了它，我们在反堕胎者和毒贩身上也看到了这种心态。"[69]

危险废物公民信息交流中心的洛伊斯·吉布斯是一名资深的草根环保活动家。在她开展爱渠运动（Love Canal campaigning）期间，她的房子遭到三次非法闯入。吉布斯认为明智利用运动者就是一群恶霸，他们"改变了人们的行为方式。人们生活在恐惧中，惟命是从。需要让全社会知道他们都干了些什么。"[70]

例如，明智利用运动的领导人坚持认为他们是非暴力的，最近他们一直在努力淡化他们公开的煽动性言论。在一次明智利用会议上，查克·库什曼告诉他的听众，他们不应该出去搞暴力。他还至少在明智利用会议上传阅过一份非暴力宣言。[71]库什曼告诉记者戴夫·海尔瓦格说："暴力问题只是保护主义者拿来对付我们的，想借此暗指我们提倡或呼吁暴力。""我从来没有提倡或呼吁暴力。在我看来，我们一直主张非暴力，就像马丁·路德·金或那个来自印度的家伙（译者注：意指甘地），他叫什么名字？"[72]

阿诺德的自由企业保卫中心甚至发表了一份非暴力宣言，宣言指出：

"签署者绝对无条件地拒绝和谴责对我们的对手使用武器或个人暴力，或对他们的财产进行破坏。我们绝对无条件地承认，在两场运动的对抗中，无武装的非暴力的道德信念是唯一的行为标准。"[73]

尽管这一倡议是向前迈出的积极一步，但是要阻止煽动性栽赃所导致的暴力，这一书面的非暴力语言可能来得太晚。

查克·库什曼的煽动性言辞给他带来了最多的批评。环境宣传与研究信息交流中心的丹·巴莉说："他以激烈的言论风格而闻名。从他提出论点和自我标榜的方式来看，他似乎就是在煽动积极地实施恐吓。"[74]塔尔索·拉莫斯补充说：

"库什曼是一位非常具有煽动性的演讲者。他的修辞策略在很大程度上依赖于向听众的头脑和心灵中灌输恐惧、愤怒和仇恨。因此，我认为，库什曼是一个典型的例子：作为他有组织地推动的结果，骚扰和恐吓变得合法了。"[75]

此外，环境宣传与研究信息交流中心的丹·巴莉还说："没有证据表明，明智利用运动的主流元素与里克·西曼（Rick Sieman）（撒哈拉俱乐部）及其激进主义撇清了关系。""实际上，他们似乎正在以某种形式接受这种激进主义。"[76]威廉·佩里·潘德利在写给《21世纪科学与技术》的信中表达了对西曼的支持。人类优先组织在撒哈拉俱乐部分发了至少一份文件。[77]对于环保活动家被打事件，西曼的回应十分简单。他回应说："打得好。"[78]

朱蒂·巴莉确定无疑地表示，明智利用运动所营造的气氛导致她遭到了暗杀：

"我不知道1990年5月24日那天是谁在我的汽车里放置了炸弹，但是我知道，就在爆炸事件之前，明智利用运动在社会上煽动了……反对地球优先组织的情绪。明智利用运动说他们只是想把人放回环境方程中去，但是他们的行动却表明他们有不同的议程。"[79]

记者戴夫·海尔瓦格就明智利用运动的策略得出了一个惊人的结论。他写道："与有着数百万草根追随者的基督教右翼不同，明智利用/财产权运动缺乏成员基础，如果不借助对抗性策略，他们就无法将信息转化为有效的地方性行动。"[80]

但伯利特却把责任推卸给了明智利用组织和民兵组织之外的公关公司，他说："公关公司应该承担一些责任。"伯利特认为：

"这就好比是有人组织了一次袭击活动，却又声称自己对此不负责任……如果你雇用了一家没有任何道德观念的公关公司，它不惜使用任何手段来为企业形象的攻击寻找替罪羊，那么你就要对结果负道德责任。实际上，这些公关公司正在创造一种寻找

替罪羊的环境……

在世界各国，存在关于经济发展和环境关切之间的平衡的辩论都是合情合理的。但是，如果你决定让环保活动家去为经济问题的紧张形势背黑锅，还把缺乏食物、缺少就业机会、经济发展不足等问题都归咎于环保活动家，那么你就相当于是在说：如果你想在社会上生存下去，你就必须出去找环保主义者……

或许博雅公关公司在华盛顿的董事会并不讨论这些事情，也不会对客户提到这些事情。但这正是在全世界经济拮据的地区所发生的事情，那里的人们正在与环保主义者进行斗争。公共关系部门和企业部门的人需要面对那些决定的结果，因为结果会伤害到那些被当作替罪羊的人。"[81]

结果是有人被杀害了，有人的房子被烧毁了，有人遭到了枪击，有人的狗被毒死了。他们被殴打、被骚扰，还收到无数的威胁。他们的财产也遭到蓄意破坏和偷窃。

暴力的受害者

1978 年新年的凌晨时分，反除草剂活跃分子卡罗尔（Carol）和史蒂夫·范·斯特鲁姆（Steve Van Strum）夫妇的四个孩子在一场火灾中丧生。刘易斯·雷根斯坦（Lewis Regenstein）在《被毒害的美国》（*American the Poisoned*）一书中写道："在五河地区（Five Rivers），人们普遍认为，他们的房子是被故意放火烧毁的，因为范·斯特鲁姆夫妇在反对空中喷洒除草剂的斗争中发挥了领导作用。"[82]卡罗尔·范·斯特鲁姆迫使政府就除草剂的安全性采取行动，并成功地禁止了两种除草剂。[83]第二年，水权活动家蒂娜·曼宁·特鲁戴尔（Tina Manning Trudell）——美国印第安运动（American Indian Movement）的全国主席约翰·特鲁戴尔（John Trudell）的怀孕妻子，与他们的三个孩子和蒂娜的母亲在内华达州北部的鸭子谷（Duck Valley）保留地的纵火案中被杀。蒂娜·特鲁戴尔一直是保护水权斗争的主要组织者。[84]

林恩·"熊"·希尔（Lynn 'Bear' Hill）曾经在肯塔基州卡尔弗特城的液体废物处理处（LWD）的危险废物焚化炉工作。十年来，他的工作就是把一桶桶的废物用推土机推埋到土地里。1991年，他被发现死得"非常血腥"。他半坐在卡车里，手里拿着上车钥匙。他的厨房里布满了血迹，他的腹部有淤青，他的鼻子被挤进了大脑。尽管如此，验尸官还是告诉希尔的家人，他死于肺炎。然而法医却说，希尔是因食管破裂，失血过多而死。[85]

希尔发现了5000桶有毒废物被非法埋到了工厂的地底下，他对此感到十分不安，并最终将此事报告给了当地报纸《实话实说》（*Tell It Like It Is*）的编辑。希尔说："我很早就想告诉你们了。""卡尔弗特城的废液处理是个有毒的定时炸弹，随时会爆炸。"他担心如果自己公开姓名会送命，因此要求匿名。当编辑鲍伯·哈勒尔（Bob Harrell）联系了当地州长办公室，以核查该信息是否属实时，他却被告知不要刊登这件事。他得到的回答是："你们的报纸办得不错，但是这件事情能让你们倒闭。"哈勒尔还担心，一旦他把这件事情刊登出来，就会有人发现林恩·希尔是消息来源，并会杀了他。但最终，哈勒尔还是把这件事刊登了出来。随后，就有人在他的门廊上放了一只被砍掉头的死鸟。[86]

　　美国土著环保主义者的死亡人数最多。勒罗伊·杰克逊（Leroy Jackson）是美国最著名的土著环保主义者之一。1993 年 10 月 9 日，他的汽车在美国 64 号公路上被找到，他被毯子裹着放在车里，尸体已经腐烂了。这名 47 岁的纳瓦霍族环保活动家反对在纳瓦霍族保护区进行伐木作业，因此多年来一直收到死亡威胁。他去世前的那个夏天，愤怒的伐木工举着他的肖像表达不满。杰克逊从不喝酒、吸毒或抽烟，但是验尸结果却说他是死于美沙酮中毒，而美沙酮是海洛因的合成替代品。杰克逊本来准备乘坐飞机到华盛顿的土地管理局参加会面，以抗议伐木行为。但却在出行的几天前死亡了。然而，由于当地的失业率很高，杰克逊的行为不仅激怒了木材业官员，也激怒了部落首领和纳瓦霍族同胞。[87]

　　关于他死亡细节的所有证据都很可疑。杰克逊于 10 月 1 日失踪，第二天就有一名徒步旅行者称看到他的汽车停放在路边。然而，10 月 4 号，一名正在寻找业务的拖车司机却并没有看到杰克逊的汽车。10 月 6 号，杰克逊的朋友和医生沿路寻找他，也没有看见他的汽车。尽管如此，州警察还是声称杰克逊是死于意外。[88]

　　7 个月后的 5 月 21 日，另一个部落的环保主义者弗雷德·沃金·巴杰（Fred Walking Badger）开车到亚利桑那州萨卡顿附近进行一次短途旅行，但他却再也没有回来。三周后，他的车被发现在沙漠中已经被烧毁。而弗雷德·沃金·巴杰和他那一天的同伴亚伦·利兰·里弗斯（Aaron Leland Rivers）却仍然没有被找到。沃金·巴杰的妻子认为，里弗斯在错误的时间出现在了错误的地点，并断定这两个人已经被杀害并被埋在沙漠中。她还认为，她的丈夫被杀害的原因是因为他是一个著名的反杀虫剂活动家，他曾动员人们反对在希拉河（Gila River）保留地使用杀虫剂。巴杰迫使部落政府调查喷洒杀虫剂的问题，还就农药污染导致的水质问题联络了环保组织。巴杰的妻子玛丽琳（Marilyn）说："有时，当风吹向住宅、植物和花园时，蔬菜就会蔫掉。如今，住在这里的所有人都害怕食用这里的野生动物。"[89]

1994 年 8 月 2 号，一个星期二的早晨，托雷斯·马丁内斯（Torres Martinez）和卡惠拉（Cahuilla）的印第安人举行了非暴力抗议活动，反对在他们的保留地内建造非法的有毒设施。污水处理公司每天向保留地内非法排放 1000 吨污泥。印第安人试图借助绿色和平组织的帮助阻止这一行为。抗议者遭到了保安公司员工的骚扰，他们被警告说他们将会被"撞死"。而在前一天，人们被警告说他们应当"放弃行动，否则……"。[90]

周四，50 名托雷斯·马丁内斯印第安人、绿色和平组织还有墨西哥州的农场工人在托雷斯保留地封锁了三个非法运行的污水处理设施。然而，在星期六，一名卡惠拉领导人的年仅 14 岁的侄子就被枪杀了。这名男孩的父亲站在死去的孩子身边，却遭到了警察的棒打，还被指控破坏犯罪现场及谋杀。这些指控后来被撤销了。第二天晚上，枪手再次袭击了马里纳·奥尔特加（Marina Ortega）的家。她是一名印第安人，曾召集许多印第安人共同反对废物处理公司。幸运的是，这一次没有人受伤。十天之后，枪手再次在被封锁的现场巡视，用枪威胁人们。警长却拒绝对任何一次袭击事件进行调查。[91]

枪击是一种常见的暴力手段，十多年来一直被用来恐吓环保活动家和政府官员。1983 年 3 月，在亚特兰大和费城负责调查一个非法垃圾场的美国环保局官员遭到枪击和骚扰。在西雅图，他们遭到了燃烧弹的袭击。同年，当一个公民组织开展运动阻止米德尔伯勒皮革公司（Middlesboro Tanning Company）向一条小溪倾倒有毒物质时，该公民组织的成员遭到了枪击，他们的狗被杀，他们的车辆也被破坏。在一次枪击事件中，一位环保活动家的汽车挡风玻璃被砖块击中，身上沾满了碎玻璃。[92]

最近，在亚利桑那州、科罗拉多州、肯塔基州、德克萨斯州以及西弗吉尼亚州，环保活动家都遭到了枪击。他们的宠物也没能幸免。已经失去两只宠物的环保活动家拉里·威尔逊（Larry Wilson）说："在田纳西州，他们对你做的第一件事就是射杀你的狗。"不过，最糟糕的一次是他在草坪上发现了自己的狗，尸体竟被剥了皮。[93]另一名环保活动家劳里·玛蒂（Lauri Maddy）开展运动反对伏尔甘化学公司（Vulcan chemical company）。她的一只狗被枪杀，另一只狗被淹死。她还曾两次差点被撞飞。有关公司向员工展示了她的视频，说她要对就业机会的损失负责。黛安·威尔逊（Diane Wilson）是德克萨斯州的一名捕虾者，她曾抗议建造塑料厂的提议。她的狗被直升机上的枪手射杀。她的捕虾船两次被破坏。她还受到监视，还被称为女同性恋者、妓女、坏母亲和种族主义者。[94]

1993年3月，一名医生在协助一对夫妇起诉一家制药公司的过程中，他的狗被盗，喉咙被割断。涉案的温特斯（Winters）夫妻正在起诉默克（Merck）公司，称其工厂的污染对他们造成了健康问题，还导致了流产。那年夏天，温斯特夫妻的住宅竟发生了11次非法闯入事件——但没有任何东西被盗。他们的车辆也遭到了破坏。1993年4月，另一位环保活动家在阿拉斯加的家中惊动了入侵者后，就被枪杀了。他的房子也被人放火烧了。[95]

　　新罕布什尔州的反伐木活动家杰夫·艾略特（Jeff Elliott）和杰米·塞延（Jamie Sayen），以及缅因州的反杀虫剂活动家迈克尔·弗农（Michael Vernon）的房子都被烧毁了。住在蒙大拿州的前荒野协会主席斯图尔特·"布兰迪"·布兰德堡（Stewart 'Brandy' Brandborg）也有同样的遭遇。20 世纪 70 年代末，阿迪朗达克公园管理局（Adirondack Park Agency）的大楼被纵火烧毁。公园专员的两栋房子，连同她的汽车和船只都被烧毁。阿迪朗达克地区已经成为政府官员和环保活动家遭受反环境暴力袭击的一个热点。阿迪朗达克地区的官员遭遇了长期的暴力活动，包括死亡威胁、破坏财产和被枪击。环保活动家们被拳打脚踢，受到骚扰。在科罗拉多州、佛罗里达州、蒙大拿州、新罕布什尔州、新墨西哥州、纽约州和德克萨斯州，也有环保活动家们的房子被人纵火烧毁。[96]

　　美国绿色和平组织科学部主任帕特·科斯特纳也是纵火案的受害者。1991 年 3 月 2 日，在她即将发表关于有毒废物焚烧的五年期调查报告的一个月前，她回来发现她住了 17 年的家和她丰富的藏书都被烧成了灰烬。讽刺的是，她报告的题目就是《玩火》（Playing with Fire）。她的报告列举了在贫穷的农村地区建造焚烧炉的企业，以及非法排放有毒物质的公司。更具有讽刺意识的是，真正玩火的反而是抨击这些企业的科斯特纳自己。随后的调查显示，只有在使用易燃液体点燃大火的情况下，才能达到大火中的温度。这场火灾是一起故意纵火案。四个月前，两个吹嘘自己曾在海军训练学院学习的人一直在打听科斯特纳的住

174

所。在火灾发生两周后，她的偏远小屋的电话线被切断。当科斯特纳打电话给全国有毒废弃物反击阵线（National Toxics Campaign），请他们帮忙更新丢失的文件时，却发现他们的办公室也被人闯入，他们的文件也被盗。[97]

图 6.2　科斯特纳的房屋残骸，图片中央是她的办公桌残骸
资料来源：艾斯调查公司（Ace Investigations）的希拉·奥唐奈尔

　　科斯特纳不是唯——个因工作而遭受骚扰的科学家和研究人员。在乔治·巴格特（George Baggett）成功地对当地的一个危险废物焚烧厂作证后，当他从庆功宴回家时，却被两名男性搭讪和威胁。巴格特还认为自己受到了监视，在他作证的前后收到了淫秽的电话留言。[98]另一位反对垃圾处理的研究人员是焚烧炉专家山姆·毕夏普（Sam Bishop）。就在他要出庭指证布鲁克林海军造船厂（Brooklyn Naval Shipyard）焚烧炉的前几天，他的办

175

公室被人闯入，他所有与此案有关的文件都被拿走了。纽约市的警探称这是"典型的企业情报打击"。[99] 1989 年，来自肯塔基州自然资源部门的一名科学家因为反对卡尔弗特城的液体废物处理而被解雇。[100]

但是，女性环保活动家遭受了一些最可怕的攻击，例如斯蒂芬妮·麦奎尔（Stephanie McGuire），她在佛罗里达州开展活动反对宝洁公司的纤维厂。麦奎尔是一个名为"帮助我们被污染的环境"（HOPE）的社区组织的成员，该组织威胁要起诉宝洁公司，迫使其清理污染。麦奎尔和她的合作伙伴琳达·罗兰德（Linda Rowland）以及"帮助我们被污染的环境"组织的负责人乔伊·托尔斯·卡明斯（Joy Towles-Cummings）都收到了许多死亡威胁和骚扰。他们还认为自己受到了监视，但是他们却没有料到接下来会发生什么事情。1992 年 4 月 7 日，五名穿着迷彩服的人（其中两人还带着滑雪面罩），趁麦奎尔独自一人时袭击了她。

负责调查此次袭击事件的希拉·奥唐奈尔讲述了当时发生的情况：

"这些人殴打她，用脚踢她的头部和身体，使劲地踩她的手，使其严重受伤；他们撕开她的衬衫，用点燃的雪茄烫她的乳房，还用刀片割她的乳房。他们在殴打她时，反复提到宝洁公司和麦奎尔对该公司的反对。他们还威胁要攻击另一位环保活动人士，即帮助我们被污染的环境组织的创始人乔伊·托尔斯·卡明斯。当其中两名男子将她按在地上时，第三名男子用一把直型剃刀割开她的脸和脖子。他说：'我要慢慢地割你，让你尽可能地痛苦。'然后他又把污水泼在麦奎尔的伤口上。他说：'现在，你就有理由起诉我们了。'"[101]

　　然后，其中两个人强奸了她。其中一个袭击者说："这就是你议论宝洁公司的下场。"[102]没有人因为此次事件被起诉。明智利用和财产权组织的传真网络四处散布谣言，说麦奎尔是被她的"女朋友"打了。麦奎尔一直遭到电话骚扰，最终被赶出了她所在的县。即使如此，她还是会接到骚扰电话，她的狗也因为吃了被人投入防冻剂的肉而死亡。[103]另一名环保活动人士保拉·西摩尔斯（Paula Siemers）也曾不断地遭到骚扰、纵火和未遂的谋杀，最终被迫搬走。她的狗也因食用被投了毒的汉堡而死亡。她被投掷石块的年轻人打得不省人事。她家的门廊被人放火烧了两次。西摩尔斯被到处说成是"污染婊子"，因为她散发抗议请愿书反对皇后城酒桶公司（Queen City Barrel），还开展运动反对当地工业的过度排放，指责这些排放造成了人们严重的呼吸道问题。有一次，两个男人从背后捅了她一刀。她终于忍无可忍，搬家了。[104]

　　还有一些环保活动人士虽然没有搬家，但却生活在恐惧之中。比如前伐木工吉恩·劳松，他试图在俄勒冈州萨瑟林这个环保主义者和伐木工人之间针锋相对的社会，提供两者都满意的解决方案。由于他的麻烦，他受到了阉割和纵火的威胁。[105]还有两位住在俄勒冈州的环保主义者也受到了威胁，分别是来自俄勒冈自然资源委员会（Oregon Natural Resources Council）的安迪·克尔（Andy Kerr）和来自黑尔的委员会保护理事会（Hell's Council Preservation Council）的里克·贝利（Rick Bailey）。1994年9月30日，在俄勒冈州约瑟夫召开的明智利用会议开幕之前，有人把他们两人的肖像悬挂起来以示不满，他们的肖像还被泼上柏油，插上羽毛。

凯瑟琳·马奎特、佩里·潘德利还有罗恩·阿诺德都在1994年的明智利用会议上做了发言。贝利说："焚烧肖像是个征兆。他们公开宣称，他们将让我走投无路。他们想让我失去工作。很显然是明智利用组织（搞的鬼）……因为罗恩·阿诺德也在那里。会议是在星期五下午举行的，但是很显然，泼柏油、插羽毛都是会议的重要组成部分。"

克尔说，悬挂肖像是"明智利用会议的一次媒体活动"。[106]

图 6.3　在明智利用示威活动中里克·贝利和安迪·克尔的
肖像被泼上柏油，插上羽毛
资料来源：沃拉沃拉酋长

在过去的半年中，贝利看到了该地区出现的一些真实变化。　177
他说："有些东西正在鼓舞人们。"如今对于克尔和贝利而言，死亡威胁十分常见。贝利曾发现邮箱里挂着用大头针扎的、沾满红色的丘比玩偶。其中一只身上写着："环境纳粹分子要当心点儿。"[107]悬挂人的肖像也成为明智利用组织的特长，例如，1992年6月，公民财产权组织（Citizens for Property Rights）在佛蒙特州悬挂了20位政治领导人的肖像。[108]

戴夫·海尔瓦格还记录了其他与明智利用组织直接相关的恐吓和暴力事件。西部人民组织的一名成员为阻止一位环保活动家放映幻灯片就恐吓他说："我要打爆你的脑袋。"亚拉巴马州的地方明智利用组织老鹰（EAGLE）曾在一段时间内威胁当地的一名环保活动家拉玛尔·马歇尔（Lamar Marshall）。明智利用组织的宣传单还把新泽西州的律师克雷格·西格尔（Craig Siegel）说成是生态恐怖分子和反对发展的倡导者。西格尔因此收到了很多恐吓信和人身威胁，最终被迫辞职。[109]

"关心人的罗慕路斯环保主义者"是一个旨在阻止其所在地区环境不正义的草根运动，该组织一直在开展运动反对在当地进行深井灌注。贝利和克尔事件发生三周后，来自关心人的罗慕路斯环保主义者组织的罗亚尔·利利（Royal Lilly）在妻子的车里发现了一个小盒子。盒子里装着一只山猫的头和一张字条。字条上的字是用从报纸上剪下来的字母拼成的。字条上写着："利利：我们已经厌倦了你浪费我们的税款，所以你可以成为贫民窟的领主，你只不过是一个爱黑鬼的伪君子，为了一分钱就会拍政客的马屁，现在是时候因为健康原因退休了，如果你下次再出现在议会或分区委员会的会议上，我们会把你的妻子或你的一个孙子的头送到你面前（原文如此）。"字条的署名是三K党。[110]

各个领域的右翼相互融合，煽动性的言论不绝于耳，范式转换不断极化，在可预见的未来内，暴力似乎会破坏辩论。1995年5月，危险废物公民信息交流中心的洛伊斯·吉布斯说："威胁在不断发生。"她是一名经验丰富的草根环保活动家。吉布斯还说："他们越来越公开。国会和民兵组织就是最好的例子。如今在美国，人们感到比以往任何时候都更能自由地表达他们的观点，子弹和暴力成了自由表达的新方式。"[111]

实际上，到 20 世纪 90 年代中期，无论是环保运动，还是工作内容涉及环境或土地问题的联邦职员，所遭受的暴力似乎都有所增加。这些暴力至少有一部分是来自民兵组织。1994 年 10月，一枚炸弹在里诺的美国土地管理局的办公室爆炸了。[112] 11月，奥杜邦协会的环保活动家艾伦·格雷（Ellen Gray）在参加斯诺霍米什县关键领域条例的公开听证会时，有两个男人走近他。其中一个人把绞索放在凳子上，说："这是传达给你的信息。"另一个人则告诉格雷："如果你投票时不听我们的，我们就会开枪杀死你。我们有 10000 名民兵。"第一个人还分发了一些卡片，卡片的一面画着绞索，还配上"叛国＝死亡"的文字，另一面写着"生态法西斯分子滚回去"。[113] 拿着绞索的人叫达瑞尔·罗德（Darryl Lord），他不仅是民兵组织的成员，也是斯诺霍米什县产权联盟的激进分子。[114] 格雷将此事报告给了当地警察局，但是警察局却说他们太忙了，没时间去找这些人。[115]

1995 年，民兵组织的攻击和威胁不断增多。戴夫·海尔瓦格在 1995 年 5 月写道："民兵组织所参与的大部分事件都或多或少地与环境有关。"[116] 反对恶意骚扰西北联盟的艾瑞克·沃德跟踪调查了明智利用组织和民兵组织的联系，他说："右翼极端分子的攻击和骚扰主要围绕土地使用问题。""他们把环保主义者描绘

178

成不露面的怪物，因而可以骚扰他们。这与种族暴力非常相似。"[117]

成为攻击对象的不止是环保活动家，联邦官员也遭到了恐吓和暴力。三名鱼类和野生动物管理局职员被迫从一个牧场主的土地上撤退，因为当地警长声称他们的逮捕令无效，而这位牧场主竟然带着一名武装民兵返回。[118]3 月，美国林业局在卡森城的办公室发生了爆炸。同一天，洪堡国家森林公园（Humbolt National Forest）的一栋附属建筑也发生了爆炸。内华达州的拉莫伊尔峡谷也发生了几起爆炸。[119]在俄克拉荷马市发生爆炸事件的第二天，土地管理局、大自然保护协会、奥杜邦协会和原生森林委员会（Native Forest Council）都收到了死亡威胁和炸弹恐吓。[120]

针对林业局的暴力和恐吓变得如此严重，以至于员工被告知可以不必穿制服，也不必乘坐公务车辆，以避免"危及员工的安全"。在内华达州的托亚贝国家森林公园（Toiyabe National Forest），林业局已经暂停了日常维护工作。[121]事实上，到 1995 年春天，这种情况已经变得让人无法容忍，以至于众议员乔治·米勒号召自然资源部（House Resources）举行听证会对暴力事件展开调查。[122]国家公园管理局（National Park Service）的罗伯特·马里奥特（Robert Marriot）在调查暴力的非正式听证会上说："愤怒与憎恨开始涌现，我们的员工总是遭到威胁。我们现在总会听到'死亡'、'你会被杀死'或是'你会被枪杀'之类的威胁。而在过去，只有一位牧场主会冲我们发火。"[123]

在随后的 11 月份，又有两位环保主义者的肖像被人挂起来以示不满。这次是在新墨西哥州。据报道，一群伐木工人和牧场主对卡森国家森林公园的砍柴限制感到愤怒，因此挂起两人的肖像，这两个人分别是当地森林守护者协会（Forest Guardians）主任萨姆·希特（Sam Hitt），以及森林保护委员会（Forest Conservation Council）主任约翰·塔尔伯特（John Talberth）。塔尔伯特的肖像最初被挂在森林守护者办事处的附近，后来又被挂到莱文森基金会（Levinson Foundation）的办公室，那是塔尔伯特妻子工作的地方。新墨西哥州的暴力活动一直延续到1996年。1996年1月，美国林业局的一个办事处发生爆炸，造成了25000美元的损失，不过没有人在爆炸中受伤。[124]

阻止公众参与的策略性法律诉讼

另一项用来对付环保活动家的策略是阻止公众参与的策略性法律诉讼（Strategic Lawsuits Against Public Participation）。正如暴力的目的是通过身体上的恐吓让人们保持沉默一样，阻止公众参与的策略性法律诉讼是通过法律上的恐吓让人们保持沉默。通常阻止公众参与的策略性法律诉讼并不打算真的对簿公堂，否则他们不大可能赢，但是这种策略确实可以吓唬人，让人保持沉默。美国资源保护委员会的律师阿尔·迈尔霍（Al Meyerhoff）认为："这是污染工业反击环保群体的重要手段。"[125]

科罗拉多大学的两位教授乔治·普林（George Pring）教授和佩内洛普·卡南（Penelope Canan）教授最早创造了"阻止公众参与的策略性法律诉讼"这一术语，他们也对阻止公众参与的策略性法律诉讼现象进行了研究。他们写道："美国正在上演一种新的、非常令人不安的趋势，这种趋势对积极参与政治的公民和我们的政治体制都产生了严重的后果。"他们现在估计，有成千上万的人因公开表达观点而正在或曾经面临阻止公众参与的策略性法律诉讼。[126]

美国宪法第一修正案确保公民有公开辩论的权利。而阻止公众参与的策略性法律诉讼的基本目标就是压制公开辩论。根据美国宪法第一修正案，阻止公众参与的策略性法律诉讼的基本目标是违法的。因此，阻止公众参与的策略性法律诉讼就被包装成诽谤、诋毁和商业损失索赔。阻止公众参与的策略性法律诉讼还被用来将辩论从公共领域转移至更受控制的私人领域——法庭。普林说，这样做的目的是"利用诉讼的寒蝉效应来扼杀反对意见"。[127]他说："任何积极参与政治的人都可能会有风险，因为在美国，无论是谁，只要支付了申请费就可以提起诉讼。"[128]

阻止公众参与的策略性法律诉讼主要是被富人和权贵用来起诉环保活动家或普通公民。他们的目的是让污染者能继续污染，让开发商能继续开发，让伐木者能继续伐木，让矿工能继续采矿，让有毒废弃物的填埋者能继续填埋，而不会让受这些行为影响的公众索赔。

现在有成千上万的人遭到了起诉。有些人仅仅是因为参加了一场会议，有些人仅仅是因为签署了一份请愿书，有些人是因为报告了污染的违法行为，有些人是因为给政府官员写了信，甚至是给当地报纸的编辑写了信，亦或是在公开听证会上作了证，或是参加了抵制活动。[129]通常成为攻击对象的并不是大型环保组织，而是小型的社区团体。他们因阻挠垃圾处理场的建立或阻碍发展而成为攻击目标。乔治·普林就认识一些人，他们由于害怕遭到起诉，因而发誓再也不去参加公共会议了。[130]

人们有权利为此感到担忧。平均每项诉讼要求的索赔额高达900万美元，而每个官司平均要耗时36个月。[131]被告人如果败诉，有可能面临经济破产，被剥夺房屋和被解雇的风险。这样的经济和心理负担非常大，因此许多人在这样的法律恐吓下退缩了。

因此，尽管大约80％的阻止公众参与的策略性法律诉讼都败诉了或从未上过法庭，但是法律恐吓还是奏效了。普林和卡南写道："并不缺乏受害者。在过去的20年里，有成千上万的人被起诉，迫使他们保持沉默。对于他们以及几十万知道他们的人来说，阻止公众参与的策略性法律诉讼即使败诉，也是'有效'的。"[132]塔尔索·拉莫斯说，"明智利用的各种不同策略，包括阻止公众参与的策略性法律诉讼的威胁，越来越多地导致环保活动家重新评估自己所愿意承担的风险，即他们为了继续参与环保活动而愿意承担多大的风险（包括阻止公众参与的策略性法律诉讼的风险）。"[133]

阻止公众参与的策略性法律诉讼被有力地用来压制环保活动家。卡南教授估计，大约60％的阻止公众参与的策略性法律诉讼都被用于对付环保主义者和反对无限制开发的人。[134]艾琳·曼斯菲尔德（Irene Mansfield）在1986年因为反对德克萨斯州的一个危险废物填埋场，并称其是"垃圾场"，而遭到阻止公众参与的策略性法律诉讼起诉，索赔500万美元。而她的丈夫虽然没有抗议希尔山德（Hill Sand）公司的这一填埋场，但却因为没能"管好自己的妻子"而被起诉。经过三年激烈的法律斗争，该案最终于1989年被撤销。[135]迪克西·塞夫契克（Dixie Sefchek）

181 和社区组织"反对污染支持者"（STOP）的其他三位成员因反对一家位于印第安纳的垃圾填埋经营者的不安全做法，而陷入阻止公众参与的策略性法律诉讼。阻止公众参与的策略性法律诉讼要求就收入受损、人格受辱和诽谤进行索赔。塞夫契克说："这就相当于向你的组织发出死亡威胁。"尽管该诉讼在第二年就被法庭驳回，但是该组织已经失去了成员和资金支持，以及被法律诉讼所吓倒的人的支持。[136]

知名的环保活动家和环保团体也是攻击的目标。1990 年，太平洋木材公司起诉地球优先组织的环保活动家达瑞尔·切尔尼，原因是他坐在一棵红衫树上，要求他赔偿 25000 美元。[137]一家木材公司也利用阻止公众参与的策略性法律诉讼起诉塞拉俱乐部，要求其赔偿 4000 万美元，原因是塞拉俱乐部代表阿拉斯加原住民阻止在他们的传统土地上砍伐。[138]

遭到阻止公众参与的策略性法律诉讼的人要反击也很简单：那就是反诉回去，起诉那些正在起诉的公司。反诉都非常成功，卡南就从没有遇到过失败的例子。普林补充说："反诉也会让对方感到害怕。总有一天，阻止公众参与的策略性法律诉讼会成为一段令人不快的历史。"[139]1988 年，曾有一位密苏里的环保活动家因为批评医疗废物焚烧炉，而遭到阻止公众参与的策略性法律诉讼。1991 年 5 月，法院判决该焚烧炉的所有人因错误起诉，而向这位环保活动家赔偿 8650 万美元。一位管道工工会的律师雷蒙德·莱奥纳尔迪尼（Raymond Leonardini）因为反诉壳牌石油公司而获得了 520 万美元的赔偿。最初是壳牌石油公司起诉了他，原因是他引发了人们对壳牌石油公司塑料管的致癌性的担忧。[140]

　　阻止公众参与的策略性法律诉讼在全球都越来越普遍，加拿大、欧洲、东南亚和澳大利亚都出现了这种策略。在加拿大，奥格登·马丁公司（Ogden Martin）威胁要起诉 52 名医生，因为此前有封信反对公司在安大略建设每天处理 3000 吨废弃物的焚烧炉的提议，这 52 名医生也表示赞同。这些医生非常关注拟议计划的健康影响。奥格登·马丁公司的法律总顾问斯科特·麦金（Scott Mackin）告诉医生们，除非他们放弃支持，否则他们就会因诋毁该公司的名誉而遭到起诉。[141] 1993 年，麦克米兰布隆德尔公司放弃了对加利亚诺保护协会（Galiano Conservancy Association）的阻止公众参与的策略性法律诉讼，该协会曾反对麦克米兰布隆德尔公司出售公司土地用于住宅开发。[142]

　　因此，总的来说，我们发现在全球范围内针对环保主义者的暴力和恐吓行为在增加。

第七章　砍伐还是非清除式砍伐：一个有关树木、真理和叛国的问题

我认为，他们（绿色和平组织）在这个问题上已经抛弃了真理。他们在整个护林运动中似乎根本不愿意相信科学。[1]

——不列颠哥伦比亚省森林联盟负责人帕特里克·穆尔

阿诺德设定的场景

由于加拿大西海岸的不列颠哥伦比亚省的森林与美国西部的森林在地理上很接近，因此，两国致力于保护这些森林的环保主义者所遭遇的抵制也有许多相似之处。鉴于明智利用运动的领导人罗恩·阿诺德住在加拿大边境附近，并且在过去的 15 年中经常去加拿大，我们很容易看到弥漫在林业辩论中的大部分两极分化过程是从何而来的。

早在 1980 年，阿诺德就警告出席不列颠哥伦比亚省专业林务员会议（Professional Foresters Conference）的代表："环保领导人的公共言论中都透露出极权主义思想。"他告诉听众，"环保领导人有一个隐蔽的议程，就是尽可能地使生产停止"。[2]第二年，阿诺德在安大略省农业会议（Ontario Agricultural Conference）

上做了有关"环境主义的政治"的演讲，他警告人们提防反农药活动分子的"恐怖主义"，并将环保分子的宣传资料比作希特勒的《我的奋斗》。[3]1984年，他告诉他的听众，环保主义者是马克思列宁主义者，他还说苏联为德国绿党提供了资金，目的是破坏西方经济的稳定。[4]他还建议工业界成立公民激进组织。在农药贸易协会大西洋植被管理协会（Atlantic Vegetation Management Association）的一场教育研讨会上，他说："要对抗一场运动，就要开展另一场运动。"[5]

183

阿诺德于1985年被任命为自由企业保卫中心的执行董事仅仅几个星期后，就回到了加拿大安大略省，这次是与加拿大纸浆与造纸协会（Canadian Pulp and Paper Association）交谈。[6]一年后，当阿诺德在阿尔伯塔林产品协会（Albert Forest Production Association）发表演讲时，他已经将他的主题提炼成了一句简单的话：环保运动是一个由吸食大麻者领导的共产主义阴谋。[7]阿诺德在消停了一年之后，于1988年2月再次回到加拿大，在安大略森林工业协会发表了题为"不会利用土地的傻瓜"的演讲。《伐木与锯木厂杂志》（*The Logging and Sawmill Journal*）刊登了他的此次演讲。阿诺德在演讲中警告人们注意环保主义者"未完成的事业"，说环保主义者正在运用"真正的心理战"来创造"为这项事业而牺牲和奋战的忠实信徒"。[8]同年，他在安大略省在新成立的泰马加密森林产品协会（Temagami Forest Products Association）发表演讲，指责环保主义者是生态恐怖主义者。[9]

20世纪80年代末，阿诺德在加拿大的业务十分繁忙。1989年2月，他在不列颠哥伦比亚省专业林务员会议上发表讲话。同月，他还在第 57 届加拿大勘探开发者协会（Prospectors and Developers Association of Canada）年会上发表题为"土地多重利用——培养公民支持者"的演讲。4 个月后，他又在阿尔伯塔省注册专业林务员协会（Alberta Registered Professional Foresters' Association）的成立大会上发表讲话。[10]当麦克米兰布隆德尔公司聘用他做顾问时，他对该公司说："给他们（联盟）钱。你不要再为自己辩护，让他们去为你辩护，你不要再进行干涉。因为公民组织有公信力，而工业界没有。"[11]

《温哥华太阳报》的记者马克·休谟（Mark Hume）写道："阿诺德所做的不仅仅是影响不列颠哥伦比亚省资源辩论中使用的言辞，他更为未来的斗争提供了一个蓝图。"[12]就在阿诺德与不列颠哥伦比亚省林务员交谈的几周后，伐木小镇麦克尼尔港（Port MacNeill）的镇长格里·弗尼（Gerry Furney）就成立了自己的组织，名为不列颠哥伦比亚省环境信息研究所（BC Environmental Information Institute）。[13]该研究所声称"鼓励负责任的、综合性的和可持续的资源开发，要既能满足当代人的需求，又不会破坏未来世代的利益"，并"采取中间立场，反对环保主义者提出的'情绪化的'论点"。[14]西部林产品公司（Western Forest Products）和麦克米兰布隆德尔很快就给该研究所捐赠了资金。[15]

北方关爱运动和共享运动

事实上，在加拿大，支持工业的公民组织在 20 世纪 80 年代中期就已经开始出现了，尽管它们在 80 年代末和 90 年代初迅速增多。这些组织中的大多数都是围绕安大略省和不列颠哥伦比亚省清除加拿大古老的温带森林的问题形成的。在安大略省，这被称为北方关爱（NorthCare）运动，而在不列颠哥伦比亚省则被称为共享运动。共享运动和北方关爱运动这两个术语与美国的明智利用运动非常相似，都是在利用软性模糊的语言来宣传自己和"多重利用与明智利用"。

在安大略，北方关爱运动成立于 1987 年，大约在阿诺德访问该地区的同一时间。尽管名称不同，但北方关爱运动和不列颠哥伦比亚省的共享运动的言辞基本相同。例如，北方关爱运动是北方社区资源公平倡导者（Northern Community Advocates for Resource Equity）的缩写，它信奉的是："共享安大略省北部的资源和美景；在明智地利用所有公有土地资源的基础上建立强大的、充满活力的社区；为了未来世代的利益，保护安大略省北部地区的土地，使其成为独立发展的经济实体。"[16]

北方关爱运动的口号有"我们关心"和"为了享受和就业共享我们的资源"等。北方关爱运动的成员包括三家地方商会、泰马加密森林产品协会、钢铁工人、捕杀动物者、猎人、木材和锯木厂工人，还有大约七十个木材镇的市政当局。[17]北方关爱运动还收到一些跨国公司的资助，例如鹰桥公司（Falconbridge）、红路公司（Red Path）和埃迪公司（E. B. Eddy）。[18]在安大略省，除了北方关爱运动以外，还有一些其他的反环境组织。关心资源与环境农业集团（Agricultural Groups Concerned About Resources and the Environment）就是一个支持使用杀虫剂的农业组织联盟。[19]

但是，正是不列颠哥伦比亚省的林业辩论催生了大多数反环境的"共享团体"。不列颠哥伦比亚省的伐木量占全加拿大的50%。被砍伐的森林，有 95% 都归省政府所有。一般来说，与北美一样，公有森林地区的冲突最为严重。更糟的是，不列颠哥伦比亚省的采伐权集中在少数跨国公司手中，超过三分之二的木材资产归该省以外拥有。[20] 自 20 世纪 60 年代跨国公司接管小型伐木公司以来，对古老森林的大规模砍伐加速了。从那时起，环保主义者、印第安人和某些政客、愿意保护原始森林的民众，与希望保住自己工作的伐木工和希望通过清除式砍伐来保持利润最大化的公司之间，就一直存在着冲突。

砍伐还是非清除式砍伐？

简而言之，冲突在于如何利用森林的问题。尽管与反环境主义者所提出的主张不同，但实际上并没有哪个生态组织提议保护所有的森林。他们都同意应该有一些伐木，只是伐木的性质和强度才是争论的焦点。社区想要以可持续的方式进行伐木，但是大型木材公司，例如麦克米兰布隆德尔等跨国公司，认为清除式砍伐才是唯一的选择，即一视同仁地砍伐一个地区的所有木材。这项技术所动用的劳动力最少，能为企业带来最大的利润，但也会造成最大程度的生态破坏。传统上，企业总是能得到它们想要的东西，这导致了一种傲慢的态度，认为外人对企业活动的任何干涉都是误导的或恶意的。[21]

尽管森林工业宣称，可以通过重新播种计划，再造原始森林，但实际上这是不可能的。幼苗的正常生长需要树荫。如果森林被砍伐光了，树荫就不复存在，那么再生长出来的树就长不高，品质也不好。著名记者乔伊斯·尼尔森写道："这个行业不可告人的小秘密就是，沿海雨林一旦被清除式砍伐，就永远无法恢复原状。"[22]观察家们强调说，进化了几千年的复杂的原始森林生态系统与人造森林没有可比性。

环保主义者和原住民认为，清除式砍伐是完全不可持续的，还会造成广泛的、不可逆转的生态破坏。他们认为，生态林业的做法应该超越清除式砍伐，建立林业保护区。清除式砍伐是极其不美观的，因此遭到了加拿大蓬勃发展的旅游业中许多人的反对。坑坑洼洼，如同月球表面的山坡的景象是不适合做成风景如画的明信片的。人们还非常担心，成千上万次的清除式砍伐和行车通道的修建，会导致生物多样性、栖息地和物种的损失。

反对清除式砍伐的人提出了一项更加可持续的选择性砍伐技术。选择性砍伐也能提供木材产量，但是需要更多的劳动力，因此利润不高。但是选择性砍伐可以保证长期的工作机会，也可以保护古老的森林。但对于木材跨国公司而言，这种选项是无法接受的，因为他们的最终责任是为股东争取最大化的利润，而不是为了子孙后代尽可能地不破坏森林。大规模清除式砍伐的最终推动力是经济，而不是生态。

许多伐木工陷入了尴尬的境地。他们知道目前跨国公司的林业做法是浪费的、破坏生态的、不可持续的，但是他们又要依赖公司所提供的就业机会，因而他们不敢表达自己的担忧。在林业辩论中，这些人被视为"沉默的大多数"，他们身陷交火的清除式砍伐战火中，但却被谴责为从不公开表达自己的观点。[23]然而，在一个树木比政治家更受欢迎的国家，如果有人一直清除式砍伐250英尺高的千年古树，就会激起人们的愤怒。[24]因此，无论森林

186

工业提议在哪里大规模清除式砍伐，哪里就会出现对抗的情况。

南莫尔兹比

最早和最有争议的地区之一是加拿大西海岸的夏洛特女王群岛夏洛特皇后群岛（Queen Chaelotte Islands）位于加拿大西海岸，曾被称为"加拿大的加拉帕戈斯（Galapagos）"。[25] 1985 年，在对林业的未来进行了十四年的辩论后，该群岛面积最小的岛屿之一莱尔岛（Lyell）被禁止伐木。富有生态意义的温迪湾（Windy Bay）就位于莱尔岛上。跨国公司西部森林产品公司想要在南莫尔兹比的荒野区域（Wilderness Proposal）内进行伐木，因此组织工人成立了莫尔兹比岛公民关怀组织（MICC）。莱尔岛上的就业几乎都是来自温哥华和其他地方的工人的临时工作。

在南莫尔兹比的辩论中，森林工业试图营造一种仇视环保主义者的氛围，这是通过向南莫尔兹比的伐木工免费发放《红脖子新闻》（Red Neck News）报纸来实现的。史密斯（R. L. Smith）曾是一名受雇于夏洛特皇后群岛上的贝班伐木公司（Beban Logging）的伐木工。他在《红脖子新闻》上撰文诋毁环保主义者，称他们是"嬉皮士""吸毒者""寄生虫""接受社会救济的无赖、骗子、逃兵役者、罪犯"。贯穿《红脖子新闻》的主题与阿诺德将重申的主题相似，主要就是说住在城市里的吸毒的环保恐怖分子会故意蒙骗以搞垮木材工业。环保主义者是"最低等的生命形式"。《红脖子新闻》以特定的环保主义者为攻击对象，即瓦尔哈拉协会和科琳·麦克罗里。这些诋毁和恐吓行为导致了暴力，瓦

187

尔哈拉协会的一名成员被殴打，他们的办公室被破坏。这场煽动仇恨的运动促使人们发起自诉案件控告攻击者，向司法部呈送了一份 1100 页的报告，并最终获得胜诉。报告记录了这场煽动仇恨的运动，但是，损失已经造成了：森林工业已经摧毁了不列颠哥伦比亚省许多城镇的社区生活。[26]

当贝班伐木公司的老板因心脏病发作死亡后，《红脖子新闻》也停刊了。史密斯的门徒帕特里克·阿姆斯特朗（Patrick Armstrong）继承了史密斯的粗野风格，并将这场煽动仇恨的运动变成了一场更为复杂的公关运动。阿姆斯特朗还成为了莫尔兹比岛公民关怀组织的主席。[27]但是，莫尔兹比岛公民关怀组织也无法阻止企业最担心的情况的发生：1987 年 7 月，不列颠哥伦比亚省政府与加拿大政府签署了一份谅解备忘录，决定建立南莫尔兹比国家公园保护区，面积达 1450 平方公里。这样一来，夏洛特皇后群岛中面积最大的南莫尔兹比的大部分区域都禁止伐木。那时阿姆斯特朗说："不列颠哥伦比亚省政府犯了一个严重的错误。"[28]

这对该行业是一个毁灭性的打击，林业企业不仅输掉了公关战，还要与全省不断增长的公众对荒野保护的支持作斗争。不列颠哥伦比亚大学的森林经济学家彼得·皮尔斯（Peter Pearse）说："南莫尔兹比真真切切地震撼了这个行业。他们意识到他们已经没有朋友了。"[29]不列颠哥伦比亚省的森林工业委员会试图通过投入 150 万加元开展一项为期三年的大型多媒体公关活动，名为"永远的森林"，想借此重新交朋友。[30]它们的一则广告上说"不列颠哥伦比亚的森林永存"：

"森林是我们的遗产，也是我们的灵魂。森林给予我们平和、安定与庇护。我们在它们壮丽的外表下生活、娱乐和工作。但森林也是我们的经济命脉。它们创造了就业机会，为我们提供了世界上大部分地区都无法比拟的生活方式。"[31]

这是典型的漂绿行径，其目的就是让公众相信，林业企业是多么负责任，林业部门对于整个加拿大的就业是多么重要。[32]在各种不同的伪装下，该行业及其众多的公民行动组织一直在试图在决策者和公众心中巩固这一信息。随着批评声在国际上的传播，森林工业不得不在各大洲建立这一信息。

南莫尔兹比的情况还推动了伐木团体和森林工业成立阿诺德所建议的亲工业的公民组织。麦克·梅森在对共享组织的研究中写道："莫尔兹比岛公民关怀组织……为后来省内共享组织的扩散提供了组织模板。"[33]森林工业以及阿姆斯特朗又将目光移向下一个热点地区——斯坦因河谷（Stein Valley）。1987年9月，共享斯坦因组织（Share the Stein）成立，目的是促进在斯坦因山谷伐木。阿姆斯特朗受雇成为斯坦因林业特别工作组的负责人，森林工业委员会、不列颠哥伦比亚省森林产品有限公司（BC Forest Products Ltd）和凯里布木材生产商协会每年向他提供20万加元。[34]

共享世界

阿姆斯特朗开始采用明智利用的范式转换策略：诋毁环保主义者，而不是证实自己。他将加拿大西部荒野委员会（Western Canada Wilderness Committee）发表的有关斯坦因山谷的文章称作"世界末日文献"，他提倡"多重利用"和"共享"以促进当地社区的持续发展（而不是可持续发展）。[35]此外，森林工业全面开展关于砍伐斯坦因山谷的公关战略：它们分发了 15 万份长达 8 页纸的通俗小报《共享斯坦因》（*Share the Stein*）；还安排记者乘坐直升机参观锯木厂，并为他们提供池畔烧烤服务。

阿姆斯特朗和林业公司对其他共享组织的创立也起到了重要作用。共享斯坦因是第一个参加当地林业战斗的共享组织，其他最著名的共享组织还包括：共享我们的资源组织（保护特别的地方，保护农业用地）（Share our Resources）、共享我们的森林组织（Share our Forests）、北岛公民共享资源组织（North Island Citizens for Shared Resources）、北凯里布共享我们的资源协会（North Caribou Share our Resources Society）、斯洛坎共享组织（Slocan Share Group）、西库特尼共享协会（Kootenay West Share Society）（关心人类的人）、共享南欧肯纳根协会（Share the South Okanagan Society）、共享克拉阔特组织（Share the Clayoquot）。

共享组织的许多成员都是农村社区的工人。木材公司对他们采用恐吓战术。他们为资源依赖型工作担忧，并且他们的这种担忧真切而合理。从这个意义上讲，共享运动传达的信息和林业企业是一样的，他们的言论与明智利用也没有区别。[37]不列颠哥伦比亚省议员鲍勃·斯凯利（Bob Skelly）说："公司明确表示，环保主义者试图夺走你的工作。因此，如果你们攻击环保组织，就可以保住你们的工作。"[38]

林业企业的应对方式很老套，就是将辩论两极分化为就业和环境之间的对立。共享组织开始运用明智利用的术语，提倡"多重利用"和"持续产出"，称伐木工是真正的"濒危物种"。他们

189

的出版物宣扬自己的观点是理性、平衡和真诚的声音，反对极端的"保护主义者"的宣传认为极端的"保护主义者"的议程是"破坏所有与资源有关的工作"、不再在不列颠哥伦比亚省进行伐木；保护主义者是"欺骗高手，他们对林业使用半真半假的说法，甚至是彻头彻尾的谎言"。[39]

共享与明智利用

1988 年 8 月，有 40 人在里诺参加了阿诺德和戈特利布组织的第一届多重利用大会，共享运动的主要拥护者和加拿大商人之间的联系得到了加深。麦克米兰·布隆德尔甚至乘坐私人飞机来参加会议。来自加拿大的凯里布木材生产商协会、森林工业委员会、弗尼推广公司（Furney Distributing Ltd）、麦克米兰布隆德尔公司、不列颠哥伦比亚采矿协会、阿尔伯尼港市市政委员会委员的杰克·米切尔（Jack Mitchell，Alderman，City of Port Alberni）、北方关爱组织、共享我们的森林协会、共享斯坦因委员会、木材运输公司协会（Truck Loggers Association）、西部林产公司、泰马加密林产品协会等都签署了明智利用议程。[40]

在里诺会议召开时，对森林问题的辩论已经成为该省的热点问题之一。1989 年，记者马克·休谟在《温哥华太阳报》上发表的一篇文章进一步激发了这一热点，这篇文章的标题为《资源利用会议与统一教有联系》。该文详细介绍了阿诺德和与文鲜明有关联的美国社会统一联邦协会以及美国自由联盟的联系。[41] 由于这篇文章的发表，两位加拿大议员吉姆·富尔顿（Jim Fulton）和罗伯特·斯凯利（Robert Skelly）委托编写了一份联邦议会报告，调查共享运动与右翼组织的联系，报告于 1991 年底由加拿大国会图书馆出版。该报告做出了一些证据非常充分的评论，强调了共享运动和明智利用之间明确的相似之处。这也引起了伐木业和共享组织的强烈抗议。共享组织强烈否认自己与"统一教"有关联，他们对这两位议员发出了一连串的谴责。

　　但这两项运动之间的相似之处是有据可寻的。明智利用和共享运动所使用的策略造成了相同的结果，都是针对环保运动的有效范式转换。这份研究共享运动的报告指出，正如明智利用运动将美国的辩论两极分化一样，共享运动的"目标显然是让劳工与环保主义者和认为环境至上的人对立起来"；"运动的目的就是让社区产生分歧，在本应鼓励诚信沟通和共识的地方制造敌意。"[42]

　　报告还说："不列颠哥伦比亚省共享组织的修辞和词汇都与罗恩·阿诺德以及明智利用议程一样，特别是诸如'环保主义者的未竟大业''明智利用''多重利用''共享''保护主义者'等词语。"报告还分析说，正如美国的明智利用运动一样，"共享组织典型的做法就是在公众面前形容自己的理性的、客观的、温和的、中立的和'中间路线'的。他们的发言人不遗余力地强调，他们的行动来自公众的参与，因此他们是'草根'组织"。[43]

　　关于共享运动与明智利用和统一教有关联的大量负面新闻震惊了整个不列颠哥伦比亚省，共享运动的领导人因而迅速撇清他们与明智利用和阿诺德的关系。不列颠哥伦比亚省共享组织的执行董事迈克·莫顿（Mike Morton）坚决表示，共享组织与阿诺德从来都没有关联，以后也不会有任何联系。[44]但是由艾伦·戈特利布的美林出版社出版的威廉·佩里·潘德利所撰写的《英雄网络》一书中，列举了两位共享组织的联系人，分别是北岛公民

190

共享资源的卢·雷平（Lou Lepine）以及共享斯坦的蕾·德斯卡姆博（Ray Deschambeau）。该书提到的加拿大人还包括帕特里克·阿姆斯特朗、莫尔兹比·康萨尔丁（Moresby Consulting），以及来自木材运输公司协会的丽莎·弗尼（Liza Furney）。[45]阿姆斯特朗和木材运输公司协会的一名代表都出席了在奇丽瓦克举行的第一届不列颠哥伦比亚省共享会议。[46]

阿姆斯特朗反复强调，没有"一丁点儿证据"能够证明共享运动与明智利用运动之间存在联系。[47]然而，他曾是"我们的土地协会"的董事，这是一个来自爱达荷州的明智利用组织。该组织本身也得到了来自文鲜明的附属组织——美国自由联盟——的支持。[48]我们的土地协会主席达瑞尔·哈里斯（Darryl Harris）曾写到"明智利用是'新型环保主义'"，还说"旧环保主义的目标就是摧毁或至少是削弱工业文明"，这几乎就是在转述艾伦·戈特利布和罗恩·阿诺德的话。[49]在 20 世纪 80 年代和 90 年代初，阿姆斯特朗的妻子也是加拿大妇女木材协会的董事会成员，这是一个反环境组织，它模仿了美国的妇女木材协会等明智利用组织，鼓励"明智地利用森林资源"。[50]

阿姆斯特朗还为第一个共享运动网络，即 1989 年 2 月成立的"明智土地利用公民联盟"（Citizens Coalition for Wise Land Use）提供咨询。该联盟是 10 个月后成立的不列颠哥伦比亚省共享联盟的前身。阿姆斯特朗还为省内主要工业贸易协会建立了一个宽松的关系网。[51]可持续发展公民联盟（Citizens' Coalition for Sustainable Development），又称为不列颠哥伦比亚省共享组织，是个体共享组织的伞式组织，就像美国联盟是许多明智利用组织的伞式组织一样。这是"整个不列颠哥伦比亚省的公民组织联盟，它支持环境保护和经济繁荣"。[52]

尽管共享组织不断重申它们的草根性质，但是它们却从企业那里得到了后勤和财政支持，并且不列颠哥伦比亚省共享组织与麦克米兰布隆德尔公司存在着重要的联系。不列颠哥伦比亚省共享组织的第一任主席约翰·巴辛思维特（John Bassingthwaite）是麦克米兰布隆德尔公司的长期雇员，并且大部分主要的共享运动组织者都与这家林业跨国公司有联系。据报道，麦克米兰布隆德尔公司还为共享组织提供资金、办公地点和企业激励。[53]林业企业为共享运动提供资金，但是具体的数额难以得知。1991年，不列颠哥伦比亚省共享组织承认，大约60％的年度预算都是由林业企业支付的。[54]但在1992年，不列颠哥伦比亚省共享组织的新负责人迈克·莫顿却声称，1992年的预算没有一分钱来自林业企业。然而，到了1993年，不列颠哥伦比亚省共享组织又开始接受林业企业的赞助。[55]此外，个体共享组织，例如共享我们的资源组织，也从麦克米兰布隆德尔公司、林业部和森林联盟那里接受了资金支持。[56]还有一些共享组织也得到了企业的支持：1989年10月，雄狮集团加拿大公司（Fletcher Challenge Canada）承认曾偷偷地寄送了共享斯坦因组织的宣传单。[57]

目前，主要的明智利用活动分子和共享运动激进分子之间仍存在持续的联系：帕特里克·阿姆斯特朗、不列颠哥伦比亚省森林联盟的主席杰克·芒罗（Jack Munro）以及来自美国联盟执行委员会的明智利用活动分子布鲁斯·文森特都在第三届不列颠哥伦比亚省共享会议上发表了讲话。[58]这并不是文森特第一次去加拿大。1990年，文森特曾在库特尼畜牧业协会（Kootenay Livestock Association）发言时告诉听众，地球优先组织正在使用恐怖装备，还说地球优先组织提倡用炸药炸毁设备，并提倡射杀奶牛。他敦促公民参与到政治进程中来。[59]

三年后，受共享组织和国内木材制造商协会的邀请，文森特再次回到加拿大，游历不列颠哥伦比亚省。他再一次鼓励人们参与政治进程，同时劝告人们不要听信只有节约资源才是保护资源的"弥天大谎"。《不列颠哥伦比亚省环境报告》中指出，文森特"在不列颠哥伦比亚省的演讲与明智利用的一条策略是一致的，即提出过度简化的和歪曲事实的主张"。[60]共享我们的资源组织还出资赞助了文森特的一场演讲。文森特游历加拿大几周后，又前往澳大利亚宣扬明智利用的主张。[61]

鉴于美国与加拿大的反环境主义者之间一直保持着联系，因此共享运动和明智利用的言论也很相似。他们都推崇极化而不是和解。1989 年，霍华德·戈登塞尔（Howard Goldenthal）在《现代杂志》（*Now Magazine*）上发表了一篇文章，谴责阿诺德激发了"一触即发的恐惧和暴力"。[62]科琳·麦克罗里是一名资深的环保活动家，曾获得两项著名的环境奖，分别是戈德曼环境奖（Goldman Award）和联合国全球 500 名环境贡献杰出人士奖（UN's Global 500 Award）。1990 年，她控诉工业企业、政府和共享组织"煽动对环保主义者的仇恨情绪。最终使仇恨变成了暴力。不列颠哥伦比亚省正在上演一场精心策划的仇恨运动"。麦克罗里还指责反环境运动把林业企业真正的问题——管理不善和自动化——嫁祸到环保主义者身上。[63]1992 年，获奖记者金姆·戈尔伯格说："迄今为止，共享组织一直都在继续采用与美国迅速发展的明智利用运动完全相同的言辞和策略，这意味着它们二者之间的联系一直都没有中断。"[64]

1996 年，不列颠哥伦比亚省共享组织的主席阿尔·比耶克斯（Al Biex）出席了美国联盟的为自由而飞来会议，这表明二者仍在进行合作。

反环境情绪的蔓延

从本质上讲，加拿大环保运动经历了与美国同行相同的范式转换，反环境人士一直试图将环保人士妖魔化。例如，在第一届共享大会上，环保主义者就被称为"夜行者、长发者、吸食毒品者""保护主义者""不关心他人的狂热分子"，说他们用"公然欺骗性"的"谎言"和"宣传"来"操纵"人们。[65]

然而，这种激烈的反环境言辞已经渗透到了其他工业领域和媒体，尤其是工业新闻。1988 年 8 月，麦克米兰布隆德尔公司的首席林务官助理在温哥华扶轮社（Rotary Club）的一次演讲中，竟然照搬了阿诺德的言论，题为"未完成的议程"。他在演讲中说，要警惕"保护主义者操纵媒体"，还说他们"总是利用典型的象征意义，却没有什么令人信服的论据"。[66]

1988 年 12 月，《卡车伐木工》（*The Truck Logger*）杂志称环保主义者是"狂热分子"，一年后又称环保主义是"我们时代的伪宗教"。[67] 1989 年 5 月，在伐木工的集会上出现了印着"拯救伐木工，打倒环保者"、"拯救伐木工：刺杀保护主义者"这样的标语。[68] 8 月，麦克米兰布隆德尔公司的首席林务官肯·威廉姆斯（Ken Williams）警告供应商和顾客们要注意"保护主义者"。[69] 两个月后，《环球邮报·商业报告》（*Globe and Mail's Report on Business Magazine*）杂志说环保主义者"正在发起一场环保恐

193

怖运动"，他们是"从事环境游击战术的救树狂热分子"。[70]一个月后，麦克米兰布隆德尔公司的总公司——诺兰达林产品公司（Noranda Forest Products）——的主席亚当·齐默尔曼（Adam Zimmermann）说环保主义者是"极端分子"和"恐怖分子"。[71]1989年8月，省林业局长戴夫·帕克（Dave Parker）说："让北美经济陷入混沌的一个最好办法就是阻挠发展。阻挠发展的一个最好办法就是开展环保主义运动。"[72]帕克还评论说环保主义者的长期议程就是扰乱经济。[73]

1990年，在第二届共享会议上，据说人们"非常害怕"环保主义者"隐藏着一个秘密的议程"。[74]加拿大太平洋森林产品有限公司（Pacific Forest Products Limited）警告说，环保主义者使林业辩论"两极化"，同时主张"持续发展"。[75]一年后，不列颠哥伦比亚省的一家林业公司威德华加拿大有限公司（Weldwood of Canada Limited）的总裁兼首席执行官托马斯·布尔（Thomas Buell）也警告他的员工说："极端环保主义者的隐秘议程是终结不列颠哥伦比亚省的森林产业。"[76]1991年，朱蒂·林赛（Judy Lindsay）在《温哥华太阳报》上撰文，称抵制不列颠哥伦比亚省森林产品的行为是"环境恐怖主义"。[77]加拿大纸浆与造纸协会称环保主义者是"极端的环境神学家"和"教条主义者"。[78]魁北克制造商协会（Quebec Manufacturers Association）的负责人给环保主义者贴上了"生态法西斯分子"和"生态恐怖分子"的标签。[79]1992年，第三届共享会议的讯息很简单："不要光顾着热爱荒野，而忽视了同胞的需求。"[80]环保主义者被称为"生态恐怖分子"，是逼伐木工"走上绝路"的"罪魁祸首"（"fruits, nuts and flakes"）。[81]

　　这种针对环保运动的言论激怒了《温哥华太阳报》的史蒂芬·休谟。他在一篇文章中写道："我已经见到了环保恐怖分子，就是我们自己！"他又在另一篇文章中写道：

　　"有人告诉我，环保主义者是恐怖分子，他们对工人的安全造成了威胁。但是客观数据清楚地表明，对伐木工生命安全的最大威胁来自于工作场所的传统操作……不断有人告诉我，环保主义者会威胁到伐木业的工作。但是有明确证据表明，对工作的最大威胁是维多利亚州资源利用的政治政策，是坐在远方空调会议室里的高管们为使成本合理化而做出的经济决策，以及所引进的新技术。"[82]

　　或许能够找到数据支持休谟的论证。根据记者金姆·戈尔伯格的报道，1981 年至 1991 年间，不列颠哥伦比亚省大约减少了 27000 个与林业有关的工作岗位，其中，2％与公园的设立有关，其余的则与机械化有关。1991 年，不列颠哥伦比亚木材公司出口的原木量相当于 2700 个工人的工作量。从 1972 年以来，不列颠哥伦比亚省约有一半的树林都被砍伐了。加拿大环境署指出，不列颠哥伦比亚省最珍贵的木材将在 16 年内消失殆尽。[83]

　　正是出于对不列颠哥伦比亚省森林的担忧，使得环保主义者考虑采用一系列策略来提高人们对这个问题的认识。1992 年，当欧洲在抵制森林产品的谣言开始在本省弥漫开来时，形势变得愈发严峻。环保主义者发现，他们不仅被称为"恐怖分子"，现在还成了"叛徒"，"犯了叛国罪"。绿色和平组织的塔玛拉·斯塔克说："运用这样的字眼显然是经过了蓄意的精心谋划，因为这些字眼在一遍又一遍地出现。"这是对抗环保主义者的又一次完美的范式转换策略。同时，森林工业和政府对"保护真实社区里的真实的人的真实的工作"感兴趣。[84]

美国国际木工工会的主席杰克·芒罗最初声明，提倡抵制不列颠哥伦比亚省产品的环保主义者犯了叛国罪。[85]他和联邦林业部长弗兰克·奥伯尔（Frank Oberle）还称，那些出现在德国纪录片的人是叛徒，该纪录片批评了加拿大目前的林业做法。大卫·铃木（David Suzuki）是一名受全国人尊敬的电视主持人，他也在那部纪录片中接受了采访。他反驳说：

"用叛国这样的字眼是在耍花招，目的是避免谈论当前林业实践不可持续性这一严重问题。这根本不值得我们做出回应。但在不列颠哥伦比亚省森林的未来的风波中，这种言辞确实有可能升级为暴力。"[86]

不列颠哥伦比亚省森林联盟

1994 年 4 月，芒罗把"叛国罪"言论变成了公关战的最新利器。芒罗那时刚刚辞去了美国国际木工工会主席的职位，并被任命为不列颠哥伦比亚省森林联盟的负责人。不列颠哥伦比亚省森林联盟是森林行业的最新武器。该联盟里有许多大人物，资金充足，目的在于成为森林行业的隐形轰炸机，以破坏环保主义者的林业运动。但是该联盟被包装成了代表关心与调解的和平鸽。芒罗说："我们要讲清楚，我们不是游说团体。我们是由一群关心不列颠哥伦比亚省的人组成的组织，他们能够看到我们的经济福祉所受到的影响——原因是还没有足够多的人能够理解中间立场。"[87]

成立该联盟是著名的反环境公关公司博雅公司的主意。博雅公司职员盖瑞·莱伊（Gary Ley）被任命为联盟的执行董事。莱伊说："我们的主要承诺是告诉大家事情的真相。"[88]博雅公关公司参与联盟的成立，这让独立观察家们起了疑心。公关公司的介入能够启发我们探究该联盟创始的动机：为了纯粹的公共关系和森林工业的宣传，而不是为了促进行业内的变革。《温哥华太阳报》的史蒂芬·休谟说森林联盟是"永远的森林的儿子，共享资源的第二个表弟，博雅公司的爱子和配偶"。[89]金姆·戈尔伯格记者称它是"伪亲民，并由工业赞助的压力集团"。[90]

芒罗还是公民咨询委员会（Citizens' Advisory Board）的负责人，该委员会的其他成员包括麦克米兰布隆德尔公司的董事会主席、不列颠哥伦比亚大学的林业政策教授、加拿大妇女木材协会的负责人、西部木材产品论坛（Western Wood Products Forum）的执行主任、温哥华市市长、一位退休的林业工人和一位森林生态学教授。这些人中有许多是由博雅公司精心挑选出来的。[91]另一名主要的负责人帕特里克·穆尔博士于5月上任，他是绿色和平组织的创始人之一，也是不列颠哥伦比亚省经济和环境圆桌会议（BC Round Table on the Economy and the Environment）的成员。[92]一年后，芒罗成为森林联盟的全职主席，他和穆尔是联盟的两位主要发言人。穆尔还担任了顾问和董事的职务。

穆尔的任务就是给环保运动制造问题，主要针对的是绿色和平组织。绿色和平组织的森林活动分子塔玛拉·斯塔克说："他们挑选前绿色和平组织成员帕特里克·穆尔做发言人，这对于我们来说是个非常危险的信号，因为这给公众造成了一个令人困惑的印象，特别是帕特里克毫不吝啬地反复标榜自己是绿

196

色和平组织创始人……但不得不承认，这是个绝妙的策略。"[93]

森林联盟的言论既为企业漂绿，同时也沿用了明智利用的言论。联盟成立的目的是"寻找共识"，促进"人人享有森林"，它是"在保护主义者的强硬言辞和森林工业的强硬言辞之间发出理性之声和信息。联盟将监督该行业的环境行为，并向不列颠哥伦比亚省的人民如实报告。"[94]联盟还承诺如实告知向联盟提供了资金支持的公司名单。联盟第一年的 100 万美元预算来自十三家森林产品公司，包括麦克米兰布隆德尔公司、雄狮集团加拿大公司、加拿大惠好公司、威斯福公司（West Fraser Mills）和恩索林产公司（Enso Forest Products）等。[95]其中，威德华公司归美国林业巨头冠军国际（Champion International）所有，艾伦·戈特利布和博雅公司的加拿大地区主席都是该公司董事会成员。[96]联盟不仅接受了企业的资助，还与企业保持着密切的私下联系，但却把自己塑造成一个"以公民为本的组织"，承诺"致力于实现健康的森林工业，以及随之而来的就业和经济利益与清洁的环境之间的平衡"。[97]

博雅公司向林业企业提供的建议与阿诺德多年以前所提出的建议是一样的：不能依靠公司解决他们的公共关系问题，而所谓的独立公民组织才是解决它们困境的灵丹妙药。博雅公司在华盛顿地区的负责人韦恩·派恩斯（Wayne Pines）向客户建议说："与问题没有明显利益关系的人才是这个问题最好的发言人。在公共危机中，要寻求第三方的支持，并利用第三方与公众沟通。"[98]人们普遍认为，森林工业委员会开展的"永远的森林"运动失败的原因就在于，该委员会在公众中间缺乏公信力。就在联盟成立的几个月前，温哥华的一位公关顾问告诉该行业："再多的老式公关或电视广告都不能挽回森林行业目前越来越缺乏的公信力。"[99]

森林联盟希望重塑信誉。[100]麦克米兰布隆德尔公司的主席说："联盟成立的目的是提供一个可靠的信息来源，促进人们更好地理解森林行业目前所面临的困境。"[101] 1991 年，森林联盟制作了一部 7 集系列电视节目，每集半小时。但很快就有人发起运动对该节目进行驳斥。博雅公关公司制作了"森林与人"系列节目。《温哥华太阳报》的记者本·帕菲特（Ben Parfitt）曝光说，该系列节目的制作人肯·赖茨（Ken Reitz）曾经参与了 1972 年充满丑闻的尼克松竞选连任活动。该节目还因融合了新闻和公关宣传而备受批评。[102]

帕菲特自 1989 年起就开始担任《温哥华太阳报》的森林记者，由于对博雅公司在森林联盟中的作用的重要报道和对森林工业的批评分析，他付出了惨重的代价，被调离了他的工作岗位。1991 年，报社有五名记者分别报道林业、伐木、环境、能源问题和本地事务。到 1993 年，只剩下一名环境记者，他被告知要把注意力集中在大温哥华地区和低海拔地区。金姆·戈尔伯格写道："在这些地区通常没有大规模的原始森林。"[103]史蒂芬的兄弟马克·休谟为《温哥华太阳报》对林业和环境辩论的报道发挥了宝贵的作用。他严厉批评了指责自己的报社，抱怨说，由于林业的原因，"许多员工都不能再写文章了"。他说："《温哥华太阳报》对北美最大的环境问题视而不见，而这个问题就发生在自家的后院——这个问题就是温带雨林的消失。"[104]

与此同时，森林联盟全面开展公关活动。联盟开展了一项经济调查，来评估林业部门对经济的重要性。[105] 1991 年夏天，他们赴瑞典、芬兰、奥地利和德国进行了为期十二天的"事实调查"

之旅，[106]最终发布了《可持续发展新准则》。史蒂芬·休谟批评这份准则"是虚伪的表现：卖弄一系列本应用来指导伐木行为的原则。在全省都系统性地违背了这些原则后，就设计出这样一系列一模一样的原则清单。这样的回应让人无法认同"。[107]

"你可以为健康的经济和健康的环境助一臂之力"的标语开始出现在不列颠哥伦比亚省的公交车上。[108]森林联盟甚至试图加入不列颠哥伦比亚省环境网络，但是遭到了拒绝，因为没有其他环保组织愿意支持它的加入。[109]但是，森林联盟在一个方面做得很成功：在过去的两年时间里，它已经取代了帕特里克·阿姆斯特朗和共享运动，成为不列颠哥伦比亚省森林产业最重要、最有代表性的声音。[110]

克拉阔特湾

克拉阔特湾的资源冲突之核心是伐木活动。克拉阔特湾位于温哥华岛西海岸，其原始森林、河口海岸、高山冻原和河口湾面积达到 350000 公顷。在岛上最后六座原始分水岭中，有三座都起源于此；还有一处古老的温带森林也位于此处。[111]克拉阔特湾是第一民族（First Nations）的传统家园，也是他们狩猎的地方。这里风景如画，但企业却想在这儿搞破坏。

有关各方历时四年时间都没有达成共识。1993 年 4 月，政府宣布了一项土地利用的新决策，即克拉阔特湾折中方案，允许在一半的土地上进行伐木。环保主义者和许多受到影响的第一民族人民对这项决策感到极为愤怒。人们试图阻止克拉阔特湾被清除式砍伐。从那时起克拉阔特湾就发生了很多冲突。

图 7.1　温哥华岛的原始森林遭清除式砍伐后的破碎景象

资料来源：环境照片库/ 迪伦·加西亚

不过，伐木工人和林业企业很高兴。大约有 5000 名林业支持者出现在尤克卢利特（Ucluelet）。芒罗对人们说："我们来到这里是为了支持政府的决定，因为这个决策正确合理。它代表了一种妥协，代表了民主，代表了一种平衡。"在人群中，有些人的 T 恤上印着"打倒抱树者"和其他公开反环境的暴力标语。[112]

麦克米兰布隆德尔公司和国际林产品公司（Interfor）都因这项决策而受益，因为它们都持有在克拉阔特湾进行砍伐的伐木场许可证。伐木场许可证是由加拿大的省政府颁发给企业的，但是第一民族，尤其是努卡特人（Nuuchah-Nulth）反对伐木，他们从未将克拉阔特湾的领土权让渡给政府。[113]环保主义者也表示了强烈抗议，因为就在做出开发克拉阔特湾决策的两周前，省政

199

府购买了价值5000万加元的麦克米兰布隆德尔公司股票。[114]

另一个争论的焦点在于森林工业的环境记录。许多环保主义者和记者都对森林工业的环境记录进行了诟病。《温哥华太阳报》的史蒂芬·休谟评论说：

"当芒罗和穆尔在前台表演时，他们的行业老板却在后台。他们破坏了分水岭，造成了大规模的山体滑坡，不知廉耻地建造了不合格的伐木道路，在没有正规的重新造林许可的情况下就砍伐树木，还在禁止伐木的地区伐木，同时设法禁止公众进入公有土地，将抗议者投入监狱。"[115]

数以百计的抗议者遭到逮捕，人们被关进监狱。1991年，麦克米兰布隆德尔公司成功地取得了禁止令，禁止人们在其伐木道路上设置障碍。两年后，即1993年夏天，警察开始强制执行此项禁止令。大约有800人因继续阻碍道路而被逮捕。人们有时会受到非常严重的惩罚，要在监狱关押45天。各行各业的人，不论老少都做好了被逮捕的准备。这表明人们在这个问题上的反对意见非常大。[116]

绿色和平组织的林业活动家凯伦·马洪（Karen Mahon）说："森林是加拿大身份的组成部分，而克拉阔特湾已成为加拿大最后一片古老森林的象征。"[117]泽珀拉·伯曼（Tzeporah Berman）是唯一一个被指控怂恿和教唆抗议活动的，但是她从未真正参与任何阻碍活动。伯曼说："很显然，这些指控是有政治意图的，是政府试图平息公众的异议。政府试图恐吓和压制组织者，它开创了一个非常危险的先例。"[118]

1993年10月，政府开始寻求解决年初"克拉阔特湾折中方案"造成的冲突的办法。政府宣布，一个科学工作组将对林业活动展开研究，然后制定海湾林业可持续发展的蓝图。林业局长安德鲁·派特（Andrew Petter）说，他希望工作组"把他们的科学调查结果转化为切实可行的计划，以促进海湾地区可持续的林业活动"。[119]工作组的工作期限是 18 个月，与此同时，对林业的辩论也如火如荼地进行着。

不列颠哥伦比亚省是北半球的巴西吗？

由于国内争议不断，林业问题最终不可避免地引起了国际关注。随着来自国外的谴责越来越多，联盟变得越来越专注提升森林行业的国内和国外形象。随着共享组织在社区和地方上与环保主义者的斗争，森林联盟凭借其强大的经济后盾和著名的重量级反环境人士，成为完成这项任务的理想人选。难以置信的是，森林工业非常担心负面批评，尤其是来自国外的批评声音。克拉阔特湾的冲突已经成了清除式砍伐问题的象征，这让森林工业在政治上变得极为尴尬。森林工业担心这会对它们造成经济损失。

鉴于加拿大与巴西两国在破坏雨林的方式上存在相似之处，记者和环保活动家开始将不列颠哥伦比亚省称为"北半球的巴西"。森林联盟对此做出了激烈的回应。虽然加拿大的森林属于温带，伐木的主要方法是清除式砍伐，而巴西的热带森林是被砍伐后烧掉，但是两者还是存在许多相似之处的。科琳·麦克罗里最早提出"北半球的巴西"的说法，她说："巴西每九秒钟就有一英亩森林消失。我们每十二秒就有一英亩森林消失。"[120]吉姆·富尔顿议员在写给杰克·芒罗的信中，概述了他对加拿大和巴西的类比。对比的要素包括，两国的面积、森林面积、每年砍伐的木材量、消失或被破坏的森林比例等都差不多。不过，两者之间也存在明显的差别，而其中加拿大比较有优势，例如每年被烧毁的森林面积比巴西小，再生森林的面积比巴西大。[121]

包括杰克·芒罗在内的七名森林联盟工作人员被派往拉丁美洲国家进行了为期十一天的考察。芒罗在回来后宣布："不列颠哥伦比亚省不是北半球的巴西。"他说环保主义者是"受虐狂的传声筒"，他们威胁着就业。不过，科琳·麦克罗里仍坚持自己的立场，说这次考察是"绝对荒谬的"公关活动。"我没有改变主意……两者间的比较仍然有效。正如巴西陷入了危机一样，不列颠哥伦比亚省也处在危机之中。"麦克罗里还说："我应该向巴西道歉。巴西的伐木情况已经大大地改善了，他们保护的森林面积远远多于我们的不列颠哥伦比亚省。"[122]世界自然基金会（World Fund for Nature）发布了一份有关全球正在消失的温带森林的报告。该报告用了好几页的篇幅叙述加拿大的清除式砍伐问题。森林联盟采取了前所未有的措施来批评这份报告。帕特里克·穆尔甚至飞到伦敦与报告的作者、生态学家奈杰尔·达德利进行了一次面对面的会谈。[123]

在涉及森林联盟和加拿大森林的国际辩论中，穆尔日益成为一名突出的亲工业人士。让人颇感意外的是，他竟然是绿色和平组织的创始人之一。他也充分利用了这一事实。尽管他十年前就离开了绿色和平组织，但是在环境辩论中，他仍然利用绿色和平组织的名义来提高自己的信誉。因此，他的批评者斥责他是狡猾的生态骗子。加拿大西部荒野委员会（Western Canada Wilderness Committee）的乔·福伊（Joe Foy）说："我认为穆尔是个叛徒，他出卖了自己的人民。"[124]绿色和平组织的塔玛拉·斯塔克说："许多人都质疑穆尔的信誉，你必须知道他已经离开绿色和平组织了，不一定是他自己的选择……帕特里克总是表现得好像他受到了组织的伤。"[125]

然而，行业高管们却认为穆尔是生态理性的代言人，穆尔以前的同事则是生态极端主义的化身。穆尔忙着传播自己的反环境思想，他分别于1993年和1994年在加拿大纸浆与造纸协会、木浆行业协会（Wood Pulp Section）和西部森林工业协会发表演讲。在加拿大纸浆与造纸协会发表演讲时，他说环保主义者正在利用"敌对离间的言论"和"既具煽动性又具误导性的谩骂"。可惜这样的说法也能用到他自己身上。[126]

煽动性言论蔓延

到1994年，穆尔也开始谈论"生态极端主义"。他在《温哥华太阳报》上发表了一篇文章，内容与罗恩·阿诺德的言辞有着惊人的相似之处。1982年，阿诺德写了一本有关詹姆斯·沃特的书。他在书中写道，环保主义代表着一种反人类、反文明和反技术的新宗教。[127]穆尔在文章中写到了绿色和平组织，还警告说生态极端分子反人类、反技术、反科学、反组织、反贸易、反自由企业、反民主和反文明。阿诺德一直说环保组织里都是些想要破坏工业文明的共产主义者。穆尔也重复了这一说法。[128]无论是在加拿大伐木工协会（Canadian Lumbermen's Association）的演讲中，还是在《木材贸易杂志》（*Timber Trades Journal*）发表的文章中，他都重复使用了这一说法。[129]

吉姆·富尔顿议员曾受到委托对共享组织进行议院调查，他

202

最近刚被任命为大卫铃木基金会（David Suzuki Foundation）的执行董事。他很快就对穆尔进行了批评。富尔顿称穆尔的文章是"让人讨厌的宣传说教"。富尔顿写道：文章"透露了穆尔先生是十足的零容忍极端分子"，他利用了"典型的影射和牵连效应"。富尔顿还说："虽然我不是绿色和平组织的成员，但是如果有任何人被未经证实的言论攻击，我都不会袖手旁观。"[130]

穆尔的反环境文章言辞越来越激烈。森林联盟也加强了与其他反环境活动家的联系，不列颠哥伦比亚省共享组织的执行总裁迈克·莫顿和加拿大妇女木材协会的主席琳达·麦克马伦（Linda Mcmullan）都成了联盟的董事会成员。[131]但是，反环境的煽动性言论不仅仅来自森林联盟。拯救我们的工作委员会（Save Our Jobs Committee）成立于 1994 年，其成立目的是与"国际保护主义组织"资助的"全球谎言运动"作斗争。该委员会协助组织了一场林业工人会议。美国国际木工工会的副主席哈维·阿坎德（Harvey Arcand）在会上称"狂热的"环保主义者是暴君，并把他们比作希特勒和伊迪·阿敏将军（Idi Armin）。他还让伐木工"反驳这些说谎的无耻之徒……说他们的不是，让他们诚实，并且永远不要放弃。"[132]一位伐木工听了阿坎德的言论之后，写信给报纸说："许多林业工人茶余饭后都会讨论哈维·阿坎德的这些言论，我自己也是。"[133]

麦克米兰布隆德尔公司的丹尼斯·菲茨杰拉德（Dennis Fitzgerald）称自己和公司是"真正的环保主义者"，并抨击环保主义者是"保护主义者"。[134]布莱恩·基兰（Brian Kieran）在《温哥华省报》（Vancouver Province）上运用了明智利用的言论，称克拉阔特湾之友是"狂热分子"，"驱动他们的是对工作和人类错误的憎恨"。同时，说欧洲的环保主义者是"绿色和平组织培养出来的生态疯子"，他们"崇拜古树"。基兰对辩论的建议是"如果我是麦克·哈考特省长（Premier Mike Harcourt），我就会在克拉阔特铺路。"[135]如果基兰主张像这样的政策，他永远都不会成为省长。

203

政府加强介入

1994 年初，哈考特省长前往欧洲为不列颠哥伦比亚省的林业活动进行辩护，他受到了绿色和平组织和其他环保组织的阻挠。在他之前，摩尔也被派往欧洲。科琳·麦克罗里在布鲁塞尔讲述了"北半球的巴西"的故事，穆尔则被派去欧洲反驳麦克罗里。[136]而在国内，环境部长指责绿色和平组织"虚伪到令人无法容忍的程度"。[137]

这也并非政府第一次介入林业辩论。政府历来都在秘密地支持森林行业的公关活动，尤其是在国外开展的公关活动。早在1991 年，英国独立电视公司泰晤士电视台就木材业播放了一系列五分钟时长的新闻快讯，其中有一集讲到了不列颠哥伦比亚省。快讯说，在不列颠哥伦比亚省，千年古树被砍伐的速度快于巴西。泰晤士电视台因此收到了加拿大高级专员公署（High Commission）的警告："谨慎运用当前消息来源所提供的有关加拿大林业的任何进一步信息"——消息来源包括绿色和平组织和妇女环境网络（Women's Environmental Network）。[138]

同年 5 月，加拿大联邦工业、科学和技术部出资 1560 万加元，不列颠哥伦比亚省出资 1480 万加元，用于一项扩大海外森林市场份额的公关活动。此外，1993年，在宣布"克拉阔特湾折中方案"的同一天，省政府和联邦政府又为一项纯粹针对欧洲市场的公关活动捐赠了600万加元。那个夏天，克拉阔特湾由于遭到人们设置的障碍，而在政治上丢尽了颜面。联邦政府向加拿大纸浆与造纸协会（博雅公司的客户）承诺，再提供450万加元用于在布鲁塞尔设立办事处，以保护国外市场并反击环保主义者的主张。[139]

　　记者乔伊斯·尼尔森仔细研究了政府立场背后的理由，称其"不合逻辑，在财政和环境上都破产了"。尼尔森指出，省政府每年从林业中损失约10亿加元，而该行则从联邦和省级政府补贴中赚取了约30亿加元。[140]尽管如此，政府还是决定再次帮助森林工业的公关活动以使其摆脱困境，并开始资助森林联盟。[141]塞拉俱乐部的主席维姬·赫斯本德（Vicky Husband）称这项决定是令人愤慨和不可接受的。[142]

　　政府新雇用了一位高级顾问艾瑞克·登霍夫（Eric Denhoff）来对抗"针对不列颠哥伦比亚省林业经营的错误信息运动"。没过几天，登霍夫就出现在欧洲，与森林联盟一起在英国和德国的报纸上投放广告，以"驳斥绿色和平组织的谎言"，并"向欧洲人介绍不列颠哥伦比亚省的林业做法"。[143]塞拉俱乐部称德国报纸上的广告"故意误导"。[144]绿色和平组织和克拉阔特湾之友在欧洲各城市巡回宣传清除式砍伐行径时，带着不列颠哥伦比亚省一个400年的粗树桩。森林联盟则与杰克·芒罗一同发起"跟踪树桩"活动，树桩到哪，他们就跟到哪，以侵扰绿色和平组织和克拉阔特湾之友。芒罗和另外六名官员甚至出现在幻灯片上，嘲笑发言者。[145]工业界正在运用环保主义者最初使用的策略。

客户开始取消合同

由于绿色和平组织的抗议，不列颠哥伦比亚省的两个主要客户——舒洁（Kleenex）的制造商金佰利公司（Kimberly Clark）和斯科特纸业公司取消了与木材公司麦克米兰布隆德尔公司签订的合同，合同价值分别达到 270 万加元和 500 万加元。这时，绿色和平组织与麦克米兰布隆德尔公司、森林联盟和加拿大政府之间的关系更加紧张。愤怒的麦克米兰布隆德尔公司在《温哥华太阳报》和《环球邮报》上刊登了整版广告，指责绿色和平组织威胁他们的客户，使用不正确的信息、"强硬手段"、"恐吓"和"不合理的攻击"。[146]该公司声称："绿色和平组织的要求并非基于可靠的科学或实践经验。"[147]

杰克·芒罗警告说："可能失去的几份合同肯定会让许多人感到震惊或醒悟，这个问题比我们想象的要严重得多。"同时，政府控诉绿色和平组织使用"胁迫"手段，还说绿色和平组织应该为其行动造成的失业负责。[148]有可能面临危机的就是每年出口到欧洲的价值 20 亿加元的不列颠哥伦比亚林产品，其中有一半都出口到了英国。其他欧洲市场也很重要：7 月，德国电话目录出版商宣布，他们也不再购买麦克米兰布隆德尔公司的任何纸浆和纸张。[149]

森林联盟对取消合同的反应是在国内和国际公共关系上投入更多的钱。在国内，由联盟委托制作的广告在不列颠哥伦比亚电视台（BCTV）上播放，据说花费了 20 万加元。[150]在国际上，在英国《泰晤士报》上又刊登了一则广告。当这则耗费 37000 英镑的广告没有按时出现的时候，穆尔评论说："我认为这进一步证明了，绿色和平组织运动的核心就是胁迫。"然而，《泰晤士报》的总公司国际新闻公司（News International）的发言人却否认绿色和平组织在向该报施压。[151]

国内和国外的斗争仍在继续

与此同时，森林行业仍在遭受抵制，因此伐木工人和共享运动正在国内继续他们自己的战斗，抗议政府的土地利用与环境委员会的一些提案。这些提案包括，将温哥华岛的保护区比例从10.3％增至13％，但是森林面积只占6％，这是伐木工非常反对的。土地利用与环境委员会遇到的阻力在1994年3月21日达到高潮，约有15000至20000名伐木工因害怕失业而来到维多利亚的立法草坪上举行大规模集会。作为伐木业团结一致的标志，黄丝带在集会上大放异彩。[152]

森林行业从美国木材战争中学到的另一种技巧，是让人们对加剧的失业情况感到恐慌，然后鼓动他们变成林业的草根战士，为林业事业抗争。[153]而这项策略确实奏效了。哈考特省长的计划因林业的反对而暂缓；虽然保留了13％的公园用地，但禁止采伐的比例却降低了。塞拉俱乐部的维姬·赫斯本德指责森林工业利用"恐惧和胁迫"来对付土地利用与环境委员会。赫斯本德还反复说，造成失业的是机械化和过度砍伐，而不是土地利用与环境委员会的提案。[155]

与此同时，森林联盟还在忙着破坏绿色和平组织的信誉，它推出了《绿色和平组织的十大谎言》（*Top 10 Greenpeace Lies*），随后将其扩展为一本小册子：《绿色和平组织没有告诉欧洲人的事情：揭秘绿色和平组织在欧洲对不列颠哥伦比亚省森林的诋毁活动》（*What Greenpeace Isn't Telling Europeans：A Response to Greenpeace's European Campaign of Misinformation About British Columbia's Forests*）。其中公开了绿色和平组织的 51 条"虚假信息"。绿色和平组织的塔玛拉·斯塔克对这本册子进行了驳斥，他说："他们引用的大多数事例并非真正出自绿色和平组织。"[156]《温哥华太阳报》的史蒂芬·休谟在谈及这本小册子时说道："其中的许多'事实'实际上似是而非。也就是说，字斟句酌的言论被剥离语境，被当做公正的事实。所有的公关活动，不管是环保的还是反环境的，其意图都是说服，而非教育；反映的都是形象，而非事实。"[157]

1994 年 9 月，不列颠哥伦比亚省林业局长安德鲁·派特正在进行他自己的欧洲之旅，将该省的新林业准则宣扬成为一个可敬的和可持续发展的典范，这是为了让欧洲继续购买不列颠哥伦比亚省的森林产品。[158] 而 1995 年 3 月，科琳·麦克罗里回到欧洲，与加拿大西部荒野委员会一同参加了在柏林举行的气候谈判。在谈判中，她又一次称加拿大是"北半球的巴西"。麦克罗里说："加拿大政府正在重蹈北半球脆弱的寒带森林的覆辙——允许不可能持续的采伐水平。"她声称，该国最严重的犯罪者就是不列颠哥伦比亚省的森林工业。她还说："不列颠哥伦比亚省的林业是如此不可持续，以至于它已经开始破坏其他地方的森林，例如阿拉斯加、育空（Yukon）、阿尔伯塔、马尼托巴（Manitoba）和萨斯喀彻温（Saskatchewan），因为不列颠哥伦比亚省已经没有足够的木材提供给工厂。"[159]

206

但加拿大政府和森林联盟所担心的不仅仅是欧洲的客户。1995 年 4 月，环保主义者将矛头指向了好莱坞，让他们不要在不列颠哥伦比亚省拍摄电影，除非不列颠哥伦比亚省停止清除式砍伐，这迫使森林联盟再次进行损害限制之旅。此次出行代表包括帕特里克·穆尔和迈克·莫顿，后者声称克拉阔特湾是一个先进的森林实践模式。[160]而国际知名的电影导演奥利弗·斯通（Oliver Stone）则与环保主义者站在同一阵线，他说："砍伐必须停止，雨林必须得到保护。"[161]在加利福尼亚，森林联盟试图把自己描绘成一个"公民环境联盟"，而不是"行业掩护机构"。帕特里克·穆尔与雨林行动网络的兰迪·海耶斯（Randy Hayes）进行了辩论。在辩论中，穆尔大加赞扬每年交 10 加元会费的 7000 名成员，但却不得已承认，剩余的约 1930000 加元（年度预算为 2000000 加元）来自林业企业。[162]目前森林联盟拥有约 170 家企业赞助商。[163]

森林联盟还投放新广告对抗绿色和平组织。绿色和平组织的创始人，也是绿色和平组织当前的劲敌帕特里克·穆尔也出现在广告中。最近，说话温和的穆尔已经取代说话粗犷干练、但不经润饰的杰克·芒罗，成为森林联盟在会议和广告中的主要发言人。在 30 秒的广告中，穆尔说：

"我认为，现在环保主义者面临的最艰难选择就是决定何时说话，何时斗争。如果人们能够了解林业的真实情况以及树木生长的艺术与科学，他们就会知道，在许多情况下，清除式砍伐是再生新森林的最好办法。

这一点毫无疑问，全世界的造林学家们都同意。甚至主要的主流环保组织世界自然基金会在欧洲的首席保护生物学家也同意，在某些情况下，清除式砍伐是必要的，有时甚至是最好的方法……不受限制的清除式砍伐不是造林项目。它是被用来在欧洲筹资的广告语，它完全没有科学依据。

……我相信，他们在这个问题上已经摒弃了真理。他们似乎根本不愿意在他们的整个林业运动中听取科学的意见。"[164]

不幸的是，这个广告存在几个问题。世界自然基金会"看到自己的名字被用来支持不列颠哥伦比亚省的林业政策，感到非常失望"。还有人指控穆尔"严重歪曲了"世界自然基金会的立场，世界自然基金会也对此进行了"公开谴责"。此外，据世界自然基金会所言，这并不是森林联盟第一次"有选择地引用、歪曲和篡改世界自然基金会代表的言论"。此外，根本不存在"世界自然基金会在欧洲的首席保护生物学家"。[165]

清除式砍伐并不合理

然而，对该行业来说，更糟糕的事情还在后面。1995 年 5 月，政府的克拉阔特湾科学工作组建议终止清除式砍伐，从而敲响了清除式砍伐的丧钟。由"蓝丝带"科学家和"第一民族"代表组成的工作组反对清除式砍伐，支持一种更有选择性的采伐方式，即"灵活保留式（Variable Retention）森林作业"。专家们建议减少砍伐区的面积，并在砍伐区保留 15％至 70％的森林，这样可以确保原有生态系统的现有结构和功能。这实际上意味着，基于科学，现在所有的清除式砍伐活动都不应该开展。按照新系统，一个地区可以被清除式砍伐的面积将不超过大约 200 米宽，这将是当前平均约 40 公顷的清除式砍伐面积的一小部分。[166]

尽管森林工业投入了数百万美元来资助林业的掩护机构，让人们飞往世界各地去伪造真实情况，并宣称自己掌握着科学的真理，但是工作组的报告标志着反清除式砍伐运动的胜利，并完全颠覆了传统的林业做法。根据工作组的建议，《纽约时报》宣布它正在重新考虑是否继续购买麦克米兰布隆德尔公司的报刊用纸。《纽约时报》的立场稍微发生了变化，四个月之前，该报曾在加拿大纸浆与造纸协会的年会上与道琼斯公司（Dow Jones and Co.）和奈特里德公司（Knight-Ridder）会面，以缓和对美国和加拿大林业做法的环境抗议。六个月后，《纽约时报》宣布不再与麦克米兰布隆德尔公司续签合同。[167]

1995 年 7 月，不列颠哥伦比亚省政府宣布，它已经接受了科学工作组的建议，这标志着克拉阔特湾传统的清除式砍伐活动就此终止。林业局长安德鲁·派特在宣布这一决定时说："政府认识到了克拉阔特湾的独特价值，并致力于在那里实施世界上最好的森林做法。"[168]因此，那些所谓的叛徒，犯有所谓的叛国罪和生态恐怖主义罪的人，他们被认为犯有操纵真相的罪行，他们受到恐吓和暴力对待，他们曾在法庭受到审判，终于得到了平反。

同时，1995 年 5 月，世界自然基金会指责加拿大标准协会（Canadian Standards Association）向国际标准化组织（ISO）施压，要求在国际森林产品的标签上走捷径。[169]世界自然基金会和其他非政府组织害怕无法再建立最低限度的林业环境标准，因此向国际标准化组织施压。最终，1995 年 6 月，为"可持续森林管理"建立加拿大-澳大利亚联合环境管理体系的提案被搁置了。[170]然而，到了 11 月，环保人士指责政府和木材公司违背了在科学工作组发布有关克拉阔特湾的报告时做出的承诺，并呼吁暂停在该地区的伐木活动。政府拒绝了这些要求。[171]

　　清除式砍伐运动还没有结束。克拉阔特湾只有 10％的地方遭到清除式砍伐，而有关清除式砍伐还是选择性砍伐的争论有增无减。林业公司坚称，如果他们的利润受到威胁，他们将南下到巴西。而在巴西，有关森林的争夺战有增无减。[172]煽动性和两极化的语言似乎还会继续。而在美国，只要有这种煽动性的言辞，暴力就会随之而来。不列颠哥伦比亚省的资源辩论已经被暴力所破坏，环保人士受到了攻击和恐吓。然而，中美洲和拉丁美洲地区的暴力事件要严重得多。

第八章 为中美洲和拉丁美洲的森林而战

我不希望在我的葬礼上有鲜花，因为我知道那是从森林里摘来的。

——奇科·曼德斯[1]

橡胶工人

在亚马逊流域，发展与破坏，保护与可持续利用之间的冲突最为激烈。冲突表现最明显的地区就是巴西。在巴西，争取土地和争夺权力的斗争不可分割地交织在一起。环保活动家为土地改革和保护亚马逊的斗争付出了沉重的代价。斗争最为血腥的地方就在巴西。

在巴西，富有的精英阶层和不幸的穷人之间存在严重的不平等。1%最富有的土地所有者拥有约 45%的土地。而最贫穷的 53%的人只拥有 3%的土地。在 20 世纪 80 年代，大地主每年都会拿走 4000 万英亩的土地，而有 3000 万农村人一点土地都没有。到 20 世纪 80 年代后期，约有 8000 万家庭没有土地。不到 2000 名农场主拥有大约 9300 万头牲畜。1989 年，最富有的

20％家庭的收入占到全国的 63％，而最贫穷的 20％家庭的收入只占全国的 2％。[2]

20 世纪 70 年代到 80 年代，不平等的状况日益严峻。精英阶层得到约 30 亿美元的补贴和税收减免，用来购买和"开发"土地，从而产生了开放亚马逊，寻求发展的政治推动力。军政府希望"让文明进驻亚马逊"。[3]20 世纪 80 年代，带头呼吁保护雨林的是橡胶工人。几个世纪以来，他们都走在森林小径中，采集橡胶树上的胶乳。通常，许多工人都不识字，也不会算数，他们一辈子都受到债务的奴役，永远都没办法还清对橡胶巨头欠下的债务。他们真正担心的是债务问题，而不是亚马逊的森林砍伐问题。为接受外来援助，吸引国际社会的注意，工人们最终被迫找到了一个新词汇和理由，那就是生态。

不可避免地，橡胶工人和这些新的土地所有者之间的冲突越来越多。这些土地所有者的动机是利润最大化，而不是关心住在他们新近得到的土地上的人们。地主们用来加强土地占有权的最有效方法就是放火烧毁森林。此外，许多新的土地所有者是牧场主，他们要烧毁森林，给牲畜腾地方，而这也将对工人的生活方式造成无法挽回的破坏。[4]橡胶工人只剩下两个选择：为生存和可持续发展的权利而斗争，或是甘心变成贫民窟的居民，过着没有尊严的生活。

北半球的环保运动与南半球橡胶工人的环保运动之间存在相似之处，但是在进行比较时，我们必须谨慎。两者都是想保护森林免于消失和被破坏。北半球有许多环保主义者正致力于拯救亚马逊，但他们却不了解橡胶工人。另一点相似之处在于，两个团体中都有人利用直接行动来实现目标。当橡胶工人遇到伐木团伙

图 8.1　一名橡胶工人正在亚马逊割胶
资料来源：环境照片库/阿洛伊斯·印德里奇

时，会要求伐木团伙离开他们正在砍伐的森林。橡胶工人通常会拆掉伐木团伙的临时棚屋，逼他们搬走。

但两者之间也存在巨大的差异。北半球的环保主义者关心的主要是森林的命运，他们很迟才意识到，住在亚马逊的人也是生态系统的重要组成部分。在这个地区里，约 86％ 的保护区都有人居住。[5] 通常，捍卫北半球森林居民的事业取决于国际生存组织（Survival International）、文化遗存组织（Cultural Survival）等和许多人类学家及电影制作人。值得庆幸的是，有些环保主义者已经开始采用一种更为现实、更为全面的方法。而另一方面，橡胶工人最初关注的是土地改革和社会正义，后来才认识到森林生态的重要性。

然而，北半球的环保主义者所提倡的一些政策完全无视森林居民，而且弊大于利。例如，北半球的环保主义者主张建立国家公园，但这样传统的森林居民就会被驱逐出他们的土地。迫使森林居民离开自己的家园，会对他们造成难以言喻的伤害。同时，这些政策实际上还增加了森林的砍伐，因为牧场主和工业企业侵入的土地曾受到这些被驱逐的居民的保护。

　　环保主义者必须找到正确的方法以在生物多样性保护和资源可持续利用之间找到平衡点，保护亚马逊和其中的居民就是一个例子。就保护地区生态多样性而言，不能将传统的森林居民和原住民排除在外，因为他们是生态多样性的一部分。实际上，人们可以通过收割水果、坚果和橡胶等许多方法可持续地利用森林。　212

奇科·曼德斯

　　拉丁美洲的土地冲突几乎总是伴随着严重的暴力。1988 年12 月 22 日晚，工会领导人弗朗西斯科·阿尔维斯·曼德斯·费霍（Francisco Alves Mendes Fiho），即被大家所称的奇科·曼德斯，从自家后门走出去准备洗澡的时候，遭到两名持枪歹徒暗杀。曼德斯先前就知道自己活不了多久了。他变得太强大、太成功了。他之前在与当地一名暴力地主的对抗中取得了胜利。就在他被枪杀的几天之前，他还跟一位朋友说："我活不到圣诞节了。"[6]他甚至知道谁会下令杀死他。

　　巴西人有一个特别反常的暗杀系统。奇科·曼德斯早已被列入死亡通牒的名单，他的死亡已是"既成事实"，"不过是要延长他受到死亡折磨的时间罢了"。[7]奇科·曼德斯经历了漫长的等待才被暗杀。过去十年间，他一直被迫隐藏起来以躲避枪手，躲避把他称作共产主义者并暗中监视橡胶工人的警察。曼德斯三次死里逃生，他收到了无数的死亡威胁和数次通缉。[8]

曼德斯是那一年内第五位被谋杀的农村工会主席。就在他死后一周，另一位工会领导人的面部被猎枪打中。1988 年，共计约有 48 名环保活动家和工人被杀害。20 世纪 80 年代，巴西农村有 1000 多人因土地纠纷遭到谋杀。但被定罪的杀手还不到 10 人，而且没有一位主谋遭到审判。[9] 20 世纪 80 年代是血腥的十年：从 1980 年 7 月开始，工会和橡胶工人遭受了长达十年的暴力。1980 年 7 月，工会活跃分子兼橡胶工人威尔逊·德·索萨·皮涅罗（Wilson de Souza Pinheiro）被受雇的枪手射杀。皮涅罗的"罪行"是组织了一场示威游行，阻止伐木团伙砍伐森林。这是 20 世纪 80 年代土地战争中第一次真正的暗杀事件，并为接下来的十年设定了可怕的模式。

对于当局和农场主而言，奇科·曼德斯非常具有威胁性，因为他与地球优先组织的活跃分子朱蒂·巴莉和奥戈尼领袖肯·萨洛维瓦一样，具有组织人们参加抗议的神奇本领。此外，他能让一个地区的橡胶工人支持另一个地区的橡胶工人，这在曼德斯和皮涅罗之前是闻所未闻的。而在组织全国橡胶工人会议（National Conference of Rubber Tappers）和成立全国工会中，曼德斯也发挥了重要作用。此外，在曼德斯的领导下，橡胶工人与他们的传统敌人联合起来，成立了森林人民联盟（Alliance of the Peoples of the Forest）。

曼德斯和人类学家玛丽·海伦娜·阿莱格雷蒂（Mary Helena Allegretti）是教育橡胶工人的推动者，他们还帮助橡胶工人摆脱债务缠身的恶性循环，并成立合作社组织管理他们自己的事务。曼德斯还擅长鼓动亚马逊丛林的传统居民（empates）停止砍伐和烧毁森林。曼德斯生前一直宣扬非暴力。尽管亚马逊丛林的传统居民很强硬，经常破坏人们的房子，但是他们几乎不对人使用暴力，只是会攻击枪手。此外，对亚马逊丛林传统居民的鼓动作为一项策略而言确实奏效了：在奇科·曼德斯被谋杀之前，大约有 300 万英亩的亚马逊雨林被拯救了。[10]

但是，成功是要付出高昂的代价的，随着对亚马逊丛林传统居民的鼓动越来越成功，当局和牧场主越来越多地对橡胶工人使用暴力和恐吓。警察经常殴打游行示威者。牧场主雇佣越来越多的枪手，杀死任何挡路的人。亚马逊地区的枪手一直很多。橡胶工人经常被围捕起来被人用枪口指着，遭到威胁、殴打或枪击。橡胶工人全国委员会（National Council of Rubber Tappers）第一任主席的房子被人纵火焚烧，还挺过了好几次死亡威胁。即使当局发现暴力行为是有组织有计划的，也几乎没有采取任何措施来阻止暴力。例如，1986 年在巴西发生的所有谋杀案中，有40%都是枪手干的。[11]

土地改革是亚马逊焚烧森林现象增多、暴力程度加剧的另一个原因。土地改革推行于 20 世纪 80 年代中期，改革使大地主感觉自己越来越受到威胁。1985 年，在土地改革和橡胶工人运动成功的双重威胁下，牧场主们作出了回应，成立了自己的联合会"农村民主联盟"（Rural Democratic Union，UDR）。联盟的预期作用是促进"传统、家庭和财产"。安德鲁·拉夫金（Andrew Revkin）在《燃烧的季节》（*The Burning Season*）一书中写道："在表象之下，一直有迹象表明，农村民主联盟掩护了土地改革运动领导者遭受的有组织暴力，并很快危害到巴西农村地区的橡胶工人、小农和失地农民。"[12]

　　农村民主联盟在某些方面类似于一个明智利用组织。它是一个反环境组织。该组织的名字暗示的是其没有的东西——民主。它的支持者是富有的牧业利益集团。两者都自称得到了家庭和传统的支持。据说，农村民主联盟的成立典礼就是为了公共关系和游说的资金。在巴西，这意味着向所有成员分发了1636把枪。[13]

　　众所周知，农村民主联盟的成员积极密谋了曼德斯的死亡事件。曼德斯和其他领导人一起出现在农村民主联盟的暗杀死亡名单上。[14]买下当地一家报社的一名农村民主联盟代表警告人们注意亚马逊的"国际化"威胁，以及由此带来的对国家安全的威胁。这与右翼/明智利用有着相似之处，他们警告说国家公园是通往极权主义政体和联合国国际管制的第一步。农村民主联盟还提议摧毁95％的森林，用核反应堆来代替它。[15]

　　牛津大学格林学院的访问学者乔治·蒙比尔特（George Monbiot）在前往亚马逊的旅行中也注意到了用来诋毁外国人的言论。蒙比尔特回想说："土地既得利益集团把所有威胁都看成是颠覆活动、共产主义和国际化。这就是你听到的字眼。"此外，他还说农村民主联盟会散布这样的信息：

　　"在巴西，任何人对亚马逊、环境或印第安人感兴趣的唯一原因就是他们被外国特工收买了。因为外国人想要将亚马逊的巨大财富据为己有，他们想把亚马逊从巴西偷走。"[16]

　　曼德斯在"环保主义"的保护伞下为环保事业而奋斗，并在国内外都取得了巨大的胜利。他在国内外名声大噪，成了拯救雨林斗争的代表人物。由于曼德斯与橡胶工人的关系，当局也无法再驳斥说拯救雨林的斗争是外国人在干涉巴西事务。但他们还是说曼德斯的同伴玛丽·海伦娜·阿莱格雷蒂是美国特工，还给曼德斯贴上反巴西、反进步和美国中情局傀儡的标签。[17]当局对曼德斯感到担忧，因为无论他出国去到何处——不管是华盛顿还是伦敦，他都能引起人们对其事业的关注。1987年，曼德斯还获得著名的联合国全球500名环境贡献杰出人士奖。这更加引起当局的不满。

曼德斯在国内取得的成功，不仅是阻止了亚马逊丛林的传统居民破坏森林，还通过开创"禁采保护区"来完全禁止破坏森林。有些地方只允许开展可持续的传统活动，例如割橡胶，采摘坚果、水果、可可和油。禁采保护区为该地区提供了另一种发展形式：一种保护而不是荒芜的形式。[18]这对于橡胶工人和亚马逊来说，是可持续发展，而不是牧场主造成的系统破坏。禁采保护区是保证橡胶工人生存的庇护所，也是他们赖以生存的森林的庇护所。但这也使得奇科·曼德斯必死无疑。[19]

1988年夏天，橡胶工人与当地一名恶棍兼农场主达尔利·阿尔维斯·达席尔瓦（Darli Alves da Silva）发生了激烈的冲突。达席尔瓦曾制造了一连串的杀人事件。达席尔瓦在卡舒埃拉（Cachoeira）买了一些土地，曼德斯就是在那里的橡胶园中长大的。达席尔瓦软硬皆施，利用威胁和贿赂，试图逼迫橡胶工人离开他所购买的土地。作为反击，曼德斯和橡胶工人利用亚马逊丛林的传统居民阻止达席尔瓦砍伐森林。曼德斯认为，试图烧毁卡舒埃拉的行为直接威胁到他个人，也威胁到整个橡胶工人运动。

为了缓和紧张的局势，当局买下了达席尔瓦的所有土地，并宣布将卡舒埃拉变成禁采保护区，这意味着曼德斯和橡胶工人取

215

得了胜利。但这也预示了曼德斯开始走向死亡的终点。此外，曼德斯要求当局逮捕达席尔瓦。这位农场主曾在其他州被指控谋杀，但从没遭到逮捕。当局拒绝逮捕达席尔瓦，曼德斯似乎必死无疑了。[20]

尽管是达尔利·阿尔维斯·达席尔瓦下令杀害奇科·曼德斯的，但是由于当局没有采取行动保护曼德斯，因此也必须为这起谋杀事件承担一些责任。就在谋杀之前，曼德斯还写道："我只希望持枪歹徒因为谋杀我而得到惩罚。"[21]曼德斯的死亡引起了国际社会的愤怒，巴西当局迫不得已要寻找凶手。达尔利·阿尔维斯·达席尔瓦和他的儿子达西（Darci）分别因下令杀人和奉命杀人被逮捕。达西竟然真的承认了谋杀。尽管这两人被逮捕，但有大量证据表明，还有很多人都知道并策划了曼德斯的死亡。但当局再一次拒绝采取行动。

法律审判程序拖延了两年时间。最终在 1990 年 12 月，这两人分别被判处 19 年监禁。然而，1992 年，上诉法院却撤销了达西父亲的罪名，尽管曼德斯的家人提起了上诉。[22]凶手随后逃出监狱，至今仍未被抓捕归案。1995 年 7 月，有报道说，这两个人生活在巴西边境附近的玻利维亚的一个小镇。据报道，巴西警方已要求国际刑警组织（Interpol）协助寻找失踪的凶手。[23]

持续的大屠杀

但是杀戮并没有随着奇科·曼德斯的死亡而结束，巴西土地改革的血腥斗争仍在继续。在曼德斯被谋杀的那天晚上，和曼德斯待在一起的两名保镖也被枪杀。1989 年和 1990 年，在凶手的亲属来到本地区参加审判后，国际特赦组织表达了对曼德斯的亲属和橡胶工人领导者的担忧。国际特赦组织的担忧得到了验证，曼德斯的遗孀遭到了袭击，他的兄弟受到了威胁。

谋杀事件的证人持续遭到暴力，橡胶工人同样如此。曼德斯的继任者，沙普里农村工人联合会（Xapuri Rural Workers' Union)的主席胡里奥·巴博萨（Julio Barbosa）一直遭到恐吓。接替曼德斯成为橡胶工人领导者的罗德里格斯（Osmarino Amancio Rodrigues）也是如此。有人曾试图暗杀他，但失败了。1989 年至 1990 年间，罗德里格斯和其他三名橡胶工人领导者一直收到死亡威胁，但都没有得到警察的保护。[24]

官方一直对谋杀事件无动于衷，农村领导人的死亡案件有增无减。1990 年，四名土地改革活动家被谋杀。[25]还有一位活动家马诺埃尔·佩雷拉·达席尔瓦（Manoel Pereira da Silva）从揭露菲盖拉（Figueira）禁采保护区的非法伐木时，就开始收到死亡威胁。[26]第二年，何塞·艾里奥·达席尔瓦（Jose Helio da Silva）和埃斯佩迪托·里贝罗·德·索萨（Expedito Ribeiro de Souza）都遭到了暗杀。还有的领导人收到死亡威胁，遭到枪击。[27]曼德斯去世后的三年时间里，至少有 185 人因土地争端被谋杀。[28]在持续不断的大屠杀中也曾有过一次妥协。1990 年，阿克里、朗多尼亚和阿马帕地区共有约 6553 平方英里的森林成为禁采保护区。该保护区是以奇科·曼德斯的名字命名的。[29]

环保活动家把 1991 年 3 月 13 日宣布为"反对暴力日"，超过 1000 人在这一天举行集会，抗议持续发生的流血事件。[30] 1992 年 12 月，因佩拉特里斯农民工工会（Rural Workers Trade Union of Imperatriz）主席佩雷拉·巴洛斯（Valdinar Pereira

Barros）在一次暗杀行动中受了伤，但幸存了下来。他曾支持建立大马塔（Mata Grande）和斯利科（Siriaco）生态保护区。巴洛斯收到死亡威胁已经有一段时间了。此次袭击事件之后，政府自己的环境机构巴西环境与可再生资源研究所（IBAMA）对"试图与环境共生存的人"遭受的暴力程度表示担忧。[31] 三年后，一名持枪歹徒被逮捕，他称下一个袭击目标就是利卡多·雷森德神父（Father Ricardo Rezende）。雷森德神父是 1991 年集会的组织者之一，是一名土地改革活动家。有 40 人因支持农民权益和土地改革而受到死亡威胁，雷森德神父就是其中之一。其中有 6 人已在欣瓜拉被杀害，另有 2 个人遭遇暗杀未遂。[32] 镇压仍在继续。1995 年，橡胶工人和阿克里印第安人的一位领导人马塞多（Macedo）被逮捕。这也是对活动家持续镇压的一部分。[33]

考虑到这个国家的暴力性质，在巴西工作的其他环保主义者遭到谋杀也就不足为奇了。印第安人的一些环保活动家也遭到了威胁和杀害：雅诺马马（Yanamami）印第安人大卫·科比纳瓦（Davi Kopenawa）曾因保护环境而获得 1988 年联合国全球 500 名环境贡献杰出人士奖，他也收到了死亡威胁。[34] 同样在 1988 年，一群印第安人在讨论如何保护森林免受伐木工的破坏时，有 14 名印第安人被杀害，另有 20 人受了伤。他们是被木材大亨雇佣的枪手谋杀的。而七年之后，仍没有人因谋杀他们而受到指控。[35] 据巴西印第安人传教理事会（Brazilian Indian Missionary Council）报道，1993 年有 42 名印第安人被杀害。[36]

此外，在 1993 年春季的几天时间里，两位著名的环保主义者相继被暗杀了。人们在巴拉度居库（Barra do Jucu）沙滩上发现保罗·凯撒·文哈（Paulo Cesar Vinha）被残忍地杀害。他一直致力于保护巴拉度居库沙滩免遭挖掘，并披露阿拉克鲁斯公司（全球最大的纸浆制造商之一）的行径。他还帮助杜比尼金人（Tupiniquim）和瓜拉尼人（Guarani）把土地从纸业公司手里夺回来。然而，由于他参与保护沙滩不受非法挖掘的活动，最终被杀害。[37]

在文哈被谋杀三天之后，另一名环保活动家，埃尔多拉多·卡拉加斯（Eldorado Delcidio de Carajas）农民工联合会的领袖阿尔纳多·费雷拉（Arnaldo Delcidio Ferreira）也被发现中枪身亡。巴西的环保界对此感到震惊。这位有九个孩子的父亲曾与绿色和平组织合作，揭露亚马逊森林被砍伐的情况和针对试图阻止森林砍伐的人的暴力。在他死前六个月，他与橡胶工人、活动家和环保人士一起抗议马金科（Maginco）公司在里约玛丽亚进行的掠夺性伐木活动。[38]

费雷拉与奇科·曼德斯有许多共同之处，他除了是全国橡胶工人联合会的成员外，还提倡亚马逊的环境保护和可持续的社会与经济发展。他还为结束农村地区的暴力而抗争，为结束森林砍伐和巴西的土地改革而抗争，也正是这些抗争让曼德斯丢了性命。费雷拉已经躲过了三次谋杀他的行动，但都幸存了下来，他还收到过无数的死亡威胁。在 1985 年的一次谋杀行动中，杀死了一个碰巧与他交谈的修女。[39]人们认为，费雷拉是被牧场主雇佣的枪手杀害的。[40]在亚马逊的其他地方，也有人因公开发表意见而被杀害或遭到侵扰。

218

一次残酷的抵制[41]

如果不是许多人面对难以置信的个人危险所表现出的毅力和勇气，石油公司对厄瓜多尔亚马逊地区的破坏永远不会引起国际社会的注意。美国律师朱迪·凯默琳对1989年游历亚马逊时的所见所闻感到十分震惊。从那时起，她就开始为亚马逊的人民和环境进行抗争。凯默琳只是一名外国游客，而且与之较量的政府有一半的财政收入都来自石油行业，因此凯默琳的工作存在相当大的风险。揭露以石油为生命之源的一些最强大的跨国公司造成的环境破坏只会加剧这种风险。

在第一次接触亚马逊的六年之后，凯默琳回忆说："1989年2月，我去了厄瓜多尔。当时我并不知道自己将着手调查与石油开发有关问题。说实话，我以为自己是去观赏鸟儿和蝴蝶的。而当我看到雨林里的有毒废料坑时，我感到非常惊讶和震惊。"凯默琳发现，该地区充斥着数以千计的不受管制的非密封式废料坑，有毒废物溢出地面，渗进地下和水中。输油管道漏油。天然气被直接燃烧，不管附近是否有人居住。凯默琳被这样的情景惊呆了，于是便开始调查这些明显对当地人民和环境造成破坏性影响的石油作业。她想，在自己的国家，这样的行为都是违法的。

凯默琳继续说："我是在1989年6月或7月份发现这一问题的，那是我第一次去亚马逊。我与当地的一个原住民组织一起，进行了为期15天的考察，并参观了一些地点。我第二次去亚马逊是在那年8月。在那次旅行中，我被逮捕了。"虽然她没有被正式起诉，但是遭到逮捕，并被关押了 24 个小时。最初，她被军队监禁，然后被移交给警方。最让凯默琳感到不安的是，当局似乎知道她是谁。

与凯默琳一起被逮捕的人中，有一个人曾在凯默琳第一次去亚马逊时陪伴她。他遭到警察的严厉拷问，问他为什么和凯默琳一起旅行。他还被告知，所有的外国人都是恐怖分子，他们的唯一目的就是给印第安人发放枪支。与此同时，凯默琳也被贴上了颠覆分子的标签。她回忆说："我的罪名是谈论德士古石油公司和当时的国家石油公司——厄瓜多尔国家石油集团（CEPE）（厄瓜多尔国家石油公司的前身）——所造成的污染问题。我认为他们是想吓唬我，我并不认为他们打算伤害我。"

凯默琳被视为具有威胁性，因为她参观亚马逊是想弄明白发生了什么。她说："这是个重大举措，也是相当激进的工作方法。因为在此之前，环保组织发行的刊物基本上都说石油业不会对雨林造成危害。"环保组织坚称，热带雨林唯一的石油开发问题是由筑路造成的。筑路使得以前的偏远地区遭到殖民统治、开发剥削和森林砍伐。与其他地方一样，在厄瓜多尔，殖民者的定居模式一直沿着石油道路展开——在奥连蒂（Oriente）地区，有 100 万公顷的雨林现在已经成了殖民地。此外，新的殖民者还给原住民带来了严重的流行病。[42]流感、慢性咳嗽、皮肤病、溃疡、疟疾、肺炎、肠胃疾病等曾经的外来疾病现在都很普遍。[43]

凯默琳回忆说：

"然而，环保组织的出版物完全没有提到污染。实际上，环保组织发表的文献非常具有误导性，因为这些文献只是记下了石油工业的言论，并且不加任何质疑地加以重复……我很难相信，石油开发本身没有问题。"

凯默琳想，如果道路是与石油开发相关的唯一问题，那么为什么人们会在没有殖民问题的世界其他地区抗议石油和天然气活动？

然而这里存在一个问题。到亚马逊探险之后，凯默琳揭露了这个偏远地区存在的一连串污秽且令人不快的复杂问题，而这些问题又不为世界所知。凯默琳的研究出现在《亚马逊原油》（*Amazon Crude*）一书中，该书被人们称作唤醒亚马逊地区生态意识的《寂静的春天》。该书出版后，国际社会的关注将会击败厄瓜多尔政府和德士古这样的石油公司。

德士古石油公司带头

作为本地区石油开发的先锋，德士古石油公司最早于 1964年 3 月获得了奥连蒂地区的权益。1967 年，该公司在拉戈阿格里奥（Lago Agrio）附近发现了大量石油储量，其数量足以建造一个在美国预制的每天生产 1000 桶石油的炼油厂。但是德士古公司需要将石油运往市场，因此它在 1972 年夏天建造了横贯厄瓜多尔的输油管道，总长 500 千米，一直从奥连蒂延伸到秘鲁。[44]德士古石油公司与政府签署了为期 20 年的生产合同，该合同于 1992 年合同到期时，德士古石油公司将业务移交给了厄瓜多尔国家石油公司。如今，厄瓜多尔国家石油公司控制着当地100％的石油产量。[45]

随后，其他公司也开始在厄瓜多尔进行勘探和/或生产，这些公司包括杜邦公司旗下的康诺克石油公司、英国天然气公司、西方石油公司、美国大西洋里奇菲尔德公司、加拿大石油公司（Petro-Canada）和马修斯公司（Maxus）。虽然德士古石油公司停止了在该国的业务，但是其遗产仍在继续。凯默琳在《亚马逊原油》一书中写道："德士古石油公司是该地区石油开发的主导力量，为当地的石油作业开创了先例，并制定了标准。因此，德士古石油公司的行动直接或间接地导致了目前奥连蒂地区普遍的污染和森林砍伐。"[46]

从生物多样性的角度看，厄瓜多尔奥连蒂地区在国际上有着举足轻重的地位，因为它有 1300 万公顷的热带雨林，拥有 10000 多种植物。它被认为是世界上最具有生物多样性的地区之一，有许多特有的植物和濒危物种。该地区也是 8 个印第安人族群的家园，这些族群大约有 90000 至 250000 人，是亚马逊地区原住民密度最高的地区。[47]这个生物和文化丰富的地区已经成为石油开采活动的巢穴，约 90％的奥连蒂地区都出现了石油开采活动，有 400 口活跃的油井。[48]奥连蒂地区有超过 100 万公顷的土地被用于石油生活活动，占厄瓜多尔亚马逊地区的十分之一。[49]

这些石油开采活动产生的废料令人震惊。凯默琳估算，每年从油井中排放出约 500 万加仑未经处理的有毒废弃物，而出油管泄漏每年又造成 50 万加仑溢油。自 1972 年以来，大约 200 亿加仑的有毒废弃物被倾倒，对土壤、地面和地下水造成了污染。尽管如此，凯默琳并没有在奥连蒂地区发现清理设备。[50]横贯厄瓜多尔的输油管道也造成了生态灾难。输油管道被建在一条地震带上。在秘鲁和巴西发生的有报告的 30 多起泄漏事件中，至少泄露了 1680 万加仑的油，其中有一次泄漏事件甚至流到了大西洋。[221]

此外，该地区还存在严重的空气污染问题。尽管厄瓜多尔进口天然气是供国内使用，但每天却有大约 5300 万立方英尺的天然气被燃烧。[51]

污染已经在亚马逊造成了不可估量的健康、环境、文化和社会问题。污染，再加上土地流失和殖民者带来的新疾病的侵袭，都直接或间接地导致当地印第安人口的持续减少。在一个地区，科芬族（Cofan）印第安人的数量在 20 年内从 70000 人减少到了 3000 人。他们遭到石油勘探和其他因素的严重破坏，濒临灭绝。另一部落西欧那-席科亚（Siona Secoya）也受到了德士古石油公司运营的影响，正在为了生存而挣扎。盖丘亚族（Quichua）印第安人也受到了石油活动的负面影响。石油公司实际上鼓励定居者迁往奥连蒂地区，从而使得印第安人遭遇的问题变得更加严重。[52]

抵制的开始

当《亚马逊原油》一书的最初成果为人所知后，不可避免地会遇到抵制。凯默琳回忆说："那时，反对公开表达观点的人告诉我，我的名字不能出现在报纸上，因为那样做很危险。"她的朋友和官员都为她出谋划策。她说："用官员的话说是'友好的忠告'，但这着实让我吓了一跳，因为这是我第一次公开与这件事扯上关系。"凯默林最初是有所保留的，但后来她感到"为了得到更多的保护，我就必须让人们认可自己的作品，这样的话，如果真的发生什么事情，就可能会引起公众的注意，就会有人问是谁的责任"。

厄瓜多尔国家石油公司环境部门的一名官员告诉她："如果你现在去亚马逊，军队很可能会逮捕你，因为仅仅是去那里就会被视为一种挑衅。"这种警告或许就是未来的模式。凯默琳还接到许多电话，有的来自与美国石油公司官员一同开会的人，有的来自厄瓜多尔国家石油公司，还有的来自军队。凯默琳成为了讨论的对象，人们认为她将被驱逐出境，而表面上的理由是她没有交税。

当凯默琳与美国驻厄瓜多尔大使举行会面，讨论她的著作后，情况略有改变。"大使馆让石油行业的人认识到，如果他们试图把我驱逐出境，那将是一个大错误。"大使馆的立场，再加上人们对厄瓜多尔践踏人权事件的高度关注，让凯默琳感到安全了点，但是她还是很担心自己的安全。她开始制定计划，以确保当她确实在亚马逊时，人们知道她来了，而且知道她在哪。时至今日，她仍然在使用这个方法。

222

但是抵制不仅仅来自当局，还来自厄瓜多尔的其他团体。凯默琳还说："当我被逮捕时，自然基金会让我吃尽了苦头。他们很在乎自己的形象。他们不但没有对我的遭遇表示歉意，还反问我与这些印第安人在亚马逊东奔西跑到底是要干什么。他们还告诉我说，我会损害他们的形象。"

该地区的传教士也会制造麻烦。瑞秋·森特（Rachel Saint）是向华欧拉尼族人（Huaorani）传福音的先驱。她与华欧拉尼族人一起生活了 40 年，直到 1994 年去世。凯默琳在她死之前见到了她。凯默琳回忆说："见面之后，她在收音机里对华欧拉尼族人说，我是个非常危险的女人，他们不应该和我有任何瓜葛。"森特还说，如果华欧拉尼族人让凯默琳来这里，"石油公司和军队会非常生气，他们就都会进监狱"。森特还告诉美国全国广播公司新闻网（NBC News），说凯默琳是一位共产主义者。美国全国广播公司新闻网是美国一个新闻频道，当时正在厄瓜多尔，准备制作一部有关华欧拉尼族人的电影。据一名接受传教的华欧拉尼族人说，凯默琳坚称"德士古石油公司给了森特一本支票簿，好让华欧拉尼族人搬离石油生产地区"。[53]

德士古公司的回应

正如人们所料，石油公司对凯默琳的著作很不满意。德士古公司因为《亚马逊原油》一书而受到了大量的批评，德士古公司也以各种方式作出了回应。书中出现了废物坑的图片，这些图片现在还开始出现在全球各种杂志上。德士古公司回应说这份报告是造谣生事，同时鼓励其他研究人员到奥连蒂地区。首先，德士古公司否认这些废物坑存在严重的生态问题；其次，公司开始铲平这些废物坑，使摄影师不大能拍到可以吓唬国内读者的照片。德士古公司不仅仅是对废物坑的外观做出了改进。凯默琳还记得，大概在《亚马逊原油》一书出版的同一时间，德士古公司给了纽约的密苏里植物园很多钱，因而公司当时的总裁还成了植物园的一名负责人。德士古公司还大力赞助本地区的地球日活动以及植树活动。

当时，许多原住民组织和环保组织对德士古公司在亚马逊的环境记录进行了越来越多的批评。为回应《亚马逊原油》一书以及所遭受的越来越多的批评，德士古公司开展了两项业务审查活动。凯默琳说："他们说（审查）证明不存在不可逆影响。他们说，嗯，我们的活动虽然不是非常美观，但是并不危险，也不会对环境构成威胁。"然而，德士古公司告诉美国律师，公司进行审查的一个原因就是担心自己的国际形象受损。另一家因其海外业务而面临严厉批评的公司是在尼日利亚经营的壳牌石油公司，它也资助了一项"独立"调查，试图转移人们对其经营活动的批评。

德士古公司的审查由加拿大的一家顾问公司 HBT-阿格拉-卡尔盖斯公司（HBT-Agra-Calgas）承担，估计花费了 40 万美元。[54]许多人都对这项审查持批评态度。1993 年，雨林行动网络警告说："有迹象表明，加拿大 HBT-阿格拉公司的调查有很大的局限性。德士古公司威胁说，除非调查的环境记录范围很小，否则他们不会进行合作。"[55]1993 年 7 月，在厄瓜多尔参加"德士古"周的国际代表们发布了一份声明，称："我们认为，当前加拿大的顾问公司 HBT-阿格拉，以及德士古公司和厄瓜多尔国家石油公司开展的环境审查并不足以解决我们所关心的问题，因为审查既不独立，也不透明。"代表们的结论是：

"与我们交谈的居民和组织，没有一个收到了审查员的通知，更不用说商议了。此外，我们在审查区域看到，油井的废物坑外盖满了土（但没有事先去除废弃物），还有的废物被排进附近的溪流中。在我们国家，这样的环境活动是不可接受的。这似乎是为了掩盖德士古公司造成的污染，而不是为了调查和将其清理干净。"[56]

在对审查进行监管的六名监督委员会成员中，有四人来自厄瓜多尔国家石油公司及其子公司，另外两人来自德士古公司。厄瓜多尔的环保组织和人权组织多次要求参与审查监管，但都被拒绝了。审查也没有进行关键性分析：水质评价竟没有对河流泥沙进行分析。审查只关注环境问题，却没有对社会、文化和经济影响进行研究。[57]一个由厄瓜多尔和国际团体组成的小组直接谴责了这次审查。[58]

其他公司的回应

其他石油公司努力撇清自己与德士古公司的关系，把德士古公司描述成石油工业里的坏公司，同时他们还赞助与自己公司业务有关的积极公关活动。言下之意就是，这些新成立的公司可以从亚马逊的雨林里提取石油，而不会对土地和人民造成严重伤害。这些公司为塑造环保的形象做出了巨大努力，这对厄瓜多尔缓慢发生的转变产生了重大影响。与其他地区一样，厄瓜多尔的环保运动已经慢慢被边缘化。

凯默琳说："此时我确实觉得那里存在一种抵制运动。因为当《亚马逊原油》一书刚开始出版的时候，政府最初的态度是否认，但后来人们普遍感到'哦！这太糟糕太恐怖了。我们必须要做得更好，而且我们能够做得更好'。"

她还说："德士古公司之后的那些公司仍然抱有'相信我们'的态度。他们付出了巨大的努力来说服人们相信他们。他们似乎确实让厄瓜多尔的一些人，尤其是在政府和媒体工作的人相信，他们实际上是好人，他们可以被信任。目前更多的批评指向了环保主义者。"

以前人们尊重环保主义者，现在却只会嘲笑他们。基多（Quito）的酒吧里到处都有人说："让我们嘲笑那些拥抱树木的人吧。"

归政府所有的厄瓜多尔国家石油公司也开始对凯默琳的著作进行回应，称她的著作是无耻的谎言，还重申亚马逊地区不存在任何问题。随着时间的推移，该公司的态度发生了变化，最终承认确实存在问题。厄瓜多尔石油公司把争论的焦点从石油污染问题转移到了可持续发展和发展权利问题上，并强调厄瓜多尔是个贫困国家的事实。凯默琳回忆说："下一句话就是'嗯，我们正在大步向前迈进'。"她说：

"现在你看到的台词是：'好吧，这是一个长期的问题，不是一夜之间就能纠正过来的，但是我们非常认真，我们正在取得巨大的进步'。现在我还会经常听到'嗯，一切都很好，我们拥有很棒的新型清洁技术，并得到了美国环保局的批准'。这就是我所说的那一股环境风潮。"

凯默琳对这样一种新趋势感到担忧：石油行业在进行美观性绿化，但实际上并没有发生什么真正的改变。她说："这只是宣传手段的一部分，这显然是非常令人不安的，这是你在美国或欧洲不会真正看到的事情，因为这把问题过分简单化了。但是厄瓜多尔在这方面的经验太少了，也没什么理解，以至于人们说这些话，很多人就真的相信了。"尽管该行业和政府都没有在高级职位上引进新的环保人士，但这是事实。此外，石油行业的所有人都突然声称自己是环保主义者。

还有一群人仍努力在石油和亚马逊问题的争论中表达自己的观点，他们就是本应最先被邀请参加谈判协商的亚马逊印第安人。关注石油问题的印第安人还承受了来自政府和军队的许多压力。凯默琳说："我想他们的台词是，你是反厄瓜多尔者，你在破坏我们的形象，你怎么能这么做？外国人是很坏的，你怎么能有这么多外国朋友？"再加上厄瓜多尔的基本理念是，亚马逊的发展符合厄瓜多尔的经济利益。所有亚马逊流域的国家都认为，大多数人都有发展的需求，而石油可以满足这一需求，所以原住民的权利和关切不能凌驾于大多数人的需求之上。

在凯默琳的印象中，华欧拉尼族人因公开表达观点而面临巨大压力，这实际上影响了他们的行动。乔·凯恩（Joe Kane）曾和一名华欧拉尼族印第安人一同去往美国，揭露奥连蒂地区石油开采带来的文化、环境和社会灾难。有人在和他谈到这名印第安人时说："据说他必死无疑。"厄瓜多尔政府对于这名华欧拉尼族人去华盛顿的行为感到非常恼怒，因而把他抓起来进行"审讯"。由于污染、疾病和土地开发问题，凯恩与这名华欧拉尼族人一起工作了好几个月。他很有可能因石油开采问题而被除掉。[59]这名华欧拉尼族人很幸运地在一开始就离开了厄瓜多尔——尽管美国大使馆最初拒绝向他发放签证。他因为反对石油开发而被厄瓜多尔大使指控为叛国罪，如今他正因为在华盛顿提及石油问题而遭到了当局的惩罚。[60]

未来

当被问及是否对未来抱有希望时，凯默琳回答说：

"我没有失去希望，但是我认为，如果要在环保和尊重亚马逊居民的基本人权方面真正发生有意义的改变，必须在国际层面上施加巨大的压力。在国内和草根层面也必须有大量的工作。不过，一切尚无定论。

我觉得在言论和对话方面已经发生了很大的改变，但是在实地行动中，我还没看到任何改变。我看到了一些改变，但却不是产生净环境效益的必要改变。"

对于凯默琳而言，这些改变像是装点门面的公关活动，而不是石油经营活动的重要改变。她说：

"你可以说，覆盖一个废物坑是更好的，因为这样的话牛就不会掉进去，当然这对于养牛的人来说是更好的，但是如果从净环境效益的角度看，我不认为这对环境有什么显著的好处。"

石油公司也以其他方式改变了他们的经营活动。马修斯公司一度使用定向钻井，强调这能够减少森林的砍伐。凯默琳说：

"如果他们能让殖民者挡在外面——虽然这还是一个很大的假设，就有可能限制森林的砍伐，也绝对会提升美感。但是他们用定向钻井而非直接钻井，只会产生更多的有毒废弃物，我不认为这些废弃物得到了认真处理。在我看来，我有个问题：这里到底是否存在净环境效益？"

凯默琳对工业企业开展的其他所谓环境改善行为也不屑一顾。马修斯公司再次发布了重大公关声明，宣传他们的"重新造林"计划，并聘用了许多高级顾问参与该计划。凯默琳说：

"他们所说的重新造林计划实际上是植被恢复计划，而不是重新造林。他们种植了一种原产于非洲的草。但所有的公关活动，甚至他们的环境总体规划都让人觉得是在再造本地物种。这是环境效益，还是只是表面效益？"

更糟糕的是，石油公司的运作没有受到独立的监管。"我发现还没有适当的机制来约束这些石油公司，甚至都没有机制认真地评估它们的活动。"她还说：

227

"在我看来，如果没有适当的监管，工业就不会真正促进环保。改变需要很长时间，但不幸的是，破坏的速度远远大于积极改变的速度。事情确实尚无定论……但是除了机会主义和短期的贪婪以外，实在没有理由破坏亚马逊。"

但是，生活在这一混乱地区的人们已经诉诸于诉讼来要求获得赔偿。1993 年 11 月，厄瓜多尔印第安人向纽约的德士古公司发起集体诉讼，要求该公司赔偿 15 亿美元。这是一项前所未有的举动。该诉讼代表着 20 个部落的 30000 名印第安人，他们控诉德士古公司污染了他们的水和土地，并导致癌症。他们还要求德士古公司清理残局。诉讼还指控德士古公司故意把石油废料倒进泄漏坑里。[61] 在诉讼中，原告称：

"德士古公司在奥连蒂地区并没有遵照合理的石油开采行业标准，也没有遵照公认的美国的、当地的或国际公认的环境安全和保护标准。相反，德士古公司纯粹是为了自己的经济利益，故意忽略合理安全的作业，把奥连蒂地区原始的亚马逊雨林和人民当做有毒废料的垃圾场。"[62]

1994 年 12 月，一群秘鲁的印第安人对德士古公司提出了集体诉讼，要求赔偿 10 亿美元。他们控诉德士古公司把在厄瓜多尔生产的石油倾倒进一条河里，流入了秘鲁。[63] 这两件案件都还在审理之中。

拉丁美洲的其他侵扰行为

在拉丁美洲的其他地方，人们也因致力于生态问题而遭到侵扰。1992 年，一个秘鲁组织圣伊格纳西奥森林保护委员会（Comite de Defensa de los Bosques de San Ignacio）的十名成员因反对当地的伐木行为而遭到逮捕，并以恐怖主义罪名遭到控诉。国际特赦组织认为："他们受到指控的原因只是因为反对木材的商业开发。"[64] 一年后，绿色和平组织阿根廷办事处接到一个电话，说"如果你们还要一直反对核电，你们就会被炸成碎片。停止吧！这是最后一次警告"。阿根廷绿色和平组织一直在开展运动反对当地的一家核电厂。[65] 四个月后，员工们收到了更多的死亡威胁。[66]

第二年，即 1994 年 9 月，两名秘鲁环保活动家玛利亚·埃莱娜·福龙达（Maria Elena Foronda）和奥斯卡·迪亚兹·巴博萨（Oscar Diaz Barboza）被当局拘留。据国际特赦组织所说，他们被拘留的原因是"明显"涉嫌与"反对派武装"有联系。国际特赦组织"不认为他们有这种嫌疑"，还担心他们会遭到酷刑和虐待。[67] 1994 年 12 月，乌拉圭环境网络（Uruguayan Environmental Network）的协调人何塞·刘易斯·科戈尔诺（Jose Luis Cogorno）及其家人收到了三次死亡威胁。他一直在开展运动反对从美国进口有毒废弃物。[68] 仅在一年后，1995 年 11 月，一名致力于保护本地雨林的环保团体领袖刘易斯·埃拉斯莫·阿里纳斯·乌尔塔多（Luis Erasmo Arenas Hurtado）就被一名职业杀手枪杀。在他死前十天，他还写信给当地市长，说他受到了威胁。[69]

中美洲

在中美洲，针对环保人士的谋杀案层出不穷，其暴力程度可能比拉丁美洲地区更严重。1988 年，在墨西哥，一场大火摧毁了阿里亚斯·查维斯（Arias Chavaz）在霍其凯里（Xochicalli）的生态屋。查维斯是一位著名的反核抗议者。两天前，他参与了和政府官员的对抗。调查这起事件的警察告诉他，这场大火是由训练有素的纵火犯蓄意引发的。[70]六年后，环境和人权组织"全球响应"揭露，毒枭和木材大亨正在摧毁塞拉费尔德（Sierra Fired）森林。全球响应组织说："环保主义者致力于保护原住民和该地区仅存的 2% 的原始森林。但他们却遭到威胁、绑架、枪杀和酷刑。"[71]

在哥斯达黎加，1989 年，致力于反对在该国原住民土地上非法猎杀动物的环保活动家安东尼奥·祖尼加（Antonio Zuniga）被谋杀。这起谋杀事件一直都未被侦破。[72]三年之后，反对滥伐森林的农民领袖赫拉尔多·奎洛斯（Gerardo Quiros）也被谋杀。[73]1994 年 12 月，隶属于地球之友的一个哥斯达黎加环保组织哥斯达黎加生态协会（AECO）的三名成员的房子被纵火，他们也被烧死。这三人都是哥斯达黎加著名的环保活动家。[74]虽然官方调查的结果是意外原因导致起火，而不是犯罪袭击，但是环保活动家们仍对此表示非常怀疑。在火灾发生的前几天，哥斯达黎加生态协会的领导人成功地开展了一项反对建立纸浆厂的运动，以防止对哥斯达黎加南部一处重要的森林保护区的破坏。[75]

此外，哥斯达黎加生态协会的环保活动家还接到了恐吓电话。还有一个人的汽车被动了手脚，然后在车祸中受了伤。[76]纵火袭击事件发生五个月后，两名草根环保活动家——维尔弗雷多·罗哈斯（Wilfredo Rojas）和伊丽莎白·冈萨雷斯（Elizabeth Gonzales）——的房屋被烧成灰烬。这两人一直反对在附近建造有毒废物垃圾场的提议。这两人曾受到死亡威胁和骚扰。哥斯达黎加的环保人士报告说，恐惧的气氛已经变得如此强烈，以至于人们放弃了生态问题的工作，而政府似乎没有采取任何措施来防止暴力的上升。[77]

同时，在危地马拉，人们因保护森林而遭受的暴力也愈发严重。有人得到军方当局的支持，还受到武装保安的保护，但他们开展的大部分伐木行为都是违法的。1993年，当来自著名报纸《21世纪》（Siglo XXI）的记者奥马尔·卡诺（Omar Cano）正在调查佩腾省（Peten）的森林砍伐时，收到了死亡威胁。威胁非常严重，因此他请求对自己和在加拿大的家人进行政治庇护。政府的国家保护区委员会（CONAP）负责保护玛雅生物圈保护区。该委员会的官员也受到武装土匪的威胁和袭击。这些土匪都是为伐木者工作的。[78]两年后，两名研究佩腾省森林砍伐情况的绿色和平组织研究人员听闻，他们的生命受到了武装分子的威胁，必须赶快离开此地。佩腾省的暴力和威胁程度非常严重，以至于环保活动家们认为，在可预见的未来，都无法在此开展环保工作。[79]

针对环保主义者的暴力似乎也扩散到了洪都拉斯。洪都拉斯南部一个由传统渔民组成的环保组织丰塞卡湾保护委员会

230

（CODDEFFAGOLF），在发起保护该国红树林的运动后，遭受了非常可怕的暴力。自 20 世纪 80 年代末以来，该组织有五名成员被效力于丰塞卡湾（Gulf of Fonseca）私人虾场主人的保安杀害。渔民们在红树林捕获猎物，而海虾养殖会危害到红树林。[80]

1995 年 2 月，洪都拉斯一名主要的环保活动家布兰卡·珍妮特·卡瓦斯·费尔南德斯（Blanca Jeannette Kawas Fernandez）被子弹打中了颈部。她当场身亡。两天前，卡瓦斯成功地领导了一场抗议活动，反对在蓬塔萨尔（Punta Sal）国家公园修建棕榈油种植园的提议。她是一名具有影响力的环保组织普罗兰赛特（Prolansate）的主席，该组织一直致力于反对木材公司、牧场主和棕榈油开发商开发洪都拉斯的国家公园。人们认为，是其中一个利益集团雇佣职业杀手暗杀了卡瓦斯。有人看到两名穿着考究、体格健壮的年轻人逃离犯罪现场。洪都拉斯环保记者协会（Honduran Association of Environmentalist Journalists）的埃利亚斯·罗梅罗（Elias Romero）在谋杀事件之后说："所有因素都表明，在开发蓬塔萨尔自然保护区的问题上，与卡瓦斯意见相左的强大团体谋杀了她。"[81]

洪都拉斯警方很快宣布，抓获凶手是指日可待的事情，但是六个月之后，仍然没有人被逮捕。此外，考虑到洪都拉斯腐败成风，谋杀案背后可能存在强大的既得利益集团，因此不大可能有人被逮捕。环保主义者还认为，杀死卡瓦斯的凶手与政府存在密切联系，只有外国向洪都拉斯施压才能解决谋杀事件。伐木工、牧场主和流动的农民已经开始破坏另一处自然保护区，即思科保拉亚（Sico Paulaya）。该保护区面积达数千英亩，是联合国指定的世界文化遗产。据称，致力于保护此地的环保主义者们很担心自己的人身安全。[82]

1996 年 4 月，墨西哥环保主义者埃德温·布斯蒂略斯（Edwin Bustillos）被授予戈德曼环境奖。他因为保护墨西哥北部的塞拉马德雷山脉（Sierra Madre Mountains）的森林而遭到三次谋杀，但都幸存了下来。获奖的还有奇科·曼德斯的同事马里纳·席尔瓦（Marina Silva），他是第一位当选巴西参议员的橡胶工人。由于自由贸易对该地区的影响，这两位环保活动家都对未来感到担忧。席尔瓦强调"巴西新的专利法使得我们森林的生物多样性向外国公司开放"。[83]第一世界的跨国公司为了获取利润掠夺了拉丁美洲的生物多样性。

只有时间才能告诉我们，拉丁美洲的人民和森林能否生存下来。

第九章　地下的卑鄙手段

军队有时候表现得像个白痴，这次就是个例子。

——弗朗索瓦·密特朗（Francois Mitterand）总统在谈到
彩虹勇士号爆炸案时的讲话

能够进一步证明全球环境抵制运动正在兴起的证据来自一个不寻常的地方。尽管澳大利亚和新西兰与反环境主义的温床——北美——相隔数千英里，但是环境抵制运动正在"地下"蓬勃发展。这一地区的反环境主义标志性特征一直在增加：行业掩护机构、将环保主义者妖魔化为恐怖分子、利用肮脏伎俩、人身骚扰和法律骚扰，以及使用暴力。主要的北美反环境主义者还与他们的澳大利亚同行之间建立了关系网络。

在探究当前的形势之前，值得记住的是，就在十年前，新西兰曾发生过政府对一个非暴力的环保组织发动了最穷凶极恶的攻击。

彩虹不会被炸沉

1985 年 7 月 10 日，绿色和平组织的旗舰船彩虹勇士号停靠在奥克兰海港时，两次爆炸炸毁了船身。爆炸导致随船摄影师费尔南多·佩雷拉死亡。第一次爆炸后，他回到船上抢运摄影器材，第二枚炸弹爆炸时，他被困在船舱里。佩雷拉是第一位在新西兰被国际恐怖主义杀害的人。行凶者就是法国政府和代表它的特工。[1]

233

图 9.1　奥克兰海港，炸毁后的彩虹勇士号
资料来源：绿色和平组织/米勒

幸运的是爆炸没有造成更多的人员伤亡。如果炸弹在一小时后爆炸，就可能会有 9 人身亡；如果炸弹在一小时前爆炸，就会有 14 人死亡。[2]因此，爆炸的初衷似乎就是炸沉船只，而不是要杀死船员。但是，凶手在炸弹爆炸之前并没有发出任何警告。但哪怕是爱尔兰共和军，在开展恐怖活动前都会发出警告。美国和英国政府都拒绝谴责这种针对一个非暴力组织的国家恐怖主义

行为。[3]

彩虹勇士号当时停留在奥克兰，准备带领 1985 年的太平洋和平之旅（1985 Pacific Peace Voyage），这是一支由非暴力抗议船队组成的船队，以示威抗议法国在法属波利尼西亚，特别是在穆鲁罗瓦环礁（Moruroa Atoll）进行核试验。法国当局决意阻止绿色和平组织的这一行动，并在必要时使用暴力。这是一次精心策划的行动。在彩虹勇士号抵达奥克兰的几个月前，效力于法国对外安全总局的一名特工秘密潜入了绿色和平组织驻新西兰办事处。这位真名为克里斯汀·于盖特·卡博（Christine Huguette Cabon）的特工声称自己是科学顾问，名叫弗雷德里克·博洛（Frederique Bonlieu）。共有 10 名特工被派到新西兰，卡博就是其中之一，并且她早在 7 月发生爆炸事件之前就抵达了新西兰。

234　　有三个独立团队在新西兰参与了该爆炸事件，并由刘易斯-皮埃尔·迪拉斯（Louis-Pierrer Dillais）中校进行全面控制。远在巴黎的法国国防部长查尔斯·埃尔尼（Charles Hernu）和法国对外安全总局的负责人皮埃尔·拉科斯特（Admiral Pierre Lacoste）授权了该炸弹袭击事件。法国对外安全总局的四名成员乘坐乌维阿号游艇，携带了爆炸用的炸弹和橡皮艇。另外两组人乘坐飞机到达，包括一对据称已婚的夫妇苏菲（Sophie）和阿兰·图恩格（Alain Turenge）——他们化名为阿兰·马法尔少校（Major Alain Mafart）和多米尼克·普里厄上校（Captain Dominique Prieur），在爆炸那天晚上充当辅助性角色，后来被判过失杀人罪。在新西兰还有另外三名特工，其中一位叫弗朗索瓦·韦尔莱（Francois Verlet）的特工在爆炸事件当晚曾出现在彩虹勇士号上。另外两名特工——阿兰·托内尔（Alain Tonel）和雅克·卡缪尔（Jacques Camurier）——是一对搭档。调查记者迈克尔·金（Michael King）把这次事件写成了一本书。他认为，放置炸弹的就是这对搭档，而炸弹导致了佩雷拉的死亡和彩虹勇士号的沉没。[4]

在爆炸事件发生当晚，新西兰当局只抓捕了"图恩格"夫妇，这只能说是爆炸当晚的一次"拙劣"行动。其余的人，大约8人，则逃离了新西兰，永远都不会因与自己脱不了干系的暴行而被起诉。[5]法国政府拒绝与调查机关合作，还利用老套的造谣手段搅乱整个调查。随后，法国称佩雷拉是一名共产主义者，说他与苏联国家安全委员会（KGB）有联系，是巴德尔-迈因霍夫团伙（Baader-Meinhoff gang）的成员。[6]制造这一恶毒谎言的目的是为了败坏佩雷拉的名声，从而在某种程度上证明这次爆炸事件是正当的。十年之后，反环境主义者仍然在这样诽谤佩雷拉。

法国当局的最初反应是完全否认。爆炸发生一天后，法国大使馆宣称："法国完全与此无关。法国政府不会用这种方式处理其反对者。法国并不担心绿色和平组织所谋划的反穆鲁罗瓦运动。"[7]尽管法国做出许多努力试图粉饰这一事件，但最终真相大白，迫使国防部长查尔斯·埃尔尼辞职，法国对外安全总局的皮埃尔·拉科斯特也被免职。法国总理洛朗·法比尤斯（Laurent Fabius）承认，是埃尔尼下令"摧毁"绿色和平组织的船只的。六个月之后，埃尔尼获得法国最负盛名的一个奖项——"法国荣誉军团勋章"，[8]这似乎是对他的行动作出的奖励。十年之后，法国承认，在彩虹勇士号被炸毁几个月后，法国曾考虑用生物武器阻止绿色和平组织的第二艘船舶驶向南太平洋。[9]

235　　　入狱的探员被当成了英雄，而不是恶棍。1995 年成为法国总统的雅克·希拉克（Jacques Chirac）恢复了在穆鲁罗瓦进行的核试验。他说："法国军队有充分的理由为参与彩虹勇士号沉没事件的两名军官感到骄傲。"[10] 新任国防部长保罗·基莱斯（Paul Quiles）在被告接受审判当天对他们说，法国人民对他们的所作所为感到骄傲。当局确保他们的特工不会滞留在国外。尽管最初这两人被判处十年监禁，但是他们并没有服满刑期。仅一年之后，两人就被释放了。在巴黎当局和惠灵顿当局经过微妙的谈判之后，两人被重新安置到法国在太平洋豪环礁的一个军事基地。新西兰政府曾被警告说，如果不达成协议，那么新西兰在法国的黄油和羊肉销量可能会受到影响。即便如此，普里厄和马法尔也没有在这天堂般的监狱岛上停留很长时间。1987 年，马法尔少校就以"人道主义和医学理由"回到了法国。1988 年 5 月，普里厄上校也以怀孕为由跟着回来了。马法尔很快就被法国克里特战争学院录取。[11]

　　在事件发生十年后，多米尼克·普里厄上校称自己和阿兰·马法尔少校是法国"政治势力"的替罪羊。她说："我们在一场游戏中付出了代价，而我们只是被利用的棋子。"当被问及行动的最高权威是谁时，她回答说："坦率地说，我也没有任何线索。不过，难以想象这样一个决策仅是由法国对外安全总局做出的。"[12] 此外，普里厄证实，还有第三支队伍参与了炸弹的放置。她控诉说对外安全总局的负责人对这项行动处理不当，也应该对摄影师的死亡负有责任。因为本来一组炸弹就足以炸沉船只，但他们非要使用两组炸弹。[13]

　　这并不是法国第一次利用暴力压制绿色和平组织，也不是最后一次。这也不是法国第一次向全世界撒谎，以保护自己的核试验。1972 年，绿色和平组织的船只驶进测试区后，现任国际绿色和平组织荣誉主席大卫·麦克塔加特（David McTaggart）和同行的船员奈杰尔·英格拉姆（Nigel Ingram）遭到了法国突击队的毒打。麦克塔加特被打得不省人事，一只眼睛无法完全恢复视力。法国说麦克塔加特逃走了。他们以为已经把所有摄影器材都扔进了海里，已经销毁了所有的摄影证据。但是偷拍的照片向全世界展现了截然相反的事实。[14]

236

图 9.2　法国突击队突袭新彩虹勇士号

资料来源：绿色和平组织/摩根

　　十年之后，绿色和平组织彩虹勇士号的继任者，彩虹勇士二号于 1995 年 7 月 10 日抵达穆鲁罗瓦环礁。为了纪念费尔南多·佩雷拉的十周年忌日，他们再一次揭露法国核试验的新威胁。他们又一次遭到了武力对待，法国武装力量撞击了彩虹勇士二号，突击队则用催泪瓦斯攻击抗议者。整个南太平洋和全世界人民都对这一攻击表示愤怒。新西兰外交部长要求法国驻华盛顿大使对法国的行为作出解释。雅克·勒勃朗（Jacques Le Blanc）大使说："在美国，催泪瓦斯被视为武器。但是在法国，催泪瓦斯并不算武器。"[15]新西兰总理说这次行动"太过分了"。澳大利亚参议员鲍勃·麦克马伦（Bob McMullen）说："很难解释为什么150名法国突击队员要用催泪瓦斯来制服30名和平抗议者。"[16]

远在千里之外，费尔南多·佩雷拉的女儿马雷勒·佩雷拉（Marelle Pereira）在法国大使馆外放了一个花圈，上面写着"彩虹不会被炸沉"。马雷勒哀叹，父亲的死亡没有带来任何改变，法国仍要继续进行核试验。[17]法国也从未因马雷勒父亲的死亡向马雷勒或佩雷拉家族的任何成员道歉。真正的凶手，即那些下令攻击和放置炸弹的人，从未被绳之以法，以后也不会。

1995年9月，法国仍固执地继续在穆鲁罗瓦环礁进行核试验。绿色和平组织领导运动反对新的试验，但却遭到新西兰媒体的一致批评，说他们操控媒体和政治家。新西兰历来都强烈反核，因此这一举动似乎令人感到惊讶。但考虑到多年来，该地区的反环境情绪一直在增长，这似乎就可以理解了。

鲍勃的反抵制运动

据我们所知，澳大利亚和新西兰的环境抵制运动一直在增长，这种认知在很大程度上要归功于来自荒野协会的鲍勃·伯顿。他是一名环保活动家，也是一名研究人员，他花了 17 年时间研究林业、矿业和能源问题。鲍勃住在塔斯马尼亚，而塔斯马尼亚一直都是澳大利亚环保运动的前线，也是解决生态问题新方法的前线——部分原因在于，这里拥有世界上最壮观的森林和荒野。从这个意义上说，在澳大利亚发生的许多有关伐木、能源和采矿的资源冲突就发生在伯顿家的后院。他一直在研究塔斯马尼亚地区的环境抵制运动，并花了四年时间记录澳大利亚和新西兰的反环境主义。

1992 年在美国旅行时，伯顿看到了他那里新兴的反环境运动。伯顿就开始把美国各方面的线索拼凑到一起，这样随后将会在澳大利亚发生的事情就变得更加清晰了。伯顿说："模式非常地相似，有些例子是如此相似，只是发生在完全不同的大陆上而已。"[18]伯顿感兴趣的是，在澳大利亚和美国这两个地理位置上相距如此遥远的地方，到底有哪些相似的情形。伯顿说：

"在我看来，澳大利亚的模式与北美模式几乎没有什么不同。我的理解是，与北美发生的事情相比，澳大利亚可能只是晚了几年，而新西兰又比澳大利亚晚了几年，但他们的趋势都是一样的。"[19]

此外，与美国一样，澳大利亚和新西兰的问题似乎也变得越来越严重，而且工业界、公关专家和政治右翼对环保运动的攻击似乎也变得日益复杂。尽管伯顿认为，在过去的 15 年里，环境辩论的规模和强度都没有太大的变化，但是有几个原因可以解释为什么环境抵制运动会突然发展起来。首先，自 20 世纪 80 年代初以来，环保运动得到了公众的广泛支持，但政治领域却一直处在不确定状态，不同的激进型政府和保守型政府交替掌权。在某

238

些情况下，这些政府的多数票很少，因而议会里的环保活动家实际上处于举足轻重的地位。这一趋势让工业界感到很担忧，因为这赋予了环保主义者前所未有的政治力量。第二，在 20 世纪 80 年代末，环境问题突然蹿红，吸引了大量的媒体关注。从那时起，工业界意识到必须参与到辩论中，并反击一些环境方面的成果。[20]

森林保护协会

与北美地区一样，澳大利亚和新西兰的大部分环境抵制运动也围绕林业辩论展开。木材行业比任何其他行业都更加政治化，并遭受了多年的持续反对运动。作为这些运动的一部分，环保活动家经常使用直接行动的策略，包括用身体阻碍器械这样的行为。林业辩论引发的结果是，1987 年成立了第一个听起来环保的"行业掩护机构"——森林保护协会。

在过去的二十年间，澳大利亚的林业企业一直积极游说，反对各类森林保护措施。而"掩护机构"森林保护协会只是游说的表现形式之一。1995 年，环保运动赢得了一个潜在的历史性决定，当时澳大利亚政府通过了"英联邦国家保护标准"（Commonwealth Position on National Reserve Criteria）。该标准规定，在认定的保护区内，公元 1750 年以前的森林面积中，有 15％可以得到保护。[21]

森林保护协会并不是第一个为维护林业企业利益而成立的组织，其他的此类组织还包括森林和森林产品行业协会（FAFPIC）。森林保护协会与先前组织不同之处在于，森林保护协会听上去像一个环保组织，而不是一个行业游说团体。森林和森林产品行业协会是一个由新工党政府建立的三方理事会，其成员来自政府、工业和工会。政府官员参与了协会的工作，其章程是为该行业的发展制定一个战略方针。[22] 在不到一年的时间，森林和森林产品行业协会就帮助成立了森林工业运动协会（FICA），并代表该行业开展了一场公关宣传运动，该运动得到了约 170 万新元的可免税的林业资金支持，并由公共部门（政府）雇员组成的秘书处负责。[23]

1986 年 9 月，工业和工会代表在墨尔本开展林业运动，但很快就引发了争议。他们在一幅广告中指出，环保主义者可能会用锁链拴住一棵树，大喊"我不在乎"。这幅广告引起了强烈的抗议。来自另一方面的不满也在增多：为私营企业开展公关活动的公务人员引发了政治争端，因此，政府在 1987 年 2 月终止了对私营企业的支持。[24]

在联邦政府退出森林工业运动协会后，1987 年 3 月宣布成立全国森林工业协会（NAFI）。协会的创始主席是惠好（澳大利亚）公司的总经理迪克·达洛克（Dick Darnoc）。惠好（澳大利亚）公司是美国一家木材企业集团的子公司。[25] 从此，全国森林工业协会变成了强大的游说团体，其 1993 年的预算高达 560 万美元。全国森林工业协会还力图确保降低环保法规的推行力度，尤其是《联邦濒危物种法案》。[26] 他们还为那些能够提升林业地位的海外访客提供资金赞助。[27]

全国森林工业协会成立八个月后，澳大利亚工会理事会（ACTU）和森林工业运动协会宣布，要为木材行业建立一个草根组织。这个草根组织的名字很具有误导性，即森林保护协会。

澳大利亚工会理事会的鲍勃·里查德森（Bob Richardson）称森林保护协会的会员可能达到 10 万人，他说："我们认识到，在这类行动方面，我们比保护主义者晚了十到十五年。因此现在我们决心迎头赶上，包括会员招募。"要想成为这一新组织的会员，要交 10 美元会费，但森林工业的资金将帮助它解决启动费用。[28]

森林保护协会用明智利用式的修辞说，它提倡"平衡的"保护解决方案，并且"为了当前和未来世代，促进塔斯马尼亚自然资源的明智利用"。[29] 森林保护协会在澳大利亚各州一直重复传达这一讯息。林业组织也开始利用新的行业技术将讯息传达给政治家。他们成了林业的草根和第三方声音。森林工业运动协会开始提倡参加"林业示威游行"这一"必要的恶"，以对抗"抗议的环保主义者"。森林保护协会鼓励人们写信干涉一部有关伐木业的电影制作。人们可以写信向制作人抱怨，可以写信给编辑，也可以打电话或发传真以表明大家一致反对这类电影。他们还举行媒体培训活动。他们下定决心要抵制"关于林业的错误信息"。[30] 1995 年 1 月，森林保护协会还在荒野协会的商店外进行抗议。这非但没有对商店产生不利影响，反而使得商店在接下来的一周里销售额猛增了 20% 以上。

实际上，可以指控森林保护协会在造谣生事。1994 年的澳大利亚协会名录（Directory of Australian Associations）将森林保护协会列为"环保组织"，说它促进"澳大利亚森林的平衡利用"。[31] 森林保护协会在支持砍伐雨林的同时，在其概况介绍中宣称"确保雨林不被摧毁的一个最好办法就是采伐木材并出售"。[32] 网络通讯有限公司（Network Communications Limited）是一家与森林保护协会共享同一地址的公司，该公司写给塔斯马尼亚妇女木材支持组织（Tasmanian Women's Timber Support Group）的一份备忘录的内容被泄露了出来。备忘录概述说"控制当地环保主义者的会议，以分散他们对正在进行的运动的注意力"。此外，备忘录还提到了散布虚假信息。[33] 工党议员约翰·德弗罗（John Deveraux）在评论该备忘录时说："该地区所有人都应该关注正在发生的这类事情。毫无疑问，这是对民主的威胁。"[34] 目前，森林保护协会不再是网络通讯有限公司的客户。对于了解全球环境抵制运动进展情况的人来说，对森林保护协会当前的公关公司应该并不陌生，就是博雅公关公司。

森林保护协会与林业企业有着密切的联系。森林保护协会的联系人包括澳大利亚最大的木屑公司联合纸浆造纸厂（APPM）的公共区域总监以及全国森林工业协会的执行总裁。以国家为基础的林业伞式组织隶属于全国森林工业协会，他们为森林保护协会提供支持和帮助。[35] 森林保护协会 1991 年至 1992 年的预算是 588942 美元，其中约 80％都来自森林工业运动协会。第二年，全国森林工业协会向森林保护协会赞助了 637914 美元，相当于其总预算 819845 美元的 78％。[36]

公关策略

林业组织已经概述了他们对公众的公关信息。塔斯马尼亚森林工业协会的公共事务经理凯文·布罗德里伯（Kevin Broadribb）说："仅仅将森林以国家公园和世界遗产的名义保存起来并不能保护它们。"他继续说：

"如果得不到适当的管理，它们将因外来杂草的蔓延和野生

241

动物对本土动物的消灭而受到持续破坏。管理良好的再生区域具有风景和美学价值，可以与该地区现有的大部分原始森林相媲美。很难辨别古老的再生森林和未被砍伐的森林之间的区别。"

这种思路在澳大利亚的工业界和右翼中引起了共鸣，是一种私有化的思路。实际上就是说，应该将所有的公共资源卖给私人部门。森林工业协会分发了一封传真信，题目是《与弥天大谎作斗争》，其中强调了该行业是如何试图妖魔化环保运动的：

"当谈到抗议者、政治家和游说者时，要小心谨慎以免混淆。一般来说，不应该把他们称为保护主义者、环保主义者或绿色人士。保护主义者和环保主义者这样的一般性术语存在两个问题。第一个问题是，大多数理性的保护主义者都支持林业。第二个问题是，护林员以及其他从事林业工作的人都是优秀的保护主义者，通常他们都在保护环境方面有着良好的记录……

声明或新闻稿中的用词应该反映出这样一个事实，即只有保护运动中的激进分子才会反对林业。在我们整理思绪时，下面的一些词或许会有用：环境游说团体、激进的保护主义者、保护极端分子以及环境狂热分子。其他有用的词还包括：过度要求的、不合理的、极端的要求、狂热分子、蒙昧的、叛逆的、极端激进的、歇斯底里的、偏执狂的、有偏见的、思想狭隘的和不妥协的……还有一些术语也很合适：反林业游说团体、反林业极端分子、反工业运动、反发展游说团体。"[37]

国际联系

1992 年，森林保护协会开始与海外的反环境组织建立联系。

森林保护协会内部通讯的编辑评论说："我听说并读到了一些有趣的组织正在做的好事，它们的目标与我们的非常相似……例如加拿大妇女木材协会、不列颠哥伦比亚省森林联盟和加拿大共享组织。"[38] 实际上，森林保护协会直接联系的是美国的西部各州公共土地联盟，即西部人民组织的母组织。西部人民组织的公关总监乔·斯奈德（Joe Snyder）在与森林保护协会会面后写道："我们开始发现，一个由自然资源生产商和农村社区组成的世界性网络，正和我们一样在战争。"[39]

两年后的 1994 年，森林保护协会的塔斯马尼亚协调人巴莉·奇普曼（Barry Chipman）和全国负责人罗宾·劳埃德（Robyn Loydel）在新墨西哥州格洛列塔参加西部人民组织的年会，两个组织之间的联系由此展开。奇普曼说："很明显，我们与美国的组织有许多共同之处。这场会议是交流思想的一个很好的好机会，还能向在场的政治家强化这样一种想法，即反对政府过度迎合少数团体的运动是国际性的，而且是在不断发展的。"[40] 到 1994 年 8 月，西部人民组织的全国联盟和它在"澳大利亚的多重使用伙伴——森林保护协会"已经"开始在组织之间建立国际合作协议"，协议呼吁"两个组织之间进行国际合作，以'促进世界自然资源的开发和利用，造福人类'"。西部人民组织的执行董事比尔·格兰诺满怀希望地说："这将引发一个由志同道合的团体组成的国际会议，以对抗愈演愈烈的绿色运动。"[41] 未经证实的报道说，当悉尼在 2000 年主办奥林匹克运动会时，将在该市举行第一届全球明智利用会议。

这并不是明智利用组织、反环境活动家和澳大利亚森林工业之间的唯一联系。1993 年，来自美国联盟的布鲁斯·文森特在新南威尔士伐木协会（NSW Logging Association）的年会上发表讲话。文森特的行程是由澳大利亚伐木委员会（Logging Council）安排的，"这样文森特就可以在澳大利亚各地宣讲他的重要信息"。[42] 1995 年 7 月，受全国森林工业协会的邀请，不列颠哥伦比亚省森林联盟的帕特里克·穆尔去了一趟澳大利亚，在堪培拉国家新闻俱乐部发表演讲。[43] 1996 年 3 月，摩尔再次回到澳大利亚，在该国进行了为期一个月的访问。他的越来越多的尖酸刻薄的言论被他的赞助者全国森林工业协会所接受，并在媒体报道中说："穆尔博士认为，许多环保组织非常极端，以至于对全球环境造成的威胁比主流社会更大。他认为环保主义者应该抵制左翼极端分子劫持绿色政治的企图。他说，环保极端分子往往是反人类、反组织、反贸易、反自由企业、反民主和反文明的。"[44]

243　　　其他知名的反环境主义者和反环境组织也曾到过澳大利亚和新西兰。早在 1986 年，罗恩·阿诺德就曾前往新西兰，警告说："像绿色和平组织这样的团体一心想要进行世界改革，以消灭资本主义和私有财产。"他还把直接行动的运用和"生态恐怖主义"的兴起等同起来，并指责环保主义者炸毁发电站和枪杀林业官员。[45]后来美国的反杀虫剂环保活动家向法院提起诉讼，称遭到联邦当局的骚扰。在这件案子中，阿诺德的言论被证明是完全莫须有的。[46] 1993 年，另一位著名的反环境主义者，也是主要的绿色和平组织批评者，马格纳斯·古德蒙松接受新西兰渔业协会（Fishing Industry Association）的邀请，访问了新西兰（参见第 13 章）。

　　国际反环境主义者还与澳大利亚和新西兰的右翼智库保持着联系。最突出的是公共事务研究所（IPA），其职责是推动澳大利亚的自由商业企业的事业。自 1989 年以来，公共事务研究所就对环境问题产生了重大影响，它与美国最主要的右翼智库传统基金会保持着直接和频繁的联系，同时也与卡托研究所、美国企业研究所（American Enterprise Institute）保持着联系。[47]公共事务研究所还与一些有重要影响力的商人有联系。20 世纪 80 年代，鲁伯特·默多克（Rupert Murdoch）和西部矿业公司（Western Mining Corporation）的董事长都在公共事务研究所的理事会任职。目前，公共事务研究所的预算约为 150 万美元，拥有约 1000 家企业会员和 3500 名定期捐款者。[48]

澳大利亚另一个重要的智库是独立研究中心（CIS）。该中心主要研究学术上的右翼思想，它与英国和美国的学者、美国胡佛研究所（Hoover Institute）、英国经济事务研究所和政策研究中心（Center for Policy Studies）都有联系。[49]来自美国竞争企业协会的弗雷德·史密斯也曾在澳大利亚巡回演讲。公共事务研究所和独立研究中心都出资赞助了两位最著名的气候怀疑论者的出访，即弗雷德·辛格和里查德·林德森。在公共事务研究所的赞助下，1990 年，辛格给独立研究中心发表了一篇演讲，于 1991 年回到澳大利亚给塔斯曼研究所（Tasman Institute）做演讲，又去新西兰给煤炭研究协会（Coal Research Association）做了演讲。[50]同年，公共事务研究所出版了一部论文集，概述了弗雷德·辛格和来自建设性的明天委员会的爱德华·克鲁格的观点。爱德华·克鲁格来自另一个主要的右翼智库，也是地球日替代方案组织的成员，。[51]1992 年，公共事务研究所趁热打铁，又出版了由里查德·林德森撰写的有关全球变暖的背景文件。[52]

三年后，在 1995 年柏林气候大会前夕，林德森受独立研究

244

中心和新西兰商业圆桌会议的邀请再次到访新西兰。在访问期间，林德森拒绝与绿色和平组织的科斯蒂·汉密尔顿（Kirsty Hamilton）讨论气候变化问题，并称绿色和平组织是一个"像戈培尔一样的组织"。[53]新西兰政府的科学与研究部长西蒙·厄普顿（Simon Upton）写信给商业圆桌会议说："说实话，我很惊讶你们竟然选择赞助这样一位科学家的旅行。他到现在都不能在正常的学术交流中说服他的同行。"[54]强调全球变暖科学具有不确定性的澳大利亚商业理事会（Business Council for Australia）等组织采用林德森高度怀疑的论调，称至今没有证据证明温室气体与气候变化之间存在联系。[55]

此外，独立研究中心的杂志《政策》（Policy）里的文章重提了右翼关于环保"狂热分子"和"环境神职人员"威胁的老话。一名作者警告说："环境极端主义已经成为许多集体主义者的主要手段，他们希望借此实现自己的梦想，即创建全面监管、控制和计划的经济。红星已经陨落，但绿星正在升起。"[56]公共事务研究所还让读者警惕"绿色癌症"，"环保活动家和对巫术、魔法的信仰"以及"环保主义的宗教"。[57]

政治极端分子林登·拉鲁什一直都将环保运动视为宗教狂热运动，他的追随者在澳大利亚一直很忙。他们邀请主要的反环境活动家飞到澳大利亚。例如 1994 年，公民选举委员会（CEC）出资邀请拉鲁什的一名主要发言人詹姆斯·贝弗尔（James Bevel）过去访问。[58]他们至少与两位政治家建立了联系，建立了情报网络，还与澳大利亚不断发展的枪支游说团体进行了接触。在澳大利亚，拉鲁什的一名支持者呼吁人们开始组建武装民兵组织，就像在美国发生的那样。此外，拉鲁什们还建立了一个实质性的资金网络。[59]他们的议程很简单。来自席勒研究所的乌韦·弗里泽克（Uwe Friesecke）在 1993 年总结了拉鲁什在澳大利亚的民族主义复兴蓝图：支持发展、支持技术、支持核能和反对环境。[60]

另一个反环境组织——新南威尔士公共土地使用者联盟（Public Land Users Alliance）——成立于 1993 年 9 月。该联盟的发言人是澳大利亚国家党议员彼得·科克伦（Peter Cochrane）。他诬陷环保主义者制造了 1994 年肆虐该地区的丛林火灾以及所谓的"生态恐怖主义"行为。火灾发生之后，美国竞争企业协会的史密斯向联盟和其他团体做了题为"濒临灭绝的老鼠、火灾和联邦官僚机构"的演讲。[61]1996 年，公共土地使用者联盟宣布，它将"与我们的采矿业、林业和农业的朋友一起"组织一次全国性的明智利用集会。罗恩·阿诺德将被邀请参加这次集会。[62]

在不久的将来，宣扬反环境思想的个人和团体之间的直接联系不仅会继续，而且很可能会不断扩大。

其他反环境组织

森林保护协会还与澳大利亚其他的反环境组织进行合作，例如与塔斯马尼亚传统休闲地使用者联合会（TTRLUF）合作，反对关闭西塔斯马尼亚的世界遗产区域的拉格伦朗格（Raglan Range）四轮赛道的提议。[63]塔斯马尼亚传统休闲地使用者联合会成立于 1990 年，成立的目的是反对将塔斯马尼亚的部分区域认定为世界文化遗产。在矿业协会（Chamber of Mines）的简报

245

上，塔斯马尼亚传统休闲地使用者联合会是唯一一个能登上头版，为自己的会议做宣传的社区组织。联合会一直都拒绝反对在国家公园里采矿的行为。[64]联合会的发言人西蒙·库比特（Simon Cubit）也是林业委员会（Forestry Commission）的一名高级雇员。他的论调与北美的反环境主义同行相似。他告诫人们要提防塔斯马尼亚环保主义者，说他们是"危险的狂热分子，一心要把公共土地封锁起来"。[65]

澳大利亚还存在其他的反环境组织和反动物权利组织，但有些组织的名称具有误导性，只会让人混淆：保护我们的居住环境组织（CORE），这是一个支持建设高速公路的组织，在 M2 高速公路的修建问题上与绿色和平组织意见相左。[66]澳大利亚动物福利联合会（Australian Federation for the Welfare of Animals），这"是最大的全国性协会，代表在工作和休闲中与动物有关的人，他们希望在动物福利问题上回归理性"。该组织看上去与明智利用组织——人类优先组织——非常相似，它将医学研究列为动物的优势。[67]

反污染母亲组织

当前，在工业集团中出现热门环境辩论的另一个领域是包装行业，尤其是饮料纸盒包装业。与博雅公关公司在欧洲发起的饮料纸盒与环境联盟类似，澳大利亚也出现了液体纸盒制造商协会（ALC）。在液体纸盒制造商协会的 10 个赞助商中，有 8 个也赞助了饮料纸盒与环境联盟。[68]液体纸盒制造商协会是一个游说团体，该团体花费了大量时间为其赞助商制造的饮料纸盒的生态影

246

响进行辩护。然而，它也威胁地球之友说要采取法律行动，因为地球之友对纸盒的生态影响提出了质疑。在澳大利亚，反公共参与战略诉讼式的行动越来越普遍，下文将对此详细介绍。据称，由于昆士兰环保委员会（QCC）将液体纸盒制造商协会与一个名为"反污染母亲"的组织联系在一起，液体纸盒制造商协会便因此用法律诉讼威胁昆士兰环保委员会。[69]

1993 年春天，"环保、教育和信息"组织——反污染母亲——加入了对包装问题的辩论。该组织的主要论点是，纸盒是否比塑料瓶更环保或更有营养。最初加入反污染母亲组织的会员是免费的，它称自己是"非政治性、不分教派"的昆士兰环保游说团体。据称该组织是由关心环境的母亲们组成的，其目的是"为家庭和个人提供简单、实用的想法和信息，以帮助保护和维护环境"。[70]

当反污染母亲组织宣布希望超市用 2 升的牛奶纸盒取代塑料瓶时，人们开始关注此事。反污染母亲的组织者阿兰娜·马洛尼（Alana Maloney）女士说，她的团体担心塑料瓶没有被回收利用。她说"我们认为纸盒更环保"，因为"它们是可燃的、可生物降解的、可回收利用的"。[71]反污染母亲组织的下一项运动是提供免费的树苗，作为全州植树项目的一部分。马洛尼说："牛奶纸盒很适合种植树苗。"[72]

反污染母亲组织专注于牛奶纸盒的推广，因而有人说，反污染母亲组织只不过是纸盒制造商的一个"行业掩护机构"。这样的担忧引发《城市农场新闻》（*City Farm News*）刊登了一篇批评文章，告诫人们警惕这个伪环保组织。[73]但随后，城市农场协会（City Farm Association）收到一封反污染母亲组织的来信，要求该协会道歉，并撤回那篇文章，否则该协会将遭到起诉。这一法律威胁反而激发城市农场协会更进一步地调查反污染母亲组织。[74]在那篇文章中，城市农场协会透露，反污染母亲组织的地址是澳大利亚的一个邮局，而电话号码则是一个无法接通的自动应答服务。他们没办法找到反污染母亲组织的全权代表阿兰娜·马洛尼，她好像没有出现在任何选举名单上。他们下结论说："总而言之，我们现在怀疑根本不存在阿兰娜·马洛尼。"[75]反污染母亲组织另外两间办公室的地址也被发现是邮政信箱，电话号码连接到的是位于墨尔本的应答和传呼服务中心。[76]

1995 年 2 月，关于反污染母亲组织的真相终于浮出水面，城市农场协会的担忧变成了现实。"阿兰娜·马洛尼"并不存在。她实际上是来自强尼和联营公关公司（J. R. and Associates）的珍妮特·朗德尔（Janet Rundle）。她与来自另一家公关公司——无限公关公司（Unlimited Public Relations）——的特雷弗·芒内里（Trevor Munnery）共同担任一个家庭信托的董事。芒内里是液体纸盒制造商协会的顾问。当记者联系时，液体纸盒制造商协会否认与反污染母亲组织有任何联系，还威胁相关报纸说，如果他们捏造出什么联系，就会起诉他们。芒内里声称自己对马洛尼和反污染母亲组织一无所知。而当被问及珍妮特·朗德尔时，芒内里挂断了电话。[77]反污染母亲组织消失了几个月后，在 1995 年 8 月又重现江湖。他们写信给南澳大利亚议会的成员，警告说牛奶装在塑料瓶中暴露在光照条件下时，会破坏牛奶里的维生素。然而"阿兰娜·马洛尼"已经消失了，信上的署名是珍妮特·朗德尔。[78]

反公共参与战略诉讼

曾在北美出现的反公共参与战略诉讼，如今正在澳大利亚和新西兰不断增长。鲍勃·伯顿按时间发生的先后顺序，已经记录了超过 35 起工业企业用法律诉讼威胁，试图让环保人士保持沉默的案例。许多事例都发生在过去五年间，内容都与林业辩论有关。然而最早的反公共参与战略诉讼可以追溯到 1972 年，当时水电委员会（Hydro-Electric Commission）威胁说要起诉澳大利亚保育基金会（Australian Conservation Foundation）所发布的一份报告的作者。该报告批评了水电企业淹没佩德湖（Lake Pedder）国家公园的计划。[79]最近的案件中最值得注意的有以下几个：

1991 年，东北森林联盟（NEFA）收到了一封来自伐木承包商的信，威胁说要起诉他们，原因是东北森林联盟在洽伦迪国家森林公园（Chaelundi State Forest）开展的反伐木运动对他们造成了损害。[80]洽伦迪是受到高度保护的森林区域。两年后，荒野协会收到了北布罗肯希尔佩科有限公司（North Broken Hill Peko）的独资子公司——联合纸浆造纸厂——代表律师的来信。信中说，荒野协会开展运动反对从原生森林出口木屑，这对联合纸浆造纸厂造成了损害，联合纸浆造纸厂将采取法律行动进行追偿。[81]尽管他们发出了这些威胁，却没有真正采取行动。

同年晚些时候，一名开发商起诉三名环保人士，称他们合谋破坏该公司的商业利益。这些环保人士曾反对在哈金河（Hacking River）上游的开发计划，该地区主要位于皇家国家公

248

园内。[82]此外，当学生亚历山德拉·德布拉斯（Alexandra De Blas）计划发表她关于塔斯马尼亚西海岸莱尔山（Mount Lyell）铜矿的环境影响的论文时，相关公司做出了激烈的反应。他们警告说，不管是德布拉斯本人还是她所在的能源研究中心（Centre for Energy Studies），还是任何参与论文发表的人，都可能被起诉。他们还让德布拉斯作书面保证，"收到信件立刻回复，并书面承诺，不会发表你的论文或论文的任何部分"。一开始，大学拒绝协助发表此论文，但后来又转变了立场，论文最终由独立新闻中心（Centre for Independent Journalism）发表。该公司的压迫行为受到人们的广泛关注。[83]

同年，新南威尔士北海岸的清洁海洋联盟（Clean Seas Coalition）批评当地市政委员会将污水排入大海，后因拒绝为自己的言论道歉，而被市政委员会起诉要求损害赔偿。而新南威尔士的上诉法院裁定，市政委员会无权控告诽谤，这意味着环保主义者取得了胜利。法庭的裁决被看成是民主的胜利。[84]1993 年，拜伦环境中心（Byron Environment Centre）受到起诉的威胁，原因是他们对地中海俱乐部（Club Med）在拜伦湾（Byron Bay）度假胜地的生态影响作出了所谓的诽谤性言论。但是在最初的威胁之后，并没有出现进一步的行动。[85]

1994 年，有人担忧在阿德莱德修建价值 64 亿美元的大桥会带来环境影响，因而进行了抗议。抗议者遭到了开发商的法律威胁。在工地外进行抗议的人们被警告说，他们将被起诉赔偿 4700 多万新元。开发商的律师说："我们并不是要吓唬谁。"[86]但法律诉讼就是为了吓唬人，让他们不再采取行动。伯顿对关心环保人士的听众说："法律和暴力骚扰的目的是增加个人成本，这样人们就不会再继续抗议下去了。"[87]

新西兰的保护组织和环保组织也受到了恐吓。皇家森林和鸟类保护协会（Royal Forest and Bird Protection Society）经常遭到天柏兰斯公司（Timberlands）（一家砍伐原生森林的国有企业）、渔业委员会（Fishing Industry Board）和矿业公司等的威胁。每一次，拟议的反公共参与战略诉讼都没有被实施。[88] 1993 年，科达伦金矿公司（Coeur Gold）试图实施一项能将污水排进科罗曼德尔半岛（Coramandel Peninsula）的一条河流里的计划。两个环保组织对此提出反对，原因是这有增加污染的风险。在矿产公司威胁要进行索赔后，半岛观察组织（Peninsula Watchdog）继续提出反对，而另一个组织奥希尼穆里地球观察组织（Ohinemuri Earthwatch）则放弃了反对。当最终的规划决定有利于该公司时，科达伦（新西兰）金矿公司于 1994 年 7 月宣布，他们将要求半岛观察组织支付费用。[89]

卑鄙的伎俩

伯顿的研究已经记录了 130 起骚扰事件，这些事件都针对环保主义者，以及被认为和环保主义者站在同一阵线的人，例如记者和公职人员。像他在世界各地的同行一样，伯顿的研究记录仍在增加。[90] 在北美，农村活动家首当其冲地受到威胁和骚扰。伯顿说："在大城市里基本上不存在骚扰事件——只发生过几次，也没有什么连贯性。但是，一旦进入农村地区，骚扰事件就非常多。实际上我被其规模感到吃惊。"[91]

伯顿认为，在农村地区，过去的骚扰是完全无组织的，而现

在则是有组织的。他说:"真的很难知道或分清,你想到的是有组织地骚扰还是随机的骚扰。"他还说:

"我的判断是(只能说是凭直觉),在对所发生的一些事例进行观察后得知,现在的骚扰多了组织因素。但组织来源尚不明显。"

这让伯顿产生了疑问:"在几个州发生的情况似乎非常相似,这就让我们不禁想问,如果发生的骚扰事件是一样的,不同事例发生的时机也是一样的,那么为什么会发生这种情况呢?"[92]

这里发生的骚扰事件与在美国的情况也有相似之处。随着80年代初在林业辩论中越来越多地使用直接行动,这种语言上的反击也随之而来,试图将环保主义者污名化。鲍勃·伯顿认为,这种意图在大多数情况下都失败了,人们已经厌倦了泥沙俱下的争论。然而,反环境活动家还是一次又一次地给环保运动贴上标签。这也是他们现在仍在使用的一种策略,就是指责环保运动是恐怖主义。就像在美国一样,似乎把环保运动的参与者是"恐怖分子",就可以在某种程度上证明对它的暴力回应是合理的。此外,"恐怖分子"的抹黑也为国家认可的骚扰创造了机会,比如使用警察和安全部队对付环保人士。

此外,政府当局和工业界想要削弱直接行动的效果,并将其等同于恐怖主义。这正是罗恩·阿诺德在1986年访问新西兰时试图做的事情。环保主义者变成了恐怖分子,而伐木工则成了这些让人愤怒的行为的受害者。伯顿说:

"我觉得,生态恐怖主义这东西正是他们最擅长的,包括使用卑鄙伎俩和媒体管理。如果你回溯一下所发生的事件和发生的方式,唯一可能的解释就是,只有非常了解公共关系的人和非常了解北美发生的事情的人（才有可能是罪魁祸首）。"

在澳大利亚公关行业中，发展最迅速的领域就是反环境行动主义。澳大利亚两家主要的公关公司也是全球的先驱：博雅公关公司和伟达公关公司。[93]同样在林业争论中，草根行动发展得最激烈，因而遭到的抵制非常强烈，对付草根行动的手段也最卑鄙。

1992 年 2 月 4 日，塔斯马尼亚林业委员会（Tasmanian Forestry Commission）发布了题为《环境恐怖主义》的新闻稿，称他们在皮克顿东部林区（East Picton Forest Area）发现了一块标牌，上面写着"森林已被嵌入长钉"。皮克顿东部一直都是环保主义者和伐木工的争议地区。皮克顿东部被剔除出国家公园的范围，用于伐木作业，但这并不意味着有人向树里嵌入长钉。媒体上演着反环境的闹剧。《悉尼先驱晨报》（*Sydney Morning Herald*）刊登了一篇文章，题为《伐木工担心一连串的绿色恐怖主义》。澳大利亚保育基金会称这些指责是"造谣"，说其目的是实施严苛的新法律，约束人们和平抗议的权利。[94]

仅仅一年后，警察和伐木业召开新闻发布会探讨"生态恐怖主义"时，再次强调了这个主题。维多利亚州森林工业协会（Victorian Association of Forestry Industries）的公共事务经理史蒂夫·格斯特（Steve Guest），以及维多利亚州警方反恐部门的代表都出席了此次新闻发布会。他们警告人们提防国际"生态恐怖"组织——地球优先组织，还警告说岛上很可能会发生用长钉戳树的事件。尽管有这样的恐吓战术，但塔斯马尼亚并没有发生"生态恐怖主义"，而且环保组织也承诺以非暴力方式进行抗议。[95]

就在不到一个月后，关键是就在联邦选举的两天前，一枚假炸弹被放置在塔斯马尼亚西北部的一条铁路上。炸弹并没有引爆装置，但巧合的是，旁边有一条横幅，横幅上写着"地球优先组织，拯救塔尔金荒野（The Tarkine）"。塔尔金荒野是澳大利亚最大的雨林荒野保护区，环保组织正在为其发起活动。媒体将注意力集中到地球优先组织和环保运动上，因而第二天，一份报纸上的头条写着"铁路炸弹，环保组织脱不了干系"。联邦林业部长雷·格鲁姆（Ray Groom）也插上一手，他说："最令人遗憾的是，自然保护运动的一些极端分子可能想利用暴力威胁来追求他们的事业。"[96]对这一假炸弹的时机巧合感到很愤怒的绿党领导人鲍勃·布朗（Bob Brown）对此发起反击，说这件事"是公然的、低劣的陷害。它充满了伐木者的同情者所设的圈套"。[97]在选举中，塔斯马尼亚绿党候选人在竞选绿党第一个参议院席位时以1.5%的劣势落败。竞选获胜的是伐木业的一名坚定支持者。选举结束好几个月后，警方排队了环保主义者与假炸弹的关系。[98]

1994年在塔斯马尼亚州发生了一连串的事件，伯顿把这些事件拼凑在一起。事件在3月底达到高潮。就在伐木团伙进入塔斯马尼亚极富争议的杰基斯马什森林（Jackeys Marsh Forests）的当天，一封伪造的用长钉戳树的信件便被广泛散发到整个地区。这封信声称来自埃文·罗雷粉丝俱乐部（Evan Rolley Fan Club）（以林业委员会首席专员的名字命名），由高品质激光打印机打印。作者是一名非常有能力的媒体专家，部分内容模仿了环境新闻稿的语言风格。[99]砍伐森林的决策注定会招致环保活动家的非暴力抗议。如果他们看到任何可以阻止伐木的希望，他们就需要公众支持他们。诽谤信似乎只是一系列活动的第一步，这些活动的唯一目的就是诋毁任何非暴力运动。

伯顿说：

"那是非常奇怪的时机。如果你注意接下来发生的事情，你会发现这巧妙地转移了人们的注意力。它时机完美地将人们的注意力从那天将要发生的其他事情上吸引过来。在记者看来，接下来发生的事情就变得合情合理了。"

伯顿循着线索继续研究：

"大概有七八件不同的事情，前几次是信件，后来是在一个非常显眼的地方找到了一枚钉子。他们必须把钉子的故事编下去，他们必须不断迁移到工厂，他们必须开始撞到锯子之类的东西。我发现的有趣的事情是，当我开始给木材业和政府机关的人打电话时，一切都突然停止了。好像一瞬间就停止了。这是相当不寻常的，从那以后，塔斯马尼亚再也没发生过用长钉戳树的事情。"[100]

在生态恐怖主义潮流的倡导者——森林保护协会——的领导下，对"生态恐怖主义"的歇斯底里已席卷全国。[101]到 1994 年末，新南威尔士州水土保持部长（Minister for Land and Water Conservation）甚至在伐木区周围设立禁区，禁止未经授权的进入，以"作为反破坏的预防措施"。[102]伯顿认为，这些假生态恐怖事件被用来作为反环境立法的理由。例如，在塔斯马尼亚"蓄意破坏"的言论之后，政府的反应是把项目的损失怪罪到环保主义者头上。英国政府也正在这样对付反道路抗议者（参见第 12 章）。[103]

在澳大利亚和新西兰的其他地区，也有针对环保运动的卑鄙手段。1991 年，一次巨大的爆炸炸毁了墨尔本郊区的科德岛

252

（Coode Island）化工码头，大火持续了两天，造成的损失高达2000万美元。[104]六个星期后，就在开始对火灾进行公开听证的前几天，以及对化学工业安全问题进行重大电视调查报道的前一个星期，维多利亚州警方召开了一次新闻发布会，宣布他们有确凿的法医证据证明管道是用氧乙炔设备切割的。他们推测，可能是一小群人想纵火以示抗议，或向政府表达对科德岛安全问题的担忧。他们并没有质询当地的环保主义者。当地警察接到焊接工的大量来电，他们"明确表示，氧乙炔设备不能用于切割不锈钢管"。[105]

此后，当地环保主义者收到了一些威胁。然而，八个月后，警察不得不承认这是一起意外事故，还承认调查政府部门一直相信这一点。[106]几年之后，伟达公关（澳大利亚）公司的总裁布莱恩·韦斯特（Brian West）透露，他们曾在科德岛爆炸案中，为企业出谋划策。韦斯特用科德岛的例子解释危机管理这一常规主题。他对一名业内听众说，危机管理的目的是保护或重建商誉、先发制人地进行宣传、建立资产、巧妙地把公司塑造成受害者而不是罪魁祸首。韦斯特说：

"关于你属于哪种人的问题，人们在短期内是如何看待和报道你，以及在长期内最终如何看待你存在很大区别……要确保你是受害者，确保人们明确地把你看成是受害者，而不是肇事者。"[107]

在科德岛发生爆炸的同一年，绿色和平组织在新西兰被指控为一群"香蕉恐怖分子"，当时该环保组织揭露进口香蕉里含有农药涕灭威，可能会造成污染。[108]尽管"恐怖分子"的指责被刊登在《国家商业记者》（*National Business Reporter*）上，但卷入争议的香蕉公司之一金吉达（Chiquita）公司还是雇佣伟达公关公司来应对公司可能遇到的尴尬局面。[109]就在一年前，伟达公关公司还在美国用卑鄙手段对付环保主义者，他们散布了一份虚假的新闻稿，宣称环保人士准备诉诸暴力。[110]

1995 年 11 月，维多利亚州的戈恩吉拉（Goongerah）环境中心宣布，他们将开始封锁本州的东吉普斯兰森林（East Gippland）。整个周末，该地的机械都在遭到破坏，因此一些林业工人猛烈撞击一辆载有两名环保主义者的车辆，这两名环保主义者随后也遭到了殴打。当地主要的环保主义者吉尔·雷德伍德（Jill Redwood）还接到恐吓电话，说要烧了她的房子。雷德伍德曾写信给一家主要报纸，强调破坏森林设备的时间经常与"选举或重大森林决策等重要政治事件的时间相吻合……指责环保主义者要为破坏行为负责，这就造成了无辜者被攻击以及他们的财产被破坏的局面"。环保人士还收到了进一步的威胁电话。[111]

尽管人们都在谈论环保主义者的生态恐怖主义和暴力性质，但是在过去的十年里，在森林辩论中被指控和被判犯有暴力行为的人都是来自森林产业。[112]受害者都是环保主义者。

反环境暴力

254

在过去的 25 年里，针对环保人士的暴力事件时有发生。这种暴力事件可以追溯到 1972 年的佩德湖运动，当时两名环保人士在可疑的情况下失踪了。[113]九年后，环保主义者骑行环绕澳大利亚。[114]这是持续的拯救富兰克林河（Franklin River）运动的一部分。十几名环保活动家受到水电委员会工人的邀请参加会议，但却在塔拉（Tullah）镇遭到当地人殴打。警方没有采取任何行动。[115]随着保护富林克林河运动的加强，当地的反环境情绪也在加强，许多汽车的保险杠上都贴上了反环境标语。1983年，反对修建富克林大坝的环保活动家领袖鲍勃·布朗被选入州议会。在一个星期内，他就遭到四名年轻人的袭击，这些人实际上被指控参与了袭击。[116]领导这场运动的环保组织——荒野协会——的办公室也遭到了破坏。他们商店的墙上也被喷上了"该死的环保主义者"。[117]

为拯救富兰克林河而进行斗争的环保活动家还遭遇了其他的侵犯行为。有人把一名环保活动家的车轮螺母拧下来，导致车辆在行驶过程中，一个轮胎掉了下来。还有的人的车也遭到了蓄意破坏，轮胎被人划了口子，车窗玻璃被打碎。[118]有些参加游行示威的环保人士被警察逮捕，他们因连续十多个小时得不到足够的庇护所和食物而挨冻受寒，体温过低。有一次，许多活动人士被关进监狱，一天多都没能吃东西。[119]但最终，胜利还是属于环保主义者的。1983年7月1日，澳大利亚高等法院作出判决，支持联邦政府的立法，禁止建造富兰克林河大坝。

林业辩论再度成为反对环保主义者的暴力运动的前沿阵地。警察对这些暴力事件大多无动于衷，他们的不作为可以被视为对使用暴力的认可。例如，在柠檬百里香（Lemonthyme）森林里，一辆推土机猛冲进反伐木的示威人群中，把一个人撞晕了，另一个人的脸也被撞伤了，尽管人们多次向警察求救，但警察却拒绝伸出援手。[120]

同时，在20世纪80年代，当许多环保人士在农家溪流（Farmhouse Creek）的示威活动中被工人殴打或攻击时，警察

255

图 9.3　鲍勃·布朗被拖出农家溪流（Farmhouse Creek）的抗议现场

资料来源：《水银报》，霍巴特，塔斯马尼亚

256 同样拒绝干预，也拒绝起诉任何攻击者。[121]塔斯马尼亚州州长罗宾·格雷（Robin Gray）称环保主义者的指控是"捏造的……是不计后果的、不负责任的噱头"。[122]在官方不作为之后，一名女性抗议者提出了私人起诉。虽然该案件被主审法官驳回，但最高法院认为伐木公司的总经理和他的三名手下有罪，不过主审法官拒绝对他们进行罚款。考克斯（Cox）法官在宣布他的判决结果时评论说，可能有人为他们的行动"撑腰"，因为他们的所作所为都是当着警察的面，却没有受到任何干扰。[123]绿党领袖布朗说："这项判决表明，尽管那些人犯下了攻击他人的罪行，但政府却袖手旁观，没有提出起诉，因而许多人都无法得到公正的对待。"布朗在参加农家溪流抗议时，遭到了枪击。有两个人因此被逮捕，但没有被指控犯有攻击行为。[124]

国会议员贝茨（Bates）博士说，这次枪击未遂事件正好说明了当政府开创了允许人们自行执法的先例时，会发生什么。他说，"州长罗宾·格雷在处理与自然保护运动的关系时，运用强硬的手段"直接导致一些人使用暴力，他们认为自己得到了政府的批准和支持。[125]政府官员顶多就是对反环境暴力表示蔑视。在伐木工和环保活动家之间的紧张态势卷土重来的时候，国会议员们甚至在一个支持伐木的集会上参加了"扎绿人"比赛——他们做了一个穿绿色工装裤的木偶，里面塞满稻草，比赛往木偶身上扔叉子。[126]比赛的冠军是澳大利亚现任总理。更糟的是，政府的态度已经给环保运动带来了严重的后果。

鲍勃·伯顿认为，对于针对环保人士的暴力事件，政府和其他人一样应该受到指责。伯顿搜集的证据证明，政府煽动了针对环保人士的暴力，并在事件发生后拒绝予以谴责。环保主义者是真正的受害者，但当政府找不到证据或想要怪罪环保主义者时，他们就设法把暴力归咎于环保主义者。政府试图否认暴力事件的发生，并在暴力事件实际发生时轻描淡写，不予重视。更阴险的是，政府甚至试图骚扰环保人士的工作。[127]

在农家溪流抗议中发生的事情也与政府对暴力的无动于衷有关。1992 年 2 月，荒野协会和平封锁了东皮克顿路，那里的抗议者遭遇了一系列的暴力事件。反对在此区域伐木的环保人士受到了威胁，有人向他们投掷石块，被追赶，他们的车辆也被毁坏。月底，暴力事件升级为枪击事件和两枚燃烧弹，使两辆汽车被完全烧毁。警察再次表示，不会采取任何行动。[128]此外，媒体也把这些袭击事件归咎于受害者自身。《水银报》发表社论说："一个工作受到威胁的工人想要反击那些给他或她带来痛苦的人，这并不奇怪。"[129]

除了拒绝调查暴力和骚扰外，警察还拒绝听取遭到枪击的环保主义者的陈述。此外，有些警察公开表达对伐木业的支持。塔斯马尼亚的高级警长在当地报纸刊发文章，在森林工业和环保主义者的冲突问题上，公开支持森林工业。他写道："我站在他们这边。"还有的更夸张。有一次，在东南部的森林中，一群抗议者被伐木工袭击。一名警察实际上也加入了战斗，并对一名女性环保主义者的胸部打了一拳，打碎了她的胸骨。[130]

谴责受害者已经成为林业企业的通行做法，他们试图将新闻和媒体政治化，让他们对抗环保主义者。例如，全国森林工业协会的一位负责人大卫·比尔斯（David Bills）在 1993 年写道："如果暴力确实发生了，那么在做出判断之前，我们应该花点时间了解一下遭受经济损失的人的观点。"[131]英国牛津大学格林学院

257

的乔治·蒙比尔特说：“这显然是在为暴力开脱。”1995 年 12月，比尔斯被任命为英国最大的土地拥有者——英国林业委员会（British Forestry Commission）——的新任会长。[132]蒙比尔特和其他英国环保主义者都对此表示担忧。

对行业内的一些人来说，针对环保主义者的暴力行为是可以原谅的，也是合情合理的。一个支持伐木的组织——艾斯佩兰斯进步协会（Esperance Progress Association）——的负责人杰克·凯勒（Jack Kile）在向全国媒体谈及环保主义者时说：“给每个当地人十美元，我们就能很快地清除环保主义者。”[133]新南威尔士林产品协会（NSW Forest Products Association）的执行董事科尔·多伯（Col Dorber）在澳大利亚广播公司（ABC）电视上说：“如果我们必须战斗，如果我们必须和一直以来反对我们的这些人进行肢体对抗，那么就这样吧。我还要对林业的人说，如果你要那样做，请运用你的常识，确保你这么做的时候不会被拍到。”多伯实际上是在煽动人们使用隐秘的暴力手段对付环保主义者。[134]毫无意外，他的言论引起了公众的愤怒，他被迫道歉。不过，有些媒体并不怎么悔改。米兰达·迪瓦恩（Miranda Devine）在《电讯镜报》（*Telegraph Mirror*）写道：“公开这么说可能不讨人喜欢，但有时候暴力确实也是好事。很遗憾，多伯觉得他必须道歉……在任何分歧中都会有一个点，即外交手段不再有任何用处。这时，暴力就有了用武之地。”[135]

在这样的公众态度下，很难看到对环保主义者越来越多地使用暴力的情况会结束，因此暴力一直在继续。1992 年，直言不讳的环保主义者克里斯·希德（Chris Sheed）就受到了这样的警告：“让那个克里斯·希德别出风头，要不然灭了他。”两年

258

后，1994 年 1 月，有人威胁要烧了他的房子。三个月后，荒野协会办事处接到电话说"你们死定了，贱人"。1992 年、1993 年、1994 年和 1995 年，活动人士在全国各地的不同事件中受到攻击和骚扰。[136]

受到骚扰最严重的可能是那些反对在新西兰南岛西岸挖掘矿井的人。挖掘矿井的矿业公司是北布罗肯希尔公司的子公司，该公司提议开采沿海地带和当地保护区的矿砂。一名环保活动家和她的家人遭到了一系列的骚扰。当地一名承包商告诉她，她的脑袋即将保不住了。她的女儿在学校遭到性侵。她感觉每次向警察报案时，警察都无动于衷，不屑一顾。1993 年 11 月 15 日下午 4 点，她和丈夫在当前住处旁又买了一栋房子。午夜时，房子被烧成了废墟。当地媒体拒绝报道此事，也没有人对纵火事件提出起诉。她的孩子们在学校仍然受到虐待。[137]

除了有人遭受公然的恐吓性暴力以外，还有的骚扰没被报道出来，也没有引起人们的关注。例如，一些主要的塔斯马尼亚环保主义者居住在农村，在过去的几年时间里，他们的信箱都会定期遭到破坏。有些人遭受的破坏多达 30 次。有一辆运送木材的汽车连续几个月每天都在早上 4 点经过维多利亚一名环保活动家的前门，并狂按喇叭。一天早上，两个被切断的羊头出现在她家的信箱里。当地的警察收到了通知，但后来警察承认他无法进一步处理这件事。1993 年，一名抗议者开车停在一条高原公路的路边，让一辆卡车先通过。但卡车却慢慢减速，然后小心翼翼地用保险杠钩住轿车，把它推到边缘，而当时司机还坐在车里。[138]

还有一名著名的女性环保主义者的狗离奇地失踪了，她的篱笆上有淫秽的涂鸦，她家的财产也被盗。她的车被破坏，前门垫

259

子上被人留下粪便，夜里还接到许多恐吓电话。其中一个电话是一个人打电话骗她，说她的儿子刚刚在一场事故中丧生。[139]

前景

鲍勃·伯顿担心暴力和骚扰的恶性循环可能会失控，他开始警告其他环保活动家注意这一严重问题，不能逃避或害怕这个问题，而是要揭穿这个问题，并从中吸取教训。他认为，社会的五大部分需要行动起来：警察、工业、政治家、媒体，最后是环保主义者。他认为，工业和政府机构必须"愿意并公开表明对其支持者进行约束，反对骚扰和煽动暴力"。警察也必须公开声明，煽动和骚扰环保人士是不可接受的。此外，他们必须保持自己的独立性，并停止参与行业掩护机构的联合公共关系战略。媒体和政治家也可以通过拒绝将骚扰和暴力的实际发生归咎于受害者来提供帮助。

鲍勃·伯顿认为，政治家可以做得更多，"要认识到，作为意见领袖，他们的言论和行动至关重要，决定着他们的支持者是否会超出健康辩论的范围，将骚扰和暴力看成是可接受的行为"。[140]

与他们在美国开始做的那样，环保主义者必须采取措施来减轻暴力和骚扰。他们应该强调正在发生的暴力，并对暴力的受害者提供支持。[141]为了应对越来越多的骚扰，澳大利亚和新西兰正在采取行动，为环保主义者建立一个支持服务中心，以防止和减轻法律骚扰、暴力骚扰和卑鄙手段运动的影响。伯顿补充说："很明显，人们已经用许多方法阻止骚扰和卑鄙手段，但这些方法并没有被广泛认可。我非常有信心，人们可以在短时间内预防大部分的骚扰事件，而当骚扰确实发生的时候，也可以减轻它的影响。只要稍加调查，大多数卑鄙的手段运动都可以预防。"[142]

第十章　南亚和太平洋：异议意味着拘留或死亡

土地是我们的生命。土地是我们维持生活的食物来源。土地是我们的社会生活，它代表着婚姻、地位、安全和政治；事实上，它是我们唯一的世界。如果你夺走了我们的土地，你就是夺走了我们生活的核心要素。

——布干维尔岛居民[1]

亚洲和太平洋地区的许多国家与前文所提到的国家存在一个重大的不同之处：这些国家几乎无法容忍异议。如果某一组织对一些问题大胆发表不同意见——无论是政治、经济、生态还是宗教问题，那么这一组织就会遭到严重的抵制。有些国家连基本的自由言论都无法容忍，更不用说政治讨论或异议了。它可能被归类为颠覆性活动，有可能遭到骚扰、监禁、酷刑和死亡的惩罚。

马来西亚

茅草运动（Operation Lallang）

马来西亚与南亚和太平洋地区的一些国家不同，它允许存在一定程度的环境活动，但是政府有时候还是会镇压国家内部的异议。"茅草运动"发生于 1987 年 10 月至 11 月。政府为压制批评的声音，预先制止政治异议，便援引《国内安全法》（ISA），逮捕了至少 106 人。马来西亚最初于 1960 年实施《国内安全法》，目的是驱逐"共产主义恐怖分子"。自独立以来，马来西亚的四任总理都曾援引《国内安全法》来拘留某些从事政治活动的人。这一百多名被拘留的人包括知名的政治家、工会成员、社区工作者、教育工作者、宗教人士以及环保人士，他们所谓的罪行是威胁国家安全。但是，他们并没有受到具体指控，也没有证据表明他们曾经主张或使用过暴力。[2]

根据该法，任何人都可以在没有被指控的情况下被拘留六十天。所有人都被单独监禁，许多人被禁止与家人和亲属接触。所有人都被拒绝了法律代表。他们被迫睡在地上，灯一直开着。他们遭遇了粗暴的审讯手段，并夹杂着更多标准的正式审问。他们经常连续十几个小时一直被审讯，心理和身体都受到严重的胁迫，供词都是在这样的情况下被逼问出来的。人们遭到毒打、被扒衣服、被打耳光、被拳打或是被扯头发。一位警察扒光一个人的衣服，还用点燃的报纸卷威胁说要烧了他的生殖器。有传闻说，所有被拘留者在冰冷的房间里连续好几个小时接受审讯，警察让许多人直接站在冷却装置前面，或是用冰水喷他们，使他们都冷得发抖。[3]国际特赦组织谴责说"系统地使用这些审讯方法，违反了国际司法准则"。[4]

被关押的人中有国内知名的环保人士，包括马来西亚环境保护协会（EPSM）的副主席谭开恒（Tan Ka Kheng）、马来西亚自然之友组织（SAM）和槟城消费者协会（Consumers Association of Penang）的法律顾问米纳克希·拉曼（Meenakshi Raman）、沙捞越州马来西亚自然之友的领袖哈里森·盖（Harrison Ngau），以及马来西亚自然之友组织的成员阿诺凯亚·达斯（Arokia Das）。霹雳州反辐射委员会（PARC）的丘永达（Hew Yoon Tat）公开地为谭开恒辩护，两天后，他本人和他的委员会的四名成员一同被捕。[5]哈里森·盖收到了一份为期两年的限制居住令，阿诺凯亚·达斯则被判处在拘留营关押两年，[6]原因是她参与了亚洲稀土公司（ARE）的辐射案。在那场案件中，米纳克希·拉曼被捕，并在监狱关押了 45 天。[7]尽管霹雳州反辐射委员会的另外四名委员被释放了，但还是收到了为期两年的限制居住令。[8]

马来西亚环境保护协会是一个非营利性的非政府组织，致力于帮助马来西亚的穷人和弱势群体改善生态环境。谭开恒负责监管许多环境研究项目，并领导甲板村支援小组（the Papan Support Group）。甲板村支援小组的主要任务是帮助人们开展活动，反对亚洲稀土公司拥有的独居石工厂的辐射。谭开恒还反对巴昆大坝（Bakun Dam），并在土木与环境工程部发表演讲。[9]亚洲稀土公司的工厂和巴昆大坝是马来西亚 10 多年来生态争议的两个焦点。

巴昆大坝

巴昆大坝是马来西亚政府有史以来开展的规模最大的公共工程项目，耗资 150 亿林吉特（62.5 亿美元）。该项目将淹没一个面积相当于新加坡国土面积大小的森林，并使婆罗洲岛上的 7000 名沙捞越原住民背井离乡，因此该项目备受争议。[10]谭开恒对建设大坝的必要性提出了质疑，并因此被指控"参加了向马来西亚特定地区的民众宣扬共产主义影响与意识形态的活动"。他的活动"危害了国家安全"。由于他的因所谓罪行，他被送达了两年的拘留令。[11]

由于对其规模和影响的持续争议，最初的巴斯姆大坝提案被搁置。1993 年，经过一些细节的修改后，新方案重新出现。但新方案还是引发了争论。有人严厉地批评政府，说不应在环境影响评估报告发表的几个月之前就开始建造大坝。1995 年 7 月公布的第一份环境影响评估报告显示，大坝不仅会导致超过 69000 公顷（170430 英亩）的热带森林被清除，还会对另外 150 万公顷（370 万英亩）的土地上的动植物产生负面影响。环保人士还质疑了环境影响评估的可信度，并申诉说，即使评估结果是负面的，也不会对政府停止计划的承诺产生多大的影响。[12]马来西亚总理拿督斯里马哈蒂尔·穆罕默德博士（Datuk Seri Dr Mahathir Mohamad）形容该大坝"非常好"，还说大坝带来的效益远远超过其环境或社会成本。[13]但是在 8 月，7000 名可能受大坝负面影响的原住民代表举行了游行示威活动，反对该工程，原因是政府甚至都没有就大坝工程征询他们的意见。1995 年 12 月，州政府通过了大坝的"环境审批"。然而，1996 年 6 月，高等法院宣布大坝的环境影响评估存在漏洞，违反了《环境质量法》（Environmental Quality Act）。尽管如此，大坝工程仍在继续。[14]

你是法外之人吗？

米纳克希·拉曼是另一名在茅草行动中被拘留者，他是一名律师，协助处理 8 名武吉美拉（Bukit Merah）居民对亚洲稀土私人有限公司的起诉，该案得到了 10000 名当地居民的支持。米纳克希·拉曼为他们提供法律援助。1985 年 2 月，8 位居民向怡保高等法院提起诉讼，要求亚洲稀土公司停止在该村庄附近制造、储存和保存放射性废物。稀土公司在武吉美拉加工独居石——这是锡矿产业的一种副产品，用来生产稀土金属钇。加工过程有剧毒，会产生放射性气体——氡，以及两种放射性废料——氢氧化钍和硫酸钡镭。实际上，由于独居石具有辐射和污染的风险，已被日本禁止进口或加工。尽管如此，日本的跨国公司三菱公司仍是亚洲稀土公司的主要股东之一。辐射对当地居民具有毁灭性的影响。健康调查发现，当地儿童的白血病发病率是周边地区的 40 多倍。流产率和婴儿死亡率也"异常之高"。8 名国际专家证实这些储存地不安全。[15]

1985 年 10 月，高等法院向武吉美拉地区发出禁止令，要求亚洲稀土公司停止生产和储存放射性物质，直到储存设施被视为安全。1987 年 2 月，马来西亚国家原子能许可委员会（Atomic

Energy Licensing Board）无视法院的裁决，向该公司发放了许可证。最后，该案件于 1990 年提交庭审，持续了 32 个月，直到高等法院宣布该工厂应被关闭。但是，最高法院随后裁决，关闭工厂会给 183 名工人以及亚洲稀土公司的国际股东造成过度重负，因此撤销判决。在马来西亚工作多年的环保活动家菲利普说："这是个政治决定。"[16] 1994 年 1 月，马来西亚自然之友宣布，亚洲稀土公司最终决定永久关闭他们在武吉美拉的业务。[17]

　　亚洲稀土公司的案例凸显了环保主义者在法律体系中面临的困难。尽管人们认为下级法院是无党派的，但最高法院里的人是带有政治立场的。这对环保主义者产生了两方面的不利影响。菲利普说："非政府组织意识到，由于司法过程中存在不正当的政治影响，因此很难在法庭上获得赔偿或得到有利的结果。"[18] 法律也被用来对付环保主义者，槟城消费者协会（CAP）曾因在《消费人前锋报》（*Utusan Konsumer*）中刊登相关材料而遭到政府的起诉。此外，成功集团（Berjaya Group）的总裁陈志远（Vincent Tan）就一篇涉及其商业行为的文章起诉 4 名记者。最终在这场诽谤案中，最高法院判决对 4 名记者罚款 1000 万马币（380 万美元）。最高法院的这一举动让关心言论自由的人们不寒而栗。[19]

264

镇压的风气

　　有些环保活动家和原住民一直在努力保护马来西亚迅速消失的森林。对于他们而言，用来对付环保主义者的专制法规和高压手段屡见不鲜。他们已经习惯了与一个腐败的、镇压性的政权打交道。在这个体系中存在政治和经济的既得利益集团，其目标是确保森林砍伐活动受到最低程度的国内干扰和国际谴责。对林业问题发表意见的人面临着激烈的反击。

菲利普说："政府不能容忍任何类型的替代观点或批判立场，这里我指的不是广义上的批判，而是对政府政策的智慧提出质疑，都是不能容忍的。政府可以让你闭嘴。马来西亚有着严格的审查法律。"菲利普继续说：

"如果你想发行杂志，你必须每年获得批准，非政府组织也必须取得营业执照才能运营，而政府可以任意拒绝颁发执照。举行会议也是如此。如果你想举行一个超过10人的公共会议，你必须获得警方的许可才能这样做。这是他们控制人民的法律工具。至少可以这么说，作为一个非政府组织是很难运作的。"[20]

人们都提心吊胆，不得不小心翼翼。菲利普并不是这位环保活动家的真实姓名。

当局也在长期监管非政府组织的活动。菲利普补充说：

"他们一直在监视，一直在窃听。如果你戳中了政府的要害，而这恰恰是有关毁林、伐木、任何涉及热带木材的问题或是谈论不应该买卖热带木材，还有原住民权利问题，你就有可能遇到大麻烦。如果你发表的言论太多，他们就会整顿你的杂志，甚至让你关门大吉。"

当局可以严格审查并扣押非政府组织的资金来源。[21]

伐木对政府来说是一个敏感问题，因为许多政界要员在沙捞越州都拥有伐木特许权。沙捞越州拥有最大的剩余热带雨林区，是成千上万的原住民的家园。联邦政府和州政府在推行工业化发展模式时，经常忽略这些地区。私营企业虽然从中获利，却是以

图 10.1　沙捞越州都包（Tubau）地区的一个典型伐木场

资料来源：环境照片库／罗德·哈宾森

牺牲当地社区和环境为代价的。

菲利普争辩说：

"在马来西亚，政府对原住民权利问题、民族权利问题和社区权利问题深恶痛绝。他们非常害怕这些问题，他们也不理解这些问题。他们确实认为，如果你就原住民权利问题开展活动，就是在挑战州政府或国家政府的合法性。"[22]

政府偏执地认为，环保主义者致力于林业问题，就是在以另一种方式实行第一世界对其南方邻国的帝国主义控制。

对于南亚的许多国家来说，当务之急是不惜一切代价实现发展和工业化。政府的理由是，只有经济增长才能实现发展，而经济增长主要又是通过私有化、外国投资和打破贸易壁垒实现的。

266

为此就必须要获得外国投资者的信心，因此，政府对政治稳定给予高度关注。菲利普说："确保政治稳定的唯一方法就是确保没有异议。在某些政客眼里，被贴上反发展的标签几乎就是犯了叛国罪。"[23]

被遗忘的人

原住民遭到当局的污蔑。他们被描述成落后的人、"吃猴子的人，忍受着各种疾病的折磨，迫切需要得到发展"。[24]他们必须为了顾全大局而遭受苦难。沙捞越州的首席部长塔伊布（Datuk Patinggi Abdul Taib）说："外人想要本南族一直保持游牧生活，但我不会允许这样的事情发生，因为我希望本州的所有族群都能得到公平的发展。"塔伊布直接控制沙捞越10％的伐木特许权，并准备从伐木中大捞一笔。塔伊布的亲属控制了岛上三分之一的伐木特许权。[25]

本南族是长期与政府意见不合的原住民团体之一，他们抵制伐木公司猖獗的毁林活动，并一直为保护自己的土地作斗争。本南族是半游牧民族，靠在热带雨林中打猎、捕鱼和采集为生。虽然有些本南人承认更高的生活水平可以让他们受益，但是，在没有和他们协商的情况下就迅速地砍伐森林会威胁他们的生存。大多数本南人都是文盲，他们也完全没有政治代表，只能用唯一的方法阻止伐木行动，就是在伐木路段设置非暴力的障碍物。哈里森·盖就是因为所谓的组织封锁行为而被逮捕的。[26]

政府和木材企业试图把毁林责任怪罪到本南人自己头上去——说森林被毁的原因在于他们数个世纪以来都施行轮垦，而不

图 10.2 本南人在雨林中阻挡伐木道路

资料来源：环境照片库/杰夫·里博曼

是怪罪到非法伐木活动上。1987 年，总理达图·马哈蒂尔·穆罕默德在大逮捕事件中说："欧洲人不应该责怪马来西亚政府，而应该责怪本南人，是他们破坏了森林。"林业专家普遍认为，轮垦不会对森林造成威胁。[27] 多年来，本南人的困境都得到了国际社会的关注——尤其是通过布鲁诺·曼瑟（Bruno Manser）尽心尽力的活动。曼瑟是一名有瑞士国籍的牧羊人。20 世纪 80 年代，他与本南人一起生活了很多年。曼瑟基本上已经是变成了本南人，他与部落一起生活在森林里，帮助他们开展反伐木运动。在政府和伐木公司的眼中，曼瑟成了"头号公敌"。曼瑟对伐木业和当局的威胁如此之大，以至于政府称他为"白人泰山"、"颠覆性的犹太复国主义者和共产主义者"，木材公司则悬赏 3 万

369

美元抓捕他。[28]

抹黑行动

当局利用抹黑行动和散布假消息来对付曼瑟，以及所有致力于马来西亚生态问题或原住民保护问题的人，尤其是外国人。在过去十年里，当局一直在努力排斥那些从事马来西亚林业辩论的环保主义者、生态学家和人类学家，并把他们当作替罪羊。与全球其他地方所使用的言论非常相似，哈里森·盖被贴上了"共产主义者的走狗"的标签，而一般来说，反伐木活动分子则被称为"头号卖国贼"。[29]沙捞越的首席副部长指责环保主义者利用本南人为自己谋利。[30]

菲利普说，"长期以来，非政府环保组织都被归类为推翻政府的代理人"，因为他们"挑战政府的发展计划"。国际环保主义者也同样被斥为"生态帝国主义者"或种族主义者。在 1992 年于里约热内卢召开的联合国环境与发展大会上，马来西亚的一名叫丁文连（Ting Wen Lian）的代表形容环保主义者是"纳粹分子"。[31]

20 世纪 80 年代末，欧洲环保主义者对马来西亚的乱砍滥伐行为和高毁林率感到震惊，因而呼吁抵制马来西亚的热带林木产品，这进一步提高了林业辩论的风险。地球之友组织出版的《好木材指南》（Good Wood Guide）将马来西亚的木材列入黑名单。为了阻止这场抵制活动，一个官员代表团前往欧洲，指责环保主义者"自认为高人一等"，是"好斗的理想主义者"。[32]代表团的领导人、第一产业部部长林敬益博士（Dr Lim Keng Yaik）指责软木生产商是反硬木运动的幕后推手。[33]他还为沙捞越州环境部长拿督黄沾（Datuk James Wong）辩解。拿督黄沾也是一名木材大亨，拥有 30 多万公顷的伐木特许权。黄沾说："伐木对森林有好处。沙捞越州的雨水太多了。"[34]

但是抵制活动还是开始造成影响。菲利普说："他们全面开展公关活动的原因就是因为抵制活动非常成功。环保组织告诫公众，并游说政治家说：'不要再购买沙捞越州的热带木材了，那里已经产生了严重的影响'。热带木材的销量暴跌，当局因而感到非常担忧。"此外，当局认为这场抵制活动是虚伪的生态帝国主义的又一个例子，因而非常气愤。[35]

公共关系与公开镇压

当局寄希望于一场对抗性运动。1992 年，马来西亚木材工业发展委员会捐赠了 400 万美元，用于派遣一支欧洲特别工作组，以"击退不怀好意的环保主义者所散布的谎言"。他们认为，这些环保主义者一直在给人们"洗脑"，其唯一目的就是破坏马来西亚的海外声誉。[36]据报道，该工作组第二年在英国设立了一个办事处。[37]马来西亚木材工业发展委员会和不列颠哥伦比亚省森林联盟都是全球反环境公关公司——博雅公关公司——的客户。马来西亚人雇佣的公关公司还有劳贝尔传播公司（Lowe Bell Communications）。[38]

因此，当公关公司向全世界证明马来西亚森林工业的合法化时，也在持续地镇压批评者。反伐木活动家不得不面对恐吓、暴力和大规模的镇压。沙捞越原住民联盟（Sarawak Indigenous

People's Alliance）的执行董事安德森·穆唐·乌鲁德
(Anderson Mutang Urud) 因和平反对毁林而遭逮捕和拘留。尽
管他后来获得保释，但还是被指控指导非法社团，而这一罪行最
高判处 5 年监禁。但他真正的"罪行"就是带领了一名来访的加
拿大政治家参观沙捞越原住民设置的伐木障碍物。菲利普说：
"在 1992 年 3 月获保释之前，他受到了严酷的审讯，据说还遭到
了酷刑的威胁。现在他正在加拿大流亡。"到 1992 年，大约有
500 名原住民被逮捕。[39]

沙捞越州政府试图通过限制外来人员进入伐木区，以及控制
原住民到沙捞越以外的地方，防止他们出去宣扬自己的困境，来
阻止反伐木活动。在谈到托马斯·亚隆（Thomas Jalong）案件
时，菲利普说："我的大部分同事在法庭上代表原住民团体，反
对土地入侵，却被终身禁止进入沙捞越。"托马斯·亚隆是一位
效力于马来西亚自然之友的沙捞越人。亚隆的护照被没收，这样
他就不能参加国际热带木材组织（ITTO）在日本召开的会议。
而他本打算在会议上介绍当地居民反对伐木和争取土地的情
况。[40]1993 年 7 月，诗人西尔·拉贞德拉（Cecil Rajendra）在前
往巴西开展诗歌之旅前，被没收了护照。当局解释说他是著名的
反伐木激进分子，"有可能破坏马来西亚的海外形象"。拉贞德拉
坚称自己唯一的罪行就是写了一些涉及生态问题的诗歌。[41]

1991 年，三名分别来自德国、英国和美国的记者被沙捞越
州警方拘留和审讯，并最终被驱逐出境。事发的前一天，他们正
在报道一场反伐木示威游行活动。[42]同年，一名巴西记者因为试
图报道木材问题而被驱逐出境。现在，即使记者能进入马来西
亚，他们也被禁止访问反伐木活动现场。[43]据报道，1992 年，马

270

来西亚当局成立了一支特别警察部队，以"监管西方和当地的环保人士"。[44]

马来西亚加入了为"生态标签"漂绿的行列，试图向外界展现自己的环保形象。环保组织对此忧心忡忡。旅游发展委员会（Tourist Development Council）向游客宣传"丰富的未受破坏的自然美""世界上最古老的未受破坏的丛林"，以及"沙巴和沙捞越的许多原住民"——这些都是为什么要来马来西亚旅游的原因。[45]马来西亚木材工业发展委员会也加强了他们的国际公关努力，在权威杂志上刊登广告。例如委员会在《国际先驱论坛报》（*International Herald Tribune*）上投放的一则广告，标题是"马来西亚永远的绿色管理"，谈到了"森林常在，马来西亚常青"。[46]

马来西亚木材工业发展委员会的公关顾问博雅公司也在不停地为客户漂绿。曾效力于地球之友的博雅公关公司员工西蒙·布莱森说："木材业致力于发展可持续林业，且正在朝这个方向迈进。我们认为，前途是光明的。"[47]1995 年 6 月，马来西亚又派出了一个木材代表团，这次是去澳大利亚、新西兰等南太平洋国家。代表团的领导人、第一产业部长拿督斯里林敬益博士（Datuk Seri Dr Lim Keng Yaik）说："我们必须不断地告诉世界，我们的森林得到了妥善的管理，我们是优秀的森林管理员。"[48]木材工业发展委员会还组织了媒体的森林之旅，让记者们参加奢华的、全免费的旅行，去"熟悉"木材行业希望人们看到的选定森林。这是全球行业使用的标准公关策略，这样一来平衡就被偏见取代了。

而事实表明，未来难以持续。1992 年初，沙捞越州原住民联盟的安德森·穆唐·乌鲁德被释放。12月，他在联合国大会上发表演讲。[49]他说：

"沙捞越州的面积还不到巴西的 2％，但它目前生产的热带木材几乎占全球供应量的三分之二。即使目前的采伐率立即减少一半，沙捞越州的所有原始森林也会在 2000 年之前就会被破坏殆尽。"

1994 年，马来西亚政府的一份报告认为，有五个州已经过度采伐，而没有为木材生长提供新的土地。[50]按照利斯莫尔热带雨林信息中心（Rainforest Information Centre）的说法，伐木的数量"远远超出对'可持续'收获的最保守估算"。1990 年，国际热带木材组织警告说，要将年伐木量减少至 900 万立方米，但过去五年的年砍伐量却保持在 1600 到 1900 万立方米之间。[51]

印度尼西亚

20 世纪 80 年代末，印度尼西亚加入到马来西亚反对木材抵制的战斗。长期以来，在印度尼西亚都存在非法伐木问题，当地的森林产业也一直在加紧开展公关战。印度尼西亚伐木公司协会（Association of Logging Companies of Indonesia）的主席鲍勃·哈森（Bob Hasan）宣布捐赠约 200 万美元，帮助对抗环保主义者的运动。[52]1989 年，《纽约时报》的一则广告打出了"印度尼西亚——永远的热带雨林"的标语。[53]

然而，事实表明，印度尼西亚的未来难以持续。1990 年，世界银行的一项研究报告指出，印度尼西亚热带森林的采伐率比可持续水平高出约 50%。环保人士利用卫星图片分析发现，印度尼西亚的森林总面积已经从 1985 年的 1.2 亿公顷骤降到 1992 年的 0.89 亿公顷。[54]木材业还设计了一个巧妙的骗局：从理论上说，只有在每公顷土地上的木材数量少于 20 立方米时，才允许在工业林区进行清除式砍伐以获得纸浆。公司为了获得木材，有选择性地砍伐天然雨林，一旦每公顷的木材量降到最小值之下，就对该地区进行清除式砍伐。[55]同时，任何批判木材业的组织都会被关闭。1989 年，环保组织谢菲（Skephi）被勒令停止出版双月刊杂志《森林新闻》（Forest News）。该杂志重点关注环境问题的社会和政治影响。[56]

1994 年，鲍勃·哈森再一次向致力于研究毁林之社会经济和环境影响的非政府组织宣战。5 月，由哈森担任主席的印度尼西亚木材协会（Indonesian Timber Community）发起了一场声势浩大的国际广告活动。这些广告描绘了郁郁葱葱的热带森林，在印度尼西亚、荷兰、德国、日本、法国、英国以及美国有线电视新闻网（CNN）上播放。他们宣称，印度尼西亚不允许清除式砍伐行为，印度尼西亚不仅永久保护 2.8 亿公顷的森林，还重新种植了 90 亿棵树。该广告只有一个问题：所使用的事实和图像都是假的。因此很多环保组织都要求独立电视委员会（Independent Television Commission）对此做出处理。8 月，独立电视委员会以广告描绘虚假影像、歪曲印度尼西亚森林管理的真实情况为由，禁止该广告的播出。[57]

许多当地和国际的非政府组织都指控哈森的公司破坏了婆罗洲岛加里曼丹岛的环境。还指控说哈森的公司违背了印度尼西亚的伐木规定，侵犯了当地本蒂安人（Bentian）的人权。在武装

272

保安的帮助下，哈森的公司把当地人的祖坟都挖了出来。当地的传统土地和可持续的农林体系都遭到了破坏。对此事表示不满的人受到了当局的恐吓和威胁，一些领导者还受到了审讯和严重的骚扰。[58]

在印度尼西亚开展工作的环保非政府组织受到了严格的限制，不仅他们的言论自由受到了限制，而且由于军方的骚扰，他们开展活动的能力也受到了限制。政府可能会随意囚禁他们。1994 年，新的总统批文导致环保组织开展活动的难度变得更大。与其他非政府组织一样，如果"破坏民族团结和统一，（或）损害政府的权威，以及（或）败坏政府的名声"，环保组织就会被勒令关闭。如果他们"参与威胁公共安全的活动，未先征得中央政府的同意就提供并/或接受外国援助，和/或帮助具有破坏性的外国政党，损害州或国家利益"，就可能被解散。[59] 人们普遍认为，该批文直接限制了非政府组织的活动和影响，并破坏了言论自由的基本权利。

在印度尼西亚，还有一些人不仅开展生态斗争运动，也在开展政治自决或自治的运动。人们联合开展运动，反对破坏故乡的生态环境，并争取参与有可能影响自身生活和土地的决策过程的权利。尽管他们的政治斗争和环境斗争是密切相关的，但是其中的利害关系要大得多，因为政府认为这些异议会威胁国家凝聚力和安全。但是当地社区认为自己是为了生存才与占领军作斗争的。虽然为生态正义和政治自决作斗争的人所受的苦不同于来自环境抵制运动之苦，但是很有必要强调这些人所处的困境。

273

西巴布亚（West Pupua）

西巴布亚人，即印度尼西亚人说的伊里安查亚（Irian Jaya）人就在进行这样的一场斗争运动。1996 年 1 月，他们绑架了 24 名西方人，印度尼西亚当局后来将这些人解救了出来。这一事件使得国际社会开始关注西巴布亚人的困境。他们反对印度尼西亚当局非法占用他们的土地，此外，他们还阻止那些威胁他们环境的活动。一直以来，他们的抗议都遭到了武力镇压。20 世纪 80 年代初，警察在萨瓦-埃尔马（Sawa-Erma）村开枪打死了一名试图组织支持停止在其祖传土地上伐木的人，但涉事警察却没有被起诉。[60] 四年后，当地原住民向政府索要在他们的土地上开展石油开采和种植活动的赔偿金，但是这些人却被关进了监狱，他们至少被监禁了三年。[61]

然而，目前令人担忧的是自由港铜矿公司（Freeport Copper）的矿山。该矿由总部位于新奥尔良的自由港迈克莫兰铜金矿公司（Freeport McMoRan Copper and Gold Corporation）、印度尼西亚政府和英国矿业巨头里奥廷托锌联合公司共同拥有。对该矿山的采矿作业是世界上最大的单一采矿作业。其铜储备量约为 230 亿美元，黄金储备量约为 150 亿美元，占伊里安查亚国内生产总值的 47％。英国对该矿山投资了 17 亿美元。[62]

1994 年，自由港铜矿公司的特许区面积从 10000 公顷扩展到 260 万公顷，局势因此变得更加紧张。自由港铜矿公司的董事长詹姆斯·墨菲特（James Moffett）说："只有想不到的，没有做不到的。"[63] 当地抵抗运动的领导人凯利·科瓦里克（Kelly Kwalik）认为，这一新的特许经营权合约将进一步破坏当地的环境和文化。他看不到原住民的未来。[64] 矿山给当地人民带来了毁灭性的影响，许多人被强制驱逐，失去了祖传土地。部落长老们控诉说，矿山开采和艾克威（Ajkwe）河遭到的严重污染使得社会和文化愈发地分崩离析。[65]

事实上，有人指出，艾克威河受到的污染非常严重，必须警告人们不要喝那里的水，也不要食用生长在附近的农作物。[66] 1993 年，该矿 50000 吨尾矿被冲进艾克威河，进一步加剧了污染。腹泻发病率和流产发生率的增加也与此有关。[67] "艾克威河和迈纳耶里（Minajeri）河沉积了大量的残渣，严重破坏了周围的雨林"，这促使美国政府机构海外私人投资公司（Opic）撤回了 1995 年对矿山投资的 1 亿美元的政治风险保险金。[68] 投资公司还认为这项工程"已经并将继续对河流、周围的陆地生态系统以及当地居民造成不合理的或巨大的环境、健康或安全危害"。[69]

印度尼西亚环保组织——印尼环境论坛（Walhi）——也指称，自由港铜矿公司实行双重标准：在欧洲或美国就不会允许将可能有毒的废料直接排入河流中。印尼环境论坛总结道："这个大矿山正在严重破坏该地区的生物多样性，威胁着当地原住民的健康和生存。"自由港铜矿公司曾试图终止美国政府对印尼环境论坛的资助，但未获成功。[70]

对该矿的抗议活动遭到了残酷的武力镇压。在过去两年中，超过 37 名村民被杀害。目击者说原住民遭受了令人发指的暴行行为，包括例行的恐吓和酷刑。有个人回忆自己的亲身经历时说，自己被人拿枪托打，身体被人拿刀片划，还遭到电击。还有一位被拘留者被打得吐血，此后咳血持续了一个多月，牙也掉了很多颗。[71]有一次，人们正在举行一场和平抗议，安全人员在没有任何警告和理由的情况下随意向人群开枪。英国广播公司和澳大利亚海外援助委员会（Council for Overseas Aid）的人权事务处都证实了这些杀戮事件，但是自由港铜矿公司的领导们却否认这些杀戮，还说公司"给原住民带来了好处"。[72]里奥廷托锌联合公司在谈到示威活动时说，"据我们了解，所有的村民都已经被释放，并且公司后来也对此做出了解释。"[73]

1995年5月，当地的天主教主教芒宁霍夫（Mgr H. F. M. Munninghoff）报告说，军队在自由港铜矿公司的集装箱内和公司的安全阵地上折磨当地人。次月，总部位于伦敦的印度尼西亚人权组织（TAPOL）宣布，"很明显，现在正在进行一项重大行动，试图粉碎所有对自由港铜矿公司的抵抗，并对被视为对公司活动构成威胁的当地人进行人身'清洗'。"[74]

275

布干维尔岛和所罗门群岛（Solomon Islands）

太平洋地区另一个采矿基地也卷入了争取政治独立的斗争，那就是位于布干维尔岛上的矿场。1963年，布干维尔岛还是澳大利亚的托管地。那时，里奥廷托锌联合公司的澳大利亚子公司得到许可，开采布干维尔岛的矿产。布干维尔岛是所罗门群岛的一部分，但是1975年，巴布亚新几内亚独立时，澳大利亚将布干维尔岛移交给了巴布亚新几内亚。布干维尔临时政府的秘书长马丁·米里奥瑞（Martin Miriori）说，"实际上，澳大利亚是将布干维尔岛和人民当作礼物送给了巴布亚新几内亚，以庆祝其独立。"[75]

在决定开采布干维尔岛时，澳大利亚政府并没有征求当地人的意见，还把原属于岛民的土地交给了采矿公司。布干维尔人看到自己的土地和河流遭到污染，权利遭到侵犯，因此开展运动争取生态正义和政治自决。环境和社会遭到破坏，加上矿山效益分配不公，都推动了布干维尔脱离这个与本身没有历史联系的国家。

为了给矿山让路，400多公顷的土地都被喷上了化学物质，包括五氧化二砷溶液和除草剂。但却没有进行任何的环境影响评估。该矿山是世界上最大的矿洞之一，长6公里，宽4公里，深1.5公里。采矿作业造成了长期的空气污染和水污染。超过10亿吨的化学废物和尾矿被倒入河流，这反过来又污染了4000多公顷肥沃的河谷。事实上，有3000公顷的土地已经被完全破坏。野生动物和鱼类也受到了破坏。该地区长期遭受着慢性重金属污染，包括汞、镉、铅、锌和砷污染。[76]

尽管如此，该矿山还被称为"里奥廷托锌联合公司皇冠上的宝石"。它给公司和巴布亚新几内亚政府带来了财富。1972年至1989年，巴布亚新几内亚的出口创汇为60亿美元，而布干维尔的矿山就占了45％。[77]抗议活动遭到了暴力镇压。1965年，布干维尔人拔掉了第一个测量桩以示抗议，其中200个人被关进监狱，许多人在拘留期间遭到殴打。随后的和平抗议活动也遭到了武力镇压，包括使用催泪瓦斯。防暴警察被派来驱赶保卫传统土地的抗议者，妇女和儿童被防暴警察打得失去知觉。[78]

276　　　1988年，当地村民认为一份报告粉饰了该矿的环境和健康问题，年轻的激进分子借此展开破坏行为，想逼迫矿山关闭。当局的反应是下令对抗议者采取格杀勿论的政策。第二年，巴布亚新几内亚军队也招来平息抗议。6000 多所房屋被毁，24000 人（该地区总人口只有 20 万人）流离失所。村民被命令进入"关怀中心"——实际上只不过是集中营而已。现在仍有大约 4 万人生活在这种中心。[79]

关闭矿场的斗争逐渐变成争取独立的斗争，这两者之间有复杂的联系。在 1990 年的运动中，巴布亚新几内亚的军队和警察被打败离开岛之后，全面封锁了布干维尔岛。1990 年 5 月，布干维尔人宣布独立，但是他们为获得所谓的自由付出了沉重的代价。据了解有，封锁造成 8000 多人死亡。红十字会在 1992 年估计，其中有 2000 名儿童因缺乏药品而死亡。1990 年的封锁还导致疟疾发病率增长了 180%，死胎率增长了 80%。[80]

尽管军队已经撤离，但他们还是会定期返回该岛，对当地的布干维尔人进行抢劫、轰炸、焚烧、强奸、掠夺、侮辱、折磨和杀害。据报道，约有 500 人在这些袭击中丧生。[81] 尽管军队在 1994 年签署了一份和平协议——按道理应该解除封锁，但是实际上封锁仍然存在。矿场虽然一直关闭着，但其铜和金的储量还有约 5 亿吨。布干维尔的例子表明，这个民族只有经常利用政治意志才能解决斗争。这在当今世界是很少见的。

无论从历史角度看，还是从地理角度看，布干维尔都与所罗门群岛息息相关。由于世界其他地方的木材供应逐渐枯竭，跨国伐木公司，特别是来自韩国和马来西亚的伐木公司，正在开采所罗门群岛的森林。政府总在没有征得当地岛民同意的情况下，就特许公司进行开采。有人指控说这些公司通过行贿和提供色情服务，以获得进入人们祖居地的机会。[82]

　　当岛民看到他们的生计被破坏时，冲突也随之而来。1994年，在所罗门的一个岛上，岛民持刀斧威胁伐木公司的员工，准军事部队的士兵被派去保护伐木公司的员工。1995年4月，绿色和平组织呼吁所罗门群岛政府撤回派至帕武武岛的军队。这支军队负责在帕武武岛上镇压原住民的反伐木抗议。5月，所罗门群岛的总理所罗门·马马罗尼（Solomon Mamaloni）指责外国非政府组织挑起事端，还警告他们不要干涉所罗门群岛的发展。[83]6月，所罗门群岛的外交部长指责激进组织散布虚假信息，说外国公司正在破坏群岛的环境。丹尼·菲利普（Danny Philip）部长说："我们认为，伐木和林业是所罗门群岛全面发展计划的重要组成部分。我们不能把伐木业孤立起来，区别对待。"[84]

　　1995年10月30日，著名的拉塞尔岛民马丁·阿帕（Martin Apa）因反对帕武武岛上的伐木行为而被杀害。尸检显示，他的脖子被利器刺穿。新西兰绿色和平组织的森林活动人士格兰特·罗索曼（Grant Rosoman）说："人们只是想为森林和子孙提供一个未来，但却被咄咄逼人的伐木行动所阻挠。马丁·阿帕是生态林业的主要支持者，却因为自己所持的立场而遭到攻击。帕武武岛的土地所有者被逼着赞成进一步的不可持续的伐木活动。"[85]政府似乎不愿意调查这次杀戮事件。另外，在所罗门群岛的7位政府部长中，有3位都被指控从具有争议的马来西亚伐木公司那里收受了贿赂。[86]

菲律宾

菲律宾是该地区另一个使环保主义者因其激进活动而付出沉重代价的国家。菲律宾的环保主义者与那些掌握着土地控制权和伐木特许权的政治力量进行着斗争。人们为了保护自己的土地和资源，反对伐木业和采矿业，但却受到了军事镇压、监禁和人权虐待。此外，菲律宾的森林砍伐活动已经失去了控制。菲律宾参议院委员会估算，菲律宾每天因非法伐木造成的损失约为 500 万美元。[87]

有证据表明，参与非法伐木交易的商人和政治家雇佣武装人员，攻击了包括牧师、记者和原住民组织在内的环保活动家。[88]他们被贴上"共产主义者"的标签，或是被指控为"从事颠覆活动"，受到法律恐吓和人身威胁，有些人还被杀害。[89]军队参与了许多针对活动家的犯罪行为，这使得情况更加残酷。

神职人员为批判伐木业付出了最惨重的代价。1988 年，马里奥·埃斯托帕（Mario Estorba）神父提出控诉，要求当地的伐木公司提供更好的工作条件和更高的薪酬。[90]两周后他就被枪杀。同年，在南哥打巴托（South Cotabato），一位牧师在表达了坚决反对伐木和采矿的立场之后，也被谋杀了。被杀的牧师的同事肖恩·麦克多纳神父（Father Sean McDonagh）说："我们在生态问题上所持的立场，使我们被说成是共产主义者。"传教所里的其他神职人员也收到了死亡的威胁，其中一名神职人员在一次谋杀企图中幸存了下来。[91]

278

内里·利托·萨图尔（Nery Lito Satur）神父一直都在直言不讳地批评非法伐木。1991 年，在做完弥撒回家的路上，内里·利托·萨图尔神父遭到伏击。袭击他的 3 个人共朝他开了 5 枪，并用枪托打碎了他的脑袋。这 3 个人被确认是参与非法伐木活动的人，分别是军队情报官和当地民兵组织成员。还有两位公开反伐木的牧师也多次收到死亡的威胁。[92]

同年，军队还参与了另一起杀人事件。当时亨利·多莫多尔（Henry Domoldol）领导着一个社区协会，争取将当地的森林保留在部落控制之下，他在自己家门口被枪杀。目击者辨认出枪手就是军队和准军事组织民间武装力量地区部队（Civilian Armed Forces Geographical Units）的成员。部落首领们认为，这次杀戮事件是为了逼迫他们离开自己的土地，这样伐木组织才能趁虚而入。[93]还有一些人也因反对腐败的非法伐木行为而被杀害。1988 年，巴拉望的一名市镇议员安东尼奥·迪姆帕斯（Antonio Dimpas）拦截了一辆装满木材的卡车，而那堆木材属于当地警察。事后他就被枪杀了。[94]

1988 年，菲律宾最大的环保组织菲律宾鹰组织（Haribon Organisation）开展运动拯救巴拉望的森林。巴拉望是个偏僻的小岛，保留着菲律宾最后一片原始森林。1991 年，9 名成员因开展活动而被警察逮捕，并受到审讯。还有 5 名成员被指控进行颠覆活动。根据全球响应组织的说法："当时在海军陆战队部门附近发现了价值高达 300 万比索的濒危木材，而他们的罪行就是质疑海军陆战队与此事有关。"这些非法砍伐的木材后来被认为运到了马来西亚。菲律宾鹰组织说，逮捕是为了"镇压他们为保护环境而开展的活动。尤其是他们监管/报告巴拉望地区涉及军方的伐木行为的活动。"[95]

菲律宾的记者也首当其冲地受到了许多法律和人身骚扰。据记者玛里特斯·维塔哥（Marites Vitug）所说，问题在于，关于环境问题的报道"与污染无关，而与权力有关"。维塔哥写了一篇关于巴拉望砍伐森林的文章，之后她收到了一系列的死亡威胁。文章中讲述到的那个人还起诉了维塔哥，要求她赔偿 2500 万比索（100 万美元），这相当于维塔哥 16 年的工资。那篇文章的合著者也收到了死亡威胁。[96]

记者们说现在有两种回应方式非常常见：死亡威胁和诽谤诉讼。目的都是为了让媒体闭嘴，或"恐吓"他们。仅在 1991 年和 1992 年，就有 7 名记者因调查军方的非法伐木而受到威胁。维塔哥说："诽谤诉讼确实带来了寒蝉效应。它不断提醒我们不要踏上危险的土地。"[97]

还有一些该地区的记者因报道了与军方密切相关的柬埔寨非法伐木交易，而命丧黄泉或受到骚扰。1994 年 12 月，陈达拉（Chan Dara）在骑摩托车时，背部遭到致命的枪击。就在事发的前几天，达拉在其报社的《和平岛报》（*Koh Santepheap*）上说，宪兵警告他不要再调查军方参与的磅湛省的非法木材交易。另外一家报纸《布列诺姆萨》（*Preap Norm Sar*）也刊登文章，记载了省军方官员非法参与木材和橡胶行业的详情。记者们也因此担忧自己的安全。[98]

1994 年，柬埔寨财政部将一份与泰国签订的监管木材交易的合同转交给国防部。这一行为完全是非法的。一位知情的高级官员在报道中说："这使得整个环境问题变成了一个笑话。"[99] 非法伐木活动愈发猖獗，以至于 1994 年 7 月，一位政府高级官员报告说，柬埔寨的森林可能会在五年内完全消失。在陈达拉遇害的两个月后，柬埔寨国王曾写信给政府，警告说"柬埔寨有可能在 21 世纪变成一个沙漠国家"。[100]

菲律宾的跨国诉讼

280　　跨国公司正利用诽谤或反公共参与战略诉讼手段向全球范围内的业务所在国施压，这种趋势令人担忧。1993 年 4 月，德国化工跨国公司赫斯特公司（Hoechst）向罗米·基哈诺（Romy Quijano）博士提起反公共参与战略诉讼，要求其赔偿 813000 美元。罗米·基哈诺博士是菲律宾国立总医院（General Philippine Hospital）的毒理学家，同时也是一名农药活动家，他还是菲律宾农业部农药技术咨询委员会（Pesticide Technical Advisory Committee of the Philippines Department of Agriculture）的成员。赫斯特公司还起诉了《菲律宾新闻与特刊》（*Philippines News and Features Service*）报社。据赫斯特公司所说，基哈诺博士的罪行是，在由泰克诺洛希亚的希布尔·额·阿加姆（Sibol ng Agham at Teknolohiya）和亚太地区农药行动网络（PAN-AP）组织的一次会议上，发表了一篇有关"农药对女性的影响"的论文。而《菲律宾新闻与特刊》所谓的诽谤行为是对基哈诺博士的发言内容进行了报道，而这一发言随后又被刊登在菲律宾的一些报纸上。[101]

　　基哈诺博士在会议上称赫斯特公司的一种杀虫剂硫丹（商标名称叫赛丹）可能引发癌症。这一言论引起了争议。赫斯特公司指控基哈诺博士"故意的、恶意地和虚假的陈述赛丹会导致癌症".[102]亚太地区农药行动网络称，赫斯特公司对其产品的批评者进行反公共参与战略诉讼的法律攻击行为是"不可接受的"。[103]南亚的许多非政府组织因此普遍意识到，由于他们害怕面对严重的法律后果，因此他们不能再讨论这一极为重要的农药问题，也不能谈论农药对公共健康和环境的影响问题。[104]这也正是反公共参与战略诉讼的目的。

削减农药使用量的行动是有据可依的。1980 年至 1987 年间，政府设立的医院报告了 4031 起农药中毒事件。[105]基哈诺博士与国家毒物控制和信息服务中心（NPCIS）以及菲律宾大学联合进行的一项研究显示，1992 年 1 月至 1993 年 3 月，仅在首都地区就发生了 1302 起中毒事件。[106]国家毒物控制和信息服务中心认定，硫丹的广泛使用，是菲律宾中毒事件的罪魁祸首。[107]1992年，菲律宾化肥和农药管理局（FDA）规定禁止使用硫丹，随后赫斯特公司给总统写信，声称"管理机构的错误管理，会严重影响国家对外国投资者的吸引力"。[108]

《菲律宾新闻与特刊》报道了一位反农药活动家叶米娜·阿邦贡（Ermina Abongon）所遭受的骚扰，赫斯特公司的律师因此起诉了《菲律宾新闻与特刊》。在诉讼过程中，阿邦贡女士描述了自己所经历的症状：在她使用多年的薯瘟锡杀菌剂之后，产生了皮肤病变和指甲脱落现象。[109]而薯瘟锡杀菌剂也是赫斯特公司的产品，于 1990 年被政府下令禁用。阿邦贡女士说，后来，许多自称来自赫斯特公司但拒绝透露姓名的人经常来审问她，还给她录像。《菲律宾新闻与特刊》报道说，阿邦贡女士感到这些做法都是在对她进行恐吓。赫斯特公司的代表律师否认公司有任何不正当行为，还要求该报撤稿。[110]

281

1994 年，赫斯特公司与罗米·基哈诺博士的官司尘埃落定。法官说基哈诺博士的文章并不存在诽谤意图，该文章"事关公众关注的焦点和公共利益，因此受到新闻自由的保护"。文章甚至都没有直接提及赫斯特公司。[111]亚太地区农药行动网络因此质疑赫斯特公司是否真正致力于化工行业责任关怀计划，是否遵守了粮农组织的《国际农药供销与使用行为守则》。行动网络还主张立即停止使用硫丹。[112]

诸如上述的公司策略，即以牺牲言论自由为代价来追求公司的利润，在整个地区可能变得非常普遍。

大坝

在过去的二十年里，亚洲生态运动关注的另一个重点领域就是大坝的建设，以及这些工程所造成的生态、文化与社会影响。许多大坝都是由世界银行提供贷款或由世界银行的开发援助项目提供资金的。世界银行历来都对受其政策影响的人民和土地无动于衷，尽管世界银行最近似乎不大愿意资助某些巨型大坝计划。但是世界银行的政策已经造成了深刻的影响。例如 20 世纪 80 年代，世界银行在菲律宾资助的奇科大坝（Chico Dams）工程可能会使 8 万名部落居民离开自己的祖居地。部落居民的抗议遭到了暴力袭击，马科斯政权多次轰炸他们的村庄，还在该地区开展大规模的反叛乱行动。[113]

与此同时，世界银行还资助了克丹翁波大坝（Kedung Ombo Dam）。8000 名受到影响的居民拒绝搬离，政府还是关闭了大坝的闸门，淹没了他们的土地。政府还在周围设置了路障，以阻止媒体报道这起人间悲剧。[114] 1993 年 9 月，在印度尼西亚，500 人在东爪哇省马都拉岛的一座大坝上举行和平抗议。安全部队朝抗议者开枪，导致包括妇女和儿童在内的 4 人被杀害，另有 3 人受伤。印度尼西亚法律援助基金会（Indonesian Legal Aid Foundation）的一个调查团发现，安全部队在没有警告的情况下，就无缘无故地朝和平抗议者开枪。另据报道，有 17 个人因涉嫌组织抗议活动而被当局拘留。[115] 国际特赦组织报道说，当局开展了一系列镇压行动来对付抗议印度尼西亚房地产项目或发展项目的活动人士，包括拘留、虐待、酷刑和监禁。在此之前已经发生过许多次这样的事件。与世界上其他地方一样，这些活动人士被视为"颠覆分子"。[116] 国际特赦组织揭露了 1993 年 3 月在泰国，警察是如何殴打抗议帕蒙大坝（Pak Moon Dam）的环境和社会影响的示威者的。据报道，有 3 人受了重伤。[117]

讷尔默达（Narmada）

最近几年，南亚和太平洋地区最具争议的生态和发展问题，就是印度中部讷尔默达河上萨达尔萨洛瓦（Sardar Sarovar）水电站的修建问题。在发展落后的时期，大型大坝工程被认为是解决世界能源问题的灵丹妙药。其实大坝是人类和生态的一大灾难，也是国内和国际争议的焦点。讷尔默达的例子体现出，国家忽视当地人民的需求，无视他们对发展方式的看法，而当人们想要表达自己的意见时，国家就会镇压他们的异议。

萨达尔萨洛瓦工程是目前为止印度规模最大、耗资最多的多用途水力发电工程，也是世界上最大的灌溉工程。最初的计划是修建 30 座巨型大坝（包括最大的萨达尔萨洛瓦水电站），135 座中型大坝，还有 3000 座小型大坝，另加一些灌溉水渠和灌溉工程。[118]成本共计 114 亿美元，其中萨达尔萨洛瓦水电站就要花费 30 亿美元。

虽然难度非常大，但如果真正修建成功的话，萨达尔萨洛瓦大坝就可以为 4000 万人提供饮用水，解决 440 万英亩土地的灌溉问题，并产生 1450 兆瓦的电量。[119]但是环保主义者称这项工程是生态和人类的灾难。工程创造出的大型人工湖将淹没 248 个村庄，迫使 20 多万部落居民流离失所，还会破坏脆弱的生态系统，损害肥沃的农田和富饶的森林。工程总共会破坏 37000 公顷（91400 英亩）的土地，包括 13700 公顷（34000 英亩）的优质森林。此外人们认为，让所有人搬离传统的祖居地是很残忍的行为，这也是反对大坝的一大有力论据。而且也没有合适的地方安置这些居民。[120]大坝高 135 米，长 1210 米，将于明年或 1998 年竣工。其实还存在其他解决办法，既能提供相等流量的灌溉水和保证居民的高峰用电，同时也能大幅减少对生态和人类的影响。[121]

反对大坝的抗议活动由拯救讷尔默达运动（Save the Narmada Movement）领导，这是一个由反对大坝的非政府组织和个人组成的广泛联盟，他们在运动中使用非暴力抗议和非暴力反抗。拯救讷尔默达运动始于 1985 年，当时的关注重点是确保人们能够得到合理的安置。后来，随着他们对项目的生态和人类后果有了更多的了解，抗议活动已经扩大到包括世界银行资助的此类工程的整个可持续发展问题。随后，拯救讷尔默达运动声明，完全反对萨达尔萨洛瓦大坝工程。[122]

世界银行在工程中所发挥的作用受到了国际社会的谴责。世界银行最初于 1985 年向该项目捐赠了 4.5 亿美元，声称该大坝将为所有人带来广泛的利益。此外，世界银行还计划再捐赠两次，共计 4.4 亿美元。然而，拯救讷尔默达运动发布的一份报告显示，灌溉工程只会让原本就肥沃的土地变得更加肥沃，但所谓的电力和饮用水效益却基本上是幻想，整个工程是一场生态和人类灾难。工程引发了巨大争议，以至于世界银行有史以来第一次委托进行了有关该项目的独立审查。审查报告得出结论说，世界银行轻视了人民安置问题，甚至没有进行任何环境评估。审查报告确信地指出："显然，该项目受到了工程和经济利益的驱使，却忽略了人类和环境问题。"一位世界银行内部顾问称该项目的部分工程是"死亡陷阱"。[123]

但世界银行还是资助了这个存在缺陷的项目，这一决定激怒了审查报告的作者们。苏珊·乔治（Susan George）和法布里奇奥·萨贝里（Fabrizio Sabelli）在批评世界银行时指出，世界银行的管理方法就是"对世界银行的执行董事撒谎、欺骗，并蓄意歪曲他们的审查报告"。[124]印度政府因不良的公共关系而承受着越来越大的损失。最终，在印度政府的要求下，世界银行于 1993 年停止了对项目的资助。世界银行的新任行长刘易斯·普雷斯顿（Lewis Preston）仍不知悔改。他说："我并不觉得讷尔默达项目有什么可羞愧的。"[125]

试图阻止大坝修建的环保活动家继续秉持不合作主义，即非暴力直接行动。许多人非常生气，他们宁愿淹死在大坝上游不断上涨的河水里，也不愿意离开自己熟悉的家园、土地、群体和生

284

活——他们也几乎没有得到任何补偿。实际上，世界银行承认，强迫讷尔默达库区人民迁移"可能会产生多方面的压力"，包括"精神压力"和"无法保护自己的家园和群体免遭破坏的无力感"。[126]

抗议者要应对的不仅仅是移民安置问题。他们在开展运动的过程中，还遭到了骚扰、毒打、任意逮捕、折磨，甚至被枪杀。在 1993 年的一场抗议大坝活动中，警察无缘无故地枪杀了一名 15 岁的积极分子，还有 3 个人受了伤。[127]在其他的游行示威活动中，抗议者被警察用藤条抽打，用催泪瓦斯袭击。[128]

警察还利用法律来威胁和挫败活动人士：以扰乱法律和金融秩序之罪名将其行为归为刑事案件，并不断地逮捕他们。而当一个人一旦被逮捕超过三次，地方法官就可以对其实行严苛的保释条件，从而可以有效地阻止人们参与抗议活动。成百上千的活动人士和普通人因拒绝离开家园而遭到拘留或袭击。当局似乎特别喜欢拽着女性抗议者的头发，把她们从家里拖出来。一旦被关进监狱，人们就会遭到虐待和非人道的待遇。一些人在拘留期间被戴上了手铐，尽管这是非法的。还有些人被剥夺了医疗或法律援助。[129]

还有活动人士抱怨说，他们在被拘留期间，被逼着签署他们连内容都没有看到过的文件。如果他们拒不签字，就会遭到殴打。一名重要的乡村活动家被两名警察性侵犯和强奸，然后被关押了一周，关押期间还没有食物。她还被威胁不允许把被强奸的事情说出去。活动人士认为这是当局企图恐吓女性活动人士，并打击她们士气的卑鄙行为。县警察局长则回应说，该妇女的控诉是"编造的故事"和"恶作剧"。其他女性在被逮捕时也遭到了警察的性骚扰。[130]

　　1994 年，该地区的局势更加紧张。据报道，国会和印度人民党（Bharatiya Janata Party）的成员袭击了拯救讷尔默达运动的办事处。拯救讷尔默达运动的领导人之一梅德哈·帕特卡（Medha Patkar）和其他活动家在突袭中被人用手按住，并受到辱骂。办公室里一半的东西都遭到毁坏。[131]大坝周围禁止举行游行示威，警察被授权可以朝"不守规矩"的示威者开枪。[132]禁止举行超过五人参加的集会，哪怕是"跳舞""唱歌""打手势""喊口号"和"表演戏剧"也不行。[133]

　　政府没有对重新安置的人们给予足够的补偿，这让梅德哈·帕特卡感到失望。因此在 1994 年 11 月，她与三位同事一起开始进行绝食抗议。在绝食的第二十天，他们被当局逮捕，并被强制性地进行静脉注射。[134]12 月，这些活动人士在医院仍然被强迫接受静脉注射，但他们依然坚持绝食抗议。最终，最高法院下令公开政府从 1993 年就一直不愿公开的大坝工程的报告。报告显示，重新安置存在严重问题，而且批准项目的环境条件已经被打破。报告呼吁政府审查大坝的高度，建议将其从 455 英尺降低到 436 英尺。[135]由于报告被公布于世，以及中央邦政府也作出降低大坝高度的决定，抗议者在绝食的第 26 天结束了他们的绝食活动。[136]

　　1995 年 5 月，世界银行运营评估部门撰写的一份有关大坝的机密备忘录被泄露了。备忘录承认，大坝工程在环境、重新安置和恢复部分、项目评估以及监督绩效方面都存在严重缺陷。备忘录指出，项目的前景和可持续性问题上存在"不确定性"。[137]拯救讷尔默达运动的希曼许·埃克尔（Himmanchu Thakker）说："世界银行的项目进度报告和运营评估部的备忘录都是受人欢迎的评估。现在，运营评估部应该深入探究项目的可行性、水文以及经济影响等关键问题。我们相信，仔细研究这些'不确定性'就可以发现项目的问题所在。"[138]这是对拯救讷尔默达运动反对大坝的非暴力斗争的认可。为讷尔默达开展的斗争仍在继续，尽管遭到警察的镇压，困难重重，但拯救讷尔默达运动还是在梅德哈·帕特卡的领导下，提出了解决印度能源和水需求的可持续的、切实可行的方案。这些方案公平地考虑到了生态和人民需求问题。人民对于这些问题应该有发言权。世界银行和当局应该从一开始就仔细倾听这些问题。

当被问及谁要为暴力镇压抗议者负最终责任时，印度科学技术与自然资源政策研究基金会（Research Foundation for Science，Technology and Natural Resource Policy）的理事长凡达纳·希瓦回答说：

"整个自由贸易集团，包括机构协会、跨国公司和世界银行等代表企业利益的发展机构都要为此负责。因为每当他们修建一座大坝，就会为涡轮机制造商和建筑公司等相关方带来合同。不管是在发展还是在自由贸易中，一旦背后有这种贪婪，贪婪就会扼杀人们的生存机会。贪婪扼杀了人们的生存机会，人们就会提出抗议。就会有暴力，就会有反击。人们必须不断地创造新的抵抗形式，从而让抵制露出本来的面目———一种野蛮的暴力。"[139]

反对关贸总协定

印度农民组织集会反对自由贸易和关贸总协定的社会和生态

影响。1992 年 10 月 2 日是甘地的诞辰纪念日，那一天，50 多万农民开展了"种子非暴力抵抗及不合作运动"（seed satyragraha），旨在反对将食物和种子的制作生产移交给跨国公司。农民直接将"退出印度"的布告贴在种子巨头嘉吉公司（Cargill）和其他国外跨国公司的办公室门口。政府逮捕了上万名农民，并在一位前世界银行官员的领导下，组织了由大农场主参与的反示威游行，政府希望借此镇压这场日益壮大的运动。运动开始的第二年，即 1993 年 10 月 2 日，来自全球各地的农民代表在班纳多尔举行了一场大型的集会，他们发誓要反抗跨国公司在农业和贸易领域的统治。[140]

1995 年 1 月，人们举行活动抗议杜邦公司在果阿建造亚洲最大尼龙工厂的计划。警察向这些和平抗议者开枪。一位抗议者被警察击毙。抗议者们对此非常愤慨，随后发生暴动，杜邦公司的项目办公室被烧毁。环保活动人士称，这一耗资 2 亿美元的工厂会污染河流，破坏饮用水的供应，玷污神圣的印度大地。果阿基金会（Goa Foundation）的克劳德·阿尔瓦雷斯（Claude Alvares）总结了杜邦公司让人失望的地方。他说："杜邦公司一点都不诚实，也完全不在乎印度的环境。此外，公司还特别小气。杜邦公司想投资几千万，然后狠赚一笔，但却不想投资微不足道的 10 万美元来研究如何避免毒害当地果阿人的问题。"[141]

果阿地区反对工厂的抗议不断。因此在 6 月，杜邦公司宣称，将工厂选址移至邻近的泰米尔纳德邦。[142]根据凡达纳·希瓦的说法，抗议者遭受的武力报复"表明自由贸易和企业投资伴随着这种暴力的支持。对于那些非常拥护自由贸易的人来说，这是个好消息。因为很显然，自由贸易的秩序就是一种非常暴力的秩序"。[143]

287

第十一章　"饱受摧残的土地"

奥戈尼是我们的土地

其子民就是奥戈尼人

树木在这片古老的土地上痛苦地死去

污流掺着脏垢流入浑浊的河流

毒气残害着垂死孩童不幸的肺部

枷锁束缚着这片饱受摧残的土地

奥戈尼是打破枷锁的梦想

——肯·萨洛维瓦，《奥戈尼！奥戈尼！》[1]

1995年11月10日，肯·萨洛维瓦和其他8名奥戈尼人，因一项莫须有的罪名而被绞死。他们被执政的尼日利亚军政府杀害，引起了国际社会的愤怒。就在三年多以前，身兼作家、前尼日利亚电视制作人、奥戈尼人民生存运动负责人和环保主义者等多个名头的萨洛维瓦就曾警告说："除非国际社会进行干预，否则事情只会越来越糟。"[2]他的警告并没有引起国际社会的重视，因而奥戈尼人在他们最需要帮助的时候没有得到帮助，使得他们后来遭受了暗无天日的迫害。

萨洛维瓦唯一的"罪名"就是发起运动反对壳牌石油公司对奥戈尼地区造成的生态破坏，并且要求奥戈尼人民拥有更大的石油财富份额——因为这些石油取自奥戈尼土地之下。对壳牌石油公司的批评使得奥戈尼人和尼日利亚军方及壳牌石油公司之间发生了冲突。冲突导致1800名奥戈尼人被杀害，8万人无家可归。备受关注的就是萨洛维瓦和其他奥戈尼人遭到杀害，以及持续不断的镇压和暴力。

289

石油对尼日利亚的重要性

石油是军政府赖以生存的命脉。石油收入占尼日利亚出口收入的90%，占联邦政府总收入的80%。[3]尼日利亚壳牌石油开发公司是荷兰皇家壳牌集团（Royal Dutch/Shell Group）的一家子公司。该公司与尼日利亚国家石油公司经营了一家合资企业，埃尔夫石油公司和意大利阿吉普石油公司（Agip）持有该合资企业的少数股份。[4]目前，尼日利亚壳牌石油开发公司是尼日利亚最大的石油勘探和生产企业。尼日利亚每天生产的石油总量达200万桶，其中尼日利亚壳牌石油开发公司就生产了大约91万桶。[5]对壳牌石油公司的利润而言，尼日利亚也非常重要。在尼日利亚的石油产量占到壳牌石油公司全球总产量的13%。壳牌石油公司在尼日利亚的地位强大而独特。一位因害怕遭到报复而希望匿名发言的奥戈尼活动人士说："在尼日利亚这样一个非法的政治制度下，每一批掌权的军事统治者都不是被选举出来的，他们都会与壳牌石油公司沆瀣一气……壳牌石油公司之所以能发号施令，这是因为尼日利亚经济疲软，政治羸弱。"[6]

壳牌石油公司自1958年以来一直在尼日尔三角洲地区生产

石油。从那时起，该地区的社区就指控壳牌石油公司破坏了他们的土地和生计。奥戈尼人一直是反对的主要声音，萨洛维瓦是他们最有力的发言人和壳牌石油公司的批评者。其他人也在批评该公司的运作。国际知名学者克劳德·艾凯说："壳牌石油公司想要自由地实现利润最大化，甚至不惜牺牲人们的基本权利和对环境可持续性的考虑。"克劳德·艾凯是高级社会研究中心（Center for Advanced Social Studies）主任，他曾是一位联合国顾问，也曾是壳牌石油公司委托的尼日尔三角洲环境调查小组成员，但在萨洛维瓦死亡之后，他就辞职了。[7]

补偿

社区对壳牌石油公司的抱怨基本上围绕补偿和污染问题。据广泛报道，壳牌石油公司当初获取三角洲的土地时，只向人们支付了一年农作物的价值，却没有为土地本身付费。农民们损失的不仅仅是那一年的收入，也损失了未来的收入。此外，四分之三的奥戈尼人不识字，无法理解赔偿表格。其他人则坚持认为，他们是在军方的"胁迫"下接受补偿金的，否则他们就连一开始承诺的钱都拿不到。[8]1991 年尤姆彻（Umuechem）大屠杀（参见下文）发生之后，根据司法调查委员会（Judicial Commission of Inquiry）的指令，尼日利亚政府将产油州的衍生基金从 1.5% 提高到 3%，尽管建议方案是提高到 15%。[9]实际上，真正落到社区的钱很少。大部分的钱都进了贪官污吏的口袋。[10]

对三角洲土地的竞争越来越激烈，补偿金却越来越少。奥戈尼占地约 404 平方英里，被称为世界上最脆弱但也是最重要的生物生态系统之一，这里有热带雨林和红树林沼泽。由于密集的工业活动，即石油和天然气的勘探和生产，三角洲成为了世界上最濒危的地区。三角洲居住人口达 600 万人，尼日利亚的人口密度是每平方公里 300 人，而奥戈尼的人口密度高达每平方公里 1250 人，奥戈尼人又是依靠传统的自给自足的农业和渔业为生，因此，奥戈尼人对土地的需求特别高。[11]

生态影响

此外，为发展石油工业建造了许多公路，开凿了许多运河，这鼓励了包括农民和樵夫在内的人们移居至三角洲地区，从而引发了"该地区一些最广泛的环境退化"。根据世界银行专家大卫·莫法特（David Moffat）和斯德哥尔摩大学的奥洛夫·林登（Olof Linden）教授的一项研究，人口的大量涌入使得原本人口就密集的三角洲地区的生态和社会问题更加严重。[12]

石油作业对尼日尔三角洲的生态和人民产生了重大影响，因为管道、油井、油坑、废水、集油站和燃烧产生了水污染、空气污染和噪声污染。在 1992 年的地球峰会上，来自三角洲的一个代表团提交了一份报告，其中指出：

"石油工业不分昼夜的排放和燃烧造成了空气污染，产生的有毒气体正在悄无声息地、系统地消灭脆弱的通过空气传播的生物群，并以其他方式危及植物、野禽和人类自身的生命。除此以外，大范围的水污染导致大多数水生鱼类的卵死亡，土壤/土地污染造成幼年期鳍鱼、贝类和敏感的动物（例如牡蛎）的数量锐减。另一方面，即使农业用地仍然能有较高产量，被石油泄漏污染的农业用地会对耕种造成很大的危险。"[13]

克劳德·艾凯教授说：

"当你去到哈尔科特港口（Port Harcourt）的任何一条河流，无论你走到哪儿，你都可以看到水面上漂浮着一层油污。这种现象始终存在。地下水的污染也很明显……天然气也一直在燃烧，到处都是火光。污染不分昼夜，一直存在。这样的事情发生在英国是不可想象的。"[14]

1993 年 1 月，壳牌石油公司宣布停止在奥戈尼的经营。在此之前的 30 多年间，壳牌石油公司一直在村庄附近燃烧天然气，这样的做法在欧洲或美国是不可接受的。[15]燃烧不断地产生空气和噪声污染，火焰不断地发光。1993 年，英国环保主义者尼克·阿什顿-琼斯访问三角洲后写道："尽管没有电，但有些孩子也从来没有见过黑夜。"[16]

燃烧还会造成其他严重的问题。三角洲的天然气燃烧所排放的温室气体比英国家庭的燃料燃烧所排放的还要多。[17]天然气燃烧产生了约 3500 万吨的二氧化碳和 1200 万吨的甲烷。在尼日利亚，高达 76％的天然气被燃烧，而在美国，这一比例为 0.6％，在英国为 4.3％。[18]鉴于石油业务造成三角洲地区的地表沉降，以及全球变暖将导致海平面上升，石油和天然气作业将会给三角洲地区的居民带来致命的后果。莫法特和林登估计，三角洲 80％的人口将会因海平面上升而被迫迁移，财产损失预估高达 90 亿美元。[19]

然而，莫法特和林登还忽略了三角洲地区地陷的影响。尼日尔三角洲的河长们（River Chiefs）编写了一份备忘录，并提交给联合国环境与发展会议。该备忘录研究了海平面上升和地陷的问题。报告指出：

"如果我们把预测的海平面加速上升叠加到逐渐下沉的尼日尔河三角洲上，那么，在未来 20 年内，尼日尔三角洲约 40 公里宽的地带将会被淹没，那儿的人口将濒临灭绝。"[20]

这位奥戈尼活动家指责政府和壳牌公司之间的特殊关系使燃烧得以发生：

"政府和壳牌公司制定了一项法律，使壳牌公司在燃烧天然气时更加得心应手，因为与他们在法庭上应该支付的金额相比，他们为燃烧天然气所支付的金额完全不足挂齿。因为有政府在背后给壳牌石油公司撑腰，所以壳牌石油公司从未被罚过款。"[21]

图 11.1　尼日利亚奥戈尼农田上的管道

资料来源：环境照片库／蒂姆·拉姆森

292　　　壳牌石油公司的高压管道纵横交错于整个地区，穿过农田，与居民的住处只有几尺远的距离。非欧信仰与正义网络（Africa-Europe Faith and Justice Network）1990 年至 1994 年的联系人麦卡伦修女说："我不知道你们用这些管道干什么。这些管道已经老旧、生锈，它们完全被忽略了。"她还说："我想他们压根就没意识到那里有人。"[22]麦卡伦修女的网络致力于解决尼日利亚的社会正义问题，这些问题的根源在于欧洲的政策和企业。麦卡伦当时正在帮助受到石油勘探影响的农民。克劳德·艾凯也同意她的说法：

"（奥戈尼）的 K-Dere 集油站建在一个社区的正中间，高压管道就建在房子的前面。壳牌石油公司现在却颠倒事实，告诉人们说社区是在集油站建好之后才在那里建房子的。告诉我，他们怎么可能允许人们把房子建在离管道只有两英尺远的地方。壳牌石油公司这种不负责任的宣传给人们留下这样一种印象，就是壳牌石油公司不把人当回事。"[23]

　　　该地区输油管道和其他石油作业的石油泄漏已经成为司空见惯的事情。据官方报告估计，在每年的大约 300 起污染事件中，大约有 2300 立方米的石油泄漏，而真实数据可能是这个数字的
293 十倍多。[24]从 1982 年到 1992 年，在壳牌石油公司作业造成的 27 起独立事件中，共有 160 万加仑的石油泄漏。在壳牌石油公司的全球运营中，40％的石油泄漏发生在尼日利亚。[25]事实上，壳牌石油公司自己的数据显示，从 1989 年开始，每年约发生 190 起石油泄漏事件，平均每年泄漏 319200 加仑的石油。[26]据称，该地区到处都是未经密封的废料坑。村庄中间的废料坑几乎没有安全保障。[27]壳牌石油公司在博尼（Bonny）集散站分离水和原油，在

那里，河流泥沙中的石油浓度被形容为"致命的"，高达 12000ppm。壳牌石油公司的一项环境调查发现，在博尼集散站附近的一条小溪中，平均烃含量达到53.9ppm（这与1993年设得兰群岛附近布莱尔（Braer）号油轮失事地点水样本的石油浓度相仿）。莫法特和林登评论说，这些数字表明"废水处理措施很少，甚至根本就没有"。[28]

奥戈尼环保活动家说："壳牌石油公司从一开始就按照双重标准运作。他们在该地区做的所有事情，正是他们在其他国家经营时不能做的事情。"[29]公民自由组织（Civil Liberties Organisation）的一位尼日利亚律师奥伦多·道格拉斯补充说："对壳牌石油公司双重标准的指控是千真万确的。"[30]绿色和平组织也一直控诉壳牌石油公司施行双重标准。正是由于壳牌石油公司露骨的双重标准，才导致萨洛维瓦谴责壳牌石油公司的种族主义。[31]欧洲议会把奥戈尼原油开采的影响形容成"环境噩梦"。[32]而壳牌石油公司也已承认，其在尼日利亚的环境标准低于美国或欧洲。[33]

最终在1996年5月，一位资深的前壳牌石油公司员工（曾做了2年的尼日利亚环境研究的负责人）公开宣称：

"壳牌石油公司并没有达到他们的标准，他们也没有达到国际标准。我看到的所有壳牌石油公司的场地都被污染了，我看到的所有集散站也都被污染了。在我看来，壳牌石油公司很显然在破坏这个地区。"[34]

贫困

38年来，估计已经从尼日尔三角洲开采出了价值300亿美元的石油，但是奥戈尼却仍然缺乏足够的基本设施，例如自来水、电力、下水道设施、医疗诊所和学校教育。[35]移居进来的石油工人生活奢侈，但是紧挨着的社区居民却仍生活在贫困之中，因此他们感到挫折和愤怒。1994 年，《每日之光报》（*Daily Sunray*）报道：“多年的石油开采，只留下了污染带来的悲伤，到处都是环境恶化。”报道控诉说，他们到访的六个村庄全都没有“自来水、医疗诊所或电力”。[36]为回应这些批评，壳牌石油公司公开宣称，他们已经向这些社区提供了大量的资金。1994 年 11 月，《英国卫报》强调：“官员私底下承认，这些捐款从没有到达它们该去的地方。”大卫·莫法特和奥洛夫·林登认为，企业主动改善社区生活质量的效果是“极小的”。[38]

但并非只有奥戈尼这一个地方陷入了贫困。1990 年，英国石油公司的一位工程师谈及奥洛伊比（Oloibiri）镇时说道：“我曾在委内瑞拉勘探石油，我也曾在科威特勘探石油，但我从来没有看过哪一个石油资源丰富的城镇像奥洛伊比这样贫困。”而首次在奥洛伊比发现石油已经是 30 多年前的事了。[39]1969 年，麦卡伦修女曾待在瓦里（Warri）镇，1993 年她再次回到那里，看到城镇的现状，发现在这几年中基础设施根本没有得到什么改善，她感到非常“震惊”。麦卡伦说：“我断定，瓦里的学校系统已经完全崩溃了。”萨洛维瓦曾写道，石油工业已经使三角洲的社区丧失了人性。[40]麦卡伦也同意这种说法。

遭遇暴力镇压的社区抗议

由于污染和贫困化，许多社区都对壳牌石油公司进行了抗议。到了 1990 年，壳牌石油公司的官员也承认，已有 63 起不同社区抗议壳牌石油公司的事件。[41] 十年来，人们的不满情绪一直在增长。伊科（Iko）人在 1980 年写信给壳牌石油公司，要求"赔偿和归还我们对空气、水和健康的环境的权利"。人们迫切需要道路、水、医疗诊所和学校。两年后，该社区组织了一次和平集会，要求壳牌石油公司"做一个好邻居"。壳牌石油公司的反应是叫来警察，逮捕了一些示威者。[42]

1987 年，该社区再次举行了和平示威。这次，臭名昭著的机动警察部队（MPF）也来了，他们乘坐壳牌石油公司的快艇来到示威现场。机动警察部队向示威人群发起攻击，导致 2 人被杀，40 间房屋被毁，350 人无家可归。尽管事后成立了调查小组调查这次"被征召来维持伊科和平的警察的无理行为"，但是调查结果却从未公之于众。[43]

三年后在尤姆彻，埃奇（Etche）人也对壳牌石油公司进行了和平抗议，据一位村民说："因为他们看到，壳牌石油公司不断地开采他们的土地，却没有对他们的土地、农作物进行任何形式的赔偿，也没有提供基本的生活服务设施。"[44] 尽管知道机动警察部队会造成巨大的破坏，壳牌石油公司还是专门要求机动警察部队介入抗议活动。壳牌石油公司写了一封信，标题为"尤姆彻社区成员对我公司在当地经营的破坏的威胁分析"，信中写道"预计尤姆彻社区成员会造成上述威胁，因此，我们请求你们（最好是机动警察部队）立即在此地为我们提供安全保护"。[45]

随后，机动警察部队残屠杀了 80 个人，摧毁了 495 座房屋。一位受到惊吓的目击者回忆说："他们对和平示威者发动了恐怖袭击，并开始杀害和残害任何接近他们的人。"[46] 调查小组将此次

295

大屠杀归咎于警察，但是官方报告显示，社区对这一结论明显存在不满。尤姆彻社区成员在向官方调查提供的证据中说：

"这些（壳牌石油开发公司）钻井作业对当地居民造成了严重的负面影响。因为当地居民大多都是农民，他们的土地被壳牌石油公司夺走，农作物被破坏，但是他们得到的补偿很少或几乎没有，因此结果就是，他们既失去了农田，也没有谋生手段。他们的农田被溢油/喷油所覆盖，无法耕种。"[47]

壳牌石油公司竭力撇清自己与这些杀戮事件的关系，他们声称"示威活动的产生，以及随之发生的警察行动根本不是壳牌石油公司造成的"。[48]

对于军队力量来说，尤姆彻社区是令人害怕的先导者。军队将被派去对抗社区，但社区还是会发声表达他们的担忧。尤姆彻事件发生的第二年，村民在巴兰地区（Gbaran field）的耶诺亚（Yenegoa）进行抗议。在 1992 年 3 月，欧姆迪奥（Omudiogo）社区控诉说，壳牌石油公司没有提供足够的社区援助。一份研究壳牌石油公司和社区冲突的独立报告得出结论说："壳牌石油开发公司一直对欧姆迪奥人民的要求视而不见，对他们悲惨的命运麻木不仁。"还说："如果壳牌石油公司负有责任心，并意识到自己对所在社区的社会义务，这些冲突无疑是可以避免的。"[49]

四个月后，尽管有了伊科和尤姆彻事件的教训，机动警察部队还是又一次被派去镇压针对壳牌石油公司的抗议者。这一次，他们杀害了一名 21 岁的男性，开枪射伤 30 个人，并殴打了 150 个人。这些人都生活在博尼镇上，他们都曾抱怨说，壳牌石油公司已经在本地经营了 20 多年，却没有为当地社区提供饮水、公路和电力等基本设施。[50]优泽（Uzure）社区的人民并没有被暴力吓倒，在同月月末就举行了抗议活动。优泽社区拥有 39 口油井，每天生产约 56000 桶原油。一位抗议者抱怨说："优泽没有电灯、水或医院。"[51]

1992 年 10 月，尼日尔三角洲伊棕（伊贾）民族生存运动（MOSIEND）制定了他们自己的章程，要求控制他们的自然资源，还要求恢复石油公司造成的生态破坏。同年早些时候，为抗议石油公司的漏油事件，他们封锁了壳牌石油公司的一座集油站。[52]11 月，奥洛伊比（Oloibiri）的奥戈比亚（Ogbia）社区也制定出了"诉求宪章"，他们抱怨说："由于石油公司故意和/或无意忽视石油喷发和漏油，导致这么多年来，我们的所有土地、小溪和河流，以及空气都被污染了。"石油公司破坏了环境，还燃烧天然气，又在地下铺设管道，人们因此要求获得赔偿。1992 年，伊棕（Izon）也举行了对壳牌石油公司的抗议活动，伊戈比德（Igbide）也一样。两个社区都要求获得基本的生活设施。[53]

1993 年 12 月，壳牌石油公司与奈比斯（Nembes）人和卡拉巴瑞斯（Kalabaris）人之间的关系越来越紧张，导致壳牌石油公司的一座集油站遭到攻击。两个月之后，4 名男子因为在壳牌石油公司设备附近携带一台空调而被逮捕。在警察局，警察用打结的鞭子以及枪支殴打这 4 个人。当人们在监狱外进行抗议，要求警察局释放这 4 个人时，已经有两人被警察开枪打伤。[54]

1994 年 2 月，罗莫比康尼（Rumuobiokani）人在哈尔科特港口举行和平示威，反对壳牌石油公司在该地区安装的设备。全副武装的士兵、机动警察部队、海军和空军人员都到达示威现场。当河流州内部保安部队（River State Internal Security Force）负责人，臭名昭著的奥昆蒂莫（Okuntimo）少校（见下文）到达现场后，他命令他的手下"射击你看到的所有人"。他们胡乱地向示威人群扔催泪瓦斯，并朝他们开枪，导致 5 人受伤。有一个人为阻止自己的父亲被殴打，在一米开外的地方被射中。另一些人遭到殴打和逮捕。[55]

社区的抗议也并非仅仅针对壳牌石油公司。1993 年 10 月，在欧巴吉（Obagi），5000 人参加示威，抗议当地的埃尔夫石油公司炼油厂。最终，社区和埃尔夫石油公司签署了和平协议。但是，四个月后，当警察来搜寻埃尔夫公司的遗失财产时，冲突爆发了，1 名警察被打死，1 名欧巴吉人受重伤。而接下来机动警察部队的制裁迅速而猛烈，他们烧毁了一些巴吉人的房屋，并将其洗劫一空。他们还不分青红皂白地殴打人们，朝他们开枪。村民们被警察的行为吓坏了，整整 6 个月都躲在灌木丛中。社区的一位领导人金华（J. G. Chinwah）一直受到当局的骚扰。尽管他是无辜的，却两次因警察的死亡而被拘留。当局还试图解雇他在河流州科技大学的工作，并将其从大学的家中赶走。[56]

在随后的一个月，来自布拉斯（Brass）镇的 3000 名和平抗议者在当地的意大利阿吉普石油公司集散站外进行示威，机动警察部队和海军向他们投射了催泪瓦斯。示威者受到鞭子和棍棒的袭击，造成多人受伤。作为惩罚，通往该村的所有道路被封锁了整整 9 个月。第二年 5 月，在欧皮克波（Opeukebo），人们示威反对雪佛龙公司，抗议者乘坐的 16 只船舶被警察猛烈撞击。[57]

奥戈尼人民生存运动：争取生态和社会正义的运动

奥戈尼人民的行动是争取赔偿和生态自决的先锋运动。在萨洛维瓦访问伦敦的 3 个月后，也就是 1993 年 1 月 4 日，奥戈尼人动员了起来，举行了有史以来最大规模的反对石油公司的和平示威。为了迎接联合国的国际原住民年（UN Year of Indigenous Peoples），他们载歌载舞，相信通过非暴力的抗议和草根权利的增强，他们能够影响石油公司和军队。我们"已经发现，破坏我们土地的死亡使者叫作石油公司。他们严重地污染了我们的空气、土地、水和树木，使得我们的动植物差不多都要灭绝了，"一位奥戈尼首领对人们说：

"我们要求恢复我们的环境，我们需要基本的生活必需品——水、电力、道路和教育；我们首先要求获得自决权，这样我们才能对我们自己的资源和环境负责。"[58]

正是大规模的草根动员使得奥戈尼人民生存运动成为一项运动。运动的目的，用萨洛维瓦的话说，就是为了"社会正义和环境保护，"[59]这对于当局和壳牌石油公司来说是一种根本性的威胁。尼日利亚公民自由组织的一名成员是这样评价萨洛维瓦的："在尼日利亚，没有其他人能够让 10 万人走上街头。"[60]一位驻拉各斯外交官说："奥戈尼人民生存运动的的确确是草根运动，它与精英路线背道而驰，非常有效。对于尼日利亚的政治形式而言，这是重大的威胁。"[61]同样令人担心的还有《奥戈尼权利法

298

409

图 11.2　1993 年 1 月 4 日，肯·萨洛维瓦向群众发表演讲

资料来源：绿色和平组织／拉姆森

案》。1990 年，奥戈尼人将权利法案递交给尼日利亚政府和国际社会。这是奥戈尼人首次用文本表达他们的担忧、对环境和社会正义的诉求，以及对掌管自己事务和资源的愿望。[62] 萨洛维瓦是该法案的幕后推动者。在萨洛维瓦被谋杀的前一年，麦卡伦修女说："我认为萨洛维瓦最神奇的地方，就是他能够在所有这些事

299

情中保持一致的观点，还能让三角洲的所有社区保持一致的观点。"[63] 国际特赦组织总结说，当局最害怕的就是"在尼日利亚 250 个族群中，会有其他人效仿奥戈尼人组织良好的抗议活动。"[64]

然而，奥戈尼的抗议行动早已不是新鲜事。早在 1970 年，当壳牌石油公司还是壳牌石油公司和英国石油公司经营的合资企业（其资产后来被国有化）时，奥戈尼人民就已经开始开展活动反对壳牌石油公司造成的生态影响了。1970 年，奥戈尼领导人在信中抱怨该合资企业"严重威胁了奥戈尼人民的福利，甚至是生命"。他们还对该公司支付的赔偿金表示抗议。[65] 德雷（Dere）学生联盟给该合资企业写了一封信，信中说明过去的 25 年根本就没有发生什么改变。他们抱怨说，壳牌石油公司不断燃烧天然气，造成噪声污染，还在农田里铺设管道。[66]

同年，在博里（Bori），该合资企业的一口油井发生了严重的井喷。井喷持续三周，造成了大面积的污染。德雷青年联合会（Dere Youths Association）写道："我们的河流、小溪和小湾都被覆盖了一层原油。我们呼吸的不再是天然的氧气，我们吸入的是致命的、可怕的气体。我们的水也不能再喝了，除非有人想做实验测试原油对身体的影响。我们的蔬菜也不能吃了，因为它们全都被污染了。"[67]

据萨洛维瓦说，22 年后，这些地区仍然是一片荒地。[68] 1970 年，奥戈尼地区的一首歌表达了人们对壳牌石油公司的憎恨，这首歌后来也成为一首著名的抗议之歌：[69]

"壳牌石油公司的火光是地狱的火光，

我们沐浴在这火光下，

> 我们慢慢被这火光烤干，
>
> 我们被世人无情地忽视，
>
> 都怪可恨的壳牌石油公司。"

残酷的抵制

自 1993 年 1 月 4 日以来，奥戈尼人所遭受的反击是致命的。军政权要将他们推向毁灭的深渊。军政权的目的很简单：让奥戈尼人沉默，并阻止其他社区表达自己的正当关切。

随着社区和公司之间的冲突越来越激烈，奥戈尼人也遭受了越来越多的暴力。由于该地区的持续动荡，该公司于 1993 年 1 月撤出了在奥戈尼兰（Ogoniland）的所有人员。根据尼日利亚壳牌石油开发公司总经理布莱恩·安德森（Brian Anderson）的说法，壳牌石油公司"从那时起就不再试图恢复作业"。然而，1993 年 4 月，一家名为威尔布罗斯（Willbross）的美国公司，与壳牌石油公司签约，并且受到尼日利亚军方的保护，对土地进行了清理，以便继续在奥戈尼兰铺设石油管道。一位名叫卡拉罗罗·科戈巴拉（Karalolo Korgbara）的居民，为保护庄稼，而被枪击，最终失去了手臂。她说："我的农田被摧毁了……我现在什么都做不了，我无法种田。他们并没有付钱给我，他们什么都没有做。"[70]几千名抗议者聚集在事发地点，抗议此次枪击事件以及威尔布罗斯公司拒付赔偿金的行为。抗议的第四天，一位名叫阿戈巴拉特·奥托（Agbarator Otu）的示威者被人从背后开枪打死，还有至少 20 名村民受伤。国际特赦组织发布了"紧急行动"的请求，对军方可能做出的法外处决表示关切。[71]

几天之后的 5 月，政府通过了《1993 年叛国和叛国罪法令》(Treason and Treasonable Offences Decree)。根据该法令，只要你为拥护少数民族权利做出了哪怕是最简单的举动，都可以被定罪为叛国罪，并处以死刑。[72] 这部法令很快被称作"萨洛维瓦法令"，因为人们认为颁布这部法令的直接目的就是镇压萨洛维瓦和奥戈尼人。[73] 在 1993 年的头几个月，当局屡次逮捕萨洛维瓦和其他几名奥戈尼领导人。当局至少两次没收了萨洛维瓦的护照，有一次是为阻止他参加联合国世界人权大会。10 天之后，在 1993 年 6 月，萨洛维瓦又一次被逮捕，并与两名奥戈尼人民生存运动的负责人一直指控犯与非法集会、煽动性意图和煽动性出版物有关的 6 项罪名。[74] 萨洛维瓦第三次进监狱的时候，第三次心脏病发，昏迷了 2 个小时，用他本人的话说就是遭受了"心理酷刑"。后来他被拒绝给予心脏病治疗。[75] 绿色和平组织谴责拘留萨洛维瓦的举动"不仅是为压制对尼日利亚当局的批评，也是为压制对壳牌石油公司无视环境的批评"。[76]

从 1993 年夏天开始，奥戈尼人与邻近的部落——即安多尼 (Andoni)、奥克里卡 (Okrika)、多基 (Ndoki)——之间发生了一系列残酷的种族冲突。冲突的所有独立证据都表明，是军队以"种族间冲突"为幌子，怂恿并部分参与了冲突。在 7 月中旬，一群奥戈尼人去喀麦隆做生意，在回程途中，有 136 个人被所谓的"安多尼人"谋杀。儿童被塞进麻布袋里，扔进海里淹死。2 个人被释放，并被要求回去警告奥戈尼人其他人已经被"安多尼人"杀了。[77] 虽然这件事被上报给了河流州警察总署，但他们却拒绝采取行动。[78] 在 8 月初，卡阿 (Kaa) 镇至少有 124 人被杀害，整个镇子实际上都被摧毁了。在此次袭击的三周前，所

301

有的奥戈尼警察都被莫名其妙地调离该地区。再加上此次袭击中运用的都是精良的设备，如手榴弹、迫击炮和自动武器，以及"军方未能够恢复卡阿镇的秩序"，这些因素都表明此次袭击并非是邻里之间的冲突，而是由军方煽动和参与的冲突。[79]

一位在卡阿袭击中幸存的奥戈尼人说："这些冲突确实是军政府组织的袭击，他们挑起和平邻里间的冲突和战争。"[80]接受政府任命调查此次冲突的克劳德·艾凯总结说："实在是没有理由发生种族冲突。"他还说：

"领土、捕鱼权、准入权、歧视性待遇等是公共冲突的常见原因。但我们确定，各种族间在这些方面并无争议。我们不禁会有这样一种印象，有可能存在一种更强大的力量向奥戈尼人施压，以破坏他们的议程。"[81]

人权观察组织（Human Rights Watch）证实了艾凯的观点，认为："现有的证据表明，政府在煽动种族冲突中发挥了积极的作用。并且，一些被归咎于农村少数民族社区的袭击实际上是由便衣军队实施的。"[82]人权观察组织的调查员采访了两名曾参与奥戈尼袭击的尼日利亚军人。一名被派往该地区"维护和平"的士兵描述了接下来发生的事情。他回忆说："他们突然改变了命令。他们说，我们要去攻击那些一直在制造麻烦的社区。"随后，士兵封锁了科皮（Kpea）村，乱枪扫射平民百姓，焚烧和掠夺人们的家园。[83]尼日利亚的景象展现了这场袭击留下的创伤：冒烟的建筑物、尸体、被刀砍成碎片的躯体。死者的亲属们哭号着哀悼他们的死亡。[84]

卡阿镇居民告诉人权观察组织，袭击他们的人穿着军队制服。[85]在袭击中运用了重型武器，例如炸药、迫击炮和机关枪，

302

但是传统的渔村对这些事物一无所知。这更加证明了这些冲突实际上并非是社区间的。[86]就在1993年的圣诞节前，奥戈尼人再次遭到袭击，据说这次袭击是奥克里卡人实施的。虽然有约63人被包括炸药和机关枪在内的各式武器杀死，但是警察没有采取任何措施来阻止这场大屠杀。[87]尽管背后就能听到爆炸声，当地警察局还是将一名奥戈尼人拒之门外。一个调查委员会的结论是，此次袭击"有军事专家指导，打击精确"。[88]还有指控称，安全部队还积极鼓动另一个部落多基袭击奥戈尼。[89]一名奥戈尼人说："这些所谓的骚乱，是由军方精心策划的。他们利用了安多尼、奥克里卡和多基人，但是我们之间从来不存在所谓的种族冲突……这些骚乱只是从1993年，即我们抗争势头最旺的时候才开始。"[90]总共有大约3万人在冲突中流离失所，1500至2000人被杀。[91]

1993年间，奥戈尼还出现了一件事：为了争取奥戈尼人民生存运动的领导地位，萨洛维瓦和传统领导人之间发生了内部政治斗争。萨洛维瓦代表受年轻一代欢迎的领导者，年轻一代想利用更激进、更民主的运动来维护奥戈尼人的利益。而遵循自上而下的领导等级制的传统领导者，采用的是更保守、更和缓的方法。两者之间存在公开的分歧。当局一直积极地与奥戈尼保守派合作，逐渐削弱奥戈尼人民生存运动的地位，甚至付钱给奥戈尼人，以"阻止"萨洛维瓦。[92]

当局试图运用各种手段给萨洛维瓦贴上"恐怖分子"的标签，例如他们会散发一本小册子，标题为"奥戈尼人的危机：萨洛维瓦是如何将奥戈尼人民生存运动变为盖世太保的"[93]宣传册封面上印的是纳粹标记和萨洛维瓦的照片。宣传册的一位匿名作者说："国际社会成员接收到的有关奥戈尼人危机的真正性质和范围的消息都是错误的。"他补充说，萨洛维瓦"将奥戈尼人民全国青年委员会建立成恐怖组织，训练有素，装备精良"。册子中提到：

"显然，与国际空想社会改良家和混淆视听者（例如国际特赦组织）想要世人相信事情的不同，安全部队并没有进行法外处决和拘留。事实的真相是，安全部队才是奥戈尼人的救星。"

军方还坚持认为，"奥戈尼人的危机只围绕萨洛维瓦一个人"，并且"联邦政府已经建立了适当的程序，以确保萨洛维瓦和他的同伙得到公正的审判"。[94]

这位奥戈尼活动家说：

"政府和壳牌石油公司所做的一切就是为了把奥戈尼人民生存运动妖魔化，损害它的声誉，但是他们却无法在奥戈尼人的草根中取得成功。草根组织将奥戈尼人民生存运动看成是帮助他们获得解放的唯一组织。"[95]

政府希望通过宣称奥戈尼人民生存运动是恐怖组织来颠覆其目标，同时他们也在试图胁迫更多的传统长者，这是一种简单的分而治之的策略。很容易理解当局为什么担心：年轻一代的奥戈尼人比他们的长辈受到了更多的教育，从而能更多地理解他们的赔偿权利；另外，年轻一代也不像老一代人易被腐蚀，年轻一代也更为激进。

浪费现在是必要的

1993 年秋天，阿巴查（Abacha）将军控制了尼日利亚，奥戈尼人民生存运动的处境变得更加举步维艰。阿巴查任命科莫

(Komo) 中校为河流州州长，奥昆蒂莫少校为新成立的内部安全特别工作小组的组长。工作小组的任务就是有效地摧毁奥戈尼人的抗议。1994 年 4 月，一份题为"恢复奥戈尼的法律和秩序"的内部备忘录详细地描绘了广泛存在于奥戈尼的军事力量，他们分别来自陆军、空军、海军，还有包括机动警察部队和常规单位在内的警察。工作小组策划了一场旨在促进石油设施重新开放的行动。这次行动的任务之一就是确保"在奥戈尼，企业活动的开展不会受到干扰"。[96]

一个月后，奥昆蒂莫寄给科莫一份备忘录。一年之后这份备忘录才被泄露给国际社会。备忘录表明，军方为在奥戈尼重新开始石油生产，采取了多么残忍的手段。如果当局一直煽动"种族冲突"来对抗奥戈尼，他们就会遇到一个问题，那就是他们潜在的攻击者越来越少了。[97]奥昆蒂莫评论说："除非军方采取强硬措施，确保经济活动平稳开展，否则壳牌石油公司无法顺利运营。"为解决这一问题，他建议："在奥戈尼人民生存运动和其他集会期间进行的浪费性运营，以使持续的军事存在成为合理的；……浪费性经营，加上心理战术……限制未经授权的访客，特别是来自欧洲的访客到奥戈尼。"[98]

就在奥昆蒂莫写好备忘录的九天之后，1994 年 5 月 21 日，发生了一件"正当的"事件，4 名奥戈尼的传统长者被残忍地杀害了。这一事件虽然可怕，但却为军方进入奥戈尼开了绿灯，因为他们在上个月就已经计划好了，并在奥戈尼的法律和秩序行动中得到了体现。军队以寻找凶手为幌子，有组织地对整个地区进行恐吓、酷刑、强奸和杀戮。正是这件所谓的奥戈尼"种族内部"的争议，导致军队占领了该地区。如果我们推究奥昆蒂莫备

304

忘录更多的内容，就会发现事实令人极度不安。奥昆蒂莫在备忘录中写道："奥戈尼的精英领导之间存在分歧……可以运用讨论好的种族/王国内部的替换物……浪费的目标切断了社区和领导干部的联系，尤其是和各组织中直言不讳的个人的联系。"[99] 他们已经策划了一项战略来证明军事力量的存在是合理的，运用这一战略可以进行浪费性操作来对抗奥戈尼。

那一天还发生了其他可疑的事情，奥戈尼人民生存运动因此认为整个事件完全是一个圈套。目击者描述说，在杀戮发生之前的那个早晨，奥戈尼"到处都是士兵"，好像他们正等待着什么事情发生。当有人提醒他们发生了骚乱的时候，尽管人们要求他们阻止杀戮，平息逐渐高涨的不满，安全部队却什么都不做。奥戈尼活动人士说："我们收到的消息是，在这次事件中死亡的都是有关联的人。整个事件都发生在警察的眼皮底下。"[100]

萨洛维瓦当时正在竞选宪法会议的奥戈尼代表，他在几天前就将自己的日程安排给了军事当局。萨洛维瓦支持的尼日利亚会议，是一个议题围绕赔偿问题的论坛，目的是帮助奥戈尼人解决冲突。在 5 月 21 日，萨洛维瓦本来应该在四个集会上做演讲，但是前两个演讲被取消了，萨洛维瓦被军方押送到了计划之外的杀戮即将发生的附近地区。他在该地区没有停留多久，就又被军方带走。在谋杀案实际发生的时候，萨洛维瓦已经在数英里之外了。[101]

奥戈尼的年轻人应该已经猜想到萨洛维瓦被逮捕了，但也不能排除另一种可能性，即外部势力使不满的情绪转化为行动，最终导致 4 名长者死亡。此外还有很多巧合也暗示，可能并没有内奸，尽管我们可能永远都没有真凭实据。一位目击者说，只有在

305

血案真正发生以后，"我们奥戈尼人才明白，为了制造借口好让政府派来更多的士兵，政府精心策划了奥戈尼的骚乱"。[102]

在对过去一年中1000多名奥戈尼人的死亡进行调查时，安全部队表现得冷漠无情。他们自5月21日以来采取的极端措施更进一步地表明，整个事件是策划好的。内部安全特别工作小组"表面上是寻找对杀戮有直接责任的人"，实际上，用国际特赦组织的话说，是在"故意恐吓整个社区，不分青红皂白地进行攻击和殴打"。[103]

谋杀发生后的第二天，奥戈尼人民生存运动的主席肯·萨洛维瓦和副主席利度姆·米梯（Ledum Mitee）在没有被控诉的情况下就被逮捕拘留。[104]萨洛维瓦很快就谴责了此次杀戮，并再次重申自己的非暴力承诺，他说："我坚决反对使用暴力，造成此次事件的所有人都应该被绳之以法。"[105]实际上，萨洛维瓦和奥戈尼人民生存运动早就开始采取了措施，揭露并防止奥戈尼的任何私刑活动。[106]尽管如此，科莫中校还是举行了一次会议，把杀戮的责任推到奥戈尼人民生存运动的身上，并称萨洛维瓦是"容不下任何异议的独裁者"。[107]

国际特赦组织认为，逮捕萨洛维瓦的行动是"尼日利亚当局持续压制奥戈尼人民的一部分，目的是镇压奥戈尼人民反对石油公司的活动"。[108]国际特赦组织宣称萨洛维瓦是"因其非暴力政治活动而被关押的良心犯""仅仅因为他开展运动反对环境破坏，抗议在奥戈尼经营的石油公司支付的补偿金太少，以及他在奥戈尼社区和国际上都具有重大影响力"。萨洛维瓦一次又一次地被逮捕和骚扰。这位奥戈尼活动家说：

"如果肯没有参加反对壳牌石油公司的活动，那么从一开始，他就不会被逮捕。这个地区遭遇的所有这些麻烦，也都不会发生。如果奥戈尼人民没有站起来抱怨他们的困境，所有这些事情都不会发生。"[109]

净化奥戈尼

奥戈尼人民生存运动的领导者被逮捕后，安全部队在奥昆蒂莫少校的命令下，用他自己的话说，开始"净化奥戈尼"。沃莱·索因卡（Wole Soyinka）说："'净化'意味着'种族清洗'。"[110]此外，正如其备忘录所言，奥昆蒂莫吹嘘说他现在正忙着在奥戈尼开展"心理战"。[111]奥昆蒂莫说："你要用心理学方法让他们摆脱动员的影响。"[112]在概述自己对付奥戈尼的方法时，他说：

"我在晚上进行活动，因此没有人知道我从哪里来。我只带领约 20 名士兵，给他们硬杀伤武器，例如手榴弹和炸药。还有装有 500 发子弹的机关枪。我们往灌木丛中扔手榴弹，手榴弹就会爆炸，隆隆作响。我们早在主干道上设置了路障。我们不希望有任何人逃跑，因此我们的选择就是，我们应该……让所有人躲到灌木丛里去，除了身上穿的衣服，其他什么都不要带。"[113]

在他的命令下，军队在晚上对村庄进行了有计划的袭击，随意地射击、抢劫、拷打和强奸。士兵们横冲直撞地进入房子里，向居住在里面的人开枪，并殴打他们。他们还向吓坏了的居民索要"安置费"。有些人在逃离村庄的时候被枪杀，包括老人、年轻人和体弱的人。军队偷走了人们的金钱、财产、牲畜和食物，然后放火烧毁了他们的房子。

根据国际特赦组织的数据，一个月之内，大约有 30 个村庄受到了袭击，50 人死亡，180 人受伤。到 6 月底，人权组织国际特赦组织指出："这些袭击似乎是尼日利亚当局持续压制奥戈尼人民反对石油公司的运动的一部分"。[114]被士兵轮奸的受害者的证词最让人感到痛心。一位 14 岁的少女回忆说："他们扯破了我的衣服。一个士兵抱着我的两条腿。然后四个士兵轮流强奸我。他们离开时，我躺在血泊中，失去了知觉。"[115]士兵们强奸并殴打女人和孩子，甚至还强奸孕妇。[116]他们还把受害者的手指割下来。为了恐吓人们，让人们安静，士兵们威胁说要把他们的眼睛挖出来，或是杀死他们。[117]

士兵们告诉人权观察组织，奥昆蒂莫自己也施行了强奸，还会指定要求把哪些奥戈尼女人带到他那去。[118]对囚犯实施的许多酷刑也是在奥孔蒂莫的亲自指挥下进行的。有报道描述了奥戈尼人遭到的暴行，但是奥昆蒂莫和科莫不予理会，称这是"政治宣传"。[119]

被逮捕的人的境遇也好不到哪里去。他们在未被起诉的情况下就被关押起来，他们会被殴打、被折磨、被羞辱。国际特赦组织称这种不人道的境遇"威胁到生命"。[120]人们被关在不通风的小屋子里，里面没有食物，没有卫生设施等，也没有水可以喝。如果他们的亲属没有给他们带食物，那么他们就会饿死。有些屋子非常狭窄，只有 3 米长，2 米宽，人们只能站着。几乎所有被拘留的人都会被鞭打，有的人一天被打一次，有的人一天被打很多次，以至于"血肉模糊"。许多人因为受伤而不得不住院治疗。到年底，大约有 600 人被拘留。[121]不知道有多少人死在了监狱里。

不过，不仅奥戈尼人遭到了殴打和监禁，律师、观察员和记

307

者也遭到殴打。1994 年 6 月，两名尼日利亚律师奥伦多·道格拉斯和乌切·欧尼古查（Uche Onyeagucha）与英国环保主义者尼克·阿什顿-琼斯一起去博里集中营地看望列达姆·米蒂（Ledum Mitee）时，被奥昆蒂莫逮捕，并关押了 4 天。士兵用电线抽打他们。一位士兵还踢伤了乌切·欧尼古查的脸。[122] 来自《华尔街日报》（Wall Street Journal）和其他尼日利亚报社的记者因撰写有关奥戈尼的报道而被拘留。《华尔街日报》的一名通讯员杰拉尔丁·布鲁克斯（Geraldine Brooks）因"鬼鬼祟祟"而被驱逐出境。[123] 一位奥戈尼村民对布鲁克斯说："我诅咒壳牌石油公司在我们的土地上发现石油的那一天。壳牌石油公司破坏了我们的花园，毒死了我们的鱼，现在又在杀害我们的人。"[124] 当布鲁克斯拒绝交出自己的采访笔记时，她被告知："让我提醒你，你已经度过了 38 年的美好时光。你有一个丈夫。现在不要拿这一切去冒险。"[125]

奥昆蒂莫下令"把萨洛维瓦带到没人知道的地方，用铁链锁住他的腿和手，不要给他食物吃……我不能允许任何人来破坏我的工作"。[126] 他在狱中经常受到酷刑，被戴上脚镣，并被拒绝与家人、朋友和律师见面，也无法接受药物治疗。1994 年 11 月，萨洛维瓦和奥戈尼人民生存运动获得"正确生计奖（Right Livelihood Award）"，该奖也叫作另类诺贝尔奖。科莫中校下令对萨洛维瓦施加更严厉的镇压措施。[127] 萨洛维瓦因"非暴力地争取人民的公民权利、经济权利和环境权利，表现出了大公无私的勇气，堪称典范"而获奖。[128] 萨洛维瓦还获得另外 2 个奖。一个是世界最大的草根环境奖戈德曼环境奖，获奖原因是"他领导了一场和平运动，为土地遭跨国石油公司破坏的奥戈尼人民争取环境权利",另外一个奖是人权观察组织颁发的赫尔曼/哈米特言论自由奖(Hellman/Hammett Award of the Free Expression)。[129]

谁受到审判?

1994年11月,军方宣布成立一个由三人组成的法庭,审判被拘留的15名奥戈尼人。他们只是在一个由非法军事政权私设的法庭上听取被告的辩护,而不是在真正的民事法庭上。被告无法进入民事法庭,他们也没有权利上诉,如果他们被宣判有罪,他们就要面临死刑。这公然违反了尼日利亚法律和国际法应保障的基本权利。[130]

在等待了8个月之后,萨洛维瓦和其他奥戈尼人最终被指控犯有谋杀罪或"商讨和施行谋杀罪"。[131]英格兰及威尔士律师人权委员会(Bar Human Rights Committee of England and Wales)以及英格兰和威尔士的法律协会英格兰和威尔士的法律协会(Law Society of England and Wales)非常关注此次审判,因此他们请迈克尔·伯恩鲍姆(Michael Birnbaum)以观察员身份出席审判。他的报告对法庭的不公正性提出了严厉的指控。伯恩鲍姆批评说,有一名军官在场,法庭是由军政府召集的,而且被告不能对任何判决提出上诉,其中包括对谋杀的强制性死刑判决。[132]

法庭"做了两个决定。在我看来,这两个决定明显有失偏颇,都倾向原告和联邦政府",因此伯恩鲍姆越来越担心。根据法律,法庭本应确信被告在审判开始之前确实是犯了罪的,但是在这儿并没有针对被告的诉讼。其次,法庭决定同时对多位奥戈尼人进行审理，这严重破坏了被告得到公平审判的机会。[133] 由于奥昆蒂莫中校施加了不正当的影响，因此所有被告都不能在审判之前会见他们的辩护律师。[134]

伯恩鲍姆"不明白为什么"法庭内外都有很多军方人员。被告的支持者受到骚扰和殴打，并被拒绝进入法庭，包括萨洛维瓦的母亲和妻子，甚至两位主要的辩护律师费米·法拉纳（Femi Falana）和加尼·法黑密（Gani Fawehinmi），以及奥伦多·道格拉斯也进不去。法拉纳实际上是被逮捕了，被单独监禁了 8 天。法黑密的护照被没收了，需要有法庭命令才能出国旅行。他后来又被逮捕了。[135] 所有这些导致伯恩鲍姆得出结论："我认为，这严重侵犯了人们的基本权利，以至于引起人们的严重关切，即该法庭之前的所有审判从根本上说都是有缺陷的和不公平的。"[136]

萨洛维瓦在审判期间写道："我和其他奥戈尼人一样，被殴打、被虐待，伤痕累累，惨遭蹂躏，鲜血淋漓，几乎相当于被活埋了。"[137] 他继续说："毋庸置疑，当局希望我死，因为我在为奥戈尼人民的斗争中给当局带来了太多的麻烦。"[138] 尽管 10 月底才宣布判决结果，但早在初夏，萨洛维瓦的辩护律师就退出了审判。有证据证明，军方和壳牌石油公司向主要的公诉方证人行贿。该证据本是最后的救命稻草，但法庭却裁定说"该证据太合理，因而是假的"。[139] 迈克尔·伯恩鲍姆报告说，只有两位主要的公诉方证人查尔斯·丹威（Charles Danwi）和奈恩·阿卡帕（Nayone Akpa）直接表明萨洛维瓦与罪行有牵连，而他们也签署了宣誓书，声称自己是被买通才指控萨洛维瓦的。[140]

下文摘取自 1995 年 2 月 16 日，查尔斯·丹威签署的宣誓书：

"有人告诉他，他将得到一座房子，一份壳牌石油公司和石油矿产产区发展委员会（Ompadec）的合同，还有一些钱……他将获得3万奈拉……在后来的会议中，安全机构、政府官员、科巴尼家族（Kobani）、欧雷奇家族（Orage）、巴迪家族（Badey），还有壳牌石油公司和石油矿产产区发展委员会的代表都出席了。"[141]

指控萨洛维瓦的另一位主要公诉方证人，奈恩·阿卡帕也宣称，如果他签署一份牵连萨洛维瓦的文件，他就可以获得"3万奈拉、戈卡纳地方政府的雇佣合同、壳牌石油公司和石油矿产产区发展委员会的合同，而且每周都能获得津贴"。[142]在审判快结束时，壳牌石油公司强烈否认自己在法庭行贿，坚决否认自己与四位奥戈尼领导人的死亡有任何关系。[143]

10月31日，萨洛维瓦和另外8名奥戈尼人被判处死刑。尽管国际社会强烈抗议该判决，他们还是于1995年11月10日被处以绞刑。约翰·梅杰说此次杀戮是"合法但不公正的司法谋杀"。萨洛维瓦在法庭的结案证词中写道："我和我的同事并不是唯一受审的人，壳牌石油公司也在这里受审，只是它由据说有委托书的律师代表。壳牌石油公司的确躲掉了这次审判，但是它接受审判的日子终有一天肯定会到来。"[144]

公关回应

自1993年1月奥戈尼人民生存运动开始发起运动以来，壳牌石油公司就从公关方面发起了攻势，其关注焦点不是解决社区的真正关切，而是保持自身的良好形象。克劳德·艾凯说："壳

310　牌石油公司陷入了一种围困心态，因此开始专注于损害控制。"[145]

尼克·阿什顿-琼斯补充说道："壳牌石油公司不愿意面对自己在河流州造成的环境和社会问题，假装做出努力，以重塑自己在尼日利亚和国际上的环境形象。"[146]1992 年 11 月，英国第四频道电视台播放了一部纪录片，标题为《热血沸腾》，纪录片严厉批评了壳牌石油公司，这给该公司带来了更多的麻烦。1993 年 2 月，在海牙和伦敦举行了关于社区关系和环境的会议，其会议记录草稿被泄漏出来。其中强调：

"这个问题并不局限于尼日利亚；它已经通过电视节目《热血沸腾》蔓延到了英国。最近相关信息已经传播到荷兰和澳大利亚……国际网络……正在发挥作用，有可能演变成国际范围的抗议活动。"[147]

公司官员讨论了改善环境的必要性，特别是在漏油、燃烧、空气和水的质量方面。他们还提议：

"尼日利亚壳牌石油开发公司和 SIPC 的公共关系更密切的相互通报情况，以确保更有效地监控核心人员在干什么，和谁说什么，这样才能避免产生不愉快的意外，防止对集团的声誉造成不利影响。"[148]

对此，克劳德·艾凯指责说：

"壳牌石油公司想更加严密地监控肯，因为就最乐观的一面看，肯充其量是个讨厌鬼，而就最糟糕的一面看，他是一个巨大的危险。因为他把包括壳牌公司在内的石油公司不负责任的行为这件事提交给了国家，在某种程度上也提交给了国际社会。人们控诉石油公司漠视环保，勘探石油时不愿应用环境可持续性的正规标准。我想，他们害怕，如果每个人都开始提出肯提出的这种问题,并呼吁公司改变行为,这将使壳牌公司的业务成本大大增加,并大大降低他们的利润率。"[149]

壳牌石油公司一直努力撇清自己与冲突的关系,认为"奥戈尼人民生存运动的大部分要求不在石油公司的业务范围内,而属于政府的职责范畴"。此外,壳牌石油公司辩称:"奥戈尼人民生存运动开展的活动是公开的政治行为。而扰乱壳牌石油公司的石油业务,指控壳牌石油公司破坏环境,就能提升其活动的国际形象。壳牌石油公司受到了不公平的利用。"[150]25年以来,三角洲的所有社区都抗议说,由于壳牌石油公司的经营,自己的资源遭到了污染、剥削和占用而遭受严重的损失。壳牌石油公司声称是奥戈尼人在"利用"他们,这简直是误导。壳牌石油公司的这种傲慢只会让尼日尔三角洲的人民感到更加无奈。

奥戈尼运动还有一个政治优势,因为奥戈尼人要求得到一定程度的政治自治权利。萨洛维瓦说:"我们已经为环境奋斗了很长时间。但却没有人关心。因为对于其他没有受环境之苦的人来说,环境并不是个严重的问题。但是当其涉及政治时,就开始引起一些人的注意。"[151]麦卡伦修女认为,"在这个问题中,无论如何你也无法将环境和政治分离开来。两者关系错综复杂,因为保护环境是一种政治责任。"[152]

壳牌石油公司还对有关环境破坏和双重标准的报道轻描淡写。该公司说:"关于奥戈尼的环境破坏的指控,就像我们运营地区的其他地方一样,根本不是事实。我们确实有环境问题,但这些问题并不构成任何破坏性的问题。如果尼日尔三角洲的环境问题确实源于石油作业,我们将致力于处理这些问题。"[153]克劳德·艾凯和环保人士谢利·布雷斯韦特(Shelley Braithwaite)则强

311

427

烈反对这一说法。艾凯认为："不仅壳牌石油公司，还有许多其他公司都在制造破坏。"[154]布雷斯韦特说：

"只要你到伊布布（Ebubu）附近的1970年输油管爆炸的现场去看看，就会发现这种说法背后的信念是多么的苍白无力。这里有一个两到三英亩的地方，25年过去了，仍然覆盖着几米厚的原油。据报道，1993年6月在博穆泰（Bomu-Tai）发生的漏油事件持续了40天，壳牌石油公司才堵住了漏油的源头。"[155]

壳牌石油公司还否认自己施行双重标准，并利用《里约宣言》第11条替自己在尼日利亚采用不同标准的做法进行辩解。《里约宣言》第11条指出"某些国家应用的标准也许对其他国家，尤其是发展中国家是不适当的，会对它们造成不必要的经济和社会损失。"[156]这一理由并不能让艾凯教授信服。艾凯问："谁决定什么是不适当的?"他说：

"问题在于，适当不适当的标准是由公司决定的，他们不受法治的约束。他们并没有通过协商决定，而是根据自己的利益作出决定。这就是无法无天。这不是一种可接受的做事方式。"[157]

壳牌石油公司狡猾地篡改了三角洲地区的污染数据。1992年，公司的说法是："大约60％的石油泄漏是由破坏造成的"。[158]到1995年，该公司改变了说法，承认"在我们整个运营过程中，大约75％的石油泄漏是由腐蚀造成的"，但是他们也坚持说"调查显示1985年至1993年初，在奥戈尼地区，69％的泄漏是由社区造成的"。[159]克劳德·艾凯说："奥戈尼土地上的大多数污染不是由破坏造成的。我认为，石油公司进行这种不负责任的宣传，是为了让那些试图保护环境的人名誉扫地……壳牌石油公司这样做只是放了个烟幕弹。"[160]

　　艾凯指出，裁定赔偿的是公司，而索赔需要花费 5 年甚至更多的时间，因此，人们不大可能会主动污染自己的土地。[161]麦卡伦修女说："故意毁坏或蓄意破坏的证据都非常不充分。因为人们会说，'我们自己最了解石油会对我们产生什么影响，我们怎么可能惩罚自己呢？'"[162]有一份独立记录记载了 10 年间壳牌石油公司在尼日利亚经营时发生的漏油事件。根据记载，27 起漏油事件中只有 4 起是蓄意破坏造成的。[163]

　　在 1994 年底，受壳牌石油公司"在尼日利亚的环境和社会政策"的影响，信托储蓄银行（TSB）宣布出售自己利用环境投资者资金购买的壳牌石油公司的股份。[164]这是公司股东对壳牌失去信心的第一个确凿证据。壳牌石油公司必须采取一些积极措施来平息日益高增长的抗议。1995 年 1 月，就在萨洛维瓦的审判刚开始之后，壳牌石油公司就宣布，计划投入 200 万美元，在三角洲地区进行一项为期两年的"独立"环境调查。尼日利亚三角洲环境调查将"统计整个三角洲地区的物理和生物多样性"，[165]而不是集中于石油作业的生态和社会影响。

　　尽管壳牌石油公司很快就否认尼日利亚三角洲环境调查是受压力驱动的，[166]但是一份泄漏出来的壳牌石油公司与潜在承包商的会议记录表明，这项独立调查的目的"一箭双雕。一方面可以为自己开脱所有的责任，另一方面，鉴于当地和国际社会控诉石油和天然气产业在缓解环境问题方面做得不够多，这项调查也可以解决这个问题"。[167]潜在的承包商也感觉"壳牌石油公司已经下定决心"并且"当提及当地人民的时候，我总是可以察觉到他们话里的嘲讽意味"。[168]

　　人们还质疑调查的独立性——该调查指导委员会主席是邓禄

313

普尼日利亚分公司（Dunlop Nigeria）的负责人，该公司又是壳牌石油公司产品的主要用户。其他委员会成员包括壳牌尼日利亚公司的高层公共关系人员。指导委员会曾承诺"此委员会的成员是经过专门挑选的，包括该地区的所有主要利益相关者的代表"，[169] 但是没有一位成员来自奥戈尼人民生存运动。要解决三角洲地区的冲突，与奥戈尼人民生存运动进行协商至关重要。奥戈尼人民生存运动回应说"希望壳牌石油公司这次不是又要诱骗尼日利亚公众相信壳牌石油公司具有环保意识"，并且呼吁"公司着眼于评价研究/审计奥戈尼的环境和社会影响，并与奥戈尼人民生存运动进行协商谈判"。[170]

其他评论者认为，壳牌石油公司希望把三角洲地区的问题归咎于居民，而不是自己的经营活动。这一切只是一种狡猾的公关反击策略，这让公民自由组织的奥伦多·道格拉斯感到恼火。他问道："他们不应该把这当成是公共关系的事情。他们要开多少场新闻发布会，他们又要解释什么？他们是想解释我的社区没有被破坏吗？他们是想解释我的社区没有发生霍乱吗？他们是想解释他们没有掠夺我们的资源吗？没有电力，没有公路，没有水，我的村庄一无所有，这就是他们想要解释的吗？为什么他们不在尼日利亚运用和在北海、英格兰及世界其他地区一样的标准？"[171]

在萨洛维瓦被谋杀之后，克劳德·艾凯教授就辞职了，调查也开始弄巧成拙。萨洛维瓦请求艾凯参与调查，艾凯"义无反顾"地同意参加调查，并代表整个社区的利益。他辞职的理由是：

"很显然，尼日利亚三角洲环境调查的行动为时已晚，也不是真的回心转意。首先，尼日利亚三角洲环境调查并没有得到整个石油工业的热情支持。显然，最近石油公司都没有什么表现，尤其是壳牌石油公司、NOAC、埃尔夫石油公司和美孚石油公司。这表明，尼日利亚三角洲环境调查更多关注的是石油生产企业的困境。"[172]

艾凯还确信，壳牌石油公司：

"并没有做足够的调解工作。我和他们待了一年多，很容易就了解这些事情。我认为有必要进行全面对话，并不断敦促他们。我告诉他们我可以让社区和他们进行协商对话，包括奥戈尼人民生存运动。"[173]

壳牌石油公司并没有听从艾凯的建议，相反地，公司似乎在与军方讨论公关策略。一份外泄的备忘录显示，1995 年 3 月 16 日，壳牌石油公司的四名高级官员马尔科姆·威廉姆斯（Malcolm Williams）、布拉克（Brack）、梵·丹·布鲁克（Van dan Brook）和 Detheridge，与尼日利亚高级专员在伦敦壳牌中心（Shell Center）举行了会议。尼日利亚军队和警察的代表也出席了此次会议。

会议讨论了公共关系策略和反宣传措施。高级官员一度"对戈登和英国美体小铺公司的安妮塔·罗迪克（Anita Roddick）所策划的错误信息网络表示失望……想知道是否可以探索一种反措施，例如制作海报，在报纸上刊登广告以及赞助电视节目"。区域联络处的负责人马尔科姆·威廉姆斯回答说，他"担心任何方法都会落入宣传者的圈套"，他还告诉部长，"他的公司正在着手制作自己的电影"。高级专员对此表示"欣喜"，并且"承诺帮助他们克服可能遇到的所有官僚主义问题"。[174]会议期间，壳牌石油公司的官员完全没有对一周前入院的萨洛维瓦表示关心。壳牌石油公司也承认确实举行了那一场会议，但是拒绝对讨论的内容发表评论。

在奥戈尼发生暴行期间，尼日利亚政府在《纽约时报》和《华盛顿邮报》上刊登了广告。[175]政府雇佣的公关和游说公司 Van Kloberg & Associates 在"改善不受欢迎国家的形象"方面享有盛名，包括萨尔瓦多、海地、伊拉克和缅甸。[176]在萨洛维瓦被杀之后，军方立即加强了对奥戈尼人的造谣活动，据说在伦敦的公共关系策略上花费了 500 万美元，又在美国雇用了 7 家公关公司。他们在美国和英国的媒体上刊登广告，为处决奥戈尼人辩护。奥戈尼人的抗议活动一直持续到 1996 年，在奥戈尼那天有 6 人被枪杀。军方指责奥戈尼人民生存运动是收了外国政府的钱而破坏尼日利亚的稳定的"雇佣兵"。[177]

315　　壳牌石油公司没有与社区和解，而是继续推行克劳德·艾凯所说的"商业的军事化"和"国家的私有化"。在三角洲地区开采的石油是在军事保护下进行的。艾凯教授在 1995 年 12 月说：

"现在的情况是，作为石油工业的运行基础，所有的集油站都是在武装保护下运行的。这是商业军事化和国家私有化的过程。我在与壳牌石油公司的高管讨论时，实际上已经使用了这些词汇。"[178]

正是由于壳牌石油公司依靠军队的保护，也要靠军方来平息以和平方式表达的异议，激怒了奥戈尼人，他们认为壳牌石油公司与政府勾结在一起。奥戈尼活动家认为："他们的行动和他们与政府的关系都表明了这一点。也就是说，一旦出现尼日利亚壳牌石油开发公司认为不安的情况，他们就会毫不犹豫地邀请军队出马，甚至都不请警察来。军队每次来就是进行射杀，根本不使用和平的方法。"[179]

这种说法也得到了人权观察组织的支持：

"壳牌石油公司依赖于军队的保护，因而奥戈尼人一直遭到虐待，壳牌石油公司与军队的这种行为脱不了干系……尼日利亚军队对壳牌石油公司设备的保护与其对石油经营地区少数民族的镇压紧密交织在一起，壳牌石油公司无法合理地切断这两者的关系。"[180]

麦卡伦修女也严厉批评了壳牌石油公司利用军队的行为："如果现在你不得不请武装部队保护你的利益，那么作为一个企业，你已经完全失败了。你已经输了，这是彻头彻尾地接受失败。或者说，你忽略了这样一个事实，人民真的很重要。"[181]

1987年在伊科、1990年在尤彻姆、1992年在博尼和1993年在博姆泰发生的事情都很好地证明了石油勘探和国家暴力相互交织在一场，已经成为尼日利亚的普遍现象。此外，在伊科和博姆泰，有证据表明，壳牌石油公司为士兵提供了运输工具，为军队提供了后勤保障。在博姆泰，在一起漏油事件发生几天后，士兵们出现在当地村庄，向当地年轻人开火，其中一个人被击中后脑勺而死。用壳牌石油公司的话说，士兵被运送到这里是为了与社区"对话"。为了报复，当地人放火烧了两辆属于壳牌石油公司的卡车。然而，在与环保主义者尼克·阿什顿-琼斯进行的会谈中，壳牌石油公司却坚持说，军队袭击村庄，是为惩罚村民弄坏他们卡车的行为，这是合理的。而事实是一位当地人被杀死之后，村民才开始破坏卡车。壳牌石油公司的官员对村民的死亡没有表现出任何歉意。[182]

那么，石油公司和军队之间到底是什么关系？根据1994年

316

5 月的一份题为"资金投入"的备忘录，奥昆蒂莫建议"向石油公司施加压力，尽快得到先前讨论的定期收益"。[183]当奥昆蒂莫拘留奥伦多·道格拉斯和尼克·阿什顿-琼斯的时候，一些证据开始显现，表明壳牌石油公司可能是向军方了支付金钱。道格拉斯记述了此次事件：

"谈话继续进行，少校说，'在这些行动中，壳牌石油公司对他不公平'。他说他冒着自己以及士兵们的生命危险保护壳牌石油公司的石油设备。他说他的士兵们没有像以前那样得到报酬。"[184]

当道格拉斯被问及是否相信奥昆蒂莫承认军队收了壳牌石油公司的钱，他回答说："壳牌石油公司确实付钱给了军队。"[185]

尼克·阿什顿-琼斯也证实了这次对话，并回忆奥昆蒂莫说过的话："他说他所做的一切都是为了壳牌石油公司……但他很不开心，因为上次他要求壳牌石油公司向士兵支付津贴的时候，壳牌石油公司竟然一改往常，拒绝了他。"[186]萨洛维瓦也与道格拉斯和阿什顿-琼斯持一致看法："这证实了众所周知的事实，那就是壳牌石油公司……一直在向尼日利亚的安全机构交保护费。"[187]萨洛维瓦的兄弟欧文斯·维瓦（Owens Wiwa）也被奥昆蒂莫逮捕。奥昆蒂莫告诉他，自己的工资是壳牌石油公司支付的。[188]在《星期日泰晤士报》（*The Sunday Times*）的采访中，奥昆蒂莫自己也承认，他的收入也是由壳牌石油公司支付的，尽管后来他又否认这一说法。他说："壳牌公司通过财政支持为后勤工作做出了贡献。"[189]

壳牌石油公司还与奥昆蒂莫定期会面。"河流州的一位政府高层消息人士告诉人权观察组织，尼日利亚壳牌石油开发公司的代表与河流州安全机构的负责人以及保罗·奥昆蒂莫中校定期会面。"[190]非联合国会员国家及民族组织（Unrepresented Nations and Peoples Organisation）认为，"有迹象表明，在影响奥戈尼人的一系列事件中，该公司在重要时刻与军事当局保持着密切联系。"[191]针对这些指控，壳牌石油公司回应说："并不像人们所说的那样，壳牌石油公司支持了奥昆蒂莫上校领导的特别工作小组在河流州进行的任何所谓行动。"[192]河流州军事长官科莫中校已经承认，壳牌石油公司给他的政府提供了财政援助，以"加强该州的安全行动"。[193]

另外，根据人权观察组织，"壳牌石油公司的高管承认，他们雇佣尼日利亚警察来提供内部安全"。[194]克劳德·艾凯坚持他所说的"国家私有化"，并证实壳牌石油公司确实付了钱给警察。艾凯认为，这表明壳牌石油公司承认向尼日利亚进口武器来武装警察。壳牌石油公司公共事务部的艾瑞克·尼克森（Eric Nickson）试图向《观察家报》（*Observer*）证明壳牌石油公司的行为是正当的，他说这在尼日利亚司空见惯，而且"尼日利亚警察没有足够的资金武装自己"。前国防参谋长阿拉尼·阿肯瑞纳德（Alani Akinrinade）中将驳斥了这一说法，他反驳说尼日利亚警察"装备精良，不需要任何人帮助进口武器"。他还向《观察家报》指出，在尤姆彻和伊科攻击人民的机动警察部队"全副武装"，并且"任何人都没有理由在尼日利亚拥有私人军队"。[195]

两周之后，《观察家报》披露，在对奥戈尼人实施暴行的高峰期，壳牌石油公司一直在谈判再购买价值50多万美元的"升级版武器"，其中包括森威自动步枪、贝雷塔手枪、泵动式散弹枪还有130支冲锋枪。《观察家报》还报道了壳牌石油公司管理人员是如何向尼日利亚警察局长施压，要求其批准购买武器的。壳牌石油公司管理人员警告说"我们公司对国家经济的重要性，是怎么强调都不为过的"。[196]

克劳德·艾凯认为：

"你不能在将国家私有化的同时，还说你的经营不受政治和压迫的影响。壳牌石油公司是在一个压迫性机器的保护伞下运行的。这使得异议更多，根本不可能讨论环境问题和人权问题。利用武力逃避这些事情，因此问题根本得不到重视，更不用说解决了。异议就只能越来越多而不会减少。"[197]

壳牌石油公司告诉其股东，对其"与尼日利亚军事当局勾结"的指责是"蓄意误导"。[198]

318

改变的时机

如果壳牌石油公司听取三角洲社区的意见，并同他们进行谈判，尼日利亚的情况就会有所不同。克劳德·艾凯坚持认为："事情本可以在走到对抗地步之前就得到解决。"他还说："我认为，就我自己采取的行动而言，壳牌石油公司没有进行足够的努力（帮助安全释放萨洛维瓦）。"[199]

壳牌石油公司最终承认，整个奥戈尼危机本来是可以避免的。[200]尼日利亚壳牌分公司的负责人布莱恩·安德森现在也松口承认有一个"腐败的黑洞"，它"就像地心引力一样，一直在把我们拉下来"。多达 20 名壳牌石油公司的员工面临被解雇的命运，其中一人被指控利用一起虚假的石油泄漏事件，向公司骗取了 100 万奈拉的赔偿金。[201]阿什顿-琼斯说："壳牌石油公司已经变成一个腐败的组织，由它自己的员工、一些有权势的当地人，以及军事机构掌控。它不知道如何对自身进行改革。"[202]奥伦多·道格拉斯说："要想让尼日利亚和平，像壳牌这样的公司将在其中发挥非常大的作用，尤其是在实现民主方面。但是现在它们只是在享受自己掠夺来的战利品，沉溺于军队促成的腐败中，就像他们不准备做任何事情一样。"

18个月来，萨洛维瓦的支持者要求壳牌石油公司进行干预，以确保他获释，但壳牌石油公司公开表示，它不能介入此事。当萨洛维瓦被判处死刑时，公司仍坚持说自己不能从中调解。最后，当萨洛维瓦的判决被批准的时候，壳牌石油公司在拉各斯发表声明，呼吁对萨洛维瓦宽大处理。尼日利亚壳牌石油开发公司的总经理布莱恩·安德森说："我们认为，在尼日利亚，干涉政治进程或法律程序都是不对的。像壳牌石油公司这样的大型跨国公司不可以也不能干涉任何主权国家的事务。"[203]

然而，1994年夏天，萨洛维瓦的兄弟欧文斯·维瓦三次会见了壳牌石油公司布莱恩·安德森见，想看是否可以运用其影响力帮助萨洛维瓦出狱。维瓦说，安德森告诉他"这很难，但不是不可能。但是这场国际运动正在危害壳牌石油公司和尼日利亚政府。如果我们能阻止这场运动，那么他也许能做些什么"。[204]

在奥戈尼人被处以绞刑之后，壳牌石油公司决定推行一项价值40亿美元的天然气厂计划。这一举动进一步显示，壳牌石油公司对尼日尔三角洲人民的麻木不仁。但是这一举动却轻松赢得阿巴查政权的支持。阿巴查政府的一位官员说："壳牌石油公司了解这件事的事实，并且恰如其分地做出了回应，而不是像其他人那样情绪失控。"[205]壳牌石油公司在全世界投放广告替自己的决

319

定辩护："无论你怎么看待尼日利亚的现状，我们知道，你都不希望我们伤害尼日利亚人民。或是危及他们的未来。"除了在公关方面投入更多资金以外，壳牌石油公司并不打算改变运作。这激怒了艾凯教授，他说：

"自从这件事（萨洛维瓦的死亡）发生以来，壳牌石油公司在全世界投入了大笔钱做广告和公关。在我看来，如果壳牌石油公司真的想做些正确的事情，那么只要拿出其中 10％ 的钱，就可以在尼日利亚产生决定性的影响。"[206]

1996 年 5 月，就在公司股东周年大会召开的一周前，壳牌石油公司宣布了"一项在奥戈尼兰的行动计划"，其中布莱恩·安德森公开表示："我们必须得到经营地区的社区支持，这至关重要。这就是为什么，我们坚定不移地说，我们绝不会躲在一个安全盾牌后面工作。"[207]

独立观察家认为，正确的行动方针是承认环境污染的错误，并承认其在尼日利亚的业务军事化。奥戈尼遭受的灾难可能在整个三角洲地区重复上演，因此壳牌石油公司应该与奥戈尼人民生存运动和其他社区进行对话协商。克劳德·艾凯说：

"我已经让壳牌石油公司认识到，他们面临的真正风险甚至都不是抵制石油，而是普通的欧洲人和美国人开始关注这个商业军事化的过程，以及他们会发现，他们在加油站买到的石油是通过武装力量的收集的。而这是再多的宣传也没办法解释的。"[208]

在解救萨洛维瓦的请愿中，曾获布克奖的尼日利亚人本·奥克瑞写道："地球上有些事情比死亡还要强大，人类对正义的永恒追求就是其中之一。"[209]尼日尔三角洲人民的社会和生态正义仍有待实现。

第十二章　穷途末路

社会、文化和社区的繁荣离不开替罪羊。那些说是时候改变的人，那些说看看我们的替代方案的人，将会成为替罪羊。我愈发认为，替罪羊就是环保组织。

——英国地球优先组织联合创始人杰森·托伦斯[1]

1995 年春天，英国遭到了环境抵制运动的袭击，然而具有讽刺意味的是，那一年竟然还是欧洲环境保护年。一些记者所说的"环境抵制"或"生态冲击"，以及"反对派"的观点，一夜之间都成为了新的时代潮流。皇家国际事务研究所的迈克尔·格拉布（Michael Grubb）说："现在对环境议题提出质疑变成了非常时髦的事情。"[2]

媒体之所以改变态度支持反环境论调，是因为在一个月之内出版了三本书，这三本书都是攻击环保运动的。其中最具有争议性的，也可以说是事实上最有影响力的一本书就是《现代地球上的生命：一部进步宣言》（*Life on a Modern Planet：A Manifesto for Progress*）。这本书的作者是前环境记者兼前《独立报》（*Independent*）记者里查德·诺斯（Richard North）。第二本书是牛津大学贝利奥尔学院的荣誉研究员威尔弗雷德·贝克曼（Wilfred Beckerman）所写的《小是愚蠢的：揭露环保主义

者》（*Small is Stupid*：*Blowing the Whistle on the Greens*）。还
有一本书名为《脚踏实地：环境问题上的一种不同观点》
（*Down to Earth*：*A Contrarian View of Environmental Prob-
lems*），该书由《星期日电讯报》（*Sunday Telegraph*）的专栏
作家玛特·雷德利（Matt Ridley）撰写，由英国经济事务研究
所这一主要的右翼智库出版。

苏·彭宁顿（Sue Pennington）在英国广播公司电台的《特
别任务》（*Special Assignment*）节目中声称："英国即将遭遇一
场环境抵制运动。"彭宁顿继续说道："新一代的思考者们指环保
主义者散布危言耸听的谣言……在过去几年，反对的观点因遭到
流行的环保主义的压制而沉寂，但如今这些观点正在反击。"前
面提到的那几位作者中有两位都出现在这个节目中。贝克曼博士
在节目中指责环保主义者所做的是"虚假的世界末日预言"。里
查德·诺斯猛烈地抨击绿色和平组织，谴责该组织：

321   "为了迎合大众对刺激和戏剧性的喜好，绿色和平组织提供
了一种极具戏剧性的简单世界观……他们常常夸大对化学品的恐
慌。有些环保理念已经成为一种我们买不起的奢侈品。"[3]

为氯辩护

诺斯为写书花了 6 个月的时间进行研究，英国最大的化学公
司帝国化学工业集团对他的研究提供了资助。[4]并不是只有帝国化
学工业集团在施展策略。全球的化学工业都加快了反击绿色和平
组织以及其他环保组织的步伐，因为这些组织一直在强调与其产

品相关的生态问题。由于绿色和平组织发起了要求逐步废止使用氯的运动，因此绿色和平组织首当其冲遭到抵制。1995 年 2 月，海格·西蒙尼恩（Haig Simonian）在《金融时报》上说，主要的氯制造商（例如陶氏化学公司、苏威公司、拜耳公司和帝国化学工业集团）"正在准备开展史无前例的公关活动来宣扬氯的好处"。他还说："生产氯的厂商们认为，关键要在生态保护和经济发展之间找到平衡。"[5]而这种平衡将通过漂绿和一切照旧实现。

　　欧洲的化工企业成立了行业游说组织和行业掩护机构来为氯进行辩护。欧洲氯碱制造厂商联合会（Euro Chlor Federation）成立于 1991 年，由欧洲氯衍生物委员会（ECDC）、欧洲氯碱制造厂商（Euro Chlor）和欧洲氯化溶剂协会（ECSA）联合组成。该联合会的一大作用就是"成为宣传氯的好处的中心"。[6]欧洲氯碱制造厂商联合会是欧洲化学工业委员会（CEFIC）下设的一个重要组织，其成员包括苏威公司、罗纳普朗克公司、帝国化学工业集团、阿克苏公司（Akzo）、易安信公司（EMC）、阿托化学公司（Atochem）和法国工业集团西格姆（SHD）。[7]欧洲氯碱制造厂商联合会的总部位于比利时，目的是为了便于在欧盟和欧盟委员会为与氯相关的案件进行辩护。

　　许多公司还成立了它们自己的掩护机构，例如比利时氯与聚氯乙烯工业非营利性组织（Chlorophiles）。该组织由比利时和荷兰的行业雇员组成，它自称"完全独立于我们的雇主"，但"希望向大众展示氯的另一面"。1994 年 1 月，他们举行了第一次游行示威，地点是在绿色和平组织的比利时总部——这并不让人感到意外。[8]同年晚些时候，该组织的 100 名成员开展了一次由 LVM 公司、泰森德洛化学股份公司（Tessenderlo Chemie）和

322 苏威公司赞助的自行车骑行活动。[9]尽管这只是一种做秀，但是化学企业也一直在显示它们的力量：苏威公司一直以起诉相威胁，并且已经在比利时、奥地利和荷兰起诉了绿色和平组织，原因是绿色和平组织举行了聚氯乙烯的公众教育活动和抗议活动。[10]

另一个不同星球上的生活

里查德·诺斯在他的著作《现代地球上的生命》一书中，提出了一个备受环境批评人士追捧的观点，即某些人多年前所做出的预测都没有实现。他利用这一点来批评当前的环保运动，把环保主义者称为"绝望主义者"和"末日论者"。[11]诺斯还紧跟潮流，继续质疑全球变暖和当前的其他生态问题。诺斯说自己是一位"后卢德分子"，他认为像核电这样的旧技术和像基因工程这样的新技术将最终解决世界当前的问题。自由贸易也可能是解决地球上贫困问题的灵丹妙药。

就诺斯描绘的未来而言，他的看法过分简单，他的设想十分危险。在称赞生物科技的好处的同时，诺斯掩盖了基因工程的危害以及复杂的知识产权问题。第三世界国家越来越担心跨国公司会盗取他们的基因资源。[12]诺斯认为，尽管我们现在养活的人口还不到 50 亿，但是未来我们完全能够养活 100 亿人。在谈论未来的食物结构时，诺斯忽略了两大存在日益严重冲突的问题：充足的清洁饮用水以及不断减少的鱼类资源。这两个方面的问题已经十分严重，并且随着人口的增加，情况只会更加严峻。甚至连世界银行都认为，21 世纪的战争将围绕水资源展开。[13]

威尔弗雷德·贝克曼在《小的是愚蠢的》一书中，重申了里查德·诺斯的许多观点。他抨击了"半歇斯底里的生态末日论者"和"自以为是的环境极端主义者的故弄玄虚"，说他们宣扬"伪科学的恐怖故事"。贝克曼主张说，环保主义者对人口、资源有限性、生物多样性和全球变暖的看法都是错误的。[14]他对可持续发展同样不屑一顾，说这"从道德上看是令人反感的，从逻辑上看是多余的"，并且主张需要"平衡的辩论"。[15]杰夫·马尔根（Geoff Mulgan）在《独立报》上写道，这本书"本身又小又愚蠢；语言组织凌乱，知识性差"，并且"从哲学上看是幼稚的"。[16]

英国经济事务研究所所长约翰·布伦德尔（John Blundell）将玛特·雷德利描述为"我们这个时代最伟大的思想斗争的先锋"。雷德利还指责绿色和平组织的"宣传说教"，并将环保主义者称为"盖世太保"。[17]把人们说成"盖世太保"是一个非常危险的游戏，而且这也不是真正严肃的理性辩论用语。雷德利还对全球变暖的科学和"臭氧空洞"发起了攻击，因为在他看来，许多"绿色"论点只不过是新瓶装旧酒的社会主义者的观点。[18]

毋庸置疑，环境抵制运动的三位新巨头已经发现了一些可以利益的新机会。在"反彩虹"的尽头，既可以找到钱，也可以捞到政治上的好处。

抵制布兰特斯帕尔（Brent Spar）钻井平台

1995 年春天，绿色和平组织开展活动，阻止荷兰皇家壳牌集团的英国子公司将废置的布兰特斯帕尔石油钻井平台丢弃在大西洋中。这时，诺斯和雷德利都迅速地重新出现在公众的视线中。

雷德利在《星期日电讯报》中说绿色和平组织是"伪君子"，他鄙视绿色和平组织"愚蠢的潜水宣传或直升机宣传游戏"，认为这"并不是为了保护环境，而是为了扭转成员急剧减少的状况——1990 年该组织有近 500 万成员，今年却不到 300 万"。[19]这一观点在《每日电讯报》（*Daily Telegraph*）上的一篇题为《绿色的危险》的社论中被再次使用。[20]这对绿色和平组织的存在价值和意义倒是一种非常另类的解读。如果绿色和平组织所采取的每项行动都是为了扩充成员数量，那么报纸上所印的每一个字都是为了增加读者人数。很显然，这不是一个非常理性的论点。

绿色和平组织成功战胜壳牌这样实力强大的公司，这在工业污染大户和政府中掀起了惊涛骇浪。大部分的抵制来源于此，政治右翼的报刊新闻也来源于此。如果壳牌石油公司都承受不住来自环保团体的压力，那么还有谁能承受呢？人们的反应是可以预见的。尽管壳牌石油公司做出了让步，但绿色和平组织是"错误的"，壳牌石油公司是"正确的"。"夸张、情绪化、歇斯底里"战胜了"科学和理性"。

兰卡斯特大学环境变化研究中心的布莱恩·韦恩（Brian Wynne）和克莱尔·沃特顿（Claire Waterton）说："抵制的风潮被人用来构陷环保问题，具体方式就是'事实对峙情感'。我们认为，这是对关键问题的根本误读。"他们还说：

"事实真相并非像诺斯和其他生态抵制作家所说的那样，是'不科学的'情感姿态误导了容易受骗的公众。这种越来越有影响力的立场只是复制了一种自欺欺人的、错误的框架，即只有工具性的知识和字面意义上的主张才是重要的。"

两位学者认为：

"公众对狭隘的技术标准抱有深刻而合理的焦虑，这些标准继续限制和支配着政党、政府官僚、科研机构以及自认为具有远见的行业对环境政策及其对社会方向的更广泛影响的思考方式。[21]

图 12.1　绿色和平组织第二次占领布兰特斯帕尔储油平台时，
向储油平台喷水

资料来源：绿色和平组织/尤根斯

英国政府显然对绿色和平组织感到愤怒。根据能源部长蒂姆·埃加（Tim Eggar）的说法，绿色和平组织的活动表明"威胁战胜了行之有效的科学证据"。他还进一步指责绿色和平组织是"环境恐怖主义"，它"对民主构成了威胁"。[22] 总而言之，绿

325

色和平组织这一非暴力组织与今年早些时候炸毁俄克拉荷马市联邦办公大楼的民兵组织是一丘之貉。埃加所重申的，只不过是右翼媒体长期以来反复炒作的观点。《每日电讯报》说，环保主义者正在威胁民主本身。[23]《金融时报》的能源经济学家指责绿色和平组织是"生态恐怖主义"，认为这"与其他形式的恐怖主义一样，既不理性，又很危险"。[24]《每日电讯报》甚至还指责绿色和平组织煽动暴力。社论作者写道："这种抗议很容易产生暴力。"[25]《每日电讯报》引用了他们的工业编辑对"环境圣战"的警告，亚当·斯密研究所对"极端分子"的警告，以及他们的环境记者对绿色和平组织"原教旨主义者"的标签。[26]

英国媒体从斯帕尔储油平台事件中得到灵感，抨击绿色和平组织"受到了操纵"。英国广播公司和英国独立电视新闻公司的编辑告诉记者，他们被绿色和平组织欺骗了。《英国卫报》的一则头条新闻标题是《电视编辑说绿色和平组织利用了我们》。[27]这表明，编辑们承认自己没有做好本职工作。正如绿色和平组织的一位人士据说，布兰特斯帕尔储油平台事件让电视公司忘乎所以，而现在他们必须为自己曾经的所作所为买单。[28]

"道歉"

当绿色和平组织承认数据有误时，遭到了广泛的非难。与此相比，它们之前所遭遇的抵制简直就是小巫见大巫。绿色和平组织还因数据错误向壳牌石油公司道歉，这使错误看上去比实际情况更严重。媒体借此大做文章，说绿色和平组织的整个活动就是一个错误。《每日邮报》（*Daily Mail*）刊登文章，标题是《脸红的绿色人士承认：我们搞错了》，《每日快报》（*Daily Express*）警告要人们警惕"绿色和平组织的空想社会改良家的黑暗面"，《泰晤士报》的一篇社论让绿色和平组织"成熟起来"。只有《独立报》刊登了一篇平衡的社论，题为《失误总比撒谎要好》。[29]

英国能源部长蒂姆·埃加谴责绿色和平组织"危言耸听"。[30] 壳牌石油公司的回应则要精明得多。在一次成功的公关反击中，绿色和平组织向壳牌石油公司"道歉"，壳牌石油公司的克里斯托弗·费伊（Christopher Fay）则抓住绿色和平组织的"错误信息"，认为壳牌石油公司"努力采取全面的观点，而不是只考虑某一个方面"。费伊说：

"真正的问题在于……你是否想周全地考虑环境问题，或者你只是想盯着一个独立的单一问题。这个问题就好像是我们只关注海洋是否洁净，但却不在意人们是死是活，也不关心土地是干净还是脏，诸如此类的问题就是单一问题。我很遗憾，但我认为，如果我们想要可持续发展，社会就必须对环境问题采取一种全面的观点。"[31]

费伊的话暗示，是石油公司在"做全面考虑"和具有"可持续发展的远见"，而针对单一问题开展活动的绿色和平组织在追求目标的过程中，并不关心人们的死活。这是一个向完美范式转换的经典案例。

埃加和费伊的言论都对环保运动产生了更为广泛的影响。埃加反复重申，就环境问题而言，唯一合理的媒介是科学。因此，任何道德或社会争论在此标准面前都不堪一击。然而，费伊暗示的是，我们不能再相信单一议题的压力组织能够"全面考虑"问题，能"全面考虑"问题的只有工业企业。里查德·诺斯也抨击绿色和平组织运动的单一性。韦恩和沃特顿写道："里查德·诺斯等人更关注的问题是，绿色和平组织的行动是否预示着一个单一问题'无政府主义'的新时代。"[32]

单一议题政治越来越普遍地受到攻击。1994 年 9 月，英国右翼政治的领军人物迈克尔·波蒂略（Michael Portillo）说，单一议题的压力组织是"对社会结构的威胁"。[33]美国的环保运动 也遭受了同样的攻击。来自美国最成功的草根环保组织之一的危险废物公民信息交流中心的洛伊斯·吉布斯说："他们攻击我，说我是单议题人。"洛伊斯·吉布斯还说：

"是的，我是单议题人。人们正在被毒害，这个问题让我抓狂……而他们只了解盈亏。当成本足够高时，企业才会决定回收废物和材料，替代产品中的无毒物质，从而最终改变生产过程。"[34]

然而现实却是，现在只有单一议题团体准备挑战企业和政治精英的权势，挑战这些生产过程。这些团体将受到越来越多的攻击，但是为了开展有效的运动，它们必须组成基础广泛的联盟。一些评论家认为，只考虑利润的政治才是最大的单一议题，而绿色和平组织的抵制布兰特斯帕尔储油平台运动受到阻力的原因就是绿色和平组织威胁到了现状，变得过于强大。

右翼的"反对派"

经济事务研究所是雷德利著作的出版商，与政策研究中心和亚当·斯密研究所一样，是英国领先的新自由主义右翼智库。1990 年，经济事务研究所与地球日替代方案组织联盟建立了联系。同年，右翼政治领袖撒切尔夫人下台。经济事务研究所之前也警告说，环保运动和绿党的政策会通向"生态地狱"，导致生活水平急剧下降。[35]威尔弗雷德·贝克曼还为经济事务研究所写了一份报告，提倡制定排废限额而不是征收生态税。[36]此后贝克曼和经济事务研究所一直保持密切联系，目前他还是经济事务研究所环境部门咨询委员会的名誉研究员。咨询委员会的成员中，还有两位著名的绿色怀疑论者，分别是来自帝国理工学院的约翰·埃姆斯利（John Emsley）博士和来自美国亚特拉斯基金会（Atlas Foundation）的乔·邝博士。[37]

其他的右翼智库也在诋毁环保运动。欧洲国防与战略研究所（Institute for European Defence and Strategic Studies）在 1991 年的一份报告中攻击环保运动是"新权威主义"，这实际上超出了他们的研究范围。作者安德鲁·麦克海姆（Andrew McHallam）警告人们注意环保主义者的"生态恐怖主义"威胁，说环保主义者的观点本质上是"反资本主义和反社会"的。[38]著名的环境评论员乔纳森·波利特（Jonathan Porrit）称这份报告"结构混乱，一知半解，内容肤浅"。[39]两年后，经济事务研究所的前所长罗素·刘易斯（Russell Lewis）和亚当·斯密研究所合作出版了《环境大纲》（*Environmental Alphabet*）。刘易斯认为，"环境神话"是与"绿仙、海怪和天气之神相提并论的"。[40]所谓的环境神话是由利己的科学家、狂热的环保主义者和被误导的政府所延续的。他主张，自由市场可以解决环境问题，并呼吁重新引入被禁止的杀虫剂 DDT。刘易斯补充说，一次性尿布比布尿布更"绿色"。他还质疑回收的价值。[41]

1994 年，经济事务研究所成立了一个新的部门——环境部，并出版了罗杰·贝特（Roger Bate）和朱利安·莫里斯（Julian Morris）合著的《全球变暖：世界末日还是夸夸其谈?》（*Global Warming：Apocalypse or Hot Air ?*）。书的序言由弗雷德·贝克曼撰写，他贬低环保主义者是"生态末日论者"。这种偏见在他们的论证中是显而易见的。在《全球变暖科学概论》这一章中，引用的参考文献一半以上都来自著名的气候怀疑论者。所列出的建议书单则是一份右翼反科学的愿望清单。[42]首相的首席环境顾问克里斯宾·迪克尔爵士（Sir Crispin Tickell）形容说"很难认真对待"这本书。政府间气候变化专门委员会科学工作组的联合主席约翰·霍顿（John Houghton）爵士说这本书"不知所云"。[43]

当右翼的《旁观家》（*Spectator*）杂志上刊登了一篇质疑臭氧空洞的文章时，政治与科学抵制已初见端倪。《独立报》的主笔作家写道："出现了越来越多的意识形态方面的反击"。[44]1995年 3 月，三本反环境政治书籍的问世，更增加了科学上的反击，但是这些新的反面人物想要反击的问题远不止这些。

工业界和右翼继承了新的右翼经济思想，即对所有环境问题进行成本效益分析（美国备受争议的"邪恶的三位一体"的武器之一），他们一心否认"环境风险"的概念。他们会说，环保主义者总是夸大污染的风险。如果环境污染对社会的危害确实被夸大，就意味着整个工业界都受到了不公正的对待和监管。如果工业界能够说服媒体和政客，并最终让公众相信环境风险言过其实，那么他们就可以要求减少监管。在 1995 年 10 月由经济事务研究所举办的环境风险会议上，团体和个人之间的联系变得很明显。参加会议的，除了宝洁公司、必和必拓公司（BHP）、苏格兰核电公司（Scottish Nuclear）和雪佛龙英国公司等企业的发言人以外，还有许多美国著名反环境活动家或怀疑论者，包括来自竞争企业协会的弗雷德·史密斯、亚特拉斯基金会的乔·邝博士和弗吉尼亚大学的帕特里克·迈克尔斯。弗雷德·贝克曼也参加了该会议。[45]

政治上的反击

保守党右翼抄袭了智库的一些说法和观点。特蕾沙·戈尔曼（Teresa Gorman）称下议院的环保人士是"生态恐怖主义分子"。[46]与戈尔曼关系密切的同事约翰·雷德伍德将环保主义者与"欧洲新纳粹分子"混为一谈。[47]但比起他的言论，雷德伍德的行为更让环保主义者感到愤怒。在威尔士办事处任职期间，雷德伍德秘密制定计划，将斯诺登尼亚国家公园和其他50个主要的自然保护区私有化。这些计划将彻底破坏该国的自然保护。[48]工党对这些计划嗤之以鼻，称其"危险而疯狂"，雷德伍德的内阁同僚称他是"疯子"。还有人警告说这将削弱威尔士环保机构的力量，导致英国无法履行国际条约所规定的义务。环保主义者称这些变化"是有政治动机的"。[49]

尽管如此，国家自然遗产的私有化还是第一次在内阁层面上被酝酿出来。由于右翼政客和智库注重所有必要的预算削减，因此将国家公园私有化，并摧毁法定保护机构只是时间问题。这是共和党"美利坚契约"的本质所在。而"美利坚契约"正是约翰·雷德伍德、彼得·利雷（Peter Lilley）、迈克尔·波蒂略等右翼政治家都想要效仿的。[50]1995 年 8 月，约翰·雷德伍德宣布成立一个智库以宣扬其政治理念。接下来的一个月，雷德伍德在访问美国时获得了赞助，帮助建立其智库的美国分部，即保守党 2000 基金会（Conservative 2000 Foundation）。他还会见了纽特·金里奇，以及来自美国传统基金会和统一教派报纸《华盛顿时报》的代表。[51]现在存在一个英美智库，来推动反环境政策等激进的右翼议程。

人们认为，如果保守党在 1997 年的大选中落败，他们会将党重新调整为右翼，主张大量削减开支，包括关闭政府部门。[52]遵循其偶像撒切尔夫人的传统，解散政府资助的保护机构以及实现国家公园的私有化都将被重新列入政治议程。

撒切尔政府时期的精神仍然渗透在许多保守党政策中，这是英国当前环境抵制运动的基石。首先，新自由主义认为，尽管存在不可持续增长的可怕预测，但汽车的主导地位和开车的自由仍是不能被挑战的。其次，新保守主义认为，反对道路建设的人本质上具有颠覆性，应该受到相应的惩罚。

威胁国家安全

新保守派认为，核武器关乎国家自尊心这一重要问题，[53]反核抗议者被认为是对国家安全的威胁。反核运动者和其他社会正义的支持者"只不过是平等主义极权主义的特洛伊木马"。[54]坐在道路施工现场推土机前的环保运动者也被视为本质上具有颠覆性的人。[55]"威胁国家安全"这一措辞成为一个重要用语，它决定了某些抗议者是否属于安全部门的管辖范围。加里·穆雷（Gary Murray）在《国家的敌人》（*Enemies of the State*）中写道，这类人包括"那些也许对国家安全没多大威胁但是对现状有巨大威胁的一小撮顽固分子"。[56]

国家打压最多的两批环保活动家，分别是 20 世纪 80 年代的反核活动家和 90 年代的反道路抗议者。他们现在仍然受制于国家的监视、干扰、渗透、卑鄙手段和暴力。安全部门和政府机关利用私人侦探机构暗中监视抗议者。[57] 此外，国家还试图将这两批抗议者妖魔化，说反核抗议者是"共产主义者"，反道路组织是"恐怖分子"和"法西斯分子"。将人们错误地贴上共产主义者、恐怖分子和法西斯主义者的标签，证明了对普通抗议者的不同反应。他们可以被视为对国家安全的威胁，而普通抗议者则不是。这也可能导致国家对他们的暴力、骚扰和监视，正如反核运动所发生的那样。[58]

20 世纪 80 年代初，在塞兹维尔调查（Sizewell Inquiry）中，反核活动人士遭到监视和渗透。其中一位著名的反塞兹维尔活动家希尔达·姆瑞尔（Hilda Murrell），在向调查委员会提供证据的前几天被谋杀了。姆瑞尔遭到谋杀可能有两个原因，反对塞兹维尔是其中之一。另一原因与她的侄子有关，她的侄子曾接触过与福克兰群岛战争期间阿根廷贝尔格拉诺将军号巡洋舰沉没有关的机密文件。[59] 姆瑞尔被谋杀一年后，另一位杰出的反核活动家威廉·麦克雷（William McRae）被发现死在自己的车里。麦克雷认为，核废料"应该储藏在盖伊·福克斯（Guy Fawkes）放置火药的地方"。这一观点使他与当局发生了冲突。直到他被杀前，他都一直反对敦雷（Dounreay）核电站。尽管官方调查

331

判定麦克雷是自杀的，但是枪支和麦克雷携带的文件都离车非常远。麦克雷出行时经常携带的两个公文包也不见了，虽然后来警察把两个公文包还给了他的兄弟，但他们却不愿意透露他们是如何得到这两个公文包的。后来，在阿伯丁皇家医院工作（Aberdeen Royal Infirmary）的一名护士告诉当地议员说，麦克雷的脑袋里有两颗子弹，而不是一颗。这一事实排除了麦克雷自杀的可能性。[60]

1986年，反核活动人士反对核工业放射性废物管理局（NIREX）将核废料倾倒在林肯郡的计划，他们因此遭到骚扰和殴打。一位抗议者接到恐吓电话，警告她不要阻挠承包商，而后她遭到了袭击。她的头被砸在墙上，导致面部受伤，手腕骨折，肋骨断裂。这名妇女回忆说，袭击她的人说："已经警告过你了"。[61]

反道路运动

20世纪90年代，草根组织和"激进的"环保组织如雨后春笋般涌现，他们的主要议题是道路建设问题。人们对绿色和平组织、地球之友这样的"主流"环保组织感到失望，认为它们规模太大、存在官僚主义、等级森严，又过于主流，而缺乏真正开展活动的草根组织，因此地球优先组织和其他环保组织出现了。[62]尽管有些传统的主流组织在交通方面开展工作，但是仍需要草根组织来采取大规模非暴力的直接行动。主流组织无法处理越来越严重的道路建设和汽车数量增加的问题，这一空白需要填补。伴随这种新型的环保运动者而来的，是来自工业界、政府和媒体界的新型环境抵制运动。建筑师和工程师社会责任组织（The Architects and Engineers for Social Responsibility）的布莱恩·汉森（Brian Hanson）说："反道路抗议遭到来自道路游说既得利益集团的反击，这就像圣诞节一样，是无法避免的。"[63]

在 20 世纪 80 年代末，政府的政策仍鼓励建造尽可能多的道路以满足预期的增长需求。1989 年，交通部发表了《通往繁荣之路》（*Roads to Prosperity*），正式宣布了 1988 年至 2025 年期间，交通量将增长 83％至 142％的预测。[64]这个预测充当着交通部自我实现的预言，他们根据预测的需求修建道路。从本质上讲，政策决定了预测，而预测又反过来决定了政策。[65]结果就是，道路建设计划资金从 180 亿英镑增至 230 亿英镑。该计划将许多受保护的乡村地区分割开来，破坏了 160 处具特殊科学价值的地点和 800 个古迹。[66]

人们认为，除了举行示威反对道路建设以外别无选择，原因在于，他们认为相关决策过程和协商过程本质上是不民主的。人们抱怨最多的就是，尽管表面上存在道路建设的公共协商过程，但它本质上是有利于修路的。例如，在 5 年的时间里，在对主干道的 146 次公共调查中，只有 5 次被督查员否决。[67]抗议者认为，如果督查员在某次调查中没有表现出支持筑路计划的倾向，就有可能没有机会再参与下一个公共调查的裁定。此外，在过去的一年半时间里，这样的规则愈发强化，进一步削弱了道路建设反对者的力量。[68]

在伦敦北部的阿奇威（Archway），一场涉及 4 项公共调查的争论持续了 25 年，最终反对者获胜。他们成功的关键在于，督察员作出了让步，同意在晚上举行听证会，让上班族可以参加。而在随后的大多数调查中，督察员都没有作出这一让步，这是对阿奇威案胜利的反击。在阿奇威调查中，现任内务部长迈克尔·霍华德（Michael Howard）作为政府的法人代表出席辩护，但最终失败。霍华德称阿奇威抗议者是反民主的。抗议者还不得不忍受来自政府的个人诽谤、卑鄙伎俩和恐吓电话，以及给他们贴上暴力分子的标签。具有讽刺意味的是，新型的抗议者引起了阿奇威环保活动家的抵制，他们认为许多反对者已经成了"职业示威人员"，为了示威而示威，却从未阻止道路建设。两个团体之间明显存在内斗。[69]

333

特怀福德（Twyford）的"崛起"

特怀福德低地位于温彻斯特镇附近，是古老的白垩纪低地。阻止在特怀福德低地筑路的运动被广泛认为是反道路的直接抗争运动的开端，该运动在掀起了全国各地抗议活动的浪潮。政府一开始就不应该在此地强行建造六车道的高速公路，因为这里是英国最受保护的乡村地区之一，受到许多法规的保护，包括两处具特殊科学价值的地点以及一处杰出自然风景区。[70]丘陵笼罩在一层神秘的面纱之中，古老的凯尔特田野和羊肠古道穿城而过。但政府还是决定从中间开凿出一个巨大的空洞，以缩短几分钟的驾驶时间，补上 M3 高速公路的"缺失环节"。

特怀福德低地协会（Twyford Down Association）为反对道路建设斗争了 20 多年，地球优先组织也加入了该协会。在此之

图 12.2 车辆穿过特怀福德低地，露出白垩丘陵的截面
资料来源：环境照片库／史蒂夫·摩根

前，地球之友组织也一直在参与抗争，但在政府的法律诉讼威胁 334
下，他们退出了。这是英国第一次利用法律恐吓来阻止抗议者，
但这绝不会是特怀福德运动或其他反道路抗议活动的最后一次。
地球优先组织还与峡谷人（Dongas）联合。峡谷人在特怀福德
低地搭帐篷反对道路建设，他们的名字就来自于横穿低地的古
道。1992 年 12 月，他们采取了许多反对道路建设的直接行动。[71]

特怀福德著名的反道路活动人士瑞贝卡·勒什回忆说："保
安人员第一次出现在现场，并没有发生暴力事件。1992 年 12 月
9 日，保安第一次发挥作用，当时他们非常暴力。那也是我们第
一次遇到保安。"[72] 由于众多的保安都穿着由 Tarmac 自行车公司

带来的黄色荧光外套，因此那一天成为著名的"黄色星期三"。

那天上午，抗议者聚集在温彻斯特刑事法庭并准备撤离现场，却被成百上千的保安吵醒。保安在夜幕的掩护下包围了这片营地。[73]环保活动人士遭到保安的殴打，许多人受到了性侵和身体攻击。瑞贝卡·勒什回忆说："他们就是奔着女人的胸部去的，对女人的胸部又打又掐，又扭又摸。他们还试图把衣服扯下来，总的来说就是要羞辱人们。被打的同时又遭性侵，这让我非常愤怒。"[74]人们的手臂被打断，韧带也被撕裂了。人们被打得不省人事，一度有四名被打者因为受伤严重而需要救护车送去医院抢救。著名的环保主义者大卫·贝拉米（David Bellamy）当时也在现场，他说在他 20 年的抗议生涯中，从未见过这样的暴力。[75]

私人保安已到达英国的环境现场。但是暴力甚至让有些保安都感到厌恶，第一天就有 10 人辞职，第二天又有 12 人辞职。[76]然而，许多保安似乎很享受这样的暴力。勒什说："他们绝对是暴徒。我们之前从未遇过这样的粗暴行径。他们中许多人很喜欢伤害别人，他们非常暴力。"[77]地球优先组织的创办人之一杰森·托伦斯回忆说："显然，有些人非常具有攻击性。有些人受了伤，有些人被打了。"[78]第四组的一位保安回忆说："当我们到达现场时，有人私下告诉我们，要确保没有相机拍摄。我们中的有些人做得太过分了。"[79]一位抗议者遭到毒打，警医进行诊查时，说他"受到了系统性的殴打"。[80]此次暴力行径非常令人憎恶，以至于在一场议会辩论中，工党的约翰·丹哈姆（John Denham）质疑第四安全组在对付抗议者时运用了"令人无法接受的暴力行动"。[81]

黄色星期三那天，许多白人男性保安特别挑选出女性来虐

图 12.3　纽伯里支路上的警察戴着巴拉克拉法帽遮住脸，
也没有佩戴身份牌

资料来源：环境照片库／史蒂夫·约翰森

待，这在特怀福德和全国的各个抗议现场都很常见。黄色星期三发生两年半后，勒什说："在直接行动中，经常发生性侵女性的现象。这不仅仅是性侵，更是性骚扰。保安认为，让女人躺在地上，叫她荡妇和妓女，用骨盆戳她们的脸很好玩。"[82]

　　保安在特怀福德使用的暴力、恐吓和性骚扰在全国各地都会上演。恐吓和暴力的个案不计其数，但是发生的趋势是特定的。例如，当有大型行动或游行示威计划时，暴力程度就会增加，远离摄像机的暴力也会增加。对于抗议者来说，即使他们受到了攻击，他们也很难在众多的黄夹克中辨认出面孔，因为保安都穿着

336

统一的制服，也不佩戴识别号码。[83] 在后来的抗议活动中，环保人士会抱怨说，警察和保安要不就挡住自己的脸，要不就藏起自己的编号，这样很难让人辨认他们。

监视导致反公共参与战略诉讼

由于抗议者开始受到媒体广泛关注，并且得到公众更多的同情与支持，因此政府采取了行动找出领导者，并有效废除他们的领导地位。据悉，在第一次由政府部门而非安全部门出面雇佣私人侦探机构监视环保活动家时，交通部雇佣了南安普顿布雷斯侦探机构（Brays Detective Agency of Southampton），来收集证据对抗特怀福德抗议者。特怀福德低地协会主席、前保守党议员大卫·克罗克（David Crocker）称这项决定是"国家的耻辱"。克罗克说："我们现在看到的，是典型的极权主义政权下的行为。"他的观点得到公民自由组织的支持。公民自由组织说："这在民主社会是不可接受的。"[84]

布雷斯公司在特怀福德监视抗议者的费用达到 267000 英镑。布雷斯这样的保安公司根本不负责任，他们对反道路抗议者的监视还引发了其他问题。公民自由组织主张说："尽管在有些情况下，为了民事诉讼专门收集人们的信息是合法的。但我们认为，根据国际法，如果仅仅因为人们是抗议者，就收集他们的个人信息，是侵犯隐私的行为。"[85]

布雷斯公司的监视结果很快就显现出来。政府宣布，它已获得一项禁止令，禁止一些关键的抗议者进入道路施工现场；还向耽误道路计划的抗议者索要损害赔偿金。赔偿金额初步定为 190

万英镑。这种策略，也就是国家反公共参与战略诉讼，引起了人们的愤怒。来自《生态学家》杂志的西蒙·菲尔利评论（Simon Fairlie）说："经常利用反公共参与战略诉讼来镇压反对者，有可能使环保运动举步维艰，正如英国工会运动受资金封存的威胁而陷入瘫痪一样。"[86]

　　抗议者以及政治家等都强烈谴责这种手段。被逮捕的菲利普·普里查德（Philip Pritchard）说："这次审判是企图扼杀合法的公众抗议。"[87]工党议员约翰·丹哈姆也同意这种说法："这是为了威胁他人不要参与任何形式的抗议。"[88]被起诉的人中，有一名是来自南安普顿的学摄影的成年学生，他因在示威现场拍照而被捕；还有一名曾和约翰·丹哈姆以及其他两名议员一起去过特怀福德低地的男子。[89]

　　来自宾德曼和合作伙伴的事务律师迈克尔·斯沃茨说："这似乎是国家为镇压民间骚乱而采取的一种策略。"斯沃茨曾代表特怀福德和其他道路抗议活动的抗议者，维护他们的利益。他继续解释自己的推论：

　　"那里有两项索赔，一项是关于损失赔偿，一项是关于补偿。最初，交通部自己定的赔偿金数额在100万英镑至190万英镑之间，但在案件结束时，他们索要350万英镑的破坏性赔偿。显然，如果你看一下所起诉的人的经济状况，你会发现，他们中的许多人要么是失业，要么是在申请收入补助，要么是靠土地生活，要么是靠施舍为生。交通部肯定知道这一点。他们知道自己面对的是一个他择性社会。他们中只有很少一部分人有房产，但这些人不是主要的入侵者。显然，交通部不可能得到损失赔偿和补偿金。"[90]

337

　　因为当局只申请了临时的中间禁令，所以任何被点名的人实际上都无法在法庭上为自己辩护，或为自己的案件辩解。但交通部又冷不防地采用了其他的法律手段。交通部说，被点名的抗议者不仅要为自己的行为负责，也要为其他被告的行为负责。对于交通部想要孤立的少数富裕保守派抗议者来说，这传达出的信息是很简单。斯沃茨说："如果其他75%的人付不起350万英镑，我们就会上门找你们。"他说交通部这样的行动"史无前例，既达到了政治效果，又达到了实际目的"。[91]

　　1995年6月，政府宣布撤销对抗议者的190万英镑的索赔，这表明政府的目的不是为了起诉，而是为了恐吓。警方的大规模错误逮捕策略已经开始在其他方面显示出适得其反的效果。1995年1月，10名抗议者因被错误逮捕而实际获得了总计5万英镑的赔偿，另有40名抗议者预计将获得50万英镑的赔偿。[92]

338　　许多抗议者确实违反了禁止令，因而有8名抗议者被判入狱。但是这一策略也有效地激起了人们对运动者的支持，从这个意义上说，法律行动适得其反。甚至量刑法官都称公民的不服从是"光荣的传统"。[93]被囚禁的人得到了公众的极大关注，成了M3的殉道者。他们还得到工党议员克里斯·史密斯（Chris Smith）以及欧共体环境署专员的接见。被判入狱的托伦斯认为："这确实会让你对自由和你所处的社会进行思考。捍卫你的信仰，你就有可能被关进监狱，但是社会中绝大多数的好事情都是靠斗争得来的。我认为反道路运动就是其中之一。"[94]

人身恐吓与法律恐吓泛滥

随着越来越多的人决定反对政府的筑路计划，反道路抗议活动开始蔓延。下一个对峙点是东伦敦的 M11 连道路，当地社区为其抗争了 20 年。这里的抗议者也遭遇了法律和人身对抗。

与特怀福德发生的事情一样，当局也利用反公共参与战略诉讼对付 M11 运动的主要参与者。他们也收到了禁止令。迈克尔·斯沃茨说这是一种故意的策略：

"1994 年 8 月，交通部和承包商在 M11 开展了类似的活动，抵制 11 名活动分子。活动分子的人数是 11，这绝非偶然。显然，交通部想让这些活动分子引起公众的关注。活动分子可能借此开展自己的宣传活动，但是最终他们会因此做出牺牲。而交通部想要广泛传播这样的信息：如果你参与道路抗议，我们就会起诉你。还有什么方法能比将这些人称为'M11 的 11 人'更容易传播信息呢？这绝非巧合。"[95]

斯沃茨认为，法律恐吓应该引起人们的注意。他说："这种发展趋势令人担忧，因为这并不能解决根本问题。许多人关注筑路、汽车使用或资源损失问题，他们通过直接行动表达自己的看法。他们的关切首先是针对环境问题，其次是担心政治体制无法反映出这些问题。政府或国家没有处理这两个问题中的任何一个：政治机构的问题，以及环境破坏的问题。政府或国家做了什么？它们只是镇压抗议，试图杀害抗议者，而不是解决真正的问题。这种处理问题的方式非常盲目，因而令人非常担忧。新问题被提上议事日程才是健康的民主的标志。如果你压制新问题，或

339

是镇压想将新问题提上议事日程的人，那么你就是在否定民主。"[96]

从法律的角度看

与特怀福德发生的事情一样，抗议者遭到了武力攻击。面对保安人员不断加剧的暴力，警方似乎无动于衷。从一开始，反道路抗议者就抱怨警察对他们的行为很有偏见，而且，总的来说，对针对他们的暴力行为没有采取行动。警察的职责是公正地维护法律，但在抗议活动中，例如在 M11 抗议中，情况根本不是这样。此外，警察不仅暴力对待抗议者，他们还拒绝对保安人员的暴力行为采取行动，从而认可了这种暴力行为。

M11 抗议活动的主要组织者之一保罗·莫罗兹（Paul Morotzo）回忆说："从一开始就存在完全的偏见，我们毫无疑问地被认为是罪犯。如果抗议者和保安之间发生了冲突，那结果肯定是抗议者被逮捕。如果保安对抗议者实行公民逮捕，那么抗议者就会被直接逮捕，甚至都不需要寻找证据。"[97]但如果抗议者指控保安人员有攻击行为，抗议者的投诉却没人理睬。勒什回忆有人被保安用锤子攻击的情景时说："他们（警察）会完全无视你，他们只会叫你滚开。"有 6 个人目睹了这一情景，同时也录了下来。抗议者去找警察报案时，警察只是让他们"走开"。[98]

M11 抗议活动的录像资料显示，一名保安当着三名警官的面，用头撞一名抗议者。当人们要求警察逮捕该保安时，警察却拒绝这样做。[99]迈克尔·斯沃茨支持抗议者的指控。他说："尽管控告 M11 保安的证据很充分，那里的警察（我相信这在其他地方同样发生）明显没有因袭击抗议者而起诉任何保安人员。"[100]斯沃茨说，这样的策略"确实发出了错误的信息。最主要的是，它标志着法治的失败"。他还说：

340

"有坏的法律是一回事，不公正地执行现有的法律是另一回事。我们目前的处境是两者皆有——既存在坏的法律，又存在不公正地执行法律。这向保安人员传达了这样一个信息：他们可以使用暴力，也能逃避惩罚。而向抗议者传达的信息则是：他们不能相信警察会保护他们。"[101]

抗议者遭受到了暴力镇压。保罗·莫罗兹称："人们被训练使用暴力，而不是尽量不使用武力。"[102]在保安行业，暴力可以为你省钱。莫罗兹说："我认为他们的职权是成本问题。这只是经济问题。你知道，如果他们使用暴力，他们就可以雇用更少的人，因为他们的效率会更高。"[103]他的观点得到了公民自由组织的约翰·温德汉姆（John Windham）的支持。温德汉姆在谈到保安公司时说："他们唯一的驱动力当然就是利润。他们拿钱是为了完成工作，有时他们的谋利动机战胜一切。保安公司没有原则或行为准则，也不用承担任何责任。"[104]

M11的抗议者注意到，有暴力倾向的保安似乎还得到了晋升，而讲道理的保安似乎被解雇了。暴力事件也随着运动者的成功而增加。莫罗兹说："基本上，这是相当直接的。倾向于暴力的保安得到晋升并继续工作，而不太暴力的保安会被调走，你不会再看到他们，因此它在保安公司内创造了一种暴力文化。"[105]这种情况也发生在其他场所，尤其是在巴斯附近的索斯贝里山区（Solsbury Hill）。

实际上，一些保安人员还有暴力行为的犯罪记录。迈克尔·

斯沃茨说：

　　"不久前，我接触过这样一个例子。一名参与 M11 工作的保安，之前是普通员工，后来升职，进入了管理层。但后来发现他有犯罪记录：先是携带攻击性武器，然后是袭击造成实际人身伤害罪，再之就是袭击造成严重人身伤害罪。他因此蹲过监狱，显然他是个有暴力倾向的人。但是他负责管理其他人，负责把人从工地上赶走。他没有向他的雇主申报，但他的雇主也懒得去检查。他在一个安全场地。"[106]

　　1994 年 6 月，在 M11 的保安人员进行非法驱逐时，一名抗议者被一名保安人员用斯坦利刀刺穿了手。当抗议者被驱逐时，他们被反复踢打。一名男性抗议者被保安抓住生殖器，遭到拳打脚踢和践踏。他们对抗议者说："你最好快点跑，不然我会踢爆你的头。"一名女性受到性侵犯，另一名女性在被保安推到砖头上后被打晕了。[107]莫罗兹说："这是你能想象到的最可怕的暴力。"他亲眼目睹了人们被殴打、被踩踏、被吐口水、被猥亵、被辱骂。还有人被扔到地上，然后被拖进未干的水泥里。[108]

　　抗议者称警察也参与了暴力袭击。在 M11，当地警察一开始是友好的，但抗议者回忆说，地区支援队（Territorial Support Group）很难对付。1993 年 12 月，为了将抗议者从温斯特格林（Wanstead Green）的一棵栗树上赶走，警察使用了一些最残酷的手段。"栗树"被视为这场运动的转折点，它真正将环保运动者和地方社区联合起来。抗议者在树上搭帐篷，并获得了法院的授权，证明它是一个住宅。邮递员甚至会将信件投递到"伦敦温斯特格林栗树"这个地方。

　　有人指控，警察在驱逐抗议者时，普遍使用暴力。抗议者记

图 12.4　在 M11，抗议者被保安拖出工地

资料来源：环境照片库/朱莉亚·盖斯特

录了 49 起针对警察的控诉，包括殴打一个 12 岁的小女孩过度使用暴力，以及在抗议者还在树上的时候就锯断树枝。[109] 还有警察踩断了一名环保活动家的脚。[110] 这些投诉对警察产生了影响。据莫罗兹所说，警察们认为，为了维护公共秩序，可以"在栗树周围使用暴力和武力"。"由于他们在栗树上的行为导致了诸多法律问题，因此他们稍稍罢手，更加谨慎。"[111]

驱逐抗议者的手段远不止这些。东伦敦一个黑帮的 9 名成员每人收到 100 英镑，任务就是把抗议者从树上赶走。夜深人静的时候，这些黑帮成员带着铁撬棍和羊角锤，放火烧了栗树。后来，有 2 个人因此进了监狱。而袭击事件的幕后黑手却从未被发现。[112]

1994 年 6 月，在伦敦的 M11、巴斯附近的索斯贝里山川和布莱克伯恩附近的 M65 延长路段，都有记录表明保安人员的暴力、攻击、性骚扰和恐吓行为都越来越多。[113] 约翰·维达尔（John Vidal）在《卫报》上写道："英国道路抗议现场暴力的增多提醒人们，保安们已经失控了。人们被杀害只是时间问题。"[114] 索斯贝里山川的抗议者遭受的暴力尤为严重。牛津大学格林学院的访问学者乔治·蒙比尔特被信实保安公司（Reliance）的两名保安扔到废墟上，他的脚被砸伤。一名女性抗议者说保安踢伤了自己的头。另一名抗议者被保安打昏，还有一名抗议者的脚踝被打断。到 1995 年 6 月，有四名抗议者被送进了医院。[115]

当被问及谁应该对暴力负责时，蒙比尔特回答说："很明显，他们是得到官方认可后才这样做的。同样明显的是，在那样的情况下，有人鼓励他们继续这样做。"蒙比尔特还说：

"不管是直接说出来的还是一种心照不宣，保安们清楚地知道，他们并不会因为打人（包括我自己）而受到惩罚。事实上，有个打我的人第二周就被提拔了。"[116]

他也证实了索斯贝里山川事件的趋势，跟在 M11 发生的一样：最暴力的保安似乎会得到提拔，最不暴力的保安会被解雇。[117]

与特怀福德和索斯贝里山川发生的事情一样，保安人员开始挑选女性抗议者，这种趋势令人担忧。遭到侵犯的波拉·布莱克（Paula Black）说："非常令人厌恶的是，他们抓住你的乳房，或是脱光你的衬衫。"[118]保安也很小心，以防被摄像机拍到。当一名保安侵犯抗议者时，另外一名保安告诉他："快停下，有人在拍摄。"[119]另一名保安被告知要给抗议者三次警告，"但是私下我被告知说我可以做任何想做的事"。[120]

电视节目《公众眼》（*Public Eye*）记录了更多揭露保安暴力性质的证据。信实保安公司雇用了一名有犯罪记录的保安拉里·亨特（Larry Hunter），他承认曾殴打并蓄意伤害抗议者。他是自诩的"踢屁股小队"的成员。曾在信实保安公司工作的另一名保安也承认，在他被雇用的前一周，他还因攻击他人被警方拘留。对于不受管制的私人保安公司而言，这样的情况并不罕见，但是信实保安公司告诉节目制作人，"他们提供的都是达到专业水准的保安人员"。[121]

在 M65 公路上，有报道称，保安人员采取了恐吓和危险手段逼迫抗议者离开树屋。据报道，当抗议者还在树上的时候，保安就切断了空中通道，并在树下点火。[122]保安人员使劲勒住一名抗议者的脖子，把他打得不省人事，使他昏迷了 20 分钟。这名抗议者的脖子受到了严重损伤，在事件发生后的三周内不得不戴着颈托。[123] M65 的一场示威活动的影像资料显示，一位名叫卡洛琳·霍尔（Caroline Hall）的抗议者被第四工作组的分包商北方保安公司的一名保安粗暴对待。该保安把这名妇女扔在离挖土机七八英尺的地方，在将她移开的过程中，掀起了她的衣服，使她的上半身都露了出来。她要求把衣服拉下来，但没有人理会。霍尔说："我感到非常羞辱，一整个晚上都处于震惊状态。"[124] 一名保安告诉《公众眼》，在那件事情发生之后，保安们都拿这名女性被扔时的状况当做笑料。他对此非常厌恶，最终辞职了。[125]

M65 公路上的暴力事件变得如此严重，以至于第四工作组和北方保安公司不得不在法庭上作出承诺停止施行暴力行动。[126] 公路管理局（Highway Agency）副局长詹姆斯·邦德（James Bond）坚称，管理局绝不会雇佣"滥用暴力"的保安公司。[127] 话虽如此，管理局却并未因保安的暴力行为而终止合作合同。

保释

在 M65 公路上，警方和法院再一次利用各种法律手段来阻止抗议者。一旦抗议者被逮捕，警方就施加保释条件，即禁止抗议者再靠近抗议现场。迈克尔·斯沃茨说："人们不能再参加该运动，保释条件扼杀了该运动。"法院和刑事检察院（Criminal Prosecution Servive）似乎也正发挥着政治作用。据斯沃茨所说：

"几周过去了，他们都还没有让人出庭。在那类的指控中，这本是很常见的。但是他们一直在拖延。现在在 M65，我们陷入了很荒唐的处境：事情发生八个月后，人们仍在保释中，审判的日子遥遥无期。在刑事检察院的协助下，法院拖延了审判日期，时长远远超过常规案件。这样一来，保释条件会产生严重影响，运动会被扼杀。这恰好忽视了这样一个问题：我们是否希望这些公路被修建？"[128]

瑞贝卡·勒什说：

"保释条件是反对抗议最有效的法律武器。最危险的是，保释条件使抗议活动完全无法进行下去。他们逮捕大量的抗议者，并向地方法官建议将所有人的保释条件定为不得进入施工现场两英里以内。这就像一个伪禁令——在你受审之前就存在了，然后告诉你个很迟的开庭日期。在大多数人看来，这是阻止抗议活动的最有效策略。你好几个月都被禁止参加抗议，然后到真正开庭时，警察根本就懒得出现。"[129]

在反对纽伯里公路的抗议活动中，保释条件又一次被利用，并产生了破坏性影响，近 800 名抗议者被逮捕，保释条件是不得接近道路施工现场。和特怀福德低地一样，此次抗议被称为"纽伯里的第三次战役"（前两次都是在英国内战时期），这本不应该发生。这条路破坏了 3 处具特殊科学价值地点，12 个有重要考古价值的遗址，还有 1 处优美的自然风景区。[130]

保释条件因其十分严苛而被认为带有政治目的。其中包括要求抗议者不得进入工地一公里以内，被命令回到他们的家庭住址居住，并被迫在他们家附近的警察局签到。英格兰和威尔士的法律协会认证的法律顾问劳纳·约翰逊（Launa Johnson）说："两名警察承认，这些保释条件是警察的霸王条款。警察本应该把每一个人当做独立的个体对待，而不是用统一的政策对待。"约翰逊维护抗议者的利益，说"这种条件通常适用于危险罪犯和惯犯"。[131]但在这里，这些保释条件是为了打击抗议活动。

345

迈克·斯沃茨说：

"纽伯里是对法律的高度政治化运用。抗议活动从一开始就被认定为是对国家、对规划、对调查系统、对法律和秩序以及对资本主义利益的挑战。他们的回应看似温和，实则暗藏杀机。你不可能经常看到它。"[132]

警察在没有事先通知的情况下就实行非法驱逐，警察并不总是发出逮捕的警告，即使抗议者的房屋在没有通知的情况下被摧毁，而且还有人在里面。[133]然而，约翰逊认为，在一些事件中，警察也在保护抗议者不被驱逐，根据抗议者的建议采取行动，还会训斥使用暴力的保安人员。[134]但是，在驱逐树上营地的主要驱逐行动中，警察有时候会做出战术性决定，对保安人员的暴力驱逐行为视而不见。[135]

虽然抗议者认为暴力的总体程度比其他公路现场要小，部分原因是媒体的高度关注，但也有一些孤立的暴力事件和暴力言论。《英国卫报》的记者约翰·维达尔假扮成信实保安公司的一名保安卧底工作了两天。他的推荐信或身份证明从未被检查过。第二天早上，一名工地主管对保安说："今天树上的任何东西，你都要干掉，清楚了吗？……用你的头盔敲它。任何东西。记得别被抓到。"其他保安人员告诉维达尔，"我们来就是为了搞破坏。这就像打猎……你干掉某个人，你知道有其他人支持你"并且"记住，用拳猛击肾脏不会留下淤青"，还有"记得弄断他们手指的时候，别忘了说声早上好"。在对该事件进行调查后，信实保安公司发现有关该工地主管的指控没有任何依据。[136]

1996年2月，身着突击队装备的保安队在黎明时分突袭了潘恩森林（Penn wood）的工地。当抗议者还在树上时，他们就切断了安置抗议者的树屋的索道和滑绳，使抗议者的生命受到威胁。四名目击者签署声明说，一名妇女被锁住头部，并被一名保安打了一拳。[137]有一名抗议者爬在电线杆上，电线杆被保安砍断，他从 15 英尺高的地方掉了下来。劳纳·约翰逊说："我看到有一名保安主管也在场。在我看来，他事先就已经在场了。"[138]当地的民团向抗议者开枪，两辆汽车被烧毁。其中一辆巴士上还有一名孕妇和一名年仅 6 岁的小男孩。[139]

346

图 12.5　在纽伯里，沾满血迹的抗议者被警察和保安带离

资料来源：环境照片库/ 安德鲁·泰斯特

　　政府还使用了各种卑鄙手段：他们指控抗议者破坏树木，并给消防队打假电话。但抗议者和消防队都否认了这些指控。[140]有个案例被广泛报道，说一名抗议者蓄意毁坏了一辆保安人员乘坐的车的刹车。但结果证明抗议者既没有蓄意的动机，也没有实施

破坏的行为。[141]活动人士家还说，有人故意在抗议现场附近的下风处和树屋下点燃烟火，造成严重的火灾风险和健康危害。[142]

谁的安全？

在道路建设工地上使用不负责任的保安是一个令人担忧的问题。对许多人来说，保安的人数激增这件事本身就令人担忧。如今，私人保安比警察还多。他们的数量，再加上他们的不负责任和缺乏培训，都令人非常不安。1995 年 5 月，内政事务特别委员会（Home Affairs Select Committee）报告说："最近几年，私人保安行业迅猛发展。随着私人保安行业的发展，人们愈发担心保安行业的素质，以及其向公众提供的保护水平。"[143]委员会收到的证据表明，该行业的标准"欠佳"、培训不足，还存在犯罪行为。在受委员会审查的一家保安公司中，26 名雇员中有 11 人被判定共犯有 74 项罪行，包括入室盗窃、车辆盗窃、枪支犯罪、强奸和威胁杀人等。[144]委员会的结论是："大多数私人保安公司的现行标准，尤其是培训标准都很不理想，没有达到公众的需要和期望，还有待提高。"[145]据称，包括道路建设工地在内的那些有保安看守的地方，情况最为糟糕。

在提交给委员会的证据中，公民自由组织着重表示了对道路抗议者的担忧。他们写道：

"根据国际法，国家有积极义务保护和平抗议的权利。越来越多地使用私人保安人员引起了人们对私人保安公司缺乏民主和法律控制的担忧；以及对抗议者的人身暴力和非法拘留事件的担忧。"[146]

公民自由组织建议，在维持道路抗议活动的治安中，应立即停止雇佣私人保安人员，因为将国家的权力下放给私营部门是不符合国际人权标准的。[147]

刑事（司法）法

在公民自由组织的证据提交一个月后，英国政府颁布了《1994年刑事审判与公共秩序法》。这一新法案将反道路抗议者、狩猎破坏者、擅自占地者、狂欢者和旅行者的许多活动都定为犯罪。许多人认为，这种法律上的恐吓是企图把生活在社会边缘的人当作替罪羊，企图在主流社会中获得政治信誉。政府称颂这一立法能够"最全面地打击犯罪"，但是所有这些团体都认为，该立法事实上是"最全面地打击人权"。[148]

根据《刑事审判与公共秩序法》，为了阻碍或干扰合法活动　　348
而侵入他人土地是犯罪行为，是一种严重侵入罪。在其被判定为犯罪行为之前，800多年来，非法侵入一直属于民事犯罪行为。公民自由组织认为：

"设立这种新的严重侵入罪，给和平集会的权利施加了进一步的不可接受的限制，而根据国际法，政府有积极的义务维护和平集会的权利。除此之外，将某些类型的侵入行为定为犯罪，实际上可能会鼓励私人保安人员对和平抗议者采取进一步的暴力。"[149]

公民自由组织总结说："欧盟委员会曾说过，和平集会的权利是一项基本权利，是民主社会的基础之一。和平抗议是和平集会的一种形式。"[150]

《刑事审判与公共秩序法》还有可能违背其他国际公认的人权标准，因为它侵蚀了公平审判权、言论和集会自由权、自由辩论权、不受任意逮捕和拘留的权利以及隐私权。[151]该法的变化如此之大，以至于遭到一些令人惊讶的部门的反对，警察联合会（Police Federation）、监狱官员协会（Prison Officers Association）和英格兰和威尔士的法律协会都反对法案的某些内容。[152]伦敦大都市警察联合会（Metropolitan Police Federation）主席麦克·班尼特（Mike Bennet）说："这似乎是针对某一部分人口的立法，这会带来灾难。维护治安的总目标是打击犯罪，而不是让人们成为罪犯。"[153]尽管遭到警方的反对，他们还是宣布，政治保安处（Special Branch）将增加 2000 多名警员来监督抗议活动。[154]

实际上，对于狩猎破坏者和道路抗议者来说，《刑事审判与公共秩序法》是反公共参与战略诉讼的最佳典范，因为惩罚的是意图。迈克尔·斯沃茨说："只要警察认为一个人有犯罪的意图，就可以起诉这个人。"他还说：

"在法庭上，这将是警察对抗议者的说法。你会面临双重打击——你惩罚了意图，而为该意图提供证据的证人不仅是被告席上的人，警察也会解释他（或她）所认为的意图。"[155]

全国各地都举行了无数次反对《刑事审判与公共秩序法》的示威和集会。许多年轻人都参与了游行示威。他们发现，他们所谓的政府并不试图理解他们，而是把他们关进监狱，年轻人的理想因此幻灭。11 月 17 日，也就是《刑事审判与公共秩序法》成为法律的两周后，在一场集会上，来自绿党的简·克拉克（Jan

Clarke）谴责该法是"一个名誉扫地的政府为我们社会中的问题 349
寻找替罪羊的卑劣和玩世不恭的尝试"。来自第 88 宪章组织
（Charter 88）的卡洛琳·艾莉丝（Caroline Ellis）说，该法案是
"本国迄今为止最糟糕的抨击民权的立法之一"。地球之友的查尔
斯·希克利特（Charles Secret）补充说："我们知道，该立法有
问题，它是违背公民自由和环境价值的暴政。"瑞贝卡·勒什表
明："该法案肤浅地向公众传达了这样一条讯息，即我们不再生
活在民主国家里。"[156]

《刑事审判与公共秩序法》本来是用于逮捕纽伯里抗议者的
主要法律，不过，它还是没能阻止抗议活动。甚至使更多的人参
与抗议活动，因为人们认为该法非常不公正。活动家们普遍认
为，该法案让整个新一代人政治化了，人们试图打破该法案。[157]
但是，除了法律恐吓外，政府似乎还利用了其他手段来阻止反道
路抗议活动。

公关和卑鄙伎俩

保罗·莫罗兹还认为，由于保安人员暴力事件的增加，公众
的抗议也愈发强烈，公路管理局发起了一项运动，给抗议者贴上
暴力的标签，从而使发生在公路现场的暴力程度在公众眼中变得
可以接受。此外，公路管理局还登广告招聘对外公关顾问，发起
了针对抗议者的公关活动。[158]据报道，公路管理局在 1992 年至
1995 年期间，每年花费 20 万英镑的公关费用。[159]

保安公司同样也在进行公关攻势。瑞贝卡·勒什说："保安
公司不断地谈论抗议者有多暴力，而他们的保安是多么出色。"[160]

一位汽车行业代表公开评论说，道路抗议者"比爱尔兰共和军好不了多少"。[161] 收复街道联盟（Reclaim the Streets）在伦敦组织了一场反汽车的街头派对，后来他们被《汽车快讯》（*Auto Express*）杂志说成是"城市恐怖分子和危险的疯子"。

1994 年 6 月，也就是公路管理局开始寻找公关公司的那一个月，发生了一些针对抗议者的最严重的暴力行为。1994 年 7 月 3 日，通讯记者约翰·哈洛（John Harlow）在《星期日泰晤士报》发表了题为"绿色游击队诱杀地点"的文章。[162] 这篇文章描述了一个警察拿着据说是从巴斯伊斯顿的一个坑里挖出来的尖刺。在文章的配图中，一个人从"生态恐怖分子"设置的诱杀楼梯上摔了下来，以及一个带着弩的蒙面人的脸。哈洛写道："绿色极端分子正在开展一场针对修路者的暴力运动。""警方估计，约有 150 名铁杆活动家致力于对建筑公司进行'仇恨之夏'。"[163] 哈洛称，在索斯贝里山川，有五分之一的保安人员都受伤了，"再现了越南战争中致命的捕人陷阱"，高压线就挂在树上与人等高的位置。据称，在 M65，人们利用弹簧弹射器往一名保安的脸上猛投带刺铁丝网和石块。文章最后说，环保主义者可能很快就会使用邮包炸弹了。

这篇文章的内容完全是错误的，长钉的图片一周前就在建筑媒体上出现了。[164] 勒什说："实际上是有人把长钉交给了保安，保安又将其交给了警察。"哈洛甚至说错了特怀福德低地的所在郡——威尔特郡而不是汉普郡。这篇文章遭到反道路组织的强烈谴责，他们因此向报刊投诉委员会（Press Complaints Commission）投诉了《泰晤士星期日报》。

这篇文章发表的时机也是非常巧妙的。其发表的时间是在最大的非暴力抗议道路计划发生的第二天，也是针对抗议者的暴力事件增加的一个月后。文章宣称，是抗议者在越来越多地使用暴力，而不是保安。这篇文章可能会疏远反道路运动背后的驱动力——环保活动家——和他们的一些中产阶级支持者。

玛德琳·邦廷（Madeleine Bunting）在《卫报》上撰文，重申了哈洛文章中出现的许多错误论点，他问道："他们的中产阶级支持者还要多久才会对极端分子的所谓暴力策略感到厌恶而退出？"[165]在写给《卫报》编辑的信中，反道路组织强调了邦廷在写这篇文章之前没有与他们交谈，他们"完全致力于维护非暴力直接行动的历史和国际传统"。[166]不到两个月后，哈洛又开始攻击环保运动，声称他看到了一本名为《恐怖主义者》（Terra-ist）的"生态恐怖主义杂志"，该杂志"显示，绿色'战士'可以使道路建设受阻，使保安人员失明、残疾或死亡"。哈洛写道："政治保安处对环境抗议中越来越多的暴力事件表示关注。"[167]

报纸刊登了许多危言耸听的文章，哈洛的文章只是最近才刊登出来的。《伦敦标准晚报》（*London Evening Standard*）的许多文章都声称，环保运动正在或即将利用暴力以及恐怖袭击手段来达到他们的目的。杰森·托伦斯回忆说："一开始，《伦敦标准晚报》试图把地球优先组织和爱尔兰共和军以及鲜血与荣耀（Blood and Honour）这样的组织混为一谈。"[168]1992 年 11 月，保罗·查曼（Paul Charman）在《伦敦标准晚报》上警告说："安全专家也担心绿色运动边缘的'新时代'团体数量的急剧增加，这些团体准备为维护动物权利和生态问题而使用恐怖手段。"[169]查曼写道，地球优先组织"对恐怖主义活动表现出了同情或支持"。[170]1993 年 6 月，该报警告说："一个新的环保激进分子

351

团体设计了生态无害的'绿色'燃烧弹，用于攻击建筑巨头和其他大企业。"[171]

哈洛承认，新闻界的这种活动是基于政治保安处等提供的信息。专门研究英国政治软肋（国家和极右翼活动）的哈里·奥哈拉（Larry O' Hara）认为，这种活动"造成了激进的环保活动家的目前状况。"[172]奥哈拉认为："国家一直在忙着粉碎、歪曲和操纵这些倡议。最简单的方法就是散布与反道路运动策略有关的谎言和虚假信息。"[173]

人们普遍认为，随着冷战结束以及爱尔兰恐怖主义的行将终结，安全部门正在寻找新的被称为有组织犯罪的活动领域，据报道，这些领域包括贩毒、洗钱、计算机黑客、核扩散和动物权利保护组织等。[174]有人猜测，M15是否会扩展自己的职能，从保护动物权利扩大到监管环保运动的活动，特别是更激进的团体的活动。有些人说这实际上已经发生了，而也有人说这是不可能的，因为它从根本上超出了M15的职权范围，而M15的职权范围只限于国家安全事务。这个松散的术语定义模糊不清，但却被描述为"保护国家和社区的生存或福祉免受威胁"。[175]

众所周知的是，反核运动是M15的目标，而政治保安处已经掌握了关于动物权利和环保活动家的情报数据。[176]此外，政治保安处已经把绿色无政府主义者（Green Anarchist）当做了打击对象，并没收了该组织的所有文件。[177]保安公司与政治保安处保持着联系。例如，信实保安公司的保安负责保护巴斯、怀蒙德姆、M11和纽伯里的道路施工场地。他们承认与政治保安处有联系。[178]此外，据报道，在纽伯里运动被媒体高度关注之后，从事反恐活动的高级警官将被要求收集有关主要反道路运动者的情报。[179]

　　有间接证据表明，监视和窃听的情况已经发生了。[180]此外，也有其他证据表明，电话监听并不像人们认为的那样普遍。有些活动人士抱怨，他们的垃圾被人用不属于市政服务机构的神秘货车带走了。[181]还有人回忆说，他们曾遭到布雷斯和第四工作组的面包车跟踪或监视。反道路组织还认为他们被渗透了。M11的两名运动者以及索斯贝里山川的一名女性都被认为是警方的线人。[182]1995年8月，运动者计划蹲守在纽伯里旁路上废弃的建筑物里。他们只在一次地方会议上讨论过这个问题。一周后，在他们还没进去之前，房子就被拆除了。这发生在道路的实际合同敲定之前。[183]

　　信实保安公司和第四工作组都与保守党有高层接触。1992年至1994年期间，信实保安公司和第四工作组都获得了许多合同，诺曼·福勒（Norman Fowler）既是保守党主席，又是第四工作组的负责人。全国保守党协会联盟（National Union of Conservative Party Associations）的主席莱恩勋爵（Lord Lane）也是信实保安公司的董事。[184]除了M3，布雷斯还在M11（总花费185000英镑）、巴斯伊斯顿旁路（总花费109000英镑）、A11（总花费450英镑）、布莱克伯恩的M65旁路（总花费2000英镑），以及纽伯里开展监视工作。到1995年4月，布雷斯因暗中监视抗议者赚了705250英镑。[185]1995年5月，国家审计署（National Audit Office）预计，在道路建成之前，需要向私人保安公司支付约2600万英镑的费用来保护英国的道路修建。政府每个月花费575000英镑用于维护道路建筑工地的安全。[186]

穷途末路

反道路抗议运动是欧洲发展最迅速的草根运动的一部分。欧洲大陆的环保活动家们指望英国的运动能大力得到发展。这场新运动反对汽车文化，以及靠污染和不正规的资源开采盈利的企业。人们对汽车的态度正在发生变化，虽然这个过程很缓慢。1995 年 8 月，《卫报》进行的一项民意调查首次发现，大多数人赞成在城市中心禁止汽车。[187]虽然人们说不应该开车，但这与人们真正乘坐其他交通工具之间存在很大差别。

建筑计划也快走到了尽头。多年来，政府一直否认修建道路会增加交通流量，但后来政府自己赞助的一项研究证明这一说法是错误的。政府自己的主干道评估常设咨询委员会（SACTRA）的成员菲尔·戈德温（Phil Goodwin）博士估计，新的道路在短期内会增加 10％的交通流量，在长期将增加 20％。[188]此外，1994年 10 月，政府自己的皇家环境污染委员会（Royal Commission on Pollution）发表的一份深度报告中呼吁大规模地转向公共交通。该委员会开展了一项历时两年半的研究项目，最终得出结论，无论是从环境角度还是社会角度看，道路交通的持续增长都是不可接受的。因此该委员会呼吁将筑路计划减半，将燃料价格提高一倍，并开展为期十年的公共交通和自行车投资计划。[189]

现在判断政府的交通政策是否会有重大的方向性变化还为时尚早。但可以肯定的是，许多驾车者不会贸然放弃他们的汽车。无所不能的道路建设游说团体和汽车游说团体，以及长期从中获取大量财政支持的政府，也不会放弃。对日益增长的反汽车运动和反消费主义运动最严重的反击，似乎还没有发生。

审判麦当劳

在英国，反公共参与战略诉讼和监视的使用不仅仅牵涉到政府和反道路抗议者。麦当劳是世界上最大的跨国食品巨头之一，在 72 个国家有超过 14000 家分店。目前，麦当劳正在起诉伦敦绿色和平组织的两名失业的环保活动家。尽管也叫绿色和平组织，但是该组织并不隶属于国际绿色和平组织。这两名活动人士——戴夫·莫里斯（Dave Morris）和海伦·斯蒂尔（Helen Steel）——分发了题为"麦当劳有什么问题"的传单，质疑麦当劳的社会、健康、就业和环境记录。麦当劳派卧底潜入伦敦绿色和平组织，在获得了足够信息之后，向该组织的 5 名成员发出传票。有三个人打了退堂鼓，但是莫里斯和斯蒂尔并没有退缩，他们两人被称为"麦当劳审判双侠"。斯蒂尔说："跨国公司可以在英国利用诽谤法来试图压制他们的批评者，这让我很生气。"[190]

这两人并不是最早受到法律诉讼或起诉威胁的人士。麦当劳正在起诉奥地利的动物权利运动者，之前还起诉了苏格兰工会联盟（Scottish TUC）。[191]麦当劳还威胁要用反公共参与战略诉讼对付伯恩茅斯广告公司（Bournemouth Advertiser）、英国广播公司自然频道、影射电影公司（Spitting Image）、诺丁汉蔬菜公司（Veggies Nottingham）、《战士报》（The Militant）、《英国卫报》、《今日时报》、第 4 频道电视公司、世界自然基金会、素食协会（Vegetarian Society）和跨国信息中心（TIC）。[192]具有讽刺意味的是，法律诉讼的威胁确实打倒了跨国信息中心，而该机构的成立目的就是监督像麦当劳这样的公司。据了解，麦当劳认为，法律诉讼的威胁将会吓唬到那五个人，让他们闭嘴。因为麦当劳一直用这一招成功地对付了其他组织。麦当劳审判支持组织（Mclibel Support Group）的一位发言人说："我想，我们是最早这样反抗麦当劳的，这让麦当劳措手不及。因为他们从没想过情况会发展成这样，他们以为那些成员会停止发放传单，并向麦当劳道歉。"[193]

当活动人士拒绝道歉的时候，麦当劳别无选择，只能继续打这个官司。它成为英国法律史上持续时间最长的民事案件。该案于1994年6月28日开始审理，预计到1996年某个时候才能结束。从一开始，莫里斯和斯蒂尔就面临着巨大的困难。他们对抗的是世界上最强大的跨国公司之一。麦当劳每天要花费5000英镑用于法律诉讼，而莫里斯和斯蒂尔却连获得法律援助的资格都没有，因为这在诽谤案中，这种援助是被拒绝的。[194]此外，麦当劳还成功地辩称，饮食和癌症之间的联系对于普通陪审团来说"过于复杂"，因此只应当由法官进行评判。上诉法院维持原判。尽管莫里斯和斯蒂尔面临着诸多不利条件，但这一备受瞩目的诽谤诉讼还是开始对麦当劳精心构建的公共形象产生了负面影响，削弱了麦当劳每年花费约14亿美元（或每天16万美元）向全世界，特别是儿童宣传的公共形象。

事情开始败露，因为麦当劳已经有了一些尴尬的时刻。这家食品巨头诽谤案的焦点最初是在伦敦绿色和平组织的传单上引述的一句话："高脂、高糖、高盐、多肉，低纤维、低维生素、低矿物质的饮食与乳腺癌、肠癌和心脏病有关"。尽管如此，麦当劳的癌症专家证人在被告席上承认，这是一个"合理"的说法，而且还发现被告的立场与世界卫生组织的立场相同。这使得麦当劳的御用律师承认，"我们都会同意"高脂肪、低纤维的饮食与某些癌症之间存在着联系。麦当劳随后改变了他们最初的主张，现在要求被告证明"麦当劳出售的食物会导致顾客患癌症和心脏病"，但是这一指控甚至没有出现在情况说明中，而戴夫·莫里斯称这是"非常荒谬的"。[195]

355

由于许多人指控麦当劳要为热带森林的砍伐负责，麦当劳因此将这些人告上了法庭。但是，麦当劳也不得不承认它在 20 世纪 80 年代的一些牛肉是在曾经的雨林土地上饲养的。麦当劳还遭遇了其他尴尬，麦当劳不得不承认，他们处理回收箱里的垃圾跟其他垃圾是一样的，都是直接倒掉。还有一次，培训部门主管承认，公司每年收到 1500 至 2750 起食物中毒投诉。麦当劳还不得不承认，食物标签上的"有营养"仅仅意味着"包含营养元素"。就连扮演麦当劳叔叔角色的演员也承认："年轻人被我洗脑了，让他们做了错事。我想对各地的儿童说声抱歉，因为我向那些通过谋杀动物而赚取数百万美元的公司出卖了自己。"[196]麦当劳英国地区总裁保罗·普雷斯顿（Paul Preston）承认，市场调查显示，甚至连麦当劳的顾客都认为麦当劳"虽然成功、严格执行纪律，但是喧闹、粗鲁、美国式、自满、冷漠、无情、不诚恳、多疑和傲慢"。[197]

这场审判成了麦当劳公共关系的灾难。审判既没有让批评者闭嘴，也没能阻止传单的散发。此案引起了全世界的关注，全球各地都有针对该公司的抗议活动。[198]

反公共参与战略诉讼已经被证明是世界上对抗企业法律恐吓

的最佳手段。1994 年 5 月，麦当劳审判双侠也利用反公共参与战略诉讼反诉麦当劳，理由是麦当劳一直发传单说他们故意散布不利于麦当劳的谎言。[199] 审判继续进行，莫里斯说："我们认为，捍卫言论自由非常重要。麦当劳和其他不想把真相公布于众的跨国公司都无法一直压制人们的反对声音。"[200]

审判开始一周后，布莱恩·阿普尔亚德（Bryan Appleyard）在《独立报》上写道："因此，这次审判的重点显而易见，就是文化和信仰体系的全球化……成为麦当劳的一员，就是把世界简化为一个管理和销售问题。这就是利润的全球化。"[201]

第十三章　一个有待完成的故事

特立独行的马格纳斯

　　冰岛电影制片人马格纳斯·古德蒙松自 20 世纪 80 年代末以来一直在开展运动，反对他所认为的动物权利极端主义者和环境极端主义者。他无疑是最早以环境抵制运动为生的人之一。他的资金筹集来源地已经从最初的冰岛和挪威的中心地区转移到了美国的明智利用运动。古德蒙松对环保组织的讨伐集中在绿色和平组织。为达到目的，这位来自冰岛的电影制片人不惜一切代价，开始与各行各业和美国政治右翼的一些著名反环境人士来往。他还得到了北欧国家的不同渔场、捕鲸组织和政府组织的资助，这些组织都希望绿色和平组织关门大吉。

　　尽管古德蒙松一直宣称自己只是一名独立记者，致力于揭露环保运动的"操纵、捏造和伪造"，但事实却大相径庭。[1] 在各行各业——例如核工业、渔业和捕鲸业的支持者，以及越来越多的明智利用组织的邀请下，马格纳斯·古德蒙松正周游世界，试图传播反环境的福音。就在他谴责环保主义者参加环保运动只是为了赚钱的时候，古德蒙松似乎也在靠反环境主义过上了养尊处优的生活。同时，他在指责环保主义者操纵、捏造和伪造的同时，似乎自己也在犯这些错误。

　　古德蒙松最初的支持者是冰岛、挪威、格陵兰岛和法罗群岛的捕鲸组织和渔业组织。这其中的许多国家在捕鲸和捕猎海豹问题上与环保组织发生了冲突，因而多年来一直存在着环境抑制的基础。因此，尽管马格纳斯·古德蒙松在捕鲸地区以外除了欧洲并不广为人知，但他的作品在公众、媒体和与海洋资源辩论有关的政治家中找到了积极的共鸣。例如，早在 1986 年，冰岛的前渔业部部长哈尔多尔·奥斯格里姆松（Halldor Asgrimsson）就敦促其他北欧国家"建立统一战线对抗绿色和平组织"。[2] 整个地区的环保组织和动物权利团体都被刻上了爱管闲事的帝国主义城市居民形象——他们对北极的传统生活方式一无所知，他们更关心动物，而不关心如何延续乡村的传统以及代代相传的生活方式。

　　自 1989 年以来，马格纳斯·古德蒙松拍摄了三部旨在攻击动物权利和环保组织的电影，分别是《高北地区的生存》（*Survival in the High North*）《开垦天堂》（*Reclaiming Paradise ?*）和《彩虹里的人》（*The Man in the Rainbow*）。第一部是 1989 年拍摄的《高北地区的生存》，试图强调某些环境政策给格陵兰岛和加拿大北部等高纬度北极地区造成的破坏性影响。古德蒙松还控诉绿色和平组织在 20 世纪 70 年代的反海豹捕猎运动和 80 年代的反对猎杀袋鼠运动中使用了虚假镜头。古德蒙松有关绿色和平组织在反对猎杀袋鼠运动中使用虚假镜头的指控，是基于丹麦记者列夫·布莱依耳（Leif Blaedel）的指控。布莱依耳从 20 世纪 80 年代初就开始攻击绿色和平组织，而他也出现在了古德蒙松的电影里。后来，布莱依耳的指控被瑞典的一个仲裁法庭驳斥为虚假。[3]

　　似乎还有其他人也希望拍摄这部电影，并希望绿色和平组织受到攻击。古德蒙松拒绝承认的一个事实是，冰岛渔业部为这部电影提供了一部分研究经费，以及一些免费捐赠的影像资料。[4]旨在促进法罗群岛、格陵兰岛和冰岛之间进行区域合作的韦斯特诺登基金会（Vestnorden Fund）也赞助了部分资金。冰岛电影基金会（Icelandic Film Fund）出资赞助了古德蒙松的第二部电影《开垦天堂》。[5]1989 年 6 月 8 日，马格纳斯·古德蒙松在华盛顿的国家新闻俱乐部召开新闻发布会，在发布会上放映了第一部电影《高北地区的生存》。《21 世纪科学与技术》杂志社出资赞助了这场新闻发布会。《21 世纪科学与技术》杂志附属于政治极端分子林登·拉鲁什。[6]《21 世纪科学与技术》以及其他与拉鲁什有关的杂志，尤其是《全球策略信息》，还向全世界广泛宣传古德蒙松的其他电影和作品。具体情况将在下文详述。

《高北地区的生存》指控绿色和平组织伪造捕杀海豹的电影镜头和使用"恐怖"手段。绿色和平组织对这一指控感到非常愤慨，于是在挪威将古德蒙松告上法庭。由于古德蒙松总是没有事实根据就控诉环保组织，因此，绿色和平组织和这位电影制作人之后又打了好几场官司。法院下令删减电影的部分内容，并要求古德蒙松向绿色和平组织赔偿 3 万挪威克朗。[7]马格纳斯·古德蒙松就审判结果提起上诉，但是被驳回了。[8]古德蒙松的诉讼费用由挪威渔业协会（Norwegian Fisheries Association）支付的，该协会本身是靠挪威政府资助的。他花了四年时间才付清赔偿金。[9]

虽然知道绿色和平组织已经成功地起诉了古德蒙松，但美国明智利用团体人类优先组织还是在 1993 年首次向所有众议院议员分发了该影片的修改版，称这是"绿色和平组织不希望你们看到的影片"。在人类优先组织的附函中，虽然提到了挪威法院的

图 13.1　冰岛一座码头上的鲸鱼肉

资料来源：绿色和平组织/瑞夫

案件，但他们却谎称马格纳斯·古德蒙松"在所有的诽谤案中，都被判无罪，也不用付赔偿金"。[10]人类优先组织自称成员遍布于加拿大、挪威、日本和其他美国以外的地区。考虑到该组织曾出台支持捕鲸的政策，因此，该组织支持古德蒙松和其他捕鲸支持者的作品，这一点并不令人惊讶。人类优先组织还发行了古德蒙松的另外两部电影《开垦天堂》和《彩虹里的人》，同时还积极地为古德蒙松寻求资助，并支持针对绿色和平组织的抵制活动。明智利用组织认为，对挪威捕鲸者和北极沿海社区的支持能够进一步攻击环保运动。

高北联盟

人类优先组织还与斯堪的纳维亚半岛的主要反环境主义者建立了其他联系。以乔治·布里克费尔特（Georg Blichfeldt）为首的高北联盟（HNA）是一个支持捕鲸的反环境组织，它不仅游说国际捕鲸委员会（International Whaling Commission）等取消商业捕鲸禁令，还宣传古德蒙松的电影。高北联盟与人类优先组织有联系，并向挪威媒体宣传人类优先组织的文献。[11]乔治·布里克费尔特在他的通讯《国际鱼叉：有观点的报纸》（The International Harpoon：The Paper with a Point）中，表达了支持捕鲸的观点。人类优先组织和高北联盟的关系越来越紧密。1993年，高北联盟宣布，正式委托美国律师威廉·维沃（William Wewer）、凯瑟琳·马奎特的丈夫以及一位主要的明智利用运动分子研究海洋环保组织——海洋守护者协会（Sea Shepherd

Conservation Spciety)，研究其反捕鲸行为是否可以被美国法律认定为海盗行为。[12]

高北联盟的名称最初来源于古德蒙松的第一部电影《高北地区的生存》，后来才改成高北联盟。高北联盟是全世界捕鲸、捕鱼和捕猎海豹群体中涌现出的许多对抗环保主义者的组织之一，如阿拉斯加爱斯基摩人捕鲸委员会（AEWC）、法罗群岛领航捕鲸者协会（Pilot Whalers' Association of the Faeroe Islands）、日本小型沿海捕鲸者协会（Japanese Small-Type Coastal Whalers' Association）、格陵兰岛猎人和渔民协会（Greenlandic Hunters' and Fishermen's Association）以及挪威小型捕鲸者协会（Norwegian Small-Scale Whalers' Association）。[13] 1992 年，来自冰岛、挪威、格陵兰岛和法罗群岛政府的捕鲸和捕猎海豹支持者代表也组成了一个联盟，自称为北大西洋海洋哺乳动物委员会（NAMMCO）。[14]

与上述许多组织一样，高北联盟试图把自己描述成一个小规模的生存组织：

"为了沿海文化的未来和海洋资源的可持续利用而努力。代表格陵兰岛、冰岛、法罗群岛和挪威的渔民、捕鲸者和捕猎海豹者利益的大多数主要组织，以及一些地方政府，都是高北联盟的成员。"[15]

然而，高北联盟还接受其他资金，其中大部分资金来自挪威政府的两个部门——挪威外交部和挪威渔业部。[16]

一方面，高北联盟主张关于捕鲸的辩论应建立在科学和常识的基础上，另一方面，它又散布反绿色和平组织的报刊文章。乔治·布里克费尔特重复古德蒙松的许多指控，以及其他媒体上出现的抨击绿色和平组织的言论。例如，1992 年，一份名为《欧洲渔业报道》（*Eurofish Report*）的杂志刊登了一篇题为"绿色和平组织被指控收买反捕鲸投票"的报道，评论中说"挪威环保主义者乔治·布里克费尔特声称，他有书面证据证明绿色和平组织至少'收买'了 12 名国际捕鲸委员会的成员"。[17] 所谓的消息来源弗朗西斯科·帕拉西奥（Francisco Palacio）却否认了这些说法。[18]

1994 年，高北联盟出资让马格纳斯·古德蒙松参加国际捕鲸委员会在墨西哥举行的第一次会议，以便召开新闻发布会败坏绿色和平组织的名誉。[19] 整个会议期间，布里克费尔特与挪威政府紧密合作，宣传挪威的捕鲸立场。事实上，当英国广播公司的媒体就挪威的立场问题进行采访时，挪威驻英国大使馆就推荐采访布里克费尔特。马格纳斯·古德蒙松的新闻发布会却有点适得其反，因为有人问他与右翼极端分子是什么关系，以及他对绿色和平组织的攻击与拯救鲸鱼有什么关系。古德蒙松在新闻发布会上说："我和美国任何右翼组织或极端分子都没有关系。这完全是捏造的，而且这也不是什么新鲜事，因为这是绿色和平组织自 1989 年以来一直试图传播的东西。"[20]

与明智利用和工业联系在一起

自 1989 年以来，古德蒙松就一直与其他著名的反环境活动家和组织联合并建立联系，其中一些人和组织可被归类为极右翼。1989 年，古德蒙松声称参加了在犹他州举行的荒野的影响

361

研究基金会的会议。在会议上，他告诉人们，现在正在遥远的北方国家发生的事情，也将在美国上演。[21]第二年，他又回到盐湖城参加荒野的影响研究基金会的会议。[22]古德蒙松最亲密的两位同盟也出席了会议：一位是冰岛的捕鲸者克里斯蒂安·洛夫森（Kristjan Loftsson），还有一位是挪威小型捕鲸者协会主席斯泰纳尔·巴斯特森（Steinar Bastesen）。斯泰纳尔·巴斯特森认为绿色和平组织就是一群"寄生虫"。古德蒙松在演讲中称，绿色和平组织总是想破坏挪威的经济，它要强行迁移远北地区的人民，并通过在挪威投资数千万美元来增强自己在这些国家的影响力。[23]

古德蒙松给荒野的影响研究基金会的会议主办者留下了非常好的印象，以至于第二年他又被邀请去参加会议。古德蒙松在1991年的会议上对与会代表们说："这是一个真正的环境保护会议，尽管它的背后是自然界的利用者。"[24]在会议表达了对冰岛捕鲸的支持后，冰岛的外交部长乔恩·鲍德温·汉尼包森（Jon Baldvin Hannibalsson）也向与会者发出了一份道义上的支持。

但古德蒙森开始寻找其他领域来讨论他的反环境工作，他在核工业中找到了热心的听众。1991年6月11日，他在加拿大核协会（Canadian Nuclear Association）做了一场有关反核"宣传团体"的演讲。[25]从那时起，古德蒙松的电影就被比利时和加拿大的核工业组织播放。他的电影中的指控已被巴西的核工业代表采用。[26]在接下来的几年里，古德蒙松在日本的各类渔业会议上发表演讲。并在新西兰应新西兰渔业协会的邀请发表演讲。新西兰渔业协会称，邀请古德蒙松是为了"平衡环境辩论"。[27]古德蒙松在新西兰之行中，在渔业协会的演讲中以及在电视上发表讲话

362

时，也重复了电影《高北地区的生存》中的指控。[28]绿色和平组织把事实告诉新西兰电视台（TV NZ）后，电视台为此道歉，然而古德蒙松仍拒绝收回自己的言论。[29]因此绿色和平组织又一次起诉了他。

1992 年，古德蒙松在日本谈及动物权利时说："无论是巧合还是故意的，这个运动似乎已经采纳了希特勒先生在《我的奋斗》中宣传的一些思想。"[30]1994 年 2 月，古德蒙松在大日本渔业会议（Greater Japan Fisheries Conference）的一次演讲中，公开指责绿色和平组织和世界野生生物基金会（WWF）用"500 多万美元来贿赂和收买国际捕鲸委员会的代表"。[31]

1993 年，马格纳斯·古德蒙松和斯泰纳尔·巴斯特森再一次去美国参加反环境会议，这次是由艾伦·戈特利布和罗恩·阿诺德的自由企业保卫中心组织在里诺召开的明智利用会议。会议通过了一项支持挪威捕鲸的决议。[32]巴斯特森与明智利用会议保持着多年的密切联系，他曾在 1990 年、1991 年、1993 年和 1994 年参加过该会议。[33]阿诺德把古德蒙松和巴斯特森当成自己在斯堪的纳维亚半岛的两个关键联络人。1994 年，阿诺德告诉挪威《世界之路报》（*Verdens Gang*）："我们支付他们的旅行费用，他们参加我们的会议。"[34]反过来，巴斯特森又不停地重申阿诺德的言论，并引用他的话作为环保运动是共产党人的"掩护"组织这一"事实"的来源。巴斯特森认为："阿诺德是有远见的。"[35]

沉没的彩虹

鉴于阿诺德的反环境言论历史，他在古德蒙松的第三部电影中作为反对绿色和平组织的角色证人出现，这不是巧合。这部电影的丹麦语名是《彩虹里的人》，英语名是《彩虹人》。该影片由丹麦诺斯蒂克公司（Nordisk）制作。古德蒙松担任丹麦电视台第二频道的顾问。1993年11月14日，该电影在丹麦首映，它后来在丹麦、瑞典、芬兰、马来西亚和冰岛放映。电影中的指控在全世界流传开来。

在谈到电影的构思来自于谁时，马格纳斯·古德蒙松在不同地方的说法都不一样。在美国和墨西哥举行的国际捕鲸委员会会议和濒危物种国际贸易公约会议上，古德蒙松曾回忆说，在诺斯蒂克公司与他接触后，他被说服拍摄一部有关于绿色和平组织的电影，尽管他并不特别想这样做。然而，在1994年2月大日本渔业会议的一次演讲中，古德蒙松说，这部电影完全是他自己的想法，是他去找的电影公司。[36]

这部电影抨击了绿色和平组织，还根据以前新闻报道中的指控和新出现的夸大其词却未经证实的研究，着重抨击了绿色和平组织的名誉主席大卫·麦克塔加特。与罗恩·阿诺德一起出现在电影中的还有私人调查员兼明智利用运动分子巴莉·克劳森，他在电影中扮演"作家"。克劳森与《21世纪科学与技术》的副主编罗杰·马杜罗共同制作了《生态恐怖主义观察》。马杜罗本人曾多次与古德蒙松会面，并自称在环保运动上与他的冰岛同行有相同的信念。[37]

《彩虹里的人》放映后的二十四小时内，《21世纪科学与技术》就发布了一份新闻稿，并在互联网上公布。新闻稿中包含了只有制片人才知道的消息，这表明《21世纪科学与技术》和电影制片人之间有一种程度的合作。[38]电影放映一周后，拉鲁什的

363

德国爱国者组织（Patriots for Germany）成员（包括拉鲁什的妻子海尔格在内）打断了一场在杜塞尔多夫举行的绿色和平组织会议，他们在会场高喊影片中对绿色和平组织的指控。[39]《21世纪科学与技术》还在冬季版本中刊登了一篇与该电影相关的长达四页的文章，文章的作者是一个叫保尔·拉斯穆森（Poul Rasmussen）的丹麦人，他是拉鲁什在哥本哈根的席勒研究所的主席。该杂志还公布了一个传真号码，人们可以在那时订购这部电影。[40]

这部电影指控绿色和平组织贿赂国际捕鲸委员会，拥有秘密银行账户，并与"恐怖组织"地球优先组织合作。阿诺德还控诉绿色和平组织贿赂政治家。这是一篇巧妙拼凑起来的值得质疑的新闻。然而，为了诋毁绿色和平组织，电影制作者准备采取一些相当不光彩的做法。德国的北德意志电视台（NDR）购买了这部电影的版权，电影将在德国上映。但是，绿色和平组织提醒电视台的一位记者克里斯托弗·卢特戈特（Christoph Luetgert），请他调查一下电影的制作方式。卢特戈特发现："海洋生物学家弗朗西斯科·帕拉西奥在采访中的发言被剪辑了，使他被断章取义地被错误描述为反对绿色和平组织的关键证人。"卢特戈特认为这部电影"是一部肮脏的作品，是我迄今为止见到过的最肮脏的作品"。[41]

古德蒙松和电影制作人迈克尔·克林特（Michael Klint）曾向弗朗西斯科·帕拉西奥承诺，他可以在电影播出之前看到自己的采访，但他们从未履行承诺。帕拉西奥发布了该电影在德国的播放禁令。禁令中指出：

"直到1994年5月，帕拉西奥才得知，自己与两名丹麦记者

364

（古德蒙松和克林特）的采访与其他的言论和问题剪辑在了一起，这样不仅给人留下了印象，而且直接指称原告承认政府代表被绿色和平组织和世界自然基金会贿赂了数百万。"[42]

德国法庭下令，由于帕拉西奥的采访遭到篡改，因此不允许公开放映《彩虹里的人》。[43]

在电影中遭受许多诽谤的大卫·麦克塔加特也取得了胜利。麦克塔加特在向法院提交的申请中说，电影中的许多采访言论都是"错误的""不正确的"和"侮辱性的"。法院再一次裁定，不允许放映该电影中的违规情节。[44]绿色和平组织还声称，该电影包含"毫无根据的指控"。法院又一次做出对他们有利的裁定。[45]第二频道不得不向大卫·麦克塔加特道歉，因为其发布的新闻中指责麦克塔加特走私大麻、贿赂，还收取了美国中央情报局的钱。而这些指控既不是事实，也没有出现在影片中。

尽管北德意志电视台保留意见，德国法庭也做出了裁定，古德蒙松还是继续宣传和销售这部电影。1994 年，他和他的老伙伴巴斯特森以及冰岛捕鲸者克里斯蒂安·洛夫森一起参加了为自由而飞来会议。在会议期间，古德蒙松表示，他很高兴看到美国联盟在不断发展，他说："我致力于这项事业，致力于追求真理。如果你们在搞什么坏事，我会毫不犹豫地让人们知道。"参加美国联盟的还有濒危物种国际贸易公约前秘书长尤金·拉普安特（Eugene LaPointe）。他高度赞扬了古德蒙松。[46]在非政府组织的强烈游说下，拉普安特被濒危物种国际贸易公约解雇了，因为非政府组织认为他偏袒野生动物商人利益。古德蒙松不仅放映《彩虹里的人》，还放映了绿色和平组织公开棍打海豹的片段，他声称这是在演戏。尽管挪威法庭的裁决证明了这一点。

在介绍《彩虹里的人》时，古德蒙松说："这部影片中的一切都是真实的。它是以事实为基础的。"他随后补充说：

"绿色和平组织最近声称，这部影片中的采访是断章取义的……我们已经邀请国际记者到我们的制作室看原始录像，让他们自己做出判断。很明显，没有任何东西被断章取义。"

观看电影时，人们为环保主义者被打的画面鼓掌。"打死他们"的声音响彻整个房间。[47]古德蒙松告诉观众：

"绿色和平组织只有 1000 名成员，而不是他们说的 500 万人。你可以对付他们。你可以赢。他们甚至没有那么聪明。哪怕只有我一个人，而且我也不是很聪明，但他们都没办法对付我。"[48]

国际捕鲸委员会会议上的国际野生动物管理联盟

在 1994 年 11 月，濒危物种国际贸易公约在弗洛里达州的罗德代尔堡举行会议。会议上，古德蒙松和国际野生动物管理联盟（IWMC）的尤金·拉普安特通力合作。国际野生动物管理联盟是新成立的一个组织，总部设在日内瓦，它用明智利用运动式的语言包装自己，说自己致力于"野生动物管理"和基于"科学"和"可持续利用"。该组织支持"生物资源的保护和可持续利用"，这实际上是抄袭了北大西洋海洋哺乳动物委员会的口号。[49]1995 年，国际捕鲸委员会在都柏林召开会议。会议中，国际野生动物管理联盟支持"可持续利用的理念和价值理性"，反对那些"对人类在环境中的作用视而不见"的人。[50]

国际野生动物管理联盟在宣传手册中称自己是全世界野生动

物管理者的联合体，"管理者们认为，合理利用野生动物资源最能够激励人类支持保护工作……这个所有野生动物猎人的联盟代表了野生动物物种未来的最后希望"。[51] 国际狩猎俱乐部（Safari Club International）协助出版了该宣传手册。国际狩猎俱乐部的口号是"保护野生动物和保护猎人"，该俱乐部与帕森斯集团（the Parsons Group）也有联系。帕森斯集团是高北联盟为推动恢复捕鲸而保留的游说团体。[52]

猎人、渔民、捕兽者、捕鲸者和捕猎海豹者在国际野生动物管理联盟中找到了发声机会。国际野生动物管理联盟说，"野生动物保护政策"必须是"民有、民治、民享"。[53] 拉普安特说："我们花了很长时间才意识到，赋予动物的权利就是剥夺人类的的权利。"国际野生动物管理联盟在这方面传达的信息与明智利用组织或共享组织是一样的，即环保"极端分子"并没有在生态辩论中考虑人类。国际野生动物管理联盟宣称有 60 多个"自然环境保护"组织成员。显然，那些想要去除濒危物种贸易限制的人、主张恢复商业捕鲸和海豹捕猎的人，还有那些从这些活动中获利的企业，以及从中收钱并维护其利益的政府或代表，都与该联盟有关。像国际野生动物管理联盟这样一个模棱两可的名字只能起到混淆视听的作用，即使把自己包裹在绿色的修辞中，也不能掩盖它是一个国际反环境组织的事实。出版一本名为《保护论坛》（Conservation Tribune）的杂志是另一个烟幕弹。

在佛罗里达州罗德代尔堡的濒危物种国际贸易公约会议期间，国际野生动物管理联盟组织了古德蒙松的新闻发布会，题为"事实还是虚构：人类权利与动物权利"，并在发布会上播放了古德蒙松的三部电影。古德蒙松也是国际野生动物管理联盟的一名注册代表。[54]此次活动的传单把绿色和平组织称为国际保护主义组织，说其经常把自己的"宣传"伪装的具有"环保意识"。[55]国际野生动物管理联盟还发表了乔治·布里克费尔特和古德蒙松的文章。古德蒙松的文章题为"环境电影制片人的灵感"，他在文章中指责环保主义者是"新邪教"的"大祭司"，一旦他们的假面具被撕下后，他们就会表现出"非理性的、不切实际的和不人道的"一面。他在文章的最后引用了这样一句含义隐晦的话："孩子，要小心邪恶，因为它有很多面孔，但是它最常出现的面孔是善的面孔。"[56]

国际野生动物管理联盟对外公布了"讨论可持续利用"的"问题专家"名单，这个名单可以帮助人们了解该联盟的议程。这些"问题专家"包括一名代表华盛顿地区支持狩猎团体的律师，一名来自明智利用组织的代表，一名美国联盟的代表和一名国家荒野协会的代表，还有来自主要反环境智库竞争企业协会的人，以及与委内瑞拉和日本的渔业和捕鲸业有联系的人。

史蒂夫·博因顿（Steve Boynton）被国际野生动物管理联盟描述为"华盛顿特区的律师，专门从事野生动物和海洋资源法"。他是一个名为汉克和联营公司（Henke and Associates）的组织的副总裁，该组织由贾尼斯·斯科特·汉克（Janice Scott Henke）管理。博因顿曾在 1994 年和 1995 年代表国际野生动物管理联盟参加国际捕鲸委员会会议，也在 1994 年代表挪威小型捕鲸者协会参加濒危物种国际贸易公约会议。博因顿也曾为日本鲸类研究所（Japanese Institute of Cetacean Research）工作，他还是国会运动员基金会（Congressional Sportsmen's Foundation）的总顾问。国会运动员基金会是一个非营利组织，

367

隶属于国会运动员核心小组（Congressional Sportsmen's Caucus），该小组在国会中代表狩猎和渔业利益集团的利益，成员包括218位美国参议员和众议员。[57]该核心小组支持挪威恢复商业性捕猎小须鲸，并认为应该修改《濒危物种法案》，以增加将脆弱物种和栖息地列入名录的成本。[58]

博因顿本人在为华盛顿法律基金会（Washington Legal Foundation）（库尔斯家族支持的另一个右翼智库）撰写的一份法律简报中认为，"美国正在酝酿一项非法的政策来阻挠捕鲸。"[59]国会运动员核心小组推动的另一项法案主张利用人工繁殖野生动物物种来代替栖息地保护，这一措施被全国野生动物联盟称为"物种灭绝的蓝图"。自然保护选民联盟的通讯主任彼得·凯利（Peter Kelley）称国会运动员核心小组是"石油和天然气游说团体"。[60]

国会运动员基金会与右翼筹资渠道和枪支游说团体都有联系。军火制造商奥林公司为国会运动员基金会的工作人员免费提供办公室场地。基金会的董事会成员包括全国步枪协会的前执行副总裁雷·阿内特（Ray Arnett）、极端保守的库尔斯家族酿酒公司的首席执行官彼得·库尔斯，以及奥林温彻斯特公司的总裁波塞特（G. Bersett）。[61]1995年5月，基金会还为古德蒙松举办了一次午餐会，巴莉·克劳森和罗杰·马杜罗都参加了这次会议。

博因顿和约翰·巴塞尔（John Barthel）都来自明智利用组织美国捕猎者协会（American Trappers Association）。博因顿还是美国联盟的成员，而约翰·巴塞尔则是国际野生动物管理联盟的专家。1995年，两人在前往都柏林参加国际捕鲸委员会会议的途中，在冰岛短暂停留。他们告诉媒体说，美国人的态度正在朝支持捕鲸的方向转变，并反对像绿色和平组织这样的环保组织。[62] 1995 年 11 月，冰岛媒体报道，博因顿在年初被冰岛驻华盛顿大使馆聘请，担任三个月的顾问。[63] 12 月，为了显示明智利用运动与其欧洲同行之间的日益团结，来自美国联盟的布鲁斯·文森特也访问了冰岛，正式成立了一个名为海洋利用（Marine Utilization）的新组织组织，该组织将为恢复商业捕鲸进行游说。

　　右翼组织竞争企业协会的艾克·萨格（Ike Sugg）也是国际野生动物管理联盟的专家，他的书《大象与象牙》（*Elephants and Ivory*）由伦敦的经济事务研究所出版。[64] 萨格直言不讳地批评《濒危物种法案》。他和其他著名的反环境活动家一样，都是财产权特别工作组（Property Rights Task Force）的成员。[65] 来自日本全球监护信托基金（GGT）的优休金子（Yosho Kaneko）也是国际野生动物管理联盟的专家。[66] 顾名思义，全球监护信托基金的目标是"促进自然资源的可持续利用，利用现有的最佳科学信息作为保护和确保合理使用自然资源的基础"。[67] 全球监护信托基金在促进"可持续利用"的同时，却又控诉环保组织（尤其是绿色和平组织）"为了追求自己的事业而置可持续发展原则于不顾"。[68] 全球监护信托基金的主要目标是"修正极端主义的环境保护运动"，这在国际捕鲸委员会会议和濒危物种国际贸易公约会议的讨论中都有体现。[69] 全球监护信托基金的董事长国男米泽（Kunio Yonezawa）说："成立全球监护信托基金后，我们绝对要面对这场走得太远的环境保护运动。"[70]

　　和其他环境抵制运动分子一样，国男米泽认为：

　　"既然现在世界上的共产主义运动已经不复存在，我认为，

368

现在全世界就只有一个问题，即绿色和平组织之类的极端主义环保运动 。这是一个世界性的政党，它已经蚕食了英国、澳大利亚等盎格鲁-撒克逊国家的政治核心。"[71]

为了对抗绿色和平组织，全球监护信托基金坚持认为它将"促进与那些与全球监护信托基金目标一致的国家和非政府组织的合作，倡导基于科学基础的可持续发展"。[72]但人们普遍认为，全球监护信托基金不过是日本渔业和捕鲸业的一个掩护机构。如今，全球监护信托基金正在准备将其成员范围扩展到农业、林业和能源业。[73]

弗朗西斯科·赫雷拉·特朗（Francisco Herrera-Teran）博士也是国际野生动物管理联盟的专家，还是委内瑞拉的前渔业部长。在国际捕鲸委员会会议期间，他与古德蒙松一同出席了新闻发布会。他在发布会上严厉指责了委内瑞拉的生物学家罗梅罗·迪亚兹（Aldemero Romero Diaz）。迪亚兹在委内瑞拉发表了300多篇关于海洋哺乳动物的文章，还出版了 4 本著作。在各类报纸文章和会议上，古德蒙松和弗朗西斯科·赫雷拉·特朗博士一直指控罗梅罗煽动渔民捕杀海豚，并伪造海豚被杀的镜头。罗梅罗坚称，这些录像不是他做的，而说是委内瑞拉当局做的，他们想引渡他去受审。[74]美国国务院称委内瑞拉的法律体系是"腐败的"，毫无疑问，罗梅罗在委内瑞拉不会受到公正的审判。[75]还有证据表明，当局已经威胁其他环保组织，让他们公开诋毁罗梅罗，并要求他们与罗梅罗保持距离。如果是这样的话，当局伪造影片以诋毁罗梅罗也不是不可能的。在冰岛电台上，古德蒙松说，罗梅罗已因其罪行被判刑，他正被国际刑警组织通缉。但这一说法后来被证明是虚假的。[76]

369

我们在国际野生动物管理联盟看到的是一个资金充足且言辞犀利的组织，其创立目的是为了在濒危物种国际贸易公约和国际捕鲸协会等举行的活动中，对抗环保组织和动物权益保护组织。尽管该联盟才成立两年时间，但它已经在主要的反环境组织和个人之间建立了一个强大的关系网，并且这个关系网还有望继续扩大。

或许是为了强调这个事实，在 1995 年于都柏林召开的国际捕鲸委员会会议上，国际野生动物管理联盟再次派出了一个庞大的代表团。它还帮助组织了一次挪威沿海地区妇女的反环境示威。[77]巴斯特森是一名挪威人，因此他既加入了国际野生动物管理联盟的行列，又作为冰岛渔民的代表出席，这实在是一件有趣的事情。[78]古德蒙松代表国际野生动物管理联盟发表了题为"拯救鲸鱼：宣传战"的演讲，并放映了《彩虹里的人》。[79]国际野生动物管理联盟在都柏林发表了众多文章，作者包括优休金子、弗朗西斯科·赫雷拉·特朗，史蒂夫·博因顿，还有迈克尔·德阿雷西（Michael De Alessi）。迈克尔·德阿雷西来自竞争企业协会，他在布兰特斯帕尔储油平台事件中也批评过绿色和平组织。[80]

三个月后，古德蒙松再次来到美国，这次是在右翼的传统基金会发表演讲。据说他所谈论的是"揭露 104 届国会中左派的环境议程"，古德蒙松又一次猛烈抨击了绿色和平组织。[81]古德蒙松的演讲清晰而有说服力地重申了许多明智利用组织和拉鲁什曾使用过的指控。据这位电影制片人所说，绿色和平组织和其他环保组织已经成为"新的宗教"。古德蒙松说，绿色和平组织是一个有政治动机的团体，他们憎恨人类，但最憎恨的是美国人。绿色和平组织试图向公众隐瞒的一个事实，就是其收入来源广泛，甚至接受企业的资金。古德蒙松称，绿色和平组织从壳牌石油公司那里获得了约 250 万美元，而当壳牌石油公司停止捐款时，绿色和平组织就开始攻击布兰特斯帕尔储油平台。（注：绿色和平组织不接受企业资金。）

古德蒙松还声称，绿色和平组织的立场缺乏科学证据支持，也没有科学证据来证明臭氧损耗（注：臭氧损耗是《21 世纪科学与技术》的罗杰·马杜罗最热衷的话题）。此外，绿色和平组织不喜欢科技、自由企业、资本主义，也不喜欢"廉价和丰富的能源"（注：绿色和平组织一直推崇替代性技术，例如绿色冷冻剂和太阳能，但是古德蒙松最后评论说这是在宣扬核工业）。古德蒙松说，大多数联邦政府机构都已被绿色和平组织渗透了。[82]

古德蒙松一直积极地与冰岛和挪威政府、捕鲸者、捕猎海豹者、渔民、核工业、明智利用运动、林登·拉鲁什的同伙、国际野生动物管理联盟以及传统基金会等右翼智库保持联系。冰岛的环保人士认为，古德蒙松与美国反环境活动家的交往，将自己置于了两难的境地。一方面，他在明智利用运动中具有公信力是因为他是冰岛人。实际上，明智利用运动努力将反对资源利用监管的运动国际化。古德蒙松和他的同事正代表了这种努力。另一方面，古德蒙松越来越依靠反环境主义者，这损害了他在冰岛的公信力。在冰岛，根本没有人支持明智利用运动制定的有关臭氧损耗、全球变暖和其他热带生态问题的政策。

话虽如此，但主要的资源依赖型产业、反环境主义者、右翼评论家和明智利用运动之间的联系似乎正在变得更加协调。例如，1995 年 12 月，挪威捕鲸者联盟（Norwegian Whalers

Union）效仿在京都召开的渔业对粮食安全保障的持续贡献国际会议（International Conference on the Sustainable Contribution of Fisheries to Food Security），与来自加拿大、俄罗斯、日本、韩国、拉丁美洲、瑞士、津巴布韦和美国的渔业组织、捕鲸组织签署了"致力于负责任地利用水产资源的非政府组织的联合声明"。美国有 80 多个明智利用组织签署了这份声明，包括美国联盟、蓝丝带联盟、西部人民组织，以及人类优先组织。联合声明的组织者是渔民联合会（Fishermen's Coalition）。渔民联合会是在 1992 年反对绿色和平组织的金枪鱼运动的示威之后成立的。[83]

两个月后，即 1996 年 2 月，渔民联合会的特蕾沙·普莱特和美国联盟的布鲁斯·文森特写信给比尔·克林顿总统，认为：

"随着管理程序修订的完成，国际捕鲸委员会应当允许、承认和支持人道地、可持续地利用丰富的鲸类动物。这也正是挪威、冰岛、加拿大、法罗群岛、日本、加勒比海国家、南美、美国等国公民数千年来一直在做的事情。"[84]

6 月，在美国联盟的"为自由而飞来"活动中，由特蕾沙·普莱特主持的题为"走向世界：在国际舞台上有所作为"的小组讨论反映了更大范围的国际网络。来自高北联盟的乔治·布里克费尔特第一次参加明智利用会议，就"美国保护主义者价值观与高北地区人民之间的冲突"发表演讲。小组的其他发言人包括来自非洲资源信托基金（Africa Resources Trust）的朱迪·玛莎尼亚（Judy Mashinya），他的发言题目是"大象和非洲人：可能共存吗？"；以及竞争企业协会的艾克·萨格，其发言主题为"经济价值和野生动物：不可能还是必然？"。古德蒙松还举办了一场关于冰岛电影的研讨会。

371

　　毫无疑问，国际野生动物管理联盟和他们的明智利用盟友将在国际捕鲸委员会和濒危物种国际贸易公约的辩论中产生越来越大的影响力，而且很可能对其他公约，如关于生物多样性的公约产生影响。在 20 世纪 80 年代，全世界都认为通过暂停商业捕鲸已经拯救了鲸鱼，但实际上鲸鱼远非安全，而且随着全球反环境力量的凝聚，它们的未来看起来越来越暗淡。关于鲸鱼的国际斗争，以及现在越来越多的关于迅速减少的鱼类资源的斗争，看起来将成为未来十年最具争议性的资源冲突之一。在美国国内也一样，许多要求恢复商业捕鲸活动的人一心要摧毁保护美国野生动物的《濒危物种法案》。

　　人们将竭力把议程集中在"可持续利用"和"平衡"上，这不过是变相的野生动物私有化。或以另一种名义的灭绝。

第十四章　结语：破除抵制

我们可以改变人类的所作所为。我们可以重新设计人类系统，我们可以通过正确的做法来赚钱。为了尊重我们的地球家园，我们可以运行一种经济，我们可以运行一种文明。并且我们会持之以恒地尊重地球，因为我们别无选择。但目前要让人们理解这一点还是存在一些困难的。我们终将如此。我们必须这样做。

——大卫·布劳尔（David Brower）[1]

环境抵制运动既源于环保运动的成功，也源于环保运动的失败。环境抵制运动还将继续按照这种方式发展下去。还会有更多的环保活动家会因致力于生态问题而遭到恐吓、殴打、诋毁和杀害。如今，如果你致力于生态问题，就生态问题写文章、发表演讲或开展运动，甚至是讲授生态问题，你都会不可避免地遭遇抵制。在全球范围内发生的范式转换看来将继续下去。

从这本书的故事中得到的教训是：随着共产主义的崩溃，环保主义者现在越来越多地被认定为威胁权力既得利益的全球替罪羊。这些既得利益所推崇的是不受限制的企业资本主义、右翼政治意识形态和民族国家对现状的维护。环境抵制问题会越来越严重，因为未来几十年的资源战争将会加剧，将会有越来越多的人争夺越来越少的资源。我们已经为争夺鱼类资源展开了斗争，接下来还会因为水、木材、金属、矿产、能源、汽车，甚至消费主义而产生冲突，所有这些领域都会不可避免地遭遇环境抵制运动。

不过，我们也应该从积极的角度看待环境抵制运动，因为如果环保运动吸取了正确的教训，那么它将在下一个千年开始的时候比它在这个千年结束的时候好得多。环境抵制可以促使环保运动重新评估自己，并让我们认识到环保运动并没有"江郎才尽"，也没有走完它的历程，但是时间确实所剩不多。环保运动必须面对一些残酷的现实：许多人最终被他们着手改变的制度所腐蚀；而另一些关注环保运动的人却感到，环保运动让他们失望了。

为了破除环境抵制，需要解决以下三个不同领域的问题：

1. 环保运动必须重新找到自己的草根支持者。

2. 环保运动必须扩大范围，与其他团体紧密合作。

3. 环保运动必须开始为未来提出解决方案和一个积极的、替代性的、连贯的意愿。

环保主义必须重新找到自己的草根支持者，并在其草根支持者中发展壮大，因为草根支持者是它们的力量之源和观念之源。大多数以美国环保运动的未来为主题撰写文章的人都相信，行动的最佳方向，不在于来自华盛顿的主流团体，而在于环境正义运动。[2]主流环保组织需要重新分析他们的议程。正如彼得·蒙塔古1995 年在《雷切尔的环境与健康周报》中所警告的那样：

"大型环保组织——它们喜欢自称为传统的环境保护'运动'——如今缺乏切实可行的政治理念来吸引美国人民，从而重塑并重获影响力。它们太过怯懦，或者说太受契约束缚而不敢谈论国家的真正问题：跨国公司支配了我们的工作、我们的生活质量、我们的大众传媒、我们的选举、我们的立法机构、我们的学校、我们的法院，甚至我们的思想。"[3]

美国存在的环境抵制运动有望促使一些美国的环保组织改变方向，并且在某种程度上，这个方向就是回到草根中去，把人们组织起来开展运动，面对面地交谈，挨家挨户地交谈、一条街一条街地交谈，一个社区一个社区地交谈。因为这是开始重建一个明确的议程和传递积极信息的唯一途径。草根组织运动本是对环保主义者有利的一个领域。但在过去几年里，反环境运动在这个领域做得比环保主义者要好。毫无疑问，反环境运动已经能够利用主流环保组织的弱点。主流环保组织最明显的一个弱点就是他们明显忽略了人和社会问题。不可否认的是，美国的一些主流环保组织提倡保护荒野，但却没有事先评估这些政策决定会给人类带来什么影响。

环保主义者还要向世人证明，两极分化的反环境策略既不符合提倡这种策略的人的利益，也不符合工人以及工人所生活的社区的利益。这些行动的唯一受惠者就是以利润最大化为首要目标的企业。环保主义者还要强调，许多支持反环境主义的企业历来都是站在公共利益的对立面的。

环保主义者还必须开始与其他运动团体、工人、妇女、工会和其他进步组织进行密切合作，共同解决社会、文化和发展问题，以及生态公平问题。印度的著名环保主义者凡达纳·希瓦警告说，如果环保运动不做出改变，它们就会遇到诸多问题。"如果它们不做出改变，即使没有环境抵制，环保组织也会变得无关紧要，然后被人们所遗忘。环保运动如果不与社会正义和公平等

374

问题联系起来，就会变得无关紧要。因为随着时代的变化，社会将会面临诸多更为紧迫的问题。"[4]

凡达纳·希瓦继续说：

"如果环保活动家单独行动，而不与正义运动、人权运动和民主运动联系起来，他们就很容易被遏制，这不仅是因为环境抵制运动，而且是因为两极分化，因为反环境主义者不断让人觉得环境利益是次要利益，而就业和生存利益才是主要利益。人们拒绝承认环境基础也是人类生存的基础，拒绝承认环境问题与经济生存紧密相关，这将使情况更加恶化。我认为，现在迫切需要扩大我们环保事业的基础，试图建立大型的公民联盟，并试图对抗放松管制的商业和不受控制的资本力量。"[5]

有一些积极的例子表明，联盟已经形成并找到了共同点。在肯·萨洛维瓦为尼日尔三角洲人民争取权益而牺牲后，各环保组织、人权组织和发展组织结成了一个联盟，为尼日尔三角洲的人民争取正义。在英国，不同组织的人们走到一起，共同反对《刑事审判法》。非法占据者和反道路运动活动人士与狂欢者和狩猎破坏者一起示威，反对他们认为不公正的法律。通过共同点，政治疏离感还引发了其他抗议活动。

美国的环境正义运动和英国的反对《刑事审判法》运动表明：以草根群众组织为基础的行动可以影响政治进程。这些例子表明，行动主义的力量克服了政治上的幻灭感。但是进行合作的组织需要进一步扩大范围，建立跨大洲的联盟。从本质上讲，世界正变得越来越小。随着市场的全球化，工业和贸易的国际化，以及全球污染问题的威胁，环保运动需要与其他可以找到共同利益的团体一起应对这些挑战。

375

环保主义者应该协助参与"种子公民不服从运动"，该运动在印度兴起以反对关贸总协定。还有一些组织正在准备反对自由贸易，并质疑跨国公司对生物多样性的破坏和对自然资源的掠夺，他们也需要支持。

最后，环保主义者总是被批评为消极的，总是指出问题却不提供解决方案。如果环保运动能提供积极的解决方案，就可以证明他们并不是恐吓者和替罪羊。在与其他组织进行合作时，环保主义者必须承担最艰巨的挑战，为所有最紧迫的问题找到最佳解决方案。仅仅抗议世界贸易的不平等，或者强调与当前经济体系相关的全球环境、社会和健康问题已经不够了，环保运动必须提出积极的解决方案。

以可持续发展问题为例。目前，企业对可持续发展的惯常定义是一切照旧，这与生态正义的目标是不可调和的。我们可能不得不提出一些难题，并希望这能够促使企业正视一些尴尬的现实，即他们的业务可能永远无法持续。环保主义者也必须与其他方面合作，以某种方式让跨国公司对其造成的生态、社会和文化影响负起责任。

大多数企业仍然是不可持续的，而与此同时，政治系统的腐败也在继续。商人和政治家之间的旋转门也是如此。他们之间的关系必须受到挑战。当我们进入到千禧年的时候，将会有很多关于社会和文明本身的辩论。如果我们想要在社会公正与公平的基础上实现生态良好的发展，那么我们就需要就我们是否需要一个新的经济体系进行辩论。可以说，在目前的经济模式下，可持续发展的生态公正和公平部分无法实现。如果我们要实现更大程度的公平，就必须要有一个使人和地球优先于利润的体系。我们需要让天平转向平衡。对我们来说，新千年是一个分水岭，让我们意识到可能是时候尝试新事物了。马克·道伊写道：

"现行的经济体系普遍存在不同程度的混乱，世界范围内的环境运动似乎处于独特的地位，可以作为一个在新基础上的文明的载体。现在看来，各种形式的资本主义和社会主义显然都无法创造出在生态上可持续的经济。"[6]

在经济上，共产主义已经失败了。许多评论家认为，资本主义也在失败。[7]在环境上，两者都是相当灾难性的。也许改变的最佳理由是资本主义失灵了，因为资本主义没有为大众提供长期有保障的就业，而这种就业却是个人和社会建立可持续的未来的基础。[8]

全球环保运动的最终挑战可能是：找到一种既可以为人们提供工作，又不会摧毁世界的全球经济体系；在对工作的需求、对安全的需求和对环保的需求之间实现平衡；构建出一个生态可持续的世界。这个世界的特征就是社区民主、平等和正义。未来前进的方向是地方赋权，而非全球压制。我们不想要一个不受监管的混乱的世界血汗工厂——那是一个由无所不能的公司经营的世界，这些公司与不关心工人和环境保护的腐败政客同流合污，并从醉心于全球赌博的投机分子那里获得资助。

环境抵制运动给了环保运动一个改变的机会，环保运动要把握好这个机会。

注释

导　论

1. V. Shiva, interview with author, 21 July 1995

第一章　新千年的倒退：美国带头

1. R. Arnold, quoted by 'Fossil Bill' Kramer, *Building Material Retailer*, September 1995.
2. L. Neergaard, 'Environmentalists mark 25th Earth Day protesting legislation', *AP Worldstream*, 22 April 1995.
3. P. Montague, 'A "movement" in disarray', *Rachel's Environment & Health Weekly*, 19 January 1995, No. 425.
4. M. Dowie, *Losing Ground: American Environmentalism at the Close of the Twentieth Century*, Massachusetts Institute of Technology, 1995, p.177.
5. G. Lean, 'Assault on Green Laws endangers newt brigade', *The Independent on Sunday*, 23 April 1995, p.15.
6. *UPI*, 'Environmental groups flunk Congress', Washington, 10 October 1994.
7. A. Reilly Dowd, 'Environmentalists are on the run', *Fortune*, 19 September 1994, p.91.
8. M. Dowie, *Losing Ground: American Environmentalism at the Close of the Twentieth Century*, Massachusetts Institute of Technology, 1995, p.xiii.
9. G. Lee, 'Environmentalists try to regroup: on Earth Day, groups to launch fight against setbacks on Hill', *Washington Post*, 22 April 1995.
10. Ibid.
11. Associated Press, reported in 'Private enterprise also has its champion', *The Tribune*, 26 August 1979.
12. Ibid.

13. M. Megalli and A. Friedman, Pacific Legal Foundation, *Masks of Deception: Corporate Front Groups in America*, Essential Information, December 1991.

14. Ibid.

15. B. Wood and T. Barry, *Power Brokers in the Rockies: Privately-Minded in the Public Interest*, A New Mexico People and Energy Power Structure Report, Albuquerque, date unknown.

16. R. Bellant, *The Coors Connection: How Coors Family Philanthropy Undermines Democratic Pluralism*, South End Press, Boston, 1991, p.85.

17. R. Bellant, interview with author, 25 November 1994.

18. R. Bellant, *The Coors Connection: How Coors Family Philanthropy Undermines Democratic Pluralism*, South End Press, Boston, 1991, p.84.

19. B. Wood and T. Barry, *Power Brokers in the Rockies: Privately-Minded in the Public Interest*, A New Mexico People and Energy Power Structure Report, Albuquerque, date unknown.

20. M. Megalli and A. Friedman, National Legal Center for the Public Interest, *Masks of Deception: Corporate Front Groups in America*, Essential Information, December 1991; R. Bellant, *The Coors Connection: How Coors Family Philanthropy Undermines Democratic Pluralism*, South End Press, Boston, 1991, pp.85, 86.

21. R. Bellant, *The Coors Connection: How Coors Family Philanthropy Undermines Democratic Pluralism*, South End Press, Boston, 1991, p.84; quoting *Rocky Mountain Magazine*, 1981, March/April, p.29.

22. M. Dowie, *Losing Ground: American Environmentalism at the Close of the Twentieth Century*, Massachusetts Institute of Technology, 1995, p.72.

23. J. Prodisjackson, 'Another Look: James Watt', *Associated Press*, 28 April 1991.

24. A. Cockburn and J. Ridgeway, 'James Watt: The apostle of pillage', *Village Voice*, 26 January to 3 February 1981.

25. Senate Congressional Record, *Watt-ism*, 20 October 1981, S11722.

26. B. Stall and B. Hand, 'How Watt is helping the environmentalists', *San Francisco Chronicle*, 28 September 1981; D. Russakoff, 'Watt and his foes love their mutual hate', *Washington Post*, 23 March 1982.

27. M. Donnelly, 'Dominion theology and the 'Wise' Use movement', reprinted from *Wild Oregon*, the Journal of the Oregon Natural Resource Council, no date.

28. R. Maughan and D. Nilson, *What's Old and What's New About the Wise Use Movement*, Department of Political Science, Idaho State University, 1993; a version of the paper was presented at the Western Social Science Association Convention, 23 April 1993.

29. M. Satchell, 'Any colour but green', *US News & World Report*, 21 October 1991, p.75.

30. R. Maughan and D. Nilson, *What's Old and What's New About the Wise Use Movement*, Department of Political Science, Idaho State University, 1993.

31. M. Satchell, 'Any colour but green', *US News & World Report*, 21 October 1991, p.75.

32. R. Bellant, *The Coors Connection: How Coors Family Philanthropy Undermines Democratic Pluralism*, South End Press, Boston, 1991, pp.15, 88.

33. R. Arnold, *At the Eye of the Storm: James Watt and the Environmentalists*, Regnery Gateway, Chicago, 1982, p.248.

34. Ibid., pp. 27, 35–8.

35. W. Kronholm, 'Conservative Book Portrays "Real Jim Watt",' *Associated Press*, Washington, 9 November 1982.

36. R. Sangeorge, 'Environmental leader blasts Watt biography', *United Press International*, 9 November 1982.

37. S. L. Udall and W. K. Olson, 'Perspective on environmentalism: me first, God and Nature second; With Communism gone, the Far Right is seeing red in the green movement; public land preservation is under attack, *Los Angeles Times*, 27 July, Part B, p.5.

38. J. Hamburg, 'The Lone Ranger', *California Magazine*, November 1990, p.92.

39. C. Williams, 'The park rebellion, Charles Cushman, James Watt and the attack on the National Parks', *Not Man Apart*, A Friends of the Earth Reprint, June 1982.

40. T. Manjikian, 'Watt wafts West, Former Secretary of the Interior James Watt generates new controversy', *California Business*, September 1986, p.12.

41. J. Halpin and P. de Armond, 'The Merchant of Fear', *Eastsideweek*, 26 October 1994.

42. D. Junas, *Rising Moon: The Unification Church's Japan Connection*, Institute For Global Security Studies, Seattle, Washington, 1989; United Press International, *Parkersburg News*, 8 June 1989.

43. D. Junas, interview with author, 22 November 1994.

44. D. Junas, 1991, 'Rev. Moon Goes to College', *CovertAction Information Bulletin*, Fall 1991, Number 38.

45. M. Knox, 'Meet the anti-greens: the 'Wise Use' Movement fronts for industry', *The Progressive*, October 1991, p.21.

46. W. P. Pendley, *It Takes A Hero: The Grassroots Battle Against Environmental Oppression*, a project of the Mountain States Legal Foundation, Free Enterprise Press, Bellevue, Washington, p.271. The Free Enterprise Press is a division of the Center of the Defense of Free Enterprise, of which Gottlieb is the founder and Director.

47. R. Arnold, *At the Eye of the Storm: James Watt and the Environmentalists*, Regnery Gateway, Chicago, 1982, pp. 21, 52, 56.

48. *Western Horizons*, 'CDFE: Out front, and pulling strings behind the scenes', newsletter of the Wise Use Public Exposure Project, Western States Center, Portland, Oregon, September 1993, p.14.

49. *Eastsideweek*, 'Is this the most dangerous man in America?', 26 October 1994; J. Halpin and P. de Armond, 'The merchant of fear', *Eastsideweek*, 26 October 1994.

50. J. Halpin and P. de Armond, ibid.

51. T. Ramos, 'The case of the Northwest timber industry', in *Let the People Judge: Wise Use and the Private Property Rights Movement*, ed. J. Echeverria and R. Booth Eby, Island Press, 1995, p.86.

52. J. Hamburg, 'The Lone Ranger', *California Magazine*, November 1990, p.90; L. Callaghan, 'The high priest of property rights', *The Columbian*, 17 May 1992; D. Helvarg, *The War Against the Greens: The 'Wise-Use' Movement, the New Right, and Anti-Environmental Violence*, Sierra Club Books, San Francisco, 1994, p.149.

53. L. P. Gerlach and V. H. Hine, *People, Power, Change: Movements of Social Transformation*, Bobbs-Merrill Company, Indianapolis, New York, 1970.

54. T. McKegney, 'Only A Movement Can Combat A Movement', Environmental Campaigners Say', report of the Atlantic Vegetation Management Association 'Education Seminar' quoting Ron Arnold, Natural Resources: Forest Extension Service, 25 October 1984.

55. R. Arnold, *Ecology Wars: Environmentalism As if People Mattered*, Free Enterprise Press, Bellevue, Washington, 1993, p. 145.

56. Ibid.

57. R. Arnold, 'Loggerheads over landuse', *Logging and Sawmilling Journal*, April 1988, reprinting paper that was presented to the Ontario Forest Industries Association in Toronto in February.

58. R. Stapleton, *On the Western Front: Wise Use Movement*, Cover Story, National Parks and Conservation Association, 1993, p.32; K. Long, 'A grinch who loathes green groups', *Toronto Star*, 21 December 1991.

59. T. Egan, 'Fund-raisers tap anti-environmentalism', *New York Times*, 19 December 1991.

60. R. F. Nash, *The Rights of Nature: A History of Environmental Ethics*, The University of Wisconsin Press, 1989, p.9.

61. J. Krakauer, 'Brown fellas', *Outside*, December 1991, p.71.

62. R. Arnold, *Ecology Wars*, remarks given at the Maine Conservation Rights Institute, Second Annual Congress, 20 April 1992.

63. Ibid.

64. R. L. Barry, *The Wise Use Movement: A Briefing Paper for Montana (and the Northern Rockies)*, Montana Alliance for Progressive Policy, 1992, p.3.

65. K. O'Callaghan, 'Whose agenda for America?', *Audubon*, September/October 1992.

66. P. de Armond, personal communication to author, 24 November 1994.

67. R. Arnold, *Ecology Wars: Environmentalism As if People Mattered*, Free Enterprise Press, Bellevue, Washington, 1993, p.125.

68. R. Maughan and D. Nilson, *What's Old and What's New About the Wise Use Movement*, Department of Political Science, Idaho State University, 1993.

69. T. Ramos, interview with author, 22 December 1994.

70. Ibid.

71. D. Mazza, *God, Land and Politics: The Wise Use and Christian Right Connection in 1992 Oregon Politics*, Western States Center and Montana AFL/CIO, 1993, p.3.

72. R. Arnold, *The Wise Use Agenda: The Citizen's Policy Guide to Environmental Resource Issues — A Task Force to the Bush Administration by the Wise Use Movement*, (ed.) A.M Gottlieb, The Free Enterprise Press, 1989, p.ix.

73. Ibid., pp.157–66.

74. Ibid., p.xv; R. Ryser, *Anti-Indian Movement on the Tribal Frontier*, Center for World Indigenous Studies, June 1992. p.48.

75. Ibid., p.xx.

76. Ibid., pp.5–18.

77. *U.S. Newswire*, 'AFC announces national rallies to support Operation Desert Storm', 1 February 1991.

78. G. Spohn, 'Moon Church move to college examined', *Chicago Tribune*, 2 October 1992, p.8.

79. R. Grant, 'The American Freedom Coalition and Rev. Moon', *The Washington Post*, 29 October 1989, p.B7.

80. American Freedom Coalition, *Environmental Task Force: Serving Mankind and the Environment*, no date.

81. American Freedom Coalition of Washington, *Non Profit Corporation Annual Report*, C/O Prentice-Hall Corp. System, Seattle, 1 March 1988; American Freedom Coalition of Washington, *Non Profit Corporation Annual Report*, Bellevue, Washington, 28 February 1989; American Freedom Coalition of Washington, *Non Profit Corporation Annual Report*, Bellevue, Washington, 28 February 1990; American Freedom Coalition of Washington, *Non Profit Corporation Annual Report*, Bellevue, Washington, 12 February 1991.

82. M. Hume, 'Resource-use conference had links to Moonie cult', *The Vancouver Sun*, 8 July 1989, p.A6.

83. D. Junas, interview with author, 22 November 1994.

84. T. Ramos, interview with author, 22 December 1994.

85. M. Hume, 'Resource-use conference had links to Moonie cult', *The Vancouver Sun*, 8 July 1989, p.A6.

86. T. Ramos, interview with author, 22 December 1994.

87. Ibid.

88. T. Ramos, 'The case of the Northwest timber industry', in *Let the People Judge: Wise Use and the Private Property Rights Movement*, (eds) J. Echeverria and R. Booth Eby, Island Press, 1995, pp. 88–94.

89. T. H. Watkins, 'Discouragements and clarifications', in *Let the People Judge: Wise Use and the Private Property Rights Movement*, (eds) J. Echeverria and R. Booth Eby, Island Press, 1995, p.52.

90. T. Ramos, 'The case of the Northwest timber industry', in *Let the People Judge: Wise Use and the Private Property Rights Movement*, (eds) J. Echeverria and R. Booth Eby, Island Press, 1995, p.89.

91. T. Ramos, *The Wise Use Movement: An Overview*, draft, Western States Center, December 1994.

92. J. Krakauer, 'Brown fellas', *Outside*, December 1991, p.71.

93. D. Hupp, 'The Wise Use Movement', in the *Western States Center Newsletter*, Summer 1992, p.6.

94. T. Ramos, 'The case of the Northwest timber industry', in *Let the People Judge: Wise Use and the Private Property Rights Movement*, (eds) J. Echeverria and R. Booth Eby, Island Press, 1995, p.95.

95. R. L. Barry, *The Wise Use Movement: A Briefing Paper for Montana (and the Northern Rockies)*, Montana Alliance for Progressive Policy, 1992, p.3.

96. T. Ramos, *The Wise Use Movement: An Overview*, draft, Western States Center, December 1994.

97. R. Maughan and D. Nilson, *What's Old and What's New About the Wise Use Movement*, Department of Political Science, Idaho State University, 1993.

98. D. Kuipers, 'Putting themselves first', *The Bay Guardian*, 15 July 1992, p.15.

99. C. P. Alexander, 'Gunning for the Greens', *Time*, 3 February 1992, p.51.

100. A. E. Ladd, 'The environmental backlash and the retreat of the state', *Blueprint for Social Justice*, January 1993, Vol. XLVI, No. 5.

101. C. Berlet, interview with author, 4 November 1994.

102. T. Ramos, interview with author, 22 December 1994.

103. P. Brick, 'Taking back the rural West', in *Let the People Judge: Wise Use and the Private Property Rights Movement*, (eds) J. Echeverria and R. Booth Eby, Island Press, 1995, p.62.

104. K. O'Callaghan, 'Whose agenda for America?', *Audubon*, 1992, Vol. 94, No. 5, p.80.

105. T. Ramos, interview with author, 22 December 1994.

106. A. E. Ladd, 'The environmental backlash and the retreat of the state', *Blueprint for Social Justice*, January 1993, Vol. XLVI, No. 5.

107. J. Stauber, interview with author, 22 March 1995.

108. M. Dowie, *Losing Ground: American Environmentalism at the Close of the Twentieth Century*, Massachusetts Institute of Technology, 1995, pp. 98, 124.

109. Ibid., p. xiii.

110. Ibid., p. 65.

111. Center for the Defense of Free Enterprise, *Programme for the Wise Use Leadership Conference*, John Ascuaga's Nugget Hotel, Reno, Nevada, 5, 6 and 7 June 1992.

112. D. Kuipers, 'Putting themselves first', *The Bay Guardian*, 15 July 1992; Center for the Defense of Free Enterprise, *Programme for the Wise Use Leadership Conference*, John Ascuaga's Nugget Hotel, Reno, Nevada, 5, 6 and 7 June 1992; A. M. Gottlieb (ed.), *The Wise Use Agenda: The Citizen's Policy Guide to Environmental Resource Issues — A Task Force to the Bush Administration by the Wise Use Movement*, The Free Enterprise Press, 1989, p.16.

113. A. L. Rawe and R. Field, 'Tug-o-war with the Wise Use movement', *Z Magazine*, October 1992, p.63.

114. J. Basl, 'Grassroots organisations unite!', *Alliance News*, February 1992, Vol. 1, Issue 1.

115. Ibid.

116. B. Ruben, 'Root rot', *Environmental Action*, Spring 1992, p.26.

117. T. Harding, 'Mocking the turtle: backlash against the environmental movement', *New Statesman and Society*, 24 September 1993, Vol. 6, No. 271, p.45.

118. B. Ruben, 'Root rot', *Environmental Action*, Spring 1992, p.26.

119. *Alliance News*, Alliance for America: Mission Statement, February 1992, Vol. 1, Issue 1.

120. Alliance for America, *Fly-In for Freedom Participants List*; R. Arnold, *The Wise Use Agenda: The Citizen's Policy Guide to Environmental Resource Issues — A Task Force to the Bush Administration by the Wise Use Movement*, (ed.) A. M Gottlieb, The Free Enterprise Press, 1989, pp.157–66.

121. B. Ruben, 'Root rot', *Environmental Action*, Spring 1992, p.26.

122. M. Kriz, 'Land mine', *The National Journal*, 23 October 1993, Vol. 25, No. 43, p.2531.

123. B. Ruben, 'Root rot', *Environmental Action*, Spring 1992, p.26.
124. W. P. Pendley, *It Takes A Hero: The Grassroots Battle Against Environmental Oppression*, Free Enterprise Press, 1994, p.vii.
125. Ibid.
126. Ibid.
127. Ibid., p.xii.
128. S. O'Donnell, *Report of the Sixth Annual Wise Use Conference*, 15–17 July 1994.
129. Ibid.
130. D. Helvarg, *The War Against the Greens: The 'Wise-Use' Movement, the New Right, and Anti-Environmental Violence*, Sierra Club Books, San Francisco, 1994, pp.290, 300.
131. T. Ramos, interview with author, 22 December 1994.
132. S. Diamond, interview with author, 7 February 1995.
133. D. Junas, interview with author, 22 November 1994.
134. R. Ross, 'Biodiversity bashing: how a LaRouche follower orchestrated the death of an environmental treaty', *Washington Post*, 23 April 1995.
135. Ibid.; S. O'Donnell, *Report of the Sixth Annual Wise Use Conference*, 15–17 July 1994.
136. R. Ross, 'Biodiversity bashing: how a LaRouche follower orchestrated the death of an environmental treaty', *Washington Post*, 23 April 1995.
137. J. Margolis, 'Odd trio could kill nature pact', *Chicago Tribune*, 30 September 1994; D. J. Barry and K. A. Cook, *How the Biodiversity Treaty Went Down: The Intersecting Worlds of Wise Use and Lyndon LaRouche*, CLEAR, Environmental Working Group, Washington, draft, 13 October 1994.
138. R. Ross, 'Biodiversity bashing: how a LaRouche follower orchestrated the death of an environmental treaty', *Washington Post*, 23 April 1995.
139. S. O'Donnell, *Report of the Sixth Annual Wise Use Conference*, 15–17 July 1994.
140. Women's Environment and Development Organisation, 'Women's Leaders Combating "Contract on America"', *News and Views*, June 1995.
141. J. Looney, 'The "Wise Use" Triple Threat: Unfunded Mandates * Private Property Takings * Cost Benefit/Risk Assessment', *Gaining Ground*, Global Action and Information Network, Autumn, 1994, Vol. 2, No. 3.
142. NRDC, *NRDC Report Documents Sweeping Retreat On Environment*, Press Release, 21 February 1995.
143. J. J. Supon, 'GOP waging war on environment', Washington, *United Press International*, 10 February 1995.
144. A. Lewis, 'Abroad at home: the one and the many', *The New York Times*, 30 December 1994, Section A, p.31.
145. J. Mathews, 'Green sweep', *The Washington Post*, 18 December 1994.
146. Sierra Club, *A Status Report On The War On The Environment*, August 1995.
147. National Audubon Society, *Private Property Rights and the Environment*, Washington, no date.
148. J. Echeverria, 'The takings issue', in *Let the People Judge: Wise Use and the Private Property Rights Movement*, (eds) J. Echeverria and R. Booth Eby, Island Press, 1995, p.147.
149. N. D. Hamilton, 'The value of land, seeking property rights solutions to public environmental concerns', in *Let the People Judge: Wise Use and the Private Property*

Rights Movement, (eds) J. Echeverria and R. Booth Eby, Island Press, 1995, pp.154-5.

150. M. Dowie, *Losing Ground: American Environmentalism at the Close of the Twentieth Century,* Massachusetts Institute of Technology, 1995, p.98.

151. Friends of the Earth, *Unfunded Mandates, Risk, Takings: Deceit in Washington,* May/June 1994.

152. J. Echeverria, 'The takings issue', in *Let the People Judge: Wise Use and the Private Property Rights Movement,* (eds) J. Echeverria and R. Booth Eby, Island Press, 1995, p.148.

153. W. K. Burke, 'The Wise Use movement: right-wing anti-environmentalism', *The Public Eye,* a publication of the Political Research Associates, June 1993, p.5; National Audubon Society, *Private Property Rights and the Environment,* Washington, no date.

154. M. Lavelle, 'The "Property Rights" Revolt', in *Let the People Judge: Wise Use and the Private Property Rights Movement,* (eds) J. Echeverria and R. Booth Eby, Island Press, 1995, p.40.

155. W. K. Burke, 'The Wise Use movement: right-wing anti-environmentalism', *The Public Eye,* a publication of the Political Research Associates, June 1993, p.5 quoting Tarso Ramos.

156. N. E. Roman, 'Fed-up states seize on the 10th Amendment', *Washington Times,* 7 July 1994.

157. C. W. LaGrasse, *The Return to the Stone Age of Government: Positions on Property,* The Property Rights Foundation of America, March/April 1994, Vol. I, No. 1.

158. Friends of the Earth, *Unfunded Mandates, Risk, Takings: Deceit in Washington,* May/June 1994; quoting American Federation of State, County and Municipal Employees, AFL-CIO, Congressional Testimony, 28 April 1994.

159. OMB Watch, *Unfunded Mandates Crisis — Alert,* December 1994.

160. Sierra Club, *A Status Report On The War On The Environment,* August 1995.

161. J. Looney, 'The "Wise Use" Triple Threat: Unfunded Mandates * Private Property Takings * Cost Benefit/Risk Assessment', *Gaining Ground,* Global Action and Information Network, Autumn 1994, Vol. 2, No. 3.

162. J. Herbert, *Environmental Gridlock, Associated Press,* Washington, 7 October 1994.

163. C. Safina and S. Iudicello, 'Wise Use below the high-tide line: threats and opportunities', in *Let the People Judge: Wise Use and the Private Property Rights Movement,* (eds) J. Echeverria and R. Booth Eby, Island Press, 1995, p.120.

164. *UPI,* 'Endangered species report card', 30 October 1995.

165. Figures from the Nature Conservancy.

166. *Business Wire,* statement by Secretary of the Interior, Washington, 10 May 1995.

167. *PR Newswire,* 'Hundreds rally for "Sensible Reform" and property rights', Californians for Sensible Environmental Reform, 26 April 1995.

168. H. Josef Hebert, 'Gingrich-species', *Associated Press,* 26 May 1995.

169. T. Kenworthy, 'Panel supports stronger Species Act: effect of study on upcoming hill environmental debate seen as questionable', *Washington Post,* 25 May 1995; R. Snodgrass, 'The Endangered Species Act — a commitment worth keeping', in *Let the*

People Judge: Wise Use and the Private Property Rights Movement, (eds) J. Echeverria and R. Booth Eby, Island Press, 1995, p.278.

170. *UPI*, 'Environmentalists hail High Court ruling', Washington, 29 June 1995; T. Reichhardt, 'Environmental groups get Supreme Court boost on Endangered Species', *Nature*, Vol. 376, 6 July 1995.

171. V. Allen, 'Environment policies hinge on budget battle', *Reuters*, 26 August 1995; *Christian Science Monitor*, title unknown, 29 June 1995.

172. D. Morgan, 'House conservatives step up assault on regulations', *Washington Post*, 19 July 1995.

173. T. Kenworthy and D. Morgan, 'Budget axe chops landmarks of environmentalist legislation', *Washington Post*, 16 March 1995.

174. H. Josef Hebert, 'Federal fire sale', *Associated Press*, Washington, 25 May 1995.

175. H. Josef Hebert, 'Budget-Environment', Washington, *Associated Press*, 16 May 1995; M. Walker, 'Licence to pollute the free world', *The Guardian*, 8 September 1995, Society, pp.4–5.

176. J. St. Clair, 'Stopping on green: why environmentalists are dumping Democrats in the West', *Washington Post*, 23 October 1994.

177. T. Kenworthy and D. Morgan, 'Unit doubles timber cut allowed on federal land', *Washington Post*, 3 March 1995; *Reuter*, 'Republicans move to chop logging restrictions', Washington, 10 February 1995; D. DellaSala and D. Olsen, 'Deregulation in the USA: a comment', *Arborvitae*, The IUCN/WWF Forest Conservation Newsletter, September 1995, p.4.

178. *Associated Press*, 'GOP offers mining reform bill', 7 March 1995.

179. S. Sonner, 'Logging-NAFTA', *Associated Press*, 29 August 1995.

180. *Reuters*, 'Anchorage', 30 August 1995.

181. D. Morgan, 'Republicans defect to kill curbs on EPA: House rejects provisions limiting Agency's power to enforce Clean Air and Water standards', *Washington Post*, 29 July 1995.

182. *BNA*, 'Bjerregaard calls anti-environment drive in U.S. Congress blow to global leadership', Brussels, 27 July 1995.

183. M. Walker, 'Licence to pollute the free world', *The Guardian*, 8 September 1995, Society, pp.4–5.

184. Sierra Club, *A Status Report On The War On The Environment*, August 1995.

185. S. Sonner, 'Congress-Environment', Washington, *Associated Press*, 26 February 1996.

186. H. Josef Hebert, 'Environmental Offensive', Washington, *Associated Press*, 5 April 1995.

187. *Reuters*, 'Groups urge Congress to stop rollback of green laws', 1 November 1995.

188. D. E. Kalish, 'Green rebound', *Associated Press*, 8 June 1995.

189. J. Yang, 'Petroleum industry assists backers of Alaska drilling', *Washington Post*, 25 October 1995.

190. M. Walker, 'Licence to pollute the free world', *The Guardian*, 8 September 1995, Society, pp.4–5.

191. Ibid.

第二章 文化战争和阴谋故事

1. N. Gibbs, 'The blood of innocents', *Time*, 1 May 1995, p.41.
2. The Blue Mountain Working Group, *A Call to Defend Democracy and Pluralism*, 17 November 1994.
3. S. Pharr, *The Right's Agenda*, Women's Project, Little Rock, Arkansas, 1994.
4. C. Berlet, 'The Right rides high', *The Progressive*, October 1994, p.26.
5. The Blue Mountain Working Group, *A Call to Defend Democracy and Pluralism*, 17 November 1994.
6. C. Berlet, interview with author, 4 November 1994.
7. S. Diamond, *Spiritual Warfare: The Politics of the Christian Right*, South End Press, 1989, p.57.
8. Dr S. Diamond, *Right-Wing Movements in the United States, 1945–1992*, dissertation, submitted for the degree of Doctor of Philosophy in Sociology in the graduate division of the University of California, pp.11–12.
9. Rep. William Dannemeyer, 'Environmental party: a major threat to our national security', *Inside Washington*, 1 September 1990.
10. *Campus Report*, 'Environmentalism Becomes Radical', Accuracy in Academia, Washington, April 1990, Vol. V, No. 4.
11. *Human Events: The National Conservative Weekly*, 'Radical environmentalists fuel Earth Day', 1990, Vol. L, No. 17.
12. L. H. Rockwell Jr, 'An anti-environmentalist manifesto', *Buchanan from the Right*, 1990, Vol. 1, No. 6.
13. People for the American Way, 'The "Greening" of the Right', *Right Wing Watch*, September 1992, p.3.
14. Dr J. Hardisty, 'Constructing homophobia', *The Public Eye*, March 1993, p.6.
15. J. Bleifuss, 'The God of Mammon: Christian coalition makes corporate allies', *PR Watch*, 1994, Fourth Quarter, p.8.
16. S. Diamond, interview with author, 7 February 1995.
17. J. Bleifuss, 'The God of Mammon: Christian coalition makes corporate allies', *PR Watch*, 1994, Fourth Quarter, p.9.
18. W. J. Lanouette, 'The New Right – "revolutionaries" out after the "Lunch-Pail" vote', *The National Journal*, 21 January 1978, Vol. 10, No. 3, p.88.
19. M. Quigley and C. Berlet, 'Traditional values, racism, and Christian theocracy: the right-wing revolt against the modern age', *The Public Eye*, December 1992, p.2.
20. *The Public Eye*, 'Free Congress foundation in Rio', Political Research Associates, December 1992, p.10; R. Bellant, *The Coors Connection: How Coors Family Philanthropy Undermines Democratic Pluralism*, South End Press, Boston, 1991, p.21.
21. T. Ramos, interview with author, 22 December 1994.
22. NET, *One if By Land . . .* , Washington, 1994.
23. Ibid.
24. W. P. Pendley, *It Takes A Hero: The Grassroots Battle Against Environmental Oppression*, Free Enterprise Press, 1994.

25. R. Bellant, *The Coors Connection: How Coors Family Philanthropy Undermines Democratic Pluralism*, South End Press, Boston, 1991, p.16.

26. L. Hatfield and D. Waugh, 'Right wing's smart bombs', *San Francisco Examiner*, 24 May 1992; quoting Burton Yale Pines.

27. Ibid.

28. Ibid.

29. Economics America, *The Right Guide: A Guide to Conservative and Right-of-Center Organisations*, Ann Arbor, Michigan, 1993.

30. S. Diamond, interview with author, 7 February 1995.

31. C. Deal, *The Greenpeace Guide to Anti-Environmental Organisations*, Odonian Press, Berkeley, 1993, p.79.

32. *A CLEAR View*, The Competitive Enterprise Institute, CLEAR, Vol. 3, No. 3, 21 February 1996.

33. CLEAR, *'Defund the Left' Campaign*, Memorandum, 14 June 1995.

34. T. Roszak, 'Green guilt and ecological overload', *The New York Times*, 9 June 1992, p.27.

35. The EDA includes the following American think-tanks: The American Council on Science and Health, New York; The Goldwater Institute, Arizona; the Center for Individual Rights, Washington; the Claremont Institute, California; Committee for A Constructive Tomorrow, Washington; Competitive Enterprise Institute, Washington; Heritage Foundation, Washington; Independence Institute, Colorado; Institute of Political Economy, Utah; James Madison Institute, Florida; National Center for Policy Analysis, Texas; Pacific Research Institute, San Francisco; Political Economy Research Center, Massachusetts and the Reason Foundation in California. Non-American think-tanks include the Institute of Public Affairs, Melbourne, Australia; Institute Euro 92 in Paris, France, The Fraser Institute in Vancouver, Canada and the Institute of Economic Affairs in London, England.

36. *Organisation Trends*, 'Free market environmentalism: an interview with Fred Smith', Capital Research Centre, 1990, April, p.3.

37. Earth Day Alternatives, *The Free Market Manifesto*, Competitive Enterprise Institute, Washington, 1990.

38. P. Hawken, *The Ecology of Commerce: A Declaration of Sustainability*, HarperBusiness, 1994, p.66.

39. *Reuter*, 'Support unravels for California pollution trading', Los Angeles, 14 August 1995.

40. *Organisation Trends*, 'Free market environmentalism: an interview with Fred Smith', Capital Research Centre, 1990, April, p.3.

41. C. Berlet, interview with author, 4 November 1994.

42. Environmental Working Group, *Earth Day Information*, 20 April 1996.

43. D. Helvarg, *The War Against the Greens: The 'Wise-Use' Movement, the New Right, and Anti-Environmental Violence*, Sierra Club Books, San Francisco, 1994, pp.19, 20.

44. C. Deal, *The Greenpeace Guide to Anti-Environmental Organisations*, Odonian Press, Berkeley, 1993, p.58.

45. M. Dowie, *Losing Ground: American Environmentalism at the Close of the Twentieth Century*, MIT Press, 1995, pp.83–4.

46. J. K. Andrews Jr, D. Armey, F. Barnes, G. L. Bauer, T. Bethell, D. Boaz, T. J. Bray, S. Brunelli, A. Carlson, A. L. Chickering, M. E. Daniels Jr, D. J. Devine, P. du Pont, M. Eberstadt, L. Edwards, J. A. Eisenach, P. J. Ferrera, E. J. Feulner Jr, P. Gramm, J. Helms, H. Hyde, F. C. Ikle, R. Kirk, C. Mack, A. Meyerson, J. C. Miller III, G. Norquist, W. Olson, D. J. Popeo, V. I. Postrel, R. W. Rahn, P. Robertson, P. Schlafly, W. E. Simon, K. Tomlinson, M. Wallop, G. Weigel, P. M. Weyrich, K. Zinsmeister, The Vision Thing, 'Conservatives Take Aim at the '90s', 1990, *Policy Review*, Spring, 1990, No. 52, p.4. Among the authors were Paul Weyrich and Pat Robertson. The other signatories are the president of the Independence Institute, president of the Family Research Council, a senior editor of *The New Republic*, Washington editor of *The America Spectator*, executive vice president of the Cato Institute, executive director of the American Legislative Exchange Council (ALEC), president of the Rockford Institute, vice president of the Institute for Contemporary Studies, president and CEO of the Hudson Institute, chairman of Citizens for America, executive editor of the *National Interest*, president of the Washington Policy Group, senior fellow at the Cato Institute, president of The Heritage Foundation, distinguished scholar at the Center for Strategic and International Studies, editor of *Policy Review*, chairman of Citizens for a Sound Economy, president of Americans for Tax Reform, senior fellow at the Manhattan Institute, General Counsel of the Washington Legal Center, *Reason Magazine*, vice president and chief economist of the US Chamber of Commerce, president of Eagle Forum in Alton, Illinois, president of the John M. Olin Foundation, executive editor of *Reader's Digest*, president of the Ethics and Public Policy Center in Washington, and a research associate with the American Enterprise Institute.

47. J. Sugarmann, *NRA: National Rifle Association, Money, Firepower, Fear*, National Press Books, Washington DC, 1992, p.131.

48. R. Ryser, *Anti-Indian Movement on the Tribal Frontier*, Center for World Indigenous Studies, June 1992, p.44.

49. P. de Armond, interview with author, 24 November 1995.

50. *Who's Who in America*, Alan Gottlieb, galley proof, Marquis Who's Who, New Providence, 1995, 49th Edition.

51. S. O'Donnell, interview with author, 9 November 1994.

52. T. Ramos, interview with author, 22 December 1994.

53. P. de Armond, interview with author, 24 November 1994.

54. R. Arnold, *Ecology Wars: Environmentalism As if People Mattered*, Free Enterprise Press, Bellevue, Washington, 1993, p.30.

55. *New Gun Week* is published by the Second Amendment Foundation, Publisher: Alan M. Gottlieb, Editor: Joseph P. Tartaro: Terrence P. Duffy, Contributing editors: Ron Arnold and others.

56. D. Helvarg, *The War Against the Greens: The 'Wise-Use' Movement, the New Right, and Anti-Environmental Violence*, Sierra Club Books, San Francisco, 1994, p.66.

57. J. Sugarmann, *NRA: National Rifle Association, Money, Firepower, Fear*, National Press Books, Washington DC, 1992, p.155.

58. T. Egan, 'Fund-raisers tap anti-environmentalism', *New York Times*, 19 December 1991.

59. J. Krakauer, 'Brown fellas', *Outside*, December 1991, p.114.
60. D. Helvarg, *The War Against the Greens: The 'Wise-Use' Movement, the New Right, and Anti-Environmental Violence*, Sierra Club Books, San Francisco, 1994, p.137.
61. P. de Armond, interview with author, 24 November 1994.
62. J. Halpin and P. de Armond, 'The merchant of fear', *Eastsideweek*, 26 October 1994.
63. D. Helvarg, *The War Against the Greens: The 'Wise-Use' Movement, the New Right, and Anti-Environmental Violence*, Sierra Club Books, San Francisco, 1994, p.66.
64. Ibid., p.129.
65. M. Burdman, 'Greenpeace: shock troops of the New Dark Age', *Executive Intelligence Review*, 21 April 1989.
66. D. King, *Lyndon LaRouche and the New American Fascism*, Doubleday, 1989, p.ix.
67. D. King and P. Lynch, 'The empire of Lyndon LaRouche', *Wall Street Journal*, 27 May 1986.
68. D. King, *Lyndon LaRouche and the New American Fascism*, Doubleday, 1989, p.xiv.
69. Anti-Defamation League of B'nai B'rith, Extremism on the Right, A Handbook, date unknown; J. Sommer, *Briefing Paper on LaRouche for Greenpeace Germany*, 1994; LaRouche's European organisation is centred in the Schiller Institute in Weisbaden in Germany, but there are also offices in Dusseldorf, Copenhagen, Milan, Paris, Rome and Stockholm. An office has also recently been opened in Russia. In Central and Latin America, countries where LaRouche organisations or publications have an office include Mexico, Colombia and Peru, but they are also active in Venezuela and recently Panama. Australia too has been a new target country for LaRouche. International Bureaus of EIR are listed in Bangkok, Bogota, Bonn, Copenhagen, Houston, Lima, Mexico City, Milan, New Delhi, Paris, Rio de Janeiro, Rome, Stockholm, Washington, and Weisbaden.
70. J. Sommer, *Briefing Paper on LaRouche for Greenpeace Germany*, 1994.
71. D. King, *Lyndon LaRouche and the New American Fascism*, Doubleday, 1989, p.89.
72. M. Burdman, 'Greenpeace: shock troops of the New Dark Age', *Executive Intelligence Review*, 21 April 1989, p.24.
73. Ibid.
74. Ibid., pp.25, 26.
75. *21st Century Science and Technology*, 'The world needs nuclear energy', March–April 1989, p.2.
76. M. Burdman, 'Greenpeace: shock troops of the New Dark Age', *Executive Intelligence Review*, 21 April 1989, p.27.
77. L. LaRouche, 'How all my enemies will die', Wiesbaden, no date, 7 January.
78. Ibid.
79. J. Sommer, *Briefing Paper on Lyndon LaRouche*, Greenpeace Germany, 1994.
80. D. King, *Lyndon LaRouche and the New American Fascism*, Doubleday, 1989, p.270; C. Berlet, interview with author, 2 February 1995.
81. C. Berlet, interview with author, 2 February 1995.
82. D. King, *Lyndon LaRouche and the New American Fascism*, Doubleday, 1989, p.44.
83. K. Kalimtgis, D. Goldman and J. Steinberg, *Dope Inc: Britain's Opium War Against the US*, New Benjamin Franklin House Publishing, New York, 1978.

84. *New Federalist*, 'Never again! stop the United Nations Genocide Conference', May 1994.

85. N. Hamerman, From the Editor, *Executive Intelligence Review*, Vol. 19, No. 25, 19 June 1992, p.1.

86. C. Berlet, interview with author, 2 February 1995.

87. D. Barry and K. Cook, *How the Biodiversity Treaty Went Down: The Intersecting Worlds of 'Wise Use' ond Lyndon LaRouche*, Environmental Working Group, Washington, 1994, p.14.

88. Ibid., pp.14–5.

89. W. P. Pendley, 'Do grizzlies have the same rights as humans?', *21st Century Science and Technology*, Fall 1993, p.69; K. Marquardt, 'Extremists attack Norway for the resumption of whaling', *21st Century Science and Technology*, Spring 1993, pp.65–6; M. Coffman, 'The pagan roots of environmentalism', *21st Century Science and Technology*, Fall 1994, pp.55–64.

90. D. Barry and K. Cook, *How the Biodiversity Treaty Went Down: The Intersecting Worlds of 'Wise Use' and Lyndon LaRouche*, Environmental Working Group, Washington, 1994, p.18; indexed in Spring 1992; *Executive Intelligence Review*, 'Pacific Tuna fishermen take on Greenpeace', 1 October 1993.

91. D. King, *Lyndon LaRouche and the New American Fascism*, Doubleday, 1989, p.160.

92. W. Welch, 'NSA investigated a LaRouche-linked group', *Associated Press*, 13 August 1987.

93. D. King, *Lyndon LaRouche and the New American Fascism*, Doubleday, 1989, p.167.

94. N. Starcevic, 'Few LaRouche supporters in Europe have never elected candidate', *Associated Press*, 22 March 1986.

95. J. Sommer, *Briefing Paper on LaRouche for Greenpeace Germany*, 1994.

96. Ibid.

97. D. King, *Lyndon LaRouche and the New American Fascism*, Doubleday, 1989, p.65.

98. C. Berlet, interview with author, 2 February 1995.

99. C. Berlet and M. Lyons, 'Militia nation', *The Progressive*, June 1995, p.22.

100. J. Cohen and N. Solomon, 'Knee-jerk coverage of bombing should not be forgotten', *Alternet*, 4 May 1995.

101. D. Junas, 'The rise of the militias', *CovertAction*, Spring 1995, p.25.

102. K. Stern, *Militias: A Growing Danger*, an American Jewish Committee background report, April 1995.

103. R. Hathaway, *The Disenfranchised Americans*, Eagle Constitutional Militia, 20 April 1995.

104. N. Toiczek, 'Make-believe world inspires US terror, *The Independent on Sunday*, 6 August 1995, p.17.

105. T. Egan, 'Federal uniforms become target of wave of threats and violence', *The New York Times*, 25 April 1995, p.A10.

106. Stormfront BBS, 23 August 1995.

107. M. Cooper, 'A visit with MOM', *The Nation*, 22 May 1995.

108. C. Berlet and M. Lyons, 'Militia nation', *The Progressive*, June 1995, p.25.

109. Ibid., p.24.

110. From the Patriot Archives site on the Internet, published in the *San Francisco Bay Guardian*, 17 May 1995.

111. C. Berlet, interview with author, 2 February 1995.
112. M. Cooper, 'A visit with MOM', *The Nation*, 22 May 1995.
113. B. Hawkins, 'Patriot games', *Detroit Metro Times*, 12 October 1994.
114. D. Junas, 'The rise of the militias', *CovertAction*, Spring 1995, p.25.
115. *Spotlight*, 'Russian choppers confirmed', 5 September 1994, pp.1, 5.
116. R. Shelton, 'The new Minutemen', *Kansas City News Times*, 22 February 1995.
117. P. Weiss, 'Outcasts digging in for the apocalypse', *Time*, 1 May 1995, pp.34—5.
118. C. Berlet, interview with author, 2 February 1995.
119. P. Weiss, 'Outcasts digging in for the apocalypse', *Time*, 1 May 1995, pp.34—5.
120. *Western Horizons*, 'Inside the 1993 Wise Use Leadership Conference', September 1993, Vol. 1, No. 3, p.2.
121. M. Cole, 'Video used by militia features Chenoweth', *The Idaho Statesman*, 28 April 1995.
122. S. O'Donnell, interview with author, 9 November 1994.
123. D. Junas, interview with author, 22 November 1994.
124. T. Ramos, interview with author, 22 December 1994.
125. P. de Armond, interview with author, 24 November 1995.
126. Ibid.
127. B. Clark, 'John Birch meets John Wayne', *The StranGer*, 17 May 1995.
128. Ibid.
129. K. Durbin, 'Environmental terrorism in Washington State', *Seattle Weekly*, 11 January 1995; *A CLEAR View*, Vol. 3, No. 2, 29 January 1996.
130. R. Downes and G. Foster, 'On the front lines with Northern Michigan's militia', *Northern Express*, 22 August 1994.
131. B. Knickerbocker, 'The radical element: violent conflict over resources', *The Christian Science Monitor*, 2 May 1995, p.10.
132. J. Ridgeway and L. Zeskind, 'Revolution USA', *Village Voice*, 25 April 1995.
133. K. Sneider, 'Bomb echoes extremists' tactics', *The New York Times*, 26 April 1994, p.A12.
134. D. Helvarg, 'The anti-enviro connection', *The Nation*, 22 May 1995, p.722.
135. P. de Armond and J. Halpin, 'Steal This State: One Man's Journey into the Secession Movement Underground', *Eastsideweek* 1994, 17 August, p.14.
136. S. O'Donnell, interview with author, 9 November 1994.
137. County Commissioners, *A Brief Description of the County Government Movement*, 3 August 1993.
138. P. de Armond and J. Halpin, *Steal This State: One Man's Journey into the Secession Movement Underground*, Eastside Week 1994, 17 August, p.14.
139. F. Williams, 'Sagebrush Rebellion 11', in *Let the People Judge: Wise Use and the Private Property Rights Movement*, (eds) J. Echeverria, R. Booth Eby, Island Press, 1995, p.130.
140. C. McCoy, 'Cattle prod: Catron County leads a nasty revolt over eco-protection', *The Wall Street Journal*, 3 January 1994.
141. W. Perry Pendley, *It Takes A Hero: The Grassroots Battle Against Environmental Oppression*, Free Enterprise Press, 1994, p.141.

142. F. Williams, 'Sagebrush Rebellion 11', in *Let the People Judge: Wise Use and the Private Property Rights Movement*, (eds) J. Echeverria, R. Booth Eby, Island Press, 1995, p.132.

143. J. Snyder, *States Rights : County Movement Rides Again*, People for the West!, 1994, date unknown.

144. S. W. Reed, 'The County Supremacy Movement: mendacious myth marketing', *Idaho Law Review*, 1994, Vol. 30, p.527; T. Kenworthy, 'U.S. enters range war, suing Nevada County', *The Wall Street Journal*, 9 March 1995.

145. T. Egan, 'Court puts down rebellion over control of federal land', *The New York Times*, 16 March 1996.

146. *New Scientist*, 'Arizona fights for the right to stay cool', 29 April 1995.

147. NFLC, 'Why there is a need for the militia in America', *Federal Lands Update*, October 1994.

148. Ibid.

149. R. Kaiser, 'United grassroots efforts continue to succeed', *Federal Lands UpDate*, November 1994.

150. Ibid.

151. D. Helvarg, 'The anti-enviro connection', *The Nation*, 22 May 1995, p.724.

152. Ibid.

153. Ibid.

154. K. Sneider, 'Bomb echoes extremists' tactics', *The New York Times*, 26 April 1994, p.A12.

155. R. Crawford, S. L. Gardner, J. Mozzochi, and R. L. Taylor, '*The Northwest imperative*', Coalition for Human Dignity, Northwest Coalition Against Malicious Harassment, 1994, pp.1.18–1.20.

156. M. Hecht, '"Wise Use" and environmentalists both played by same forces', *21st Century Science and Technology*, Summer 1995, p.9.

157. Ibid.

158. Ibid.

159. A. Chaitkin, 'A Warning on the "Wise Use" movement', *21st Century Science and Technology*, Summer 1995, p.11.

第三章　民主之死

1. A. Carey, *Taking the Risk out of Democracy: Propaganda in the US and Australia*, University of New South Wales Press, Ltd, Sydney, 1995.

2. P. Hawken, *The Ecology of Commerce: A Declaration of Sustainability*, HarperBusiness, 1994, p.120.

3. M. Dowie, *Losing Ground: American Environmentalism at the Close of the Twentieth Century*, MIT Press, 1995, p.86.

4. V. Cable, 'What price integrity today?', *The Independent*, 18 April 1995, p.15.

5. C. Berlet, interview with author, 4 November 1994.

6. R. Kazis and R. L. Grossman, *Fear At Work: Job Blackmail, Labour and the Environment*, The Pilgrim Press, 1982, p.77.

7. D. Helvarg, *The War Against the Greens: The 'Wise-Use' Movement, the New Right, and Anti-Environmental Violence*, Sierra Club Books, San Francisco, 1994, p.61–2.

8. B. Williams, *US Petroleum Strategies in the Decade of the Environment*, PennWell Books, Oklahoma, 1991, p.305.

9. M. Useem, *The Inner Circle: Large Corporations and The Rise of Business Political Activity in the U.S. and the U.K.*, Oxford University Press, 1984, pp.17–18.

10. Ibid., pp.36–40.

11. M. Useem, interview with author, 28 March 1995.

12. *The Guardian*, 'Captains keep on running into each other', 15 July 1995; companies and banks linked in some way through their directors include ICI, Zeneca, Unilever, Boots, RTZ, The Prudential, Marks and Spencer, Whitbread, British Airways, National Westminster Bank, Barclays, BP, BOC, Gmet, and British Gas.

13. J. Nelson, *Sultans of Sleaze: Public Relations and the Media*, Between the Lines, 1989, p.15.

14. Dr S. Diamond, *Right-Wing Movements in the United States, 1945–1992*, dissertation, submitted for the degree of Doctor of Philosophy in sociology in the graduate division of the University of California, p.267.

15. W. Greider, *Who Will Tell the People?: The Betrayal of American Democracy*, Touchstone, Simon and Schuster,1991, p.35.

16. P. Hawken, *The Ecology of Commerce: A Declaration of Sustainability*, HarperBusiness, 1994, p.109.

17. W. Greider, *Who Will Tell the People?: The Betrayal of American Democracy*, Touchstone, Simon and Schuster, pp.25, 39.

18. P. Hawken, *The Ecology of Commerce: A Declaration of Sustainability*, HarperBusiness, 1994, p.91.

19. K. Watkins, 'The foxes take over the hen house', *The Guardian*, 17 July 1992.

20. T. Hines and C. Hines, *The New Protectionism, Protecting Against Free Trade*, Earthscan, 1993, p.34.

21. *World Bank*, World Bank Atlas 25th Anniversary Edition, 1993; *Fortune*, The Fortune Global 500, 1992, p.55 (Do not include excise taxes).

22. *Corporate Crime Reporter*, 'Multinational corporations are growing beyond nations' ability to control them', OTA report Finds, 1993, Vol. 7, No. 35, 13 September, p.8.

23. *Corporate Crime Reporter*, 'Shareholders association reports that most American corporations undermine or deny "One Share, One Vote", Other Forms of Shareholder Rights', 1990, Vol. 4, No. 14, 9 April.

24. P. Donovan and C. Barrie, 'Mr 75 per cent suffers ordeal by gas shareholders', *The Guardian*, 1 June 1995, p.1; M. Gagan and W. Gleeson, 'Fury fails to burst gas bubble', *The Independent*, 1 June 1995, p.3.

25. *The Guardian*, 'Tell Sid he's not wanted: British Gas has made a mockery of people's capitalism', Editorial, 1 June 1995.

26. *The Sunday Telegraph*, 'RTZ seeks to thwart protests', 4 June 1995.
27. L. Buckingham and R. Cowe, 'Spar showdown is no surrender', *The Guardian*, 24 June 1995, p.38.
28. N. Chomsky, 'The free market myth', *Open Eye*, 1995, No. 3, p.10.
29. W. Morehouse, *Accountability, Regulation and Control of Multinational Corporations*, testimony prepared for the Permanent People's Tribunal on Industrial and Environmental Hazards and Human Rights, London, 28–30 November 1994, corrected draft.
30. Ibid.
31. M. Useem, *The Inner Circle: Large Corporations and The Rise of Business Political Activity in the U.S and the U.K.*, Oxford University Press, 1984, p.133.
32. Ibid., p.150.
33. M. Alperson, A. Tepper Marlin, J. Schorsch and R. Will, *The Better World Investment Guide*, Council on Economic Priorities, Prentice Hall Press, 1991, p.34.
34. W. Greider, *Who Will Tell the People?: The Betrayal of American Democracy*, Touchstone, Simon and Schuster, p.48.
35. M. Useem, *The Inner Circle: Large Corporations and The Rise of Business Political Activity in the U.S and the U.K.*, Oxford University Press, 1984, p.134.
36. D. Rogers, 'How oil money helped to change the face of Congress', *The Boston Globe*, 10 September 1981.
37. Ibid.
38. R. Kazis and R. L. Grossman, *Fear At Work: Job Blackmail, Labour and the Environment*, The Pilgrim Press, 1982, p.92.
39. Ibid.
40. M. Alperson, A. Tepper Marlin, J. Schorsch and R. Will, *The Better World Investment Guide*, Council on Economic Priorities, Prentice Hall Press, 1991, p.35.
41. W. Greider, *Who Will Tell the People: The Betrayal of American Democracy*, Touchstone, Simon and Schuster, pp.48, 259.
42. M. Dowie, *Losing Ground: American Environmentalism at the Close of the Twentieth Century*, MIT Press, 1995, p.85.
43. D. Duston, 'Congress-investments', *Associated Press*, 20 August 1995.
44. M. Walker, 'Licence to pollute the free world', *The Guardian*, 8 September 1995, Society, pp.4–5.
45. V. Cable, 'What price integrity today?', *The Independent*, 18 April 1995, p.15.
46. D. Alton, 'Standards in public life', *The Independent on Sunday*, 30 October 1994, Register of MPs' Interests.
47. Ibid.
48. Ibid.
49. *The Guardian*, 'Watchdog urges checks on MP's income', 12 May 1995, p.6.
50. *The Independent on Sunday*, 'Parliament, who lobbies whom – Register of Members' interests', 30 October 1994.
51. P. Hosking, 'Why companies say Yes Minister', *The Independent on Sunday*, 10 September 1995, Business, p.1.
52. Ibid.
53. *Labour Research*, 'Earth slips nnder Tories' feet', December 1994, p.9.

54. Ibid., p.10.
55. Ibid., pp.9–10.
56. R. Smith, 'Lorry ban "Ended by Tory backers"', *The Guardian*, 8 June 1994.
57. D. Alton, 'Standards in public life', *The Independent on Sunday*, 30 October 1994, Register of MPs' Interests.
58. *Labour Research*, 'Earth slips under Tories' feet', December 1994, p.11.
59. Published in *The Guardian*, 12 May 1995, p.1.
60. *Corporate Crime Reporter*, 1991, 'Two reports indicate public corruption may be endemic to current political system', 1991, Vol. 5, No. 27, 8 July, p.9.
61. Ibid.
62. Ibid.
63. *Corporate Crime Report*, 'Consumer groups blast auto industry efforts to defeat fuel efficiency measure, say Transportation Department is illegally lobbying for industry', 1991, Vol. 5, No. 27, 8 July, p.7. CCR quotes Clarence Ditlow, executive director of the Center for Auto Safety (CAS), who 'said that more fuel efficient automobiles can be produced without reducing vehicle size. A CAS analysis determined that the nation's cars could attain average fuel economy standards of 40–45 miles per gallon, while reducing the death rate by 20 percent, by the year 2001'.
64. W. Greider, *Who Will Tell the People?: The Betrayal of American Democracy*, Touchstone, Simon and Schuster, pp.37, 38–9.
65. Ibid.
66. D. Nicolson-Lord, 'Facing up to the factoids', *The Independent on Sunday*, 10 July 1994, p.19.
67. R. Nixon, 'Science for sale: truth to the highest bidder', *CovertAction*, Spring 1995, pp.49–50.
68. Ibid., p.50.
69. Ibid., p.49.
70. Ibid., p.52.
71. J. Senker, *Biotechnology at SPRU*, conference proceedings, Welcome Institute, London, 15 March 1995.
72. N. Woodcock, 'Fossil fuels: a crisis of resources or effluents?', *Geology Today*, July–August 1993.
73. *New Scientist*, 'Who kidnapped science?', 15 July 1995, p.3.
74. *Nature*, 'British science sent back to dog-house', 13 July 1995, p.101.
75. R. Nixon, 'Science for sale: truth to the highest bidder', *CovertAction*, Spring 1995, p.49.
76. C. Crossen, *Tainted Truth: The Manipulation of Fact in America*, Simon and Schuster, New York, 1994, p.19.
77. M. Megalli and A. Friedman, Pacific Legal Foundation, *Masks of Deception: Corporate Front Groups in America*, Essential Information, December 1991, pp.2–3.
78. C. Berlet and W. K. Burke, 'Corporate fronts: inside the anti-environmental movement', *Greenpeace Magazine*, January/February/March 1992.
79. J. O'Dwyer, 'Citizens' Groups a Front, Says Green Org', *Jack O'Dwyer's Newsletter*, Vol. 25, No. 3, 15 January 1992, p.7.

80. *Corporate Crime Report*, 'Consumer groups blast auto industry efforts to defeat fuel efficiency measure, say Transportation Department is illegally lobbying for industry', 1991, Vol. 5, No. 27, 8 July, p.7.

81. *Corporate Crime Reporter*, 'Public interest groups name worst advertising of the year'. Stroh's Swedish Bikini Team makes list', Vol. 5, No. 47, 9 December 1991, p.9.

82. M. Megalli and A. Friedman, Pacific Legal Foundation, *Masks of Deception: Corporate Front Groups in America*, Essential Information, December 1991, p.56.

83. Ibid., pp.175–6; D. Levy, 'Talking a green game: corporate environmentalism shows its true colors', *Dollars and Sense*, May/June 1994, p.16.

84. M. Megalli and A. Friedman, Pacific Legal Foundation, *Masks of Deception: Corporate Front Groups in America*, Essential Information, December 1991, pp.18–22.

85. C. Deal, *The Greenpeace Guide to Anti-Environmental Organisations*, Odonian Press, 1993, p.56.

86. *IPS*, 'U.S. big business infiltrates United Nations', 8 February 1995; P. Scupholme, *Response to Questionnaire from Earth Resources Research*, HSE Policy Unit, London, 21 May 1992; Amoco, *Response to Questionnaire from Earth Resources Research*, 1992; Global Climate Coalition, *Statement of Purpose and Principles*, Washington, no date; Texaco Inc., 'Ours to protect, environment', *Health & Safety Review*, White Plains, New York, 1992, p.47; FDCH, *Congressional Testimony*, 16 November 1993, Attachments; Global Climate Coalition, *Energy Efficiency in American Industry*, Membership List and Background Information, October 1993; Global Climate Coalition, *The United States Versus The European Community: Environmental Performance*, GCC Report, August 1993; Global Climate Coalition, *Leadership in Energy Efficiency*, GCC Report, March 1993.

87. J. C. Stauber, 'Going . . . going . . . green!', *PR Watch*, 1994, Vol. 1, No. 3, Second Quarter, p.2.

88. *Business Wire*, 'Scientists warn of disruption from global warming', 18 September 1995.

89. *IPS*, 10 June 1992.

90. *IPS*, 'U.S. big business infiltrates United Nations', 8 February 1995.

91. Global Climate Coalition, *Developing Countries Escape Climate Treaty Negotiation With No New Obligation*, press release, 7 April 1995.

92. F. Pearce, 'Fiddling while the Earth warms', *The New Scientist*, 25 March 1995, p.14.

93. Ibid.

94. *Der Spiegel*, 'Hohepriester im Kohlenstoff-Klub', 1995, 14, pp.36–8.

95. *PR Newswire*, 'ICCP commends results of international climate talks: urges business leadership on technology assessment', 12 April 1995; ICCP's members include Allied Signal, American Standard/Trane, AT & T, BP America, Carrier/United Technologies, Celotex/Jim Walter Corporation, Dow, Du Pont, Enron, AB Electrolux/White Consolidated/ Frigidaire, Elf Atochem, ICI America, 3M, York International, Air Conditioning and Refrigeration Institute, Alliance for Responsible Atmospheric Policy, Association Home Appliance Manufacturers, Japan Flon Gas Association, and the Polysocyanurate Insulation Manufacturers Association.

96. *PR Newswire*, 'ICCP commends results of international climate talks: urges business leadership on technology assessment', 12 April 1995.

97. F. Pearce, 'Fiddling while the Earth warms', *The New Scientist*, 25 March 1995, p.15.

98. K. O'Callaghan, 'Whose agenda for America?', *Audubon*, National Audubon Society, September/October 1992, Vol. 94, No. 5.

99. J. Skow, 'Earth Day blues', *Time*, 24 April 1995, p.75; *A CLEAR View*, National Wetlands Coalition, CLEAR, Vol. 3, No. 2, 29 January 1996.

100. E. Newlin Carney, 'Industry plays the grass-roots card', *The National Journal*, 1 February 1992, Vol. 24, No. 5, p.281.

101. C. Berlet and W. K. Burke, 'Corporate fronts: inside the anti-environmental movement', *Greenpeace Magazine*, January/February/March 1992.

102. D. Barry, interview with author, 7 November 1994.

103. *O'Dwyer's PR Services*, 'Links with activist groups get results in environmental PR', Vol. 8, No. 2, February 1994, p.1.

104. T. Harding, 'Mocking the turtle: backlash against environmental movement', *New Statesman and Society*, 1993, Vol. 6, No. 271, p.45.

105. Alliance for America, *Democracy is Not A Spectator Sport*, Fly-In for Freedom, Washington DC, 17–21 September 1994.

106. *Eye Witness Report*, Alliance for America Conference, Missouri, 5–7 May 1992.

107. *Eye Witness Report*, 'Wise use leadership conference, John Ascuaga's nugget', Reno, Nevada, 5–7 June 1992.

108. T. Ramos, interview with author, 22 December 1994.

109. C. Deal, *The Greenpeace Guide to Anti-Environmental Organisations*, Odonian Press, 1993, p.78; *High Country News*, 1 July 1991.

110. D. Helvarg, *The War Against the Greens: The 'Wise-Use' Movement, the New Right, and Anti-Environmental Violence*, Sierra Club Books, San Francisco, 1994, p.453.

111. R. Ekey, 'Wise Use and the Greater Yellowstone Vision Document: lesson learned', *Let the People Judge: Wise Use and the Private Property Rights Movement*, (eds) J. Echeverria and R. Booth Eby, Island Press, 1995, p.344.

112. *A CLEAR View*, Western State Coalition Summit V, Conference Review, 17 April 1996, Vol. 3, No. 6.

113. BlueRibbon Coalition, 'BlueRibbon Support', *BlueRibbon Magazine*, January 1992, p.19; BlueRibbon Coalition, BlueRibbon Support', *BlueRibbon Magazine*, March 1992, p.19.

114. M. Knox, 'Meet the anti-greens: the "Wise Use" movement fronts for industry', *The Progressive*, October 1991.

115. *BlueRibbon Magazine*, List of 1994 Board of Directors, April 1994, p.3.

116. T. Williams, 'Greenscam', *Harrowsmith Country Life*, May/June 1992, p.32.

117. BlueRibbon Coalition, 'Special thanks to Senator Symms', *BlueRibbon Magazine*, January 1992, p.3.

118. C. Collins, 'Modern day "Minute Men",' May/June 1992, *BlueRibbon Magazine*, September 1994, p.3; T. Williams, 'Greenscam', *Harrowsmith Country Life*, May/June 1992 p.3; C. Collins, *Why All the Fuss?* no date; T. Egan, 'Fund-raisers tap anti-environmentalism', *New York Times*, 18 December 1991, p.18; S. O'Donnell, *Report of the Sixth Annual Wise Use Conference*, 15–17 July 1994.

119. T. Walker, 'Conservative network launches on cable TV', *BlueRibbon Magazine*, January 1994, p.15.

120. A. Cook, 'Hands across the ocean', *BlueRibbon Magazine*, April 1994, p.3.

121. S. Diamond, interview with author, 7 February 1995.

122. L. Hatfield and D. Waugh, 'Where think tanks get money', *San Francisco Examiner*, 26 May 1992; C. Deal, *The Greenpeace Guide to Anti-Environmental Organisations*, Odonian Press, 1993, pp.18–19.

123. M. Megalli and A. Friedman, Pacific Legal Foundation, *Masks of Deception: Corporate Front Groups in America*, Essential Information, December 1991, p.185; R. Bellant, *The Coors Connection: How Coors Family Philanthropy Undermines Democratic Pluralism*, South End Press, Boston, 1991.

124. Competitive Enterprise Institute, List of CEI Contributors, no date.

125. C. Deal, *The Greenpeace Guide to Anti-Environmental Organisations*, Odonian Press, 1993, p.79; S. Diamond, 'Free market environmentalism', *Z Magazine*, December 1991, p.54.

126. Heritage Foundation, List of Donors, 1992.

127. J. Karliner, 'The Bhopal tragedy: ten years after', *Global Pesticide Campaigner*, December 1994, Vol. 4, No. 4, p.1.

128. J. Nelson, 'Pulp and propaganda', *Canadian Forum*, July/August 1994, p.16.

129. P. Hawken, *The Ecology of Commerce: A Declaration of Sustainability*, HarperBusiness, 1994, pp.197–8.

130. Dr V. Shiva, *GATT and Free Trade: A Prescription for Environmental Apartheid*, evidence submitted to the Permanent People's Tribunal on Industrial and Environmental Hazards and Human Rights, 28 November–2 December 1994.

131. J. Nelson, *Sultans of Sleaze: Public Relations and the Media*, Between the Lines, 1989, p.102.

132. M. Iba, 'The same old trends', *Third World Guide 91/92*, New Internationalist, 1990, p.105.

133. *WHIN*, 'Sri Lanka: occupational diseases among workers in the Free Trade Zones', *Workers' Health International Newsletter*, Spring 1994, No. 39, p.11.

134. J. Nelson, *Sultans of Sleaze: Public Relations and the Media*, Between the Lines, 1989, pp. 97, 106.

135. Ibid., p.106.

136. R. Hindmarsh, 'Corporate biotechnological hegemony and the seed', *Pesticide Monitor*, July 1993, Vol. 2, No. 1, January 1993, p.1.

137. *Seedling*, 'Threats from the test tubes', December 1994, p.7; V. Shiva, 'Biotech hazards transferred south', *WHIN*, Summer 1994, p.4.

138. *Seedling*, 'Threats from the test tubes', December 1994, p.8.

139. *Pesticide News*, '10 years after Bhopal . . .', December 1994, No. 26, p.8.

140. K. Bruno, *Greenpeace Submission to the Fourth Session of the London Tribunal on Industrial Hazards and Human Rights on the Occasion of the Tenth Anniversary of the Bhopal Tragedy*, November 1994.

141. B. Barclay and J. Steggall, 'Obsolete pesticide crisis', *Global Pesticide Campaigner*, February 1992, Vol. 2, No. 1, p.1.

142. *Swiss Review of World Affairs*, 'Bhopal: ten years later', 1 February 1995; S. Elsworth, *A Dictionary of the Environment*, Paladin, 1990, p.61; J. Karliner, 'The Bhopal tragedy: ten years after', *Global Pesticide Campaigner*, December 1994, Vol. 4, No. 4, pp.1, 6–8; C. Urquhart and S. J. Benbow, 'The Bhopal legacy lingers on', *Pesticide News*, December 1994, p.4.

143. J. Karliner, 'The Bhopal tragedy: ten years after', *Global Pesticide Campaigner*, December 1994, Vol. 4, No. 4, p.8.

144. C. Urquhart and S. J. Benbow, 'The Bhopal legacy lingers on', *Pesticide News*, December 1994, pp.5–6; D. Dembo, 'Bhopal, settlement or sellout?', *Global Pesticide Monitor*, 1989, Vol. 1, No. 1, p.4.

145. *IPS*, 'Lawyers from Malaysia to Mongolia', Eugene, Oregon, 8 March 1995.

146. K. Bruno, *Greenpeace Submission to the Fourth Session of the London Tribunal on Industrial Hazards and Human Rights on the Occasion of the Tenth Anniversary of the Bhopal Tragedy*, November 1994.

147. B. Dinham, 'Industrial hazards and human rights', *WHIN*, Autumn 1994, p.20.

148. *Corporate Crime Reporter*, 'Study reveals polluters have special access to U.S. trade negotiators', 1992, Vol. 6, No. 1, 6 January, p.7; quoting study by Public Citizen, *Trade Advisory Committees: Preferential Access for Polluters*; P. Hawken, *The Ecology of Commerce: A Declaration of Sustainability*, HarperBusiness, 1994, p.97.

149. Dr V. Shiva, *GATT and Free Trade: A Prescription for Environmental Apartheid*, evidence submitted to the Permanent People's Tribunal on Industrial and Environmental Hazards and Human Rights, 28 November–2 December 1994.

150. W. Morehouse, *Accountability, Regulation and Control of Multinational Corporations*, testimony prepared for the Permanent People's Tribunal on Industrial and Environmental Hazards and Human Rights, London, 28–30 November 1994, corrected draft.

151. T. Hines and C. Hines, *The New Protectionism: Protecting Against Free Trade*, Earthscan, 1993, p.52.

152. *Open Eye*, 'GATT: the end of the citizen?', 1995, No. 3, p.14.

153. Ibid.

154. H. Gleckman and R. Krut, *Towards a New International System to Regulate International Companies*, paper for the Permanent People's Tribunal on Industrial and Environmental Hazards and Human Rights, London, 28 November–2 December 1994.

155. Ibid.

156. Ibid.

第四章　踏上全球绿化之路

1. J. Bleifuss, 'Flack attack', *Utne Reader*, January/February 1994, p.77.

2. J. Nelson, *Sultans of Sleaze: Public Relations and the Media*, Between the Lines, 1989, pp.130-1.

3. K. Bruno, *Greenpeace Guide to Greenwash*, Greenpeace, 1992.

4. J. Lowe and H. Hanson, 'A look behind the advertising', *Earth Island Journal*, Winter 1990, pp.26–7.

5. J. Bruggers, 'Chevron drilling fought by environmentalists', *Contra Costa Times*, 27 November 1988; D. Baum, 'Indians oppose drilling on Montana land', *San Francisco Examiner*, 11 November 1990; J. Lowe and H. Hanson, 'A look behind the advertising', *Earth Island Journal*, Winter 1990, pp.26–7.

6. Council on Economic Priorities, *Mobil Oil Corporation: A Report on the Company's Environmental Policies and Practices*, Corporate Environmental Data Clearinghouse, The Council on Economic Priorities, 1991, New York, p.8.

7. *Chemical and Engineering News*, 'Mobil Chemical is sued for making false claims about its degradable plastics', 1990, 25 September, p.14; Council on Economic Priorities, *Mobil Oil Corporation: A Report on the Company's Environmental Policies and Practices*, Corporate Environmental Data Clearinghouse, The Council on Economic Priorities, 1991, New York, p.8.

8. P. Hawken, *The Ecology of Commerce: A Declaration of Sustainability*, HarperBusiness, 1994, p.130.

9. *Corporate Crime Reporter*, 'Environmentalists charge Earth Tech '90 companies are "Wolves dressed in sheep's clothing"', Vol. 4, No. 14, 9 April 1990, pp.7–8.

10. *Corporate Crime Reporter*, 'Public interest groups name worst advertising of the year', Vol. 5, No. 47, 9 December 1991, p.9.

11. *Corporate Crime Reporter*, 'Consumer groups blast companies for the most "misleading" ads of 1992', Vol. 5, No. 47, 9 December, p.9; J. Stauber and S. Rampton, *Toxic Sludge is Good for You: Lies Damn Lies and the Public Relations Industry*, Common Courage Press, 1995, p.38.

12. *Corporate Crime Reporter*, 'Nuclear power industry attempting to overcome public opposition to waste problems through high-powered public relations campaigns', Vol. 5, No. 47, 9 December 1991.

13. N. Verlander, 'Pressure Group Perspective — Friends of the Earth "Green Con of the Year Award"', *Greener Marketing: A Responsible Approach to Business*, Greenleaf, (ed.) Martin Chater, date unknown; *Earth Matters*, 'The Green Con Award 1989', Spring 1990, p.20; *Earth Matters*, 'Green Con of the Year 1990', Spring 1991.

14. N. Verlander, 'Green cons and eco labels', *Earth Matters*, 1992, month unknown.

15. P. Stevenson, 'Eight years later, industry advertising still violates FAO Code', *Global Pesticide Campaigner*, Vol. 3, No. 4, November 1993, pp.3–5.

16. Ibid.; *Pesticide Monitor*, 'Corporate greenwash', 1993, Vol. 2, No. 3, p.12.

17. P. Stevenson, 'Eight years later, industry advertising still violates FAO Code', *Global Pesticide Campaigner*, Vol. 3, No. 4, November 1993, p.5.

18. *PR Watch*, 'Plutonium is our friend', 1994, Fourth Quarter, p.11.

19. European Nuclear Society, International Workshop on Nuclear Public Information, Lucerne, Switzerland, 30 January–2 February 1994.

20. *Tomorrow*, 'Mitsubishi refuses to roll over', October–December 1993, p.33.

21. *Pesticide News*, 'Rhone-Poulenc: the image and the reality', September 1993, p.14.

22. K. Bruno, *Greenpeace Guide to Greenwash*, Greenpeace, 1992.

23. W. Morehouse, *Accountability, Regulation and Control of Multinational Corporations*, testimony prepared for the Permanent People's Tribunal on Industrial and Environmental Hazards and Human Rights, London, 28–30 November 1994, corrected draft.

24. J. Stauber, interview with author, 22 March 1995.

25. M. Dowie, *Losing Ground: American Environmentalism at the Close of the Twentieth Century*, MIT Press, 1995, p.85.

26. J. Blcifuss, 'Science in the private interest: hiring flacks to attack the facts', *PR Watch*, Vol. 2, No. 1, First Quarter, 1995, p.12.

27. K. McCauley, 'Going "Green" blossoms as PR trend of the 90's', *O'Dwyer's PR Services*, January 1991, p.1.

28. J. Stauber, interview with author, 22 March 1995.

29. Ibid.

30. *O'Dywer's Directory of PR Firms*, Jack Bonner Associates, 1993.

31. L. Buckingham, 'Advertising chief to get £8m a year', *The Guardian*, 3 September 1994.

32. *PR Newswire*, 22 March 1994.

33. *PR Watch*, 'The PR industry's top 15 greenwashers, based on O'Dwyer's Directory of PR Firms and interview with Hill and Knowlton', 1995, Vol. 2, No. 1, First Quarter, p.4.

34. J. Stauber and S. Rampton, *Toxic Sludge is Good for You: Lies Damn Lies and the Public Relations Industry*, Common Courage Press, 1995, p.125.

35. J. C. Stauber, 'Going . . . going . . . green!', *PR Watch*, 1994, Vol. 1, No. 3, Second Quarter, p.2; *O'Dwyer's PR Services Report*, 'Profiles of top environmental PR firms: E. Bruce Harrison', February 1994, p.30; C. Deal, *The Greenpeace Guide to Anti-Environmental Organisations*, Odonian Press, 1993, p.16.

36. J. C. Stauber, 'Going . . . going . . . green!', *PR Watch*, 1994, Vol. 1, No. 3, Second Quarter, p.2; E. B. Harrison, *Going Green: How to Communicate your Company's Environmental Commitment*, Business One Irwin, 1993, pp.xiv–xv.

37. F. Graham Jr, *Since Silent Spring*, Hamish Hamilton, London, 1970, p.48.

38. J. C. Stauber, 'Going . . . going . . . green!', *PR Watch*, 1994, Vol. 1, No. 3, Second Quarter, p.2.

39. J. Stauber, interview with author, 22 March 1995.

40. E. B. Harrison, *Going Green: How to Communicate your Company's Environmental Commitment*, Business One Irwin, 1993, pp.8,9,14.

41. Ibid., pp.xii, 15, 31, 44, 131.

42. Ibid., p.189.

43. *O'Dwyer's PR Services*, 'Links with activist groups get results in environmental PR', Vol. 8, No. 2, February 1994.

44. J. Bleifuss, 'Covering the Earth with "Green PR"', *PR Watch*, 1995, Vol. 2, No. 1, First Quarter, p.3.

45. *O'Dwyer's PR Services*, 'Links with activist groups get results in environmental PR', Vol. 8, No. 2, February 1994, p.20.

46. J. Stauber and S. Rampton, *Toxic Sludge is Good for You: Lies Damn Lies and the Public Relations Industry*, Common Courage Press, 1995, p.66.

47. *O'Dwyer's PR Services*, 'Links with activist groups get results in environmental PR', Vol. 8, No. 2, February 1994, p.22.
48. S. Bennett, R. Frierman and S. George, *Corporate Realities and Environmental Truths: Strategies for Leading your Business in the Environmental Era*, John Wiley and Sons, 1993, p.140.
49. J. Stauber and S. Rampton, *Toxic Sludge is Good for You: Lies Damn Lies and the Public Relations Industry*, Common Courage Press, 1995, p.138.
50. *PR Watch*, 'MBD's divide-and-conquer strategy to defeat activists', October–December 1993, Vol. 1, No. 1, p.5.
51. J. C. Stauber, 'Strange bedfellows at PR Conference on activism', *PR Watch*, 1994, Vol. 1, No. 2, First Quarter, p.2.
52. J. Stauber and S. Rampton, *Toxic Sludge is Good for You: Lies Damn Lies and the Public Relations Industry*, Common Courage Press, 1995, p.54.
53. D. Alters, 'Shhhhh . . . some firms are busy spying on the nation's social activists', *Boston Globe*, July, precise date unknown.
54. J. C. Stauber, 'Spies for hire – Mongoven, Biscoe and Duchin, Inc', *PR Watch*, Vol. 1, No. 1, October–December 1993.
55. *Threshold*, Welcome to the Terrordome: corporations begin spying on SEAC', January–February 1991, p.37.
56. Pagan International, *Greenpeace: A Special Report*, October 1985.
57. *Labor Notes*, 'Shell's "Neptune Strategy" aims at countering anti-apartheid boycott', January 1988, pp.1, 10.
58. J. Nelson, *Sultans of Sleaze: Public Relations and the Media*, Between the Lines, 1989, p.14.
59. Ibid.
60. *Campaign Magazine*, title unknown, 16 February 1990.
61. A. Garrett, 'Sponsorship: business buys its way to a greener image', *The Independent on Sunday*, 10 November 1991, p.26.
62. J. Stauber and S. Rampton, *Toxic Sludge is Good for You: Lies Damn Lies and the Public Relations Industry*, Common Courage Press, 1995, p.132.
63. S. Epstein, 'BST: the public health hazard', *The Ecologist*, Vol. 19, No. 5, September/October 1989, p.191.
64. J. Dillon, 'Poisoning the grass-roots: PR giant Burson-Marsteller thinks global, acts local', *CovertAction Quarterly*, Spring 1993, No. 44.
65. J. C. Stauber, 'Shut up and eat your "Frankenfoods"', *PR Watch*, 1994, First Quarter, Vol. 1, No. 2, p.8.
66. Internal B-M documents.
67. S. Epstein, 'BST: the public health hazard', *The Ecologist*, Vol. 19, No. 5, September/October 1989, p.193.
68. J. C. Stauber, 'Shut up and eat your "Frankenfoods"', *PR Watch*, 1994, First Quarter, Vol. 1, No. 2, p.8.
69. *PR Watch*, 'Sound bites back', 1994, Third Quarter, Vol. 1, No. 4, p.12.
70. *O'Dwyer's Directory of PR Firms*, 'Burson-Marsteller', Spring 1993; C. Nevin, 'From ideals to images', *The Independent on Sunday*, 17 April 1994, p.26; *PR Week*, 9 January 1992.

71. J. Motavalli, 'Dog soldier', 7 Days, 4 October 1989.

72. J. Nelson, 'Pulp and propaganda', Canadian Forum, July/August 1994, p.16.

73. J. Bleifuss, 'Covering the Earth with "Green PR"', PR Watch, Vol. 2, No. 1, 1995, First Quarter, p.6.

74. Burson-Marsteller, Counselling and Communications Worldwide, no date, New York.

75. J. Nelson, Sultans of Sleaze: Public Relations and the Media, Between the Lines, 1989, p.22.

76. S. Anderson and J. L. Anderson, Inside the League: The Shocking Exposé of How Terrorists, Nazis, and Latin American Death Squads Have Infiltrated the World Anti-Communist League, Dodd, Mead and Company, New York, 1986, pp.204,272.

77. J. Nelson, Sultans of Sleaze: Public Relations and the Media, Between the Lines, 1989, pp.21–2,25.

78. Ibid., p.26.

79. S. Anderson and J. L. Anderson, Inside the League: The Shocking Exposé of How Terrorists, Nazis, and Latin American Death Squads Have Infiltrated the World Anti-Communist League, Dodd, Mead and Company, New York, 1986, p.274.

80. J. Nelson, 'Burson-Marsteller, Pax Trilateral, and the Brundtland Gang vs. the environment', The New Catalyst, Summer 1993, No. 26, p.2.

81. C. Urquhart and S. J. Benbow, 'The Bhopal legacy lingers on', Pesticide News, December 1994, p.6.

82. S. Elsworth, A Dictionary of the Environment, Paladin, 1990, p.441; J. Nelson, 'Burson-Marsteller, Pax Trilateral, and the Brundtland Gang vs. the environment', The New Catalyst, Summer 1993, No. 26, p.2.

83. J. Reed, 'Interview with the vampire: PR helps the PRI drain Mexico dry', PR Watch, 1994, Fourth Quarter, p.7.

84. AFP, 'Five Malaysian states found to be overlogging', Kuala Lumpur, 3 October 1994.

85. J. Stauber and S. Rampton, Toxic Sludge is Good for You: Lies Damn Lies and the Public Relations Industry, Common Courage Press, 1995, p.150.

86. J. Nelson, 'Burson-Marsteller, Pax Trilateral, and the Brundtland Gang vs. the environment', The New Catalyst, Summer 1993, No. 26, p.2.

87. S. Schmidheiny, Changing Course: A Global Business Perspective on Development and the Environment, with the Business Council for Sustainable Development, MIT Press, 1992, pp.xii–xvii.

88. J. Nelson, 'Burson-Marsteller, Pax Trilateral, and the Brundtland Gang vs. the environment', The New Catalyst, Summer 1993, No. 26, p.2.

89. The Ecologist, 'Power: the central issue', 1992, Vol. 22, No. 4, pp.163–4.

90. Dr H. Gleckman, Transnational Corporations and Sustainable Development: Reflections from Inside the Debate, 21 August 1992.

91. P. Hawken, The Ecology of Commerce: A Declaration of Sustainability, HarperBusiness, 1994, p.168.

92. S. Schmidheiny, Changing Course: A Global Business Perspective on Development and the Environment, with the Business Council for Sustainable Development, MIT Press, 1992, p.xi.

93. Tomorrow, Business Council for Sustainable Development, October–November 1993, No. 4.

94. *Corporate Crime Reporter*, 1991, 'Bush administration lobbies against code of conduct for transnational corporations', Vol. 5, No. 27, 8 July 1991, p.7.

95. *The Financial Times*, 'Green groups merge', 30 November 1994.

96. The Alliance for Beverage Cartons and the Environment, *Dioxins: 'No Need to Worry' Say Representatives of the Beverage Carton Industry*, 7 August 1990.

97. R. Nixon, 'Science for sale: truth to the highest bidder', *CovertAction*, Spring 1995, p.48.

98. Internal B-M documents.

99. Ibid.

100. C. Peter and H-J. Kursawa-Stucke, *Deckmantel Ökologie*, Knaur, 1995; City of Hamburg Press Release, date unknown.

101. *City of Hamburg Press Release*, date unknown.

102. *PR Week*, 28 October 1993.

103. C. Nevin, 'From ideals to images', *The Independent on Sunday*, 17 April 1994, p.26; *Marketing*, 20 May 1993, p.23.

104. Anonymous, Personal communication with author after private function with British Department of Environment officials, April 1995.

105. J. Dillon, 'Poisoning the grass-roots: PR giant Burson-Marsteller thinks global, acts local', *CovertAction Quarterly*, Spring 1993, No. 44.

106. *O'Dwyer's Directory of PR Firms*, 'Hill and Knowlton', Spring 1993; Record at the Library of Registration.

107. J. Steed, 'The power of PR', *The Toronto Star*, 1 November 1992.

108. S. B. Trento, *The Power House: Robert Keith Gray and the Selling of Access and Influence in Washington*, St. Martin's Press, 1992 in pictures after page 238.

109. Ibid., p.70.

110. Ibid.

111. W. Greider, *Who Will Tell the People?: The Betrayal of American Democracy*, Touchstone, Simon and Schuster, p.35.

112. J. Stauber and S. Rampton, *Toxic Sludge is Good for You: Lies Damn Lies and the Public Relations Industry*, Common Courage Press, 1995, p.75.

113. Hill and Knowlton, *Letter to Mr Ed Franklin*, Fidelity Tire Company, 1989.

114. J. Carlisle, 'Public relationships: Hill & Knowlton, Robert Gray, and the CIA', *CovertAction*, Spring 1993; J. Stauber and S. Rampton, *Toxic Sludge is Good for You: Lies Damn Lies and the Public Relations Industry*, Common Courage Press, 1995, p.150.

115. S. B. Trento, *The Power House: Robert Keith Gray and the Selling of Access and Influence in Washington*, St. Martin's Press, 1992, pp.200, 315.

116. Ibid., p.viii; J. Carlisle, 'Public Relationships: Hill & Knowlton, Robert Gray, and the CIA', *CovertAction*, Spring 1993, p.20.

117. J. Steed, 'The power of PR', *The Toronto Star*, 1 November 1992.

118. J. Carlisle, 'Public relationships: Hill & Knowlton, Robert Gray, and the CIA', *CovertAction*, Spring 1993, p.20; J. Steed, 'The power of PR', *The Toronto Star*, 1 November 1992.

119. *O'Dwyer's PR Services Report*, 'Sustainable PR holds key to good environmental image', February 1994, p.24.

120. D. Ip, 'Sustainable development: beyond today's fashion', *Sustainable Development*, 1993, Vol. 1, No. 2, p.4.

121. S. Lele, 'Sustainable development: a critical review', *World Development*, 1991, Vol. 19, No. 6, p.613.

122. *O'Dwyer's PR Services Report*, 'Sustainable PR holds key to good environmental image', February 1994, p.24.

123. Business Council for Sustainable Development, 'Free trade is essential for sustainable development', *Tomorrow Magazine*, April–June 1994.

124. L. C. Van Wachem, *The Three-Cornered Challenge: Energy, Environment and Population*, The Cadman Memorial Lecture, London, 14 September 1992.

125. R. Gray and J. Bebbington, *Sustainable Development and Accounting: Incentives and Disincentives for the Adoption of Sustainability by Transnational Corporations*, a research investigation by United Nations Conference on Trade and Development and the Centre for Social and Environmental Accounting Research, University of Dundee, 1994, p.3.

126. J. Nelson, *Sultans of Sleaze: Public Relations and the Media*, Between the Lines, 1989, p.147.

127. E. B. Harrison, *Going Green: How to Communicate your Company's Environmental Commitment*, Business One Irwin, 1993, p.9.

128. M. Dowie, *Losing Ground: American Environmentalism at the Close of the Twentieth Century*, Massachusetts Institute of Technology, 1995, p.235.

129. P. Hawken, *The Ecology of Commerce: A Declaration of Sustainability*, HarperBusiness, 1994, pp.30–1.

130. R. Gray and J. Bebbington, *Sustainable Development and Accounting: Incentives and Disincentives for the Adoption of Sustainability by Transnational Corporations*, a research investigation by United Nations Conference on Trade and Development and the Centre for Social and Environmental Accounting Research, University of Dundee, 1994, p.7 quoting the Body Shop.

131. C. Flavin and J. Young, 'Shaping the next industrial revolution: environmentally sustainable development', *USA Today*, March 1994, Vol. 122, No. 2586, p.78.

第五章 范式转换

1. M. Hagler, 'Contrarians revisited', *Tomorrow Magazine*, January–March 1995, p.54.

2. F. Graham Jr, *Since Silent Spring*, Hamish Hamilton, London, 1970, p.48.

3. *The Ecologist*, 'The threat of environmentalism', Vol. 22, No. 4, July 1992, p.162; J. Bleifuss, 'Journalist, watch thyself: keeping tabs on the messengers', *PR Watch*, 1995, First Quarter, Vol. 2, No. 1, p.10; J.Bleifuss, 'Covering the Earth with "Green PR"', *PR Watch*, 1995, Vol. 2, No. 1, First Quarter, p.5.

4. C. Berlet, 'Hunting the "Green Menace"', *The Humanist*, July/August 1991, p.26.

5. C. Berlet, 'Re-framing dissent as criminal subversion', *CovertAction*, Summer 1992, No. 41, p.40.

6. Ibid.

7. Ibid., p.35.

8. R. Arnold, *Ecology Wars*, remarks given at the Maine Conservation Rights Institute, Second Annual Congress, 20 April 1992.

9. W. P. Pendley, *It Takes A Hero: the Grassroots Battle Against Environmental Oppression*', Free Enterprise Press, 1994, pp.274–316.

10. Ibid., p.vii.

11. A. M. Gottlieb (ed.), *The Wise Use Agenda: The Citizen's Policy Guide to Environmental Resource Issues — A Task Force to the Bush Administration by the Wise Use Movement*, The Free Enterprise Press, 1989, p.xx.

12. T. Egan, 'Fund-raisers tap anti-environmentalism', *The New York Times*, 19 December 1991, p.A18.

13. K. Long, 'Washington man, his group set goal of ending environmental movement', *Oregonian*, 10 December 1991.

14. M. Hager, 'Enter the contrarians', *Tomorrow Magazine*, October–December 1993, No. 4, p.10.

15. M. Knox, 'Meet the anti-greens: the 'Wise Use' movement fronts for industry', *The Progressive*, October 1991, p.22.

16. J. Hamburg, 'The Lone Ranger', *California Magazine*, November 1990, p.92.

17. *Western Horizons*, 'Wise Users renounce balance and "middle ground", align themselves with extreme right wing', September 1993, Vol. 1, No. 3, p.4.

18. Ibid.

19. S. O'Donnell, *Report of the Sixth Annual Wise Use Conference*, 15–7 July 1994.

20. D. Helvarg, *The War Against the Greens: The 'Wise-Use' Movement, the New Right, and Anti-Environmental Violence*, Sierra Club Books, San Francisco, 1994, p.235.

21. Ibid., p.252.

22. T. R. Mader, *The Enemy Within*, Abundant Wildlife Society of North America, 1991, pp.3,11.

23. M. Donnelly, 'Dominion theology and the Wise Use movement', *Wild Oregon*, the journal of the Oregon Natural Resource Council, date unknown.

24. S. O'Donnell, *Report of the Sixth Annual Wise Use Conference*, 15–17 July 1994.

25. S. L. Udall and W. K. Olson, 'Me first!ers', *The Phoenix Gazette*, date unknown.

26. M. Coffman, *Fly-In For Freedom*, Alliance for America, Washington DC, 17–21 September 1994; P. Bradburn, *Fly-In For Freedom*, Alliance for America, Washington DC, 17–21 September 1994.

27. R. Mann, 'Rally draws thousands', *Humboldt Beacon*, 7 June 1990.

28. M. Knox, 'Meet the anti-greens: the 'Wise Use' movement fronts for industry', *The Progressive*, October 1991, p.21.

29. J. R. Luoma, 'Backlash', *The National Times*, January 1993.

30. M. Coffman, *Fly-In For Freedom*, Alliance for America, Washington DC, 17–21 September 1994.

31. W. Kramer, 'The freedom fighters are back battling eco-fanaticism!', *BlueRibbon Magazine*, October 1992.

32. M. M. Hecht, 'Dixy Lee Ray: in memoriam', *21st Century Science and Technology*, Spring 1994, p.28.

33. R. Kazis and R. L. Grossman, *Fear At Work: Job Blackmail, Labor and the Environment*, The Pilgrim Press, 1982, pp.65–6.

34. Ibid.

35. D. Howard, *Fly-In For Freedom*, Alliance for America, Washington DC, 17–21 September 1994.

36. S. O'Donnell, *Report of the Sixth Annual Wise Use Conference*, 15–17 July 1994.

37. D. Helvarg, *The War Against the Greens: The 'Wise-Use' Movement, the New Right, and Anti-Environmental Violence*, Sierra Club Books, San Francisco, 1994, p.161.

38. S. O'Donnell, *Report of the Sixth Annual Wise Use Conference*, 15–17 July 1994.

39. *Western Horizons*, 'Wise Users renounce balance & "middle ground", align themselves with extreme right wing', September 1993, Vol. 1, No. 3, p.8.

40. J. Krakauer, 'Brown fellas', *Outside*, December 1991, p.70.

41. D. Howard, *Fly-In For Freedom*, Alliance for America, Washington DC, 17–21 September 1994.

42. W. P. Pendley, *Fly-In For Freedom*, Alliance for America, Washington DC, 17–21 September 1994.

43. *American Timberman and Trucker*, Yellow Ribbon Coalition, June 1989, p.16.

44. M. Donnelly, 'Dominion theology and the Wise Use movement', *Wild Oregon*, the journal of the Oregon Natural Resource Council, date unknown.

45. M. L. Knox, 'The Wise Use guys', *Buzzworm: The Environmental Journal*, November/December 1990, p.35.

46. *Fly-In For Freedom*, Alliance for America, Washington DC, 17–21 September 1994.

47. K. Long, 'Washington man; his group set goal of ending environmental movement', *Oregonian*, 10 December 1991.

48. K. O'Callaghan, 'Whose agenda for America?' *Audubon*, 1992, p.84.

49. S. O'Donnell, *Report of the sixth Wise Use leadership conference*, Reno, Nevada, 15–17 July 1994.

50. A. Icenogle, 'Rushville man coordinates fight against environmentalists', *Rushville Times*, 1 April 1992.

51. D. King, *Lyndon LaRouche and the New American Fascism*, Doubleday, 1989, p.236.

52. G. Ball, 'Wise Use nuts & bolts, *Mendocino Environmental Center Newsletter*, Summer/Fall 1992, Issue 12, p.19.

53. *The Litigator*, 'MSLF confronts terrorists', Mountain States Legal Foundation, Summer 1990, p.1.

54. M. L. Knox, 'The Wise Use guys', *Buzzworm: The Environmental Journal*, November/December 1990, p.33.

55. *EIR Talks*, 'Interviewer: Mel Klenetsky', 20 April 1994.

56. S. O'Donnell, *Report of the Sixth Annual Wise Use Conference*, 15–17 July 1994.

57. Ibid.

58. *Executive Intelligence Review*, 'Save the planet's humans: lift the ban on DDT', 19 June 1992, Vol.19, No. 25.

59. M. M. Hecht, 'Population control lobby banned DDT to kill more people', *Executive Intelligence Review*, 19 June 1992, Vol.19, No. 25, p.38.

60. Ibid.

61. T. H. Jukes, 'Silent Spring and the betrayal of environmentalism', *21st Century Science and Technology*, Fall 1994, p.54.

62. *21st Century Science and Technology*, 'The world needs nuclear energy', March–April 1989, p.2.

63. R. A. Maduro, 'New evidence shows "ozone depletion" just a scare', *21st Century Science and Technology*, Winter 1990, pp.38–41.

64. R. A. Maduro, 'The greenhouse effect is a fraud', *21st Century Science and Technology*, March–April 1989, p.14.

65. *21st Century Science and Technology*, advert for EIR: 'The "greenhouse effect" is a hoax', Winter 1990, p.7.

66. J. Bleifuss, 'Science in the private interest: hiring flacks to attack the facts', *PR Watch*, 1995, First Quarter, Vol. 2, No. 1, p.11.

67. ABC News, *Nightline Transcript*, 24 February 1994.

68. W. Nixon, 'Environmental overkill', *Earth Action Network*, December 1993, Vol. 4, No. 6, p.54.

69. S. Leiper, 'Trashing environmentalism: the story of Dixy Lee Ray', *Propaganda Review*, Spring 1994, p.11.

70. *The Litigator*, 'U.S. senator and governor join MSLF board', date unknown.

71. W. P. Pendley, *It Takes A Hero: The Grassroots Battle Against Environmental Oppression*, Free Enterprise Press, 1994, pp.95–7.

72. S. Leiper, 'Trashing environmentalism: the story of Dixy Lee Ray', *Propaganda Review*, Spring 1994, p.12.

73. Petr. Beckmann's obituary on the Fort Freedom BBS; B. Lyons, personal communication with author, 20 May 1995.

74. D. L. Ray and L. Guzzo, *Trashing the Planet: How Science Can Help Us Deal With Acid Rain, Depletion of the Ozone, and Nuclear Waste (Among Other Things)*, HarperPerennial, 1992, pp.123, 126.

75. Ukrainian figures announced on the ninth anniversary of the Chernobyl disaster were higher than previous estimates.

76. D. L. Ray and L. Guzzo, *Trashing the Planet: How Science Can Help Us Deal With Acid Rain, Depletion of the Ozone, and Nuclear Waste (Among Other Things)*, HarperPerennial, 1992, pp.xi, 5.

77. Ibid., p.7.

78. S. Leiper, 'Trashing environmentalism: the story of Dixy Lee Ray', *Propaganda Review*, Spring 1994, p.13.

79. D. Helvarg, *The War Against the Greens: The 'Wise-Use' Movement, the New Right, and Anti-Environmental Violence*, Sierra Club Books, San Francisco, 1994, p.228.

80. M. M. Hecht, 'Dixy Lee Ray: in memoriam', *21st Century Science and Technology*, Spring 1994, p.28.

81. G. Taubes, 'The ozone backlash', *Science*, Vol. 260, 11 June 1993, p.1582.

82. J. Margolis, 'Facts-schmacts: the twisting logic of pseudo-science', *Chicago Tribune*, 16 November 1993, p.23.

83. *Global Environmental Change Report*, 'Gore tries to discredit sceptics, but strategy backfires', Cutter Information Corp, 11 March 1994.

84. Quotes taken from *Rational Readings on Environmental Concerns*, (ed.) Jay H. Lehr, Van Nostrand Reinhold, 1992, pp.125, 140, 244, 247, 279, 291, 303, 326, 343, 369, 387, 805, 819, 822, 834.

85. E. C. Krug, 'The great acid rain flimflam', *Rational Readings on Environmental Concerns*, (ed.) Jay H. Lehr, Van Nostrand Reinhold, 1992, p.42.

86. B. Amers and L. Swirsky Gold, 'Environmental pollution and cancer: some misconceptions', *Rational Readings on Environmental Concerns*, (ed.) Jay H. Lehr, Van Nostrand Reinhold, 1992, p.162.

87. N. P. Robinson Sirkin and G. Sirkin, 'Taking the die out of dioxin', *Rational Readings on Environmental Concerns*, (ed.) Jay H. Lehr, Van Nostrand Reinhold, 1992, p.247.

88. E. M. Whelan, 'Deadly Dioxin?', *Rational Readings on Environmental Concerns*, (ed.) Jay H. Lehr, Van Nostrand Reinhold, 1992, p.225.

89. H. W. Ellsaesser, 'The credibility gap between science and the environment', *Rational Readings on Environmental Concerns*, (ed.) Jay H. Lehr, Van Nostrand Reinhold, 1992, p.695.

90. E. C. Krug, 'Just maybe . . . the sky isn't falling', *Rational Readings on Environmental Concerns*, (ed.) Jay H. Lehr, Van Nostrand Reinhold, 1992, pp.355, 356.

91. S. F. Singer, 'Global climate change: facts and fiction', *Rational Readings on Environmental Concerns*, (ed.) Jay H. Lehr, Van Nostrand Reinhold, 1992, p.402.

92. H. W. Ellsaesser, 'The credibility gap between science and the environment', *Rational Readings on Environmental Concerns*, (ed.) Jay H. Lehr, Van Nostrand Reinhold, 1992, p.695.

93. F. Singer, 'Scientific shallows of whale sanctuary idea', *The Washington Times*, 5 May 1994; *PR Newswire*, 'Proposed acid rain controls will cost consumers billions', 23 April 1990; The National Science Foundation, *A Re-Examination of Costs and Benefits of Automobile Emission Control Strategies*, 22 March 1976.

94. F. Singer, 'The latest scare: energy policy by press release', *Eco-Logic*, May 1992, p.6.

95. *PR Newswire*, 'Proposed acid rain controls will cost consumers billions', 23 April 1990.

96. E. Krug, 'Save the planet, sacrifice the people: the Environmental Party's bid for power', *Imprimis*, 1991, Vol. 20, No. 7.

97. Dr E. Krug, 'Greenhouse catapults environmentalists' agenda', *Citizen Outlook*, Committee For A Constructive Tomorrow, July/August 1991, Vol. 6, No. 2.

98. C. Deal, *The Greenpeace Guide to Anti-Environmental Organisations*, Odonian Press, Berkeley, April 1993, p.48.

99. George C. Marshall Institute, *Scientific Perspectives on the Greenhouse Problem*, Washington DC, December 1989.

100. R. J. Samuelson, 'And now the good news about the environment', *WP*, 5 April 1995.

101. R. S. Lindzen, 'The politics of global warming', *Eco-Logic*, May 1992, pp.16–18.

102. *Energy Report*, 'Near-record temperatures for 1994 consistent with warming, officials say', 23 January 1995; B. Ruben, 'Back talk: environmental problems are being misrepresented in the media', *Environmental Action Magazine*, January 1994.

103. H. W. Ellsaesser, 'The great greenhouse debate', *Rational Readings on Environmental Concerns*, (ed.) Jay H. Lehr, Van Nostrand Reinhold, 1992, p.404; S. Idso, 'Carbon dioxide and global change: end of nature or rebirth of the biosphere?', *Rational Readings on Environmental Concerns*, (ed.) Jay H. Lehr, Van Nostrand Reinhold, 1992, p.415.

104. Consumer Alert, *Briefing to be Held on 'Global Warming: Dissecting the Theory'*, 20 April 1990; D. Helvarg, *The War Against the Greens: The 'Wise-Use' Movement, the New Right, and Anti-Environmental Violence*, Sierra Club Books, San Francisco, 1994, p.241.

105. Newswire, *Global Climate Coalition Press Release*, 18 February 1992.

106. ICE internal packet, *Strategies*, p.3.

107. R.L. Lawson, *Memo to 'Coal Producer Members'*, 15 May 1991 (companies pledged support as of 15 May 1991) are AMAX Coal Industries, Anker Energy, ARCO Coal Company, Berwind Natural Resources Corp, Cyprus Coal Company, Drummond Company Inc., Island Creek Coal Company, Jim Walter Resources, Ohio Valley Coal Company, Peabody Holding Company, Pittsburgh and Midway Coal Mining, Pittston Coal Management Company, Stanley Industries, United Company and the Zeigler Coal Holding Company.

108. *Coal & Synthfuels Technology*, 'If there is global warming, it could be good, some scientists say', No. 12, 16 December 1994, pp.6–7 from *Global Warming Network On-line Today*; Competitive Enterprise Institute, *List of CEI Contributors*, no date.

109. ABC News, *Nightline Transcript*, 24 February 1994.

110. *Coal & Synthfuels Technology*, 'If there is global warming, it could be good, some scientists say', No. 12, 16 December 1994, pp.6–7 from *Global Warming Network On-line Today*; B. Ruben, 'Back talk; environmental problems are being misrepresented in the media', *Environmental Action Magazine*, January 1994.

111. ABC News, *Nightline Transcript*, 24 February 1994; C. Deal, *The Greenpeace Guide to Anti-Environmental Organisations*, Odonian Press, 1993, p.89.

112. D. Helvarg, *The War Against the Greens: The 'Wise-Use' Movement, the New Right, and Anti-Environmental Violence*, Sierra Club Books, San Francisco, 1994, p.239.

113. M. Hager, 'Enter the contrarians', *Tomorrow Magazine*, October - December 1993, No. 4, p.11.

114. H. Kurtz, 'Dr Whelan's media operations', *CJR*, March/April 1990, p.44; J. Bleifuss, 'Science in the private interest: hiring flacks to attack the facts', *PR Watch*, 1995, p.11.

115. W. P. Pendley, *It Takes A Hero: The Grassroots Battle Against Environmental Oppression*, Free Enterprise Press, 1994, p.13.

116. M. Megalli and A. Friedman, Pacific Legal Foundations, *Masks of Deception: Corporate Front Groups in America*, Essential Information, December 1991; H. Kurtz, Dr Whelan's media operations', *CJR*, March/April 1990, p.43. Funding comes from Adolph Coors Foundation, ALCOA Foundation, American Cyanamid Company, Amoco Foundation, Ashland Oil Foundation, Burger King Corporation, Carnation Company, Chevron,

Ciba-Geigy, Con Edison, Coca-Cola, Dow Chemical, Du Pont, Exxon, Ford, ICI America, General Electric, General Mills, General Motors, Johnson & Johnson, John M. Olin Foundation, Kellogg Company, Mobil Foundation, Monsanto Fund, NutraSweet Company, Pepsi-Cola, Pfizer Inc, Proctor & Gamble, the Sarah Scaife Foundation, Shell Oil, the Warner-Lambert Foundation and Union Carbide.

117. H.Kurtz, 'Dr Whelan's media operations', *CJR*, March/April 1990, p.45.

118. *Rolling Stone*, 'Hall of shame: who's the foulest of them all?', 3 May 1990.

119. M. Megalli and A. Friedman, Pacific Legal Foundation, *Masks of Deception: Corporate Front Groups in America*, Essential Information, December 1991.

120. H. Kurtz, 'Dr Whelan's media operations', *CJR*, March/April 1990, p.47.

121. J. C. Stauber, 'Burning books before they're printed', *PR Watch*, 1994, First Quarter, Vol. 1, No. 5, pp.3–4.

122. Ibid., p.2.

123. M. Hager, 'Enter the contrarians', *Tomorrow Magazine*, October–December 1993, No. 4, p.13.

124. C. Berlet, interview with author, 4 November 1994.

125. R. H. Limbaugh III, *The Way Things Ought To Be*, Pocket Books, Simon and Schuster, 1992, p.xiii.

126. Ibid., p.155.

127. Ibid., p.156.

128. World Meteorological Organisation, *Scientific Assessment of Ozone Depletion: 1994*, in Montreal Protocol on substances that deplete the ozone layer, UNEP, 1994, p.xxix.

129. R. H. Limbaugh III, *The Way Things Ought To Be*, Pocket Books, Simon and Schuster, 1992, p.162.

130. Ibid., pp.301,161,167.

131. R. H. Limbaugh III, *See, I Told You So*, Pocket Books, Simon and Schuster, 1993, pp.171–2, 177.

132. L. Haimson, M. Oppenheimer and D. Wilcove, *The Way Things Really Are: Debunking Rush Limbaugh on the Environment*, Environmental Defense Fund, 21 December 1994.

133. *EXTRA!*, 'The way things aren't: Rush Limbaugh debates reality', July/August 1994, pp.10–17.

134. D. Helvarg, *The War Against the Greens: The 'Wise-Use' Movement, the New Right, and Anti-Environmental Violence*, Sierra Club Books, San Francisco, 1994, p.284.

135. J. Passacantando and A. Carothers, 'Crisis? What crisis? The ozone backlash', *The Ecologist*, 1995, Vol. 25, No. 1, pp.5–7.

136. G. Taubes, 'The ozone backlash', *Science*, Vol. 260, 11 June 1993, p.1580.

137. ABC News, *Nightline Transcript*, 24 February 1994.

138. D. Helvarg, *The War Against the Greens: The 'Wise-Use' Movement, the New Right, and Anti-Environmental Violence*, Sierra Club Books, San Francisco, 1994, p.288.

139. Ibid., p.290.

140. M. Hager, 'Enter the contrarians', *Tomorrow Magazine*, October–December 1993, No. 4, p.19.

141. J. Mathews, 'The feelgood future', *The Guardian*, 26 July 1995, Society, p.5.

142. R. Braile, 'What the hell are we fighting for?', *Garbage*, Fall 1994, p.28.

143. *Rachel's Environment and Health Weekly*, 'The state of humanity', No. 485, 14 March 1996.

144. A. Eilly Dowd, 'Environmentalists are on the run', *Fortune*, 19 September 1994, p.96.

145. Ibid., p.96.

146. J. Passacantando and A. Carrothers, 'The ozone backlash', *The Ecologist*, 1995, Vol. 25, No.1, p.5; F. Pearce, 'Fiddling while the Earth warms', *New Scientist*, 1995, p.14.

147. B. Bolin, *Report to the Eleventh Session of the Intergovernmental Negotiating Committee for a Framework Convention on Climate Change (INC/FCCC)*, Chair of the Intergovernmental Panel on Climate Change, New York, 6 February 1995.

148. ABC News, *Nightline Transcript*, 24 February 1994.

149. World Meteorological Organisation, *Scientific Assessment of Ozone Depletion: 1994*, in Montreal Protocol on substances that deplete the ozone layer, UNEP, 1994, p.xxv.

150. NASA News, *NASA's UARS Confirms CFCs Caused Antarctic Ozone Hole*, National Aeronautics and Space Administration, Washington, 19 December 1994.

151. R. Evans, 'Ozone destruction at record in September, UN says', *Reuter*, Geneva, 4 October 1994.

152. Department of the Environment, *International Research Shows Large Ozone Reduction Over Arctic*, Environment News Release, 30 March 1995.

153. *Reuter*, 'Antarctic ozone hole gets worse, scientists say', 3 August 1995.

154. *Europe Environment*, 'Sharp thinning of the ozone layer in 1994', 13 June 1995.

155. S. Nebehay, 'Record ozone depletion reported over northern zone', *Reuter*, 12 March 1996.

156. UN, *Strengthening of International Cooperation and Coordination of Efforts to Study, Mitigate and Minimize the Consequences of the Chernobyl Disaster*, Report of the Secretary General, 1995.

157. BNA, 'IPCC Working Group Report documents "Discernable Human Influence" on climate', 4 December 1995.

158. C. Berlet, 'Hunting the "Green Menace"', *The Humanist*, July/August 1991, p.31.

159. Ibid.

160. Ketchum, *Crisis Management Plan for the Clorox Company*, 1991, pp.3,18; Greenpeace, *Clorox Company's Public Relations "Crisis Management Plan" Leaked to Greenpeace*, press release, 10 May 1991.

161. Fake press release claiming to be from Northern Californian Earth First!, although it does not exist.

162. *Arbitration Document between Association of Western Pulp and Paper Workers, and Louisiana-Pacific Corporation Western Division*, 5 September 1991.

163. J. Franklin, 'First they kill your dog', Muckraker, Fall 1992, pp.7–9.

164. R. Shaw, 'Bucking the tide of ecological correctness', *Insight*, 2 May 1994, p.18; *San Francisco Chronicle*, 'Sahara Club targets "eco-freaks"', 14 December 1990; Sahara Club, *Newsletter*, no date, No. 10, pp.2, 4.

165. Sahara Club, *Newsletter Number 24*, 6 July 1994.

166. D. Kuipers, interview with Rick Sieman, Sahara Club, 12 February 1992.

167. Sahara Club, *Newsletter*, No. 7, no date; Sahara Club, *Newsletter*, No. 8, Winter 1991.

168. Sahara Club, *Newsletter*, no date.
169. Ibid.
170. M. Dowie, *Losing Ground: American Environmentalism at the Close of the Twentieth Century*, MIT Press, 1995, p.210.
171. B. Lyons, interview with author, 15 July 1994.
172. J. Bari, *Timber Wars*, Common Courage Press, 1994, p.266.
173. Ibid., pp.264–700.
174. B. Clausen, *Walking on the Edge: How I Infiltrated Earth First*, Washington Contract Loggers Association, 1994.
175. J. Margolis, 'Fringe groups find niches in colourful political spectrum', *Chicago Tribune*, 3 March 1994; B. Clausen, *Ecoterrorism Watch*, November 1994, p.14.
176. J. Todd Foster, 'Fighting ecoterrorism', *Spokesman Review*, 10 April 1994.
177. K. Olsen, 'Activists say Earth First! meeting designed to incite hatred', *Moscow-Pullman Daily News*, 4 April 1994.
178. KUOI News, *Unofficial Transcript of Interview with Barry Clousen*, 11 April 1994.
179. Notes of a meeting where Barry Clausen spoke at Republic High School, 16 March 1995.
180. BCTV News Hour, *Transcript*, 27 April 1995.
181. *The Associated Press*, 'Unabomber – "hit list" link-eyed', 3 August 1995.
182. ABC News, *Evening News*, 3 August 1995.
183. *Earth First Journal*, open letter to ABC, 7 April 1996.
184. P. Terzian and R. Emmett Tyrrell, 'Faulty connections . . . and cliches', *The Washington Times*, 12 April 1996.
185. *EnviroScan*, 'The terror and violence of environmentalists', Public Relations Management Ltd, 1995, Issue No. 145.
186. CDFE, 'Ecoterror Response Network established', *The Private Sector, The Wise Use Men*, Spring 1996, p.2.
187. Sahara Club, *Newsletter*, No. 8, Winter 1991; R. Arnold and A. Gottlieb, *Trashing the Economy: How Runaway Environmentalism is Wrecking America*, Free Enterprise Press, 1993, p.179.
188. S. Allis, N. Burleigh, J. Carney and D. Waller, 'A moment of silence', *Time*, 8 May 1995, p.46.
189. K. Durbin, 'Environmental terrorism in Washington State', *Seattle Weekly*, 11 January 1995.
190. C. Berlet, *Clinic Violence, The Religious Right, Scapegoating, Armed Militias, and the Freemason Conspiracy Theory*, Political Research Associates, 19 January 1995.
191. H. Halpern, 'How hate speech leads readily to violence, *New York Times*, 2 May 1995.
192. Ibid.

第六章 沉默的代价: 监视、压制、反公共参与战略诉讼和暴力

1. J. Franklin, 'First they kill your dog', *Muckraker*, Fall 1992.
2. *San Francisco Examiner*, 'Earth First! renounces tree spiking', 13 April 1990.
3. J. Bari, 'TV mystery: who bought KQED and Steve Talbot?', *SF Weekly*, Vol. X, No. 14, 5 June 1991.
4. E. Diringer, 'Environmental group says it won't spike trees', *SF Chronicle*, 11 April 1990.
5. A. Cockburn, 'Redwood murder plot', *San Francisco Examiner*, 6 June 1990, pp.A-17.
6. Committee for the Death of Earth First, letter to Betty Ball, no date.
7. W. Churchill, 'The FBI targets Judi Bari', *CovertAction Quarterly*, Winter 1993–4, No. 47.
8. R. Johnson, 'Activists bombed, busted', *The Mendocino Country Environmentalist*, 29 May–15 June 1990, p.1.
9. A. Furillo and J. Kay, 'Victim held for questioning on car bombing', *San Francisco Examiner*, 25 May 1990.
10. W. Churchill, 'The FBI targets Judi Bari', *CovertAction Quarterly*, Winter 1993–4, No. 47.
11. Ibid.
12. A. Furillo and J. Kay, 'Victim held for questioning on car bombing', *San Francisco Examiner*, 25 May 1990.
13. M. Geniella, 'Logging protesters claim pattern of violence', *Press Democrat*, 28 March 1990; A. Cockburn, 'Redwood murder plot', *San Francisco Examiner*, 6 June 1990, pp.A–17.
14. J. Bari, 'How to create a climate of violence', *The Press Democrat*, 20 November 1992.
15. D. W. Galitz, Letter to Kevin Eckery, Timber Association of California, 27 April 1990.
16. J. S. Zer, Judi Bari, *High Times*, June 1991, p.14.
17. R. Johnson, 'Activists bombed, busted', *The Mendocino Country Environmentalist*, 29 May–15 June 1990, p.1.
18. J. Bari, 'The bombing story, Part 2: FBI lies', *Earth First!*, 1994, Beltane, Vol. XIV, No. 5, p.14.
19. M. Geniella, 'FBI bomb drills preceded Bari blast', *Press Democrat*, 30 September 1994; S. Simac, 'FBI's nasty war against Earth First revealed', *Coastal Post*, Marin County's News Monthly, Vol. 20, No. 4, 1 April 1995, p.1.
20. W. Churchill, 'The FBI targets Judi Bari', *CovertAction Quarterly*, Winter 1993–4, No. 47; Affidavit for Search Warrant by Sergeant Chenault, Oakland Police Department.
21. M. Sitterud, *Follow-Up Investigation Report*, Oakland Police Department, No. 90–57171.
22. Ibid.
23. W. Churchill, 'The FBI targets Judi Bari', *CovertAction Quarterly*, Winter 1993–4, No. 47.

24. Deposition of Oakland Police Sergeant Sitterud, questioned by Cunningham.
25. W. Churchill, 'The FBI targets Judi Bari', *CovertAction Quarterly*, Winter 1993–4, No. 47.
26. Photographs released by the FBI show that the epicentre of the damage to Bari's car was under her seat and not behind it.
27. FBI Files; M. Taylor, 'Bomb materials linked to victim', *San Francisco Chronicle*, 6 July 1990; J. Bari, 'The bombing story, Part 2: FBI lies', *Earth First!*, 1994, Beltane, Vol. XIV, No. 5, p.15.
28. S. Simac, 'FBI's nasty war against Earth First revealed', *Coastal Post*, Marin County's News Monthly, Vol. 20, No. 4, 1 April 1995, p.1.
29. J. Bari, 'The bombing story, Part 2: FBI lies', *Earth First!*, 1994, Beltane, Vol. XIV, No. 5, p.14.
30. W. Churchill, 'The FBI targets Judi Bari', *CovertAction Quarterly*, Winter 1993–4, No. 47.
31. J. Bari, personal communication with author, March 1996.
32. J. Bari, notes on FBI documents released.
33. FBI documents.
34. Report of the FBI Laboratory, FBI, 14 June 1990; M. Taylor, 'Bomb materials linked to victim', *San Francisco Chronicle*, 6 July 1990.
35. Affidavit for Search Warrant by Sergeant Chenault, Oakland Police Department.
36. J. Bari, 'The bombing story, Part 2: FBI lies', *Earth First!*, 1994, Beltane, Vol. XIV, No. 5, p.15.
37. J.Bari, *Analysis of FBI Files*, no date.
38. FBI documents.
39. W. Churchill, 'The FBI targets Judi Bari', *CovertAction Quarterly*, Winter 1993–4, No. 47.
40. W. Churchill, 'The FBI targets Judi Bari', *CovertAction Quarterly*, Winter 1993–4, No. 47; S. Simac, 'FBI's nasty war against Earth First revealed', *Coastal Post*, Marin County's News Monthly, Vol. 20, No. 4, 1 April, p.12.
41. C. Berlet, 'The hunt for Red Menace', *CovertAction*, 1989, No. 31, p.4.
42. *San Francisco Bay Guardian*, 'Earth First!, terrorism and the FBI', 30 May 1990; W. Churchill, 'The FBI targets Judi Bari', *CovertAction Quarterly*, Winter 1993–4, No. 47; P. Rothberg, COINTELPRO, *Lies of Our Times*, September 1993, p.5; C. Berlet, 'Hunting the "Green Menace"', *The Humanist*, July/August 1991, p.28.
43. J. Ridgeway and B. Clifford, *Village Voice*, 25 July 1989; D. Helvarg, *The War Against the Greens: The 'Wise-Use' Movement, the New Right, and Anti-Environmental Violence*, Sierra Club Books, San Francisco, 1994, pp.392–3.
44. E. Volante, 'FBI tracked Abbey for 20-year span', *Arizona Daily Star*, 25 June 1989.
45. S. Burkholder, 'Red squads on the prowl', *The Progressive*, October 1988, pp.18–22.
46. D. Russell, 'Earth last!', *The Nation*, 17 July 1989.
47. J. Carlisle, 'Bombs, lies and body wires', *CovertAction*, 1991, No. 38, Fall, p.30.
48. Transcript of conversation of undercover agent Fain with other agents, 13 May 1989.
49. *The Animals Agenda*, 'Earth First! founder busted in possible set-up', September 1989.
50. S. Lawrence, 'Explosion', *Associated Press*, Sacramento, 25 April 1995.

51. BCTV News Hour, *Transcript*, 27 April 1995.
52. G. Hamilton, 'Fake bomb found in MacBlo office,' *The Vancouver Sun*, 29 April 1994; Western Canada, Wilderness Committee, Greenpeace Canada, Sierra Club, Friends of Clayoquot Sound, Valhalla Society, Sierra Legal Defense Fund, *Environmentalists Denounce Attempted Bombing of MacMillan Bloedel*, 2 May 1994.
53. FBI, *Document From FBI San Diego to Director FBI / Routine*, June 1990.
54. J. Bari, 'TV mystery: who bought KQED and Steve Talbot?', *SF Weekly*, Vol. X, No. 14, 5 June 1991.
55. Sahara Club, *Newsletter*, No. 8, 1991; Sahara Club, *Newsletter*, No. 5.
56. C. Berlet, 'Hunting the "Green Menace"', *The Humanist*, July/August, 1991, p.29.
57. E. Pell, 'Stop the Greens', *E Magazine*, November/December 1991.
58. J. Franklin, 'First they kill your dog', *Muckraker*, Fall 1992, p.7.
59. J. Franklin, 'Green blood', *San Francisco Bay Guardian*, 20 April 1994, p.21.
60. D. Helvarg, *The War Against the Greens: The 'Wise-Use' Movement, the New Right, and Anti-Environmental Violence*, Sierra Club Books, San Francisco, 1994, p.326.
61. Ibid., pp.324–91.
62. S. O'Donnell, interview with author, 9 November 1994.
63. Ibid.
64. Ibid.
65. Ibid.
66. C. Berlet, interview with author, 4 November 1994.
67. T. Ramos, interview with author, 22 December 1994.
68. P. de Armond, interview with author, 24 November 1994.
69. S. O'Donnell, interview with author, 9 November 1994.
70. S. O'Donnell, *Report of Investigation*, 11 May 1995.
71. T. Ramos, interview with author, 22 December 1994.
72. D. Helvarg, *The War Against the Greens: The 'Wise-Use' Movement, the New Right, and Anti-Environmental Violence*, Sierra Club Books, San Francisco, 1994, p.8.
73. CDFE, *The Reno Declaration of Non-Violence*, 1995.
74. D. Barry, interview with author, 7 November 1994.
75. T. Ramos, interview with author, 22 December 1994.
76. D. Barry, interview with author, 7 November 1994.
77. Ibid.
78. R. Sieman Interview on clean air, clean water, dirty fight, *60 Minutes*, CBS, 20 September 1992.
79. J. Bari, 'How to create a climate of violence', *The Press Democrat*, 20 November 1992.
80. D. Helvarg, *The War Against the Greens: The 'Wise-Use' Movement, the New Right, and Anti-Environmental Violence*, Sierra Club Books, San Francisco, 1994, p.300.
81. C. Berlet, interview with author, 4 November 1994.
82. L. Regenstein, *America the Poisoned: How Deadly Chemicals are Destroying Our Environment, Our Wildlife, Ourselves and — How We can Survive*, Acropolis, 1982, p.28.
83. D. Postrel, 'Will there ever be an end to it?', *Statesman Journal*, 23 March 1983.
84. *Public Eye*, 'How many more? Death At Duck Valley', 1979, Vol. 11, Issues 1 and 2.

85. *Waste Not*, Lynn 'Bear' Hill, 21 March 1991; S. O'Donnell, *Report of Investigation*, Ace Investigations, 24 April 1991.

86. *Waste Not*, Lynn 'Bear' Hill, 21 March 1991; S. O'Donnell, *Report of Investigation*, Ace Investigations, 24 April 1991; D. Russell, 'The mysterious death of Lynn Ray Hill', *In These Times*, Vol. 15, No. 28, 10–23 July 1991.

87. B. Selcaig, 'Inquiry into activist's death continues', *High County News*, 1 November 1993; D. Helvarg, *The War Against the Greens: The 'Wise-Use' Movement, the New Right, and Anti-Environmental Violence*, Sierra Club Books, San Francisco, 1994, p.386.

88. Ibid., pp.388–9.

89. K. Schill, 'Missing: another tribal environmentalist', *High Country News*, 17 October 1994.

90. B. Angel, *Indian Lands Action Update*, 11 August 1994; S. O'Donnell, *Report of Investigation*, 15 April 1995; S. Mydans, 'Tribe smells sludge and bureaucrats', *New York Times*, 20 October 1994, p.A8.

91. B. Angel, *Indian Lands Action Update*, 11 August 1994; S. O'Donnell, *Report of Investigation*, 15 April 1995; S. Mydans, 'Tribe smells sludge and bureaucrats', *New York Times*, 20 October 1994, p.A8.

92. D. Day, *The Eco Wars: A Layman's Guide to the Ecology Movement*, Harrap, 1989, p.213; *Anderson Valley Advertiser*, 'Judi Bari: misery loves company', 22 May 1991.

93. J. Franklin, 'First they kill your dog', *Muckracker*, Fall 1992, p.7.

94. D. Helvarg, *The War Against the Greens: The 'Wise-Use' Movement, the New Right, and Anti-Environmental Violence*, Sierra Club Books, San Francisco, 1994, pp.368–70, 380, 382–4.

95. Ibid., pp.368–70, 380, 382–4.

96. For further details read D. Helvarg, *The War Against the Greens: The 'Wise-Use' Movement, the New Right, and Anti-Environmental Violence*, Sierra Club Books, San Francisco, 1994, pp.195–218, 380–1; J. Franklin, 'Green blood', *San Francisco Bay Guardian*, 20 April 1994, p.21; J. Franklin, 'First they kill your dog', *Muckracker*, Fall 1992, pp.7–9.

97. J. Franklin, 'Green blood', *San Francisco Bay Guardian*, 20 April 1994, p.21; J. Franklin, 'First they kill your dog', *Muckracker*, Fall 1992, pp.7–9; D. Helvarg, *The War Against the Greens: The 'Wise-Use' Movement, the New Right, and Anti-Environmental Violence*, Sierra Club Books, San Francisco, 1994, pp.340–6.

98. S. O'Donnell, *Report of Investigation*, 6 May 1991.

99. J. Franklin, 'Green blood', *San Francisco Bay Guardian*, 20 April 1994, p.21.

100. W. B. Stone, *Statement to the New York Police Department*, 6 October 1990; S. O'Donnell, *Report of Investigation*, 6 May 1991.

101. S. O'Donnell, 'Targeting environmentalists', *CovertAction*, Summer 1992, No. 41, p.42.

102. Ibid.; S. O'Donnell, *Report of Investigation*, 9 April 1992.

103. For more information see S. O'Donnell, 'Targeting environmentalists', *CovertAction*, Summer 1992, No. 41, p.42; D. Helvarg, *The War Against the Greens: The 'Wise-Use' Movement, the New Right, and Anti-Environmental Violence*, Sierra Club Books, San Francisco, 1994, pp.371–6.

104. D. Helvarg, *The War Against the Greens: The 'Wise-Use' Movement, the New Right, and*

Anti-Environmental Violence, Sierra Club Books, San Francisco, 1994, pp.360–4; J. Franklin, 'First they kill your dog', *Muckracker*, Fall 1992, p.6.

105. J. Franklin, 'First they kill your dog', *Muckracker*, Fall, 1992 pp.7–9.

106. S. O'Donnell, *Report of Investigation*, 15 April 1995.

107. C. McCoy, 'Rafts of ire, U.S. Forest Service finds itself bedeviled by Hells Canyon plan', *The Wall Street Journal*, 18 August 1994; D. Helvarg, *The War Against the Greens: The 'Wise-Use' Movement, the New Right, and Anti-Environmental Violence*, Sierra Club Books, San Francisco, 1994, p.359; S. O'Donnell, *Report of Investigation*, 14 October 1995.

108. S. Allen, '"Wise Use" groups move to connter environmentalists', *The Boston Globe*, 20 October 1992.

109. D. Helvarg, *The War Against the Greens: The 'Wise-Use' Movement, the New Right, and Anti-Environmental Violence*, Sierra Club Books, San Francisco, 1994, pp.358–64.

110. S. O'Donnell, *Report of Investigation*, Ace Investigations, 15 April 1995.

111. S. O'Donnell, *Report of Investigation*, 11 May 1995.

112. G. Miller, Letter to Don Young, Chairman of the Committee on Resources, 8 May 1995.

113. D. Junas, 'The rise of the militias', *CovertAction*, Spring 1995, pp.20–21.

114. D. Helvarg, 'The anti-enviro connection', *The Nation*, 22 May 1995, p.722.

115. B. Clark, 'John Birch meets John Wayne', *The StranGer*, 17 May 1995.

116. D. Helvarg, 'The anti-enviro connection', *The Nation*, 22 May 1995, p.724.

117. B. Clark, 'John Birch meets John Wayne', *The StranGer*, 17 May 1995.

118. Fenton Communications, *Militia Linked to 'Property Rights' Movement: Federal Employees Leader Asks for Hearings*, news release, 2 May 1995.

119. G. Miller, Letter to Don Young, Chairman of the Committee on Resources, 8 May 1995; Fenton Communications, *Militia Linked to 'Property Rights' Movement: Federal Employees Leader Asks for Hearings*, news release, 2 May 1995.

120. Ibid.

121. G. Miller, Letter to Don Young, Chairman of the Committee on Resources, 8 May 1995.

122. R. Larson, 'GOP encourages acts of violence, Rep. Miller says', *The Washington Times*, 10 May 1995.

123. M. Janifsky, 'Accounts of violence by paramilitary groups', *The New York Times*, 12 July 1995.

124. *A CLEAR View*, 'Bomb blasts Forest Service Office', CLEAR, Vol. 3, No. 2, 29 January 1996; *A CLEAR View*, Vol. 3, Number 1, January 1996.

125. C. Dodd, 'SLAPP back!', *Buzzworm*, July/August 1992, Vol. 1V, No. 4.

126. G. W. Pring, and P. Canan, '"Strategic Lawsnits Against Public Participation" (SLAPPs): an introduction for Bench, Bar, and bystanders', *Bridgeport Law Review*, September 1992.

127. *CBS Magazines*, 24 September 1991.

128. Ibid.

129. P. Canan, M. Kretzmann, M. Hennessy, and G. Pring, 'Using law ideologically: the conflict between economic and political liberty', *The Journal of Law and Politics*, Spring 1992, Vol. VIII, No. 3, p.540.

130. *CBS Magazines*, 24 September 1991.
131. E. Pell, 'Corporate anti-environmentalism', *E magazine*, 7 November 1991.
132. G. W. Pring and P. Canan, '"Strategic Lawsuits Against Public Participation", (SLAPPs): an introduction for Bench, Bar, and bystanders', *Bridgeport Law Review*, September 1992.
133. T. Ramos, interview with author, 22 December 1994.
134. D. Helvarg, *The War Against the Greens: The 'Wise-Use' Movement, the New Right, and Anti-Environmental Violence*, Sierra Club Books, San Francisco, 1994, p.305.
135. *Technology Review*, 'Uncivil suits', Massachusetts Institute of Technology Alumni Association, April 1991, Vol. 94, p.14.
136. Ibid.
137. J. Bari, 'The Palco papers', *Anderson Valley Advertiser*, 27 March 1991.
138. D. Helvarg, *The War Against the Greens: The 'Wise-Use' Movement, the New Right, and Anti-Environmental Violence*, Sierra Club Books, San Francisco, 1994, p.305.
139. *CBS Magazines*, 24 September 1991.
140. E. Pell, 'Corporate anti-environmentalism', *E magazine*, 7 November 1991.
141. *Waste Not*, 'Ogden Martin threatens to sue the doctors of Orilla, Ontario, Canada. The doctors produced a report which led to the rejection of a $500 Million, 3,000 TPD solid waste incinerator', 13 September 1990.
142. *The Vancouver Sun*, 'MacBlo drops lawsuit SLAPP at Island opposition', 12 April 1993, p.D3.

第七章 砍伐还是非清除式砍伐：一个有关树木、真理和叛国的问题

1. P. Moore, B.C. Forest Alliance TV Ad, 1994, 12 September 1994.
2. *The Vancouver Sun*, 'Foresters "must fight ecologists"', 23 February 1980.
3. R. Arnold, *The Politics of Environmentalism*, Ontario Agricultural Conference, 8 January 1981.
4. T. McKegney, *'Only A Movement Can Combat A Movement', Environmental Campaigners Say*, Report of the Atlantic Vegetation Management Association 'Education Seminar' quoting Ron Arnold, Natural Resources – Forest Extension Service, 25 October 1984; L. LaRouche, 'The tragic state of USA counterintelligence', *EIR News Service*, Boston, 4 December 1987.
5. T. McKegney, *'Only A Movement Can Combat A Movement', Environmental Campaigners Say*, Report of the Atlantic Vegetation Management Association 'Education Seminar' quoting Ron Arnold, Natural Resources – Forest Extension Service, 25 October 1984.
6. R. Arnold, *The Environmental Movement and Industrial Responses*, Proceedings of Public Affairs and Forest Management: Pesticides in Forestry, Toronto, Ontario, 25–27 March 1985.
7. CBC Radio, 6 October 1986.

8. R. Arnold, 'Loggerheads over landuse', *Logging and Sawmilling Journal*, April 1988, reprinting paper that was presented to the Ontario Forest Industries Association in Toronto in February.

9. H. Goldenthal, 'Polarizing the public debate to subvert ecology activism', *Now Magazine*, 13–19 July 1989.

10. C. Emery, *Share Groups In British Colombia*, Library of Parliament Research Division, 10 December 1991; J. Danylchuk, '2 public servants run groups to battle environmentalists', *The Edmonton Journal*, 26 June 1989; *The Northern Miner*, 27 February 1989.

11. H. Goldenthal, 'Polarizing the public debate to subvert ecology activism', *Now Magazine*, 13–19 July 1989.

12. M. Hume, 'Battle of the forests: environmentalists tarred by a campaign of hate', *The Voncouver Sun*, 7 March 1990, p.A9

13. Ibid.

14. *British Colombia Environmental Information Institute*, Briefs, no date.

15. N. Parton, 'Canfor boss floating plan to counter "anti-everything"', *The Vancouver Sun*, 11 August 1989.

16. NorthCare, promotional leaflet, no date.

17. NorthCare, *Sharing our Resources . . . for Enjoyment and Employment*, no date; Municipality Membership list, June 1992.

18. K-A. Mullin, 'Northcare wants more women involved in group', *Northern Life*, 1 March 1989.

19. *The Evening Patriot*, 'Environmentalists in factional fight', 11 June 1991, p.22.

20. C. Emery, *Share Groups In British Colombia*, Library of Parliament Research Division, 10 December 1991, pp.1, 5.

21. Ibid., p.7

22. J. Nelson, 'Pulp and propaganda', *Canadian Forum*, July/August 1994, pp.15–19.

23. S. Hume, 'Anti-clearcut logger says he represents the silent majority', *The Vancouver Sun*, 16 August 1993.

24. M. Clayton and M. Trumbull, 'Canadians clash over future of forests', *The Christian Science Monitor*, 16 September 1993, p.7.

25. I. Gill, 'Moresby Park costs kept under wraps', *The Vancouver Sun*, 7 July 1987, p.A1.

26. Valhalla Society, personal communication with author, 15 December 1995; *Red Neck News*, Vol. 10, 12 July 1982; *Red Neck News*, Vol. 58, 11 June 1983; *Red Neck News* Vol. 7, 7 August 1985; letter to Colleen McCrory, 12 June 1985.

27. P. Armstrong, 'The Beban factor', *Logging and Sawmill Journal*, March 1988, pp.24–5.

28. K. Baldrey and G. Bohn, 'B.C. imposes moratorium on S. Moresby logging', *The Vancouver Sun*, 20 March 1987, p.D5.

29. K. Watt, 'Woodsman spare that tree!', *Report on Business Magazine*, March 1990, p.51.

30. M. Mason, *The Politics of Wilderness Preservation: Environmental Activism and Natural Areas Policy in British Columbia, Canada*, PhD Dissertation, Cambridge, 1992, p.182.

31. Forests Forever Advert, 10 September 1987.

32. M. Mason, *The Politics of Wilderness Preservation: Environmental Activism and Natural Areas*

Policy in British Columbia, Canada, PhD Dissertation, Cambridge, 1992, p.182.

33. Ibid., p.188.

34. B. Parfitt, 'Both sides dig in as verbal war intensifies in Stein', *The Vancouver Sun*, 19 May 1988, p.F1.

35. Ibid.

36. Ibid.

37. K. Goldberg, 'Share's right-wing links', *The Tribune*, 6 July 1992.

38. G. Bohn, 'Parliamentary study rekindles forests fight', *The Vancouver Sun*, 3 March 1992, p.B5.

39. North Island Citizens for Shared Resources, *Unions, Workers and Businesses Economic Defense Strategy*, 21 January 1991; M. Morton, *A History of Share: the Clayoquot Society*, October 1990; *Pennywise*, Kootenay West Share Society, 20 March 1991; L. Forman, 'Understanding the Share groups', *Forest Planning Canada*, Vol. 5, No. 1, January/February 1989, p.5; *Ad hoc* leaflets from Share Our Resources and Share our Forests and other share organisations.

40. A.M Gottlieb (ed.), *The Wise Use Agenda: The Citizen's Policy Guide to Environmental Resource Issues – A Task Force to the Bush Administration by the Wise Use Movement*, The Free Enterprise Press, 1989, pp.157–66.

41. M. Hume, 'Resource-use conference had links to Moonie Cult', *The Vancouver Sun*, 8 July 1989, p.A6.

42. C. Emery, *Share Groups In British Colombia*, Library of Parliament Research Division, 10 December 1991, Executive Summary.

43. Ibid., p.9

44. G. Bohn, 'Parliamentary study rekindles forests fight: "Share" camp counters claim its roots feed from U.S. movement', *The Vancouver Sun*, 3 March 1992; M. Morton, Letter to Carl Deal, 18 September 1992.

45. W. P. Pendley, *It Takes A Hero: The Grassroots Battle Against Environmental Oppression*, A Project of the Mountain States Legal Foundation, Free Enterprise Press, Bellevue, Washington, 1994, p.276.

46. *MABC Newsletter*, Share BC – Community Stability and Land Use in the 90's Conference and Workshop, November 1989, p.19.

47. G. Bohn, 'Parliamentary study rekindles forests fight', *The Vancouver Sun*, 3 March 1992, p.B5.

48. *Our Land*, List of Board Of Directors of Our Land Society, Vol. 1, No. 1, February 1989, p.5; W. Wilbur, 'Old-growth forests: the last stand', *The Nation*, Vol. 251, No. 2, 9 July 1990, p.37.

49. D. Harris, 'Wise use environmentalism', *Our Land*, Vol. 1, No. 1, February 1989.

50. Canadian Women in Timber, *Document Submitted to the Provincial Forest Resources Commission*, 16 March 1990; Canadian Women in Timber, *AGM*, 9 January 1990.

51. M. Mason, *The Politics of Wilderness Preservation: Environmental Activism and Natural Areas Policy in British Columbia, Canada*, PhD Dissertation, Cambridge, 1992, p.189.

52. G. Bohn, 'Parliamentary study rekindles forests fight: "Share" camp counters claim its roots feed from U.S. movement', *The Vancouver Sun*, 3 March 1992.

53. W. Sheridan, *The Origins and Objectives of Share Groups in British Colombia*, Library of Parliament, 10 July 1991, pp.1,5.

54. G. Bohn, 'Parliamentary study rekindles forests fight: "Share" camp counters claim its roots feed from U.S. movement', *The Vancouver Sun*, 3 March 1992.

55. *Business Information Wire*, 'ATTN: Environment Canada', 3 March 1992; *The Vancouver Sun*, 'Mohawk's move makes environmental waves', 11 January 1993, p.B3.

56. *Alberni Valley Times*, 'Share our resources disappointed by the apathy', 21 October 1992.

57. B. Parfitt, 'Fletcher challenge to abandon unmarked mailings, officials says', *The Vancouver Sun*, 26 October 1989.

58. *British Columbia Environmental Report*, Conference Reports, December 1992, p.19.

59. A. Edmondson, 'Militant group in US using wrong tactics says speaker', *Daily Townsman*, 13 February 1990.

60. *The B.C. Environmental Report*, Montana Forest Industry Advocate Tours B.C., Vol. 4, No. 2, May 1993, p.42.

61. *Western Horizons*, 'Around the West (and the world)', September 1993, p.13.

62. H. Goldenthal, 'Polarizing the public debate to subvert ecology activism', *Now Magazine*, 13–19 July 1989.

63. D. Wilson, 'Tension rises in timber county, *Globe and Mail*, 12 November 1990, p.A1.

64. K. Goldberg, 'Share's right-wing links', *The Tribune*, 6 July 1992, p.1.

65. C. Emery, *Share Groups In British Colombia*, Library of Parliament Research Division, 10 December 1991, pp.40,41.

66. H. Williams, *The Unfinished Agenda*, speech to Vancouver's Rotary Club, 2 August 1988.

67. P. Wilson, 'Losing ground', *The Truck Logger*, December/January 1988, p.25; R. Brunet, 'Changing the political landscape', *The Truck Logger*, December/January 1989/1990, Vol. 13, No. 1, p.20.

68. J. Van Allen, 'Loggers' rally', *The Essence*, 11 July 1989, p.7.

69. K. Williams, Letter to supplier, MacMillan Bloedel, 31 August 1989.

70. J. Mitchell, 'No deals', *Report on Business Magazine*, October 1989, pp.72, 77.

71. T. Corcoran, 'Noranda chief takes aim at so-called "Environmental Terrorists"', *Globe and Mail*, 22 November 1989, p.B2.

72. *The Vancouver Sun*, 'Premier, Parker at odds over environment, NDP says', 15 August 1989, p.A1.

73. Ibid.

74. *British Colombia Report*, 'Take the blame, Share the pain', November 1990, p.35.

75. B. Devitt, Letter to suppliers, Canadian Pacific Forest Products Limited, 18 April 1990.

76. T. Buell, Letter to employees, Weldwood of Canada Limited, 10 April 1991.

77. J. Lindsay, 'Boycotts are terrorism', *The Vancouver Sun*, 13 April 1991.

78. F. Shalom, 'Logging is a fact of life: "Moderate Environmentalist"', *The Gazette*, 27 March 1991.

79. A. Gibbon, 'Quebec project delays linked to "Eco-fascists"', *The Globe and Mail*, 4 September 1991.

80. S. Hume, 'Losers main share groups message', *The Vancouver Sun*, 25 November, 1992, p.A19.

81. Ibid.

82. S. Hume, 'We have met the enviro-terrorists, and they are us', *The Vancouver Snn*, 22 April 1991; S. Hume, 'Just what is MacMillan Bloedel up to?' *The Vancouver Sun*, 2 February 1990; S. Hume, 'Rage and resentment over our disputed forests', *The Vancouver Sun*, 17 August 1990.

83. K. Goldberg, 'More wise use abuse; logging industry in British Columbia and environmentalists', *Canadian Dimension*, May 1994, Vol. 28, p.27.

84. T. Stark, interview with author, 6 June 1995.

85. B. Parfitt, 'Supporters of timber boycott guilty of treason Munro says', *The Vancouver Sun*, 11 April 1991.

86. Ibid.; D. Suzuki, 'It's time for Jack Munro and Frank Oberle to chill out', *The Vancouver Sun*, 18 May 1991, p.B6.

87. A. Fletcher, 'PR link for forest firms and unions', *The Financial Post*, 11 April 1991; B. Parfitt, 'PR giants, President's men, and B.C. trees', *The Georgia Strait*, 21—28 February 1992.

88. B. Parfitt, 'PR giant in forestry drive linked to world's hotspots', *The Vancouver Sun*, 8 July 1991.

89. S. Hume, 'Forest "code" is an exercise in hypocrisy', *The Vancouver Sun*, 18 March 1992.

90. K. Goldberg, 'For the record', *Nanaimo Times*, 12 January 1993, p.A9.

91. B. Parfitt, 'PR giants, President's men, and B.C. trees', *The Georgia Strait*, 21—28 February 1992.

92. *PR Newswire*, 'Eleven join Alliance advisory board', Vancouver, 10 May 1991.

93. T. Stark, interview with author, 6 June 1995.

94. B.C. Forest Alliance, *Forests For All*, no date.

95. B. Parfitt, 'PR giant in forestry drive linked to world's hotspots', *The Vancouver Sun*, 8 July 1991.

96. J. Nelson, 'Pulp and propaganda', *Canadian Forum*, July/August 1994, p.16.

97. Canadia Newswire, *Alliance Opposes One-sided Information*, 23 December 1991; B.C. Forest Alliance, *Forests For All*, no date.

98. B. Parfitt, 'PR giants, President's men, and B.C. trees', *The Georgia Strait*, 21–28 February 1992.

99. *The Province*, 'Forest firms barking up wrong tree', 3 October 1990.

100. P. Marquis, *Canadian Resource Industries and Non-Governmental Organisations*, Political and Social Affairs Division, Library of Parliament, 5 January 1993, pp.10—11.

101. J. Schreiner, 'Giving forestry a good name', *The Financial Post*, 11 February 1992.

102. B. Parfitt, 'PR giants, President's men, and B.C. trees', *The Georgia Strait*, 21—28 February 1992; P. Marquis, *Canadian Resource Industries and Non-Governmental Organisations*, Political and Social Affairs Division, Library of Parliament, 5 January 1993, p.13.

103. K. Goldberg, 'All the news that's fun', *British Columbia Environmental Report*, March 1993, p.4.

104. Ibid.

105. Canada Newswire, *B.C. Forest Alliance Announces Economic Impact Study*, 22 April 1991.

106. The Forest Alliance of B.C., *The Forest and the People*, October 1991, Vol. 1, No. 3, p.1.

107. S. Hume, 'Forest "code" is an exercise in hypocrisy', *The Vancouver Sun*, 18 March 1992.

108. P. Marquis, *Canadian Resource Industries and Non-Governmental Organisations*, Political and Social Affairs Division, Library of Parliament, 5 January 1993, pp.10–11.

109. L. Manchester, *Letter to Jack Munro, Re: Forest Alliance Application to BC Environmental Network*, British Columbia Environmental Network, 14 December 1992.

110. T. Stark, interview with author, 6 June 1995.

111. K. Mahon, *Clayoquot Sound*, Greenpeace Canada, July 1993.

112. S. Bell, 'Loggers, supporters confront protesters', *The Vancouver Sun*, 16 August 1993.

113. K. Mahon, *Clayoquot Sound*, Greenpeace Canada, July 1993.

114. M. Clayton and M. Trumbull, 'Canadians clash over future of forests', *The Christian Science Monitor*, 16 September 1993, p.7.

115. S. Hume, 'Saws the real buzz in industry message', *The Vancouver Sun*, 27 January 1993.

116. *Reuter*, 'Canadian MP goes to jail for logging protest', Vancouver, 26 July 1994.

117. M. Clayton and M. Trumbull, 'Canadians clash over future of forests', *The Christian Science Monitor*, 16 September 1993, p.7.

118. E. Lazarus, '"Good-hearted" environmentalist persecuted by Crown, painter says', *The Vancouver Sun*, 20 June 1994.

119. *The Vancouver Sun*, 'Scientific panel given extension', 5 August 1994.

120. P. Kriten Rouwer, 'Canada's forests in dire danger, crusader warns', *Calgary Herald*, 3 May 1992.

121. J. Fulton, Letter to Jack Munro, 8 February 1991.

122. The Forest Alliance of B.C., 'B.C. is NOT the Brazil of the North – Munro', *The Forest and the People*, November/December 1993, p.1; P. Luke, 'B.C.'s no Brazil: comparisons of forestry methods faulty: Munro', *Vancouver Province*, 2 November 1993; G. Hamilton, 'Jack's back and loaded for bear: trip to Brazil has Alliance chair condemning enviroumental tag', *The Vancouver Sun*, 2 November 1993; P. Luke, 'Mission is "Silly": B.C. Alliance is rapped on Brazil forest visit', *Vancouver Province*, 5 October 1993, p.A38.

123. S. Ward, *Canadian Press Newswire*, 6 November 1992.

124. P. Luke, 'Ex-Greenpeacer sold out, say foes', *The Province*, 8 January 1993.

125. T. Stark, interview with author, 6 June 1995.

126. *PR Newswire*, '"Eco-Judas" to address Forestry Association Annual Meeting, Portland', 18 February 1994; Dr P. Moore, *Speech to the Canadian Pulp and Paper Association*, Wood Pulp Section Open Forum, Montreal, Quebec, 27 January 1993.

127. R. Arnold, *At the Eye of the Storm: James Watt and the Environmentalists*, Regnery Gateway, Chicago, 1982, pp.27,35–8.

128. P. Moore, 'As the world turns', *The Vancouver Sun*, 5 February 1994.

129. *Timber Trades Journal*, 'Turning from extremes', 26 February 1994.

130. J. Fulton, 'Unveiling the real zero-tolerance extremist', *The Vancouver Sun*, 11 February 1994.

131. The Forest Alliance of B.C., 'Alliance welcomes new directors', *The Forest and the People*, August 1994, p.3.

132. *BC Report*, Save Our Jobs Committee, 18 April 1994; K. Fraser and S. Hamilton, '"Hitler" slurs worry Sihota', *Vancouver Province*, 8 April 1994, p.A26; *The Vancouver Sun*, 'Then again, some don't: Arcand of the IWA explains how to break the back of CORE', 8 April 1994; S. Hamilton and K. Fraser, 'Greens, officials are enemy, loggers told', *Vancouver Province*, 7 April 1994, p.A7.

133. *The Vancouver Sun*, 'Frustration fuels Arcand's words', 9 April 1994, p.A22.

134. Canadian Broadcasting Corporation, *The Fifth Estate*, 12 October 1993.

135. B. Kieran, 'Friends of the Clayoquot want it all', *The Province*, 6 July 1993; B. Kieran, 'Harcourt can breathe easier', *The Province*, 12 December 1993; B. Kieran, 'Enviro-loonies damage cause', *The Province*, 19 March 1993.

136. G. Hamilton, 'Harcourt beaten to promotions punch by paper', *The Vancouver Sun*, 3 February 1993, p.D2.

137. *Reuter*, 'Canada launches war of words with Greenpeace', Vancouver, 23 March 1994.

138. K. MacQueen, 'Forest industry strives to polish its image: environmental crusaders have struck fear into nation's largest employer', *The Ottawa Citizen*, 11 August 1991, p.E6.

139. J. Nelson, 'Pulp and propaganda', *Canadian Forum*, July/August 1994, pp.15–19.

140. Ibid.

141. *Canadian Press Newswire*, 'Environmental groups, say they are shocked by the Provincial Government's plans to give funding to the forest industry's lobby group', 1 May 1994.

142. V. Husband, Letter to Andrew Petter the Minister of Forests, The Sierra Club of Western Canada, 2 May 1994.

143. The Forest Alliance of B.C., 'The Forest Alliance welcomes new senior advisor, and television and newspaper ads: huge success', *The Forest and the People*, May/June 1994, p.1.

144. V. Husband, Letter to Andrew Petter the Minister of Forests, The Sierra Club of Western Canada, 2 May 1994.

145. The Forest Alliance of B.C., 'The Forest Alliance welcomes new senior advisor, and television and newspaper ads: huge success', *The Forest and the People*, May/June 1994, p.1.

146. MacMillan Bloedel, 'The Clayoquot compromise: when Greenpeace threatens our customers it's time to take a stand', *The Vancouver Sun*, 7 March 1994.

147. MacMillan Bloedel, 'The Clayoquot compromise', *The Vancouver Sun*, 19 March 1994.

148. J. Hunter, 'It's blackmail, Harcourt charges', *The Vancouver Sun*, 18 March 1994, p.D1.

149. M. Drohan, 'B.C. forest group meets its match: environmentalists' victory clear-cut at U.K. meeting on logging practices', *Globe and Mail*, 30 March 1994; S. Ward,

'Munro raises alarm over European wood market', *Victoria Times Colonist*, 30 March 1994; *Reuter*, 'German group said to move against MacBlo', Vancouver, 25 July 1994.

150. D. Hauka, 'War of woods takes to the airwaves', *Vancouver Province*, April 1994.

151. G. Bohn, 'Tale of forestry-ad rejection doesn't add up, *Times* says', *The Vancouver Sun*, 8 April 1994

152. *Reuter*, 'Canadian loggers stage mass protest', Vancouver, 21 March 1994; *Vancouver Province*, 'Hands off jobs; you'll pay', 21 March 1994.

153. K. Goldberg, 'More Wise Use abuse: logging industry in British Columbia and environmentalists', *Canadian Dimension*, May 1994, Vol. 28, p.27.

154. *Vancouver Province*, 'NDP to unveil Island plan', 20 June 1994.

155. *Vancouver Province*, 'Hands off jobs; you'll pay', 21 March 1994.

156. T. Stark, interview with author, 6 June 1995.

157. S. Hume, 'Facts and factoids in the public relations war over B.C.'s forests', *The Vancouver Sun*, 10 August 1994.

158. *The Vancouver Sun*, 'Petter peddles new logging rules in Europe', 29 September 1994.

159. *Canadian Newswire*, 'McCrory tells Europe "Brazil of the North" still applies to Canadian forest practices', 24 March 1995; WCWC, *Canada's Clearcutting Undermines Efforts to Slow Global Warming: Climate Change Implications Warrant Ban on Clearcut Logging*, 24 March 1995.

160. G. Hamilton, 'Forest Alliance directors hit choppy waters over Hollywood campaign', *The Vancouver Sun*, 7 April 1995.

161. P. Luke, 'Stone's new role: director shoots down clear-cut', *Province*, 24 March 1995.

162. T. Berman, Personal communication, 19 April 1995.

163. J. Nelson, 'Pulp and propaganda', *Canadian Forum*, July/August 1994, p.16.

164. P. Moore, B.C. Forest Alliance TV Ad, 12 September 1994.

165. J-P. Jeanrenaud and N. Dudley, Letter to Patrick Anderson, 15 September 1994.

166. C. Osterman, 'Environmentalists' hopes rise for Canada rainforest', *Reuter*, Vancouver, 29 May 1995; D. Thomas, 'Forest firms told to rethink Clayoquot logging practices', *The Financial Post* 30 May 1995; Greenpeace Canada, 'Greenpeace applauds as scientists recommend the end to clearcutting in Clayoquot', 29 May 1995; T. Berman, Personal communication regarding Clayoquot Science Panel, 29 May 1995.

167. B. Simon and A. Maitland-Montreal, 'Publishers to join fight against "Paper" protesters', *The Financial Times*, 31 January 1995; *Canadian Press Newswire*, 'NYT reviews MacBlo contract', 7 June 1995; *Reuter*, 'MacMillan loses NY Times contract-Greenpeace', 10 November 1995.

168. Ministry of Forests and Ministry of Environment, Lands and Parks, *Government Adopts Clayoquot Scientific Report Moves to Implementation*, press release, 6 July 1995.

169. J. Zarocostas, '"Green" group slams Canadian guidelines on forest products', *Knight-Ridder*, 26 May 1995.

170. *Arborvitae*, 'Canadian-Australian environmental certification proposal dropped', The IUCN/WWF Forest Conservation Newsletter, September 1995, p.13.

171. *Reuter*, 'Environmentalists urge end to Clayoquot logging', Vancouver, 8 November 1995.
172. B. Yaffe, 'Why clearcuts are not just topographical nightmares', *The Vancouver Sun*, 13 June 1995.

第八章　为中美洲和拉丁美洲的森林而战

1. T. Gross (ed.) *Fight for the Forest: Chico Mendes in his Own Words*, Latin American Bureau, 1989, p.6.
2. A. Revkin, *The Burning Season: The Murder of Chico Mendes and The Fight for the Amazon Rain Forest*, Collins, 1990, p.178; S. Hecht and A. Cockburn, *The Fate of the Forest: Developers, Destroyers and Defenders of the Amazon*, Penguin, 1990, p.196; G. Monbiot, 'Dispossessed without trace', *Index on Censorship*, 1992, Issue 5, p.9; Human Rights Watch and Natural Resources Defense Council, *Defending the Earth: Abuses of Human Rights and the Environment*, 1992, pp.3–4; S. Branford and O. Glock, *The Last Frontier, Fighting Over Land in the Amazon*, Zed Books, 1985, p.29.
The texts mentioned above are excellent sources of information on the land struggle in the Amazon.
3. A. Revkin, *The Burning Season: The Murder of Chico Mendes and The Fight for the Amazon Rain Forest*, Collins, 1990, p.104.
4. Ibid., pp. 104, 105, 110.
5. M. Colchester, *Salvaging Nature: Indigenous Peoples, Protected Areas and Biodiversity Conservation*, United Nations Research Institute for Social Development, World Rainforest Movement, and the World Wide Fund for Nature, September 1994, p.12.
6. A. Revkin, *The Burning Season: The Murder of Chico Mendes and The Fight for the Amazon Rain Forest*, Collins, 1990, p.273.
7. Ibid., p.154.
8. Ibid., pp.172, 210.
9. Ibid., pp.7, 14, 291.
10. S. Hecht and A. Cockburn, *The Fate of the Forest: Developers, Destroyers and Defenders of the Amazon*, Penguin, 1990, p.193.
11. A. Revkin, *The Burning Season: The Murder of Chico Mendes and The Fight for the Amazon Rain Forest*, Collins, 1990, pp.137, 206, 224.
12. Ibid., p.180.
13. Ibid., p.181.
14. T. Gross (ed.), *Fight for the Forest: Chica Mendes in his Own Words*, Latin American Bureau, 1989, p.66.
15. S. Hecht and A. Cockburn, *The Fate of the Forest: Developers, Destroyers and Defenders of the Amazon*, Penguin, 1990, pp.193, 215–16.
16. G. Monbiot, interview with author, 18 November 1994.

17. A. Revkin, *The Burning Season: The Murder of Chico Mendes and The Fight for the Amazon Rain Forest*, Collins, 1990, pp.212–14, 227.

18. Ibid., p.202.

19. T. Gross (ed.), *Fight for the Forest: Chico Mendes in his Own Words*, Latin American Bureau, 1989, p.33.

20. Ibid., p.33; A. Revkin, *The Burning Season: The Murder of Chico Mendes and The Fight for the Amazon Rain Forest*, Collins, 1990, pp.243–8.

21. T. Gross (ed.), *Fight for the Forest: Chico Mendes in his Own Words*, Latin American Bureau, 1989, p.6.

22. Human Rights Watch and Natural Resources Defense Council, *Defending the Earth: Abuses of Human Rights and the Environment*, 1992, p.2; America's Watch, *On Trial In Brazil: Rural Violence and the Murder of Chico Mendes*, Washington, 9 December 1990.

23. *Reuter*, 'Brazil urges hunt for killers of forest activist', Rio De Janeiro, 4 July 1995.

24. T. Gross (ed.), *Fight for the Forest: Chico Mendes in his Own Words*, Latin American Bureau, 1989, p.66; A. Revkin, *The Burning Season: The Murder of Chico Mendes and The Fight for the Amazon Rain Forest*, Collins, 1990, p.286; America's Watch, *On Trial In Brazil: Rural Violence and the Murder of Chico Mendes*, Washington, 9 December 1990, p.7; *Index on Censorship*, Brazil, 1991, Issue 2, p.35; *Index on Censorship*, Brazil, 1990, Issue 8, p.34.

25. M. Adriance, *Promised Land: Base Christian Communities and the Struggle for the Amazon*, State University of New York Press, 1995.

26. D. Fass, *Human Rights Abuses Against People Involved in Environmental Issues*, presented to A Healthy Environment is a Human Right Conference, Montreal, 26–28 October 1995; Amnesty International, Brazil: *Manoel Pereira da Silva*, Urgent Action, UA 449/90, 7 November 1990.

27. *Index on Censorship*, Brazil, 1991, Issue 4 and 5, p.52; *Index on Censorship*, Brazil, 1991, Issue 6, p.36.

28. Human Rights Watch and Natural Resources Defense Council, *Defending the Earth: Abuses of Human Rights and the Environment*, 1992, p.7.

29. A. Revkin, *The Burning Season: The Murder of Chico Mendes and The Fight for the Amazon Rain Forest*, Collins, 1990, p.292.

30. M. Adriance, *Promised Land: Base Christian Communities and the Struggle for the Amazon*, State University of New York Press, 1995.

31. Amnesty International, *Brazil: Possible Extrajudicial Execution/Fear of Extrajudicial Execution: Valdinar Pereira Barros, Trade Unionist, Francisco Geronimo da Silva 'Dequinha, Trade Unionist*, UA 389/92, 9 December 1992.

32. *Rio Maria Bulletin*, 'Death threats against Father Ricardo Rezende: letters urgently needed!', Vol. 1V, No. 2, September 1994.

33. H. Paul, Personal communication, 13 October 1995.

34. *Index on Censorship*, Brazil, 1989, Issue 5, p.37.

35. *Friends of the Earth*, Please will you stop paying to have my people murdered? advert in *The Guardian*, 27 May 1995, p.11.

36. P. Grunter, 'Stars pay tribute to a peasant crusader', *The Evening Standard*, 13 June 1995, p.20.

37. Greenpeace International, *Greenpeace Condemns Shooting of Environmentalist*, Amsterdam, 30 April 1993; Greenpeace Brazil, Personal communication, 17 May 1993.

38. Greenpeace International, *Another Brazilian Environmentalist Murdered*, 5 May 1993.

39. Para Society in Defense of Human Rights, *President of a Rural Workers Union is Murdered in Para*, May 1995.

40. M. Adriance, *Promised Land: Base Christian Communities and the Struggle for the Amazon*, State University of New York Press, 1995.

41. Unless otherwise stated the text and quotes are taken from an interview with Judy Kimerling, 21 June 1995.

42. J. Kimerling, *Amazon Crude*, produced with the Natural Resources Defense Council, Washington, 1991, pp.39-40

43. A. Illianes, *Ecological Debate on the Problems Caused by the Oil Industry*, Amazon for Life Campaign Report, 1993, Quito.

44. C. Grylls, *Environmental Hooliganism in Ecuador*, Framtiden I Vare Hender, Norway, 1992, p.53.

45. *Lloyds List*, Texaco, 9 June 1992, p.2.

46. J. Kimerling, *Amazon Crude*, produced with the Natural Resources Defense Council, Washington, 1991, p.103.

47. Ibid., pp.31, 34; K. Gold and E. Bravo, *The Value of Tropical Forests of the Amazon*, in *Ecological Debate on the Problems Caused by the Oil Industry*, Amazon for Life Campaign Report, 1993, Quito.

48. C. Grylls, *Environmental Hooliganism in Ecuador*, Framtiden I Vare Hender, Norway, 1992, p.6.

49. J. Kimerling, *Amazon Crude*, produced with the Natural Resources Defense Council, Washington, 1991, p.43; *Mother Jones*, Crude, March/April 1992, p.41.

50. J. Kimerling, *Amazon Crude*, produced with the Natural Resources Defense Council, Washington, 1991, pp.48, 63, 65, 69; J. Kimerling, *Texaco: Its Past and Its Responsibilities*, in *Ecological Debate on the Problems Caused by the Oil Industry*, Amazon for Life Campaign Report, 1993, Quito.

51. J. Kimerling, *Amazon Crude*, produced with Natural Resources Defense Council, Washington, 1991, pp.63, 69; C. Mackerron, *Business in the Rainforests: Corporations, Deforestation and Sustainability*, Investor Responsibility Research Center, Washington, 1993, p.101.

52. C. Mackerron, *Business in the Rainforests: Corporations, Deforestation and Sustainability*, Investor Responsibility Research Center, Washington, 1993, p.102; A. Parlow, 'Of oil and exploration in Ecuador', *Multinational Monitor*, January/February 1991, p.22; J. Karten, *Oil Development and Indian Survival In Ecuador's Oriente*, TRIP, no date; Amazon for Life Campaign Report, *Ecological Debate on the Problems Caused by the Oil Industry*, 1993, Quito; A. Illianes, *Ecological Debate on the Problems Caused by the Oil Industry*, Amazon for Life Campaign Report, 1993, Quito.

53. J. Kimerling, interview with author, 7 September 1995.

54. *Latoil*, 'Environmental audit begins in February', January 1993, p.12.

55. Rainforest Action Network, *Texaco, Clean up Your Mess*, Action Alert, San Francisco, Number 86, July 1993.

56. Statement of International Delegates, Ecuador, 5–9 July 1993, signed by K. Baird, Senior Conservation Officer, Department of Conservation, New Zealand; H. Erake, Campaign Leader, Future in Our Hands, Norway; J. Kimerling, Environmental Attorney, Coalition in Support of Peoples of the Amazon and their Environment, USA; J. Lynard, Naturfolkenes Verden, Dinamarca; Terre Des Peuples Indigenes, Luxembourg; G. Marris, Rainforest Action Group, New Zealand; A. Pillen, Medical Student, Ku Leuven Belgium; C. Ross, Oxfam America, Coalition in Support of Peoples of the Amazon and their Environment, USA; M. Spencer, Researcher, Friends of the Earth, UK.

57. M. Spencer, Personal communication with author, 5 October 1993.

58. Indigenous Coordinating Body of the Amazon Basin (COICA), Confederation of Indigenous Nationalities of the Ecuadorian Amazon (CONFENIAE), Acción Ecológica, USA Coalition in Support of Amazonian Peoples and Their Environment, *Indigenous and Environmental Organisations Decry Lack of Participation by Affected Populations in 'Environmental Audit' of Texaco*, press release, Quito, 9 November 1993.

59. J. Kane, 'Huaorani goes to Washington', *The New Yorker*, 2 May 1994, pp.74–81.

60. Ibid.

61. T. Connor, 'Amazon Indians speak out against destruction', *United Press International*, New York, 3 November 1993; S. Maull, 'Texaco-Amazon', *Associated Press*, New York, 3 November 1993.

62. J. C. Kohn, M. H. Malman, M. J. D'Urso, D. Liberto, C. Bonifaz, J. Bonifaz, S. R. Donzinger and A. Damen, Civil action V Texaco in the United States District Court for the Southern District of New York, Kohn, Nast and Graf, Sullivan and Damen, 3 November 1993.

63. *Reuter*, 'Peruvian Indians sue Texaco, allege pollution', New York, 28 December 1994.

64. Amnesty International, *Peru: Torture of Community Leaders*, South Andean Action 09/92, AMR 46/58/92, London, 1 December 1992; D. Fass, *Human Rights Abuses Against People Involved in Environmental Issues*, presented to A Healthy Environment is a Human Right Conference, Montreal, 26–28 October, 1995.

65. Greenpeace Argentina, *Report of Incident*, 5 February 1993.

66. Greenpeace Argentina, Personal communication with author, 21 June 1994.

67. Amnesty International, *Urgent Action, María Elena Foronda, Environmental Activist and Oscar Díaz Barboza, Environmental Activist*, UA 352/94, 23 September 1994.

68. Greenpeace International, *Greenpeace International Condemns Death Threats to Uruguayan Environmentalist*, Amsterdam, 9 December 1994.

69. Caquetá Rainforest Amazonia Campaign, *Dead Green*, 18 November 1995.

70. *Index on Censorship*, 'Nuclear debators fired in Mexico', July/August 1989, Nos 6 and 7, p.53.

71. Global Response, *Native Rights and Forest Protection: Sierra Fired: Mexico*, September, 1994.

72. Greenpeace Latin America, personal communication with author, 2 June 1995.

73. Ibid.

74. AECO, *Press Release*, San Jos, Costa Rica, 7 December 1994.
75. Greenpeace Latin America, personal communication with author, 2 June 1995.
76. Ibid.
77. Ibid.
78. Ibid.
79. Ibid.
80. Ibid.
81. *IPS*, 'Honduras: ecologists demand murder investigation', 10 February 1995; J. Gollin, Letter to Malcolm Campbell, Global Response, 1995, no date: J. Gollin, *Trouble in paradise: the assassination of Jeannette Kawas*, 1995, no date.
82. *IPS*, 'Honduras: ecologists demand murder investigation', 10 February 1995; J.Gollin, Letter to Malcolm Campbell, Global Response, 1995, no date: J. Gollin, *Trouble in paradise: the assassination of Jeannette Kawas*, 1995, no date.
83. *IPS*, 'Award applauds "Green" activists', San Francisco, 22 April 1996.

第九章　地下的卑鄙手段

1. M. King, *Death of the Rainbow Warrior*, Penguin, 1986, pp.1–48.
2. Ibid., p.48.
3. Ibid., pp.193–4.
4. Ibid., pp.119–88
5. For further details see M. King, *Death of the Rainbow Warrior*, Penguin, 1986.
6. M. King, *Death of the Rainbow Warrior*, Penguin, 1986, pp.189–228.
7. Ibid., p.189.
8. Ibid., p.202.
9. A. Duval Smith, 'Paris planned virus attack on activists', *The Guardian*, 12 September 1995; *Reuter*, 'France mulled using virus on Greenpeace – Report', 11 September 1995.
10. R. Deacon, *The French Secret Service*, Grafton, 1990, p.315.
11. Ibid., pp.315–16; M. King, *Death of the Rainbow Warrior*, Penguin, 1986, pp.217–18.
12. M. Thurston, 'Ten years on, Rainbow Warrior agent speaks out', *Agence France Presse*, 12 May 1995.
13. *Reuter*, 'France's Rainbow Warrior saboteurs retired', 13 May 1995; M. Thurston, 'Ten years on, Rainbow Warrior agent speaks out', *Agence France Presse*, 12 May 1995.
14. M. King, *Death of the Rainbow Warrior*, Penguin, 1986, pp.120–3.
15. P. Chapman, 'Anger grows over French attack on Rainbow Warrior', *The Daily Telegraph*, 11 July 1995.
16. J. Gray, 'France "Over the top" in storming ship, NZ says', *Reuter*, 10 July 1995; P. J. Spielmann, 'Rainbow Warrior', *Associated Press*, Sydney, Australia, 10 July 1995; *UPI*, 'Australian FM condemns France', Jerusalem, 10 July 1995.
17. R. Meares, 'Greenpeace man's death changed little – daughter', *Reuter*, 10 July 1995.

18. B. Burton, interview with author, 19 June 1995.

19. Ibid.

20. Ibid.

21. *Arborvitae*, 'Australia goes for 15 per cent', The IUCN/WWF Forest Conservation Newsletter, September 1995, p.2.

22. I. Penna and B. Hare, 'Forest industry's advertising campaign – links to government and unions', *Australian Conservation Foundation Newsletter*, April 1987, pp.4–5.

23. Ibid.

24. *The Advocate*, 'Government pulls out of campaign on forestry', 3 February 1987; K. Nylander, 'Minister orders public service to quit forestry campaign', *The Examiner*, 3 February 1987.

25. *The Mercury*, 'Forestry now has one voice', 16 March 1987; *The Examiner*, 'Forestry interests to have their say', 13 March 1987.

26. National Association of Forest Industries Ltd, *Annual Report 1992–93*, 1993, p.5.

27. Dr R. Bain, *National Association of Forest Industries Invitation*, 16 May 1990, p.1.

28. B. Prismall, 'Forest war twist: industry takes view from conservation book', *The Mercury*, 23 November 1987, p.1.

29. Forest Protection Society, *Who Are We?*, brochure, 1993, p.1; *Forest Protection Society News*, Issue 1, Vol. 1, January 1987, p.1.

30. Forest Products Association, *Woodenbong Launches a New Branch of Forest Protection Society*, 27 February 1990; Forest Protection Society Ltd, *Who Are We?*, brochure, undated.

31. Information Australia, *Directory of Australian Associations*, 1994.

32. *Forest Protection Society News*, Issue 4, Vol. 7, July–August 1990, pp.24–5.

33. Network Fax, 20 August 1988, p.2.

34. *The Examiner*, 'Infiltration of greenies admitted', 7 February 1989.

35. *The Saturday Mercury*, Forest Protection Society State Coordinator, 17 April 1993, p.78; *The Forest Protection Society News*, June 1992.

36. Forest Protection Society Ltd, *Annual Report 1991–92*, 1992, p.8; Forest Protection Society Ltd, *Annual Report 1992–93*, 1993, p.10.

37. Forest Industries Association of Tasmania, *The Fight Against the Big Lie: Lines and Notes*, 1992, unpublished.

38. Forest Protection Society News Tasmania, *Annual Report 1992*, 1992, p.12; *FPS News*, Tasmania, April/May 1992, pp.5–6.

39. J. Snyder, title unknown, *People for the West!*, Western States Public Lands Coalition Public Lands Report, April 1992.

40. Notes of attendee, *PPF Membership Conference*, Glorieta, 31 May–2 June 1994; *The Mercury*, Forest Group Officer for US Conference, 26 May 1994.

41. *People for the West!*, International Agreement in Works, Western States Public Lands Coalition Public Lands Report, Vol. 7, No. 7, August, 1994, p.7.

42. *Australian Logging Council News*, Australian Forest, October 1993, p.4.

43. Greenpeace Australia, personal communication, 18 July 1995.

44. NAFI, 'Greenpeace co-founder to bring eco realist message to Australia', *Media Release*, 20 February 1996.

45. *New Zealand Herald*, 'Green campaign just cover says "Hit Man"', 19 March 1986.

46. D. Helvarg, *The War Against the Greens: The 'Wise-Use' Movement, the New Right, and Anti-Environmental Violence*, Sierra Club Books, San Francisco, 1994, pp.406-8.
47. B. Burton, personal communication with author, 22 June 1994.
48. B. Burton, 'Right wing think tanks go environmental', *Chain Reaction*, No.73-4, May 1995, pp. 26-9.
49. B. Burton, personal communication with author, 22 June 1994.
50. *IPA Review*, 1992, Vol. 45, No. 1; B. Burton, personal communication with author, 22 June 1994.
51. IPA, *The Environment in Perspective*, 1991.
52. R. Lindzen, *Global Warming: The Origin and Nature of the Alleged Scientific Consensus*, Environmental Backgrounder, IPA, 10-18 June 1992.
53. K. Hamilton, interview with Josselien Janssens, 24 April 1995.
54. J. Sinclair, 'Outlook: Changeable', *Listener*, 25 February 1995, p.19.
55. P. Shannon, 'Business assaults greenhouse', *Green Left Weekly*, 4 July 1994.
56. C. W. Baird, 'What garbage crisis? A market approach to solid waste management', *Policy*, CIS, Autumn 1992, p.23.
57. J. Byth, 'Green hysteria: scientists and the media join the stampede', *IPA Review*, Winter 1990, Vol. 43, No. 4; R. Brunton, *Environmentalism and Sorcery*, IPA, 31 January 1992; IPA, *The Environment in Perspective*, 1991.
58. D. Greason, 'Lyndon Larouche: a bad investment', *Australia/Israel Review*, 9-22 May 1994.
59. D. Greason, 'The LaRouchites: desperate and dateless?', *Australia/Israel Review*, 10-23 August 1993; S. MacLean, 'Seeds of unrest', *The Age*, 23 March 1991.
60. R. West, 'Peeling back the rhetoric of LaRouche's simple solutions', *The Age*, 29 May 1993.
61. Public Land Users Alliance, *The Truth about Wilderness*, 1994.
62. NSWPLUA, *Newsletter*, February 1996.
63. Forest Protection Society, '*Raglan Range Road: Our Cultural Heritage*, 1993.
64. B. Burton, 'Mining in National Parks', *The Examiner*, 31 July 1993; B. Burton and S. Cubit, *Ric Patterson ABC Radio 7ZR*, January 1993; *The Advocate*, 'Cradle turnaround: three areas may be reclassified for recreation', 12 April 1993, pp.1-2.
65. M. Stevenson, '"Dangerous fanatics" blasted at land rally', *The Examiner*, 17 January 1993.
66. *Northern District Times*, 'Pro-M2 group hits out at "Greenies"', 10 August 1994.
67. The Australian Federation for the Welfare of Animals, membership form, no date.
68. The Alliance for Beverage Cartons and the Environment, *Dioxins: 'No Need to Worry' Say Representatives of the Beverage Carton Industry*, 7 August 1990; D. Vincent, *Wrapped in PR*, Friends of the Earth, unpublished.
69. G. Van Rijswijk, *Letter to Queensland Conservation Council*, Association of Liquid Paper Board Carton Manufacturers, 27 October 1993; Association of Liquid Paper Board Carton Manufacturers, *Letter to Queensland Conservation Council*, 22 October 1993.
70. Mothers Opposing Pollution, *Mothers Environmental Group Seeks New Members*, undated.
71. *Sunshine Coast Daily*, 'Mums seek switch to milk cartons', 22 May 1993.
72. *Northwest News*, 'Mums in tree project', 29 September 1993.

73. *City Farm Association News*, 'Bogus green group warning', November 1993, p.3; I. Khastani, 'Who is Alana Maloney?', *City Farm Association News*, February 1994, p.1.

74. I. Khastani, 'Who is Alana Maloney?', *City Farm Association News*, February 1994, p.1.

75. Ibid.

76. *Food Week*, 'Move against plastic bottles is bogus', 26 October 1993, p.7.

77. B. Williams, 'Question over business links: greenie in carton war', *The Courier Mail*, 10 February 1995, p.1; B. Williams, 'Milk industry slams cancer scare tactics', *The Courier Mail*, 11 February 1995, p.8.

78. Mothers Opposing Pollution, *Letter to South Australia MPs*, 7 August 1995.

79. *The Mercury*, 'Publish despite "Threat"', 22 August 1972; B. Balfe, '"David Goliath" HEC case not likely', *The Mercury*, 22 August 1972.

80. B. Burton, personal communication with author, 26 June 1994.

81. Dobson, Mitchell and Allport, Letter to the Director of the Wilderness Society, 14 January 1993.

82. Total Environment Centre, *Helensburgh a Turning Point for Democracy in Planning*, 10 May 1994; *Illawarra Mercury*, 20 September 1993, p.2.; Lady Carrington Estates Pty Ltd vs. James Donohoe, Jennifer Donohoe, Timothy Tapsell, *Statement of Claim*, No. 18215, 1993.

83. A. De Blas, *The Environmental Effects of Mt Lyell Operations on Macquarie Harbour and Strahan*, Australian Centre for Independent Journalism, May 1994, p.119, citing K. Faulkner, General Manager, Mt Lyell Mining to Professor Jamie Kirkpatrick, 5 February; W. Bacon, Preface in A. De Blas, *The Environmental Effects of Mt Lyell Operations on Macquarie Harbour and Strahan*, Australian Centre for Independent Journalism, May 1994, p.ii; B. Montgomery, 'Thesis claims defame: mining company threatens legal action over pollution findings', *The Australian*, 1 June 1994; M. Fyfe, 'Acid water fears loom', *The Sunday Tasmanian*, 29 May 1994, pp.1, 6, 7; M. Fyfe, 'Concern at Uni stand on Mt Lyell thesis', *The Mercury*, 27 May 1993, p.6; 'Demand for full study on harbour fish woes', *The Mercury*, 30 May 1994; *The Sunday Tasmanian*, 'Making harbour fit state image', 29 May 1994.

84. Clean Seas Coalition, *Press Release*, 1 April 1993; *The Northern Star*, 'Sewage will still flow into sea, group says', 2 April 1993; *The Northern Star*, 'No sewage in outfall', 10 April 1993; The Council of the Shire of Ballina vs. W. Ringland, notice of motion in the Supreme Court of New South Wales, *Defamation List No. 11565*, 1993; P. Totaro and K. Gosman, 'Councils lose defamation right', *The Sydney Morning Herald*, 28 May 1994; P. Totaro, 'Court ruling hailed as victory for democracy', *The Sydney Morning Herald*, 28 May 1994; *The Northern Star*, 'Appeal court's judgement "Victory for Democracy"', 27 May 1994; M. Russel, 'Ballina weight critics rights', *The Sydney Morning Herald*, 30 May 1994.

85. Byron Environment Centre, *Club Med Threatens Legal Action*, press release, 11 March 1993; Byron Environment Centre, *Club Med – It's Not too Late*, 1993, p.3.

86. E. Rush, 'Protests halt bridge work', *The Adelaide Advertiser*, 29 October 1993; C. James, 'Bridge protesters to be sued', *The Advertiser*, 20 April 1994; C. James, *The Advertiser*, 27 April 1994.

87. B. Burton, *Bombs and Bloody Noses: Dirty Tricks and Violent Harassment*, paper given to Defending the Environment Conference, Adelaide, 21 May 1995.

88. B. Burton, personal communication with author, 3 June 1994.

89. J. McManus, 'Coromandel gold miners bite watchdog', *The (NZ) Independent*, 15 July 1994.

90. B. Burton, *Bombs and Bloody Noses: Dirty Tricks and Violent Harassment*, paper given to Defending the Environment Conference, Adelaide, 21 May 1995.

91. B. Burton, interview with author, 19 June 1995.

92. Ibid.

93. B. Burton, *The Corporate Counter Attack on the Environmental Movement*, presentation to the Ecopolitics Conference, Lincoln University, New Zealand, 8–10 July 1994.

94. B. Burton, personal communication with author, 26 June 1994.

95. P. Collenette, 'Police briefed on forest terror', *The Examiner*, 19 January 1993; B. Burton, personal communication with author, 26 June 1994.

96. R. Groom, *Media Release*, 11 March 1993.

97. S. Diwell, 'Explosives: brown points to pro-loggers', *The Mercury*, 13 March 1993.

98. Tasmania Police, *Progress Report Explosive Incident: Black River*, 11 March 1993; B. Burton, personal communication with author, 26 June 1994.

99. Evan Rolley Fan Club, *Large Scale Tree Spiking Campaign in Tasmania's Southern Forest was Announced Today*, press release, 21 March 1994.

100. B. Burton, interview with author, 19 June 1995.

101. B. Burton, 'Public Relations flunkies and eco-terrorism', *Chain Reaction*, December 1994, No. 72, pp.12–15.

102. H. Gilmore, 'Forests of blood', *Sunday Telegraph*, 1 January 1995, p.3.

103. B. Burton, *Bombs and Bloody Noses: Dirty Tricks and Violent Harassment*, paper given to Defending the Environment Conference, Adelaide, 21 May 1995, p.10.

104. B. Tobin, 'Oxy-gear used to cut pipes: police', *The Age*, 18 October 1991.

105. *Toxic Flash*, 'Sinister plots and overactive imaginations: sabotage at Coode Island', Hazardous Materials Action Group, Yarraville, 1992, p.1.

106. B. Tobin, 'Coode Fire was an accident police find', *The Age*, 11 June 1992; B. Burton, *Bombs and Bloody Noses: Dirty Tricks and Violent Harassment*, paper given to Defending the Environment Conference, Adelaide, 21 May 1995.

107. B. West, *Crisis Management Presentation to Members of the Australian Marketing Institute*, Marriot Hotel, 13 September 1995.

108. *National Business Review*, 'Greenpeace: a bunch of banana terrorists', 13 September 1991, p.8.

109. B. Burton, 'Public Relations flunkies and eco-terrorism', *Chain Reaction*, December 1994, No. 72, p.13.

110. Fake press release claiming to be from Northern Californian Earth First!, although it does not exist.

111. B. Burton, personal communication with author, 6 December 1995.

112. B. Burton, 'Public Relations flunkies and eco-terrorism', *Chain Reaction*, December 1994, No. 72, p.15.

113. W. Crawford, 'Sinister turn in lost plane drama', *The Mercury*, 13 September 1972;

The Mercury, 'Police probe about hangar', 14 September 1972; *The Mercury*, 'Plane search scaled down', 12 September 1972; *The Mercury*, 'Sabotage inquiry: Reece denies claim', 15 September 1972.

114. *The Examiner*, 'Conservationists begin 750km ride for rivers', 3 January 1981.

115. *The Advocate*, 'Meeting of peace at Tullah', 14 January 1981; *The Examiner*, 'No action against Tullah riot men', 17 January 1981; *The Examiner*, 'West Coast riot! SW dam critics ride into trouble at Tullah', 16 January 1981, p.1.

116. *The Mercury*, 'Brown bash at Strathan, says TWS', 14 January 1983; *The Mercury*, 'Four guilty of Brown assault', 15 January 1983, p.2; *The Advocate*, 'Brown bashed by youths', 14 January 1983.

117. *The Advocate*, 'TWS shop vandalised', 22 January 1983.

118. B. Burton, personal communication with author, 3 July 1994; *The Mercury*, '"No Dams" cars damaged', 21 June 1983.

119. *The Mercury*, 'Protestors claim maltreatment', 25 January 1983; *The Examiner*, 'Protestors suffered exposure', 29 January 1983.

120. *The Mercury*, 'Lemonthyme action fails to halt dozer', 6 March 1986; *The Examiner*, 'Protestors fail to stop work', 6 March 1986; L. Lester, 'Assault claims: greenies accuse police', *The Examiner*, 7 March 1986; *The Mercury*, 'Lemonthyme logging protestors allege violence: police "Turned backs on attacks"', 7 March 1986.

121. R. Kelley, 'Police stand back as workers attack', *The Mercury*, 8 March 1986, p.1; M. Binks, 'Brown blames Farmhouse Creek violence on govt', *The Advocate*, 8 March 1986.

122. R. Gray, media release, 8 March 1986, p.1.

123. *The Mercury*, 'Court told men petrified woman in Farmhouse Creek incident', 25 July 1986; *The Examiner*, 'Woman alleges assault during Farmhouse Creek protest', 25 July 1986, p.9; *The Advocate*, 'Farmhouse Creek appeal lodged', 23 September 1986; J Cox, *Reasons for Judgement Judith Ann Richter v Anthony Risby, Raymond Underwood, Kim Stanway and Michael Smith*, Serial No. 18/1987, List A, File no. LCA 107 and 108/1986, 8 April 1987; S. Diwell, 'Forest boss's action unlawful, says judge: no penalties for Risby and his three men', *The Mercury*, 9 April 1987;

124. B. Brown, media release, 9 April 1987; *The Examiner*, 'Government accused of mass forest injustice', 10 April 1987; *The Mercury*, 'Brown shot at', 10 March 1986, p.1.

125. *The Mercury*, 'Brown shot at', 10 March 1986, p.1.

126. *The Advocate*, 'Groom "Out of line in greenie competition"', 24 March 1987.

127. B. Burton, *Bombs and Bloody Noses: Dirty Tricks and Violent Harassment*, paper given to Defending the Environment Conference, Adelaide, 21 May 1995.

128. The Wilderness Society, *Blockade Continues Despite Intimidation*, media release, 22 February 1992; The Wilderness Society, *Details of Threats and Attacks Against People and Property in East Picton Forests*, letter to police, 24 February 1992; Tasmanian Police, *Burnt Out Cars Being Investigated*, media release, 24 February 1992; The Wilderness Society, *Police Slammed for Down-Playing Firebombing of East Picton Cars: Wrong Signals Being Sent to Violent Extremists in Community*, 24 February 1992; N. Clark and S. Diwell, 'Forest fear as cars torched', *The Mercury*, 25 February 1992, p.1; *The Examiner*, 'Protest dilemma in the forest', 28 February 1992.

127. *The Mercury*, 'Violence shocking, but not surprising', 26 February 1992.
129. The Western Tiers, *Police Report*, 21 October 1993, p.16; B. Burton, personal communication with author, 3 July 1994.
130. B. Burton, *Bombs and Bloody Noses: Dirty Tricks and Violent Harassment*, paper given to Defending the Environment Conference, Adelaide, 21 May 1995, p.4.
132. G. Lean, 'New Woodland Director destroyed virgin forest', *The Independent on Sunday*, 2 December 1995, p.5.
133. *The Advocate*, 'Groom "Out of line in greenie competition"', 24 March 1987.
134. B. Burton, *Bombs and Bloody Noses: Dirty Tricks and Violent Harassment*, paper given to Defending the Environment Conference, Adelaide, 21 May 1994, p.4.
135. M. Devine, *Telegraph Mirror*, 16 February 1995.
136. *The Advocate*, 'Death threats force move', 11 November 1992; B. Fuller, personal comment to Bob Burton, 15 June 1994; B. Burton, personal communication with author, 3 July 1994; *Manning River Times*, 'Sheed death threats', 8 February 1994; *Port Stephens Examiner*, 'They want to kill my dad', 8 February 1994; *The Canberra Times*, 'Protestors claim assault', 29 September 1993, p.2; *The Bombala Times*, 'Protestors say they were assaulted by loggers', 29 September 1993.
137. B. Burton, personal communication with author, 23 June 1994.
138. B. Burton, personal communication with author, 3 July 1994.
139. Ibid.
140. B. Burton, *Bombs and Bloody Noses: Dirty Tricks and Violent Harassment*, paper given to Defending the Environment Conference, Adelaide, 21 May 1995, p.6.
141. Ibid., pp.6–7.
142. B. Burton, interview with author, 19 June 1995.

第十章 南亚和太平洋：异议意味着拘留或死亡

1. R. Gillepsie, *Ecocide: Industrial Chemical Contamination and the Corporate Profit Imperative: The Case of Bougainville*, November 1994.
2. Amnesty International, *Malaysia: 'Operation Lallang': Detention Without Trial Under the Internal Security Act*, 20 December 1988, pp.1–4, 8.
3. Ibid., pp.15–23.
4. Ibid., p.27.
5. Friends of the Earth, *Malaysian Political Detentions: Protests Mount over Police Crackdown*, 9 November 1987.
6. Friends of the Earth, *Malaysia: Internal Security Act Detentions: Information Update*, 1 February 1988; Friends of the Earth, Survival International, International Union of Nature Conservation, Malaysia, *Sarawak Government Defends Destruction of Tribes and Rainforest International Mission Rebuffed*, 3 February 1988.
7. Friends of the Earth, *Information on Malaysian Detentions*, October–November 1987.

8. Friends of the Earth, *Malaysia: Internal Security Act Detentions -- Information Update*, 1 February 1988; Friends of the Earth, Survival International, International Union of Nature Conservation, Malaysia, *Sarawak Government Defends Destruction of Tribes and Rainforest International Mission Rebuffed*, 3 February 1988.

9. B. Singh, *Unjust Detention of EPSM Vice-President*, Environmental Protection Society, Malaysia, 3 September 1987.

10. *Reuter*, 'Malaysia Bakun Dam to be finished ahead of time', Kuala Lumpur, 26 October 1994.

11. B. Singh, *Unjust Detention of EPSM Vice-President*, Environmental Protection Society, Malaysia, 3 September 1987; Internal Security Act, Name of Detainee: Tan Ka Kheng.

12. *BNA International Environment Daily*, 'Environmentalists call for review of Bakun hydroelectric project in Borneo', Bangkok, 17 July 1995.

13. *Reuter Textline Business Times* (Malaysia), 'Bakun project benefits far outweigh drawbacks', 20 July 1995.

14. *Reuter*, 'Sarawak tribes angry over lack of dam consultation', Kuala Lumpur, 22 August 1995; B. Tarrant, 'Malaysia Bakun Dam gets green light from key body', *Reuter*, 12 December 1995. B. Tarrant, 'Writs fly in Malaysia's Bakun Dam case', Reuters 26 July 1996.

15. Global Response, *Toxic Waste: Malaysia*, 1993, GR4; Consumers Association of Penang, *Wasted Lives: Radioactive Poisoning in Bukit Merah*, 1993.

16. *British Medical Journal*, Vol. 305, 29 August 1992, p.494; Consumers Association of Penang, *Wasted Lives: Radioactive Poisoning in Bukit Merah*, 1993; 'Philip', interview with author, 1994.

17. Global Response, *Action Status*, 3 February 1994; Global Response, *Toxic Waste: Malaysia*, 1993, GR4.

18. 'Philip', interview with author, 1994.

19. Ibid.

20. Ibid.

21. Ibid.

22. Ibid.

23. Ibid.

24. Human Rights Watch and Natural Resources Defense Council, *Defending the Earth: Abuses of Human Rights and the Environment*, 1992, p.46.

25. T. Selva, 'Taib: I only want to help the Penans', *The Star*, 16 September 1987; Human Rights Watch and Natural Resources Defense Council, *Defending the Earth: Abuses of Human Rights and the Environment*, 1992, p.51.

26. D. Dumanoski, 'Groups to campaign for release of Malaysian environmentalists', *Boston Sunday Globe*, 15 November 1987.

27. *New Strait Times*, 'All due to shifting cultivation: PM', 17 November 1987; Dr S. Chin, 'Shifting cultivation no threat to forests', *The Star*, 14 September 1989.

28. Human Rights Watch and Natural Resources Defense Council, *Defending the Earth: Abuses of Human Rights and the Environment*, 1992, p.59; J. Kendell, 'The children of the empty huts', *Index on Censorship*, July/August 1989, Vol. 18, No. 6 and 7, p.24.

29. Human Rights Watch and Natural Resources Defense Council, *Defending the Earth: Abuses of Human Rights and the Environment*, 1992, p.47.
30. *New Strait Times*, 'Environmentalists treating Penan like clowns, says Jabu', 18 March 1992, p.13.
31. *PR Week*, 'Growing strength of the Third World', date unknown.
32. C. Clover, 'Malaysia fury over Western calls for a timber boycott', *The Daily Telegraph*, 19 April 1988.
33. Ibid.
34. Ibid.; Friends of the Earth, Survival International, International Union of Nature Conservation, Malaysia, *Sarawak Government Defends Destruction of Tribes and Rainforest International Mission Rebuffed*, 3 February 1988.
35. 'Philip', interview with author, 1994.
36. Human Rights Watch and Natural Resources Defense Council, *Defending the Earth: Abuses of Human Rights and the Environment*, 1992, pp.47–8.
37. *Sabah Times*, 'UK office to fight anti-tropical timber lobby', 6 August 1993.
38. *PR Week*, 'Growing strength of the Third World', date unknown.
39. Global Response, *Rainforests and Indigenous People*, 12 February 1992; Global Response, *Action Status*, 14 March 1992; Survival International, *Crisis Deepens for Dayaks in Sarawak*, April 1992.
40. 'Philip', interview with author, 1994.
41. *Index on Censorship*, Malaysia, 1993, Issues 8 and 9, p.37.
42. *Index on Censorship*, Malaysia, 1991, Issue 10, p.55.
43. Human Rights Watch and Natural Resources Defense Council, *Defending the Earth: Abuses of Human Rights and the Environment*, 1992, pp.62–3.
44. Ibid., p.59.
45. Global Response, *Rainforests and Indigenous Peoples/Malaysia*, 1991, GR7.
46. Malaysian Timber Industry Development Council, 'Malaysia evergreen managing for perpetuity', *International Herald Tribune*, 22 March 1994.
47. S. Roberts, 'Account wins boost B-M to the tune of £300,000', *PR Week*, 7 October 1993.
48. Z. Tahir, 'Delegate to clarify situation', *Business Times*, 19 June 1995.
49. The Rainforest Information Centre, *Sarawak: The Struggle Continues*, 25 April 1995; Global Response, *Action Status*, 12 May 1993.
50. *AFP*, 'Five Malaysian states found to be overlogging', Kuala Lumpur, 3 October 1994.
51. The Rainforest Information Centre, *Sarawak: The Struggle Continues*, 25 April 1995.
52. *Setiakawan*, Campaign Against Western Environmentalists, No. 1, July–August 1989.
53. *New York Times*, advert 'Indonesia – Tropical Forests Forever', 18 August 1989.
54. *IPS*, 'Greens sue on reforestation', Jakarta, Indonesia, 24 August 1994.
55. N. Dudley, S. Stolton and J-P. Jeanrenaud, *Pulp Facts*, WWF International, in press.
56. *Index on Censorship*, Indonesia, 1989, Issue 8, p.38.
57. *TAPOL Bulletin*, 'Bob Hasan's ad ordered off the streets', No. 125, October 1994, p.23.
58. *Down to Earth*, 'Indigenous News', August 1994, No. 24, p.14; World Rainforest

Movement, Indonesian Government-Sponsored 'Development' and Logging Destroys Indigenous Peoples' Sustainable AgroForestry System, Bentian Case, Urgent Action, 31 March 1995.

59. *TAPOL Bulletin*, 'NGOs under threat from new decree', No. 125, October 1994, p.10.
60. G. Monbiot, 'Who will speak up for Irian Jaya?', *Index on Censorship*, July/August 1989, Vol. 18, No. 6 and 7, p.23.
61. Ibid.
62. *TAPOL Bulletin*, 'More killings in the Freeport drama', April 1995, No. 128, pp.22–3; J. Roberts, 'UK cash props up terror mine', *The Independent on Sunday*, 26 November 1995, p.13.
63. Australian Council for Overseas Aid, *Trouble at Freeport: Eyewitness Accounts of West Papuan Resistance to the Freeport-McMoRan Mine in Irian Jaya, Indonesia and Indonesian Military Repression: June 1994 – February 1995*, 1995, p.1.
64. Ibid., p. 3.
65. P. Jones, 'Mining protests met with massacre', *Peace News*, May 1995, p.7; Australian Council for Overseas Aid, *Trouble at Freeport: Eyewitness Accounts of West Papuan Resistance to the Freeport-McMoRan Mine in Irian Jaya, Indonesia and Indonesian Military Repression: June 1994 – February 1995*, 1995, p.1.
66. Ibid.
67. *Down to Earth*, 'Freeport in West Papua', 1995, No. 25, pp.2–3.
68. J. Roberts, 'UK cash props up terror mine', *The Independent on Sunday*, 26 November 1995, p.13.
69. R. Bryce, 'Struck by a golden spear', *The Guardian*, Society Section, 17 January 1996.
70. J. Roberts, 'UK cash props up terror mine', *The Independent on Sunday*, 26 November 1995, p.13.
71. Australian Council for Overseas Aid, *Trouble at Freeport: Eyewitness Accounts of West Papuan Resistance to the Freeport-McMoRan Mine in Irian Jaya, Indonesia and Indonesian Military Repression: June 1994 – February 1995*, 1995, pp.3–10.
72. Ibid., pp.3–10; *TAPOL Bulletin*, 'Freeport killings confirmed', No. 129, June 1995, pp.1–3.
73. J. Roberts, 'UK cash props up terror mine', *The Independent on Sunday*, 26 November 1995, p.13.
74. *TAPOL Bulletin*, 'Freeport killings confirmed', No. 129, June 1995, pp.1–3.
75. M. Miriori, *Statement To The Peoples' Right to Social Development International Conference*, Havana, Cuba, 18–20 November 1994.
76. R. Gillepsie, *Ecocide: Industrial Chemical Contamination and the Corporate Profit Imperative: The Case of Bougainville*, November 1994.
77. Ibid.; M. Miriori, *Statement To The Peoples' Right to Social Development International Conference*, Havana, Cuba, 18–20 November 1994.
78. R. Gillepsie, *Ecocide: Industrial Chemical Contamination and the Corporate Profit Imperative: The Case of Bougainville*, November 1994.
79. M. Miriori, *Bougainville: A Real Sad and Silent Human Tragedy in the South Pacific*, undated.
80. R. Gillepsie, *Ecocide: Industrial Chemical Contamination and the Corporate Profit Imperative:*

The Case of Bougainville, November 1994; M. Miriori, *Bougainville: A Real Sad and Silent Human Tragedy in the South Pacific*, undated; M. T. Havini, *A Compilation of Human Rights Abuses Against the People of Bougainville 1989–1995*, Bougainville Freedom Movement, April 1995.

81. M. Miriori, *Statement To The Peoples' Right to Social Development International Conference*, Havana, Cuba, 18–20 November 1994; M. T. Havini, *A Compilation of Human Rights Abuses Against the People of Bougainville 1989–1995*, Bougainville Freedom Movement, April 1995.

82. S. Heath, 'Destructive logging spreads in Solomons', *Greenleft*, 30 October 1994.

83. Greenpeace, *Greenpeace Calls on Solomon Island Government to Withdraw Army From Russell Islands*, Honiara, 18 April 1995; BBC, *Prime Minister Accuses NGOs of Stirring up Dispute Over Pavuvu Logging*, Summary of World Broadcasts, 23 May 1995; Source: Radio Australia External Service, Melbourne, 21 May 1995.

84. *AP Worldstream*, 'Solomon Islands blames activists for logging companies' bad image', 29 June 1995.

85. Greenpeace Solomon Islands, press release, 10 December 1995.

86. Ibid.

87. D. Callister, *Illegal Tropical Timber Trade: Asia Pacific*, Traffic Network, Cambridge, 1992.

88. Human Rights Watch and Natural Resources Defense Council, *Defending the Earth: Abuses of Human Rights and the Environment*, 1992, p.77.

89. Ibid., pp. 77–8.

90. M. Cohen, 'Dangerous pastures', *Index on Censorship*, July/August 1989, Vol. 18, No. 6 and 7, p.29.

91. Ibid.

92. Human Rights Watch and Natural Resources Defense Council, *Defending the Earth: Abuses of Human Rights and the Environment*, 1992, pp.77–80.

93. Ibid., p.81.

94. M. Cohen, 'Dangerous pastures', *Index on Censorship*, July/August 1989, Vol. 18, No. 6 and 7, p.29.

95. Human Rights Watch and Natural Resources Defense Council, *Defending the Earth: Abuses of Human Rights and the Environment*, 1992, pp.82–3; Global Response, *Action Status*, 30 March 1991.

96. Human Rights Watch and Natural Resources Defense Council, *Defending the Earth: Abuses of Human Rights and the Environment*, 1992, pp.84–5.

97. *Index on Censorship*, 'Philippines – attacks and threats on the press', 1990, No. 2, p.7; Human Rights Watch and Natural Resources Defense Council, *Defending the Earth: Abuses of Human Rights and the Environment*, 1992, pp.86–7.

98. *Global Response*, Action Status, 26 December 1994.

99. M. Dodd, 'Political storm erupts over Cambodian logging deal', *Reuter*, 28 June 1994.

100. *AFP*, 'King calls for strict logging controls to avoid ecological catastrophe', 19 October 1994.

101. R. MacFarlane, *Citizens Pesticides Hoechst: The Story of Endosulfan and Triphenyltin*, Pesticide Action Network Asia and the Pacific, May 1994, p.iii.

102. Ibid.; *Global Pesticide Campaigner*, 1993, 'Hoechst sues Philippine journalists and activists', Vol. 3, No. 3, p.15.

103. *Pesticide Monitor*, 'Withdraw endosulfan and triphenlyin world-wide!', September 1994, Vol. 3, No. 3.

104. *Pesticide News*, 'Pesticide defense? Philippines groups question corporate strategies', June 1994, No. 24, p.11.

105. *Philippine Daily Inquirer*, 1 June 1994.

106. E. Hickey, 'International citizens' campaign targets Hoechst pesticides', *Global Pesticide Campaigner*, September 1994, p.14.

107. Ibid.

108. Ibid.

109. *Global Pesticide Campaigner*, 1993, 'Hoescht sues Philippine journalists and activists', Vol. 3, No. 3, p.15.

110. Ibid.

111. *Pesticide News*, 'Hoechst Philippines case thrown out', September 1994, No. 24, p.15.

112. R. MacFarlane, *Citizens Pesticides Hoechst: The Story of Endosulfan and Triphenyltin*, Pesticide Action Network Asia and the Pacific, May 1994, pp.30–1, 37.

113. M. Colchester, 'Unaccountable aid: secrecy in the World Bank', *Index on Censorship*, July/August 1989, Vol. 18, No. 6 and 7, p.11.

114. Ibid.

115. Amnesty International, *Indonesia: Four Shot Dead By Security Forces During Peaceful Demonstration in Madura, East Java*, 8 October 1993.

116. Ibid.

117. Amnesty International, *Amnesty International Report 1994*, 1994, p.287.

118. S. George and F. Sabelli, *Faith and Credit: The World Bank's Secular Empire*, Penguin, 1994, p.175.

119. *Lloyds List*, 'Damage to Dam, River Narmada, India', 6 January 1995.

120. P. Bidwai, 'India: Narmada Dam critics debate alternatives', *IPS*, 19 August 1994.

121. Ibid.; *Economic Times*, 'Sardar Sarovar project: exercising the other option', 8 October 1994.

122. Y. Brown, *Damming the Roads, Not the Rivers*, posted at gn:peacenewswri.news, 21 June 1994.

123. S. George and F. Sabelli, *Faith and Credit: The World Bank's Secular Empire*, Penguin, 1994, p.177.

124. Ibid., p.178.

125. P. McCully, 'World Bank president says SSP "Not to be ashamed of"', *Narmada Update*, International Rivers Network, 25 July 1994.

126. M. Colchester, *Salvaging Nature: Indigenous Peoples, Protected Areas and Biodiversity Conservation*, United Nations Research Institute for Social Development, World Rainforest Movement, and the World Wide Fund for Nature, September 1994, p.14, quoting World Bank, 'The relocation component in connection with the Sardar Sarovar (Narmada Project)', World Bank, 1982.

127. S. Dharmadhikary, General letter, Narmada Bachao Andolan, 20 November 1993.

128. Human Rights Watch and Natural Resources Defense Council, *Defending the Earth: Abuses of Human Rights and the Environment*, 1992, p.24.

129. Ibid., pp.26–33.

130. *The Ecologist*, 'Narmada Newsletter', May 1994; Human Rights Watch and Natural Resources Defense Council, *Defending the Earth: Abuses of Human Rights and the Environment*, 1992, pp.34,37; B. Desai, 'Cops rape tribal mother of eight', *Indian Express*, 14 April 1993; B. Desai, 'Andolan sticks to rape theory', *Indian Express*, 15 April 1993.

131. Survival International, *Narmada Dam: Key Activists Intimidated and Abused*, press release, 23 March 1994.

132. Y. Brown, *Damming the Roads, Not the Rivers*, posted at gn:peacenewswri.news, 21 June 1994.

133. *The Ecologist*, 'Narmada Newsletter', May 1994.

134. *Agence France Presse*, 'Indian authorities hospitalise fasting anti-dam crusader', 9 December 1994.

135. P. McCully, '"Constrained" review report released', *Narmada Update*, International Rivers Network, 14 December 1994; *United Press International*, 'India may review controversial dam', 17 December 1994; *IPS*, 'Anti-dam activists end hunger protest', 17 December 1994.

136. P. McCully, 'NBA ends fast', *Narmada Update*, International Rivers Network, 16 December 1994.

137. L. Udall, *Sardar Sarovar: Uncertain Future*, International Rivers Network, 15 May 1995.

138. Ibid.

139. V. Shiva, interview with author, 21 July 1995.

140. V. Shiva and H-B. Radha, 'The rise of the farmers' seed movement', *Third World Resurgence*, No. 39, November 1993, pp.24–7.

141. *IPS*, 'Greens unravel Dupont nylon plant', New Delhi, 31 January 1995; *AFP*, 'Anti-Du Pont protestors cremate slain comrade', Panaji, India, 25 January 1995; *Global Response*, Report, 1995, Issue 3.

142. *Reuter*, 'U.S. Du Pont says shifting India project site', New Delhi, 8 June 1995.

143. V. Shiva, interview with author, 21 July 1995.

第十一章 "饱受摧残的土地"

1. *Index on Censorship*, 'Ogoni! Ogoni!', poem by Ken Saro-Wiwa, written in prison, 1994, No. 4/5, p.219.

2. K. Saro-Wiwa, interview with author and Andrea Goodall, 12 October 1992.

3. Shell Petroleum Development Company of Nigeria Limited, *The Ogoni Issue*, 25 January 1995.

4. Ibid., p.3.

5. P. Adams, 'Oil: the regime's Achilles' heel', *The Financial Times*, 11/12 November 1995.

6. Ogoni activist, interview with author, 1995.

7. C. Ake, interview with Catma Films, January 1994.

8. A. Rowell, *Shell-Shocked: The Environmental and Sociol Costs of Living with Shell in Nigeria*, Greenpeace International, July 1994, pp.14–15; R. Boele, *Ogoni: Report of the UNPO Mission to Investigate the Situation of the Ogoni of Nigeria, 17–26 February*, Unrepresented Nations and Peoples Organisation, 1 May 1995, p.8; Trocaire, *Struggling for Survival: the Ogoni People of Nigeria*, no date.

9. Hon O. Justice Inko-Tariah, Chief J. Ahaiakwo, B. Alamina, Chief G. Amadi, *Commission of Inquiry into the Causes and Circumstances of the Disturbances that Occurred at Umuechem in the Etche Local Government Area of Rivers State in the Federal Republic of Nigerio*, 1990, month unknown.

10. R. Boele, *Ogoni: Report of the UNPO Missian to Investigate the Situation af the Ogoni of Nigeria, 17–26 February*, Unrepresented Nations and Peoples Organisation, 1 May 1995, p.17.

11. Chief Dr H. Dappa-Biriye, Chief R. Briggs, Chief Dr B. Idoniboye-Obu, Professor D. Fubara, *The Endangered Environment of the Niger Delta: Constraints and Strategies*, an NGO memorandum of the Rivers Chiefs and Peoples Conference, for the World Conference of Indigenous Peoples on Environment and Development and the United Nations Conference on Environment and Development, Rio de Janeiro, 1992, pp.6, 11, 16; K. Saro-Wiwa, *Genocide in Nigeria: The Ogoni Tragedy*, Saros International, 1992, pp.11–13; A. Ilenre, 'The ethnic minority question', *Nigerian Tribune*, 1 November 1993, p.8.

12. D. Moffat and O. Lindén, 'Perception and reality: assessing priorities for sustainable development in the Niger River Delta', *Ambio*, December 1995, Vol. 24, No. 7–8, p.531.

13. Chief Dr H. Dappa-Biriye, Chief R. Briggs, Chief Dr B. Idoniboye-Obu, Professor D. Fubara, *The Endangered Environment of the Niger Delta: Constraints and Strategies*, an NGO memorandum of the Rivers Chiefs and Peoples Conference, for the World Conference of Indigenous Peoples on Enviroument and Development and the United Nations Conference on Enviroument and Development, Rio de Janeiro, 1992, pp.59–60.

14. C. Ake, interview with author, 1 December 1995.

15. A. Rowell, *Shell-Shocked: The Environmental and Social Costs of Living with Shell in Nigeria*, Greenpeace International, July 1994, pp.9–13.

16. J. Vidal, 'Born of oil, buried in oil', *The Guardian*, 4 January 1995.

17. D. Penman, 'Bellamy urged to drop Shell study', *The Independent*, 11 December 1995, p.2.

18. C. Ake, *Shelling Nigeria*, press statement, 15 January 1996.

19. D. Moffat and O. Lindén, 'Perception and reality: assessing priorities for sustainable development in the Niger River Delta', *Ambio*, December 1995, Vol. 24, No. 7–8, p.529.

20. Chief Dr H. Dappa-Birige, Chief R. Briggs, Chief Dr B. Idoniboye-Obu, Professor D. Fubara, *The Endangered Environment of the Niger Delta: Constraints and Strategies*, an

NGO memorandum of the River Chiefs and Peoples Conference, for the World Conference of Indigenous Peoples on Environment and Development and the United Nations Conference on Environment and Development, Rio de Janeiro, 1992, p.2.

21. Ogoni activist, interview with author, 1995.

22. Sister M. McCarron, interview with author, 16 November 1994.

23. C. Ake, interview with author, 1 December 1995.

24. D. Moffat and O. Lindén, 'Perception and reality: assessing priorities for sustainable development in the Niger River Delta', *Ambio*, December 1995, Vol. 24, No. 7–8, p.532.

25. Oil Spill Intelligence Report, *Custom Oil Spill Data: Shell's Ten Year Spill Record*, Cutter Information Corporation, 1992, Arlington; Cutter Information is an independent research company and bears no responsibility for the way in which its data is used.

26. Shell Petroleum Development Company of Nigeria, *Environmental Programme*, 5 April 1995.

27. A. Rowell, *Shell-Shocked: The Environmental and Social Costs of Living with Shell in Nigeria*, Greenpeace International, July 1994, pp.9–13.

28. D. Moffat and O. Lindén, 'Perception and reality: assessing priorities for sustainable development in the Niger River Delta', *Ambio*, December 1995, Vol. 24, No. 7–8, p.532; C. Ake, *Shelling Nigeria*, press statement, 15 January 1996; The Ecological Steering Group on the Oil Spill in Shetland, *The Environmental Impact of the Wreck of the Braer*, Scottish Office, Edinburgh, 1994, p.62.

29. Ogoni activist, interview with author, 1995.

30. O. Douglas, interview with author, 10 November 1994.

31. K. Saro-Wiwa, *Genocide in Nigeria: The Ogoni Tragedy*, Saros International, 1992, p.82.

32. Catma Films, *Delta Force*, shown on Channel Four, 4 May 1995.

33. P. Lewis, 'Blood and oil: a special report: after Nigeria represses, Shell defends its record', *The New York Times*, 13 February 1996.

34. P. Clothier and E. O'Connor, 'Pollution warnings "ignored by Shell"', *The Guardian*, 13 May 1996.

35. R. Boele, *Ogoni: Report of the UNPO Mission to Investigate the Situation of the Ogoni of Nigeria, 17–26 February*, Unrepresented Nations and Peoples Organisation, 1 May 1995, p.9.

36. C. Eke-Ejelam, 'Ordeal of oil communities', *Daily Sunray*, 17 March 1994.

37. L. Donegan and J. Vidal, 'Shell haunted by close ties to military regime', *The Guardian*, 13 November 1995.

38. D. Moffat and O. Lindén, 'Perception and reality: assessing priorities for sustainable development in the Niger River Delta', *Ambio*, December 1995, Vol. 24, No.7–8, p.536.

39. *African Concord*, 'Oloibiri: in limbo', 3 December 1990, p.29.

40. Sister M. McCarron, interview with author, 16 November 1994.

41. D. Abimboye, 'Massacre at dawn', *African Concord*, 3 December 1990, p.27.

42. Environmental Rights Action, *Shell in Iko: The Story of Double Standards*, 10 July 1995.

43. Ibid.

44. Catma Films, *The Heat of the Moment*, shown on Channel Four, 8 October 1992.

45. J. R. Udofia, Threat of Disruption of our Operations at Umuechem by Members of the Umucchem Community, Letter to Commissioner of Police, 29 October 1990.

46. Catma Films, *The Heat of the Moment*, shown on Channel Four, 8 October 1992.

47. Hon O. Justice Inko-Tariah, Chief J. Ahaiakwo, B. Alamina, Chief G. Amadi, *Commission of Inquiry into the Causes and Circumstances of the Disturbances that Occurred at Umuechem in the Etche Local Government Area of Rivers State in the Federal Republic of Nigeria*, 1990.

48. R. Tookey, Letter to Mrs Farmer concerning Shell's operations in Nigeria, 11 June 1993.

49. E. Bello *et al.*, 'On the war path', *African Concord*, August 1992, pp.20–21.

50. Ibid., p.18.

51. Ibid., p.19.

52. Human Rights Watch/Africa, *Nigeria: The Ogoni Crisis: A Case Study of Military Repression in Southeastern Nigeria*, July 1995, Vol. 7, No. 5, p.33; A. Rowell, *Shell-Shocked: The Environmental and Social Costs of Living with Shell in Nigeria*, Greenpeace International, July 1994, p.16.

53. A. Rowell, *Shell-Shocked: The Environmental and Social Costs of Living with Shell in Nigeria*, Greenpeace International, July 1994, p.16.

54. Human Rights Watch/Africa, *Nigeria: The Ogoni Crisis: A Case Study of Military Repression in Southeastern Nigeria*, July 1995, Vol. 7, No. 5, pp.36–7.

55. Ibid., pp.37–8.

56. Ibid., pp.34–5.

57. Ibid., pp.35–6, 33.

58. C. Bakwuye, 'Ogonis protest over oil revenue', *Daily Sunray*, 6 January 1993, pp.1, 20.

59. K. Saro-Wiwa, 'Message from prison', *The News*, 8 August 1994, p.10.

60. R. Boele, *Ogoni: Report of the UNPO Mission to Investigate the Situation of the Ogoni of Nigeria, 17–26 February*, Unrepresented Nations and Peoples Organisation, 1 May 1995, p.11.

61. Ibid., p.11.

62. Ibid., pp.9–10.

63. Sister M. McCarron, interview with author, 16 November 1994.

64. Amnesty International, *Nigeria: Military Government Clampdown on Opposition*, 11 November 1994, p.6.

65. Chief W. Nzidee, F. Yowika, N. Ndegwe, E. Kobani, O. Nalelo, Chief A. Ngei and O. Ngofa, Humble Petition of Complaint on Shell-BP Operations in Ogoni Division, letter to His Excellency the Military Governor, 25 April 1970.

66. A. Nedom and C. Kpakol, Damages Done to Our Life-Line by the Continued Presence of Shell-BP Company of Nigeria. Her Installations and Exploration of Crude Oil on Our Soil and Adequate Compensations There-of, letter to the Manager Shell-BP Company of Nigeria, 27 July 1970.

67. P. Badom, A Protest Presented to Representatives of the Shell-BP Dev. Co of Nig.

Ltd. by the Dere Youths Association. Against the Company's Lack of Interest in the Sufferings of Dere People which Sufferings are Caused as a Result of the Company's Operations, no date.

68. K. Saro-Wiwa, *Genocide in Nigeria: The Ogoni Tragedy*, Saros International, 1992, p.80.

69. L. Loolo, Letter to the Editor Overseas Newspapers Limited, 1970, exact date unknown.

70. Catma Films, *The Drilling Fields*, shown on Channel Four TV, 23 May 1994.

71. Amnesty International, *Possible Extrajudicial Execution/Legal Concern*, 19 May 1993; Unrepresented Nations and Peoples Organisation, *Developments in Ogoni, January–July 1993, Nigeria*, Office of the General Secretary, The Hague, 26 July 1993.

72. R. Boele, *Ogoni: Report of the UNPO Mission to Investigate the Situation of the Ogoni of Nigeria, 17–26 February*, Unrepresented Nations and Peoples Organisation, 1 May 1995, p.18.

73. *The Observer*, 'An unlikely warrior for justice', 11 July 1993.

74. Human Rights Watch/Africa, *Nigeria: The Ogoni Crisis: A Case Study of Military Repression in Southeastern Nigeria*, July 1995, Vol. 7, No. 5, p.10; Unrepresented Nations and Peoples Organisation, *Developments in Ogoni, January–July 1993, Nigeria*, Office of the General Secretary, The Hague, 26 July 1993.

75. S. Kiley, 'Nigeria accused of attempted oilfield genocide', *The Times*, 19 July 1993; UNPO, 1993, 'Saro-Wiwa falls unconscious after interrogation', 19 July 1993.

76. Greenpeace, *Drop Charges Against Nigerian Human Rights Activist, Says Greenpeace*, press release, 29 July 1993.

77. T. Owolabi, 'Genocide in Ogoniland', *Sunday Tribune*, October 1993, p.12.

78. K. Saro-Wiwa, *Report to Ogoni Leaders Meeting at Bori*, 3 October 1993.

79. Amnesty International, *Extrajudicial Executions, At Least 35 Members of the Ogoni Ethnic Group from the Town of Kaa in Rivers State, Including Mr Nwiku and Three Young Children*, Urgent Action, 10 August 1993; R. Boele, *Ogoni: Report of the UNPO Mission to Investigate the Situation of the Ogoni of Nigeria, 17–26 February*, Unrepresented Nations and Peoples Organisation, 1 May 1995, p.24.

80. Ogoni interviewed on *Delta Force*, Catma Films, shown on Channel Four, 4 May 1995.

81. C. Ake, interview with Catma Films, January 1994.

82. Human Rights Watch/Africa, *Nigeria: The Ogoni Crisis: A Case Study of Military Repression in Southeastern Nigeria*, July 1995, Vnl. 7, No. 5, p.12.

83. Ibid.

84. Catma Films, *Delta Force*, shown on Channel Four, 4 May 1995; Catma Films, *The Drilling Fields*, shown on Channel Four TV, 23 May 1994.

85. Human Rights Watch/Africa, *Nigeria: The Ogoni Crisis: A Case Study of Military Repression in Southeastern Nigeria*, July 1995, Vol. 7, No. 5, pp.12–13.

86. Catma Films, *Delta Force*, shown on Channel Four, 4 May 1995; R. Boele, *Ogoni: Report of the UNPO Mission to Investigate the Situation of the Ogoni of Nigeria, 17–26 February*, Unrepresented Nations and Peoples Organisation, 1 May 1995, p.24.

87. Catma Films, *Delta Force*, shown on Channel Four, 4 May 1995.

88. R. Boele, *Ogoni: Report of the UNPO Mission to Investigate the Situation of the Ogoni of*

Nigeria, 17–26 February, Unrepresented Nations and Peoples Organisation, 1 May 1995, pp.26–7.

89. Human Rights Watch/Africa, *Nigeria: The Ogoni Crisis: A Case Study of Military Repression in Southeastern Nigeria*, July 1995, Vol. 7, No. 5, p.13.
90. Ogoni interviews in *Delta Force*, Catma Films, shown on Channel Four, 4 May 1995.
91. Catma Films, *Delta Force*, shown on Channel Four, 4 May 1995.
92. S. Olukoya, 'The Ogoni agony', *Newswatch*, 26 September 1994, p.26; M. Birnbaum, *Nigeria: Fundamental Rights Denied: Report of the Trial of Ken Saro-Wiwa and Others*, ARTICLE 19 in Association with the Bar Human Rights Committee of England and Wales and the Law Society of England and Wales, June 1995, Appendix 10: Summary of Affidavits alleging bribery; Ogoni activist, interview with author, 1995.
93. No author, *Crisis in Ogoniland: How Saro-Wiwa Turned Mosop into a Gestapo*, no publisher, handed out by the Nigerian Minister for Information, at a meeting at Oxford, 1 May 1995.
94. Ibid.
95. Ogoni activist, interview with author, 1995.
96. The Commissioner of Police, *Restoration of Law and Order in Ogoni Land*, Operation Order No. 4/94, 21 April 1994, p.1.
97. Sister M. McCarron, interview with author, 16 November 1994.
98. Major P. Okuntimo, *RSIS Operations: Law and Order in Ogoni, Etc*, memo from the Chairman of Rivers State Internal Security (RSIS) to His Excellency, the Military Administrator, Restricted, 12 May 1994.
99. Ibid.
100. Ogoni activist, interview with author, 1995.
101. R. Boele, *Ogoni: Report of the UNPO Mission to Investigate the Situation of the Ogoni of Nigeria, 17–26 February*, Unrepresented Nations and Peoples Organisation, 1 May 1995, p.28.
102. Catma Films, *Delta Force*, shown on Channel Four, 4 May 1995.
103. Amnesty International, *Nigeria: Military Government Clampdown on Opposition*, 11 November 1994, pp.6–7.
104. Human Rights Watch/Africa, *Nigeria: The Ogoni Crisis: A Case Study of Military Repression in Southeastern Nigeria*, July 1995, Vol. 7, No. 5, p.14.
105. Unrepresented Nations and Peoples Organisation, *Arrested Ogoni Leader Rejects Nigerian Government Accusations*, press release, 25 May 1994.
106. R. Boele, *Ogoni: Report of the UNPO Mission to Investigate the Situation of the Ogoni of Nigeria, 17–26 February*, Unrepresented Nations and Peoples Organisation, 1 May 1995, p.15.
107. M. Birnbaum, *Nigeria: Fundamental Rights Denied: Report of the Trial of Ken Saro-Wiwa and Others*, ARTICLE 19 in Association with the Bar Human Rights Committee of England and Wales and the Law Society of England and Wales, June 1995, p.27.
108. Amnesty International, *Ken Saro-Wiwa, Writer and President of the Movement for the Survival of the Ogoni People (MOSOP)*, Urgent Action, 24 May 1994.
109. Ogoni activist, interview with author, 1995.
110. O. Douglas, 'Ogoni: four days of brutality and torture', *Liberty*, May-August 1994,

p.22; J. Vidal, 'Born of oil, buried in oil', *The Guardian*, 4 January 1995; W. Soyinka, 'Nigeria's long steep, bloody slide', *The New York Times*, 22 August 1994.

111. Human Rights Watch/Africa, *Nigeria: The Ogoni Crisis: A Case Study of Military Repression in Southeastern Nigeria*, July 1995, Vol. 7, No. 5, p.16.

112. S. Olukoya, 'The Ogoni agony', *Newswatch*, 26 September 1994, p.23.

113. Catma Films, *Delta Force*, shown on Channel Four, 4 May 1995.

114. Amnesty International, *Nigeria: Security Forces Attack Ogoni Villages*, 29 June 1994; Human Rights Watch/Africa, *Nigeria: The Ogoni Crisis: A Case Study of Military Repression in Southeastern Nigeria*, July 1995, Vol. 7, No. 5, p.17.

115. Human Rights Watch/Africa, *Nigeria: The Ogoni Crisis: A Case Study of Military Repression in Southeastern Nigeria*, July 1995, Vol. 7, No. 5, p.23.

116. Catma Films, *Delta Force*, shown on Channel Four, 4 May 1995.

117. T. Ajayeoba, 'The killing field', *TELL*, 25 July 1994, p.30; G. Brooks, 'Slick alliance: Shell's Nigerian fields produce few benefits for region's villagers', *The Wall Street Journal*, 6 May 1994.

118. Human Rights Watch/Africa, *Nigeria: The Ogoni Crisis: A Case Study of Military Repression in Southeastern Nigeria*, July 1995, Vol. 7, No. 5, p.24.

119. S. Olukoya, 'The Ogoni agony', *Newswatch*, 26 September 1994, p.23.

120. U. Maduemesi, 'This is conquest', *TELL*, 18 July 1994; Amnesty International, *Nigeria: Military Clampdown on Opposition*, 11 November 1994, p.9.

121. *Amnesty International Report*, Nigeria – 1995, 1995; Human Rights Watch/Africa, *Nigeria: The Ogoni Crisis: A Case Study of Military Repression in Southeastern Nigeria*, July 1995, Vol. 7, No. 5, pp.18–22.

122. O. Douglas, 'Ogoni: four days of brutality and torture', *Liberty*, May-August 1994, p.22.

123. Catma Films, *Interview With Lt. Col. Komo*, 23 May 1994.

124. G. Brooks, 'Slick alliance: Shell's Nigerian fields produce few benefits for region's villagers', *The Wall Street Journal*, 6 May 1994.

125. G. Brooks, 'Questions annoy military in Nigeria and a reporter is questioned herself', *The Wall Street Journal*, 6 May 1994.

126. M. Adekeye, 'The Rwanda here', *The News*, 8 August 1994, p.11.

127. MOSOP, *Reaction of the Rivers State Military Government to the 1994 Right Livelihood Award Won By Saro-Wiwa and MOSOP*, press release, 10 November 1994.

128. The Right Livelihood Award Foundation, *1994 Right Livelihood Awards Stress Importance of Children, Spiritual Values and Indigenous Cultures*, press release, 12 October 1994.

129. The Goldman Environmental Prize, *The World's Largest Environmental Prize*, 17 April 1995; M. Birnbaum, *Nigeria: Fundamental Rights Denied: Report of the Trial of Ken Saro-Wiwa and Others*, ARTICLE 19 in Association with the Bar Human Rights Committee of England and Wales and the Law Society of England and Wales, June 1995, p.13.

130. M. Birnbaum, *Nigeria: Fundamental Rights Denied: Report of the Trial of Ken Saro-Wiwa and Others*, ARTICLE 19 in Association with the Bar Human Rights Committee of England and Wales and the Law Society of England and Wales, June 1995, pp.1–2.

131. Ibid., p.19.

132. Ibid., p.2.

133. Ibid., p.2.

134. Ibid., pp.8–9.

135. Ibid., pp. 33, 45, 57, 58; Human Rights Watch/Africa, *Nigeria: The Ogoni Crisis: A Case Study of Military Repression in Southeastern Nigeria*, July 1995, Vol. 7, No. 5, p.28.

136. M. Birnbaum, *Nigeria: Fundamental Rights Denied: Report of the Trial of Ken Saro-Wiwa and Others*, ARTICLE 19 in Association with the Bar Human Rights Committee of England and Wales and the Law Society of England and Wales, June 1995, p.9.

137. K. Saro-Wiwa, 'Statement from prison', *The Nation*, 10 May 1995.

138. S. Kiley, 'Nigeria accused of attempted oilfield genocide', *The Times*, 19 July, 1993.

139. M. Birnbaum, *Nigeria: Fundamental Rights Denied: Report of the Trial of Ken Saro-Wiwa and Others*, ARTICLE 19 in Association with the Bar Human Rights Committee of England and Wales and the Law Society of England and Wales, June 1995, p.36.

140. Ibid., p.36.

141. Ibid., Appendix 10: Summary of Affidavits Alleging Bribery.

142. Ibid.

143. B. Anderson, *Statement*, Managing Director of the Shell Petroleum Development Company of Nigeria, 8 November 1995.

144. K. Saro-Wiwa, *Closing Statement To The Military Appointed Tribunal*, October 1995.

145. C. Ake, interview with author, 1 December 1995.

146. N. Ashton-Jones, *Shell Oil In Nigeria*, August 1994.

147. SPDC, *Meeting at Central Offices on Community Relations and the Environment* (15/16 February in London, 18 February in the Hague), draft minutes, 1993.

148. Ibid.

149. C. Ake, interview with Catma Films, January 1994.

150. Shell Petroleum Development Company of Nigeria Limited, *The Ogoni Issue*, 25 January 1995, p.2.

151. C. McGreal, 'Spilt oil brews up a political storm', *The Guardian*, 11 August 1993, p.8.

152. Sister M. McCarron, interview with author, 16 November 1994.

153. Shell Petroleum Development Company of Nigeria Limited, *The Ogoni Issue*, 25 January 1995, p.6.

154. C. Ake, interview with author, 1 December 1995.

155. S. Braithwaite, interview with author, 16 September 1995.

156. Shell Petroleum Development Company of Nigeria, *The Environment: Nigeria Brief*, May 1995.

157. C. Ake, interview with author, 1 December 1995.

158. R. Tookey, Letter to Shelley Braithwaite, 9 December 1992.

159. Shell Petroleum Development Company of Nigeria Limited, *The Ogoni Issue*, 25 January 1995, p.7.

160. C. Ake, interview with Catma Films, January 1994.

161. C. Ake, interview with author, 1 December 1995.

162. Sister M. McCarron, interview with author, 16 November 1994.

163. Oil Spill Intelligence Report, *Custom Oil Spill Data: Shell's Ten Year Spill Record*, 1992, Cutter Information Corporation, Arlington.

164. R. Dowden, '"Green" Shell shares sold in protest at spills', *The Independent*, 24 October 1994.

165. Shell International Petroleum Company, *Shell Nigeria Launches Major Environmental Survey*, 2 February 1995.

166. *Reuter*, 'Shell says Nigerian eco-study not pressure-driven', 3 February 1995.

167. Minutes by a potential contractor of a meeting held with Shell Environmental Division, 1995.

168. Ibid.

169. Niger Delta Environmental Survey, *Niger Delta Environmental Survey Underway*, 24 May 1995.

170. Unrepresented National and Peoples Organisation, *Ogoni: Urgent Update*, relaying information received from MOSOP, 13 February 1995.

171. O. Douglas, interview with author, 10 November 1994.

172. C. Ake, Letter to Mr Onosonde, 15 November 1995.

173. C. Ake, interview with author, 1 December 1995.

174. Nigeria High Commission, *Record of the Meeting Held Between The High Commissioner Alhaji Abubakar Alhaji and Four Senior Officials of Shell International Petroleum Company Ltd (SIPC)*, Shell House, 16 March 1995.

175. C. Ake, 'War and terror', *The News*, 22 August 1994, p.9.

176. O. Isralson, 'Washington lawmakers: under the influence; US lobbyists have the world's interests at heart', *World Paper*, February 1990, p.10; B. Vora, 'Beyond hiring a lobbying form, the ethnic newswatch', *News India*, 4 March 1994, Vol. 24, No. 9, p.54.

177. C. McGreal, 'Nigeria accuses Ogonis of acting for foreigners', *The Guardian*, 7 February 1996, p.10.

178. C. Ake, interview with author, 1 December 1995.

179. Ogoni activist, interview with author, 1995.

180. Human Rights Watch/Africa, *Nigeria: The Ogoni Crisis: A Case Study of Military Repression in Southeastern Nigeria*, 1995, July, Vol. 7, No. 5, pp.38, 41.

181. Sister M. McCarron, interview with author, 16 November 1994.

182. N. Ashton-Jones, *Shell Oil In Nigeria*, August 1994.

183. Major P. Okuntimo, *RSIS Operations: Law and Order in Ogoni, Etc*, memo from the Chairman of Rivers State Internal Security (RSIS) to His Excellency, the Military Administrator, restricted, 12 May 1994.

184. O. Douglas, 'Ogoni: four days of brutality and torture', *Liberty*, May-August 1994, p.22.

185. O. Douglas, interview with author, 10 November 1994.

186. N. Ashton Jones, letter to author, 9 August 1995; N. Ashton Jones, *Detention Notes*, 2 July 1994.

187. K. Saro-Wiwa, 'Message from prison', *The News*, 8 August 1994, p.9.

188. O. Wiwa, *Testimony*, 1 December 1995.

189. *The Sunday Times*, 'Shell axes "Corrupt" Nigeria staff', 17 December 1995, p.26.

190. Human Rights Watch/Africa, *Nigeria: The Ogoni Crisis: A Case Study of Military Repression in Southeastern Nigeria*, July 1995, Vol. 7, No. 5, p.38.

191. R. Boele, *Ogoni: Report of the UNPO Mission to Investigate the Situation of the Ogoni of*

Nigeria, 17–26 February, Unrepresented Nations and Peoples Organisation, 1 May 1995, p.34.

192. SPDC, *Background Brief: SPDC Answers Allegations of Bribery*, 8 November 1995.

193. *ThisDay*, 'Still Shell-Shocked', Vol. 2, No. 293, 9 February 1996, p.5.

194. Human Rights Watch/Africa, *Nigeria: The Ogoni Crisis: A Case Study of Military Repression in Southeastern Nigeria*, July 1995, Vol. 7, No. 5, p.39.

195. C. Duodo, 'Shell admits importing guns for Nigerian police', *The Observer*, 28 January 1996; C. Ake, *Shelling Nigeria*, press statement, 15 January 1996; Sister M. McCarron, interview with author, 16 November 1994.

196. P. Ghazi and C. Duodu, 'How Shell tried to buy Berettas for Nigerians', *The Observer*, 11 February 1996.

197. C. Ake, interview with author, 1 December 1995.

198. Shell, *Shell and Nigeria*, May 1995.

199. C. Ake, interview with author, 1 December 1995.

200. P. Lewis, 'Blood and oil: a special report: after Nigeria represses, Shell defends its record', *The New York Times*, 13 February 1996.

201. *The Sunday Times*, 'Shell Axes "Corrupt" Nigeria staff', 17 December 1995, p.26.

202. N. Ashton-Jones, letter to author, 9 August 1995.

203. B. Anderson, *Statement*, Managing Director of the Shell Petroleum Development Company of Nigeria, 8 November 1995.

204. O. Wiwa, *Testimony*, 1 December 1995; P. Ghazi, 'Shell refused to help Saro-Wiwa unless protest called off', *The Observer*, 19 November 1995, p.1.

205. J. Jukwey, 'Shell stays in Nigeria despite pressure on hangings', *Reuter*, 15 November 1995.

206. C. Ake, interview with author, 1 December 1995.

207. Shell International Limited, Shell Nigeria offers plan for Ogoni, News Release, 8 May 1996

208. C. Ake, interview with author, 1 December 1995.

209. B. Okri, 'Listen to my friend', *The Guardian*, 1 November 1995, p.19.

第十二章　穷途末路

1. J. Torrance, interview with author, 16 October 1994.

2. N. Schoon, 'Spate of sceptical books provokes green backlash', *The Independent*, 10 March 1995, p.12.

3. BBC Radio Four, *Special Assignment*, 22 April 1995.

4. R. North, *Life on a Modern Planet: A Manifesto for Progress*, Manchester University Press, 1995, p.ix.

5. H. Simonian, 'Economy v. ecology', *The Financial Times*, 15 February 1995, p.13.

6. Euro Chlor Federation, *Chlorine in Perspective*, September 1992.

7. *European Chemical News*, 'French defend Cl_2 on economic grounds', 10 October 1994.

8. F. Engelbeen, Letter to *European Chemical News*, 28 September 1994.

9. *European Chemical News*, 'French defend Cl$_2$ on economic grounds', 10 October 1994.

10. B. Lyons, personal communication, 3 February 1994.

11. R. North, *Life on a Modern Planet: A Manifesto for Progress*, Manchester University Press, 1995, p.8.

12. *Kyodo News Service Japan Economic Newswire*, 'Sri Lankan NGOs protest "piracy" of natural resources', 22 August 1995.

13. *The Economist*, 'Flowing uphill – water: wars of the next century will be over water', 12 August 1995.

14. W. Beckerman, *Small is Stupid: Blowing the Whistle on the Greens*, Duckworth, 1995, pp.viii, 22, 50, 103.

15. Ibid., pp.125, 171.

16. G. Mulgan, 'A bitter pill for tougher greens', *The Independent*, 23 March 1995.

17. M. Ridley, *Down to Earth: A Contrarian View of Environmental Problems*, Institute of Economic Affairs, in association with the *Sunday Telegraph*, 1995, pp.25, 40.

18. Ibid., pp.19–28; C. Clover, 'So, the end isn't nigh', *The Daily Telegraph*, 14 March 1995.

19. M. Ridley, 'Down to earth: Denmark, the great hypocrite of greenery', *Sunday Telegraph*, 25 June 1995.

20. *The Daily Telegraph*, 'Green for danger', 21 June 1995, p.28.

21. B. Wynne and C. Waterton, *Why the ecobacklash is half-right – and wholly wrong*, The Centre for Study of Environmental Change, Lancaster University, 8 August 1995.

22. P. Routledge, 'Eggar hits out at Greenpeace "Terrorism"', *The Independent on Sunday*, 3 September 1995, p.2.

23. D. Lawson, 'Giants fight and the nation loses', *The Daily Telegraph*, 24 June 1995; H. Gurdon, 'Silence that cost Shell the battle', *The Daily Telegraph*, 24 June 1995.

24. J. Vidal, 'Eco-soundings', *The Guardian*, 9 August 1995, Society Section, p.4.

25. *The Daily Telegraph*, 'Green for danger', 21 June 1995, p.28.

26. D. Lawson, 'Giants fight and the nation loses', *The Daily Telegraph*, 24 June 1995; H. Gurdon, 'Silence that cost Shell the battle', *The Daily Telegraph*, 24 June 1995; C. Clover, 'How they see the world', *The Daily Telegraph*, 22 June 1995.

27. A. Culf, 'Greenpeace used us, TV editors say', *The Guardian*, 28 August 1995.

28. Greenpeace employee, personal communication, 1995.

29. D. Hughes and D. Norris, 'Red-faced greens admit: We got it wrong', *The Daily Mail*, 6 September 1995, p.11; W. Stewart, 'Dark side of Greenpeace do-gooders', *Daily Express*, 6 September 1995; *The Times*, 'Grow up, Greenpeace', 6 September 1995; *The Independent*, 'Better to blunder than to lie', 6 September 1995.

30. T. Eggar, Interview on *Radio Four One O'Clock News*, 5 September 1995.

31. Dr C. Fay, Interview on *Radio Four One O'Clock News*, 5 September 1995.

32. B. Wynne and C. Waterton, '*Why the ecobacklash is half-right – and wholly wrong*', The Centre for Study of Environmental Change, Lancaster University, 8 August 1995.

33. S. Baxter, 'The secret powers of the new persuaders', *The Sunday Times*, 18 September 1994, p.6.

34. M. Dowie, *Losing Ground: American Environmentalism at the Close of the Twentieth Century*, Massachusetts Institute of Technology, 1995, p.134.

35. J. Hunt, 'Attack on green policies', *The Financial Times*, 4 October 1989, p.10.

36. *The Times*, 'Environmental Protection Bill proposals criticized', 14 February 1990; J. Hunt, 'Call for free market pricing system on pollution', *The Financial Times*, 14 February 1990, p.11.

37. M. Ridley, *Down to Earth: A Contrarian View of Environmental Problems*, the Institute of Economic Affairs, 1995.

38. A. McHallam, *The New Authoritarians: Reflections on the Greens*, Institute for European Defence and Strategic Studies, 1991, Occasional Paper 51, pp.19, 45, 58.

39. J. Porrit, 'Eco-terrors and the illiberal tendency', *The Guardian*, 29 November 1991.

40. N. Nuttal, 'Of pixies, monsters . . . and environmentalists', *The Times*, 11 October 1993.

41. S. Watts, 'Environment "fads" attacked: right-wingers question value of cloth nappies and recycling', *The Independent*, 11 October 1993, p.4.

42. R. Bate and J. Morris, *Global Warming: Apocalypse or Hot Air?*, Institute of Economic Affairs, March 1994.

43. C. Clover, 'Carbon tax no use, say greenhouse sceptics', *The Daily Telegraph*, 17 March 1994, p.10.

44. *The Independent*, 'Will scepticism endanger greens?' 4 April 1994, p.13.

45. Institute of Economic Affairs, *Environmental Risk, Perception and Reality*, conference at St. Ermmin's Hotel, London, 20 October 1995.

46. J. Porrit, 'Eco-terrors and the illiberal tendency', *The Guardian*, 29 November 1991.

47. G. Lean, 'Hague assuages green anger over Redwood', *The Independent on Sunday*, 30 July 1995, p.2.

48. G. Lean, '"Batty" Redwood wants to privatise Snowdon', *The Independent on Sunday*, 22 January 1995, p.1.

49. *The Guardian*, 'Snowdonia privatisation plan angers environmentalists', 23 January 1995; G. Lean, '"Batty" Redwood wants to privatise Snowdon', *The Independent on Sunday*, 22 January 1995, p.1; C. Clover, 'Nature reserve "sell-off" plan splits cabinet', *The Daily Telegraph*, 23 January 1995; O. Tickell, 'Redwood in tooth and claw', *BBC Wildlife Magazine*, March 1995, p.62.

50. G. Lean, 'Hague assuages green anger over Redwood', *The Independent on Sunday*, 30 July 1995, p.2.

51. M. Fletcher, 'Redwood crusade wins cash from American Right', *The Times*, 14 September 1995, p.2; *London Evening Standard*, 'Moonie grabber', 6 September 1995.

52. S. Castle, 'Britain's New Right', *The Independent on Sunday*, 18 June 1995, p.19.

53. M. Hayes, *The New Right in Britain: An Introduction to Theory and Practice*, Pluto Press, 1994, p.12.

54. Ibid., p.48.

55. Ibid., p.48.

56. G. Murray, *Enemies of the State: A Sensational Exposé of the Security Services*, Pockett Books, 1993, p.86.

57. Ibid., p.104.

58. J. Cutler, 'Surveillance and the nuclear state', *Index on Censorship*, July/August 1989, Vol. 18, No. 6, 7.

59. G. Murray, *Enemies of the State: A Sensational Exposé of the Security Services*, Pockett Books, 1993, pp.147, 160, 186.

60. Ibid., pp.210, 214.

61. J. Cutler, 'Surveillance and the nuclear state', *Index on Censorship*, July/August 1989, Vol. 18, No. 6,7, p.44.

62. J. Torrance, interview with author, 16 October 1994.

63. B. Hanson, Letter to *New Civil Engineer*, 30 June 1994.

64. Department of Transport, *Roads to Prosperity*, Her Majesty's Stationery Office, 1989.

65. A. Rowell and M. Furgusson, *The National Road Traffic Forecasts: Fact, Fiction, or Fudge?*, 1989, unpublished briefing paper for WWF.

66. D. Nicholson-Lord, 'Tide of anger rises over roads that ruin ancient sites', *The Independent On Sunday*, 20 June 1993, p.7.

67. M. Tresidder, 'Maid Marian to the tribe in the treetops', *The Guardian*, 6 May 1995, p.27.

68. G. Stern and N. Tuckman, interview with author, 22 September 1995.

69. N. Tuckman, *'Notes of a meeting with Michael Howard'*, 18 May 1993; G. Stern and N. Tuckman, interview with author, 22 September 1995.

70. D. Nicholson-Lord, 'Tide of anger rises over roads that ruin ancient sites', *The Independent On Sunday*, 20 June 1993, p.7.

71. J. Torrance, interview with author, 16 October 1994.

72. R. Lush, interview with author, 23 August 1995.

73. Ibid.

74. Ibid.

75. J. Vidal, 'The real earth movers', *The Guardian*, Society, 7 December 1995, pp.4, 5.

76. R. Lush, interview with author, 23 August 1995.

77. Ibid.

78. J. Torrance, interview with author, 16 October 1994.

79. J. Vidal, 'The fluffy and the bloody', *The Guardian*, 24 June 1994, Section 11, p.17.

80. J. Gallagher, 'Unguarded behaviour', *New Statesman and Society*, 31 March 1995, p.23.

81. *Press Association*, 'Government attacked on M-way protest court move', 2 December 1994.

82. R. Lush, interview with author, 23 August 1995.

83. Ibid.

84. *The Guardian*, 'Private detectives photographing M3 protestors', 11 November 1992, p.2.

85. Home Affairs Committee, *The Private Security Industry, Volume 11, Minutes of Evidence and Appendices*, Her Majesty's Stationery Office, 1995, Appendix 28, Memorandum by Liberty, p.195.

86. S. Fairlie, 'SLAPPs come to Britain', *The Ecologist*, September/October 1993, Vol. 23, No. 5, p.165.

87. P. Brown, 'Twyford M3 protestors win £50,000', *The Guardian*, 7 January 1995, p.6.

88. *Press Association*, 'Government attacked on M-way protest court move', 2 December 1994.

89. Ibid.

90. M. Swartz, interview with author, 15 August 1995.

91. Ibid.

92. P. Brown, 'Twyford M3 protestors win £50,000', *The Guardian*, 7 January 1995, p.6.

93. S. Fairlie, 'SLAPPs come to Britain', *The Ecologist*, September/October 1993, Vol. 23, No. 5, p.165.

94. J. Torrance, interview with author, 16 October 1994.

95. M. Swartz, interview with author, 15 August 1995.

96. Ibid.

97. P. Morotzo, interview with author, 25 October 1994.

98. R. Lush, interview with author, 23 August 1995.

99. 'Small world, unreasonable force', *Undercurrents*, no date.

100. M. Swartz, interview with author, 15 August 1995.

101. Ibid.

102. P. Morotzo, interview with author, 25 October 1994.

103. Ibid.

104. 'Small world, unreasonable force', *Undercurrents*, no date.

105. P. Morotzo, interview with author, 25 October 1994.

106. M. Swartz, interview with author, 15 August 1995.

107. R. Geffen, *The Forced Eviction of Leytonstonia*, No. M11 Link Campaign, 13 June 1994; J. Vidal, 'The fluffy and the bloody', *The Guardian*, 24 June 1994, Section 11, p.16 quoting statements from Oliver Nutkins and Zoe Chater.

108. P. Morotzo, interview with author, 25 October 1994.

109. P. Ghazi, 'Lollipop lady put under house arrest', *The Observer*, 30 January 1994, p.12.

110. *Do or Die*, News from the Autonomous Zones, 1994, Issue No. 4, p.23.

111. P. Morotzo, interview with author, 25 October 1994.

112. *The Guardian*, 'Two jailed for fire attack on M-way protestors', 6 September 1994; M. Whitfield, 'Gang was paid to force anti-road protestors from the tree house', *The Independent*, 1 September 1994; C. Wolmer, 'Two men paid to burn M11 protesters' camp are jailed', *The Independent*, 6 September 1994.

113. L. Jury, 'Road protestors allege rise in violence by security guards', *The Guardian*, 18 June 1994, p.5; J. Vidal, 'The fluffy and the bloody', *The Guardian*, 24 June 1994, Section 11, p.16.

114. J. Vidal, 'The fluffy and the bloody', *The Guardian*, 24 June 1994, Section 11, p.16.

115. P. Ghazi and R. Tredre, 'Anti-road demos hit by law on trespass', *The Observer*, 19 June 1994, p.3.

116. G. Monbiot, interview with author, 18 November 1994.

117. Ibid.

118. L. Jury, 'Road protestors allege rise in violence by security guards', *The Guardian*, 18 June 1994, p.5.

119. C. Moreton, '"Resistance culture" sets up news network, *The Independent on Sunday*, 5 February 1995.

120. J. Vidal, 'The fluffy and the bloody', *The Guardian*, 24 June 1994, Section 11, p.16.
121. Public Eye, *Out of Order*, 21 October 1994.
122. *Road Alert . . . Stop Press*, May 1995, p.7.
123. J. Gallagher, 'Unguarded behaviour', *New Statesman and Society*, 31 March 1995, p.23.
124. Public Eye, *Out of Order*, 21 October 1994.
125. Ibid.
126. 'Small world, unreasonable force', *Undercurrents*, no date.
127. H. Jones, 'M11 security guard escapes charges', *Red Pepper*, March 1995, p.5.
128. M. Swartz, interview with author, 15 August 1995.
129. R. Lush, interview with author, 23 August 1995.
130. D. Penman, 'Road rage', *The Independent*, 9 January 1996.
131. J. Vidal, 'The bypass of justice', *The Guardian*, 9 April 1996.
132. L. Johnson, interview with author, 28 February 1996.
133. J. Vidal, 'The parallel lines', *The Guardian*, Society, 7 February 1996, pp.4–5.
134. L. Johnson, interview with author, 28 February 1996.
135. L. Johnson, interview with author, 28 February 1996 and 25 April 1996.
136. J. Vidal, 'In the forest, in the dark', *The Guardian*, 25 January 1996, Section 2–3; *The Guardian*, Reliance Security Services Ltd, 23 February 1996.
137. J. Vidal, 'Eco-soundings', *The Guardian*, 28 February 1996; R. Lush, interview with author, 28 February 1996.
138. L. Johnson, interview with author, 28 February 1996.
139. J. Griffiths, 'Throwing down a mitt in the mud', *The Guardian*, 31 January 1996, Society, p.4; R. Lush, interview with author, 28 February 1996.
140. J. Vidal, 'Eco-soundings', *The Guardian*, 28 February 1996.
141. R. Lush, interview with author, 28 February 1996.
142. Ibid.
143. Home Affairs Committee, *The Private Security Industry, Volume I*, Her Majesty's Stationery Office, 1995, p.v.
144. Ibid., p.xiii.
145. Ibid., p.xv.
146. Home Affairs Committee, *The Private Security Industry, Volume II, Minutes of Evidence and Appendices*, Her Majesty's Stationery Office, 1995, Appendix 28, Memorandum by Liberty, p.191.
147. Ibid., p.195.
148. *The Guardian*, 'Protest greets the Criminal Justice Act', 4 November 1994.
149. Home Affairs Committee, *The Private Security Industry, Volume II, Minutes of Evidence and Appendices*, Her Majesty's Stationery Office, 1995, Appendix 28, Memorandum by Liberty, p.190.
150. Ibid., p.193.
151. L. Parrot, Speech to the Green Party Conference on the Criminal Justice Act, Friends Meeting House, Euston, 17 November 1994.
152. D. Taylor, Speech at Green Party Conference on the Criminal Justice Act, Friends Meeting House, Euston, 17 November 1994.

153. H. Mills and D. Penman, 'Bill ends its stormy passage into law', *The Independent*, 14 November 1994, p.8.
154. *The Guardian*, 'Protest greets the Criminal Justice Act', 4 November 1994.
155. M. Swartz, interview with author, 15 August 1995.
156. Green Party Conference on the Criminal Justice Act, Friends Meeting House, Euston, 17 November 1994.
157. R. Lush, interview with author, 23 August 1995.
158. *Construction News*, 'Highways agency to review its contract', 2 June 1994.
159. S. Purnell and T. Moore, 'Bill for security guards at M11 extension could top £26m', *The Daily Telegraph*, 1 May 1995, p.1.
160. R. Lush, interview with author, 23 August 1995.
161. *New Civil Engineer*, 'Growing doubts', 26 June 1994, p.12.
162. J. Harlow, 'Green guerrillas booby-trap sites', *The Sunday Times*, 3 July 1994.
163. Ibid.
164. *Construction News*, 'Barbaric protestors turn to trapping to halt roads', 30 June 1994.
165. M. Bunting, 'All creatures great and small', *The Guardian*, 6 July 1994.
166. Freedom Network *et al.*, Letter to the Editor of *The Guardian*, 1995, no date.
167. J. Harlow, 'Revealed: manual for eco-terrorists', *The Sunday Times*, 11 September 1995, p.5.
168. J. Torrance, interview with author, 16 October 1994.
169. L. O'Hara, *Turning Up the Heat: MI5 After the Cold War*, Phoenix, 1994, p.88.
170. Ibid.
171. T. Magire and P. Gruner, '"Green Firebomb" group set to attack business', *The Evening Standard*, 20 July 1993, p.14.
172. L. O'Hara, 'At war with the greens', *Open Eye*, 1995, Issue 3, p.40.
173. Ibid.
174. R. Norton-Taylor, 'Police concern at new role for MI5', *The Guardian*, 28 February 1995, p.11; S. Milne, 'Spies, lies sabotage', *Red Pepper*, pp.20–1.
175. J. Vidal and R. Norton-Taylor, 'Blurred lines of protest', *The Guardian*, 26 July 1995, Society, pp.4–5.
176. Ibid.
177. J. Vidal, 'On the bumpy trail of an unfathomable beast', *The Guardian*, 20 May 1995, p.25.
178. 'Small world, unreasonable force', *Undercurrents*, no date.
179. C. Elliott and D. Campbell, 'Police chiefs want anti-terror squad to spy on green activists', *The Guardian*, 27 March 1996, p.1.
180. R. Lush, interview with author, 23 August 1995.
181. N. Crossley, 'Watching us, watching you', *The Big Issue*, 24–30 April 1995, No. 127, p.14.
182. N. Dyle and H. Russell, 'Roadbuilders admit spying on protestors', *New Construction Engineer*, 26 May 1994.
183. R. Lush, interview with author, 23 August 1995.
184. 'Small world, unreasonable force', *Undercurrents*, no date.
185. *The Surveyor*, 'Cost of law and order on the road', 13 April 1995.

186. S. Purnell and T. Moore, 'Bill for security guards at M11 extension could top £26m', *The Daily Telegraph*, 1 May 1995, p.1.

187. M. Linton, 'Majority back ban on cars in city centres', *The Guardian*, 9 August 1995, p.1.

188. C. Clover and T. Moore, 'Is that enough roads?', *The Daily Telegraph*, 19 October 1994.

189. R. Smithers, 'Public transport "Key to Pollution Fight"', *The Guardian*, 27 October 1995, p.2.

190. S. Bosely, 'Bun fight', *The Guardian*, 11 July 1995, Section Two, p.5

191. J. Carey, 'Big Mac versus the little people', *The Guardian*, 15 April 1995, p.23.

192. 'Small world', *Undercurrents 2*, 1994.

193. Ibid.

194. M. Marqusee, 'The big beef bun fight', *The Guardian*, 17 January 1995, Section Two, pp.2–3.

195. McLibel Support Campaign, Weekly Bulletin – Weeks Nine and Ten, 10–21 October 1994; M. Marqusee, 'The big beef bun fight', *The Guardian*, 17 January 1995, Section Two, pp.2/3; D. Morris, *Interview on Undercurrents 2*, Small World, 1992.

196. McLibel Support Campaign, Weekly Bulletin – Weeks Nine and Ten, 10–21 October 1994; M. Marqusee, 'The big beef bun fight', *The Guardian*, 17 January 1995, Section Two, pp.2/3; A. Beale, 'Twelve months of McLibel lunacy', *Peace News*, July 1995, p.5.

197. S. Midgeley, 'Big Mac gets a mouthful of abuse', *The Independent*, 28 October 1994, p.1.

198. A. Beale, 'Twelve months of McLibel lunacy', *Peace News*, July 1995, p.5.

199. McLibel Support Campaign, *Legal Update*, August 1994.

200. J. Carey, 'Big Mac versus the little people', *The Guardian*, 15 April 1995, p.23; D. Morris, Interview on Undercurrents 2, Small World, 1992.

201. B. Appleyard, 'Big Mac vs small frys', *The Independent*, 4 July 1994, Section 11, p.1.

第十三章　一个有待完成的故事

1. M. Gudmundsson, press conference, organised by the High North Alliance, Puerto Vallarta, 25 May 1994.

2. *Sunnmoersposten*, 19 August 1986; quoting H. Asgrimsson, remarks made at a fishing conference in Akureyri, Iceland, 18 August 1986.

3. Arbitration Court, Verdict, 15 November 1993; the arbitration court was appointed by Swedish Chamber of Commerce.

4. The Icelandic Parliamentary, Althingistidindi, for 1988-89 Session show that Halldor Asgrimsson, the Minister of Fisheries confirmed that Gudmundsson had been paid 400,000 ISK; S. Aintila, Letter from the Nordic Council of Ministers to Janus

Hillgrad, Greenpeace Denmark, 24 May 1989; T. Arabo, Letter from the Project Leader of Vestnorden to S. Aintila, 19 May 1989.

5. Timinn, 3 March 1993.
6. Docnmentation from the National Press Club shows that *21st Century Science and Technology* paid for the room on 8 June 1989.
7. Greenpeace Norge V. Magnus Gudmundsson and Anor, 12 May 1992.
8. A. Heiberg, Letter to Duncan Currie, Goran Olenborg and Jeaune Herlofsson, 9 October 1992.
9. *Lofotposten*, 15 May 1992; Norwegian Ministry of Fisheries, press release, 21 February 1994.
10. Putting People First, Letter to Honourable Fortney Pete Stark, United States House of Representatives, 24 June 1993.
11. J. Veldheim, *Groenn Kontact*, 1993, Number 3.
12. *High North News*, 'US law defines Watson a pirate: US authorities obliged to intervene', 19 April 1993. The article was written by William Wewer.
13. K. Barthelmcss, 'IWC and anti-whaling sentiments', *IWC47 Conservation Tribune*, 26 May 1995, No. 11, p.5.
14. NAMMCO, Opening Statement to the 47th Annual Meeting of the IWC, 29 May–2 June 1995.
15. *The International Harpoon*, Puerto Vallarta, 1994, No. 1.
16. Press release from the Norwegian Ministry of Fisheries, 21 February 1994; A. Johan Johansen, *Greenpeace Interview*, HNA's Information Secretary, Spring 1994.
17. *Eurofish Report*, 'Greenpeace accused of buying anti-whaling votes', No. 386, 13 August 1992.
18. F. Palacio, Greenpeacc Article and Distortion of Statements Made to Reporter, Letter to *Forbes*, 5 November 1991.
19. M. Gudmundsson, press conference, organised by the High North Alliance, Puerto Vallarta, 25 May 1994.
20. Ibid.
21. A. Goodall, *Report on the Alliance for America's Fourth Annual Fly-in for Freedom*, Washington, 17–21 September.1994.
22. *Timinn*, 8 March 1990.
23. Notes from a conference participant, 22–24 March 1990; *Verdens Gang*, 'Fight together', 11 May 1994.
24. *Timinn*, 'A declaration of support for Icelandic whaling', 23 March 1991.
25. Conference proceedings.
26. *Folha de São Paulo*, 3 May 1994, pp.3–2; *O Estado de São Paulo*, 3 May 1994, p.A: 15.
27. G. Kennedy, 'Kiwi fishing industry tours Greenpeace critic', *The National Business Review*, 8 April 1993.
28. *Suisna Keizai Shinby*, 'Expansion from anti-whaling to anti-fishing: criticism of Greenpeace's activity', 21 February 1994; M. Gudmundsson, Speech to the New Zealand Fishing Industry Association, 1 April 1993; *2ZB Radio*, Auckland, NZ, 5 April 1993, Bill Ralston interviewing M. Gudmundsson; *The Independent* (Ncw Zealand), 8 April 1994.

29. *2ZB Radio*, Auckland, New Zealand, 5 April 1993 – Bill Ralston interviewing Magnus Gudmundsson (text by Transcript Services Auckland); *Christchurch Press*, 26 April 1993; *The Independent*, (New Zealand), 8 April 1994.

30. M. Gudmundsson, paper presented at the Taiji Symposium on Utilisation of Living Marine Resources, March 1992.

31. M. Gudmundsson, lecture entitled Fisheries, Problems and Greenpeace actions, Greater Japan Fisheries Conference Hall, 15 February 1994.

32. *Fiskaren*, 'North American grass roots support whaling', 4 August 1993.

33. *Dagbladat*, 'Hval-stotte fra vapentorkjempere', 4 September 1993 and eye witness sitting at the conference in 1994.

34. *Verdens Gang*, 'Fight together', 11 May 1994.

35. K. Westrheim and F. Graff, 'Nordland's harpoon', *Dagbladat*, 9 July 1994.

36. M. Gudmundsson, lecture entitled Fisheries, Problems and Greenpeace actions, Greater Japan Fisheries Conference Hall, 15 February 1994.

37. *Verdens Gang*, 'Fight together', 11 May 1994.

38. *21st Century Science and Technology*, 'Greenpeace's financial misconduct and terrorism exposed in new documentary produced by Danish television', 15 November 1993.

39. T. Bode, statement made by the Executive Director of Greenpeace Germany, 20 July 1994.

40. P. Rasmussen, 'Greenpeace's financial misconduct exposed in Danish documentary', *21st Century Science and Technology*, Winter 1993, p.56.

41. R. Timm, 'How to manage looking bad', *Süddeutsche Zeitung*, 19 July 1994.

42. Application for pronouncement of interim injunction in the matter of F. Palacio Versus Norddeutscher Rundfunk, 5 July 1994.

43. Ruling of the case of Francisco J. Palacio PhD, 8730 S.W. 51 Street Miami, Florida, Versus Norddeutscher Rundfunk, Landgericht, Hamburg, 7 July 1994.

44. Application for pronouncement of interim injunction in the matter of David McTaggart Versus Norddeutscher Rundfunk, 6 July 1994; Ruling in the case of David McTaggart Versus Norddeutscher Rundfunk, 7 July 1994.

45. Ruling in case of Greenpeace Versus Norddeutscher Rundfunk, 12 July 1994.

46. A. Goodall, *Report on the Alliance for America's Fourth Annual Fly-in for Freedom*, Washington, 17–21 September.1994.

47. Ibid.

48. Ibid.

49. NAMMCO, Opening statement to the 47th Annual Meeting of the IWC, 29 May– 2 June 1995.

50. *IWMC*, International Whaling Commission, 29 May – 2 June 1995.

51. IWMC, brochure, no date.

52. *O'Dwyer's Washington Report*, 'Parsons seeks nod for whale killing by "Coastal Peoples"', Vol. IV, No. 9, 25 April 1994; S. Warner, 'Know your friends: pro-outdoors lobbying organizations; directory', *Outdoor Life*, Vol. 189, No. 6, June 1992, p.60.

53. *IWMC*, International Whaling Commission, 29 May–2 June 1995, p.3.

54. *Conservation Tribune*, 'IWMC delegation experts', 9 November 1994, p.6.

55. M. Gudmundsson, Facts or fiction; human rights versus animals rights, press conference, 17 November 1994.

56. M. Gudmundsson, 'Inspiration for an environmental film-maker', *Conservation Tribune*, 16 November 1994, pp.4–5; G. Blichfeldt, 'Species survival network harpoons its own credibility', *Conservation Tribune*, 25 November 1994, p.1.

57. J. Speart, 'When Congress goes gunning: sportsmen take aim at endangered species; Congressional Sportsmen's Caucus efforts to weaken environmental laws and protection for endangered species', *National Audubon Society*, Vol. 96, No. 5, September 1994, p.16.

58. Ibid.

59. S. Boynton, 'US should clean up illegal policy on wildlife and marine resources, Washington Legal Foundation', *Legal Backgrounder*, 31 March 1995; R. Bellant, *The Coors Connection: How Coors Family Philanthropy Undermines Democratic Pluralism*, South End Press, Boston, 1991, p.11.

60. J. Speart, 'When Congress goes gunning: sportsmen take aim at endangered species; Congressional Sportsmen's Caucus efforts to weaken environmental laws and protection for endangered species', *National Audubon Society*, Vol. 96, No. 5, September 1994, p.16.

61. Ibid.

62. *Morgunbladid*, 'A US organisation on rational utilisation of natural resources want Iceland to rejoin the IWC', 20 May 1995.

63. *Morgunbladid*, 17 November 1995.

64. IWMC, *Conservation Tribune*, 11 November 1994.

65. Extract from *Cornerstone*, magazine on property rights, date unknown; Other members include R. J. Smith also from the Competitive Enterprise Institute; Wayne Hage; Myron Thomas Ebell; Margaret Ann Reigle; Mark Pollot; William Perry Pendley; Jane Shaw, Political Economy Research Center; Nancie Marzulla, Defenders of Property Rights; Jim Burling, Pacific Legal Foundation; Bruce Vincent, Community For A Great Northwest; Robert E. Gordon, National Wilderness Institute; James R. Streeter, National Wilderness Institute and David Howard, Land Rights Foundation.

66. *Nikkan Suisan Keizai*, 'Explicit stance of confrontation with extremist organisations', 29 September 1994.

67. GCT, 'Science as the bridge for sustainable use', Global Guardian Trust Newsletter, February 1994.

68. N. Akao, 'A double standard on sustainable development', GCT, Global Guardian Trust Newsletter, February 1994, No. 1.

69. *Nikkan Suisan Keizai*, 'Explicit stance of confrontation with extremist organisations', 29 September 1994.

70. Ibid.

71. Ibid.

72. Ibid.

73. Ibid.

74. A. Romero, Letter to J. Rodriguez, FBI, 27 February 1995.

75. Icelandic National Broadcasting Service, 14 May 1995.

76. Icelandic National Broadcasting Service, interview with M. Gudmundsson, 14 May 1995, news hour at 12:20.

77. L. Selvik, press release, Dublin, 29 May 1995; Global Guardian Trust, opening statement to the 47th Annual Meeting of the IWC, 29 May – 2 June 1995.

78. IWMC, 'Japanese Parliament member salutes wildlife managers for devotion to sustainable use of marine resources', *News Release*, 30 May 1995.

79. IWMC, Save The Whales: The Propaganda War, 31 May 1995.

80. Y. Kaneko, 'Lethal vs. non-lethal research', *IWC47 Conservation Tribune*, 2 June 1995, No. V, p.7; F. Herrera-Teran, 'Dolphins and tuna', *IWC47 Conservation Tribune*, 26 May 1995, No. 11, special edition; S. Boynton, 'U.S. should clean up illegal wildlife and marine resource policy', *IWC47 Conservation Tribune*, 26 May 1995, No. 11, p.4M; De Alessi, 'Some whales need saving more than others', *IWC47 Conservation Tribune*, 29 May 1995, No. 111.

81. D. Rephan, personal communication, 25 August 1995.

82. Ibid.

83. Joint declaration of non-governmental organizations interested in responsible aquatic resource utilization.

84. T. Platt and B. Vincent, letter to Bill Clinton, 8 February 1996.

第十四章 结语：破除抵制

1. B. Stall, 'Creating a national movement dedicated to the environment', *Los Angeles Times*, 16 April 1995, p.3.

2. R. D. Bullard, Introduction, in *Confronting Environmental Racism: Voices from the Grassroots*, ed. R. D. Bullard, South End Press, 1993, p.49.

3. P. Montague, 'A "Movement" in disarray', *Rachel's Environment & Health Weekly*, 19 January 1995, No. 425.

4. V. Shiva, interview with author, 21 July 1995.

5. Ibid.

6. M. Dowie, *Losing Ground: American Environmentalism at the Close of the Twentieth Century*, Massachusetts Institute of Technology, 1995, pp.262–3.

7. D. Smith, *In Search of Social Justice*, The New Economics Foundation, March 1995, p.2.

8. Ibid., p.3.

译后记

　　本书用翔实的案例描述了发生在世界各地的环境抵制运动，包括北美的美国、加拿大，南美的巴西、阿根廷，大洋洲的澳大利亚、新西兰，欧洲的英国、德国、挪威，非洲的尼日利亚，亚洲的印度、日本、马来西亚等。本书虽未提及中国，但以史为镜，西方社会的环境冲突对中国当下的环境与社会治理都有重要的参考价值。中国也需要通过环保运动来提升企业和民众的环保意识，更好地理解环境与发展之间的关系，平衡各种不同的利益诉求。

　　本书让读者全面了解在全球出现的环境与发展之间的真实冲突、环境与就业之间的真实冲突、环境与利润之间的真实冲突。经济、发展和利润的动力总是如此的强大，常常以压倒性力量破坏自然环境。环境保护这一造福万民的事业会因触动诸多既得利益而遭到严重的抵制，它不像许多青年人所想象的那样仅凭一颗纯粹的关爱自然之心就能完成使命。环境保护已经在许多地方变成了血腥的战场：环保活动家需要与工业作战、与林业作战、与矿业作战、与建筑业作战、与渔业作战，还可能会与政府作战、与军队作战、与媒体作战、与人类内心的贪婪作战。本书提醒我们，面对名目繁多的国外环保组织，我们一定要擦亮双眼，看清它们的真面目，因为其中的许多都是打着环保旗号的反环境行业掩护机构。公众很容易被企业的公关策略所迷惑，成为他们开展环境抵制运动的免费传播者。

　　环境保护领域充斥着意识形态的斗争，生态在资本面前不堪一击。生态危机反映出资本主义的危机。资本主义的支持者认为最少管制与干预的自由市场不仅能解决就业问题，也能解决包括空气污染、食品安全、生物多样性等在内的一切环境问题。正如作者在最后一章中所指出的，只有在一个"民主、平等和正义"的世界中，环境保护才有未来。仅仅凭借利润驱动的资本主义注定无法真正保护环境与社会正义。西方诸多所谓的民主国家在环境保护上却处处体现着反民主和企业利润。那么，什么样的社会才能培育真正关注环境和社会公平的良善企业？反环境主义者常常把环保主义者归类为"社会主义者""共产主义者"，这是否意味着社会主义制度对环境保护具有先天的优势？

　　人们日益取得共识的是，全球环境危机是资本主义迅速而不平衡的发展带来的间接损害，并且，现有的资本主义制度不足以防止各类环境威胁。资本主义国家工业化过程的实现往往是以牺牲环境和自然资源为代价的，这反映了资本主义的系统性失灵——资本主义缺乏了解和适应自然与环境系统的感官。环境危机既有资本主义生产与消费过程中的"外部性"——资本主义是一种"外部性机器"，也有制度和体制上的"内部性"原因（资本主义、自由市场以及消费主义等秩序框架方面的原因）。由于资本主义是普遍化的商品生产，并且在生产中没有给自然资源定价，把空气、水、土壤等都当作是免费的，造成凡是世上过分多余、任何人都可以随意取用的财物，不论它们怎样有用，谁也不愿意花代价来取得它们。同时，在环境危机背景下，资本主义经济结构也使发展中国家和欠发达国家的公民遭受更为严重的剥夺，使世界的南北两极分化更为巨大，使贫困国家的基本需求更加难以得到满足，并遭受更为严峻的气候变化、资源冲突、疾病等问题。可见，全球环境危机对资本主义的合理性提出了重大挑战。资本主义是一个系统，凡是系统必有生命，而生命总有终点。全球环境危机加重了人们对资本主义的质疑，加速了其走向终结的进程，并为社会主义开辟了道路，甚至有西方媒体喊出"我们现在都是社会主义者"的口号。或许，从社会制度层面进行改革才是环保运动的根本出路。

感谢曹荣湘研究员让我有机会翻译本书，他对学术和工作的严谨态度让我由衷地敬佩。

图书在版编目(CIP)数据

全球环境抵制运动/(英)安德鲁·罗威尔著;史军译. —北京:
商务印书馆,2023
(环境政治学名著译丛)
ISBN 978-7-100-22387-4

Ⅰ.①全… Ⅱ.①安… ②史… Ⅲ.①环境科学—关系—国际
政治—研究 Ⅳ.①D5②X-11

中国国家版本馆 CIP 数据核字(2023)第 074632 号

权利保留,侵权必究。

环境政治学名著译丛

主编/曹荣湘

全球环境抵制运动

(英)安德鲁·罗威尔 著

史 军 译

商 务 印 书 馆 出 版
(北京王府井大街36号 邮政编码100710)
商 务 印 书 馆 发 行
北 京 冠 中 印 刷 厂 印 刷
ISBN 978-7-100-22387-4

2023年6月第1版 开本880×1230 1/32
2023年6月北京第1次印刷 印张20

定价:75.00元